# 多尺度气候变化背景下
# 年代际气候变化特征与成因机制

马柱国　主编

刘健　宁亮　陶丽　等　著

科学出版社

北京

# 内 容 简 介

近百年来，全球发生了一系列重大的年代际气候事件，引发了严重的自然灾害，造成了巨大的经济损失，严重威胁人类的生存与安全。然而，目前对气候年代际变化机制的认识还不深入。本书从历史时期多尺度气候变化的背景出发来探讨年代际气候变化的特征与成因，利用古气候重建资料辨识多尺度气候变化背景下气候年代际波动变化及极端气候事件的特征；利用基于地球系统模式开展的历史时期数值模拟试验，阐述了自然强迫（火山喷发、太阳辐射）、人为因子（温室气体、土地利用）及气候系统内部变率对年代际气候变化的影响机制。

在撰写过程中，充分考虑了面向不同读者的需求，力求使本书兼具学术价值和实践指导意义。本书可为气象、气候等领域科研人员、政策制定者提供参考，也可作为相关专业研究生和本科生的参考读物。

审图号：GS 京（2025）0542 号

**图书在版编目（CIP）数据**

多尺度气候变化背景下年代际气候变化特征与成因机制／马柱国主编，刘建等著. -- 北京：科学出版社，2025. 3. -- ISBN 978-7-03-081625-2

Ⅰ. P467

中国国家版本馆 CIP 数据核字第 202551CP53 号

责任编辑：林　剑／责任校对：樊雅琼
责任印制：徐晓晨／封面设计：无极书装

科学出版社 出版
北京东黄城根北街 16 号
邮政编码：100717
http://www.sciencep.com
北京建宏印刷有限公司印刷
科学出版社发行　各地新华书店经销

\*

2025 年 3 月第 一 版　开本：787×1092　1/16
2025 年 3 月第一次印刷　印张：28 1/2
字数：600 000
**定价：399. 00 元**
（如有印装质量问题，我社负责调换）

# 目　录

多尺度气候变化背景下 年代际气候变化特征与成因机制

# 第一部分

## 历史时期多尺度气候变化的特征

# 全新世多尺度气候变化的特征

## 1.1　全新世气候的高分辨率代用资料的重建

2018 年国际地层委员会颁布了最新的国际地层表，全新世分为三个阶段均正式命名并确立了金钉子：早全新世（格陵兰阶，11.7～8.2ka BP）、中全新世（诺斯格瑞比阶，8.2～4.2ka BP）、晚全新世（梅加拉亚阶，4.2～0ka BP）。前两个金钉子来自格陵兰冰芯研究，反映气温变化；后一个金钉子来自印度北部 Mawmluh 洞穴石笋研究，反映干湿变化（图 1.1）。这些金钉子的确立不仅具有年代学意义，更反映气候变化。

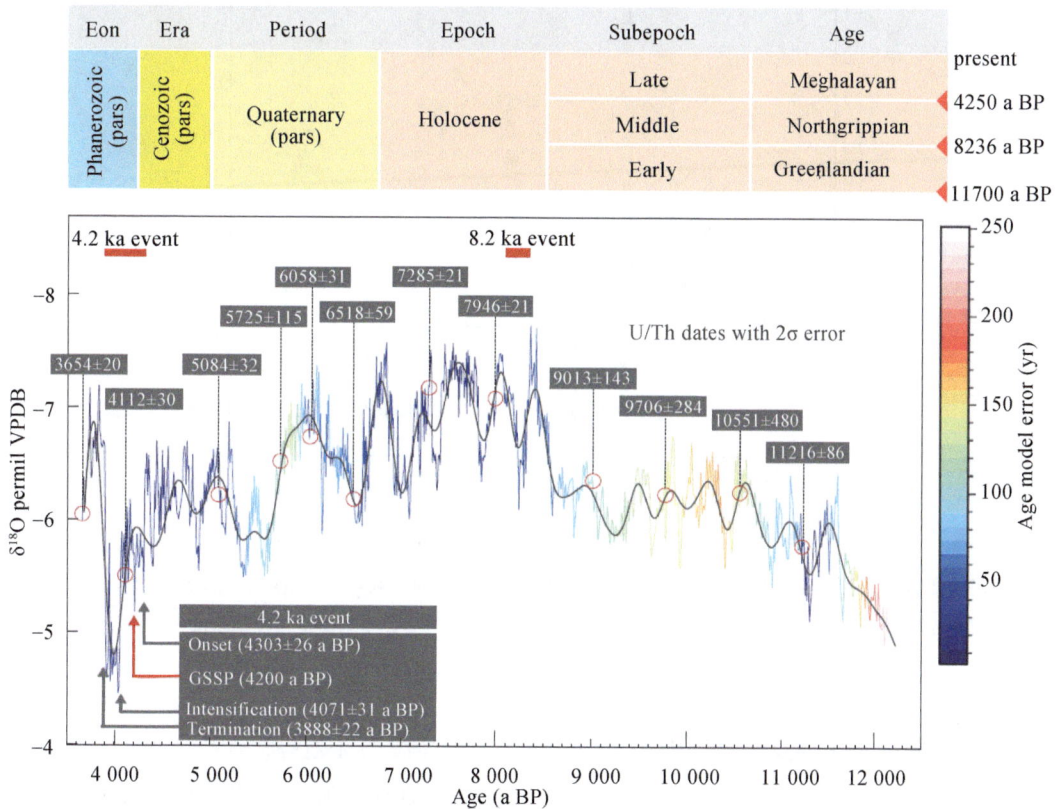

图 1.1　全新世分段及金钉子来源（Walker et al., 2019）

### 1.1.1 全新世古温度重建

太平洋海水热容量重建结果揭示，与过去百年相比，中全新世北太平洋和南极中层水水团温度分别上升 2.1±0.4℃ 和 1.5±0.4℃。自早全新世至现代，太平洋海水热容量总体呈衰减趋势（Rosenthal et al.，2013）。这种大洋热容量总体变化趋势与多种指标重建的全球或局域气温变化类似（图1.2）。

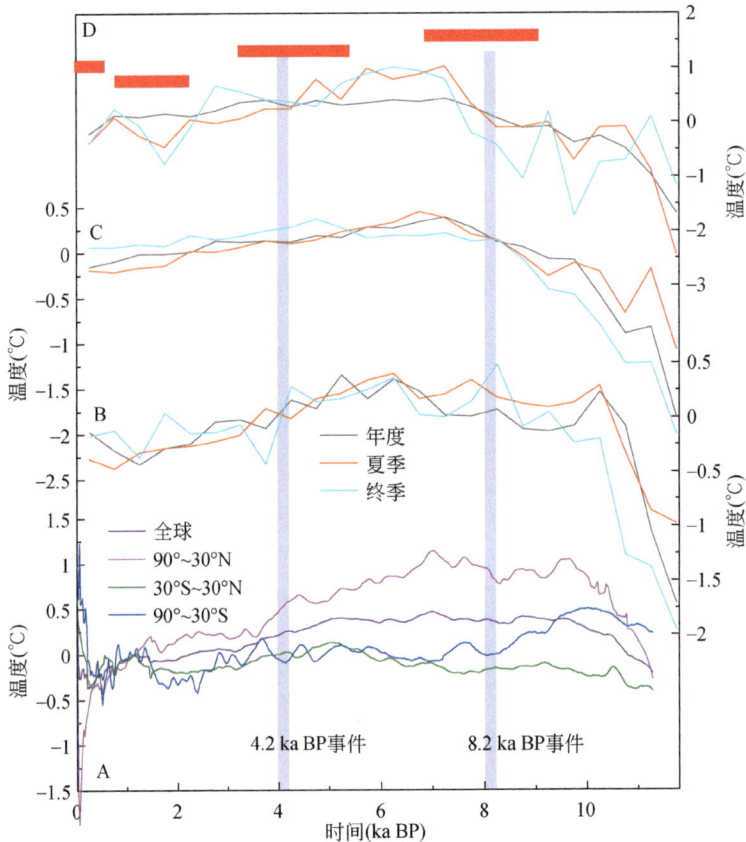

图 1.2　全新世气温重建结果（Rosenthal et al.，2013）

注：A 为全球及区域地表气温重建（Marcott et al.，2013）；B～D 为不同区域年均、冬夏季重建结果（Kaufman et al.，2020）。蓝色条带表示 8.2ka BP 和 4.2ka BP 事件，将全新世分为早全新世、中全新世、晚全新世；红色条带示意太平洋热容量变化（Rosenthal et al.，2013）

已有重建记录主要反映早、中和晚全新世气温的持续下降趋势，在事件及其细节上表现不足（Shakun et al.，2012；Kaufman et al.，2020）。在中、晚全新世期间，重建（气温持续下降）与模拟结果（气温持续上升）有差异。最近，集成孢粉古温度重建显示，全新世晚期持续变暖而不是降温，图1.2 中持续降温的趋势仅局限于北大西洋地区（Marsicek et al.，2018）。陆相孢粉学证据得到南北纬40°之间海表温（SST）变化支持

（Bova et al.，2021），剔除季节性 SST 贡献后，年均 SST 在全新世晚期持续上升。

## 1.1.2 全新世古水文重建

与古气温变化相比，古水文的空间变化更显著。在亚洲季风区，石笋氧同位素变化类似上述古温度重建（Fleitmann et al.，2003；Wang et al.，2005；Dong et al.，2010）（图 1.3）。石笋记录遵循国际地层年表划分方案，中国东部季风区十多个湖泊自生碳酸盐氧同

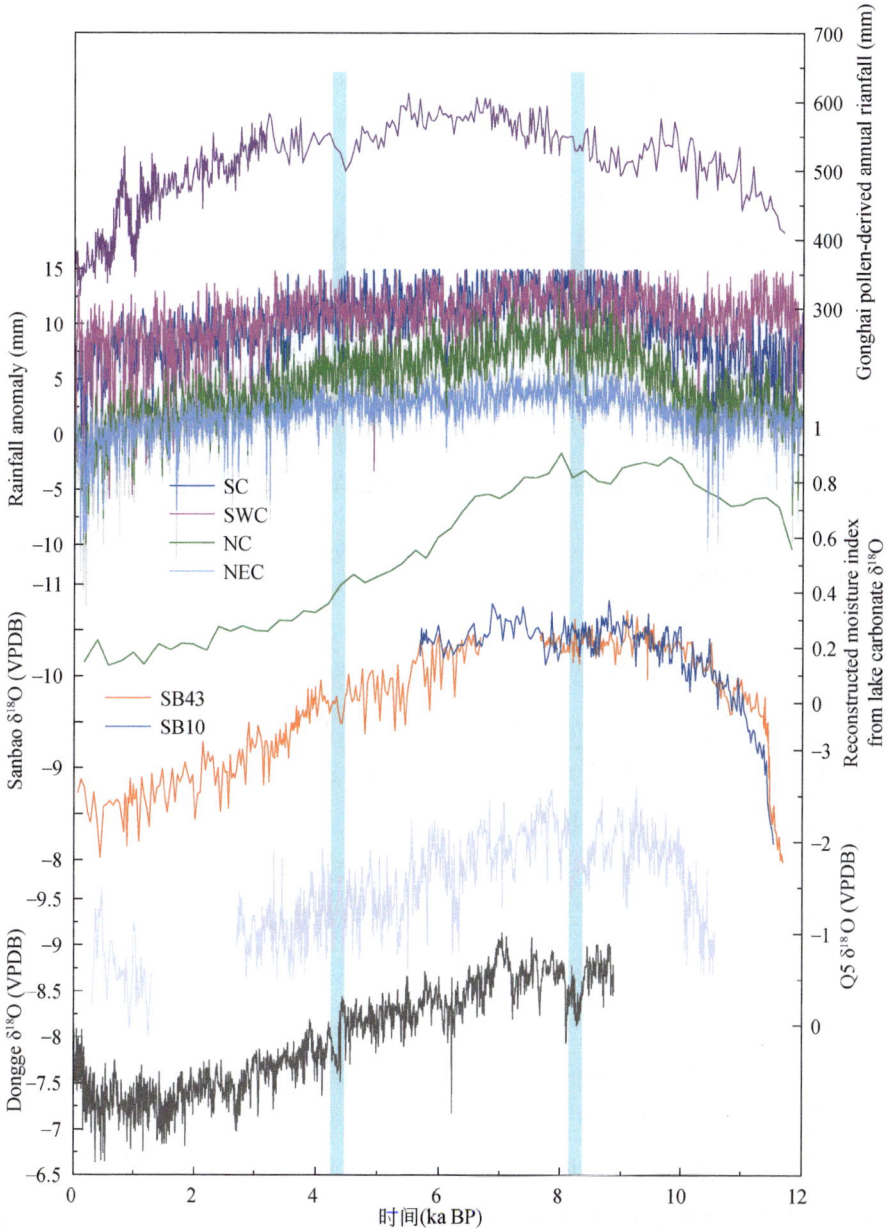

图 1.3　全新世水文变化重建结果对比

位素集成结果显示，季风降雨在趋势上与石笋记录一致（图1.3）。可见，在轨道尺度上，现代气候格局（如南涝北旱）并不显著。

然而，龚海湖泊沉积孢粉重建的中国北部年降雨量记录中，全新世适宜期异常长（7.8～5.3ka），约3.3ka过后才快速衰减（Chen et al., 2015）。那么，区域重建在多大程度上支持全新世三分方案，即遵循全球模式，一方面需要深入理解"全球划分方案"准则的内涵；另一方面更需要从现代水文气候空间格局认识重建结果。

## 1.2　全新世气候的模拟研究

本节将对本研究收集到的全球范围内的外强迫资料和开展的全新世气候模拟试验的基本情况进行介绍。

本研究使用的模式是美国国家大气研究中心（National Center for Atmospheric Research，NCAR）在2010年6月推出的通用地球系统模式CESM1.0.3（Community Earth System Model，版本1.0.3）。由于本项目试验是在南京师范大学大型计算集群的支持下完成的，因此本书将其命名为NNU-Hol（Nanjing Normal University-Holocene）。由于现有计算资源及数据存储容量的限制，本书将选用较低分辨率进行全新世的气候模拟，使用的CESM1.0.3模式采用的分辨率为T31_g37，其中大气模块水平分辨率为96×48（lon×lat），垂直方向分辨率26层；海洋模块水平分辨率为116×100（lon×lat），垂直方向有60层。

### 1.2.1　试验设计

全新世的气候模拟试验共设计了7个试验，包括地球轨道参数（Earth's orbital parameters，ORB）、太阳辐射（Total solar irradiance，TSI_ORB）、温室气体（Greenhouse gases，GHG_ORB）、土地利用/土地覆被（Land use/Land cover，LUCC_ORB）、火山喷发（Volcano eruptions，VOL_ORB）、控制（Control，CTRL）和全强迫试验（All forcing，AF）（表1.1，表1.2）。所用到的外强迫因子包括地球轨道参数、太阳辐射、火山喷发、温室气体、土地利用/土地覆被（图1.4，图1.5）。其中，CTRL试验的所有外强迫均保持固定值，ORB试验只改变了地球轨道参数；而TSI_ORB试验、VOL_ORB试验、GHG_ORB试验和LUCC_ORB试验分别改变了太阳辐射、火山喷发、温室气体、土地利用/土地覆被因子，同时均改变了地球轨道参数，因此都是双强迫试验。全强迫试验同时改变上述5种外强迫因子。具体的试验模拟过程如下。

1）以1850年时的地球轨道为参数；固定的温室气体浓度为$CO_2$给定265ppm，$CH_4$给定660ppb，$N_2O$给定265ppm；太阳辐射固定为1360.89W/m²。在此条件下进行平衡态的模拟。

2）经检验模拟到 350 年以后大气顶层能量已经达到平衡。CTRL 试验继续运行 1200 年。地球轨道参数模拟试验接着以 CTRL 试验的初始平衡态作为初始场，且给定地球轨道参数模拟试验起始年份的地球轨道参数强迫值，其他条件与 CTRL 试验一致，然后进行 400 年平衡态模拟，经检验已达到地球轨道参数起始年的平衡态。

3）加入随时间变化的全新世地球轨道参数强迫，进行地球轨道参数试验的瞬变模拟。

表 1.1　全新世气候模拟试验（NNU-Hol）的试验设计

| 试验名称 | 温室气体浓度 | | | 地球轨道参数 | | | 太阳辐射（W/m²） | 土地利用/土地覆被 | 火山喷发 |
|---|---|---|---|---|---|---|---|---|---|
| | $CO_2$（ppm） | $CH_4$（ppb） | $N_2O$（ppm） | Ecc | Obl | Peri-180 | | | |
| CTRL | 265 | 660 | 265 | 0.01676 | 23.459 | 100.33 | 1360.89 | 1850 年 | 1850 年 |
| ORB | 265 | 660 | 265 | Berger，1978 | | | CTRL | CTRL | CTRL |
| TSI_ORB | 265 | 660 | 265 | Berger，1978 | | | Vieira et al.，2011 | CTRL | CTRL |
| LUCC_ORB | 265 | 660 | 265 | Berger，1978 | | | CTRL | Goldewijk et al.，2017 | CTRL |
| VOL_ORB | 265 | 660 | 265 | Berger，1978 | | | CTRL | CTRL | Gao et al.，2020 |
| GHG_ORB | Joos and Spahni，2008 | | | Berger，1978 | | | CTRL | CTRL | CTRL |
| AF | Joos and Spahni，2008 | | | Berger，1978 | | | Vieira et al.，2011 | Goldewijk et al.，2017 | Gao et al.，2020 |

表 1.2　全新世气候模拟试验（NNU-Hol）的模拟时长

| 序号 | 试验名称 | 简称 | 模拟时长 | 模拟时间（年） |
|---|---|---|---|---|
| 1 | 控制试验 | CTRL | 350a | 10000BC~1990AD |
| 2 | 地球轨道参数试验 | ORB | 400a | 10000BC~1990AD |
| 3 | 太阳辐射试验 | TSI_ORB | 300a | 9490BC~1990AD |
| 4 | 温室气体试验 | GHG_ORB | 300a | 10000BC~1990AD |
| 5 | 土地利用/土地覆被试验 | LUCC_ORB | 300a | 10000BC~1990AD |
| 6 | 火山喷发试验 | VOL_ORB | 300a | 10000BC~1990AD |
| 7 | 全强迫试验 | AF | 300a | 10000BC~1990AD |

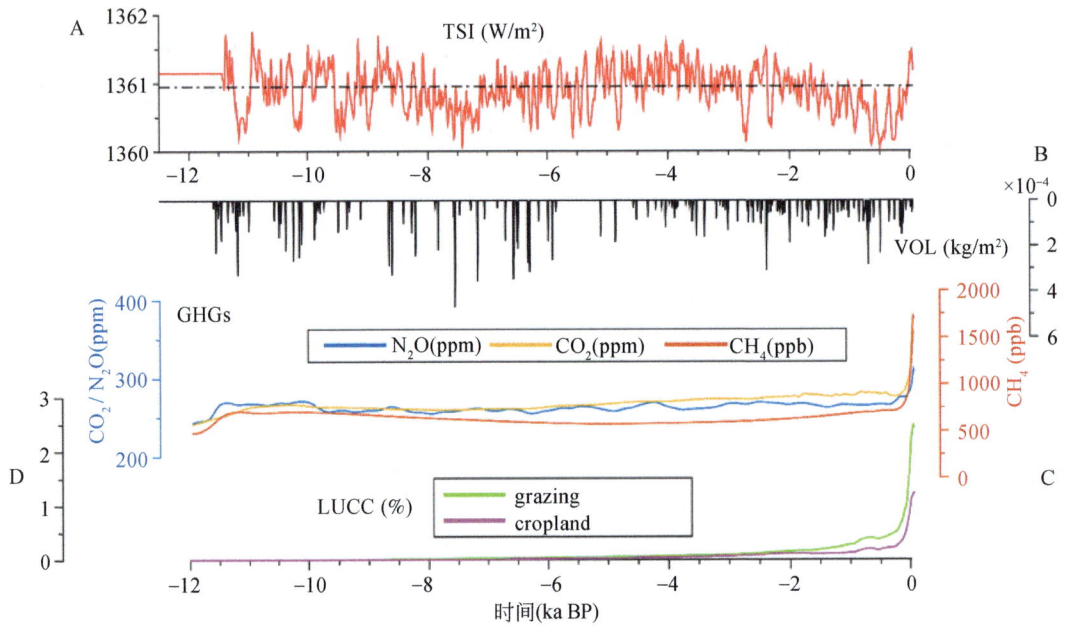

图 1.4　全新世的各种外强迫序列随时间的变化。

注：A 代表太阳辐射，B 代表火山喷发，C 代表温室气体，D 代表土地利用/土地覆被

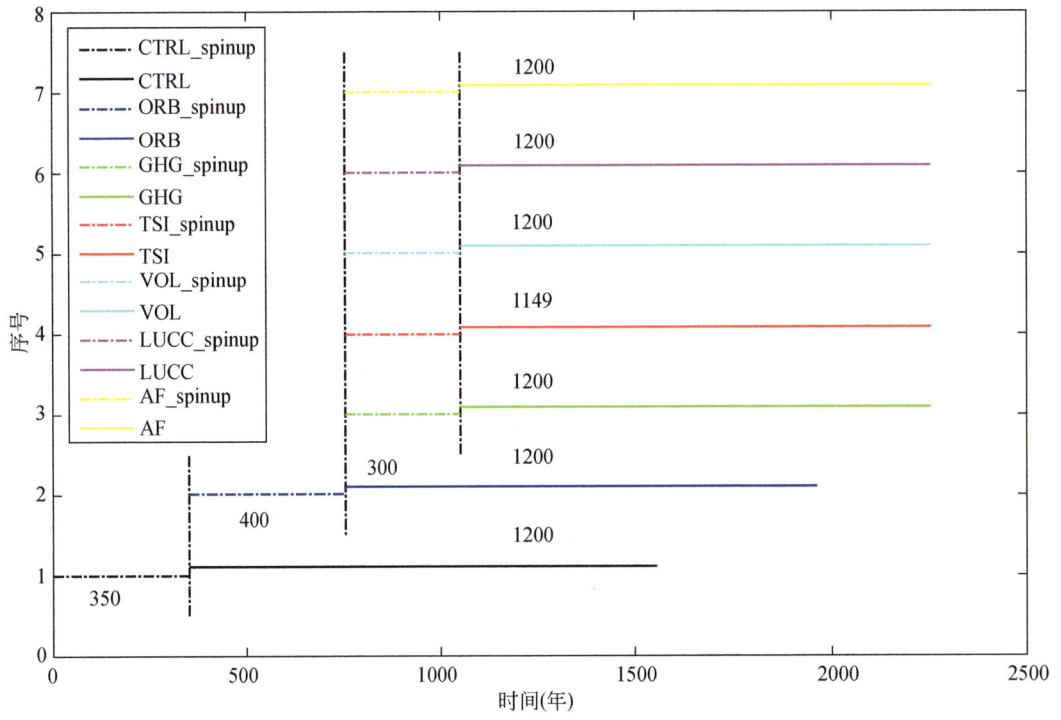

图 1.5　全新世气候模拟试验（NNU-Hol）中各个试验的模拟时间长度

4）TSI_ORB 试验、GHG_ORB 试验、LUCC_ORB 试验和 VOL_ORB 试验分别随地球轨道参数试验的初始平衡态进行模拟，且每个试验都固定给定对应强迫试验起始年份的强迫值，其他强迫的值保持和 CTRL 试验一致，然后进行 300 年的平衡态模拟，经检验已达到对应强迫试验起始年份的平衡态。而后，接入随时间变化的对应强迫试验的全新世外强迫序列，进行对应强迫试验的瞬变模拟。

5）全强迫模拟试验是集合考虑了所有上述 5 个外强迫因子进行的全新世气候模拟。其也是以地球轨道参数试验的初始平衡态为初始场，固定各个外强迫因子开始年份的强迫值（由于 TSI 强迫时间序列是从 9490BC 开始，而其他外强迫因子时间序列都是从 10000BC 开始，所以本书的 AF 试验也是从 10000BC 开始，但是 TSI 强迫在 10000BC 到 9500BC 时段给定的是 9490BC 时的强迫值），经检验 300 年后已达到平衡态。而后加入随时间变化的上述 5 个外强迫因子进行全强迫试验的瞬变模拟。

受到计算资源和存储容量的限制，本书的全新世模拟试验采用了 10 倍加速的模拟技术。对于加速模拟的适用性，前人已经做过验证。Lorenz 和 Lohmann（2004）认为地球轨道参数强迫的时间尺度（千年）大于海气耦合的时间尺度（月到年），与气候变化相关的温盐环流的长期变化相对于地球轨道参数驱动的地表气温的变化，在地球轨道参数强迫的时间尺度上是可以忽略的。同时，Varma 等（2016）对比了 10 倍加速和非加速的模拟结果，发现全球大部分地区地表气候没有显著性差别。所以，本研究的 10 倍加速全新世气候模拟的结果可以用于大尺度及地表气候的研究。

## 1.2.2 模拟结果与重建资料的时间序列对比

为了进一步了解全新世气候随时间的演变，本书将 NNU-Hol 中 AF 模拟的温度与各种类型的代用指标重建的全新世温度变化时间序列进行对比。

全球平均温度变化很大程度上反映火山的急剧降温的信号，同时发现火山信号有隔一千年左右集群式爆发的信号，这样可能导致千年左右的降温事件，如 Zielinski 等（1996）指出的火山喷发可能对全新世千年尺度的冷事件有贡献。同时发现在 5ka BP ~0ka BP 存在一个降温趋势，这主要是火山喷发的贡献（图 1.6）。

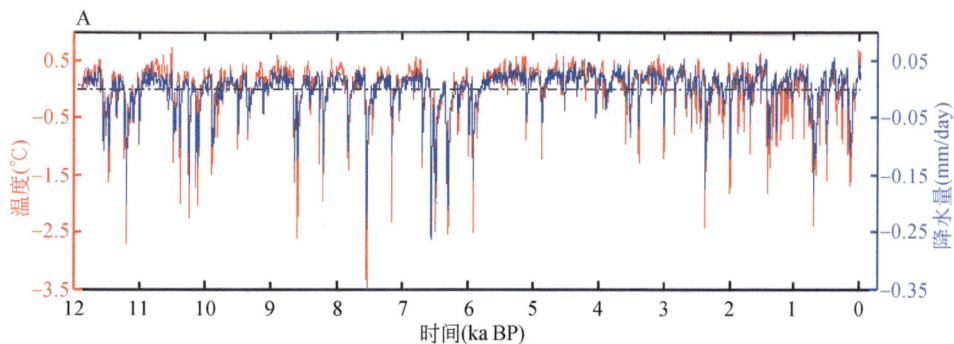

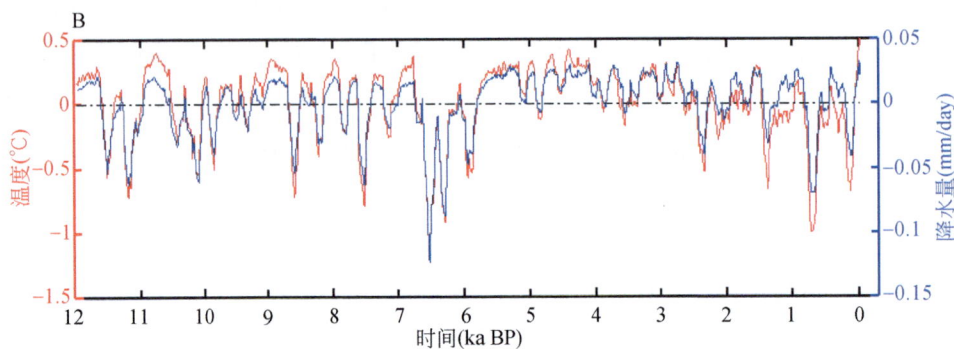

图 1.6　NNU-Hol 全强迫模拟试验结果全球年平均的地表温度和降水

注：A 图是原始系列，B 图是 110 年滑动平均结果；红线，左纵坐标；蓝线，右纵坐标

对比 NNU-Hol 模拟的全新世全球年平均温度和 Marcott 等（2013）73 条重建的温度变化序列，可以发现全球范围的全新世温度变化存在一个比较大的不确定性变化范围（图 1.7，表 1.3，图 1.8），模拟结果在不确定性范围之内。本书进一步把全球划分成 45°N～90°N、20°N～45°N、20°S～20°N、20°S～45°S、45°S～90°S 5 个纬度带，将对应纬度带的重建资料与 AF 试验模拟的该纬度带年平均温度进行对比，发现模拟结果也基本在重建资料的不确定性范围之内（图 1.9）。

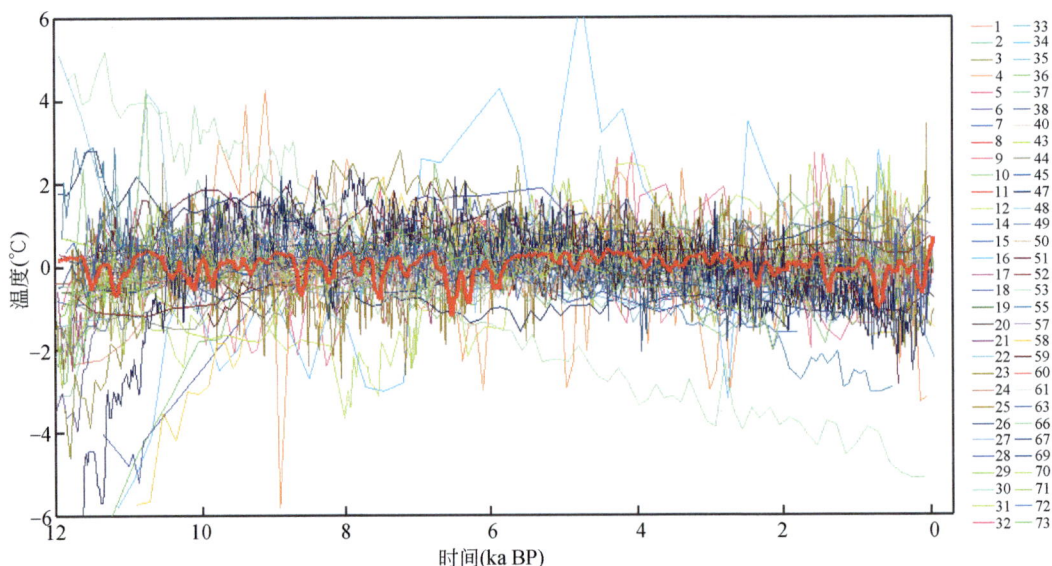

图 1.7　NNU-Hol 全强迫试验全球年平均温度与重建资料的温度时间变化序列对比

注：粗红线代表全强迫试验模拟的温度 110 年滑动平均，其他颜色细线都是重建资料的温度，

编号同表 1.3，样点位置同图 1.9

表 1.3　全新世全球范围的重建资料列表

| 序号 | 位置/岩芯 | 代用指标 | 参考文献 |
|---|---|---|---|
| 1 | GeoB5844-2 | UK'37 | Arz et al., 2003 |
| 2 | ODP-1019D | UK'37 | Barron et al., 2003 |
| 3 | SO136-GC11 | UK'37 | Barrows et al., 2007 |
| 4 | JR51GC-35 | UK'37 | Bendle and Rosell-Melé, 2007 |
| 5 | ME005A-43JC | Mg/Ca（G. ruber） | Benway et al., 2006 |
| 6 | MD95-2043 | UK'37 | Cacho et al., 2001 |
| 7 | M39-008 | UK'37 | Cacho et al., 2001 |
| 8 | MD95-2011 | UK'37 | Calvo et al., 2002 |
| 9 | ODP 984 | Mg/Ca（N. pachyderma d.） | Came et al., 2007 |
| 10 | GeoB 7702-3 | TEX86 | Castañeda et al., 2010 |
| 11 | Moose Lake | Chironomid transfer function | Clegga et al., 2010 |
| 12 | ODP 658C | Foram transfer function | de Menocal et al., 2000 |
| 13 | Composite：MD95-2011；HM79-4 | Radiolaria transfer function | Dolven et al., 2002 |
| 14 | IOW225517 | UK'37 | Emeis et al., 2003 |
| 15 | IOW225514 | UK'37 | Emeis et al., 2003 |
| 16 | M25/4-KL11 | UK'37 | Emeis et al., 2003 |
| 17 | ODP 1084B | Mg/Ca（G. bulloides） | Farmer et al., 2005 |
| 18 | AD91-17 | UK'37 | Giunta et al., 2001 |
| 19 | 74KL | UK'37 | Huguet et al., 2006 |
| 20 | 74KL | TEX86 | Huguet et al., 2006 |
| 21 | NIOP-905 | UK'37 | Huguet et al., 2006 |
| 22 | NIOP-905 | TEX86 | Huguet et al., 2006 |
| 23 | Composite：MD01-2421；KR02-06 St. A GC；KR02-06 St. A MC | UK'37 | Isono et al., 2009 |
| 24 | GeoB 3910 | UK'37 | Jaeschke et al., 2007 |
| 25 | Dome C, Antarctica | Ice Core dD | Jouzel et al., 2007 |
| 26 | GeoB 7139-2 | UK'37 | Kaisera et al., 2008 |
| 27 | Dome F, Antarctica | Ice Core d$^{18}$O, dD | Kawamura et al., 2007 |
| 28 | 18287-3 | UK'37 | 5.7Kienast et al., 2001 |
| 29 | GeoB 1023-5 | UK'37 | Kim et al., 2002 |
| 30 | GeoB 5901-2 | UK'37 | Kim et al., 2004 |
| 31 | KY07-04-01 | Mg/Ca（G. ruber） | Kubota et al., 2010 |
| 32 | Hanging Lake | Chironomid transfer function | Kurek et al., 2009 |
| 33 | GeoB 3313-1 | UK'37 | Lamy et al., 2002 |
| 34 | Lake 850 | Chironomid transfer function | Larocque and Hall, 2004 |

| 序号 | 位置/岩芯 | 代用指标 | 参考文献 |
|---|---|---|---|
| 35 | Lake Nujulla | Chironomid transfer function | Larocque and Hall, 2004 |
| 36 | PL07-39PC | Mg/Ca (G. ruber w.) | Lea et al., 2003 |
| 37 | MD02-2529 | UK'37 | Leduc et al., 2007 |
| 38 | MD98-2165 | Mg/Ca (G. ruber w.) | Levi et al., 2007 |
| 39 | MD79-257 | Foram MAT | Levi et al., 2007 |
| 40 | BJ8 13GGC | Mg/Ca (G. ruber s.s.) | Linsley et al., 2010 |
| 41 | BJ8 70GGC | Mg/Ca (G. ruber s.s.) | Linsley et al., 2010 |
| 42 | MD95-2015 | UK'37 | Marchal et al., 2002 |
| 43 | Homestead Scarp | Pollen MAT | McGlone et al., 2010 |
| 44 | Mount Honey | Pollen MAT | McGlone et al., 2010 |
| 45 | GeoB 10038-4 | Mg/Ca (G. ruber) | Mohtadi et al., 2010 |
| 46 | TN05-17 | Diatom MAT | Nielsen et al., 2004 |
| 47 | MD97-2120 | UK'37 | Pahnke and Sachs, 2006 |
| 48 | MD97-2121 | UK'37 | Pahnke and Sachs, 2006 |
| 49 | 17940 | UK'37 | Pelejero et al., 1999 |
| 50 | Vostok, Antarctica | Ice Core dD | Petit et al., 1999 |
| 51 | D13822 | UK'37 | Rodrigues et al., 2009 |
| 52 | M35003-4 | UK'37 | Rühlemann et al., 1999 |
| 53 | OCE326-GGC26 | UK'37 | Sachs, 2007 |
| 54 | OCE326-GGC30 | UK'37 | Sachs, 2007 |
| 55 | CH07-98-GGC19 | UK'37 | Sachs, 2007 |
| 56 | GIK23258-2 | Foram transfer function | Sarnthein et al., 2003 |
| 57 | GeoB 6518-1 | UK'37 | Schefuß et al., 2005 |
| 58 | Flarken Lake | Pollen MAT | Seppä and Birk, 2001; Seppä et al., 2005 |
| 59 | Tsuolbmajavri Lake | Pollen MAT | Seppä and Birk, 2001; Seppä et al., 1999 |
| 60 | MD01-2390 | Mg/Ca (G. ruber s.s.) | Steinke et al., 2008 |
| 61 | EDML | Ice Core $d^{18}O$ | Stenni et al., 2010 |
| 62 | MD98-2176 | Mg/Ca (G. ruber) | Stott et al., 2007 |
| 63 | MD98-2181 | Mg/Ca (G. ruber) | Stott et al., 2007 |
| 64 | A7 | Mg/Ca (G. ruber) | Sun et al., 2005 |
| 65 | RAPID-12-1K | Mg/Ca (G. bulloides) | Thornalley et al., 2009 |
| 66 | NP04-KH3, -KH4 | TEX86 | Tierney et al., 2008 |
| 67 | Agassiz & Renland | Ice Core $d^{18}O$, borehole temp. | Vinther et al., 2009 |

| 序号 | 位置/岩芯 | 代用指标 | 参考文献 |
|------|-----------|----------|----------|
| 68 | GeoB6518-1 | MBT | Weijers et al., 2007 |
| 69 | MD03-2707 | Mg/Ca（G. ruber p.） | Weldeab et al., 2007 |
| 70 | GeoB 3129 | Mg/Ca（G. ruber w.） | Weldeab et al., 2006 |
| 71 | GeoB 4905 | Mg/Ca（G. ruber p.） | Weldeab et al., 2005 |
| 72 | MD01-2378 | Mg/Ca（G. ruber w. s. s） | Xu et al., 2008 |
| 73 | MD02-2575 | Mg/Ca（G. ruber w.） | Ziegler et al., 2008 |

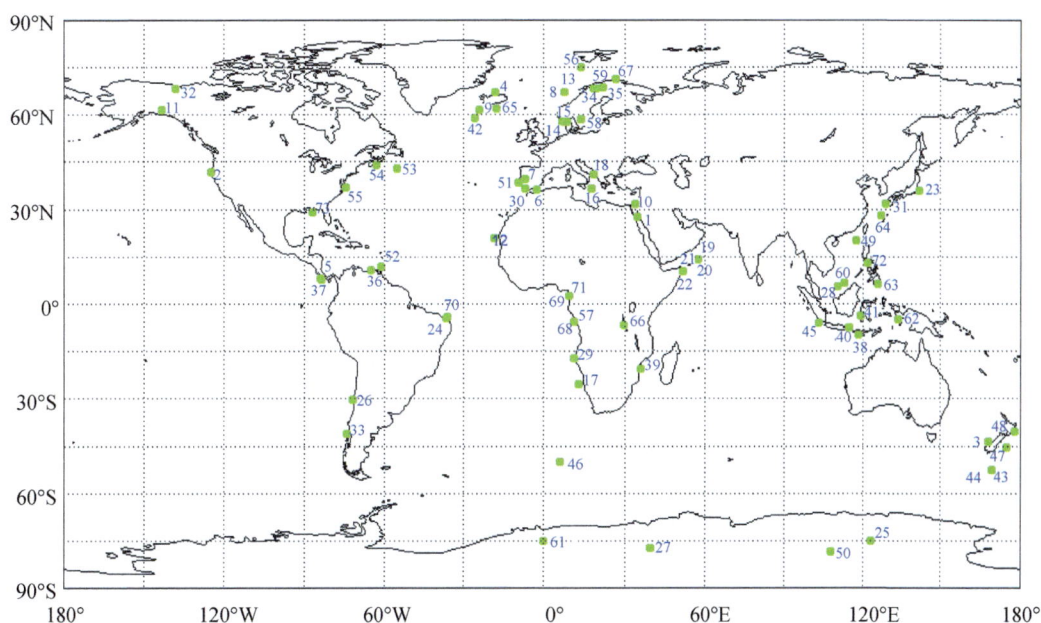

图 1.8　全新世温度代用资料编号（表 1.3）在地图上的位置示意

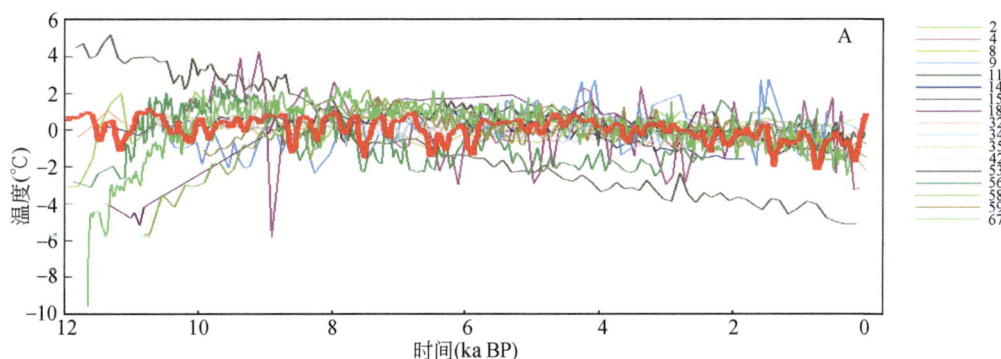

全新世多尺度气候变化的特征

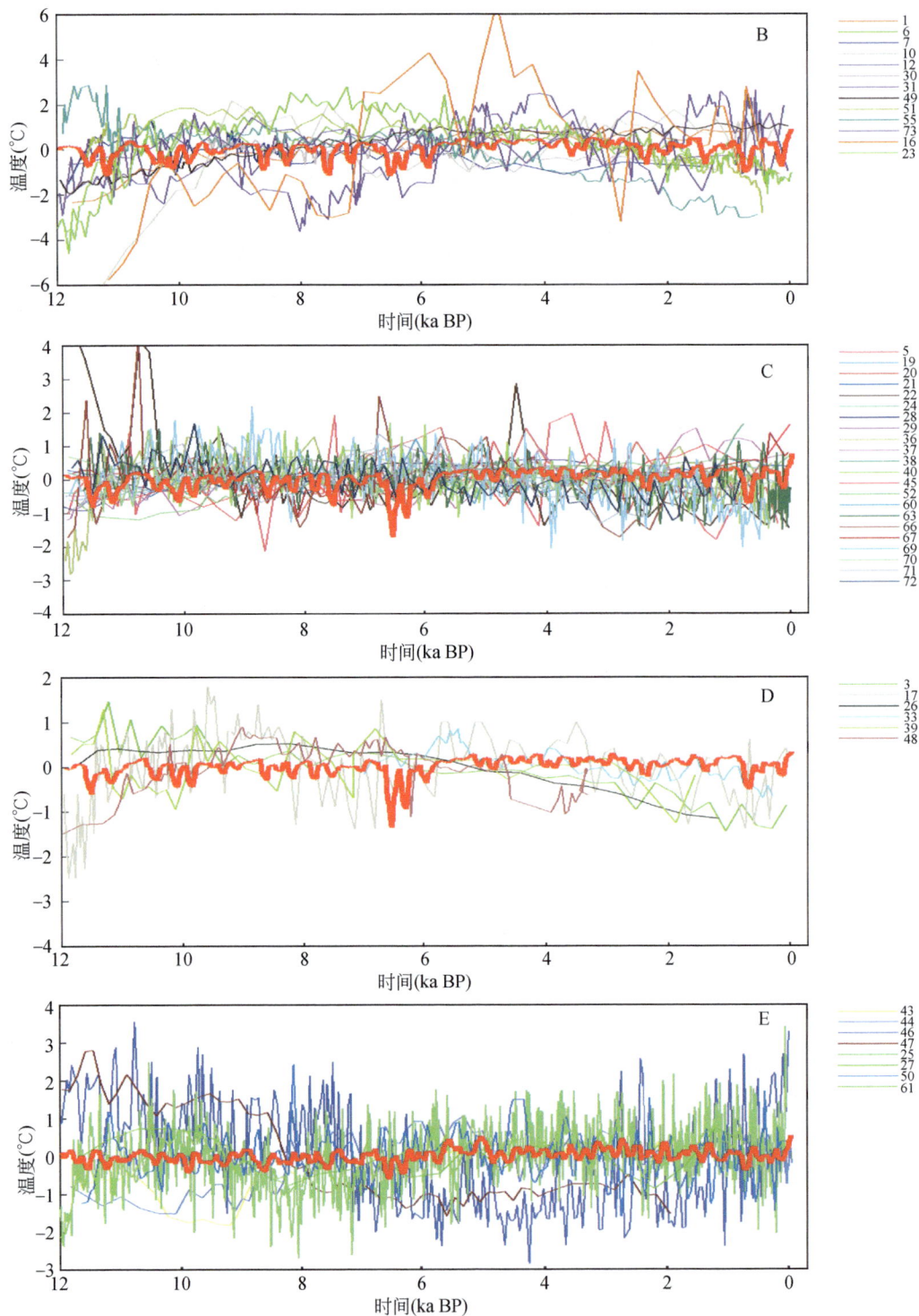

图 1.9　NNU-Hol 全强迫试验结果各个纬度带年平均温度的 110 年滑动平均与
重建资料的温度时间变化序列对比

注：粗红线代表全强迫各个纬度带年平均温度的 110a 滑动平均；A 代表 45°N ~ 90°N，B 代表 20°N ~ 45°N，
C 代表 20°S ~ 20°N，D 代表 20°S ~ 45°S，E 代表 45°S ~ 90°S；其他颜色细线都是重建资料的温度时间变化序列

## 1.2.3 NNU-Hol 模拟结果与其他全新世模拟结果对比

全新世的三套模拟试验中的地球轨道参数试验的全球年平均结果为 TraCE-21ka 上升，LOVECLIM（Loch-Vecode-Ecbilt-Clio-Agism Model）略微上升，FAMOUS（Fast Met Office/UK Universities Simulator）略微下降（Liu et al., 2014）。NNU-Hol 的轨道参数模拟结果显示，温度变化较小，降水有明显的上升趋势（0.03mm/day）（图1.10）。

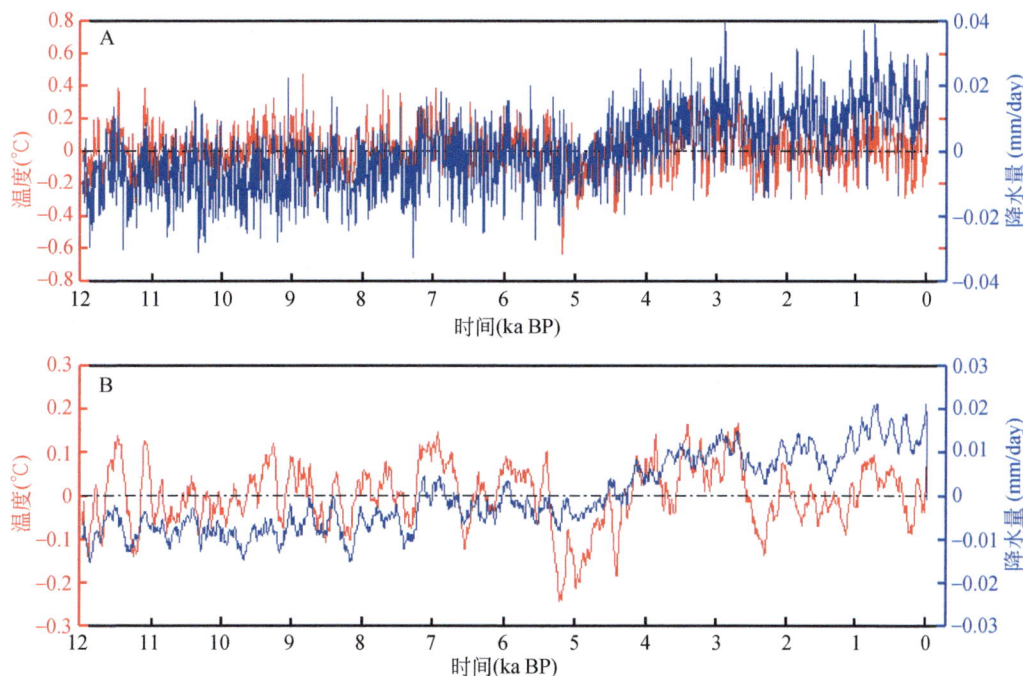

图 1.10　NNU-Hol 的 ORB 试验模拟的全球年平均的地表温度

注：A 图是原始序列，B 图是 110 年滑动平均结果；红线，左纵坐标；蓝线，右纵坐标

NNU-Hol 和 TraCE-21ka 的地球轨道参数模拟试验的地表温度结果在全球、北半球和南半球 MAM、JJA、SON、DJF 和 ANN 的变化趋势都相对一致（图1.11）。北半球平均温度在 JJA 降温，DJF 升温，MAM 先降温后升温，SON 先升温后降温，ANN 降温；南半球平均温度在 MAM 升温，JJA 温度变化较小，SON 早全新世先升温，中晚全新世后降温，DJF 升温，ANN 有先升温后降温；全球平均 MAM 变化较小，在 JJA 降温，SON 先升温后降温，DJF 升温，ANN 有小的降温。同时，类似温度，两个模拟试验的降水结果变化趋势也比较一致（图1.12）。北半球平均降水，JJA 下降，DJF 变化较小，MAM 较小的增加，SON 下降，ANN 下降；南半球平均降水 MAM 上升，JJA 上升，SON 先下降后上升，DJF 先上升后下降，ANN 上升；全球平均降水 MAM 上升，JJA 先下降后上升，SON 先下降后上升，DJF 先上升后下降，ANN 上升。

1

全新世多尺度气候变化的特征

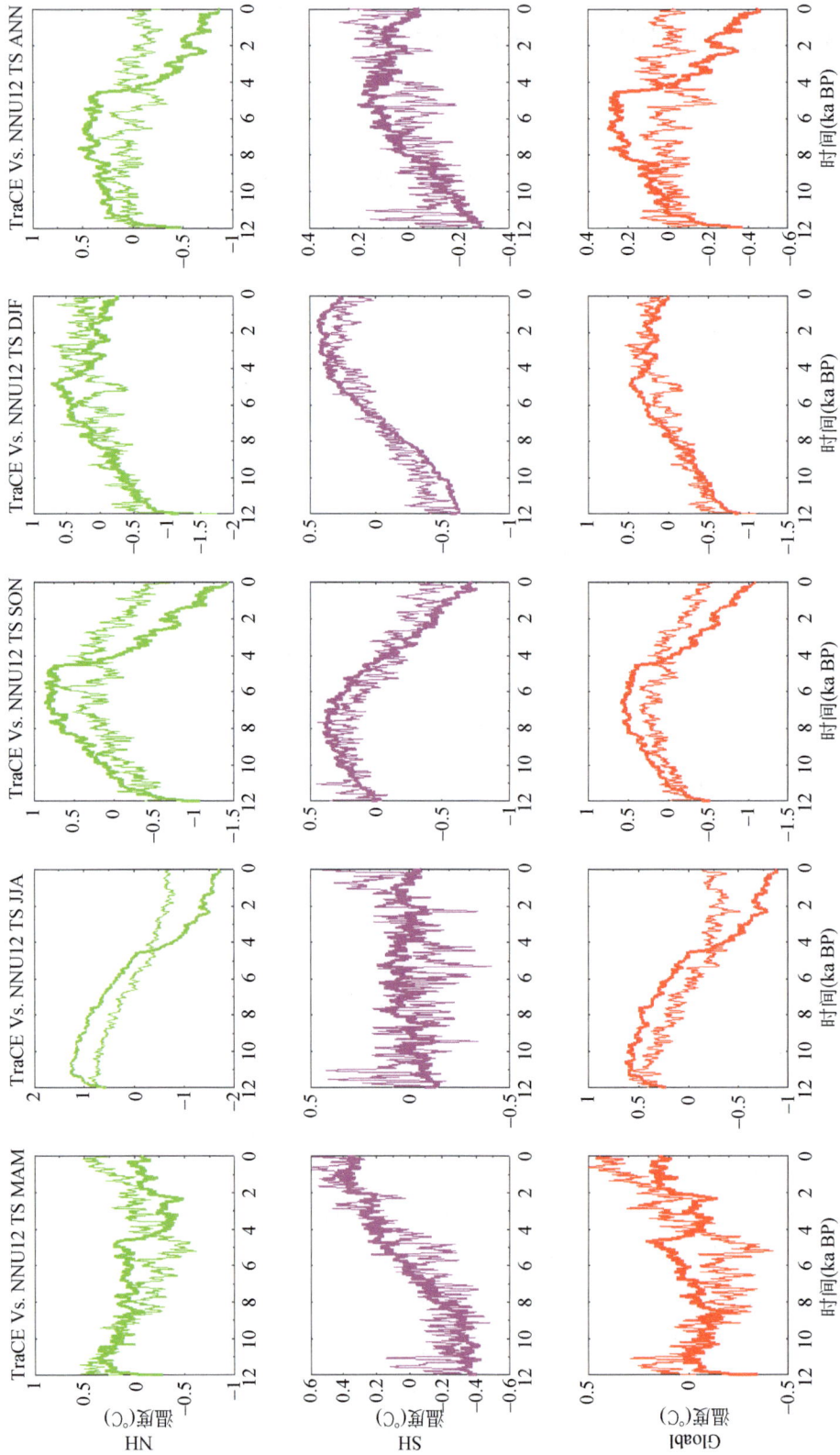

图1.11　NNU-Hol和TraCE-21ka的地球轨道参数模拟试验的地表温度110a滑动平均
注：粗线代表TraCE的ORB模拟试验结果，细线代表NNU-Hol的ORB模拟试验结果。第一行图是MAM、JJA、SON、DJF和ANN北半球平均，
第二行图是南半球平均，第三行图是全球平均

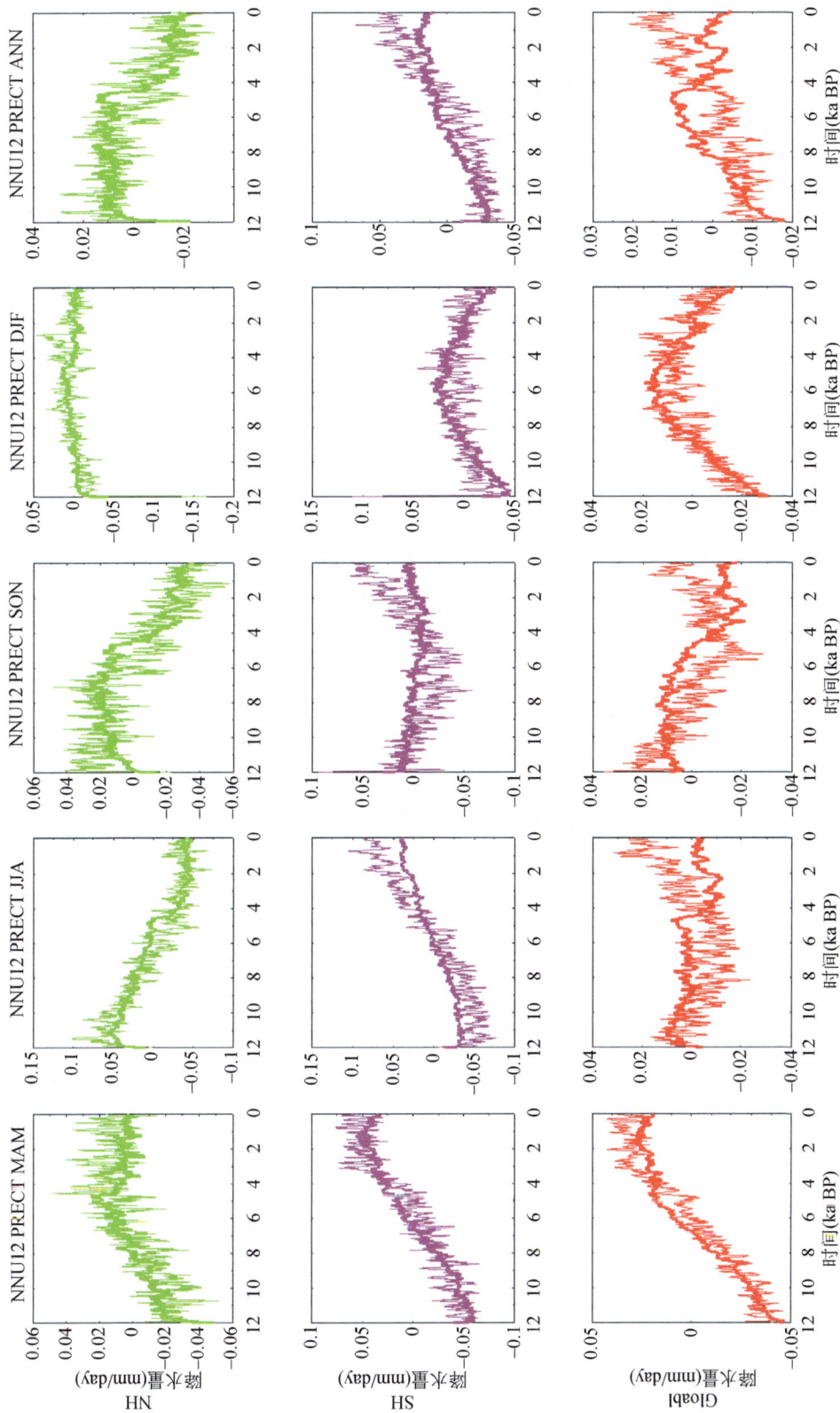

图1.12 NNU-Hol和TraCE-21ka的地球轨道参数模拟试验的降水110a滑动平均

注：粗线代表TraCE的ORB模拟试验结果，细线代表NNU-Hol的ORB模拟试验结果。第一行图是MAM、JJA、SON、DJF和ANN北半球平均，第二行图是南半球平均，第三行图是全球平均

温度和降水变化趋势可能因模式的不同而不同。TraCE-21ka 模拟试验用的是气候系统模拟 CCSM3（Community Climate System Model 3），而 NNU-Hol 模拟试验用的是地球系统模式 CESM1.0.3。

# 1.3 千年—百年—年代际气候变化

## 1.3.1 千年尺度

早在 1973 年，Denton 和 Karlén 就根据欧洲和北美洲山地冰川的进退变化，提出全新世气候具有不稳定性特点。Bond 等（1997，2001）利用海相沉积、有孔虫丰度、稳定同位素等记录，证实了北大西洋全新世气候确实存在强烈波动，与末次冰期突变事件具有相似韵律（1470±500 年），在成因上与太阳活动密切相关。随后，来自低纬海洋、湖泊和石笋的记录均证实了全新世气候的不稳定性。关于全新世气候突变的细节特征及其驱动机制仍存在诸多争议，对这一问题的深入研究不仅具有理论意义，而且有助于未来中–长尺度气候变化的预测。

通过对亚洲季风区大量石笋记录进行总结分析，发现末次冰期以来，季风水文突变呈三种模态（Liu et al.，2018a）：①在"H 事件"开始，季风强度急剧衰减。平均在 200a 内季风强度即可降到最低水平。其中最剧烈变化约在 50a 内完成。在"H 事件"中期，季风缓慢抬升，最后以突变方式结束。此时，高北纬气温持续保持在极低值水平。由此说明，在"H 事件"内部高、低纬气候解耦。②在全新世背景下，季风突变往往表现为"开始缓慢下降，最后突变结束"特征，季风极弱期往往出现在"Bond 事件"晚期。除小冰期外，这些"Bond 事件"持续时间不到 300a，而事件开始的季风衰减平均耗时约 110a。在结构上，这种特征与"H 事件"相反。③在末次冰消期，"新仙女木事件"（Younger Dryas，YD）期间季风变化则表现为上述两种模态过渡，呈现"中间型"特征。季风极弱期出现在 YD 早期，但事件开始的季风衰减过程非常缓慢。因此，不同背景下，季风水文气候可能具有不同的响应模式（图 1.13）。

前北方期（11.7~10ka BP）衔接冰期与全新世，在时间上，位于格陵兰阶（11.7~8.2ka BP）。中国黔西南布依族苗族自治州道观洞一支年纹层石笋显示，季风强度在前北方期呈多阶段、阶梯式抬升，在 11.2±0.3ka 期间开始加速（Liu et al.，2018b）。这种气候回暖、变湿加速现象在低纬山岳冰川记录中也有体现。在玻利维亚，热带冰川约在 10.8±0.9ka 开始快速消退，进而证实全球加速回暖。在该期，发生 2 次"Bond 事件"（Bond Event 8，BE8；Bond Event 7，BE7），分别位于 11.6ka 和 10.6ka。对比道观洞石笋 $\delta^{18}O$、$\delta^{13}C$ 和年层厚度发现，$\delta^{18}O$ 在 BE8 和 BE7 期间正偏达 1.5‰，说明季风强度衰减显著

（图1.14）。在细节上，BE8期间十年际δ¹⁸O变化低于平均值，而指示土壤湿度的δ¹³C和年层厚度则变化显著；在BE7期间，δ¹⁸O变化一般高于平均值，δ¹³C和年层厚度也呈现大幅度变化。频谱分析显示，自BE8至BE7，60年周期气候信号强度逐步增强。这种现象说明，在BE8期间冰期气候背景抑制了季风强度，而至BE7阶段，热带水热活动加强，导致60a自然变率增强（Liu et al.，2018b）。

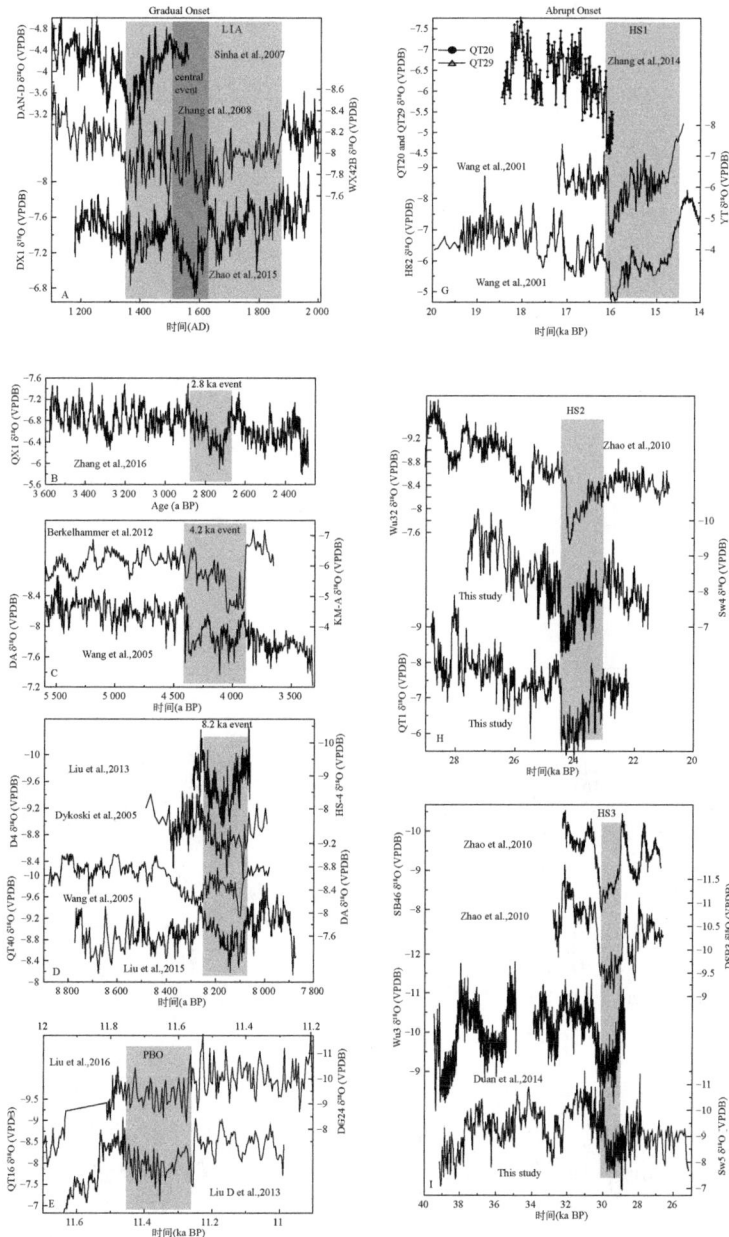

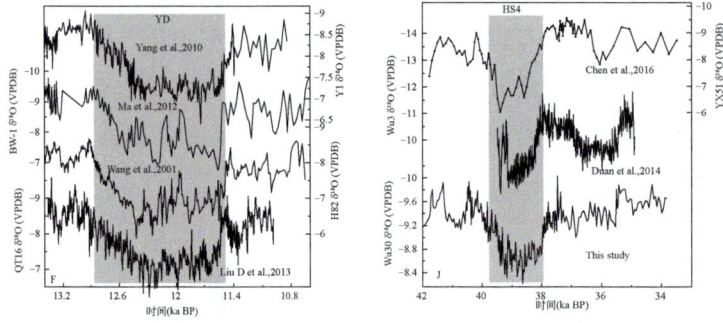

图 1.13 冰期 "H 事件" 与全新世 "Bond 事件" 内部结构对比

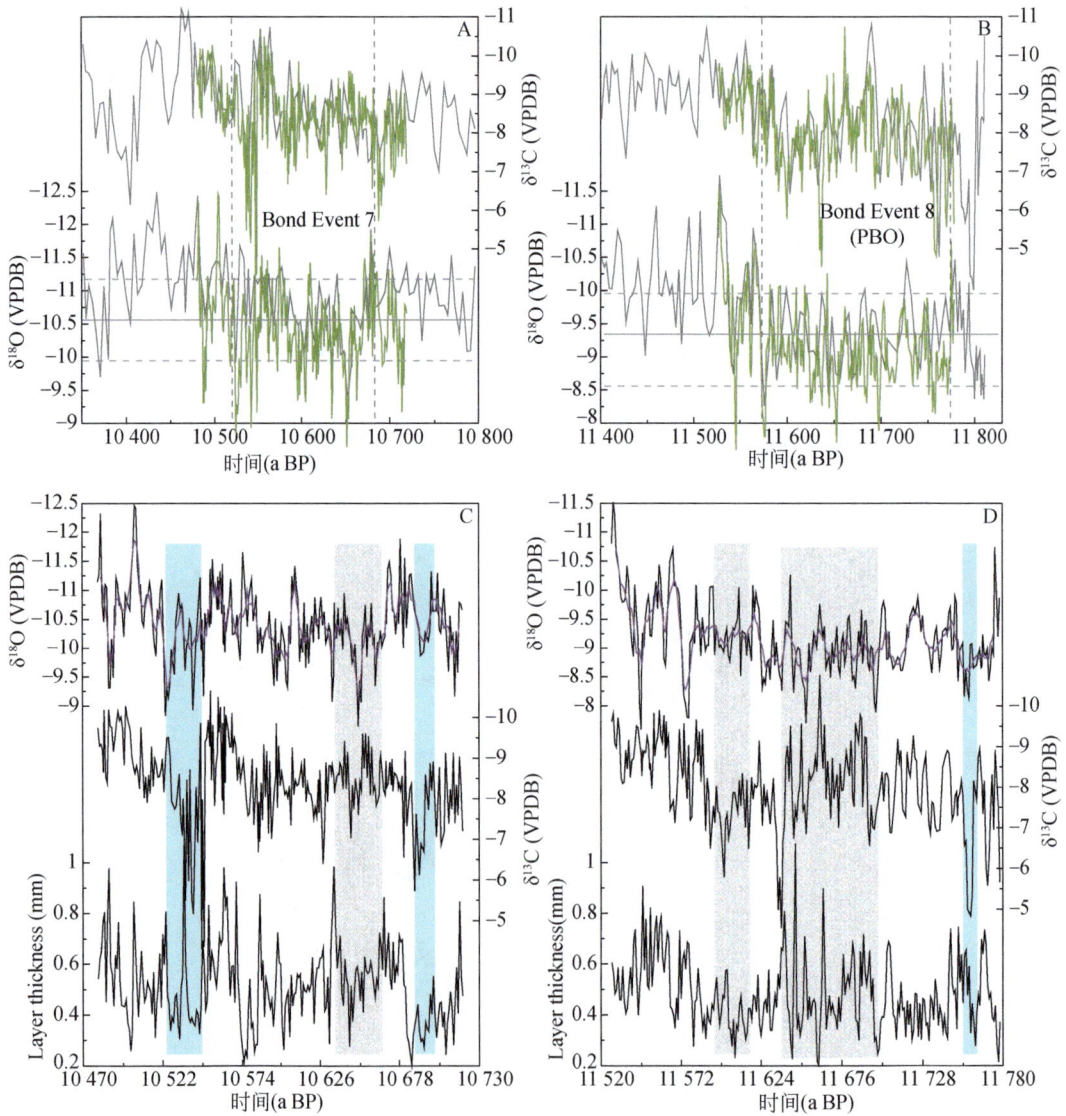

图 1.14 BE7 和 BE8 期间石笋氧、碳及年层厚度对比

## 1.3.2  全新世温度的线性响应：时空依赖性

CCSM3、FAMOUS 和 LOVECLIM 模式研究发现，过去 12000 年全强迫中全球平均温度演化与轨道、冰盖、温室气体、淡水注入敏感性试验中全球平均温度之和的结果是一样的。线性响应简化了气候演化，是非常有用的。然而，线性响应在不同时间尺度上的正确性仍然是不清楚的。本节采用 TraCE-21ka 的气候模拟结果、相关系数和线性误差指数，大致评估全新世地球表面温度线性响应的依赖性。

对于在不同时间尺度上线性响应的依赖性，全球平均气温提供了一个有用的例子。基于轨道分量，千年、百年和年代际变化，我们首先研究线性响应的全球平均温度（图 1.15）。图 1.15A 是全强迫和 4 个单因子敏感性试验的全球地表温度的变化。全新世全球温度在轨道和千年时间尺度上的响应是线性的（图 1.15B、C）。轨道尺度的演化特征是，在 11ka ~ 4.5ka 气温上升了 1℃，之后略有下降。总的变化与地球轨道变化非常相似（$r =$ 0.99，图 1.15A 与图 1.15B）。千年时间尺度变化呈现五个主要峰值，分别在 9.8ka BP、7.8ka BP、4.7ka BP、3.7ka BP、1.8ka BP 附近。总的变化和全强迫中轨道和千年时间尺度变化的相关系数分别为 0.83、0.71，达到了 95% 置信度，解释方差为 50%；线性误差 Le 分别为 0.63、0.92，达到了 95% 置信度。值得注意的是，较好的线性响应是基于整个时段的，意味着时间尺度响应被研究。因此，尽管长时间尺度具有较好的线性响应，总的变化响应或许仍然与特定时段的响应不同。例如，图 1.15B 是轨道尺度响应的结果，尽管从 $r$ 和 Le 来看，线性响应是好的，总的变化和整体响应在 11ka 和 3ka 仍存在 1℃ 的差异。因此，对于轨道尺度的响应，线性响应主要是轨道时间尺度类似趋势的缓慢变化，而不是短时间尺度响应。在百年时间尺度上，全球百年时间尺度变化显示适中的线性响应（图 1.15D），$r$ 和 Le 分别为 0.44 和 1.21。但年代际的线性响应较差（图 1.15E），$r$ 和 Le 分别为 −0.02 和 1.99，没有通过 95% 置信水平。由于较小的强迫信号和强的内部变率，全球平均温度与短时间尺度的趋于退化的线性响应是一致的。因此，全球温度在轨道和千年时间尺度上的响应是线性的，在百年时间尺度上大大减小，年代际尺度上消失。

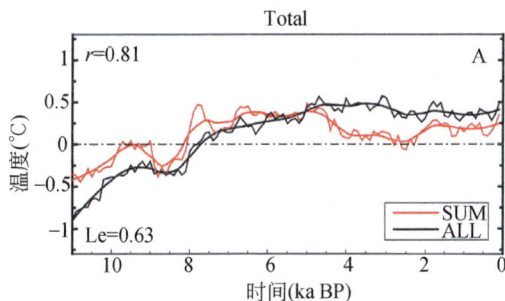

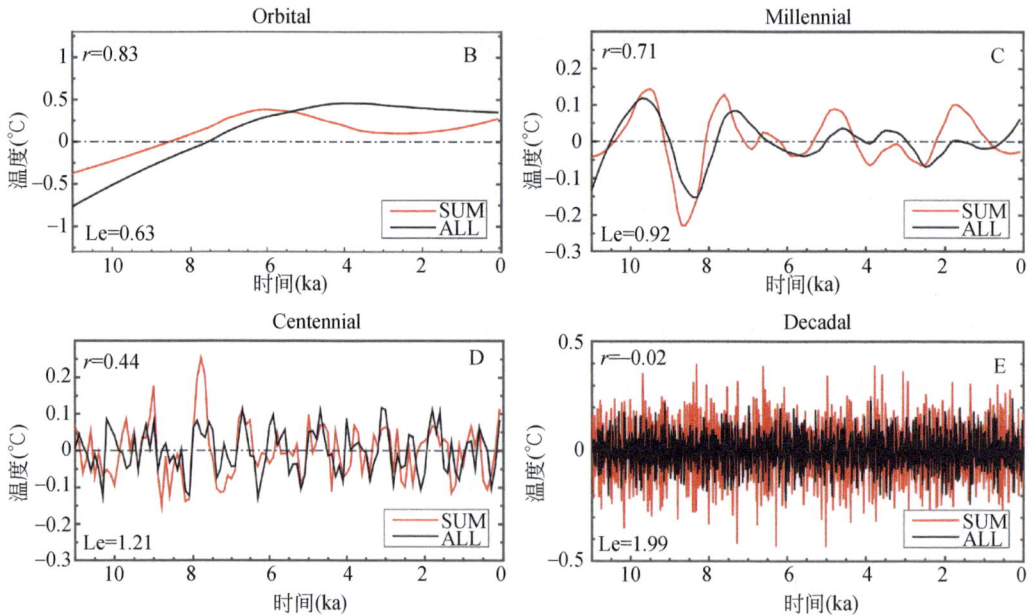

图1.15　全强迫（黑色）和四个单因子敏感性试验之和（红色）的全球年平均表面温度时间序列

注：A图中，细线是100年低通滤波结果，粗线是2500年滤波结果；B图是6500年滤波结果，代表轨道尺度变化；C图是2500年滤波减去6500年滤波结果，代表千年时间尺度变化；D图是100年低通滤波减去2500年滤波结果，代表百年时间尺度变化；E图是10年低通滤波减去100年滑动平均结果，代表年代时间尺度变化；左上角数值是相关系数，左下角是线性误差；Y轴是相对于0ka的温度异常

## 1.3.3　全新世火山喷发对温度变化趋势影响的模拟研究

### 1.3.3.1　在5ka BP～0.15ka BP时段全球年平均地表温度对外强迫的响应

Marcott等（2013）集成重建的全球年平均温度变化趋势在5ka BP～0.15ka BP时段的降温最为剧烈。然而，三套不同的大气—海洋耦合气候系统模式的全强迫试验模拟的全球年平均温度却都表现出了0.20℃左右的升温。此外，三个纬度带年平均温度的变化趋势也存在较大的不一致。模式模拟结果和重建资料集成结果的年平均温度在5ka BP～0.15ka BP时段的差异最大，这个在全新世的巨大的温度变化趋势的不一致被称为全新世"温度悖论"。

将NNU-Hol的全强迫模拟结果和Marcott等（2013）的集成重建资料的全球年平均温度进行对比可以发现，在5ka BP～0.15ka BP时段，NNU-Hol全强迫模拟结果存在和Marcott等（2013）集成重建资料基本一致的降温趋势，均有0.5℃左右的降温（图1.16A，表1.4）。其中，5ka BP～0.15ka BP时段是Marcott等（2013）集成重建资料降温最为明显的时段。因此，NNU-Hol 的全强迫试验模拟结果基本能够化解以往研究中发现的在 5ka BP～0.15ka BP 时段的全球年平均的"温度悖论"。

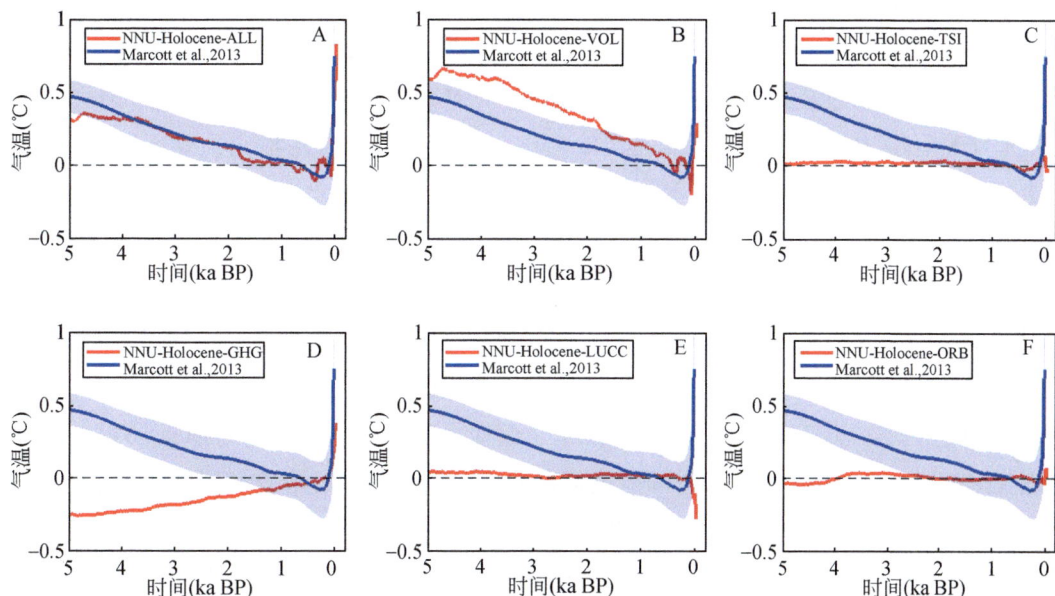

图 1.16　NNU-Hol 模拟试验结果与重建数据的全球年平均温度比较

注：图中蓝线是 Marcott 等（2013）重建结果，蓝色阴影是 1 倍标准差的变化范围。红线代表 NNU-Hol 模拟结果。全强迫、火山喷发、太阳辐射、温室气体、土地利用/土地覆被和地球轨道参数强迫的模拟结果分别为 A、B、C、D、E 和 F 中的红线。水平虚线代表零线（异常相对于-0.5ka BP～0.01ka BP 平均）。模拟和重建都进行了 2200 年的滑动平均

表 1.4　在 5ka BP～0.15ka BP 时段 NNU-Hol 模拟和
重建集成的年平均温度变化趋势

| 重建与模拟<br>试验名称 | 纬度带平均 | | | NH_MHL：Tropic：<br>SH_MHL | 全球平均<br>（℃） |
| --- | --- | --- | --- | --- | --- |
| | NH_MHL<br>30°N～90°N（℃） | Tropic<br>30°S～30°N（℃） | SH_MHL<br>90°S～30°S（℃） | | |
| Marcott | -1.09 | -0.16 | -0.07 | 1：0.15：0.06 | -0.53 |
| AF | -1.13 | -0.16 | -0.12 | 1：0.14：0.11 | -0.47 |
| VOL_ORB | -1.67 | -0.33 | -0.15 | 1：0.2：0.09 | -0.71 |
| GHG_ORB | 0.11 | 0.36 | 0.33 | 1：3.27：3 | 0.27 |
| TSI_ORB | -0.42 | 0.16 | 0.16 | 1：-0.38：-0.38 | -0.03 |
| LUCC_ORB | -0.51 | 0.17 | 0.07 | 1：-0.33：-0.14 | -0.09 |
| ORB | -0.16 | 0.18 | 0.19 | 1：-1.13：-1.19 | 0.07 |

### 1.3.3.2　在5ka BP～0.15ka BP时段全球年平均降温趋势的原因

前人的研究指出，连续增强的火山喷发能够引起净的负辐射强迫，并通过混合层海洋热容的下降引起全球长时间尺度的降温趋势。因为火山喷发后，热带地区快速冷却，导致在陆地上形成高压异常，随后洋流的运动使得冷却信号传播到高纬，随着时间推移减弱AMOC（Atlantic Meridional Overtuming Circulation），导致海冰范围扩张，海冰的扩张可以延长火山喷发的降温。因此，本书将先从地表辐射平衡和海冰变化两方面讨论对温度变化趋势的影响。

5ka BP～0.15ka BP时段全球的火山喷发存在一个增强的趋势，火山喷发引起的全球平均的火山气溶胶柱总量的增加趋势为$1.63 \times 10^{-6} kg/m^2$。火山气溶胶能够反射太阳短波辐射，并通过一系列辐射过程影响地表的辐射平衡，使得在5ka BP～0.15ka BP时段的全球年平均到达地表的太阳辐射减少$0.61 W/m^2$，而地表反射的太阳辐射增加$0.56 W/m^2$，所以地表净的太阳辐射减少$1.17 W/m^2$。与此同时，由于大气中气溶胶的增加改变了大气中的气体成分含量，使得大气逆辐射下降了$3.22 W/m^2$左右，而地表向上长波辐射也下降了$3.06 W/m^2$左右，所以地表净长波辐射增加了$0.16 W/m^2$。因此，地表接收的太阳辐射减少和射出长波辐射增加共同作用使得地表辐射平衡被打破，VOL_ORB试验模拟的全球年平均地表温度，在上述时段表现为0.71℃的降温趋势（图1.17，表1.5）。

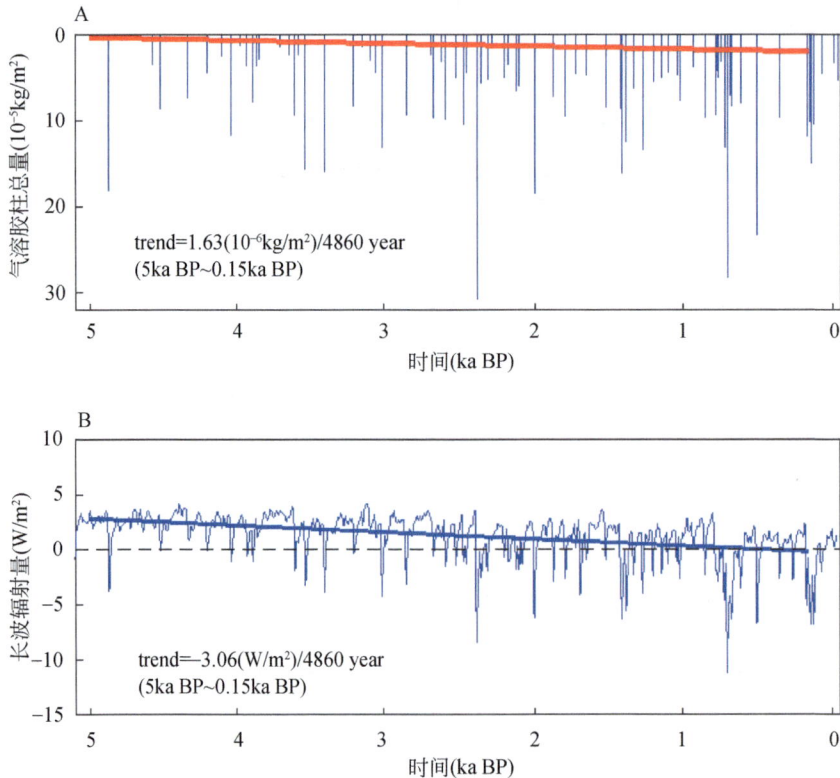

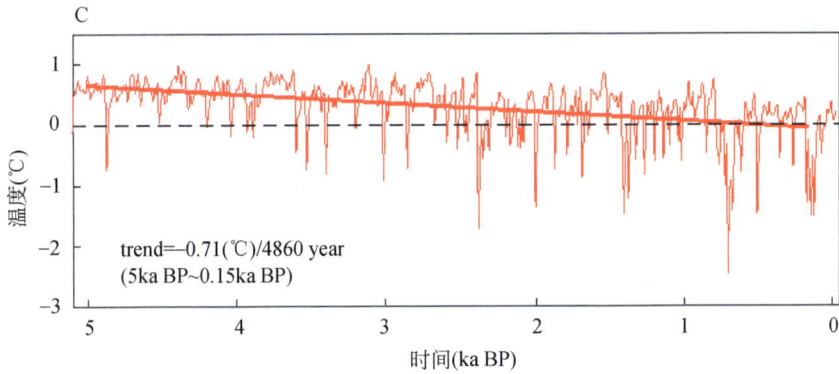

C

trend=−0.71(℃)/4860 year
(5ka BP~0.15ka BP)

时间(ka BP)

图 1.17　火山喷发气溶胶柱总量，地表向上的长波辐射和全球年平均地表温度异常

注：A 图代表火山喷发气溶胶柱总量变化，B 图代表地表向上的长波辐射变化，C 图代表全球年平均的地表温度变化；
　　图中的粗实线分别代表它们的趋势，趋势的数据标注到左下角；虚线代表零线（相对 0.5ka BP～0.01ka BP）

表 1.5　在 5ka BP～0.15ka BP 时段 VOL_ORB
试验地表辐射和地表温度的变化趋势

| 项目 | 纬度带平均 | | | NH_MHL：Tropic：SH_MHL | 全球平均 |
| --- | --- | --- | --- | --- | --- |
| | NH_MHL 30°N～90°N | Tropic 30°S～30°N | SH_MHL 90°S～30°S | | |
| 大气逆辐射（W/m²） | −6.39 | −2.61 | −0.65 | 1：0.41：0.1 | −3.22 |
| 地表向上长波辐射（W/m²） | −6.69 | −1.87 | −0.63 | 1：0.28：0.09 | −3.06 |
| 地表净长波辐射（W/m²） | −0.3 | 0.74 | 0.02 | 1：−2.47：−0.07 | 0.16 |
| 地表入射太阳辐射（W/m²） | −0.07 | −0.31 | −1.46 | 1：4.43：20.86 | −0.61 |
| 地表反射太阳辐射（W/m²） | 2.52 | −0.01 | −0.86 | 1：0：−0.34 | 0.56 |
| 地表净太阳辐射（W/m²） | −2.59 | −0.3 | −0.6 | 1：0.12：0.23 | −1.17 |
| 地表温度（℃） | −1.67 | −0.33 | −0.15 | 1：0.2：0.09 | −0.71 |

　　综上所述，全球年平均温度下降趋势产生的原因是火山喷发气溶胶通过影响地表的辐射平衡，使得地表向上的长波辐射产生下降趋势，从而引起地表温度的下降趋势。最终，火山喷发的降温作用使得在 5ka BP～0.15ka BP 时段的全球年平均地表温度模式模拟结果和 Marcott 等（2013）重建结果的不一致得以化解。

## 1.3.4　植被和沙尘对中全新世北半球陆地季风降水的影响

　　植被和沙尘的变化会对北半球陆地季风降水（NHLMP）产生重大的影响，但观测时间太短，无法充分评估其影响。在全新世早期至中期（距今 11000 至 5000 年）期间，夏季日照量的增加加强了非洲季风系统。撒哈拉沙漠曾经被灌木丛、草地、树木和湿地所覆盖（Hély et al.，2014；Holmes，2008），沙尘排放量大大低于今天（de Menocal et al.，2000；McGee et al.，2013），形成了所谓的"绿色撒哈拉"或非洲湿润期。代用资料表明，在全新世中期撒哈拉地区的降水量显著增加（Shanahan et al.，2015；Bartlein et al.，2011）。然而，在古气候模拟对比计划（PMIP）中进行的中全新世模拟，其土地覆被和粉尘浓度与工业化前时期相似，未能重现北非季风（NAF）降水向北扩展（Harrison et al.，2014）。在本书中，我们使用了一组具全耦合的海洋—大气模型的敏感性试验，在该试验中，依次改变了撒哈拉植被、尘埃浓度和地球轨道参数强迫（ORB），以进一步研究植被和尘埃在 NHLMP 中的作用。

### 1.3.4.1 北半球陆地季风降水的变化特征

当考虑到撒哈拉植被和减尘时，与代用数据相比，该模式高估了北非季风区年平均降水量的变化。但是，与轨道敏感性试验相比，模拟的降水变化与在北非的 15°N ~ 30°N 的代用数据显示出良好的一致性。在 10°N ~ 15°N 降水被高估（3mm/day），但最近的代用资料表明，这种增加可能是合理的（Hély et al.，2014）。亚洲季风区的降水也增加了，与重建结果具有更好的一致性（图 1.18B）。大部分代用数据表明，相对于当前状况（图 1.18A），"绿色撒哈拉"时期的北美季风（NAM）条件较湿润（图 1.18），但增大的幅度小于北非和亚洲（图 1.18B）。

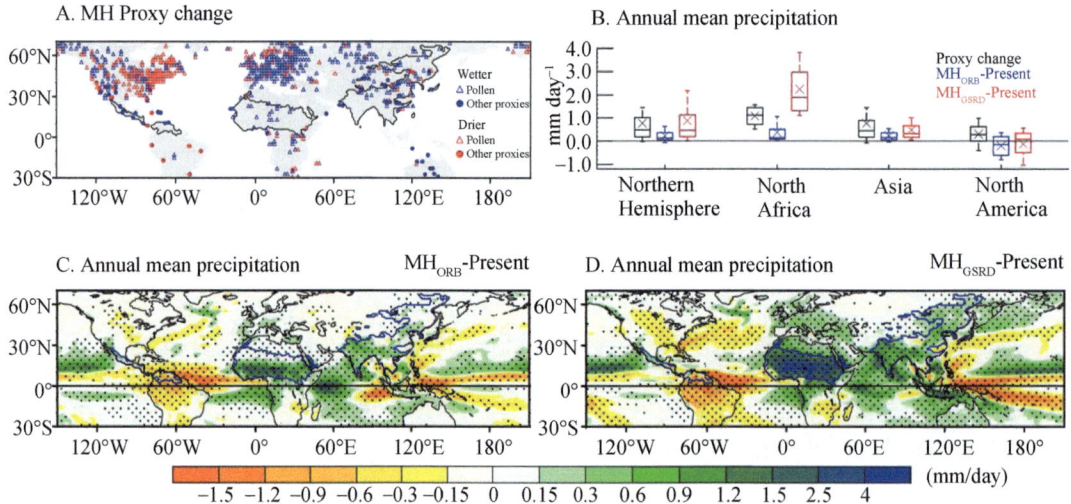

图 1.18  中全新世年平均降水变化

为了进一步量化 NHLM 变化，将分析 NHLM 面积和 NHLMP。在考虑撒哈拉植被和减尘时，北半球陆地季风区年均降水和夏季降水分别增加了 28.0% 和 33.1%（图 1.19D，图 1.19E），而仅考虑地球轨道参数时，它们仅分别增加了 15.5% 和 19.4%。这与代用数据很好地吻合（Braconnot et al.，2012）。在季风分区中，北非季风向北扩展和增强对考虑撒哈拉植被和减尘情况下的北半球陆地季风和降水变化贡献最大（图1.19C～图1.19E）。NHLM（无NAF）下降了7.5%（图1.19E），尤其是亚洲季风降水（8.0%）；降水的增加，几乎与地球轨道参数条件下的增加相同。此外，在考虑撒哈拉植被和减尘情况下，北美季风降水增加了5.2%，但由于不确定性较大，这一变化并不明显。

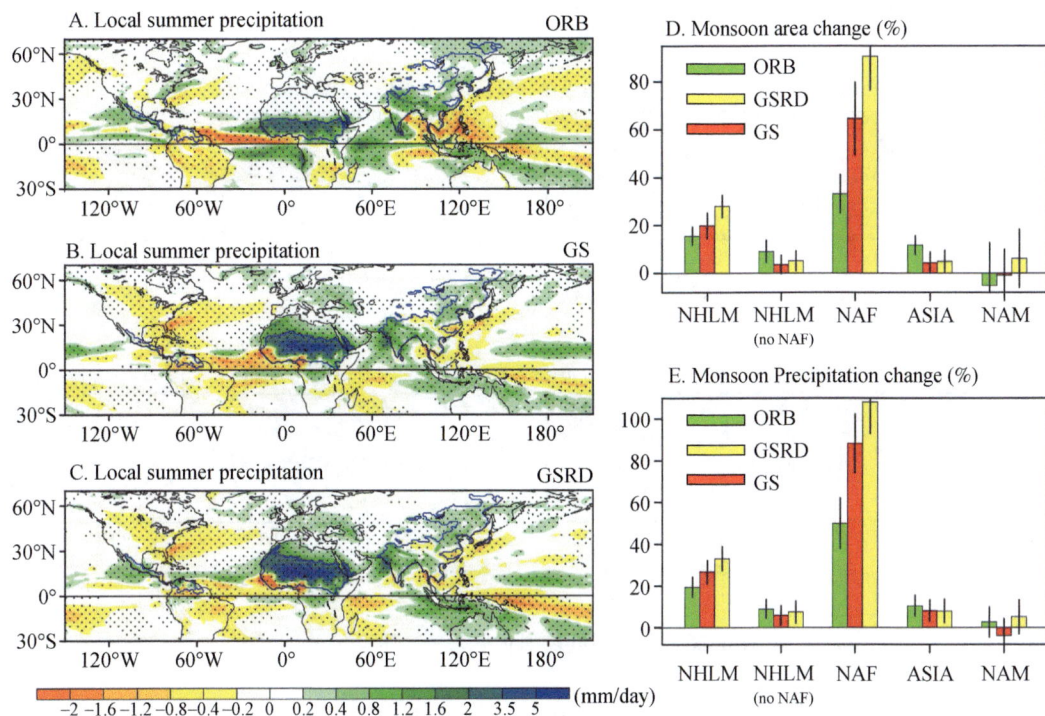

图1.19　中全新世陆地季风降水变化

### 1.3.4.2　"绿色撒哈拉"对北半球陆地季风降水的影响机制

"绿色撒哈拉"的地表反照率降低，导致季风前几个月的变暖，并在此之后有利于强对流（Pausata et al., 2016）。热带北大西洋海温显著增暖加强了南北热力对比（图1.20F），加强了西南风异常，进一步增强了萨赫勒地区的降水。发生在10°N～23°N的降温，是由于潜热释放和反射太阳辐射的云量增加所致。整个夏季，反照率引起的撒哈拉以北地区变暖都在加剧，加剧了北非季风的向北扩展（图1.20F）。季风降水的大量增加导致潜热的释放，使对流层中层和上层变暖，这增加了大气厚度和高层位势高度异常，在对流层上层引起了异常的反气旋（图1.20D）。"绿色撒哈拉"还通过赤道大西洋SST的变化引起了太平洋沃克环流的增强和向西扩展。沃克环流的变化增强了北印度洋—太平洋上的东南低层异常（图1.20F），这增强了南亚季风。印度夏季风的加剧会激发异常高空的中西部中高层亚洲高压。随后，形成了两个斜压构造，产生了罗斯贝波。这种波能沿波导管向下游传播，从而在东亚、北太平洋和北美地区诱发了正压结构，类似于CGT模态。

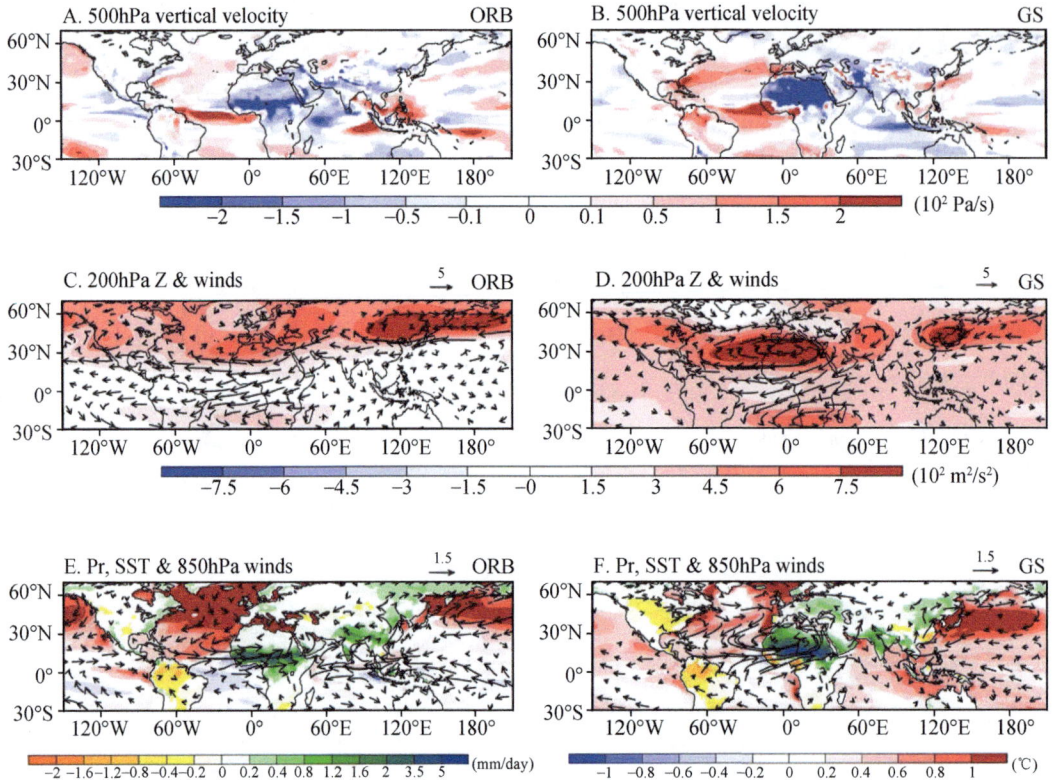

图 1.20　中全新世夏季北半球大气环流变化

在北美，异常高空反旋风覆盖了中纬度地区的大部分地区，并在"绿色撒哈拉"之下诱发了低空发散风（图 1.20D，图 1.20F）。此外，北非的强烈加热激发了 Gill 型的罗斯贝波（Gill，1980），该波型引起了赤道大西洋和南美洲热带地区的下降运动，从而抑制了那里的降水。它还会导致位于北美中部热源以西的北美中东部地区的下降运动（图 1.20B）。这两个下降运动可能导致西半球降水减少，这在代用资料（图 1.18A）中能观察到，并导致赤道东太平洋的东风异常（图 1.20F），略微减弱了北美季风。

## 1.3.5　中全新世植被衰退对中东气候的影响

### 1.3.5.1　撒哈拉沙漠绿化增加了中东的降雨

用 MHGREEN 试验的模拟结果减去 MHDESERT 试验的结果表示中全新世撒哈拉绿地和撒哈拉沙漠期之间的气候变化。当撒哈拉被植被覆盖时，底格里斯河—幼发拉底河三角洲、扎格罗斯山脉降水增加，降水大约为 0.3mm/day，MHDESERT 试验降水为 0.9mm/day。值得注意的是总降水率很小，可能受到其他不确定性因素的影响。与 MHDESERT 试验相比，中东年平均降水总体增加了34.3%。北非、里海、阿拉伯半岛东南部、欧洲降水也呈增加趋势。

图1.21是撒哈拉植被对气候态降水年循环的影响。在工业革命前（PI）试验中，北部撒哈拉沙漠几乎没有降水发生，降水主要在地中海冬季、中东冬季和早春。这三个区域代表了3个不同的降水型态。与工业革命前试验的气候态降水相比，撒哈拉沙漠中全新世地球轨道强迫仅增强了撒哈拉北部夏季降水，却抑制了中东的冬季降水。当撒哈拉有植被时，增强的北非夏季风增强了撒哈拉北部7~9月降水（图1.21A），但对地中海和中东的夏季降水的影响较小。显而易见的，中东2~4月平均降水从$MH_{DESERT}$试验中的0.75mm/day到$MHGREEN$试验中的1.14mm/day（图1.21C），这意味着与撒哈拉沙漠条件相比，撒哈拉植被能够大体上增加中东2~4月平均降水52%。此外，在$MH_{GREEN}$试验中，几乎没有增加北部撒哈拉2~4月降水（图1.21A），这意味着在北非季风开始之前，发生了中东晚冬和早春的降水的增强（Pausata et al. 2016）。

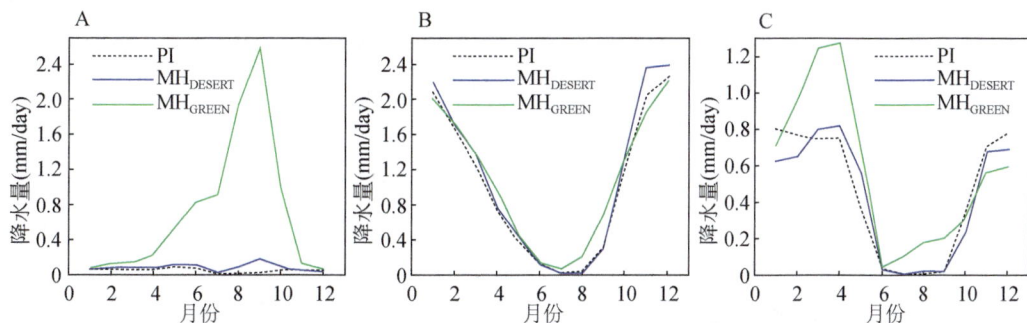

图1.21　撒哈拉北部（A）、地中海（B）和中东（C）气候态降水年循环

注：黑色虚线为PI控制试验结果，蓝色虚线和绿色虚线分别为$MH_{DESERT}$和$MH_{GREEN}$试验的结果

### 1.3.5.2　中东地区降水增加的原因

就气候学的观点来讲，2~4月（FMA），副热带高压系统控制了北非10°N~30°N和40°E~65°E的区域（图1.22A）。潮湿的西风从大西洋吹到中东地区，遇美索不达米亚和扎格罗斯山脉被迫抬升，带来了局地的雨季（图1.22B）。将撒哈拉地区的土地覆盖由沙漠变为灌木导致北非地表反照率下降，使地表在2~4月中接收更多的太阳辐射（图1.23A）。因此，撒哈拉地区上空2m的气温升高了约3°~5℃（图1.23B），导致了巨大的海陆差异，在北非上空形成了一个异常的低压。综合水汽输送显示，水汽从大西洋向东通过低层异常西风带（图1.23E）到达赤道的北非地区（图1.23C），增强了热带北非（0°N~15°N）的降水。它还增强了热带北非的蒸发，并伴随强烈的地表潜热通量释放，有助于5°N~12°N区域的表面冷却（图1.23B），这导致了北非东部南北温度梯度的异常。随后形成低空西南风异常，将热带非洲东部和红海的水汽输送到中东地区

（图 1.23C）。同时，水汽也通过北非位势高度增强引起的中高层西风异常从地中海地区输送到中东地区（图 1.23F）。西风和西南气流所携带的增强的水汽在到达扎格罗斯山脉时被抬升，造成异常上升运动（图 1.23D），大大增加了降水（图 1.23C）。冬末春初降水异常增强中心位于底格里斯河—幼发拉底河三角洲和扎格罗斯山脉。

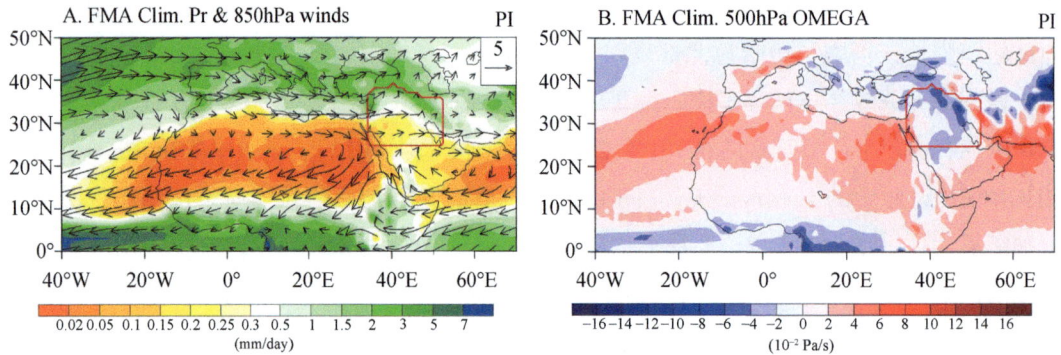

图 1.22　2~4 月平均气候态

注：A 为降水（mm/day）和 850hPa 的风场（m/s）；B 为 PI 控制试验 500hPa 垂直速度（$10^{-2}$Pa/s）；
负值为上升运动，正值为下降运动；红色框代表中东区域

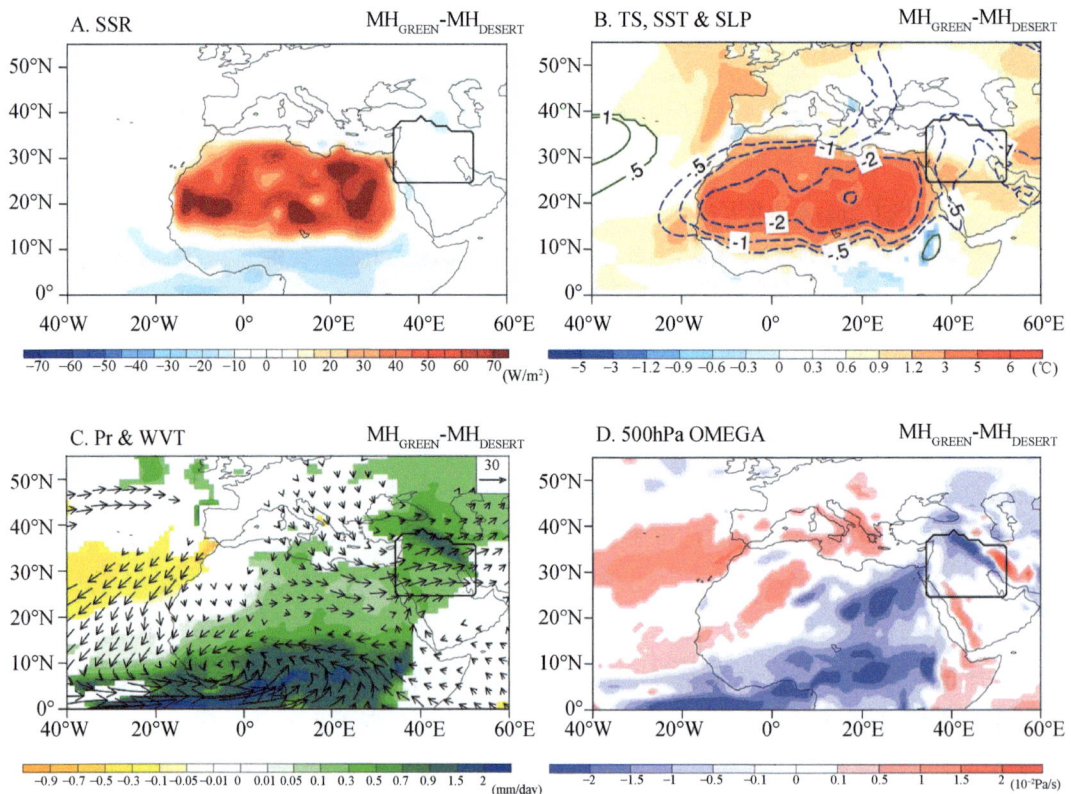

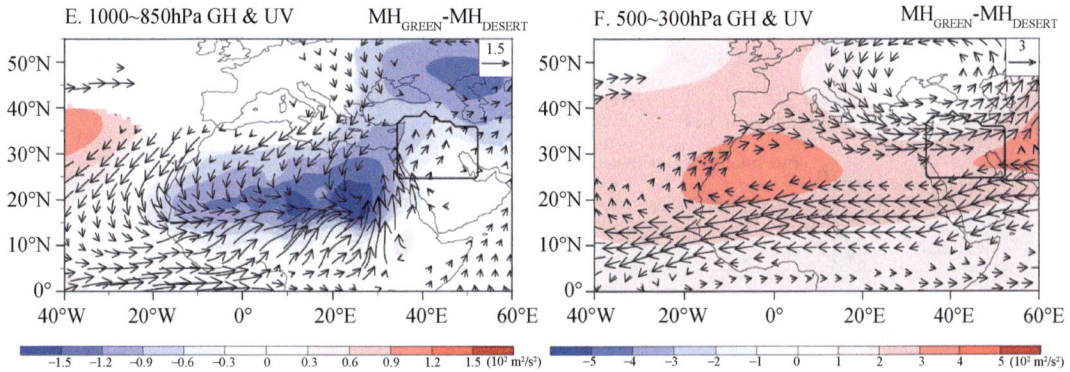

图 1.23 MH_GREEN-MH_DESERT 试验模拟的 2~4 月平均异常

注：A 为异常地表净短波辐射（W/m²）；B 为 2m 的气温异常（陆地颜色区域，℃）、海表温度（海洋颜色区域，℃）、海平面气压（hPa）；C 为异常降水（mm/day）和垂直整层水汽输送［kg/（m·s）］；D 为 500hPa 垂直速度异常（10⁻² Pa/s）；E 为 1000~850hPa 平均位势高度（10² m²/s²）及风场（m/s）异常；F 为 500~300hPa 平均位势高度（10² m²/s²）及风场（m/s）异常；黑色框代表中东区域；超过 95% 的置信度区域被显示

为了调查冬末春初沉淀反应主要是"绿色撒哈拉"造成的，还是受地球轨道参数的影响（MH_DESERT 减 PI 控制试验），进行了 PIGREEN 试验（表 1.6）。

表 1.6 推断降水变化用到的代用记录

| 序号 | 区域 | 代用指标 | 纬度 | 经度 | 全新世中期的转变 | 参考文献 |
|---|---|---|---|---|---|---|
| 1-2 | Soreq Cave | $\delta^{18}$O and $\delta^{13}$C from speleothems | 31°27′N | 35°E | Wet to dry No change | Bar-Matthews et al., 2000; Zanchetta et al., 2014 |
| 3 | Red Sea | Sediment from core GeoB5804-4 | 29°42′N | 34°57′E | Wet to dry | Arz et al., 2003 |
| 4 | Red Sea | Sediment from core GeoB5844-2 | 27°06′N | 34°24′E | Wet to dry | Arz et al., 2003 |
| 5 | Hoti Cave | $\delta^{18}$O | 23°05′N | 57°21′E | Wet to dry | Fleitmann and Matter, 2009 |
| 6 | Qunf Cave | $\delta^{18}$O | 17°10′N | 54°18′E | Wet to dry | Fleitmann and Matter, 2009 |
| 7 | Jeita Cave | $\delta^{18}$O and $\delta^{13}$C from speleothems | 32°56′N | 35°38′E | Wet to dry | Vertheyden et al., 2008 |
| 8 | Levantine Sea | Sediment cores from SLI12 | 32°44′N | 34°39′E | Wet to dry | Hamann et al., 2008 |
| 9 | Broken-Leg Cavei and Star Cave | $\delta^{13}$O and $\delta^{13}$C from speleothems | 29′55′N | 41°30′E | No change | Fleitmann et al., 2004 |
| 10 | Surprise Cave | $\delta^{18}$O and $\delta^{13}$C from speleothems | 26°30′N | 48°20′E | No change | Fleitmann et al., 2004 |

| 序号 | 区域 | 代用指标 | 纬度 | 经度 | 全新世中期的转变 | 参考文献 |
|---|---|---|---|---|---|---|
| **11** | **Nefud** | **Lithological and geomorphological evidence** | **25°36′N** | **42°39′E** | **Wet to dry** | Whitney et al., 1983 |
| **12** | **Neor Lake** | **Compound-specific δD (‰)** | **37°57′N** | **48°33′E** | **Wet to dry** | Sharifi et al., 2015 |
| **13** | **Mirabad** | **$\delta^{18}O$** | **33°05′N** | **47°43′E** | **Wet to dry** | Stevens et al., 2006 |
| **14** | **Zeribar** | **$\delta^{18}O$** | **35°32′N** | **46°07′E** | **Wet to dry** | Stevens et al., 2006 |
| 15 | Gölhisar Gölü | Lake sediments | 37°08′N | 29°36′E | Wet to dry | Eastwood et al., 2007 |
| 16 | Eski Acigöl | Lake sediments | 38°33′N | 34°32′E | Wet to dry | Roberts et al., 2001 |
| **17-18** | **Dead Sea** | **Sedimentary** | **31°30′N** | **35°30′E** | **Dry to wet; Dry to wet** | Migowski et al., 2006; Litt et al., 2012 |
| 19 | Rub'at Khali | Lake sediments | 22°30′N | 49°40′E | Wet to dry | McClure, 1976 |
| 20 | Lake Van | $\delta^{18}O$, pollen and sediment deposition rate | 38°24′N | 43°12′E | No change | Wick et al., 2003; Roberts et al., 2011b |
| 21 | Caspian Sea | Coastal terraces | 42°N | 51°E | Wet to dry | Overeem et al., 2003 |

注：中东地区的数据以粗体显示

地球轨道参数迫使引发一个在北非异常冷和一个在地中海和欧洲异常变暖的区域（图 1.24A），导致赤道非洲和北非东部上空的异常下降运动（图 1.24E）。然而，在地球

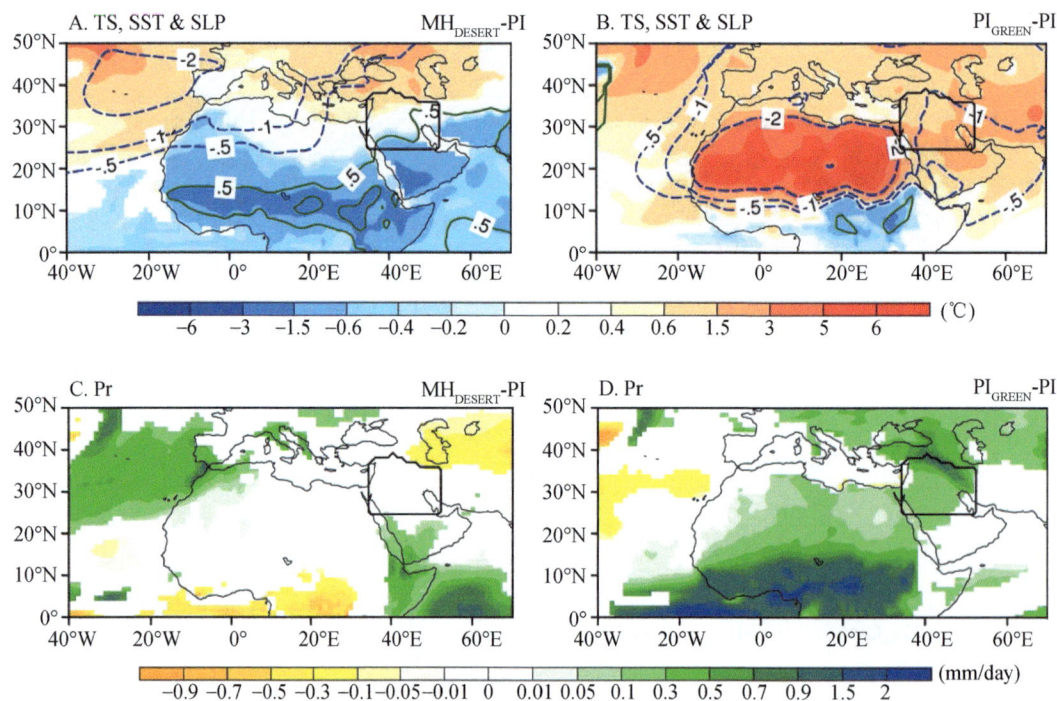

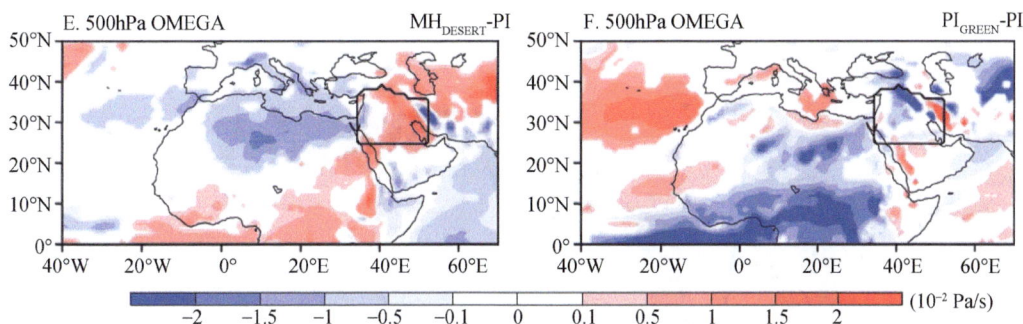

图 1.24  MH$_{DESERT}$-PI 试验（左）PI$_{GREEN}$-PI 试验（右）2～4 月平均异常

注：A 和 B 为 2m 地表气温（℃）、海表温度（℃）、海平面气压（hPa）；C 和 D 为降水（mm/day）；E 和 F 为 500hPa 垂直速度（10⁻² Pa/s）；黑线框代表中东区域；只有可信水平超过 95% 的显著异常变量被阴影化

轨道参数强迫作用下，中东地区并没有发现明显的降水增加（图 1.24C）。与此同时，PI$_{GREEN}$-PI 结果与 MH$_{GREEN}$-MH$_{DESERT}$（图 1.23）显示非常相似的降水、温度和大气环流变化（图 1.24B、图 1.24D、图 1.24F），证实了撒哈拉沙漠的植被本身发挥主导作用，增加了中全新世中东地区冬末春初降水，而不是日晒和植被的综合效应。

## 1.3.6  基于 TraCE-21ka 模拟的第 9 个千年和第 5 个千年气候变化的空间型的比较

首先，我们评估了全强迫试验中模拟的全新世气候变率。图 1.25 显示了过去 13ka 中地表温度和降水的时间序列。它显示出与"YD 事件"（Younger Dryas）相关的冷却，然后是全新世暖期，但也出现了从约 8500a BP 到 8000a BP 的短暂冷却。此后，该记录表现出很强的多千年尺度的年率。在全球尺度上，温度和降水呈正相关。试验中显示的冷事件很容易与 Wanner 等或 Bond 等确定的冷事件联系起来，但其中只有少数时间是重合的。

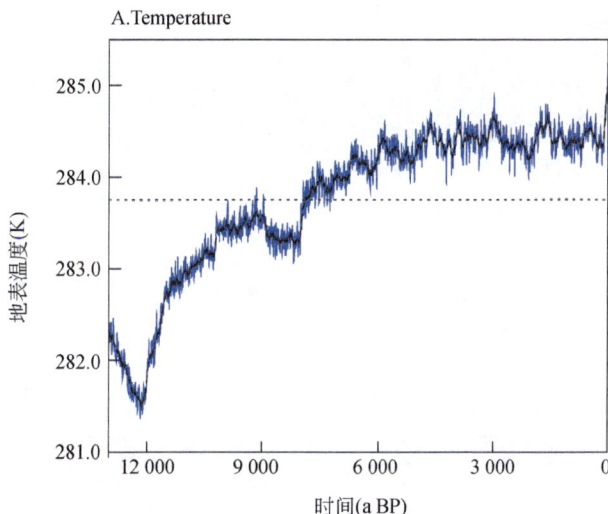

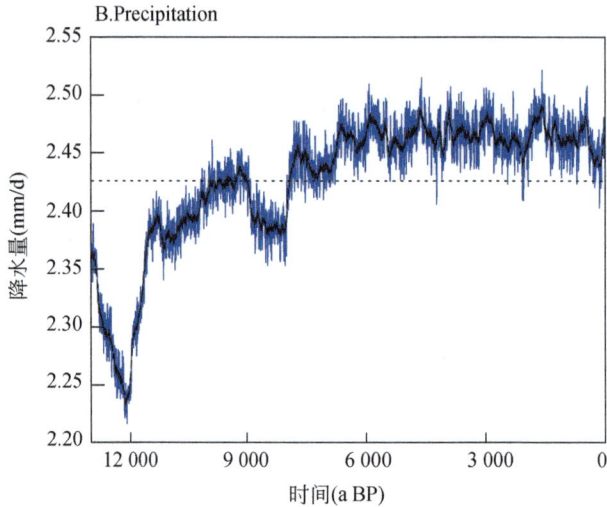

图 1.25　过去 13ka 北半球平均表面温度（A）和降水量（B）

注：蓝线是 10 年的平均值，黑线是 100 年的平均值，黑色虚线表示时间序列的平均值

本节选取 4.5～4.0ka BP 时段进行分析，将后一时间段（4.8～4.5ka BP）减去前一时间段（4.5～4.0ka BP）的年平均 2m 气温、SSTs 和降水。气温的空间分布（图 1.26A）显示，北半球除热带地区外大部分地区的气温明显较低，但热带和南半球的气温普遍较高。美洲北部，那里比较冷，印度和巴基斯坦北部显著升温。降水在北半球大部分区域减少，特别是在热带地区，ITCZ 向南转移，导致 4.5～4.0ka BP 在 0°～20° 有一个降水增加的降雨带。中国北部降水较少，南部降水较多，与东亚季风减弱的古气候重建一致。在其他亚洲季风地区，如印度，在第 5 个千年的后半段，降水量也显著减少，这与洞穴沉积物记录显示印度夏季季风降雨在这一时期下降一致。中美洲和南美洲北部边缘也比较干燥，但在南美洲其他地区和邻近的海洋区域，由于热带气旋向南移动，降水量较大，墨西哥和巴西的洞穴记录支持了此现象。

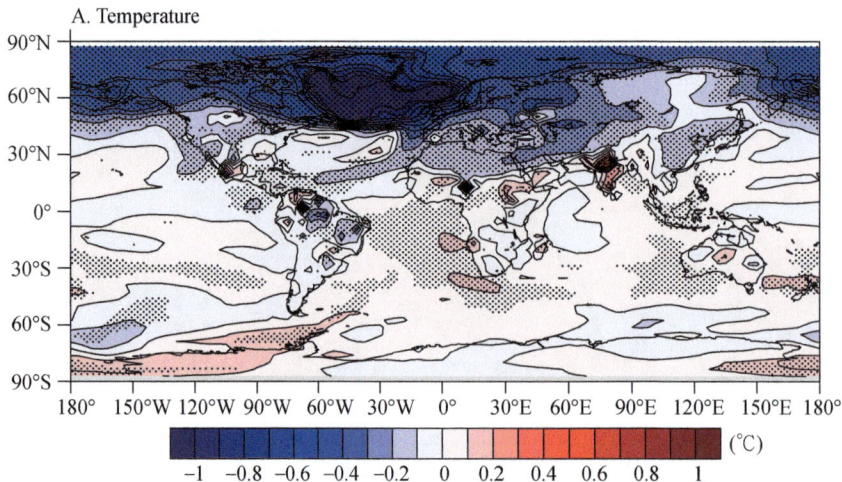

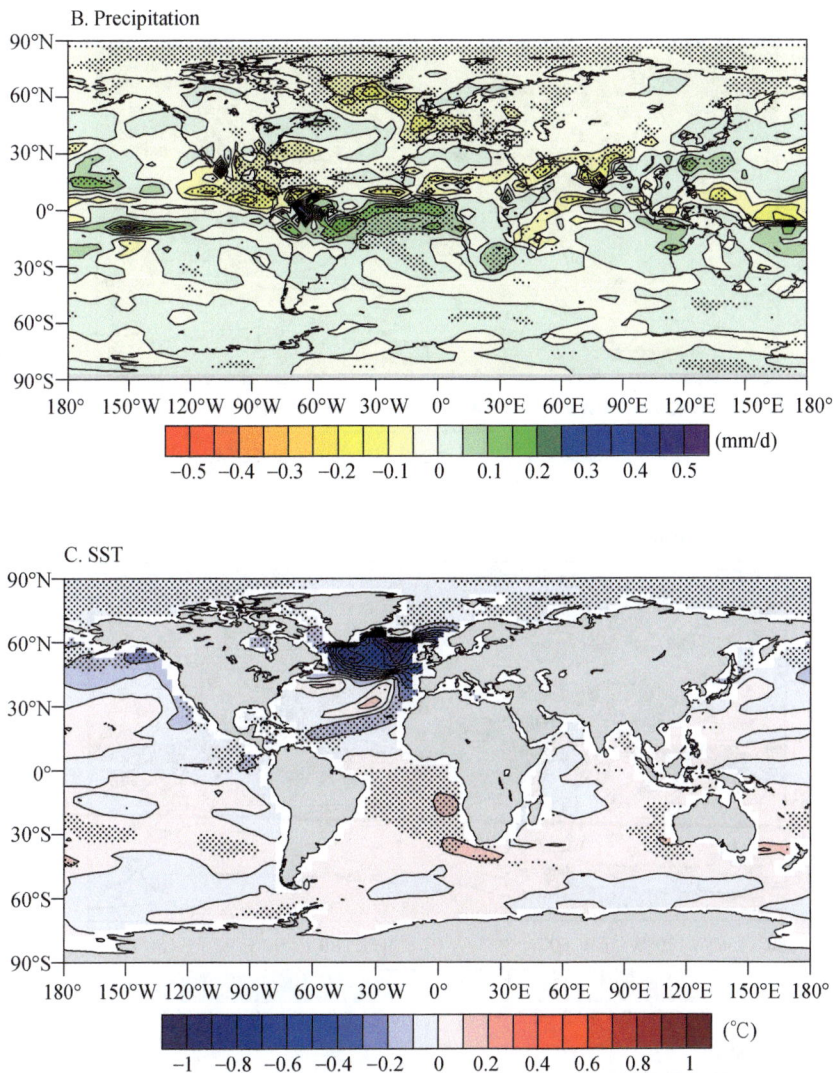

图1.26 4.5~4.0ka BP 和4.8~4.5ka BP 之间的表面温度（A）、降水（B）和 SST（C）的变化

由于模型中温度突变发生在8.8ka BP 左右，故对第9个千年的变化进行了相同的评价，即用9.2~8.8ka BP 的平均2m气温、海表温度和降水减去8.8~8.0ka BP 的（图1.27A）。在北半球，大部分地区气温明显较低；只有南美洲北部、撒哈拉以南的非洲和印度局部地区气温升高（图1.27A）。几乎整个南半球都变暖了。

在这项研究中，将基于模式模拟的温度、降水和相应的环流异常的空间格局在第9个千年（9.0~8.8ka BP 与8.8~8.0ka BP）和第5个千年（4.8~4.5ka BP 与4.5~4.0ka BP）的结果进行比较。这两个时期的气候变化是相似的，北半球大部分地区表现为显著的温度降低和降水减少，而南半球则表现为温度略变暖和降水增多。

A. Temperature

B. Precipitation

C. SST

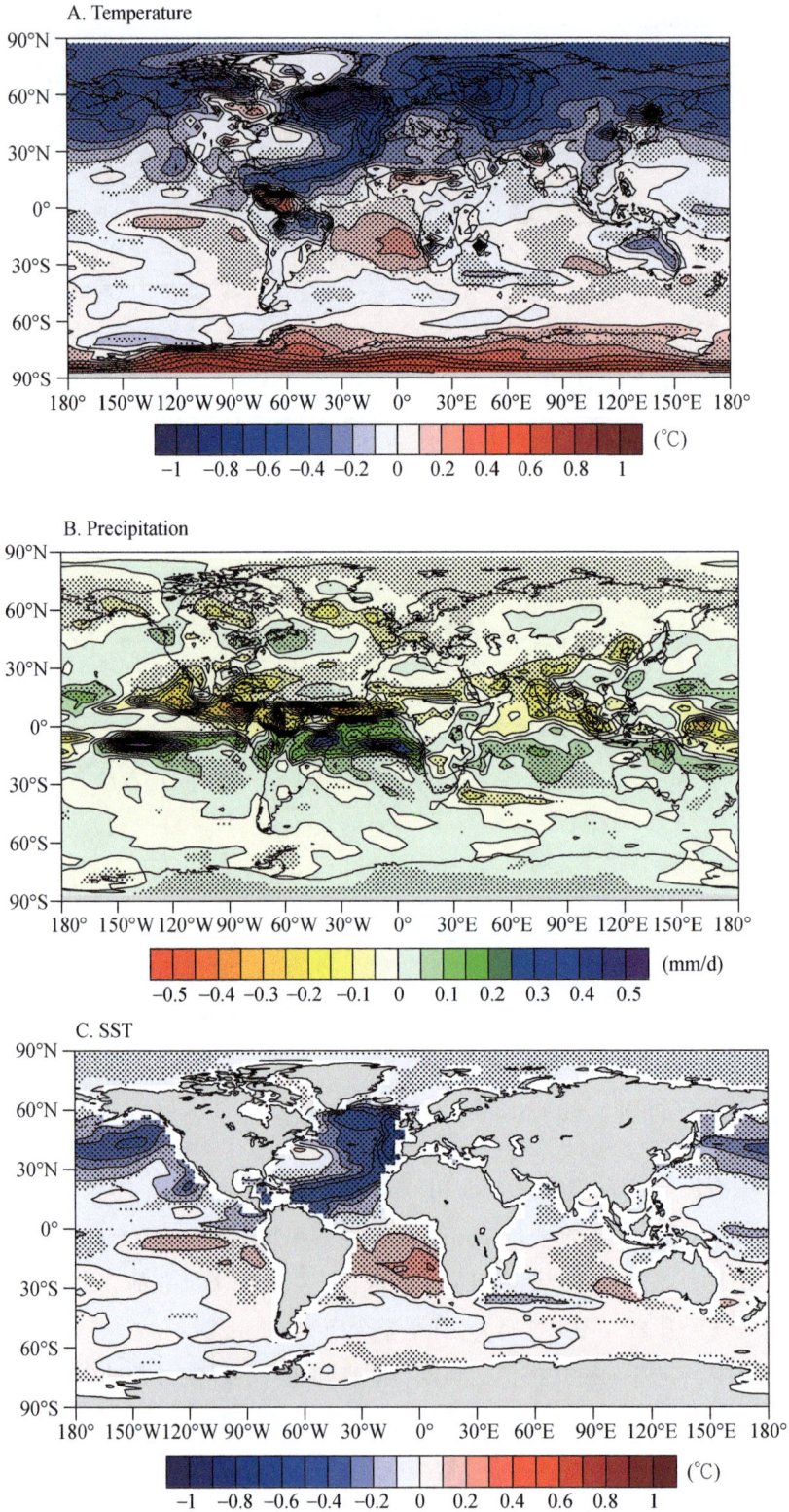

图 1.27  8.8～8.0ka BP 和 9.2～8.8ka BP 之间的表面温度（A）、降水（B）和 SST（C）的变化

在全强迫的 TraCE-21ka 模拟中，AMOC 强度在全新世晚期略有下降，并经历了多世纪尺度的波动（图 1.28A），这与北大西洋地区的海表面温度（SST）密切相关，该地区的冷却在 4.5~4.0ka BP 非常明显（图 1.29）。在仅有轨道强迫的 TraCE-21 模式模拟中，AMOC 强度在 4.8ka BP 左右达到其全新世最大值，然后在全新世晚期轻微减弱（约10%），4.8~4.5ka BP 中 87% 时间保持在平均值以下，长期下降趋势上叠加了少量多世纪变化（图 1.28B）。这表明，在太阳辐射长期变化下，各种因素的叠加作用导致北大西洋各地的 SSTs 稳步下降。AMOC 指数下降，对全球各地产生遥相关作用（包括一些地区的干旱）。在过去 4500 年的大部分时间里，在这种下降趋势中叠加着的微小波动是主导模

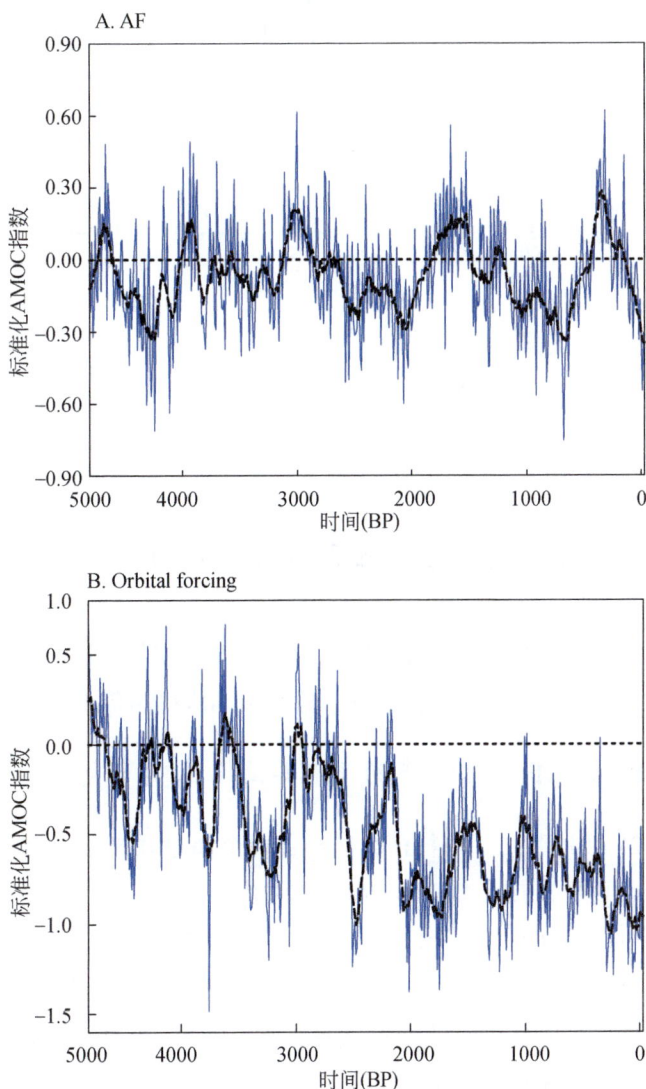

图 1.28 AMOC 强度的 10 年平均（蓝线）和 100 年平均（黑线）时间序列

注：A 为全强迫试验，B 为轨道强迫试验。以 4.8~4.5ka BP 的平均值的差值作为异常。轨道 AMOC 强度低于平均值的时间为 63%，全强迫试验中低于平均值的时间为 87%

式。这有助于解释 5.0 ~ 4.5ka BP 的新冰川开始出现并广泛存在的古气候证据，以及近千年来一系列冰期的出现和消退。

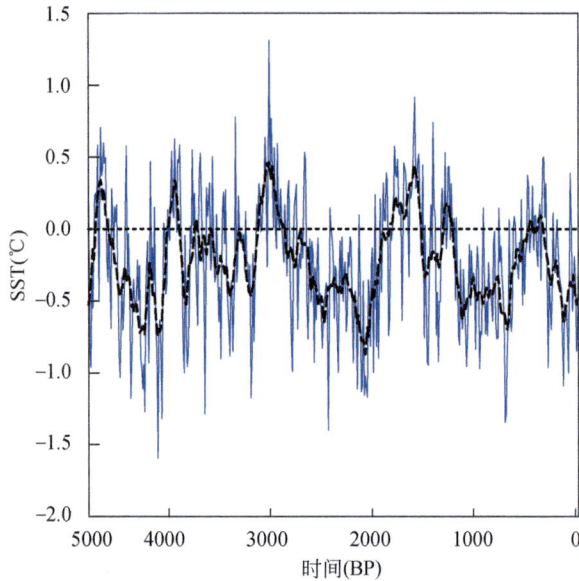

图 1.29　北大西洋地区 10 年平均（蓝线）和 100 年平均（黑线）SSTs
（40°N ~ 60°N，7.5°W ~ 60°W）异常

注：在过去的第 5 个千年 69% 的时间有显著的负 SST 异常

## 1.3.7　基于 TraCE-21ka 资料揭示的"4.2ka BP 事件"的成因机制

发生在 4.5 ~ 3.9ka BP 的年代—百年尺度的突然气候变化，即"4.2ka BP 事件"，是全新世期间主要的气候事件之一，但其特征、原因和相应机制仍不清楚。

### 1.3.7.1　"4.2ka BP 事件"下的气温与降水的空间变化特征

为了表征"4.2ka BP 事件"的特征，选择了两个超过 0.5 倍标准偏差的百年冷期和两个百年暖期。两个百年冷期分别为 4320 ~ 4220BP 和 4150 ~ 4050BP，两个百年暖期为 4710 ~ 4610 BP 和 3980 ~ 3880 BP。图 1.30A 给出了"4.2ka BP 事件"前后冷期和暖期之间年平均表面温度差的空间分布。图 1.30B 显示了冷期和暖期之间年平均降水量差异的空间分布。在冷期，干旱主要分布在北半球地区，尤其是在欧洲、西亚以及北美洲和中美洲。死海、阿曼湾、北美洲和北非西部的明显干旱条件及南美洲的潮湿条件与重建结果是一致的（Yechieli et al., 1993；Cullen et al., 2000；Marchant and Hooghiemstra, 2004）。对于南半球，陆地降水增加。在中国东部地区，降水异常表现为"南涝北旱"型，同时期的重建记录显示东亚季风减弱（Tan et al., 2018）。但是，模拟的异常模式在中国东部地区不是很显著。这可能与模型分辨率、模型性能或实际气候变化有关。SST 最大的变化发生在北大西洋，然后是北太平洋（图 1.31）。大西洋上呈现大西洋多年代际振荡（Atlantic Multidecadal Oscillation，AMO）负位相。以往的代用和模拟资料均已证实 AMO 负位相会导致印度和萨赫勒地区降水减少。

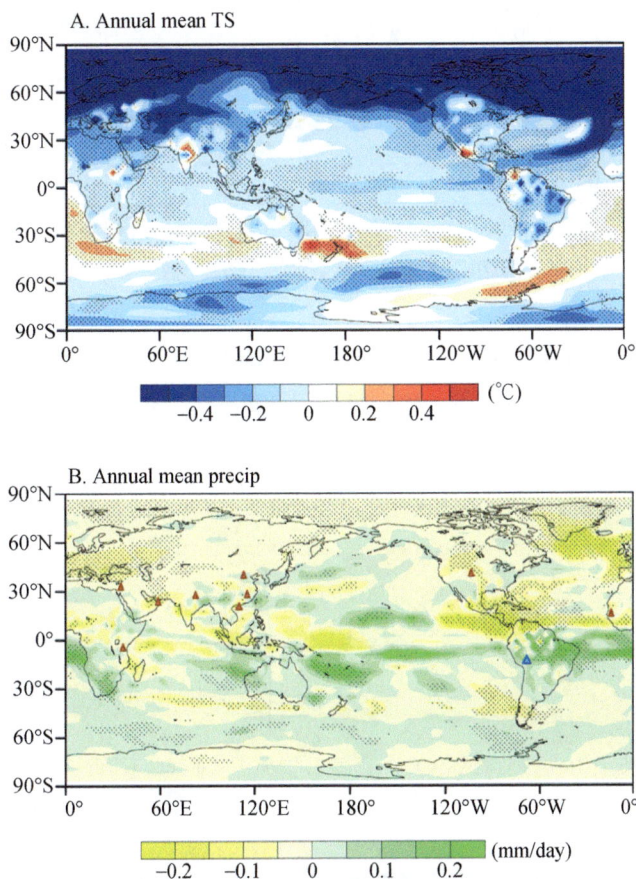

图 1.30 "4.2ka BP 事件"前后（冷期减去暖期）TraCE-ALL 模拟的
年平均气温（A）和降水（B）的空间分布
注：打点表示合成场通过置信度为 95% 的 t 检验。B 图中的三角形代表代用资料
中反映的干湿变化，橙色代表变干，蓝色代表变湿

### 1.3.7.2 "4.2ka BP 事件"下的环流场变化特征

"4.2ka BP 事件"前后的冷期和暖期之间的海平面气压（Sea level pressure，SLP）差异表明，最大变化发生在南北半球的中高纬度地区（图 1.32A）。在冷期，北大西洋出现了百年—千年尺度的"南正北负" SLP 异常分布类似于北大西洋涛动（North Atlantic Oscillation，NAO）的模态。"4.2ka BP 事件"后在西欧、中亚、东亚、东太平洋、美洲东部具有正势高度异常的中心，以及 200hPa 的反气旋环流异常（图 1.32D），类似于百年—

千年尺度环全球遥相关（Circumglobal teleconnection，CGT）的模态。

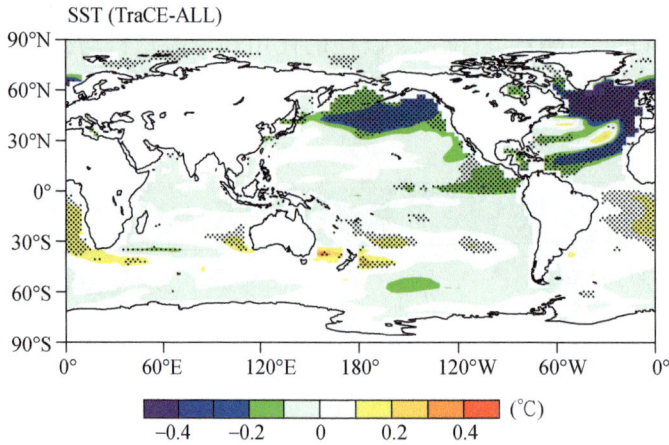

图 1.31 "4.2ka BP 事件"前后（冷期减去暖期）TraCE-ALL 模拟的年平均海温的空间分布

注：打点表示通过置信度为 95% 的 $t$ 检验

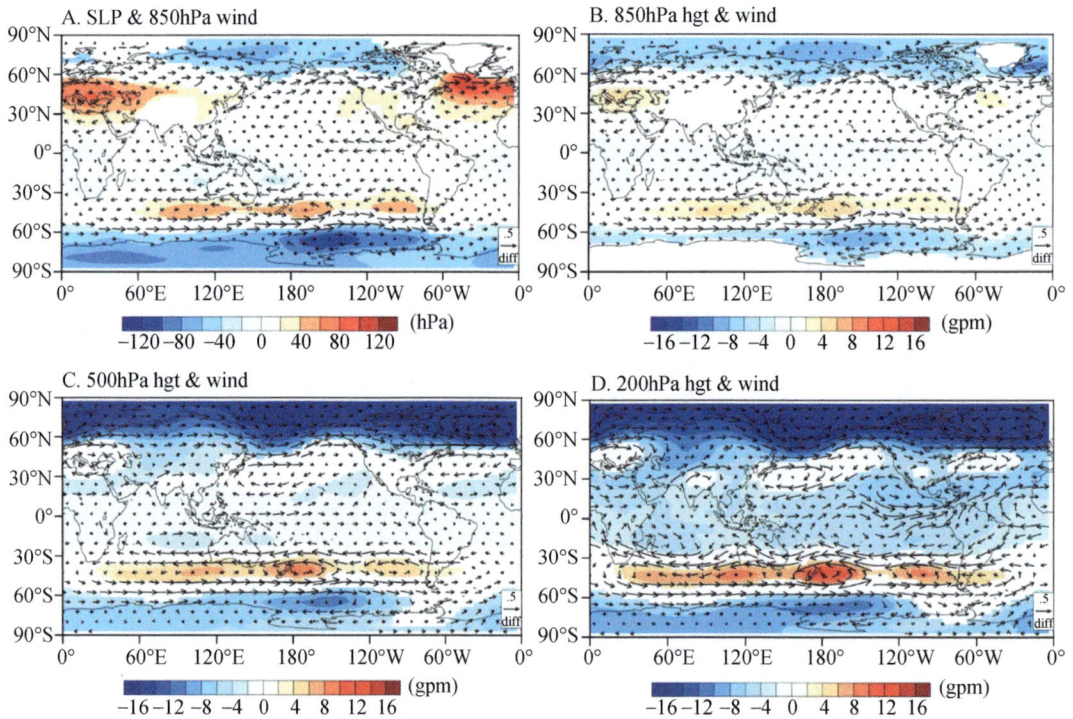

图 1.32 "4.2ka BP 事件"前后（冷期减去暖期）TraCE-ALL 模拟的年平均海平面气压和 850hPa 风场（A）、850hPa 位势高度和风场（B）、500hPa 位势高度和风场（C）、200hPa 位势高度和风场（D）的空间分布

注：填色区表示通过置信度为 95% 的 $t$ 检验

### 1.3.7.3 "4.2ka BP 事件"下的成因

一些记录表明，太阳辐照度是促使全新世气候变化的百年至千年尺度的基本机制之一（Bond et al., 2001）。而另一些记录则表明，全新世太阳辐照度与多世纪尺度的降温事件之间存在的联系是很微弱的，特别是在中新统至晚新统（Turney et al., 2005；Wanner et al., 2008）。

表 1.7 列出了从 TraCE-ALL 运行获得的年平均北半球温度与从每个单强迫运行获得的北半球温度之间的相关系数。结果表明全新世晚期的冷事件可能与气候系统内部变率有关。

表 1.7　TraCE-ALL 与单因子试验的年平均与季节平均北半球温度的相关系数

| Single-forcing run | Annual mean | JJA mean | DJF mean |
|---|---|---|---|
| TraCE-ORB | −0.05 | 0.79 | −0.12 |
| TraCE-MWF | −0.18 | 0.48 | −0.43 |
| TraCE-ICE | −0.30 | −0.20 | −0.18 |
| TraCE-GHG | 0.14 | −0.73 | 0.40 |

### 1.3.7.4 "4.2ka BP 事件"形成的机制过程

对流层低层的类 NAO 模态和对流层高层的类似于 CGT 的模态是导致北半球大部分区域降温和大干旱的直接机制。以往的研究还提出，欧亚大陆和非洲的温度和降水变化与 NAO 有直接关系（Cullen et al., 2000；Kushnir and Stein, 2010）。NAO 指数由 SLP 的 EOF（Empirical Orthogonal Function）的第一模态的时间序列来定义。在 4400BP 和 4000BP 期间，NAO 指数超前 40 年前与平均地表温度回归曲线显示，高纬度气温偏低，南半球偏高，尤其是北大西洋北部、欧洲、东亚和北美洲的降温。使用北大西洋区域海温 31a 滑动平均与 200hPa 位势高度场进行回归后（图 1.33），显示出类似于 CGT 的模态。

## 1.3.8　全新世暖期鼎盛期与未来变暖情景下东亚夏季降水和气温变化对比

利用通用气候系统模式（CCSM）全新世和 21 世纪气候模拟试验数据，对比分析了全新世暖期鼎盛期和 RCP4.5（Representative Concentration Pathway 4.5）未来变暖情景下东亚地区夏季地表气温和降水的空间分布特征，并探讨了两个暖期夏季气候变化的成因机制。

### 1.3.8.1　夏季地表气温和降水对比

对比 TraCE-AF 全新世暖期鼎盛期和 RCP4.5 情景下东亚地区夏季地表气温的空间距

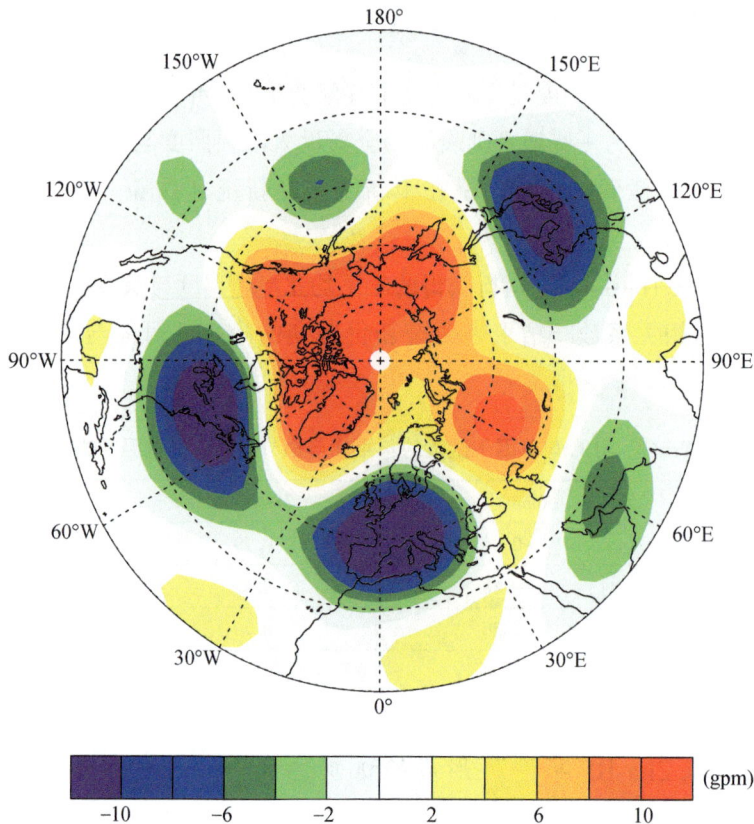

图 1.33　北大西洋海温回归年平均 200hPa 位势高度场

平场（图 1.34）可以发现，全新世鼎盛期（图 1.34A）东亚地区的夏季地表气温呈现同心圆状分布，高值中心出现在北纬 35°附近，最大升温达到 3.3℃，这与地球轨道参数改变所引起的岁差周期日射强迫变化有密切关系（刘晓东和石正国，2009；刘艳等，2007）。而在 RCP4.5 情景下（图 1.34B）东亚地区的夏季地表气温距平表现为全区一致上升，增温幅度由东南往西北递增，具有纬向分布的特征。

由 TraCE-AF 全新世暖期鼎盛期和 RCP4.5 未来变暖情景下东亚地区夏季降水的空间距平场（图 1.35）可以看出，全新世暖期鼎盛期东亚夏季降水的变幅明显大于未来变暖情景下的变幅。全新世暖期鼎盛期东亚地区的夏季降水呈现南北反向的变化特征，表现为"南负北正"的偶极子分布形态，而在 RCP4.5 未来变暖情景下东亚地区的夏季降水呈现出三极子形势。

### 1.3.8.2　不同暖期夏季降水变化的成因机制

对于全新世暖期鼎盛期，通过对比 TraCE-AF、TraCE-ORB、TraCE-GHG、TraCE-ICE 和 TraCE-MWF 的试验中全新世东亚夏季地表气温和降水的时间序列（图 1.36），可以看

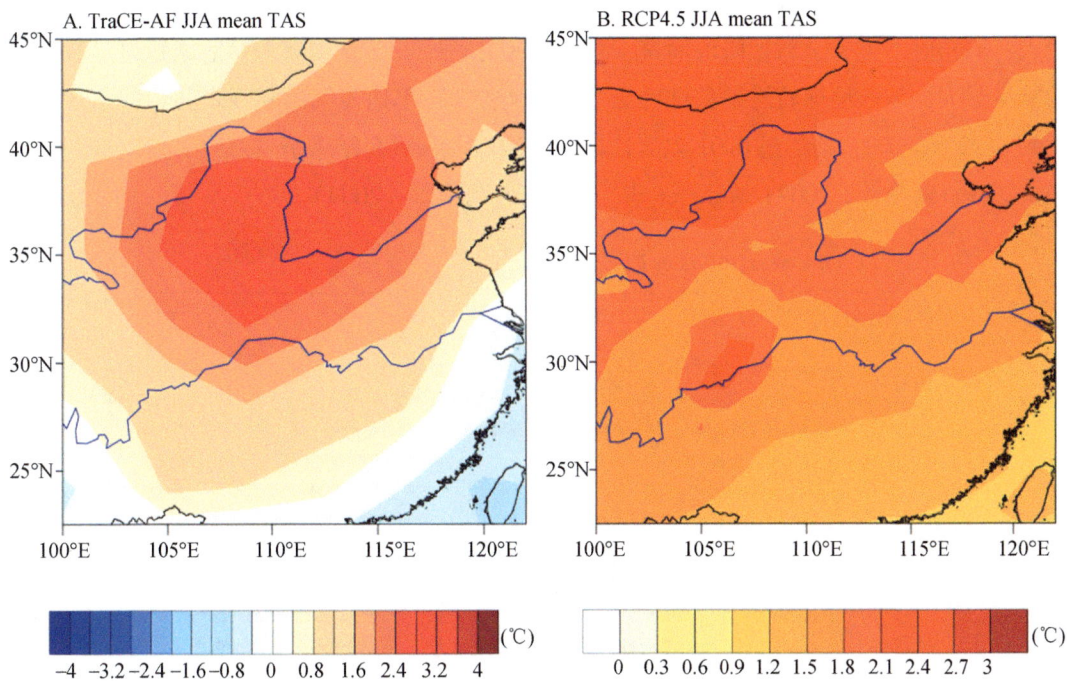

图 1.34　全新世鼎盛期和 21 世纪东亚地区夏季地表气温的空间距平场（相对于 1961～1990 年）

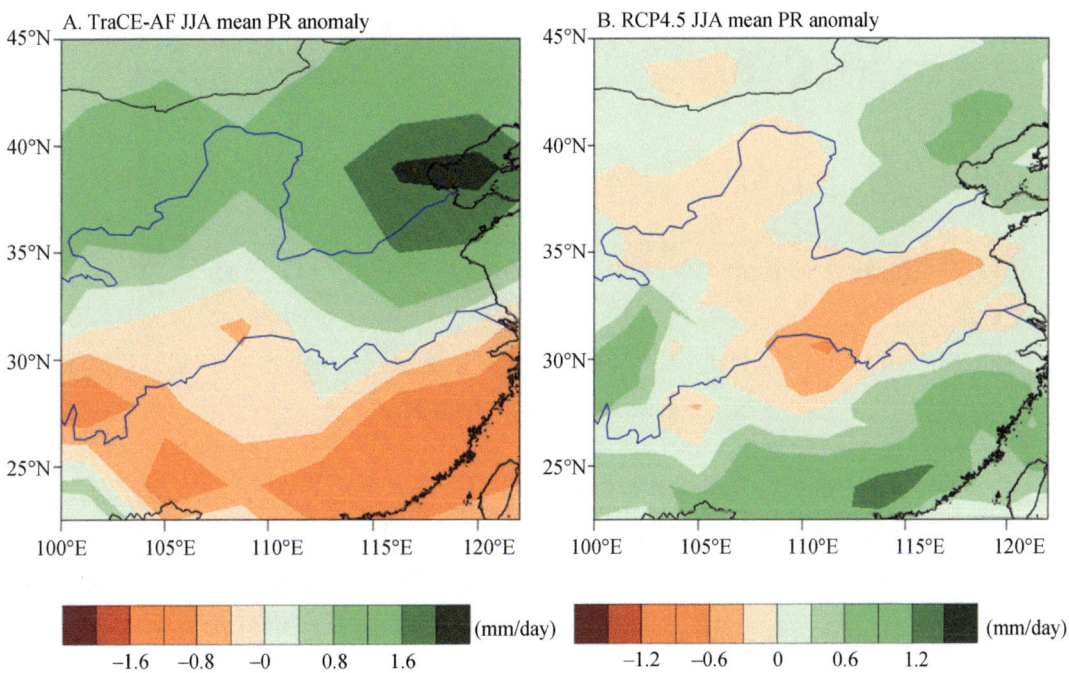

图 1.35　全新世暖期鼎盛期和 21 世纪东亚地区夏季降水的空间距平场（相对于 1961～1990 年）

出地球轨道参数对全新世暖期鼎盛期（浅蓝色阴影部分）东亚夏季地表气温和降水的影响最大；同样对于整个全新世阶段而言，东亚地区夏季地表气温和降水对地球轨道参数强迫的响应最大，该区地球轨道参数试验与全强迫试验的夏季地表气温和降水的相关系数分别达到0.92和0.69，均通过0.01显著性检验。这与前人研究结果基本一致（刘晓东和石正国，2009；刘艳等，2007；Wang et al.，2005；王绍武等，2009）。

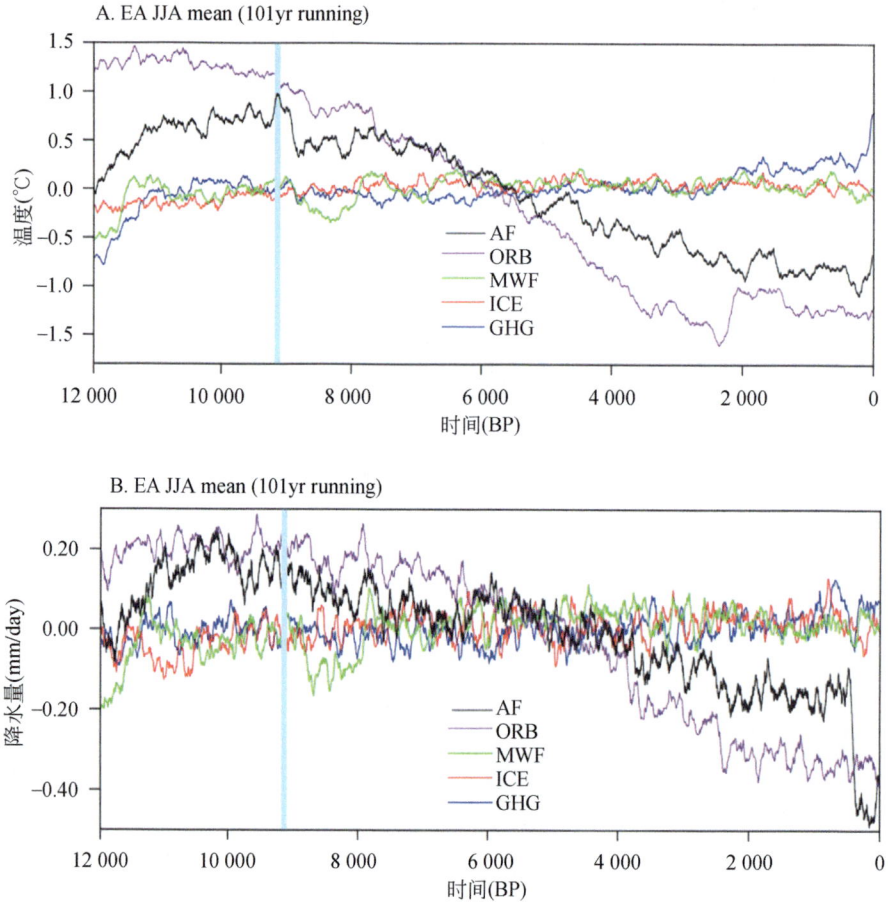

图1.36　TraCE-21ka全强迫试验和单因子试验模拟的东亚地区全新世夏季地表气温距平（A）和降水距平（B）时间序列

为了探讨全新世暖期鼎盛期和未来变暖情景下夏季降水变化的成因机制，分别对上述两个时期的海平面气压场和850hPa风场（图1.37）、850hPa水汽通量及其散度（图1.38）及海温场（图1.39）做了距平分析。已有许多研究表明中国东部地区降水主要来源于印度洋—太平洋区域（刘诗桦，2018），因此本书的研究区域主要集中在（30°S～80°N，70°E～120°W）区域。

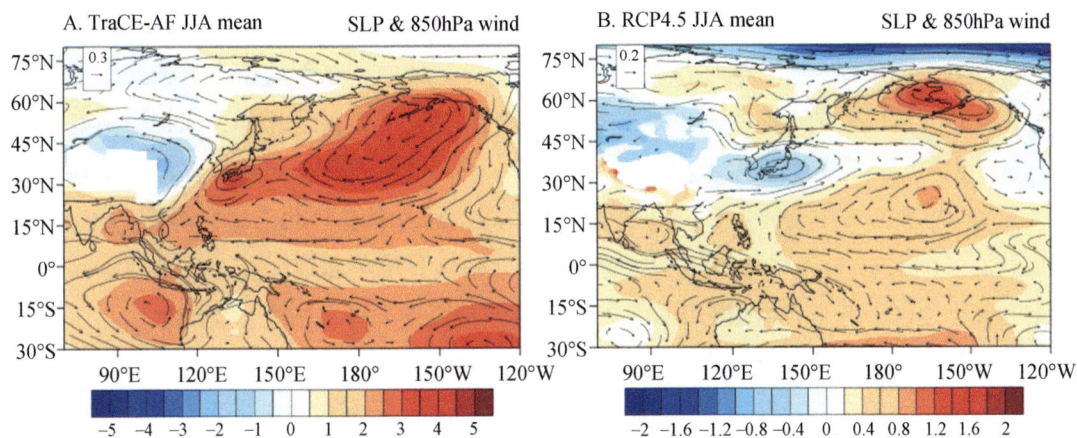

图 1.37　全新世暖期鼎盛期和 21 世纪夏季海平面气压（填色，单位：hPa）和 850hPa
风场（矢量，单位：m/s）的空间距平场（相对于 1961～1990 年）

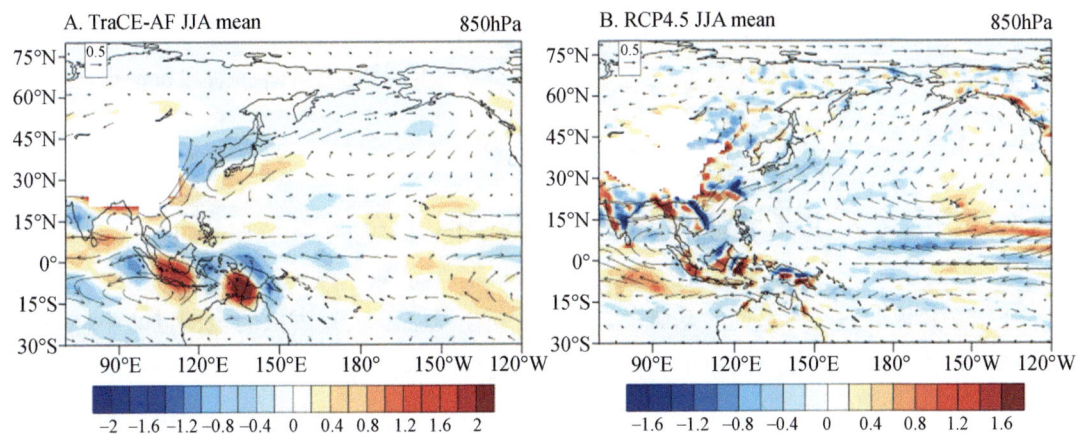

图 1.38　全新世暖期鼎盛期和 21 世纪夏季 850hPa 水汽通量［矢量，单位：$10^3$kg/(m·s)］及
其散度［填色，单位：$10^{-8}$kg/($m^2$·s)］的空间距平场（相对于 1961～1990 年）

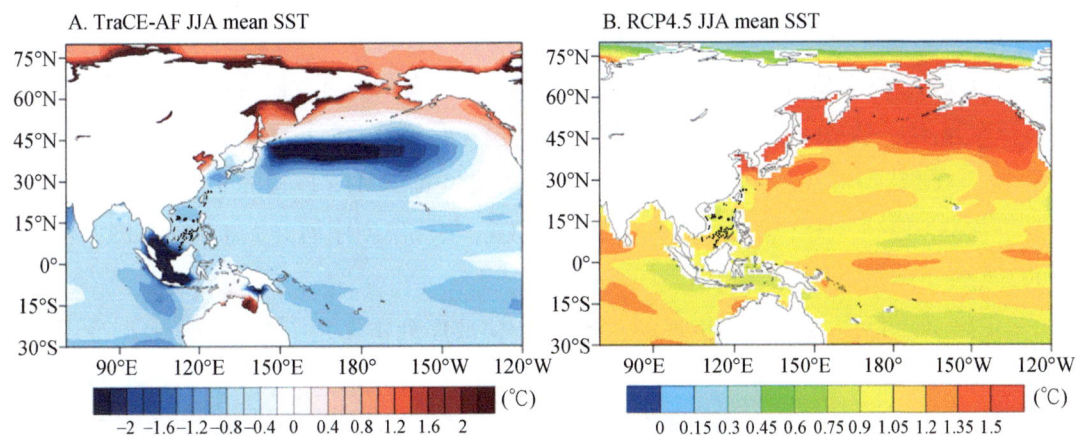

图 1.39　全新世暖期鼎盛期和 21 世纪夏季平均海表温度空间距平场（相对于 1961～1990 年）

从图 1.37 可以看出，全新世暖期鼎盛期副高偏强，中国北方地区存在一个低压气旋，在渤海和日本南部存在一个高压反气旋（图 1.37A），使中国东部偏南气流强劲，中国北方特别是华北地区得到丰沛的来自海洋的水汽补充，从而导致降水增加；而在中国南方地区，虽然南风异常，但其将大量水汽输送到北方，在南方并不利于降水，因此降水相对减少。在 RCP4.5 未来变暖情景下副高偏弱，日本海、渤海和黄海北部地区存在低压中心，形成气旋（图 1.37B），将太平洋水汽输送到华北地区，使华北地区夏季降水增多；而在黄淮和江淮地区，有来自内陆的干燥气流，导致该地区夏季降水减少；华南地区，西风加强，受到来自印度洋的暖湿气流影响，降水有所增加。

850hPa 水汽通量散度负异常对应中低空的水汽辐合，有利于成云致雨，而水汽通量散度正异常则对应相反情况。通过对比两个时期夏季 850hPa 水汽通量及其散度异常（图 1.38），结合图 1.37 中海平面气压和 850hPa 风场的空间距平场，可以看到在全新世暖期鼎盛期中国北方受偏南风影响，形成反气旋性水汽通量环流，中国北方处于水汽辐合区，有利于该地区产生降水；而中国南方地区则处于水汽辐散区，降水减少。在 RCP4.5 未来变暖情景下华南地区和中国北方处于水汽辐合区，降水增加；而江淮和黄淮地区处于水汽辐散区，降水减少。

### 1.3.9 全新世北半球典型冷事件的模拟研究

在定义和提取典型冷事件的基础上，本节分析了全强迫试验模拟的全新世北半球多次冷事件的规模及冷事件发生时温度与降水的空间特征，并结合全强迫试验中使用的四个外强迫序列（淡水注入、轨道强迫、大气温室气体和大陆冰盖）及其对应的单因子敏感性试验，初步探讨了部分典型冷事件的成因。

#### 1.3.9.1 全新世北半球典型冷事件的定义及规模

（1）典型冷事件的定义及模拟与重建对比

本研究关注的全新世典型冷事件是指全新世期间降温最显著、温度最低的时段。具体定义标准为：①气温在此年份取得极小值；②气温在此年份的前后各 250 年共五百年内取得最小值。图 1.40 给出了根据此定义，全新世期间 TraCE-21ka 模拟的北半球平均温度序列（下称模拟序列，图 1.40G）及 6 条北半球重建/集成温度序列（图 1.40A ~ 图 1.40F）中的典型冷事件情况。

由图 1.40 可见，整个全新世期间，各重建/集成序列中发生了 6 ~ 12 次典型冷事件，模拟序列（图 1.40G）显示了 10 次冷事件，由远到近分别是：9.7ka BP、8.3ka BP、7.3ka BP、6.2ka BP、5.2ka BP、4.2ka BP、3.4ka BP、2.1ka BP、1.0ka BP 和 0.2ka BP。参照前文的定义，这些年份指代了全新世期间各重建/集成/模拟序列在较长时间尺度上冷

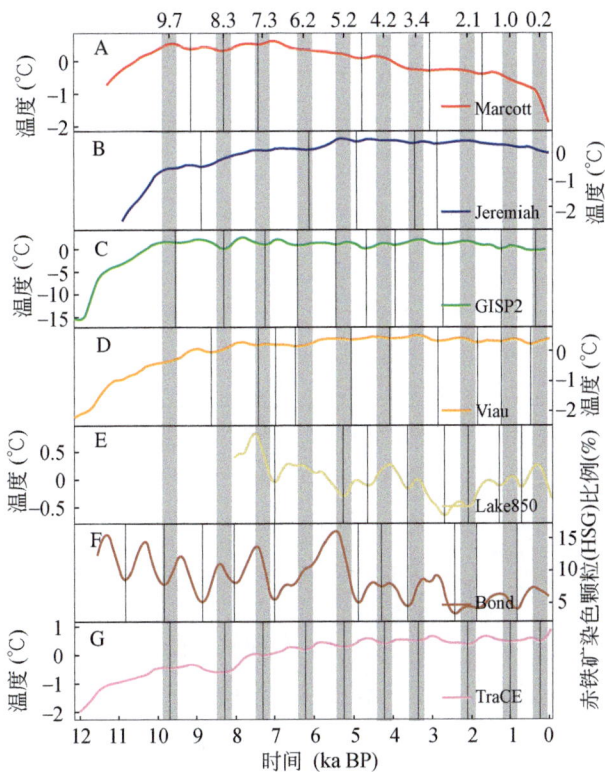

图 1.40　重建/集成序列与模拟序列中的全新世北半球典型冷事件

注：时间序列分别为北半球集成温度（A）（Marcott et al.，2013）、北美欧洲花粉集成温度（B）（Marsicek et al.，2018）、格陵兰岛冰芯重建温度（C）（Alley et al.，2000）、北美花粉重建温度（D）（Viau et al.，2006）、瑞典摇蚊重建温度（E）（Larocque and Hall，2004）、北大西洋赤铁矿染色颗粒（HSG）百分比（F）（Bond et al.，1997，2001）和 TraCE-21ka 模拟北半球平均温度序列（G）（He，2011）；所有温度序列均为相对整个序列的距平；A～G 中的浅灰色条包括了模拟序列中各冷事件年份的前后各 200 年；深灰色竖线指示各序列中的冷事件；图顶部标记了模拟序列中的冷事件

事件的最冷年。模拟结果中的每相邻两次冷事件间隔千年左右，属于千年尺度冷事件，与重建/集成序列中的冷事件间隔情况接近。各重建/集成序列指示的冷事件的发生时间也并不完全一致，这可能是由冷事件发生时的空间差异所引起的。表 1.8 统计对比了模拟与重建的每次冷事件发生年份的差异情况。

表 1.8　模拟与重建的冷事件发生年份比较　　　（单位：ka）

| TraCE | Marcott | Jeremiah | GISP2 | Viau | Lake850 | Bond |
|-------|---------|----------|-------|------|---------|------|
| 9.7 |  |  | +0.2 |  |  | −0.1 |
| 8.3 | 0 |  | 0 |  |  |  |
| 7.3 | −0.1 |  | +0.1 | −0.1 |  |  |

| TraCE | Marcott | Jeremiah | GISP2 | Viau | Lake850 | Bond |
|---|---|---|---|---|---|---|
| 6.2 | | +0.1 | −0.2 | −0.2 | | |
| 5.2 | | | −0.2 | +0.2 | 0 | |
| 4.2 | | | | +0.1 | | −0.1 |
| 3.4 | | −0.1 | | | −0.2 | −0.2 |
| 2.1 | | | | +0.2 | 0 | +0.2 |
| 1.0 | | | −0.2 | −0.2 | | +0.2 |
| 0.2 | | | −0.1 | −0.2 | | |

注：第一列为模拟序列中的冷事件，其他列为重建和模拟序列冷事件相差的年份。"+"表示重建的冷事件发生比模拟的冷事件晚，"−"表示重建的冷事件发生比模拟的冷事件早，"0"表示重建的冷事件与模拟的冷事件几乎同时发生，空白表示重建的冷事件与模拟的冷事件发生年份相差超过 200 年

（2）冷事件的规模

按照上述标准，对模拟资料中北半球每个空间格点的温度序列进行冷事件提取，忽略将球面投影到平面的面积变换，以格点数量占北半球格点总数的比例作为全新世期间北半球冷事件规模的粗略估算，计算了全新世期间每年及前后各 50 年共 101 年内发生冷事件的累计格点百分比，以此作为该年份冷事件规模，如图 1.41 所示。

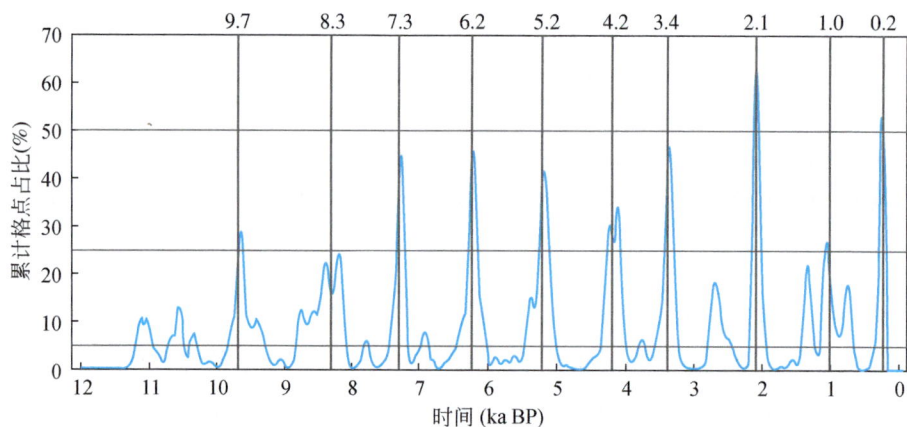

图 1.41　全新世北半球冷事件规模及模拟序列中的冷事件年份

注：蓝线表示冷事件规模，深灰色竖线及图顶部数值标记了模拟序列中的冷事件年份

由图 1.41 可见，全新世期间，北半球的冷事件规模在 2.1ka BP 前后达到最大，0.2ka BP 前后的冷事件规模也超过 50%；而 8.3ka BP 前后的冷事件规模相对较小，在 24% 左右。所有典型冷事件前后百年内北半球都有超过 24% 的空间格点有冷事件发生。

### 1.3.9.2 典型冷事件的空间特征

**（1）冷事件频次的空间差异**

全新世期间，北半球冷事件数量在空间上存在显著差异。从图 1.42 可以看出，整个全新世期间，北半球各地发生冷事件总数在 5～16 次，平均为 10 次。

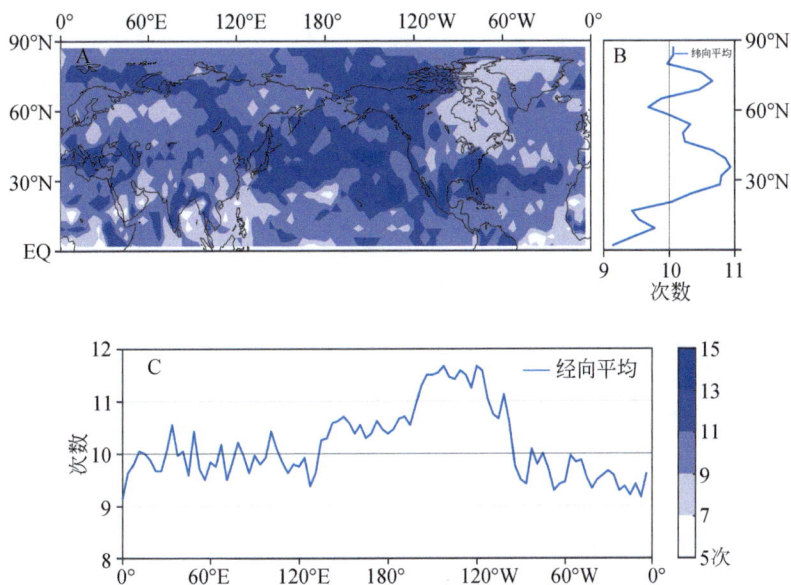

图 1.42　模拟的全新世北半球冷事件总数（A）及其纬向（B）、经向（C）平均分布情况

由纬向平均冷事件数可以看出（图 1.42B），35°N 附近有最多冷事件发生，接近 11 次。由经向平均冷事件数可以看出（图 1.42C），100°W～160°W 经度范围内的冷事件数最多，达到甚至超过了 11 次，而 0°～20°W 经度范围内的冷事件数最少，约 9.2 次。

**（2）冷事件下温度和降水的空间差异**

由于最后一次冷事件时与非冷事件时的北半球温度与降水变化的空间形态与前 9 次冷事件的差异较大，因此仅计算了前 9 次冷事件与非冷事件时温度/降水差值的合成场，图 1.43 和图 1.44 显示了 10 次典型冷事件时期与相邻非冷事件时期年平均温度和降水的合成差值场。图 1.45 显示了前 9 次典型冷事件时期与非冷事件时期前后温度和降水变化差值场的集合平均。

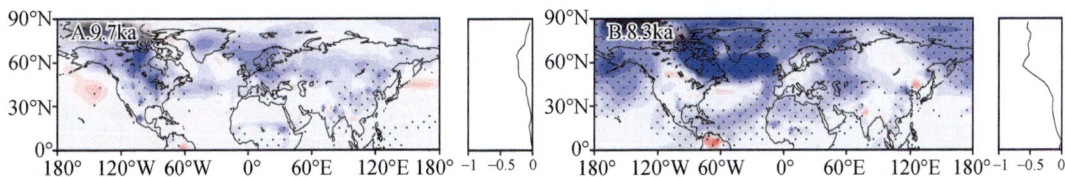

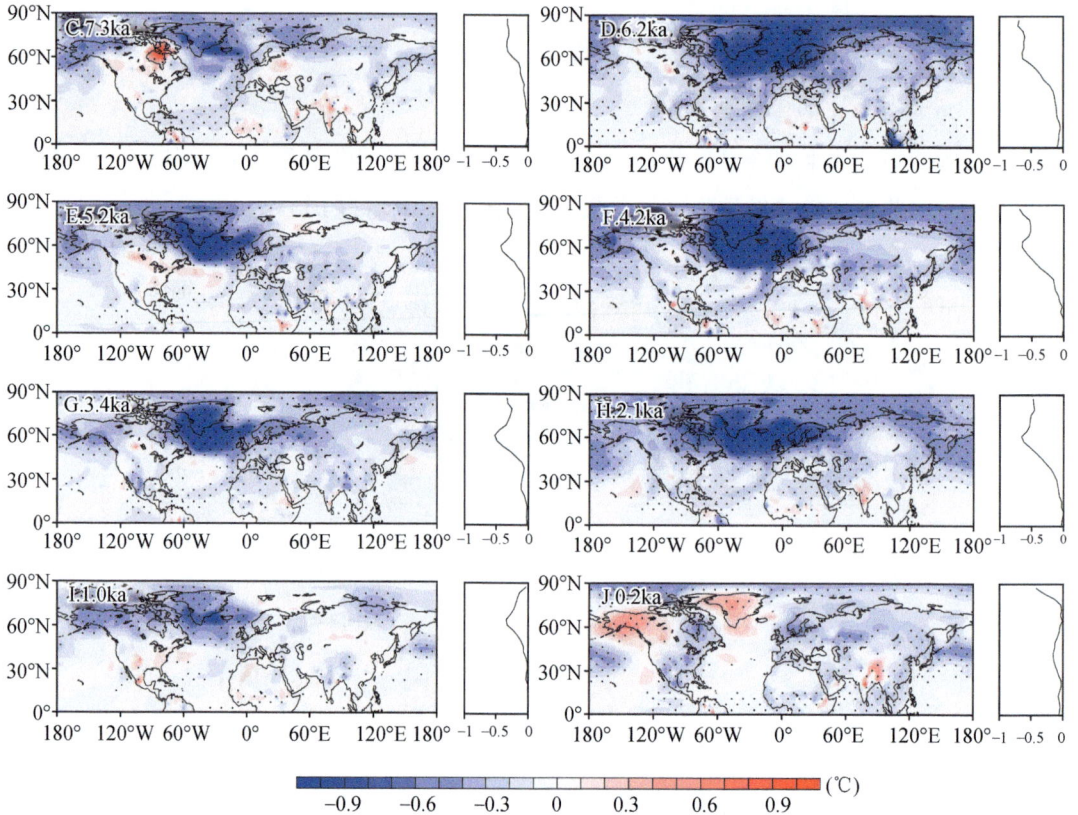

图 1.43　10 次冷事件时期与非冷事件时期温度的合成差值场（冷事件时期—非冷事件时期）

注：A 为 9.7ka BP，B 为 8.3ka BP，C 为 7.3ka BP，D 为 6.2ka BP，E 为 5.2ka BP，F 为 4.2ka BP，G 为 3.4ka BP，H 为 2.1ka BP，I 为 1.0ka BP，J 为 0.2ka BP；打点表示合成场通过置信度为 95% 的 t 检验

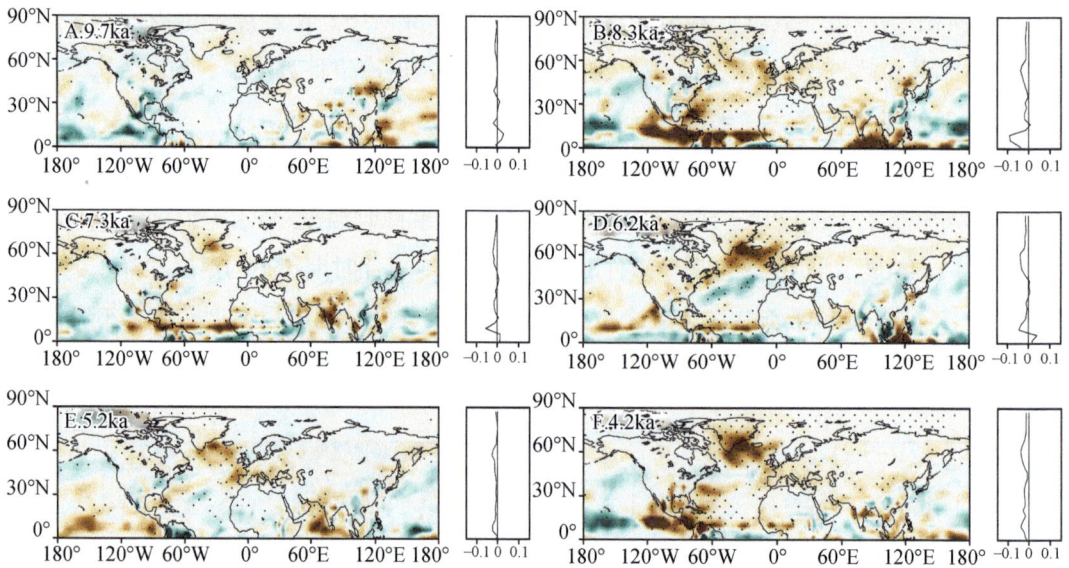

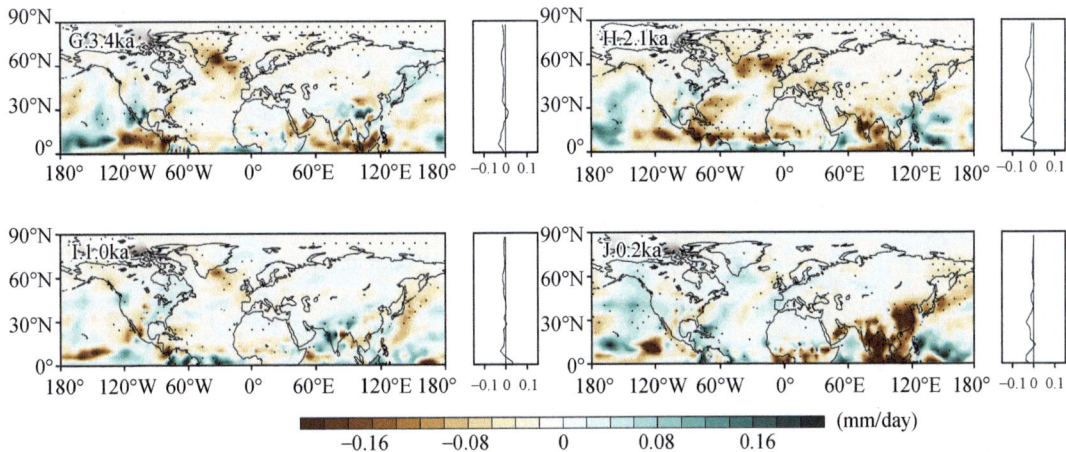

图 1.44　10 次冷事件时期与非冷事件时期降水的合成差值场（冷事件时期—非冷事件时期）

注：A 为 9.7ka BP，B 为 8.3ka BP，C 为 7.3ka BP，D 为 6.2ka BP，E 为 5.2ka BP，F 为 4.2ka BP，G 为 3.4ka BP，H 为 2.1ka BP，I 为 1.0ka BP，J 为 0.2ka BP；打点表示合成场通过置信度为 95% 的 $t$ 检验

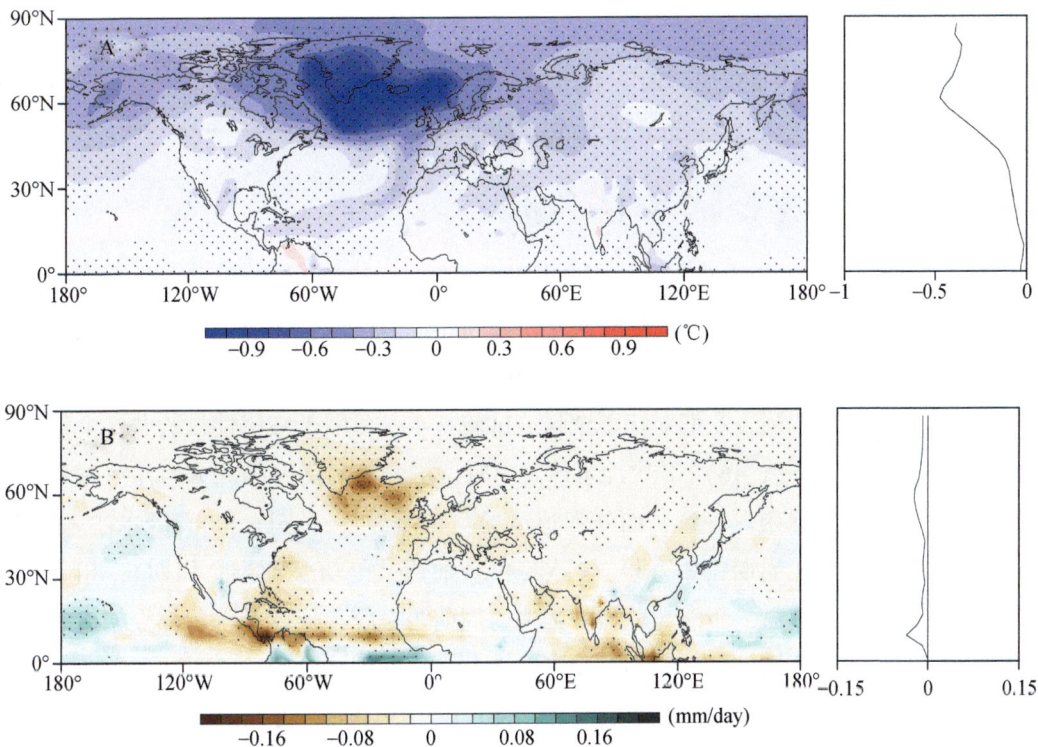

图 1.45　前 9 次冷事件时期与非冷事件时期温度/降水差值的合成场（冷事件时期—非冷事件时期）

注：A 为温度，B 为降水；打点表示合成场通过置信度为 95% 的 $t$ 检验

图 1.43 显示，10 次冷事件发生时，北半球大范围降温，中高纬地区温度显著降低，赤道及低纬地区温度略微下降或变化不显著。前九次冷事件（9.7~1.0ka BP，图 1.43A ~ 图 1.43I）发生时，北半球温度变化的空间形态十分相似，从赤道往北直到 62°N 附近，随纬度升高温度降幅逐渐增加，降温幅度最大的纬度在 62°N 附近，降温幅度最大的区域集中在北美洲东北部、格陵兰岛南部的北大西洋海域及挪威海附近，呈现类似 AMO（Schlesinger et al.，1994）负位相的空间模态。在最后一次冷事件（0.2ka BP，图 1.43J）发生时，北美洲西北部和格陵兰岛及其毗邻海域的较大空间范围内温度显著升高，温度降幅最大的区域位于中纬和极地地区，温度变化的空间形态与前 9 次冷事件时有较大差异，但整体仍以降温为主。

图 1.44 显示，10 次冷事件发生时，北半球大范围变干，低纬地区降水显著减少，中高纬地区降水只在较小范围内变化显著。在前 9 次冷事件（9.7~1.0ka BP，图 1.44A ~ 图 1.44I）中，东亚地区全区的降水变化较小或不显著，内部不同区域的降水变化呈现区域差异。而在最后一次冷事件（0.2ka BP，图 1.44J）发生时，东亚地区全区一致显著变干，格陵兰岛南部的北大西洋海域降水增加（但未通过显著性检验），降水变化的空间形态与前 9 次冷事件时有较大差异。其中 8.3ka BP 冷事件发生时，北半球变干的空间规模最大，变干幅度较大，是全新世变干最剧烈的一次冷事件。

如图 1.45 所示，冷事件发生时，北半球温度大范围显著降低，温度变化呈现明显的纬度地带性差异（图 1.45A），北半球大规模变干（图 1.45B）。

### 1.3.9.3 典型冷事件的成因与机制初探

全强迫试验模拟的 10 次冷事件中有 8 次冷事件（8.3ka BP ~ 1.0ka BP）的 AMOC 强度比前后时段均偏弱，AMOC 减弱使得向北输送到北大西洋地区的热量减少，导致北大西洋地区偏干冷，与 8 次冷事件时北大西洋海域的温度与降水变化空间形态对应良好。为了探究这 8 次冷事件的成因，我们对比了全强迫试验与 4 个单因子敏感性试验共 5 个试验中模拟的 AMOC 指数（图 1.46）。8 次冷事件发生时，格陵兰岛南部的北大西洋海域及挪威海附近剧烈降温的情况相对一致，而外强迫情况存在差异（8~6ka BP 有淡水注入强迫、轨道强迫中岁差的变化周期在 2 万年，8 次冷事件前后共经历了约半个周期），相邻冷事件的时间间隔在千年左右，不能与任何外强迫的周期相对应，地球系统内部变率对 8 次冷事件发生时北大西洋海域的气候剧烈变化可能也有一定影响。

除这 8 次冷事件（8.3~1.0ka BP）外，在 9.7ka BP 和 0.2ka BP 两次冷事件发生时，AMOC 并未减弱，北大西洋海域也没出现显著的变冷及变干现象，冷事件的成因与另外 8 次冷事件可能不完全相同。各单因子敏感性试验模拟结果的温度变化极小，因缺少表示气候系统内部变率的控制试验模拟结果，无法排除地球系统内部变率对于这两次冷事件发生造成的影响。

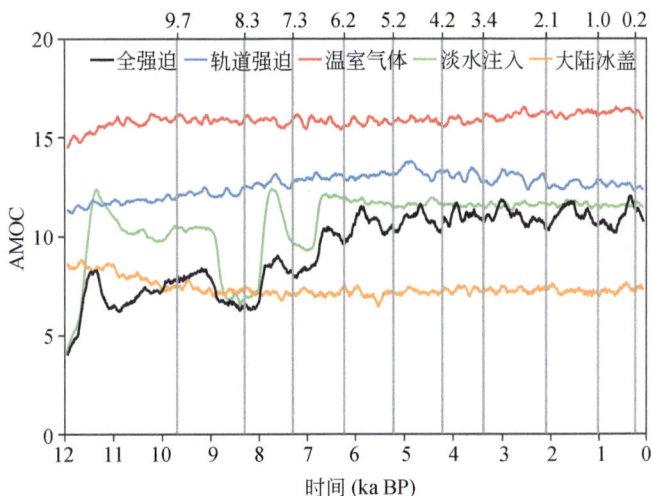

图 1.46　TraCE-21ka 五个模拟试验中的 AMOC 指数

## 1.3.10　全新世不同时间尺度下东亚夏季风（EASM）与东亚冬季风（EAWM）的关系

我们利用 CCSM3 中的一组模拟，研究了全新世不同时间尺度下东亚夏季风与东亚冬季风之间的关系。结果表明：在轨道时间尺度上，东亚夏季风和东亚冬季风的强度是正相关的，而在千年到多年代时间尺度上则是负相关的。轨道时间尺度上的正相关是由于季节太阳辐射的作用，而千年和更短时间尺度上的负相关主要是由于大西洋经向翻转环流（AMOC）的内部变率及随后通过海陆热力差异与东亚的遥相关。

### 1.3.10.1　全新世不同时间尺度下 EAWM 与 EASM 的关系

模拟（图 1.47B 和图 1.47C）和重建（Huang et al., 2011；Wang et al., 2005）表明全新世 EASM（East Asian Summer Monsoon）和 EAWM（East Asian Winter Monsoon）强度呈现减弱趋势。这表明在全新世期间，EASM 和 EAWM 在轨道时间尺度上存在正相关关系。然而，在 TraCE-21ka 中，东亚夏季风的强度在千年—多百年，甚至百年时间尺度上与 EAWM 相反，呈显著的负相关。这种负相关可以在千年（图 1.47D）和百年（图 1.47E）时间尺度上 EASM 和 EAWM 的变化的两个例子中看到。图 1.48 给出了在百年到千年时间尺度上 AMOC 影响的例子。在多年代的时间尺度上，AMOC 的影响明显弱于千年时间尺度，但仍然显著。

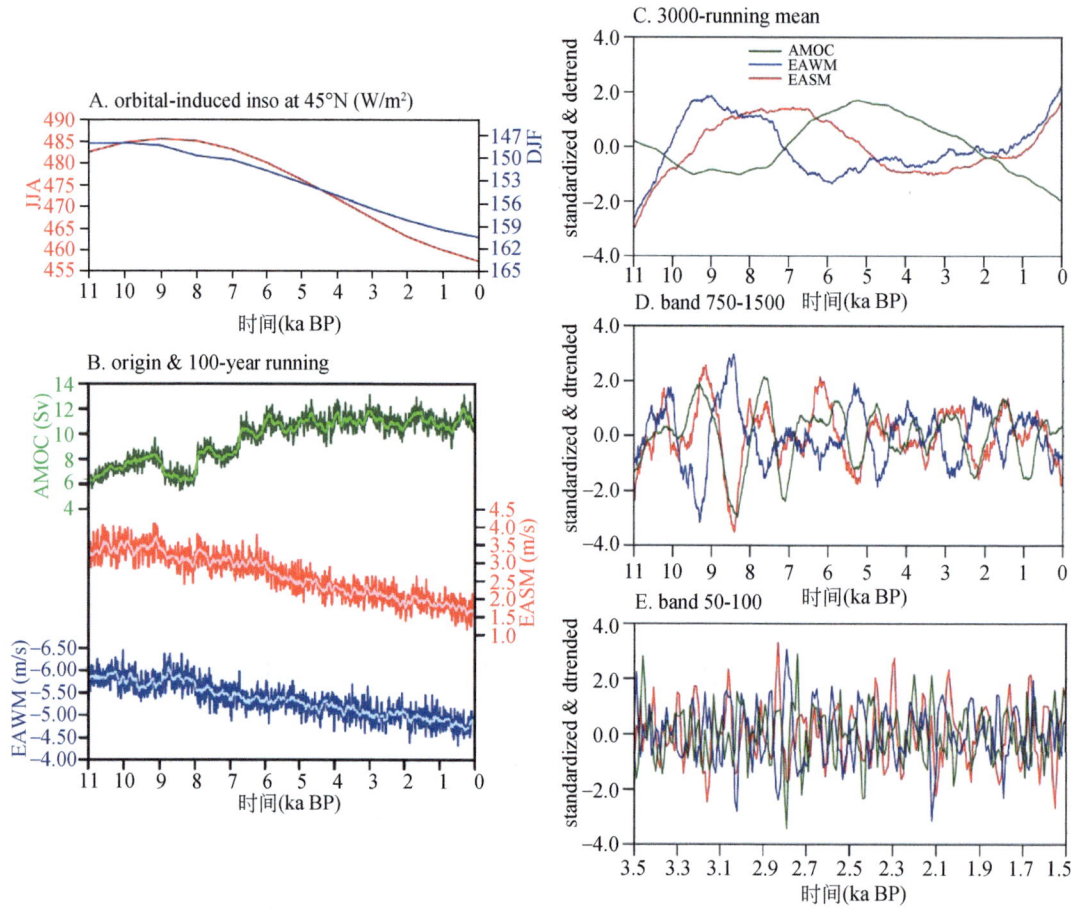

图 1.47　全新世不同时间尺度模拟的 EASM、EAWM 和 AMOC 时间序列

注：结果来自 TraCE-ALL；图 C～图 E 为 EASM 和 EAWM、EASM 和 AMOC、EAWM 和 AMOC 的相关系数；

显著性检验采用蒙特卡洛检验；超过 90% 显著性水平的数值用星星标记

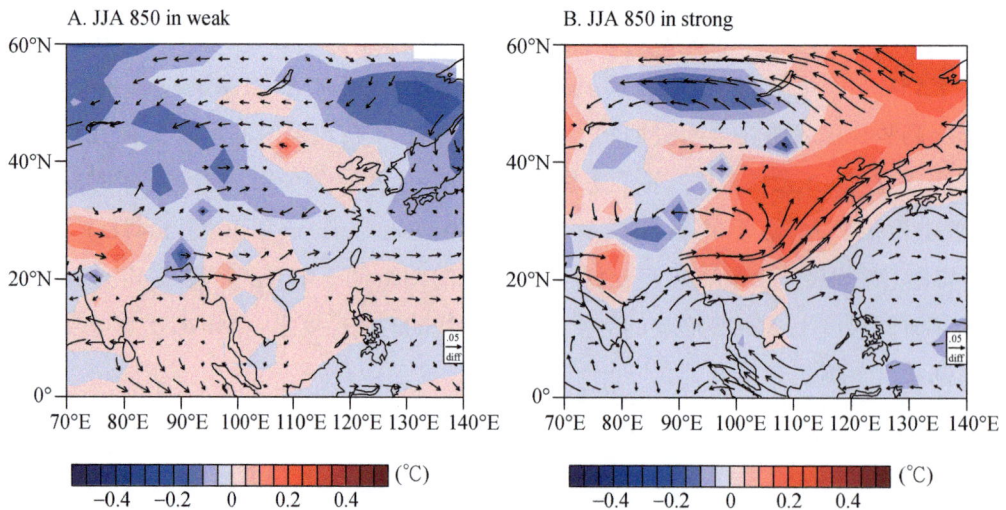

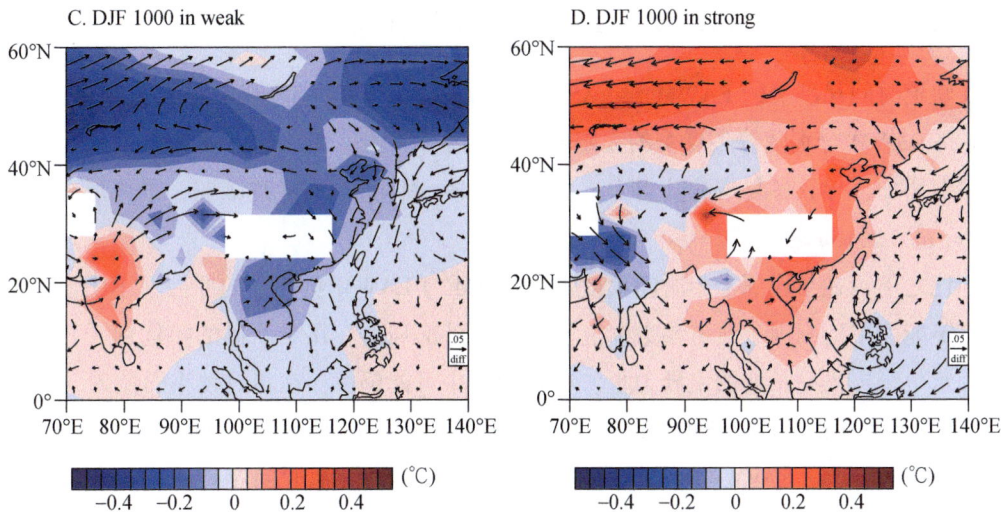

图 1.48　JJA 地表温度和 850hPa 风场异常合成及全新世强、弱 AMOC

对应的 DJF 地表温度和 1000hPa 风场

注：结果为 TraCE-ALL 300 年滑动平均的结果；超过 90% 置信水平的值被展示

利用带通滤波器的不同时间窗口计算 EASM 和 EAWM 变化的相关性（图 1.49，黑线）。在轨道时间尺度上（窗口为 3000 年），EASM 和 EAMW 表现出很强的正相关，相关系数超过 0.9，这与之前的研究结果一致［例如 Wen 等（2016）的研究］。

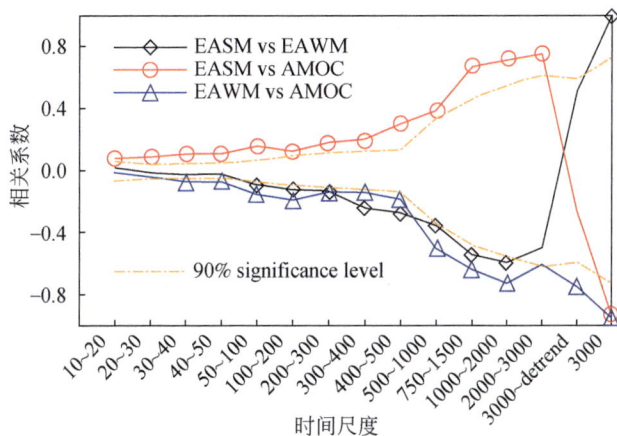

图 1.49　不同时间尺度上 EASM 和 EAWM（黑色）、EASM 和 AMOC（红色）、EAWM 和

AMOC（蓝色）的相关系数

注：结果为 TraCE 全强迫结果；显著性检验采用蒙特卡罗检验；超过 90% 置信水平的值（橙色线）用菱形

（EASM vs. EAWM）、圆形（EASM vs. AMOC）和三角形（EAWM vs. AMOC）标记

### 1.3.10.2　不同时间尺度下 EAWM 与 EASM 关系的机制

在轨道时间尺度上的 EAWM 与 EASM 正相关，其背后的物理机制已经被很好地理解。EASM 和 EAWM 分别随着冬夏季的太阳辐射发生季节变化。北方夏季太阳辐射减少，冬季太阳辐射增加，导致冬夏季海陆热力差异减小，EASM 和 EAWM 均减弱，最终形成正相关（Wen et al.，2016）。

相比之下，在年代到千年时间尺度上，EASM 与 EAWM 负相关的原因并不明显。这种负相关不能简单地归因于轨道参数和温室气体的外部强迫。在全新世的年代到千年的相关中，融水力量不再是长期的主导力量，尽管现实中可能仍然存在相对较小的注入。

AMOC 所产生的负的 EASM-EAWM 关系的作用在不同时间尺度上已被证实了（图 1.49）。在轨道时间尺度上，EASM 与 AMOC 呈负相关（图 1.49），从时间序列的趋势上可以明显看出，AMOC 呈增强趋势，而 EASM 呈减弱趋势。这是因为现在东亚夏季风主要受夏季太阳辐射的影响，而不是受 AMOC 的影响，因此，明显的负相关并不能反映因果关系。

# 过去 2000 年多尺度气候变化的特征

## 2.1 过去 2000 年高分辨率气候的重建

### 2.1.1 基于树轮资料的冷暖与干湿重建

树木年轮是树木分生组织周期性活动产生的径向生长产物。针叶树（如松、柏、杉等）在生长季早期生成大细胞腔薄细胞壁细胞，生长季晚期生成小细胞腔厚细胞壁的细胞，在大小上有显著的差异，生长季结束后，树木分生组织进入休眠期，到下一年生长季开始后，又形成薄壁大细胞，这样在年与年之间就形成十分清楚的纹印，每年的径向生长形成了年轮。长在温带自然界的树木，特别是在其树种生态幅的边缘地区，生长时除了受遗传因素的影响外，还受到外界环境要素的影响，环境要素年际间的高频变化就可以记录到生长的年轮中。例如，在较干旱地区，依赖于降水补给的土壤水分影响树木生长，树轮的宽窄变化就记录了降水量多少的变化；而生长在高寒地区的树木，热量影响其生长，树轮宽窄的变化就能记录气温的变化（Fritts，1976）。在重建过去气候研究中，树木年轮资料以其定年准确、分辨率高（年甚至季节）、序列复本量大、地域分布广，且时间上连续性强等优势，成为最理想的代用资料之一（Hughes，2002），在重建过去 2000 年气候变化研究中拥有不可取代的地位，为揭示历史时期气候变化规律（尤其是大空间尺度）和变化机制的研究提供了可靠的证据支持（Briffa et al.，2001；Büntgen et al.，2013；Esper et al.，2018；D´Arrigo et al.，2012；Cook et al.，2004，2010，2015；Fritts，1991）。

青藏高原东北部和阿尼玛卿山地区建立的树轮长序列使用的树种都是我国特有种——祁连圆柏（*Sabina przewalskii* Kom.）。该树种根系发达，抗风力强，能耐干旱、高寒气候和养分贫瘠的土壤，活树树龄能达千年以上。在干旱、寒冷的地区，死树桩不易倒伏，木头不易腐烂，通过死树与活树交叉定年的方法，可逐步延长树轮宽度序列，是我国目前能够获得超过两千年长度序列的唯一树种。

本研究利用在柴达木盆地东南部诺木洪地区（简称 NMH）和阿尼玛卿山尼木特地区（简称 NMT）采集的祁连圆柏样芯，经过交叉定年和树轮宽度量测，建立了树轮宽度指数序列，并重建了历史时期的干湿变化和温度变化。

### 2.1.1.1 树轮宽度序列的建立

NMH 样点位于柴达木盆地诺木洪乡南部约 60km 的布尔汗布达山（图 2.1）。根据采样点最近的诺木洪气象站（北纬 36°26′，东经 96°25′，海拔 2790.4m）1957~2018 年的气象资料，该地区多年平均气温为 5.06℃，降水量为 47.36mm，是高原温带极干旱气候区（戴加洗，1990）。该地区年降水量随海拔增加而增加（德令哈气象站海拔为 2981.5m，年降水量为 177.3mm，天骏气象站海拔为 3417.1m，年降水量为 344.7mm），到 3600m 的海拔，在集水较好的沟里，开始有稀疏的祁连圆柏生长。2003~2016 年，共获取了 8 个样点（表 2.1），共计 274 棵祁连圆柏的 602 根样芯。NMT 样点位于阿尼玛卿山中尼木特林场（图 2.1），离采样点最近的气象站为河南蒙古族自治县气象站（北纬 34°44′，东经 101°36′，海拔

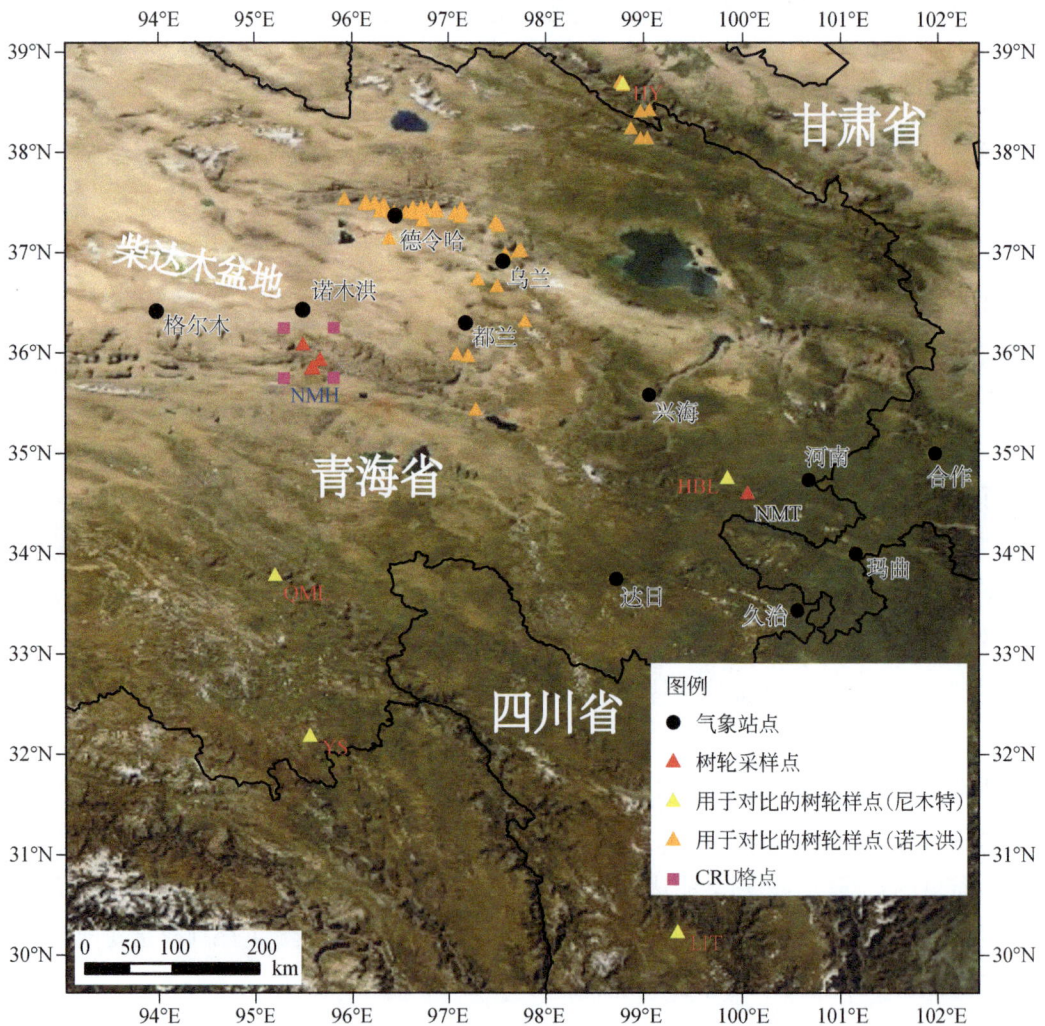

图 2.1　采样点分布及气象站、CRU 格点位置和其他用于比较的研究的采样点位置

3500m）。据1960～2015年该站校正后的气象资料（Wang et al.，2021），该地区多年平均气温为1.13℃，降水量为581.7mm，属高原亚寒带半湿润气候区（戴加洗，1990）。该地阴坡生长有青海云杉，阳坡长有祁连圆柏。在NMT共获取了55棵祁连圆柏的110根样芯。两个地点树轮样芯的获取均是使用生长锥在树干上胸高处（距地点1.3m左右）采集的。一般情况下，每棵树沿山坡走向平行方向采集2根树芯，个别树采集了3～4根样芯。表2.1列出了采样点详细信息。

表2.1　采样点信息

| 地点 | 代码 | 经度<br>（°） | 纬度<br>（°） | 海拔<br>（m） | 坡度<br>（°） | 坡向 | 树/芯<br>（棵/根） | 采样时间 |
|------|------|------|------|------|------|------|------|------|
| 诺木洪 | NMH | 96.59 | 35.94 | 3690 | 30 | 东北 | 26/61 | 2003年6月 |
| | NMHS | 96.59 | 35.94 | 3686 | 30 | 南偏东 | 24/55 | 2005年6月 |
| | NMH2 | 96.52 | 35.86 | 3804 | 33 | 东南 | 21/42 | 2014年8月 |
| | NMH3 | 96.58 | 35.94 | 3840 | 36 | 西南 | 58/118 | 2012年6月 |
| | NMH5 | 96.52 | 35.87 | 3966 | 25 | 东南 | 32/71 | 2014年8月 |
| | NMH6 | 96.51 | 35.86 | 4098 | 35 | 西南 | 18/46 | 2015年8月 |
| | NMH7 | 96.50 | 35.86 | 4015 | 30 | 西南 | 60/133 | 2016年7月 |
| | NMH8 | 96.41 | 36.09 | 3600 | 30 | 东南 | 35/76 | 2016年8月 |
| 尼木特 | NMT | 100.97 | 34.62 | 3523～3900 | 35 | 南 | 55/110 | 2015年7月 |

依照传统的树木年轮样本处理方法（Stokes and Smiley，1968；Speer，2010），样芯经过了严格的交叉定年（Fritts，1976）、宽度测量和数据检查，获取了最终的树轮宽度数据。NMH的8个采样地在空间距离上不超过30km，认为它们受相同环境因素的控制，将这8个样地整合起来组成NMH的样点。表2.2列出了NMH和NMT两个样点树轮定年和宽度数据利用COFECHA程序（Holmes，1983）检验的统计特征值。值得庆幸的是，NMH样点的树轮宽度序列长达3419a（公元前1404年～公元2015年），是目前柴达木盆地东南部最长的树轮宽度数据。NMT地区也获得较好的成果，树轮数据长达667a（公元1348～2014年）。并且，这两个样点的树轮宽度数据都具有较高的平均敏感度及较高的平均相关系数，说明具有较多有共性的变化信息。由于诺木洪地区极端干旱的气候条件，平均树轮宽度仅有0.25mm，同时存在较多的缺轮和密集年轮，部分样芯被分成若干段，导致序列的平均长度较短。

表2.2　COFECHA程序交叉定年各项统计参数

| 参数 | NMH | NMT |
|------|------|------|
| 序列长度 | 1404 BCE～2015 CE | 1348～2014 CE |
| 平均敏感度 | 0.429 | 0.238 |
| 平均相关系数 | 0.712 | 0.647 |

| 参数 | NMH | NMT |
|------|-----|-----|
| 缺轮百分比（%） | 1.25 | 0.06 |
| 序列平均长度 | 255 | 325 |
| 平均年轮宽度（mm） | 0.25 | 0.54 |
| 样本量 | 458 | 99 |

采用合适的方法建立包含丰富气候信号的树轮宽度指数序列，对于后续气候变化重建研究的开展至关重要。一般来说，树木径向生长受遗传因素的影响，具有一定的和树龄相关的生长趋势，即树木是幼龄时长的树轮宽度比较宽，随后会快速变窄，到成熟之后，生长趋势基本稳定，很缓慢地变窄。该生长趋势和气候变化无关，在建立用于重建过去气候的树轮宽度数据前，需要拟合树轮宽度的生长趋势，并且从树轮宽度数据中将其去除。另外，如果树木生长茂密，树间会因为对光的竞争，产生非气候造成的低频变化，这些变化同样需要去除。

NMH 样点地处极端干旱的森林边缘，树木生长稀疏，使用负指数函数或斜率为负的线性函数拟合生长趋势；对于那些含有髓心或者在前 40～60 年有明显上升趋势的样本（徐岩和邵雪梅，2006），采用 Hugershoff 生长曲线（Hugershoff growth function）或广义负指数函数（General exponential）拟合生长趋势。由于该地点平均年轮宽度仅有 0.25mm，为了避免在去生长趋势的过程中发生"尾端效应"（Cook and Peters，1997），采用了 Cook 和 Peters（1997）的建议，在拟合生长趋势前先对原始的宽度测量数据进行了幂转换（Power Transform），拟合出每个样芯的生长趋势后，用减法去除生长趋势，得到每个样芯的指数序列。最后，将各样芯指数序列使用双权重平均法求得平均序列为最终的标准树轮宽度指数序列（图 2.2A）。该序列的建立是用 ARSTAN 程序（Cook，1985）完成的。

相比 NMH 样点，NMT 样点的祁连圆柏生长比较茂盛，采用了 2/3 样芯长度为步长的样条函数拟合非气候要素产生的变化（生长趋势和竞争影响），用取商去除非气候要素的影响，生成样芯指数序列。同样将各样芯指数序列使用双权重平均法求得平均序列。之后又采用了零信号方法（Signal free，SF）（Melvin and Briffa，2008），对序列进行多次迭代处理，建立了可尽可能提取出较多气候信息的树轮宽度指数序列（图 2.3A）。该序列的建立是用 Rcssignfree 程序完成的。

从图 2.2A 和图 2.3A 可以看出 NMH 和 NMT 两条树轮宽度指数序列均表现出显著的年际间高频变化及年代际和百年尺度上的低频波动。图 2.2B 和图 2.3B 展示了建立树轮宽度指数序列所用每根样芯的时间覆盖年份和序列每年的样本量。图 2.2C 和图 2.3C 还展示了每 50a 样芯指数序列的平均相关系数（Rbar）和总体代表性（EPS）（Wigley et al.，1984），从这些统计量可以看出，所建立的树轮宽度指数序列质量很好，适合用其重建过去气候。

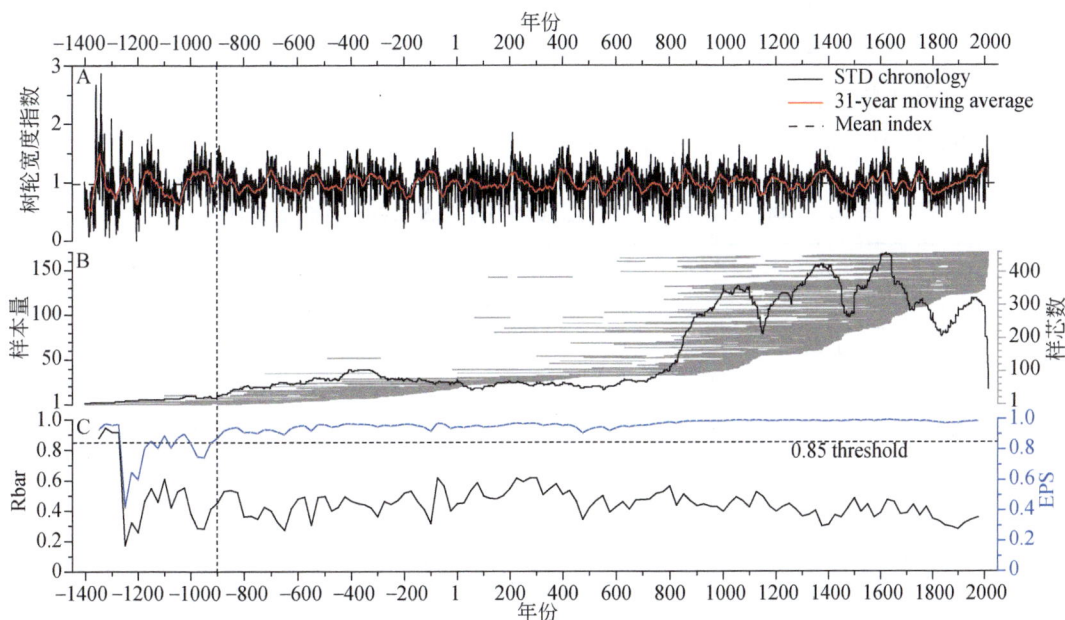

图 2.2　诺木洪树轮标准宽度指数序列（A）、样本量和各样芯的长度（B）、Rbar 和 EPS 值（C）

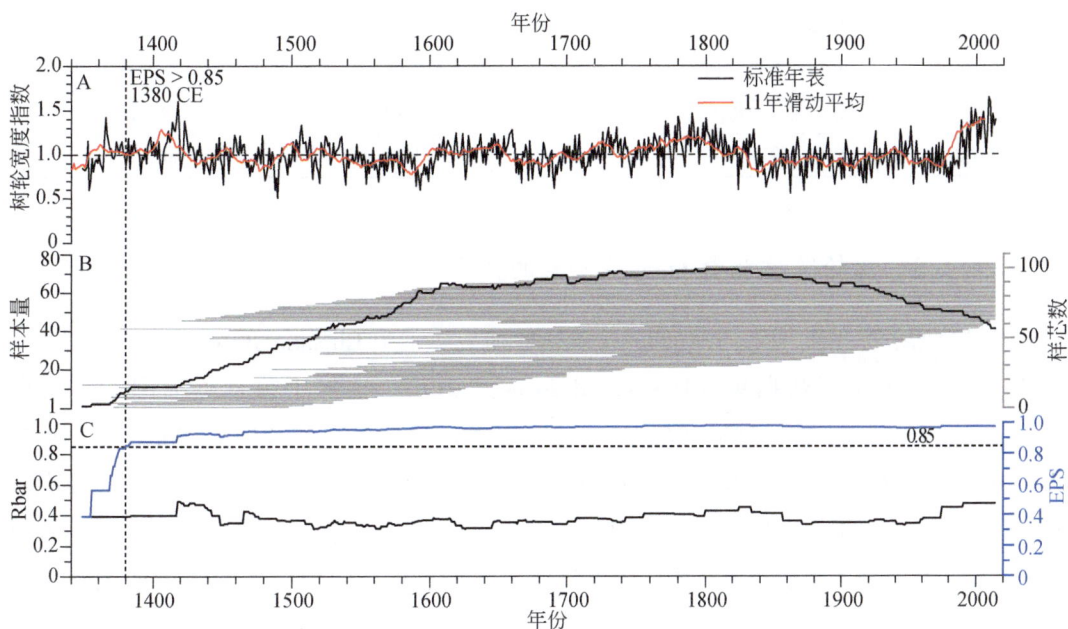

图 2.3　尼木特树轮标准宽度指数序列（A）、样本量和各样芯的长度（B）、Rbar 和 EPS 值（C）

　　表 2.3 上半部列出了 NMH 和 NMT 两条树轮宽度指数序列的统计特征值，这些指标反映了序列的基本信息和质量。NMH 序列的平均敏感度和标准差均比 NMT 的高，说明较干旱地区的树轮径向生长年际间变化比较湿润地区的更大。一阶自相关系数说明 NMH

和 NMT 当年树木的径向生长受前一年生长状况的影响，也说明所建序列包含了一定的低频信号。样芯树轮宽度指数的公共区间分析显示（表 2.3 下半部），NMH 和 NMT 都具有较高的样本间平均相关系数、信噪比、第一主成分的方差解释量和样本总体代表性，这说明各研究区的树轮宽窄变化一致性强，分别记录了当地的气候信息。

表 2.3  树轮宽度指数序列的主要特征参数及公共区间分析统计量

| 项目 | 内容 | NMH | NMT |
|---|---|---|---|
| 树轮宽度指数序列 | 序列覆盖年份 | 公元前 1404～公元 2015 年 | 公元 1348～2014 年 |
| | 均值 | 0.973 | 0.989 |
| | 标准差 | 0.289 | 0.161 |
| | 平均敏感度 | 0.298 | 0.171 |
| | 一阶自相关系数 | 0.352 | 0.261 |
| | 序列平均长度 | 255.7 | 325.1 |
| 公共区间分析 | 公共区间 | 公元 801～1000 年 | 公元 1901～2000 年 |
| | 样本量（树/样芯） | 21/28 | 27/47 |
| | 序列间相关系数 | 0.44 | 0.32 |
| | 树间平均相关系数 | 0.43 | 0.31 |
| | 树内平均相关系数 | 0.88 | 0.67 |
| | 信噪比 | 21.68 | 21.87 |
| | 总体代表性（EPS） | 0.96 | 0.96 |
| | 第一主成分方差解释量 | 46.7% | 35.1% |
| | EPS>0.85 的年份和样本量 | 902 BCE（8） | 1380 CE（9） |

### 2.1.1.2  树轮宽度指数与气候要素的关系

气候数据来源于英国 East Angila 大学气候研究中心（Climatic Research Unit，CRU）的 CRU TS 4.01 格点数据集（Harris and Jones，2017）。选择了采样点周围 4 个格点（36.25°N，96.25°E；36.25°N，96.75°E；35.75°N，96.25°E；35.75°N，96.75°E）1956～2016 年的月降水量、月平均气温、月平均最高气温和月平均最低气温共四种气候要素数据。数据经过算术平均，得到研究区 1956～2016 年的逐月数据。选取的时段为前一年 7 月至当年 9 月。为了验证两者关系在高频部分是否也存在，将数据一阶差分后，再次进行了相关分析。图 2.4 展示了树轮宽度指数与气候要素之间的关系，可以看出，NMH 样点的树轮宽度指数主要与树木生长季前期（5～6 月）的降水呈显著正相关关系，而与同期平均最高气温呈显著负相关关系。经过与多种月份组合后的气候要素进行相关分析，发现将前一年 7 月至当年 6 月的降水量相加后得到的年降水量与树轮宽度指数的相关系数最高，达到 0.677（$p<0.001$），一阶差分后还高达 0.644（$p<0.001$），说明水分条件与 NMH 树木生长有紧密的关系。

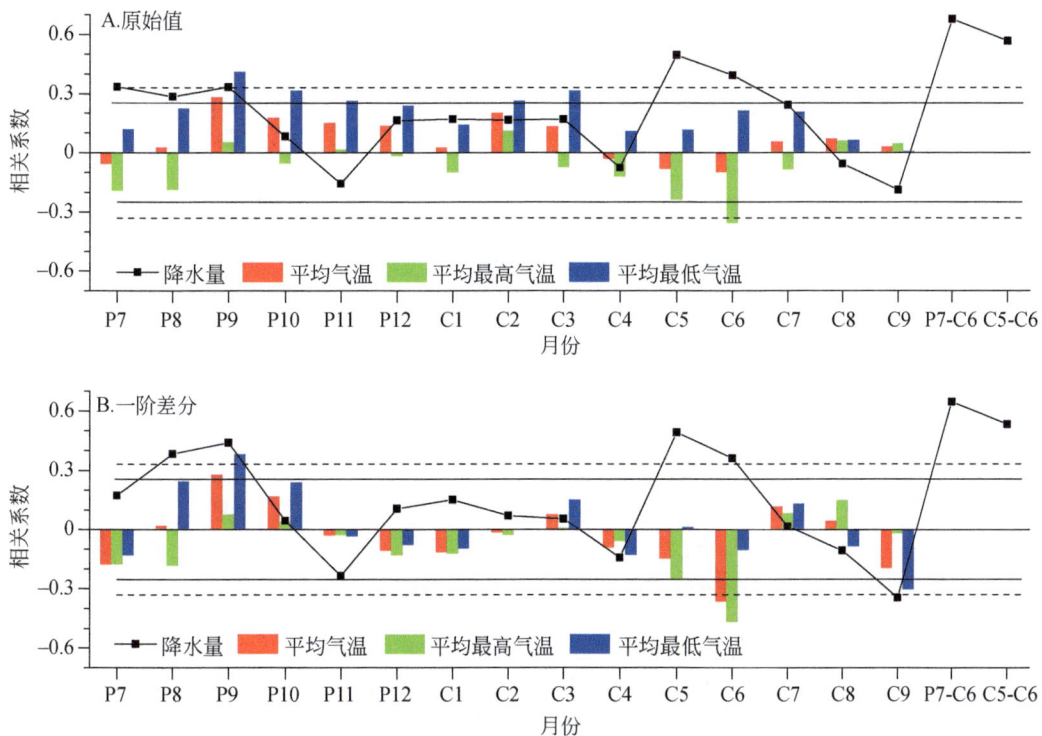

图 2.4 NMH 树轮宽度指数与气候要素的相关关系

分析 NMT 样点树轮宽度指数与气候要素的关系采用的气候数据来源于采样点周围 6 个气象站（达日、兴海、河南、久治、玛曲和合作站）的数据（图 2.1）。气候要素同样采用了月降水量、月平均气温、月平均最高气温和月平均最低气温。河南站点的数据经过订正后（Wang et al.，2021），以 1971~2000 年均值为参考时段对数据距平，其他 5 个站的数据在 1960~2014 年进行了算术平均。相关分析选取的时段为前一年 7 月至当年 9 月。同样，数据一阶差分后，再次进行了相关分析。图 2.5 展示了相关分析的结果，可以看出 NMT 样点的树轮宽度指数与气温的相关性要远远高于与降水量的相关性，特别是与 6 月和 7 月平均最低气温的显著正相关在全频（原始数据）和高频（一阶差分）上都存在，说明该样点树木生长主要受热量的控制，6~7 月气温越低，树轮宽度指数越小。经过与多种月份组合后的气温数据进行相关分析，发现上一年 8 月至当年 7 月组合的年平均最低气温与树轮宽度指数的相关系数最高，达 0.767（$p<0.001$），一阶差分后的相关系数为 0.583（$p<0.001$）。

### 2.1.1.3　重建过去气候的校准方程与验证

（1）校准方程与检验统计量

将树轮宽度指数的变化值校准到气候要素的变化值上采用的方法是一元回归分析，评价回归方程的统计量采用了方差解释量、根据自由度调整后的方差解释量、误差标准差和

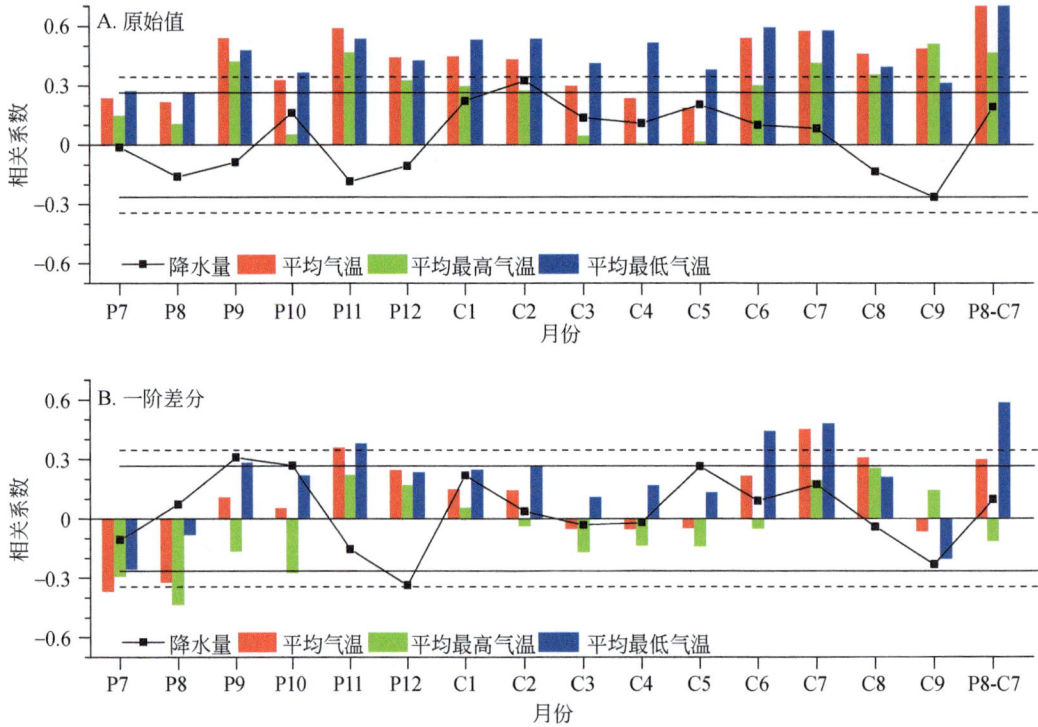

图 2.5　NMT 树轮宽度指数与气候要素的相关关系

$F$ 检验值。检验校准方程稳定性采用两种方法：交叉验证（Michaelsen，1987）和独立验证（Fritts，1976）。独立验证中将研究时段分成两段，分别为校准时段和检验时段，评价的统计量为：符号检验、一阶差分符号检验、乘积平均检验值、残差缩减值（Fritts，1976）、有效系数（Briffa et al.，1988）和相关系数。其中，符号检验和一阶差分符号检验是非参数统计的检验方法，检验全频和高频上原始距平值和预报距平值两者符号是否相同。乘积平均检验值除了考虑符号是否相同外，还在量值上看是否存在显著差别，不仅检查数据变化方向的同向性，同时在变化量值上进行检验，该值服从于 $t$ 分布。残差缩减值类似于方差解释量，是以校准时段的均值作为基准，当残差缩减值大于 0 时，认为校准方程具有预报能力。有效系数与残差缩减值的计算公式类似，但是以检验时段的均值为基准。这两个值的变化范围在 $-\infty$ 和 1.0 之间。当校准时段和检验时段的均值有较大差异时，两者相差较大。

　　根据树木径向生长与气候要素关系的分析结果，在 NMH 选取了采样点周围 4 个格点的前一年 7 月至当年 6 月（P7–C6）降水量的算术平均值作为重建的指标。检查树轮宽度指数与选定的气候要素之间关系时发现，两者之间不是简单的线性关系，而是曲线关系。因此，对树轮宽度指数进行了 2 次幂变换后与重建指标进行了回归分析。独立验证的时段分别是 1987 ~ 2015 年和 1957 ~ 1985 年。校准时段为 1957 ~ 2015 年。重建模型为：

$$\text{Pre}_{\text{p7-c6}} = 109.96 + 65.87 \times \text{STD}^2$$

式中，STD 为树轮宽度指数序列；$\text{Pre}_{\text{p7-c6}}$ 为前一年 7 月至当年 6 月降水量。该校准方程的方差解释量达 47.9%。表 2.4 展示了 NMH 样点校准、交叉验证和独立验证的统计量，这些统计值说明建立的校准方程具有预报能力，可以用于利用树轮宽度指数重建过去的前一年 7 月至当年 6 月的降水量。

表 2.4  校准时段与检验时段的统计量

<table>
<tr><td colspan="2">项目</td><td colspan="3">NMH</td><td colspan="3">NMT</td></tr>
<tr><td rowspan="4">校准时段</td><td>校准时段</td><td>1957~2015 年</td><td>1957~1986 年</td><td>1986~2015 年</td><td>1960~2014 年</td><td>1960~1991 年</td><td>1984~2014 年</td></tr>
<tr><td>方差解释量</td><td>47.9%</td><td>35.5%</td><td>48.2%</td><td>58.8%</td><td>22.1%</td><td>54.8%</td></tr>
<tr><td>调整方差解释量</td><td>47.0%</td><td>33.2%</td><td>46.4%</td><td>58.0%</td><td>19.4%</td><td>53.2%</td></tr>
<tr><td>F 检验值</td><td>52.50**</td><td>15.43**</td><td>26.06**</td><td>74.19**</td><td>8.23**</td><td>35.17**</td></tr>
<tr><td rowspan="0"></td><td>误差标准差</td><td>37.18</td><td>37.28</td><td>37.29</td><td>5.18</td><td>5.39</td><td>4.18</td></tr>
<tr><td rowspan="6">检验时段</td><td>检验时段</td><td>1957~2015 年</td><td>1987~2015 年</td><td>1957~1985 年</td><td>1960~2014 年</td><td>1992~2014 年</td><td>1960~1983 年</td></tr>
<tr><td>符号检验</td><td>43+/16-**</td><td>24+/5-**</td><td>24+/5-**</td><td>45+/9-**</td><td>22+/1-**</td><td>22+/1-**</td></tr>
<tr><td>一阶差分符号检验</td><td>44+/14-**</td><td>20+/8-*</td><td>22+/6-**</td><td>38+/16-**</td><td>18+/4-**</td><td>17+/5-*</td></tr>
<tr><td>乘积平均检验值</td><td>2.62**</td><td>2.05*</td><td>2.54*</td><td>5.130**</td><td>3.651**</td><td>2.945**</td></tr>
<tr><td>残差缩减值</td><td>0.44</td><td>0.61</td><td>0.55</td><td>0.557</td><td>0.743</td><td>0.677</td></tr>
<tr><td>有效系数</td><td>—</td><td>0.45</td><td>0.28</td><td>—</td><td>0.017</td><td>-0.589</td></tr>
<tr><td>相关系数</td><td>0.66</td><td>0.69</td><td>0.58</td><td>0.75</td><td>0.67</td><td>0.24</td></tr>
</table>

\* 表示达到 0.05 的检验水平；\*\* 表示达到 0.01 的检验水平

从实测与重建的年降水量散点图（图 2.6）和时间序列对比图（图 2.7）可以看出，两者在年际间高频变化和低频趋势上都具有较好的一致性；一阶差分符号检验对比也表明重建结果对实际降水量变化模拟效果较好，相关系数为 0.647（$p < 0.001$）。图 2.8 展示了根据校准方程重建的公元前 902 至公元 2015 年 NMH 地区前一年 7 月至当年 6 月年降水量变化及 31 年滑动平均曲线。从图中可以看出，年降水量的变化既有高频波动，也有低频变化，从滑动曲线可以清晰地看到年代际至百年尺度的变化，有多个持续的干旱期和湿润期。另外，分析前一年 7 月至当年 6 月这样月份组合的年降水量对当年 1~12 月计算的年降水量的代表性时，发现两者间相关系数为 0.429（$p < 0.001$）。经 5 年滑动平均后，两者相关系数达 0.903，去除自相关造成的自由度减少的影响后，该相关系数达到了显著程度。因此前一年 7 月至当年 6 月的降水量总和可以代表一般意义上的年降水量的变化，特别是在年代际及以上的尺度上。

过去 2000 年多尺度气候变化的特征

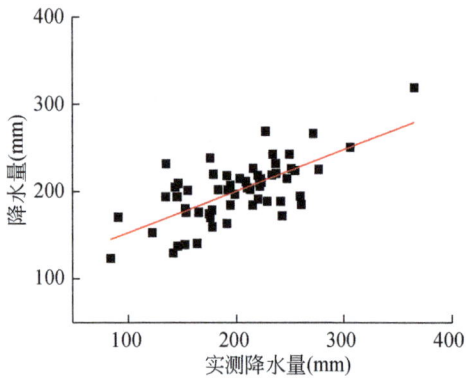

图 2.6　实测和重建年降水量散点

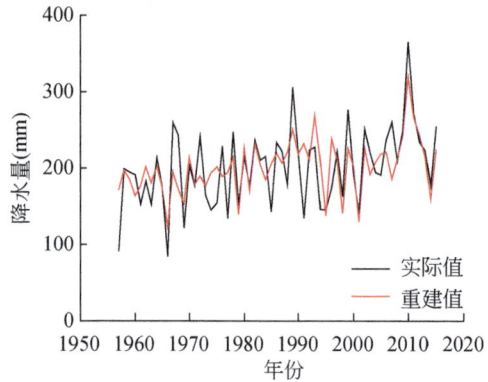

图 2.7　降水量时间序列对比

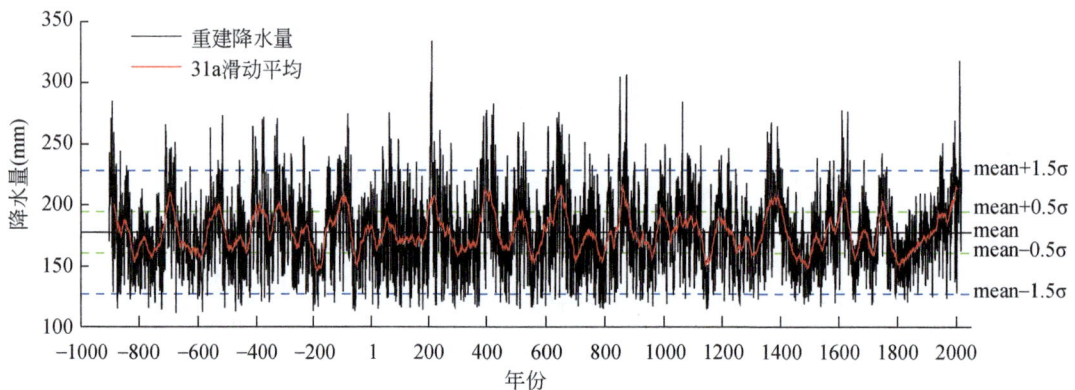

图 2.8　公元前 902 年来年降水量变化及 31a 滑动平均

根据 NMT 树木径向生长与气候要素关系的分析结果，采用采样点周围 6 个气象站上年 8 月至当年 7 月的年均最低气温的算术平均值作为重建因子，树轮宽度指数与年均最低气温的校准方程为：

$$T_{\min8\text{-}7} = -2.497 + 2.348SF_t$$

式中，$SF_t$ 为树轮宽度指数序列；$T_{\min8\text{-}7}$ 为前一年 8 月至当年 7 月的平均最低气温。该校准方程的方差解释量达 58.8%。独立验证的时段分别是 1992～2014 年和 1960～1983 年。表 2.4 的 NMT 部分展示了交叉验证和独立验证的统计量，这些统计值说明建立的校准方程具有可预报能力，可以用于利用树轮宽度指数重建过去的前一年 8 月至当年 7 月的年平均最低气温。

从实测与重建的年均最低气温的散点图（图 2.9）和时间序列对比图（图 2.10）中可以看出重建序列与实测序列在年际间高频变化和低频趋势上具有很好的相似性。一阶差分后重建值与观测值的相关系数为 0.583（$p<0.001$）。图 2.11 展示了公元 1380 年以来年均最低气温的重建结果。根据实测气象数据，按照前一年 8 月至当年 7 月计算的年最低气温

$(T_{\text{min8-7}})$，与 1 ～ 12 月计算的年平均最低气温的相关系数为 0.878（$p<0.001$），重建年均最低气温 $T_{\text{min8-7}}$ 可以代表研究区的年平均最低气温变化。

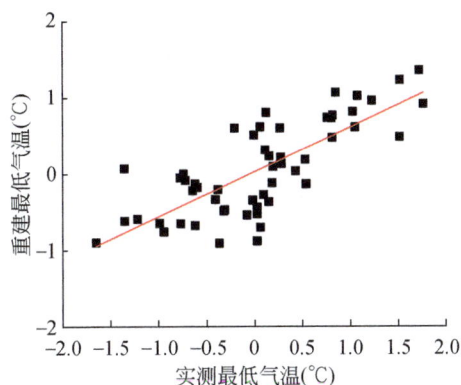

图 2.9  实测和重建年均最低气温散点图

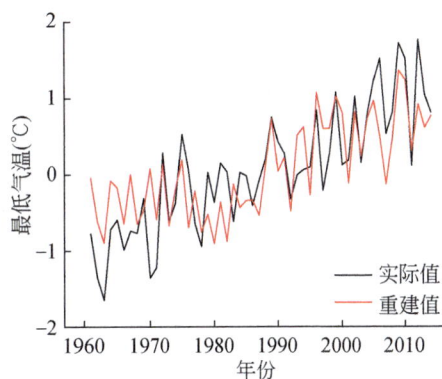

图 2.10  最低气温时间序列对比

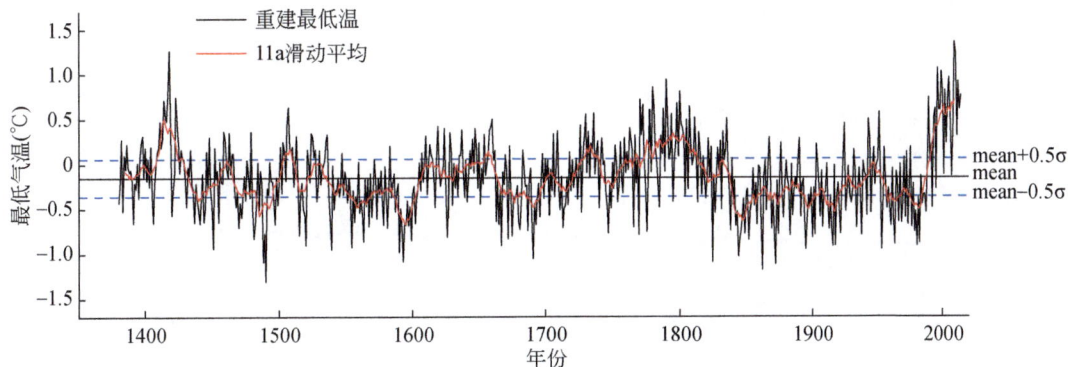

图 2.11  公元 1380 年以来年均最低气温变化及 11a 滑动平均

**（2）重建的空间代表性**

检查重建区域气候变化在空间上的代表性采用了相关分析方法，使用的数据为重建的气候数据和 CRU 0.5°×0.5° 网格点数据。为了检查不同频率上变化的空间相关性，除了使用原始数据外，还对一阶差分之后的数据进行了相关分析。

重建年（P7-C6）降水量的分析时段为 1958 ～ 2015 年。从研究区实测降水量与其他格点年（P7-C6）降水量的相关系数分布可以看出，研究区与整个青海省其他格点间都显著相关，且相关系数都大于 0.6。重建降水量与 CRU 格点数据的相关性与实测值的情况基本相似，空间范围有所扩大，涵盖了整个青海省、黄土高原西南部的部分地区和新疆南部地区，但相关系数有所降低，差异也较大，相关性最好的地区分布在柴达木盆地的东部地区。实测数据一阶差分后研究区与其他格点间数据的相关性比原始数据的空间范围更大，相关性也强；而重建的降水量一阶差分后与一阶差分后的 CRU 格点数据都显著相关的空间范围也更大，与黄土高原中西部、内蒙古西部和新疆东部地区都显著相关，但相关系数却较低。上述空间相关性都证明了重建的降水量具有较好的空间代表性，能够反映柴达木盆地及其周边地区大尺度空间范围内的干湿变化。

重建年（P8-C7）平均最低气温的分析时段为 1961～2014 年。查看同期实测的年均最低气温的空间相关结果发现，研究区的空间代表性很强，与中国大部分地区相关性好，尤其是在青藏高原、云贵高原西北部、黄土高原及内蒙古高原北部、长江中下游平原大部、华北平原和东北平原大部代表性更好，达到显著相关（$p<0.1$）（图 2.12A）。重建年均最低气温与实测结果的相关（图 2.12B），也展示了很强的空间代表性，与青藏高原、云贵高原西北部、黄土高原及内蒙古高原北部地区相关性明显，不过相对于实测值来说，还是具有一定差异，如果定义相关系数 0.6 以上为高相关，则重建值的高相关区域出现间断，范围有所缩小。实测一阶差分数据的空间代表性降低，显著相关范围仅局限在青藏高原大部分地区（图 2.12C）。重建一阶差分数据的空间代表性显著区域主要体现在青藏高原，尤其是阿尼玛卿山地区（图 2.12D）。

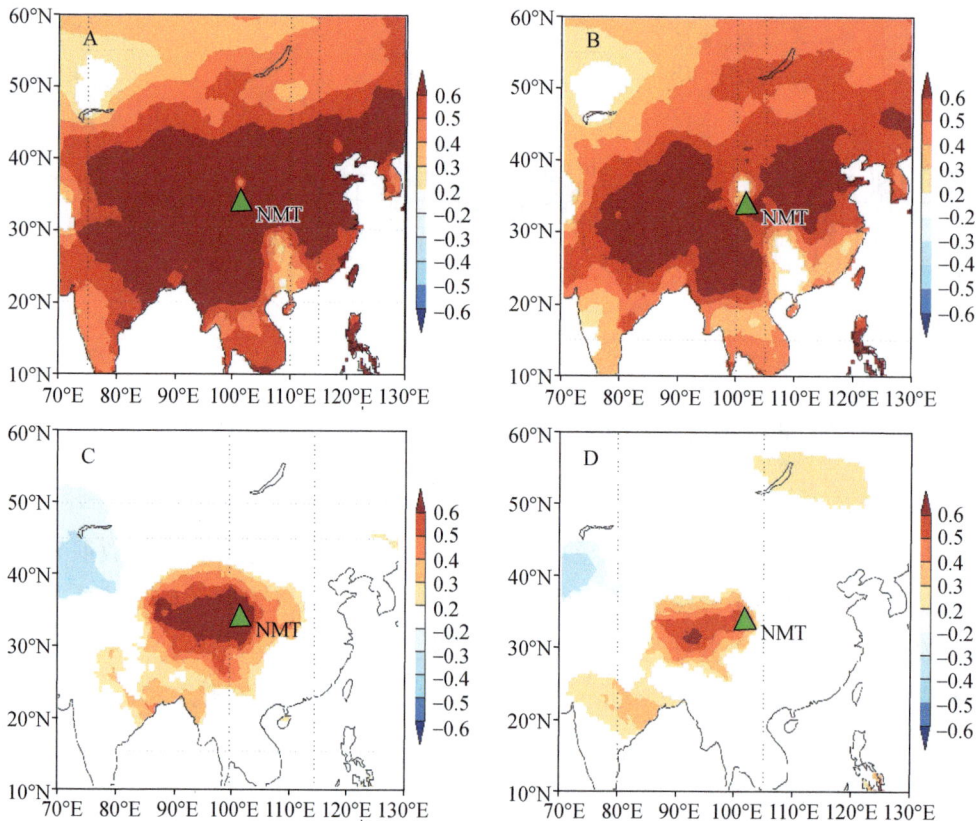

图 2.12　NMT 研究区在 1961～2014 年时段年（P8-C7）平均最低气温变化的空间相关性

注：图 A 为实测数据；图 B 为重建与实测的数据；图 C 为一阶差分后实测数据；图 D 为一阶差分后重建与实测数据

总的来说，重建年年均最低气温序列与中国大部分地区年均最低气温相关性较好，空间代表性较强。

（3）重建结果与邻近区域的对比

为了进一步研究诺木洪重建序列的可靠性及与其他区域干湿变化记录的异同，我们将
NMH 重建的降水量序列与青藏高原东北部地区其他 5 条反映干湿变化的重建序列进行了
对比（图 2.13）。从各序列的年际变化来看，NMH 重建的降水量与都兰树轮宽度指数序
列、德令哈水分平衡指数、青藏高原东北部降水量和祁连山降水序列都显著相关。将各序

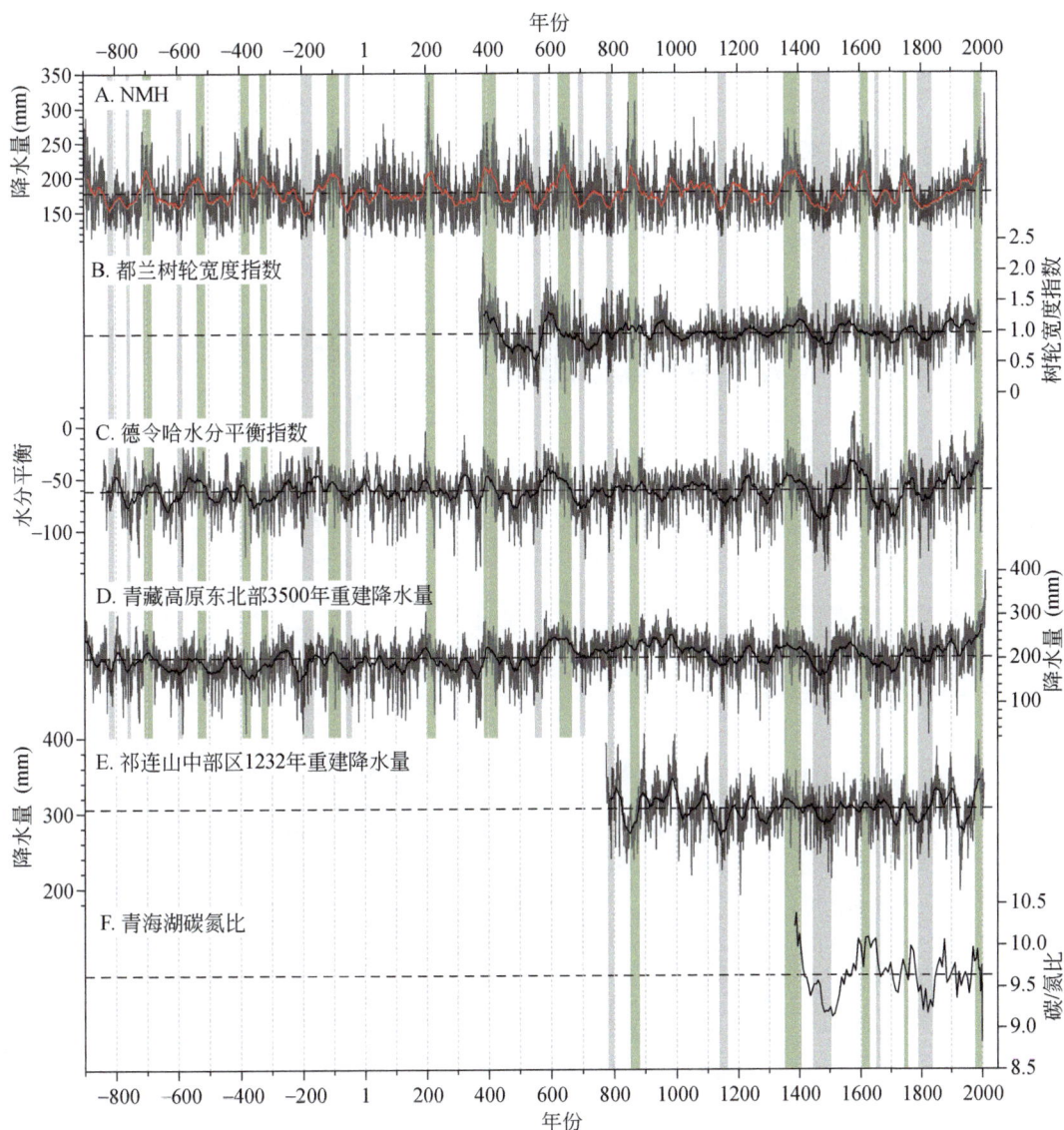

图 2.13　重建的 NMH 年（P7-C6）降水序列（红色）与邻近重建序列的对比

注：图 A 为 NMH 重建序列；图 B 为都兰树轮宽度序列（Sheppard et al., 2004）；图 C 为柴达木盆地东北部重建的过去
2847 年 1~6 月水分平衡指数（Yin et al., 2016）；图 D 为青藏高原东北部过去 3500 年前一年 7 月至当年 6 月降水量
（Yang et al., 2014）；图 E 为祁连山中部过去 1232 年前一年 8 月至当年 7 月降水量（Zhang et al., 2011）；图 F 为青海
湖碳氮比（Xu et al., 2006）。灰色区域表示干旱期，绿色区域表示湿润期

列进行31a滑动平均处理后的低频信号也表明在年代际—世纪尺度上具有较好的对应性，特别是在干旱时期（15世纪下半叶和18世纪晚期到19世纪初期的持续干旱事件），并且这种低频变化的一致性在小冰期时期最为显著。此外，从图中还可以清楚地发现，自19世纪初期以来，青藏高原东北部和祁连山的降水量显著增加，这种普遍的增加意味着研究区的气候条件在全球变暖的背景下变得更加湿润。

由于温度场的空间相关范围较大，与NMT重建的平均最低气温比较时，选择的对比序列空间分布较广（图2.14）。通过比较发现，该序列与其他重建的温度序列都有较好的关系（图2.14），特别是在低温时期的变化较为一致。20世纪中期以来温度变化方式在不同区域有不同表现形式。20世纪40年代末期至70年代末期尽管有波动，总的变化是降温；20世纪80年代以来升温显著。青藏高原东北、东中和东南部目前正处于历史时期以来的气温最高时期，高原东部树木径向生长对气候变暖响应明显。

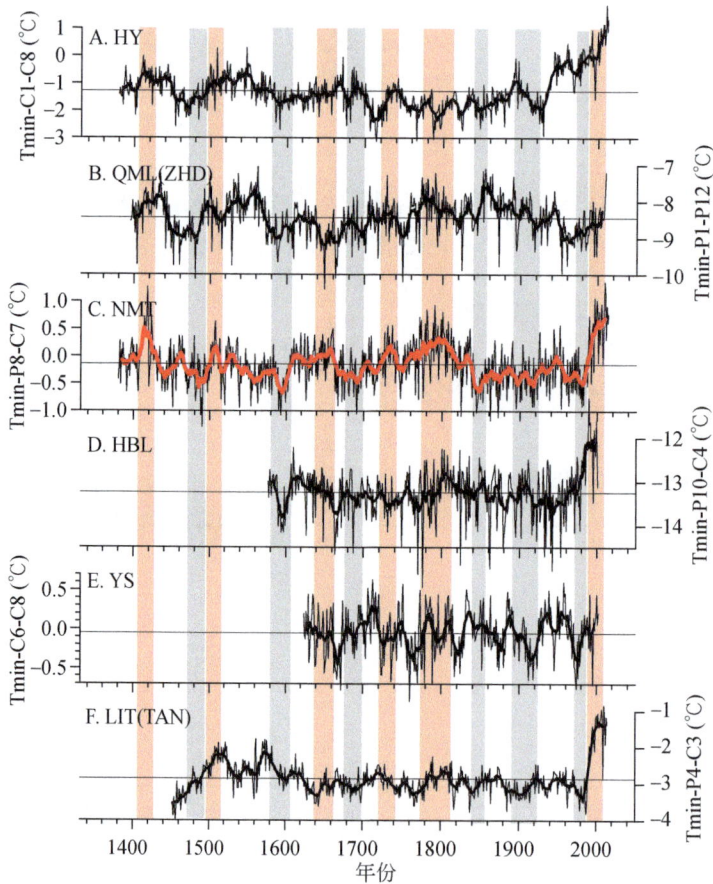

图2.14　重建的NMT年（P8-C7）平均最低气温序列（红色）与邻近重建序列的对比

注：图A为祁连山过去1343年1~8月最低气温；图B为青藏高原中部过去600年1~12月最低气温；图C为NMT重建最低气温序列；图D为西倾山前一年10月至当年4月最低气温；图E为长江上游当年6月至8月最低气温；图F为青藏高原东南部前一年4月至当年3月最低气温。灰色区域表示低温期，红色区域表示高温期

### 2.1.1.4  过去气候变化特征

过去 2917 年重建降水量的平均值为 177.59mm, 标准差为 33.75mm。以整个平均值和标准差为基准, 定义降水量高于或低于平均值 1.5 倍标准差的年份为极端湿润年或极端干旱年。整个重建时段内存在 225 次极端湿润年和 152 次极端干旱年, 分别约占总年数的 7.71% 和 5.21%。公元 7 世纪极端湿润年最多, 而 19 世纪整体上较为干旱。公元 6 世纪和 8 世纪的极端干旱年份最多, 都达到了 12 年, 且基本上都集中在了下半叶。

将平均值和 0.5 倍标准差作为区分湿润期或干旱期 (持续时间超过 10 年) 的标准, 其余为正常时期, 研究发现, 过去 2917 年共有 13 个湿润期和 12 个干旱期。其中, 有三个湿润期 [公元 1351 ~ 1403 年 (53a)、公元 385 ~ 428 年 (44a)、公元 627 ~ 666 年 (40a)] 和两个干旱期 [公元 1443 ~ 1503 年 (61a)、公元 1789 ~ 1836 年 (48a)] 持续时间都超过了 40 年。干旱期恰好处于全球典型的小冰期时期 (Little Ice Age, LIA; 公元 1300 ~ 1800 年) 阶段。此外, 研究区的降水量自 19 世纪初期以来持续增加, 并且从 20 世纪初期滑动平均序列超过了千年均值。

过去 635 年以来, NMT 区域年最低气温的年际变化明显。其中, 温度最低的 5 年分别是 1490 年、1862 年、1872 年、1824 年和 1488 年, 温度最高的 5 年分别是 2009 年、1418 年、2010 年、1996 年和 1999 年。11 年滑动平均后所展示的低频趋势也清晰地展示了年代至百年尺度的变化特征, 期间存在多个低温和高温时期。以重建序列的平均值 (−0.15℃) 和 0.5 倍标准差 (标准差为 0.41) 表示气候温暖 (>均值+0.5 标准差) 或寒冷 (<均值−0.5 标准差)。过去 635 年以来, 冷期 (连续大于 5 年) 为 1483 ~ 1495 年、1555 ~ 1568 年、1586 ~ 1602 年、1686 ~ 1696 年、1840 ~ 1854 年、1872 ~ 1876 年、1893 ~ 1901 年、1910 ~ 1920 年、1961 ~ 1968 年和 1975 ~ 1983 年, 其中 1586 ~ 1602 年持续时间最长、温度最低, 其次是 1840 ~ 1854 年。暖期 (连续大于 5 年) 为 1409 ~ 1424 年、1504 ~ 1509 年、1655 ~ 1659 年、1729 ~ 1739 年、1775 ~ 1779 年、1781 ~ 1813 年和 1991 ~ 2009 年, 其中 1781 ~ 1813 年持续时间最长, 1991 ~ 2009 年最暖, 1409 ~ 1424 年次暖。此外, 高频和低频变化都表明, 20 世纪 80 年代以来的升温是过去 635 年来最明显的。

对重建序列进行功率谱分析发现, 在 NMH 地区存在显著的 2 ~ 3a ($p<0.01$)、5.21a ($p<0.05$)、6.35a ($p<0.01$) 和 8.96a ($p<0.05$) 的年际间变化; 年代际尺度上存在 20 ~ 80 年的周期振荡; 在百年际尺度上存在着约 113a、128a、180a 和 200a 的准周期。Morlet 小波分析发现降水量变化存在 2 ~ 5a 的年际变化周期; 60a 左右的年代际周期变化发生在公元前 5 世纪末至公元 1 世纪初期、16 世纪早期至 18 世纪中后期; 130a 左右的周期变化出现在公元 4 世纪早期至 13 世纪晚期。在整个降水量序列中以 200a 左右的周期变化特征最为明显。

重建的 NMT 地区过去 635 年年均最低温序列存在 2.01 ~ 3.42a 的年际尺度周期、

70.67a 的多年代际周期和 200a 左右的世纪尺度周期，这些周期都达到了 0.05 的检验水平。Morlet 小波分析表明，2~4a 周期主要发生在 1650~2014 年，4~8a 周期主要发生在 1400~1450 年、1600~1650 年和 21 世纪初期，11a 左右周期发生在 1750~1800 年，60a 左右周期发生在 1400~1500 年和 1900~2014 年，百年以上世纪周期则基本在整个序列存在。

### 2.1.1.5 过去气候变化与外部驱动因子的关系

（1）太阳活动

本研究中太阳活动数据选取了太阳磁活动 SMA（Solar Magnetic Activity）参数（Muscheler et al.，2006）、太阳辐射强迫 SRF（Tropical Solar Radiative Forcing）（Mann et al.，2005）、太阳辐射度 TSI（Total Solar Irradiance）（Lean，2000）和年平均太阳黑子数 SSN（Sunspot Number）。[①]

将重建的 NMH 年降水量进行 31 年滑动平均后与重建的太阳黑子序列进行对比（图 2.15），可以看出，太阳活动偏弱时，重建的降水量多呈减少的趋势；相反，太阳活动增强时，重建的降水量呈现出增加的趋势。太阳黑子的荷马极小期、中世纪极小期、沃

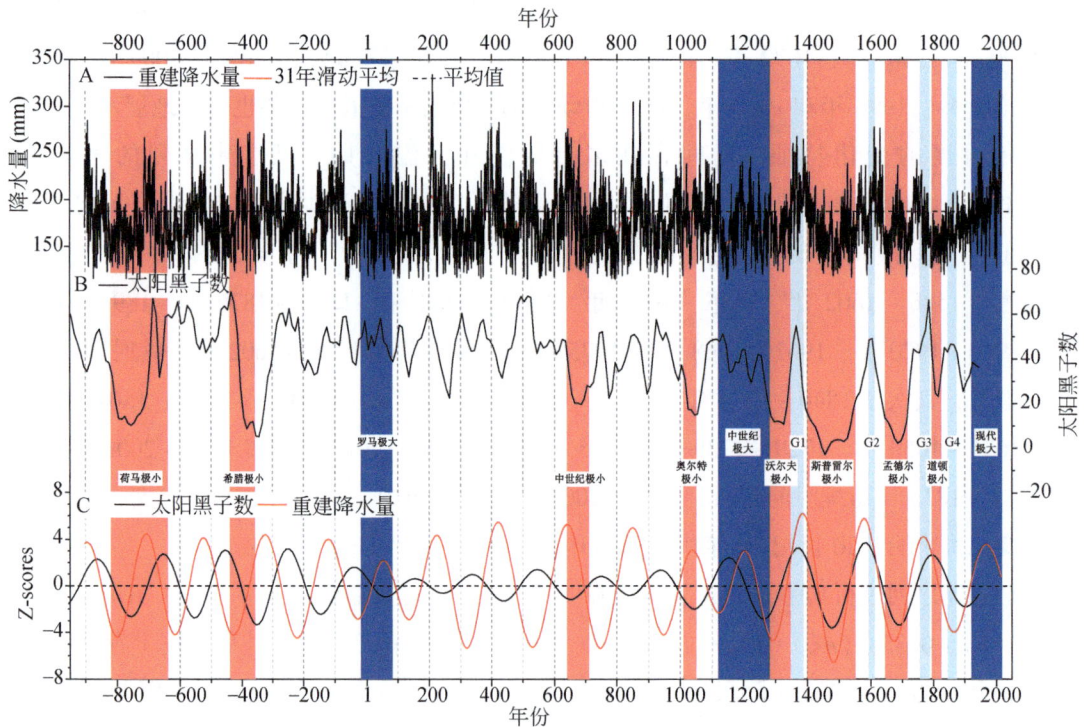

图 2.15　重建降水量与太阳黑子序列和太阳活动的对比

注：图 A 为诺木洪重建降水量及 31 年滑动平均；图 B 为重建太阳黑子序列；图 C 为 200a 周期尺度上重建太阳黑子数与诺木洪重建降水量的小波分量对比

---

① http://www.ngdc.noaa.gov/stp/.

尔夫极小期、斯普雷尔极小期和道顿极小期时期，都出现了持续的干旱；而在太阳活动的极大期时，研究区处于偏湿阶段或者非持续干旱的时期。太阳活动较弱时，相应的干旱也发生在福建北部山区（雷国良等，2014）、长江中下游地区（姜彤等，2004；葛全胜等，2016）、黄土高原西部的陇西地区（Tan et al., 2008）、青藏高原东北部地区（黄磊和邵雪梅，2005；Zhang et al., 2011；Gou et al., 2015；Yin et al., 2016）等。

对比 200 年尺度上太阳活动和干湿变化，可以发现，在公元前 100 年以前，两者之间有一定的位相差，在公元前 100 年至公元 100 年两者有完全相反位相的变化，而在小冰期时期，两者的位相基本一致。

利用交叉小波分析评估太阳活动与重建降水量之间的关系，发现在不同的周期尺度上正负相关的转换都很频繁（图 2.16A）。在 200a 周期尺度上，降水量与太阳黑子数从 13 世纪开始变化是同步的，两者呈现较强的正相位关联性，但在 13 世纪之前则出现了不同程度的偏差。从图 2.16B 中可以看出，从公元 2 世纪至公元 7 世纪，在 80～130a 周期尺度上降水量的变化比太阳活动滞后约 30a。这一结果与 Yin 等（2016）所重建的德令哈地区土壤湿度状况的研究结论相同。自公元 1300 年以来，太阳活动强弱与研究区干湿变化存在显著的正相关关系，而公元 1300 年之前，两者的关系则存在几十年的偏差，气候变化比太阳活动的变化滞后 50～130a。

重建的年均最低温滞后太阳活动参数 20a 时，重建的年均最低温与参数 SMA、SRF、TSI 和 SSN 的相关系数达到最大且显著，分别是 0.180（$p<0.001$）、0.226（$p<0.001$）、0.173（$p<0.001$）和 0.122（$p<0.05$）。图 2.17 展示了青藏高原东中部重建的年均最低温滞后太阳活动参数 20a，太阳活动波谷时期，基本都对应研究区年均最低温的谷期；太阳活动波峰时期基本对应年均最低温的波峰。初步分析结果认为，太阳活动强活动时期后 20a 左右时间，青藏高原处于低温波峰时期，对太阳活动强活动存在滞后响应。

XWT: 太阳黑子数-重建降水量

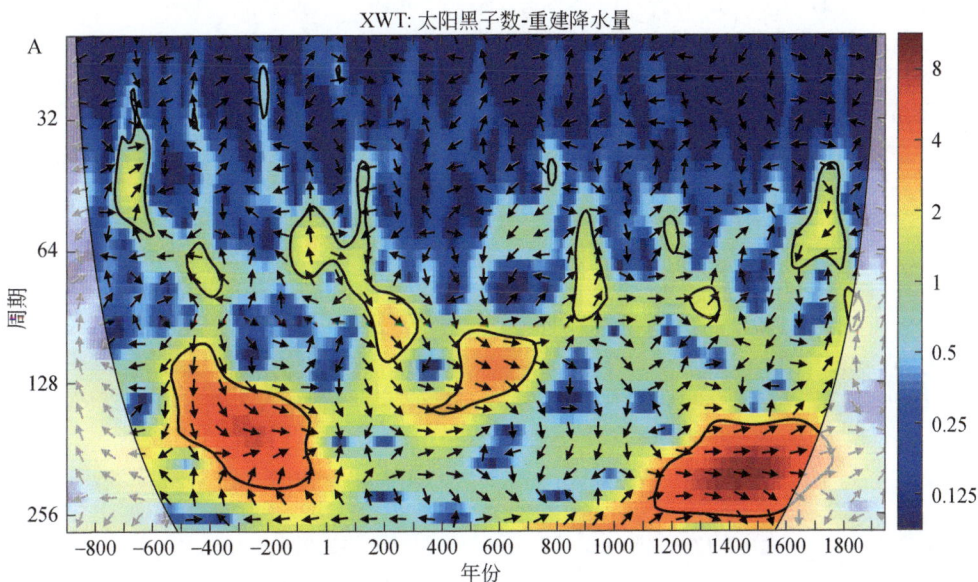

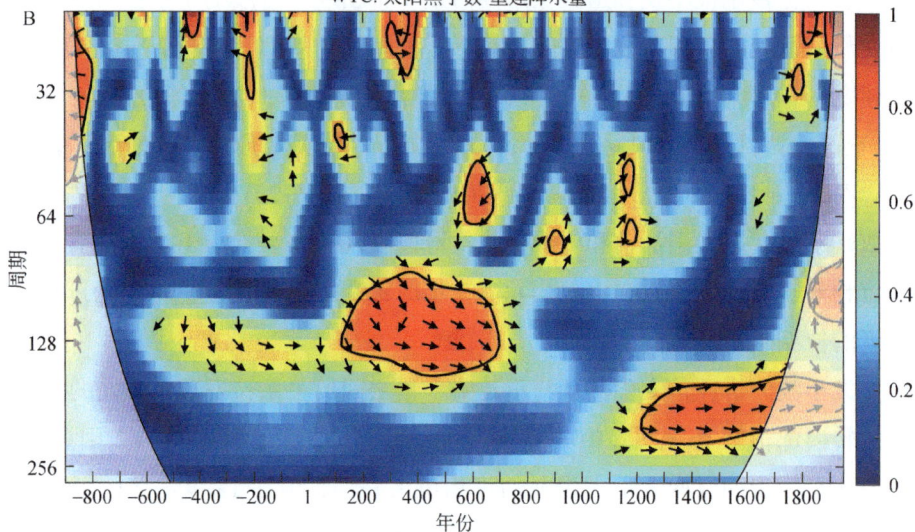

WTC: 太阳黑子数-重建降水量

图 2.16　研究区重建降水量与重建太阳黑子序列的交叉小波能量谱（A）和交叉小波凝聚谱（B）。

注：图中黑色细实线为小波边界效应影响锥，粗黑线部分表示通过显著性水平为 0.05 的红噪声检验。箭头表示两者之间的位相关系，"→"表示降水量与太阳黑子之间变化为同位相，说明两者为正相关关系；"←"表示位相相反（即负相关），"↓"表示降水量相位变化落后太阳活动相位 90°，即太阳活动比降水量的变化提前 1/4 个周期

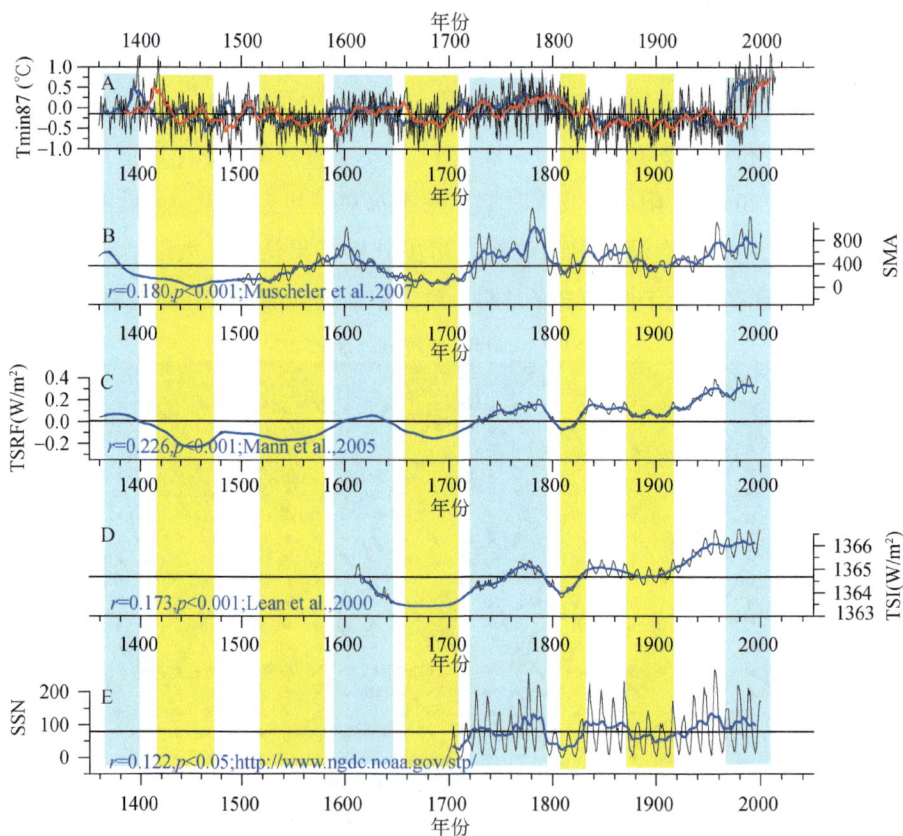

图 2.17　太阳活动与青藏高原东中部年均最低温变化

注：A 为红线原始值 11a 滑动平均，蓝色线是红色线向前移了 20a

（2）火山喷发

本研究中火山活动资料来源于史密斯苏尼亚火山研究所公布的火山喷发指数（Volcanic Explosivity Index，VEI）序列①。考虑到树木径向生长在 10 月份已经停止，在检查火山活动年份时，如果开始于 10～12 月，则将火山喷发起始年份定为下一年。经过统计，过去 635 年强火山喷发事件 VEI≥5 有 47 次，其中低纬度（30°S～30°N）地区发生 20 次，南半球中纬度（30°S～60°S）地区发生 4 次，北半球中纬度（30°N～60°N）地区发生 19 次，北半球高纬度地区发生 5 次。

635 年来火山活动与重建的年均最低温变化对比（图 2.18）发现，强火山喷发后当

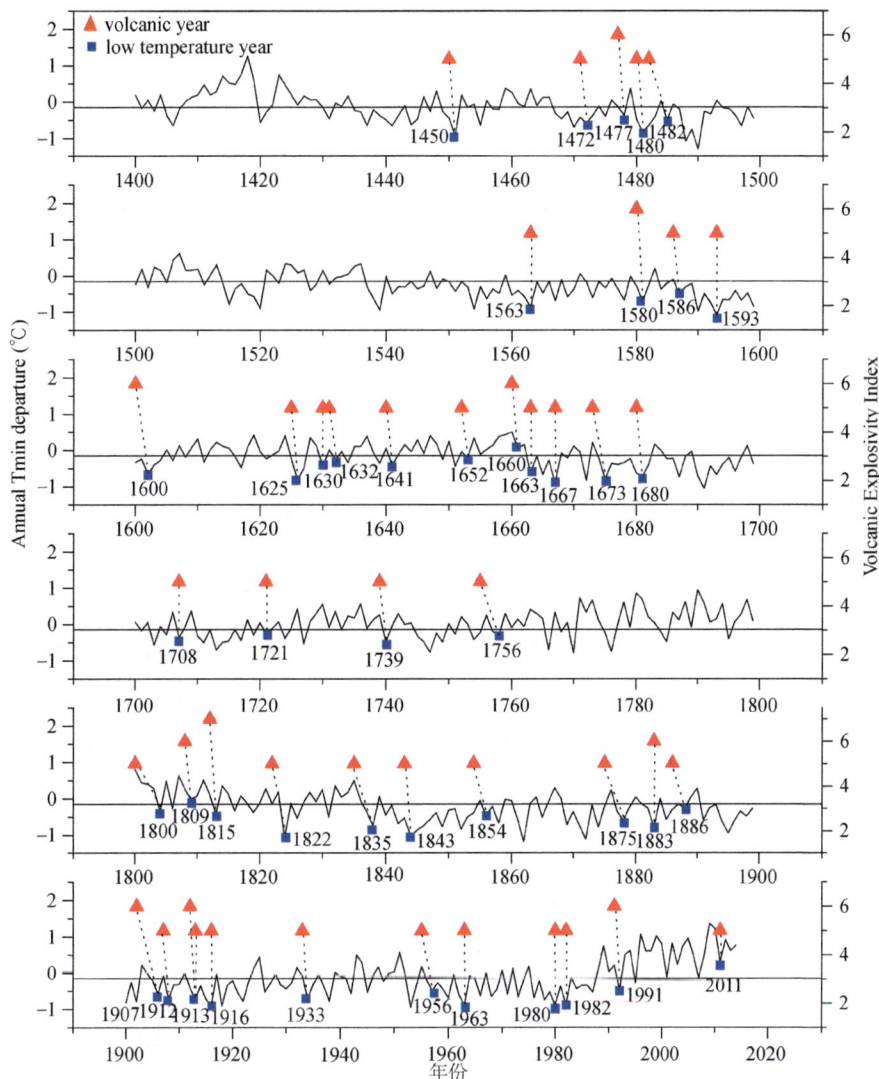

图 2.18 强火山 VEI（红色）与年均最低温（黑线）对比

注：国内数字是火山喷发年份；VEI 数据来源 http://volcano.si.edu/

① http://volcano.si.edu.

年、第一年、第二年，甚至第三年都可能出现降温。1815 年的 Tambora 火山喷发，VEI =
7，重建的年均最低温距平在 1816 年下降约 0.5℃。VEI = 6 和 VEI = 5 强火山喷发后，引起
当年或次年降温的体现率为 77.8%。可见多数情况下，强烈的火山喷发对应研究区当年或
次年年均温下降。

结果证实，青藏高原东中部重建的年均最低温变化与全球强火山喷发有明显的关系，
尤其是低纬度地区强火山喷发后，研究区第一年降温达到 0.05 显著水平。

## 2.1.2　基于多源代用资料的过去千年亚洲季风区干湿变化重建

### 2.1.2.1　研究现状

器测时期（20 世纪中期至今）的数据显示，几乎所有亚洲季风区的子区域均经历了
显著的降水变化（趋势或突变等）（Jin and Wang，2017；Wang et al.，2015），而且部分区
域间存在遥相关关系，如中国华北平原和印度表现为正相关（丁一汇和刘芸芸，2008），
而青藏高原南部和中国东南沿海表现为负相关（Chen et al.，2009）。此外，许多区域的降
水还与年际—多年代际大气涛动变化显著相关。然而这些关系在更长的时间尺度上是否稳
定目前未有定论。

本研究集成当前最新的（准）年分辨率代用资料，重建了一套均一、可比的亚洲季风
区 8 个子区域过去千年 5～10 月降水距平百分率变化数据集。

### 2.1.2.2　资料与方法

首先，根据全球降水气候中心（Global Precipitation Climatology Centre，GPCC）1950～
2019 年的陆地逐月降水数据（空间分辨率 2.5°）识别亚洲季风区的范围，标准是 5～9 月
降水量占全年总量 55% 以上且比 11～3 月降水量多 300mm 以上（Wang and Ding，2008）。
然后，采用旋转经验正交函数（Rotated Empirical Orthogonal Function，REOF）对亚洲季风
区进行分区，按照魏凤英（2007）的方法以累计方差解释量达 85% 为标准确定 7 个特征
值，再做极大方差正交旋转得到旋转因子荷载矩阵。最后，根据每个格点荷载最大的因子
划分区域。需要说明的是，在 REOF 分解中选取了 7 个特征值，但有两个区域荷载最大的
因子相同，符号却相反：一是中国东北部、朝鲜半岛及俄罗斯远东地区南部，二是印度中
南部；参照统计气候分区时的一般处理原则（Conroy and Overpeck，2011），分别划为 2 个
区，故最终将亚洲季风区划分为 8 个区。

代用序列下载自古气候共享数据库[①]及公开发表的文献数据（Nguyen and Galelli，

---

① https://www.ncdc.noaa.gov/data-access/paleoclimatology-data/datasets.

2018；Pumijumnong et al. 2020），共有树轮 182 条、旱涝等级 99 条、冰芯 4 条、湖泊沉积 1 条以及石笋 1 条。考虑到历史上各年份具有的代用资料数量不同，本研究采用"年对年"回归的重建方法，具体为：①根据 GPCC 数据计算 1950 ～ 2019 年各区域 5 ～ 10 月平均降水距平百分率（面积加权）作为校准序列。②计算区域内每条代用序列与区域校准序列的相关系数，用于筛选出能有效指示区域降水变化的序列。为确保物理意义明确，树轮序列仅选用与降水正相关的宽度序列和负相关的氧同位素序列。③按区域回归，对历史上的待重建年份，用该年所具有的代用序列在校准时段内建立回归模型，如果代用资料数量超过 5 条，则只选取显著水平最高的 5 条，以避免引入过多自变量导致过拟合效应；校准模型采用偏最小二乘（PLS）回归，交叉验证采用逐一剔除法（Leave-one-out），以有效系数（CE）最大作为 PLS 分量的选取标准。④对不同模型生成的重建值在校准时段内进行方差匹配，以保证区域重建序列前后均一。表 2.5 列出了各区域重建模型的统计指标，图 2.19 为 8 个区域过去千年降水量距平百分率重建序列。

**表 2.5　区域重建序列校准时段内方差解释量（$R^2$）、误差缩减值（RE）和有效系数（CE）**

| 区域 | 校准 $R^2$ | RE | CE | 区域 | 校准 $R^2$ | RE | CE |
|---|---|---|---|---|---|---|---|
| 1 | 0.38 | 0.32 | 0.30 | 5 | 0.30 | 0.22 | 0.19 |
| 2 | 0.48 | 0.43 | 0.41 | 6 | 0.21 | 0.17 | 0.13 |
| 3 | 0.73 | 0.70 | 0.69 | 7 | 0.31 | 0.24 | 0.21 |
| 4 | 0.55 | 0.51 | 0.49 | 8 | 0.22 | 0.19 | 0.16 |

### 2.1.2.3　重建结果

（1）中国东北部、朝鲜半岛及俄罗斯远东地区南部

本区内的代用资料主要为中国境内的旱涝等级和树轮序列。其中，数条长度 200 ～ 400a 的树轮序列分布在内蒙古中部鄂尔多斯高原、俄罗斯锡霍特-阿林山脉和韩国南部，但这些树轮序列主要指示春季降水和夏季相对湿度等要素，与 5 ～ 10 月降水敏感度较低，因此本区过去千年的降水变化重建主要基于旱涝等级资料，其中有 31 年缺值，最长持续 10 年（1250 ～ 1259 年）。重建结果显示：本区降水从 960 ～ 1180 年逐渐减少，其间的年代际波动强烈；1060 ～ 1080 年降水量距平百分率从 10% 下降至 –10%，是过去千年最显著的由湿转干过程；而 1180 ～ 1420 年降水逐渐增多，1410s 是过去千年降水最多的年代之一；1450 年以来降水没有显著的趋势变化，以围绕均值波动为主；1450 ～ 1650 年年际变率较强，邻近年份的降水量距平百分率变幅达 30% ～ 40%；1650s 的湿润程度与 1410s 相当，之后年际变幅减弱；20 世纪以来年代际波动再次增强，并有轻微的转干趋势。本区显著的年代际周期为 31 ～ 33a，显著的年际周期包括 5a 和 2 ～ 2.5a。

（2）长江下游

本区的重建主要依托长江下游沿岸站点的旱涝等级资料，其中有 41 年缺值，最长持

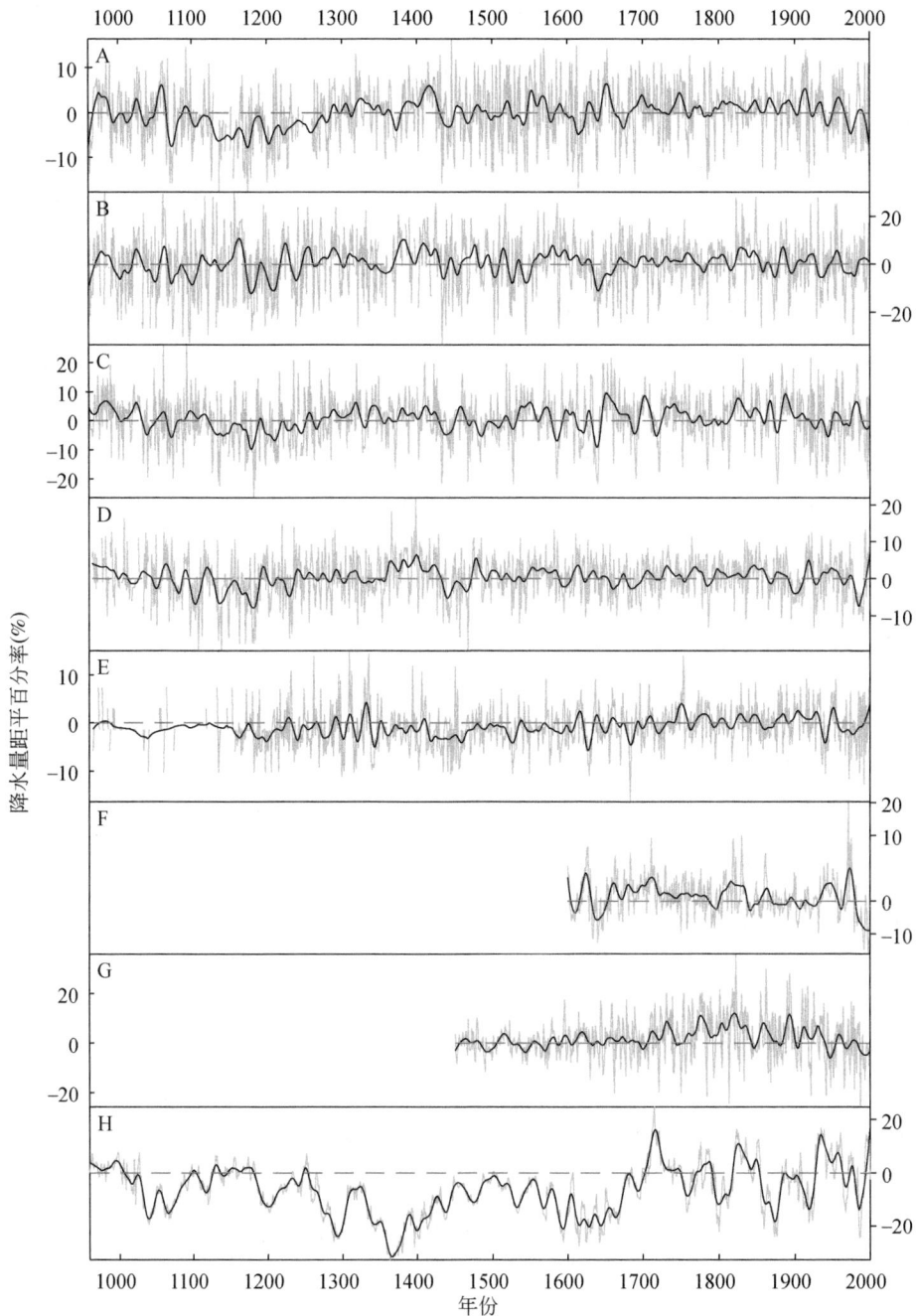

降水量距平百分率(%)

年份

图 2.19　亚洲季风区 8 个区域过去千年降水量距平百分率重建序列

续 4 年 （1280～1283 年）。重建结果显示：本区 1400 年前降水的年代际波动位相与中国东北部、朝鲜半岛及俄罗斯远东地区南部同步性较强，区别是年际变幅更大而百年尺度湿—干—湿的趋势变化相对偏弱。过去千年最强的年代际干湿变化出现在 1160～1180 年 （由湿转干） 和 1200～1220 年 （由干转湿），变幅均超过 30%；1400 年之后年代际波动的位相与区域 1 同步性降低，1400～1530 年有轻微的变干趋势，随后 1550～1630 年则持续偏湿；1650～1750 年的年代际波动最弱，变幅仅在 10% 以内，其他时段的年代际波动范围基本在 20% 左右；20 世纪的降水变化则以多年代际波动为主。本区显著的年代际周期包括 31～32a 和 17a，显著的年际周期包括 7.5a、5a、3.5a 和 2.5a。

（3）中国中原地区

本区域的树轮采自秦岭，长度可达 400～500a，960 年以来仅有 5 年缺值（1131 年、1132 年、1147 年、1244 年和 1399 年）。重建结果显示：类似区域 1 和区域 2，本区降水从 960～1180 年逐渐减少，但随后的转湿仅持续至 1310s，比区域 1 和区域 2 提前结束约 100 年。1180s 是过去千年降水最少的年代之一，其中 1182 年降水量距平百分率−35%，是重建时段内最干的年份。14 世纪以来降水趋势变化减弱，以年代际波动为主，其中 1560～1720 年的多年代际波动振幅最大，1630～1650 年显著地由干转湿过程降水变幅达 25%，1630s 的干旱程度与 1180s 相当，1650s 则是过去千年最湿润的年代，18 世纪下半叶年代际波动的振幅最小，仅 5% 左右。20 世纪的降水变化呈先下降后稳定的特征，年代际波动幅度逐渐加强。本区显著的年代际周期为 10a，显著的年际周期为 3～5a。

（4）中国南部

本区同样以旱涝等级资料为主，台湾北部始于 1190 年的树轮氧同位素序列也与 5～10 月降水相关显著，可有效补充旱涝等级资料缺失的年份，重建序列有 22 年缺值，最长持续 5 年（972～976 年）。结果显示：960～1180 年的变干趋势与区域 1、区域 2 和区域 3 一致，但随后 1180～1200 年降水迅速回升至平均水平并一直持续到 1350 年，1350～1430 年间持续偏湿，过去千年降水距平超过 25% 的年份（1366 年和 1398 年）均出现在这一时段。1430～1470 年偏干，之后降水再度恢复平均水平并持续到 19 世纪末，其间的年际变率低于之前的 500 年。20 世纪初至 80 年代降水逐渐减少，但 1980 年之后迅速转湿。值得注意的是本区最干的年代出现在 1180s 和 1980s，其前的转干过程均持续较长时间（百年尺度），而其后的转湿过程则历时较短（年代尺度）。本区显著的年代际周期为 26～32a，显著的年际周期为 2～5a。

（5）中国西南部和孟加拉湾北岸地区

本区的代用资料包括中国西南部省份的旱涝等级和青藏高原东南部的树轮。其中，中国西部地区旱涝等级序列覆盖度不及东部；另外，虽然这一区域树轮序列数量较多，但以指示温度变化为主，仅有数条位于不丹和尼泊尔的树轮与区域 5～10 月降水相关系数达 0.1 显著水平，因此最终的重建序列缺值较多，共 138 年，最长持续 41 年（1077～1117 年），1156 年以后没有缺值。结果显示：在百年尺度上 960～1040 年降水减少而 1040～1120 年降水增加，这一"湿—干—湿"的变化过程与区域 1～4 不同步，但由于这期间仅有断续的重建结果，目前无法辨识其年际至年代际尺度上的变化特征；12 世纪中期至 14 世纪中期年代际波动逐渐加强，1330s 是过去千年最湿的年代；1420～1610 年年代际波动较弱，其中 1420～1470 年偏干，之后恢复平均水平；1610 年起年代际波动加强，其中

1630s 是过去千年中降水最少的年代，而降水最少的年份则出现在 1683 年（−22%）。本区显著的年代际周期包括 18~21a、12~14a 和 10a，显著的年际周期包括 4~5a 和 2.5a。

（6）中南半岛

本区的代用资料以树轮为主，缅甸中部有年分辨率的湖泊氧同位素序列，但对 5~10 月降水的指示效果与树轮相差较大；越南中部和南部的树轮年表接近千年长度，可指示温湿混合信号，与帕尔默干旱指数（PDSI）和标准化降水蒸散发指数（SPEI）等相关系数最高，单独指示降水变化时效果较差；其他与降水变化相关性较强的树轮年表仅有 400 余年，因此本区仅 1600 年以来的重建结果具有较高的有效系数。其变化特征为：1600~1660 年降水的年代际波动显著，干湿转换频繁，1670 年起年代际波动减弱，偏湿的状况持续至 1740 年，随后至 1800 年间年代际波动进一步减弱并呈轻微转干趋势，1810~1840 年偏湿，20 世纪年代际波动显著增强，1970s 的多雨和 1990s 的少雨均为过去 400 年之最，最湿（1971 年）和最干（1998 年）的年份也出现在这期间。本区显著的年代际周期为 10~11a，显著的年际周期包括 4~5a 和 3a。

（7）喜马拉雅山脉西段和印度北部

本区唯一的旱涝等级站点为西藏帕里，数据始于 1956 年，重建用到的代用资料主要是树轮和冰芯，全部分布在喜马拉雅山脉沿线。1820 年之前，降水逐渐增加且年际波动的振幅逐渐加强，1820s 是过去 500 年最湿的年代，降水最多的年份为 1822 年（48%）；1830 年至今年际波动的振幅基本稳定，但降水呈减少趋势，1940s 是重建时段内最干的年代。进一步分析发现，1600 年之前的年际波动偏小主要是受达索普冰芯氧同位素记录的影响，该序列年际波动前后时段相差很大，但由于其他代用资料覆盖时长较短，目前尚不能断定区域降水变化也有类似的特征。本区显著的年代际周期为 10~11a，显著的年际周期包括 7a、4~5a 和 2a。

（8）印度中南部

本区的代用资料最少，仅有两条树轮序列（分别始于 1835 年和 1571 年）和一条年分辨率的石笋氧同位素序列（始于 625 年）。其中，石笋序列与区域降水相关系数更显著，因此在重建序列中的权重也最大。结果显示：本区降水在 960~1040 年下降，1040~1130 年上升，趋势变化与中国西南部和孟加拉湾北岸地区同步；1130~1180 年降水接近平均水平，随后至 1360 年在波动中减少，14 世纪 60 年代降水为过去千年最少（−41%），1370~1510 年转湿，1510~1630 年转干，1630~1710 年再次转湿，1710s 为过去千年降水最多的年代。相较于 20 世纪降水平均值，1700 年前的多数时段都偏干，1710 年以来降水呈明显的周期性变化，逐渐变干后快速转湿，整个周期接近百年，20 世纪大致对应第三个循环周期。本区显著的年代际周期包括 13~16a 和 10a，显著的年际周期为 2~5a。

综合各区域重建结果可以发现：①相邻区域间降水的位相并不同步，仅在某些时段内一致性较好，各区域最干和最湿的年代互不重合；②过去千年各区域降水变化均存在显著的年际、年代际周期，且 5a 左右的周期为所有区域共有；③绝大多数区域 20 世纪的降水变化幅度未超出过去千年的范围，仅中南半岛的重建结果显示 20 世纪的干湿变化幅度为过去 400 年之最，但其在过去千年中的异常程度仍需补充更多长序列来评估；④重建序列在不同时间尺度的变化特征受区域内代用资料类型的影响，在旱涝等级资料为主的区域年际变化更为显著，而在石笋为主的区域年代际波动和阶段趋势变化更为显著。

### 2.1.3　基于多源代用资料的过去千年东亚分区域的温度序列重建

#### 2.1.3.1　资料来源

用于校准和验证的器测温度数据采用 CRU 逐月平均温度的格点数据集（CRU TS4.00）[①] 时间范围为 1901~2015 年，主要选取东亚区域（15°N~55°N，70°E~145°E）部分的温度观测数据。

温度代用指标选取东亚区域为研究区，资料主要来源于"过去 2000 年全球变化网络"（PAGES2k）数据库[②]、美国国家气候数据中心及其他古气候相关团队发表的东亚主要成果。总共收集了 363 条指标序列，其中包括 29 条温度重建结果，334 条温度代用指标序列（其中树轮宽度指标序列 307 条，历史文献指标序列 18 条，冰芯氧同位素指标序列 5 条，湖泊沉积指标序列 3 条，石笋微层厚度指标序列 1 条）。各指标序列的时段如图 2.20 所示，绝大部分序列分辨率为年分辨率，长度不超过过去 500 年。

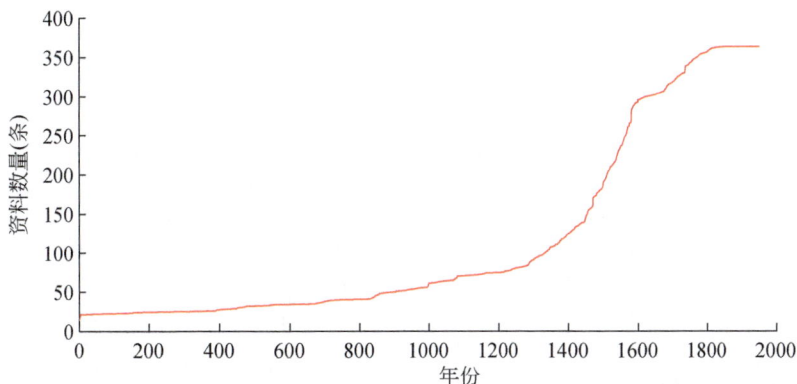

图 2.20　东亚地区温度变化代用指标数量累积

#### 2.1.3.2　重建方法

考虑到东亚温度变化存在明显的区域差异，且各代用指标数据的空间代表性及资料数

---

① https：//catalogue. ceda. ac. uk.

② https：//www. nature. com/articles/sdata201788#Sec39.

量的空间分布也不同，本研究拟先结合器测温度变化特征将整个东亚地区划分为若干分区，进行分区温度序列的集成重建，在此基础上得到整个东亚地区的温度重建结果。

（1）分区

本研究采用经验正交函数（EOF）和旋转经验正交函数（REOF）相结合的方法获取东亚气候分区。EOF方法原理类似主成分分析法，可以对各种分布不规则的气象要素时空场分解为正交函数的线性组合，即分解后得到的各个特征向量相互正交，由此可以用累积方差贡献率达到一定程度的前几个典型模态代替原始变量场，从而有效反映气象要素时空场的变化特点。然而，EOF分解出的空间分布结构无法清晰区分不同区域的边界特征，特征向量的空间分布型亦会随区域范围的不同而发生变化，从而影响物理解释。REOF则可以解决上述问题。其原理是在对时空向量场进行EOF分解基础上，对原矩阵进行极大方差旋转（正交旋转），使同一空间模态下高载荷向量场均集中在某一小区域上，其余大片区域的载荷接近0，经旋转滞后的特征场在时间上更为稳定，空间分布结构更为清晰，更能体现出气候特征在不同空间模态上的分布特征。EOF和REOF方法的具体原理及其实现技术详见相关文献（魏凤英，2007）。

（2）多尺度气候变化信号校准融合方法

针对上述问题，本研究以东亚地区为例，设计了多尺度气候变化信号校准融合方法，用以集成重建年分辨率的温度变化序列（图2.21）。该方法主要包括三个关键技术：

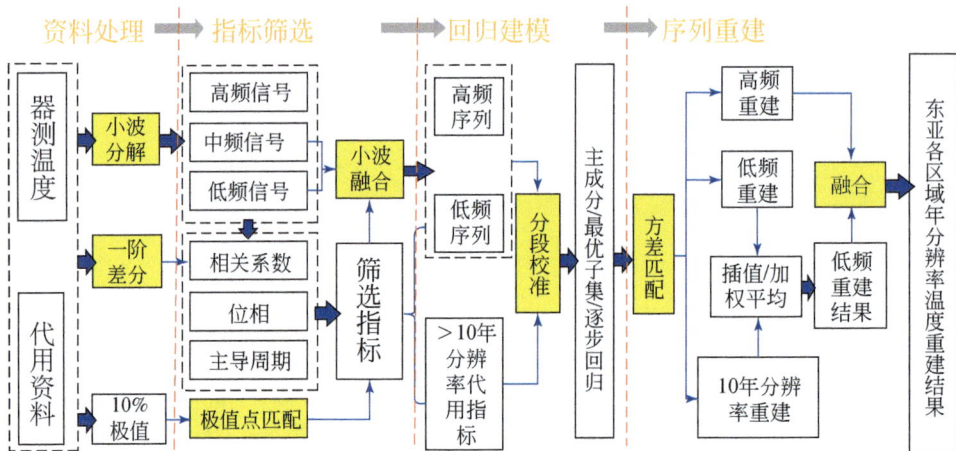

图2.21　多尺度气候变化信号分解—校准—融合技术

第一，指标筛选，即利用小波分解、相关系数、差分技术和极值点匹配的方法筛选含气候变化（高频）信号的代用资料。小波分解主要用于解决多源代用资料（年分辨率为主）气候变化信号频段不一致的问题（Zheng et al.，2015），主要根据1902～2015年器测温度变化特征，将器测温度和代用资料均分解为低频、中频和高频信号，对每个频段信号的温度和代用资料序列进行相关分析、主导周期对比和位相匹配等，以相关系数为正且达到统计显著性（$P>0.05$）或位相匹配（中、低频段序列）较好的标准，选取温度变化信号较强的代用指标。差分技术主要用于辨识含有年际尺度气候变化信号的代用资料，其方法是对器测温度和代用资料的原始序列分别进行一阶差分，获取各序列的年际变化特征，选取与器测温度差分序列相关性显著（$P>0.05$）的代用资料。极值点匹配则用于获取含有年际尺度极端气候事件信号的代用资料，其原理是对原始器测温度和代用资料序列分别进行多项式拟合去趋势，再计算 10%（高值和低值发生概率均为 5%）发生概率的极值点，按 40% 重叠率筛选代用资料。

第二，小波融合、分段校准与方差匹配。对于年分辨率代用资料，在小波分解的基础上，将器测温度和代用资料序列的低频、中频和高频信号均分别融合为高频和低频两种频段序列，分高频和低频两种尺度分别建立校准方程（表 2.6）。为解决不同代用资料序列长度不一或不连续（缺失值）的问题，选择不同重建时段或资料进行分段校准。对于 10 年分辨率的代用资料序列，与器测温度在 10 年尺度上直接构建回归方程，同样采用分时段方法进行重建（表 2.7）。回归模型主要采用主成分回归、最优子集回归或逐步回归相结合的方法，以共线性检验 VIF<10 同时预测 $R^2$ 最大且均方根误差较小的方程作为最终校准方程。

**表 2.6　区域年分辨率温度重建的分段校准与方法**

| 区域编号 | 筛选资料数量（条） | 长度（年） | 尺度分解（年） | 校准时段（年） | 分段（年） | 回归方法 | 校准时段方程解释量 |
|---|---|---|---|---|---|---|---|
| I | 51 | 1650～1982 | <11 | 1951～1982 | 1829～1982、1734～1828、1650～1733 | 最优子集与逐步回归 | 70.4% |
| | | | ≥11 | 1902～1982 | 1829～1982、1734～1828、1650～1733 | 最优子集与逐步回归 | 19.3% |
| II | 28 | 1340～1993 | ≤41 | 1951～1993 | 1599～1993、1519～1598、1411～1518、1340～1410 | 主成分与逐步回归（一阶滞后） | 79.99% |
| | | | >41 | 1902～1994 | 1599～1994、1519～1598、1411～1518、1340～1410 | 主成分与逐步回归 | 35.66% |

| 区域编号 | 筛选资料数量（条） | 长度（年） | 尺度分解（年） | 校准时段（年） | 分段（年） | 回归方法 | 校准时段方程解释量 |
|---|---|---|---|---|---|---|---|
| VI | 48 | 1080~1993 | <15 | 1951~1993 | 1582~1993、1500~1581、1406~1499、1348~1405、1280~1347、1080~1279 | 主成分与逐步回归 | 66.19% |
| | | | ≥15 | 1902~1993 | 1582~1993、1500~1581、1406~1499、1348~1405、1280~1347、1080~1279 | 主成分与逐步回归 | 23.63% |
| VII | 25 | 843~1992 | <11 | 1952~1992 | 1952~1992、1911~1951、1737~1910、1502~1736、1346~1501、843~1345 | 主成分和最优子集 | 42.00% |
| VIII | 25 | 843~1992 | ≥11 | 1902~1992 | 1575~1992、1446~1574、1346~1445、843~1345 | 主成分和最优子集 | 36.5% |
| IX | 10 | 1470~1985 | <11 | 1951~1985 | 1590~1985、1470~1589 | 最优子集 | 35.17% |
| | | | ≥11 | 1902~1985 | 1590~1985、1470~1589 | 最优子集 | 37.81% |

**表 2.7　区域 10 年分辨率温度重建的分段校准与方法**

| 区域编号 | 筛选资料数量（条） | 长度（年） | 校准时段（年） | 分段（年） | 回归方法 | 校准时段方程解释量 |
|---|---|---|---|---|---|---|
| VIII | 5 | 1000~2000 | 1900s~1990s | 1470s~1990s、1000s~1460s | 最优子集 | 55.2% |
| IX | 6 | 1470~1985 | 1900s~1990s | 1470s~1990s | 最优子集 | 93.2% |

依据分段校准结果，参照校准时段的方差变化进行方差校准（公式 1）（Zheng et al.,

2015），以解决因代用资料（自变量）不同或校准方程差异而导致的不同时段温度重建序列的方差不一致的问题，从而尽可能提高重建精度并延长重建长度。若区域内含有 10 年分辨率重建结果，对 10 年分辨率的温度重建结果参考年分辨率的低频重建结果进行方差校准。

$$T_{1t} = T_{2t} * (ST_1 / ST_2) \tag{2.1}$$

式中，$T_{1t}$ 为重建时段 $1t$ 温度重建结果，$T_{2t}$ 为重建时段 $2t$ 温度重建结果，$ST_1$ 和 $ST_2$ 分别为校准时段内对应的重建时段 $1t$ 和 $2t$ 的温度重建序列的标准方差。

第三，多尺度序列融合，即对年分辨率的高频和低频温度变化重建结果之间或者高低频重建结果与粗分辨率（10 年分辨率）重建结果之间进行融合得到年分辨率的温度变化重建序列。首先，对 10 年粗分辨率的温度重建结果，对每个年代内部各年均以该年代温度值进行插值，得到逐年的温度序列。然后，采用加权平均法（公式 2.2 和公式 2.3）融合年分辨率的高频温度重建结果、低频温度重建结果与 10 年分辨率的温度重建结果。

$$temp = templ * c + temp10 * (1-c) + temph \tag{2.2}$$

$c$ 为加权系数：

$$c = R_1^2 / (R_1^2 + R_{10}^2) \tag{2.3}$$

式中，$temp$ 为集成重建温度，$templ$ 为年分辨率的低频温度重建结果，$temp10$ 为十年分辨率的温度重建结果并插值为年值，$temph$ 为年分辨率的高频温度重建结果，$R_1^2$ 为校准时段 1900s ~ 1990s 内，年分辨率低频温度重建结果的十年算术平均序列对器测温度的调整方差解释量，$R_{10}^2$ 为 10 年分辨率温度重建结果对器测温度的调整方差解释量。

### 2.1.3.3 东亚各子区域历史温度重建结果

东亚各子区域历史温度重建结果如图 2.22 所示。

（1）东亚北部（1340 ~ 1993 年）

图 2.22A 展示了东亚北部的历史温度变化。本区的温度代用指标全部为树轮宽度序列，主要分布于阿尔泰山中东部、蒙古高原中部地区，最长序列将近 2000a，但绝大多数序列长度在 400 ~ 800a。重建结果显示：本区温度在 1340 ~ 1850 年间整体趋于下降，其间在 1340 ~ 1622 年温度整体偏高，平均温度距平值在 0.15℃（相对于 1902 ~ 1982 年，下同）左右，但存在多年代到百年尺度的强烈波动，1410s、1430s 是两个极端寒冷年代，其中 1404 ~ 1413 年和 1613 ~ 1622 年均经历显著的由暖变冷过程，降温幅度分别达 −2.69℃、−2.98℃，是近 700 年来最显著的两次降温事件；1623 ~ 1850 年温度整体下降，平均温度距平为 −0.55℃，主要在多年代尺度呈现冷暖波动，其中 1640s、1740s、1810s、1850s 均为极端寒冷年代。1810s 降温最为显著，降温幅度为 −2.63℃；1851 ~ 1993 年温度趋于线性上升，年际和年代际变率变小，极端寒冷事件明显减少，特别是 20 世纪中期以来温度呈现加速上升趋势，与全球气候变暖趋势一致。本区温度存在显著的 3a 年际周期，38a 的年代际周期及 108a 的世纪周期。

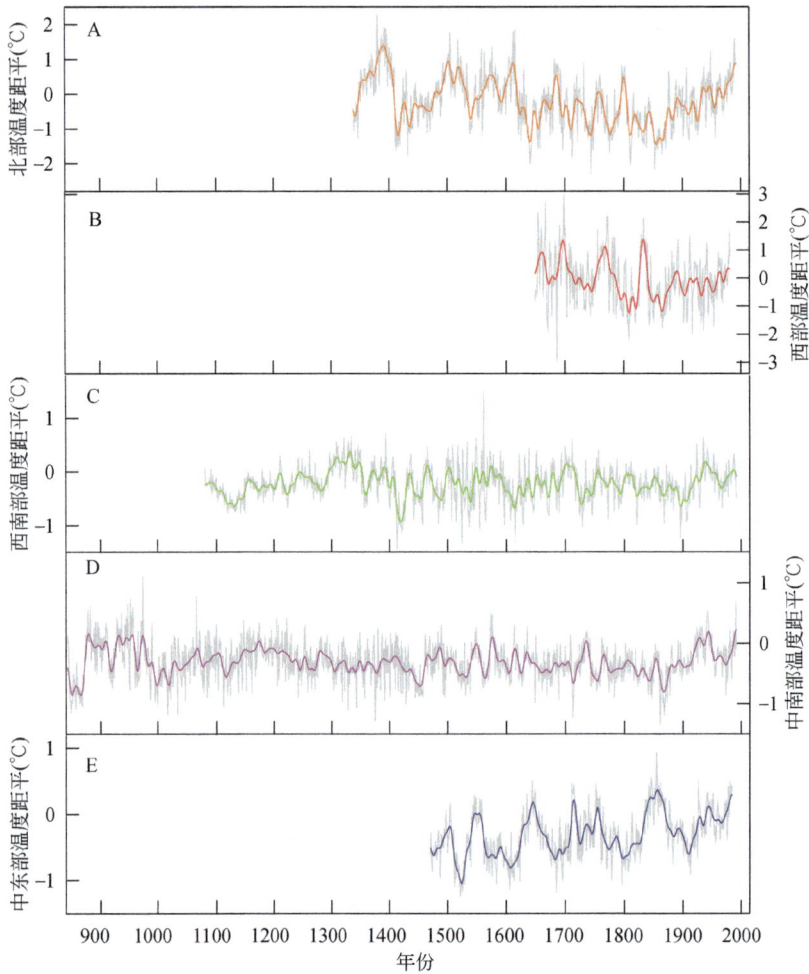

图 2.22　东亚各子区域历史温度变化（相对于 1902～1982 年）

（2）东亚西部（1650～1982 年）

图 2.22B 展示了东亚西部的历史温度变化。本区温度代用指标全部为树轮资料，主要分布于阿尔泰山西部，新疆巴音郭楞、伊犁及吉尔吉斯斯坦南部（帕米尔高原北缘）地区。多数序列长度只有 150～500a，对年均温度变化的指示普遍较好。重建结果显示：本区温度在 1650～1860 年呈剧烈波动下降趋势，1670s、1740s、1800s、1860s 是四个极端寒冷年代，平均温度距平为-0.69℃，而 1690s、1760s、1830s 是三个极端温暖年代，平均比现在高 1℃以上。从温度变率来看，1655～1664 年、1661～1670 年、1834～1843 年降幅均达到-3℃以上，是过去 300 多年来降温幅度最大的三个时段；1861～1982 年温度趋于波动上升，1865～1890 年和 1950～1982 年是两个加速升温时段，而 1890～1950 年则在均值附近上下波动。本区显著的年际周期为 3.2a 和 7.2a，显著的年代际周期为 33a 和 64a。

（3）东亚西南部（1080～1993 年）

图 2.22C 展示了东亚西南部的历史温度变化。本区使用的重建资料主要为树轮资料，

主要分布于喜马拉雅山南麓的不丹、尼泊尔，西藏雅鲁藏布江河谷、昌都，横断山脉中部及青海玉树藏族自治州等地区。序列最长可达1500a，但多数序列集中在400～600a。重建结果显示：本区1080～1993年平均温度距平为–0.22℃，1080～1330年期间温度呈线上上升趋势，在1330s达到最高值，年代平均温度较现在高0.24℃；1330～1420年温度趋于下降，最冷年代为1410s，平均温度距平为–0.83℃，是过去900多年里最冷的一个年代，其中1404～1413年温度降幅最为显著，降幅达到–1.32℃；1420～1993年温度整体围绕均值附近上下波动，没有明显的趋势性变化，其中1480s～1650s期间温度年际变率明显加剧，两个降温最明显的时段分别为1526～1535年、1562～1571年，降幅分别为–1.27℃、–1.82℃；从年代尺度来看，1480s～1650s期间，1620、1720s、1890s是三个极端寒冷年代，温度距平分别为–0.4℃、–0.53℃、–0.59℃。本区显著的年际周期为3.1a和6.8a，显著的年代际周期为63a。

（4）东亚中南部（843～1992年）

图2.22D展示了东亚中南部的历史温度变化。本区温度代用指标资料选取对年均温具有较好指示意义的树轮和文献资料。其中，树轮资料主要分布在青海湖周边（德令哈、海西、乌兰等）、秦岭山脉东部和西部、祁连山北坡等区域；文献资料主要分布在华中（西安、汉中等）、湖南（永州、常德、芷江等）、华南等地区。多数资料长度在400～800a，树轮资料存在数条千年以上长度的序列。重建结果显示：本区843～1992年平均温度距平为–0.304℃，整体围绕均值上下波动，其中880s～970s、1050s～1100s、1140s～1230s、1470s～1500s、1540s、1570s、1730s及1920s～1990s温度距平明显高于均值，是相对温暖阶段，而840s～870s、980s～1020s、1420s～1460s、1510s～1530s、1650s～1710s、1740s～1910s温度距平明显偏低，是相对寒冷阶段；843～1870年温度呈现微弱下降趋势，850s、1020s、1330s、1450s、1710s、1860s为六个极端寒冷年代，989～999年和1066～1075年，温度降幅均达到–1.3℃，是过去1200年中降幅变率最大的两个时段，其次942～951年、955～964年、974～983年、1320～1329年、1852～1861年的降幅也都在–1.1℃以上；1870～1992年，温度开始迅速回升，并在1920s～1940s达到第一个峰值（平均温度距平0.06℃），随后出现回落，并在1980年前后再次迅速回升，反映了全球气候变暖的基本趋势。本区显著的年际周期为2.9a和6.2a，较明显的年代际周期为13.4a和26.2a。

（5）东亚中东部（1470～1985年）

图2.22E展示了东亚中东部的历史温度变化。本区温度代用指标资料主要是树轮、石笋和历史文献及相关温度重建结果。其中，树轮资料主要分布在秦岭东部、浙江天目山、日本南部的屋久岛、台湾等；石笋分布在北京的石花洞；文献及其温度重建结果主要分布在华东、福建、台湾、湖南、江西、长江中下游、东北、华北等区域。多数资料长度局限在近500年。重建结果显示：本区1470～1985年平均温度距平为–0.32℃，在多年代到百年尺度上整体呈波动上升趋势，其中1490s、1540s～1550s、1630s～1650s、1710s～

1750s、1830s～1880s、1930s～1980s是几个温度偏高的阶段，其余时段则是温度偏低的时期，1520s、1600s、1680s、1800s、1900s是五个极端寒冷年代，年均温均在-0.5℃以下，1520s年均温为-1.03℃，是本区近500年最寒冷的一个年代；降温最显著的时段分别为1504～1513年、1558～1567年、1715～1724年、1752～1761年，降幅均在-1.0℃以上。本区显著的年际周期是3.1a，显著的年代际周期是31a、45a和74a。

### 2.1.3.4 东亚地区843～1993年历史温度重建结果

对已重建的五个东亚子区域温度序列进行集成获取整个东亚地区历史温度序列。第一，将已重建温度序列的参考时段统一校准为1902～1982年，校准方法为计算各区域温度重建序列与CRU温度在1902～1982年的均值之差，再将各区域每年温度距平减去该差值，得到校准后的温度距平序列。第二，由于历史代用指标在时空分布上具有不均匀性，为了得到整个东亚区域的历史温度序列，首先需要建立单个子区域与整个东亚区域的温度转换关系（葛全胜等，2002）。为此，以器测记录相对丰富、可靠的1951～2015年为主要时段，计算各子区域（面积基本一致）年均温度的算术平均值作为该时段整个东亚地区的年均温度；同时，计算各子区域与整个东亚地区年均温度的相关性及贡献率（表2.8）。第三，对相关性进行优先度排序，在重建整个东亚地区温度序列时，优先选取相关性最显著的子区域，建立子区域与整个东亚地区温度的回归方程，并计算其残差。最终集成的温度序列误差来源主要有两部分：第一部分为各子区域代用指标转换为温度的统计误差，第二部分为子区域温度转换为全区域温度的统计误差。这两部分均为转换与折算回归方程导致的线性误差，主要由残差标准差和置信度决定。由于第二部分一般远小于第一部分误差，所以最终的误差主要由第一部分导致（图2.23）。

表2.8　1951～2015年东亚各子区域器测温度与整个东亚地区温度的相关性分析

| 区域 | 回归系数 | 相关系数 | 标准误差 | 常数项 | 优先度 |
|---|---|---|---|---|---|
| I | 0.446 | 0.814 | 0.294 | 0.163 | 5 |
| II | 0.509 | 0.928 | 0.188 | 0.062 | 2 |
| III | 0.494 | 0.787 | 0.312 | 0.103 | 6 |
| IV | 0.755 | 0.827 | 0.284 | 0.044 | 4 |
| V | 0.716 | 0.884 | 0.236 | 0.027 | 3 |
| VI | 0.822 | 0.630 | 0.393 | 0.092 | 9 |
| VII | 0.859 | 0.684 | 0.369 | 0.081 | 8 |
| VIII | 0.964 | 0.754 | 0.333 | 0.079 | 7 |
| IX | 0.904 | 0.930 | 0.186 | 0.014 | 1 |

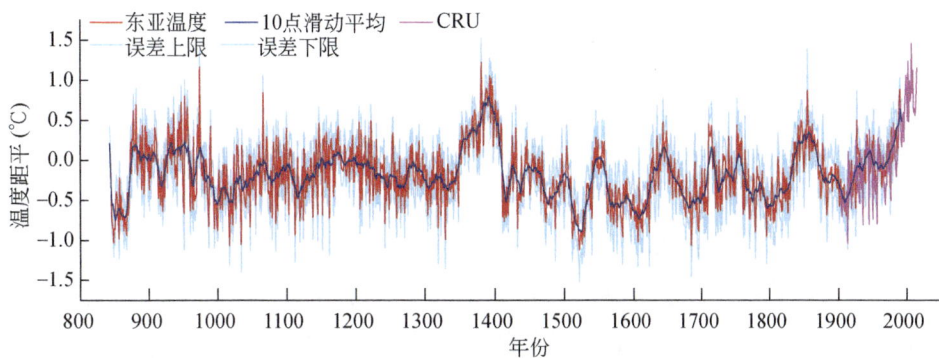

图 2.23　843～1993 年东亚地区温度集成重建结果及其 95% 误差

整个东亚区域的历史温度变化大体可以划分为三个阶段。①843～1520 年温度整体偏高，呈降温趋势，其中 880s～960s 和 1350s～1400s 是两个相对温暖阶段，1000～1350 年温度变率整体较为平稳，1400～1520 年经历了显著的由暖变冷过程。②1520～1900 年温度整体偏低，以多年代到百年尺度的平稳波动为主，有微弱的上升趋势。③1900 年以后呈现加速上升趋势，反映了 20 世纪全球变暖过程。在年际到年代际尺度上，可辨识出多个极端降温事件，其中 850s～870s、920s、960s、1000s、1020s、1120s、1410s～1430s、1520s、1610s～1620s、1680s～1710s、1800s～1810s、1900s～1910s 是几个典型的年至年代际尺度降温或寒冷事件（图 2.23）。初步对比其他已有东亚温度重建结果，发现在温度变化的长期趋势上（10a 滑动平均）和其他已有序列具有较好的一致性，从公元 800～1600 年气候趋于变冷，1600 年至 20 世纪 90 年代趋于变暖，其中 1400～1600 年间经历了显著的气候转冷。

## 2.2　过去 2000 年气候的模拟研究（NNU-2ka）

### 2.2.1　NNU-2ka 模拟试验

#### 2.2.1.1　模式及试验设计

本试验基于通用地球系统模式（CESM，版本 1.0.3）进行。

由于试验数量较多，所需的积分时间较长，计算资源有限等原因，本组试验使用 CESM 的低分辨率版本进行过去 2000 年的模拟试验（CESM1.0.3，T31_g37），且未开启陆面模式的碳-氮循环过程。其中，大气模式和陆面模式在水平方向上采用 T31 波截断，即全球范围内经向 48 格点，纬向 96 格点，相当于水平分辨率约 3.75°×3.75°，大气模式的垂直方向采用混合 σ 坐标，共分为 26 层；海洋模式在全球范围内经向 116 格点，纬向

100格点，垂直方向分为60层。

NNU-2ka利用CESM模式进行了过去2000年的长积分模拟试验，主要包括控制试验、全强迫试验、多个单因子敏感性试验以及自然因子和人为因子的组合因子敏感性试验（表2.9）。控制试验是以1850年的真实情况（太阳常数为1360.9W/m²，温室气体浓度，包括$CO_2$，$CH_4$和$N_2O$，分别为284.7ppmv，791.6ppbv和275.7ppbv）为固定外强迫条件（这些参数与NCAR参加CMIP5控制试验的设置相同），以NCAR提供的1850年大气和海洋温度为初始条件，连续模拟积分了2400年。前400年是模拟启动调整期，气候系统的能量和气候要素值由初始值向固定强迫下的期望值逐步调整，气候系统的能量处于不平衡状态，不能反映固定外强迫下对应的气候状态，后2000年大气顶端能量（TOA）基本趋于0W/m²，说明气候系统已基本处于能量平衡状态，可反映固定强迫对应的气候态变化（图2.24），因此从第401年开始的2000模式年的模拟结果将作为控制试验结果。全强迫试验所使用的外强迫条件包括：地球轨道参数、太阳辐射、火山活动、温室气体浓度、土地利用/土地覆盖；敏感性试验则分别针对太阳辐射、火山活动、温室气体及土地利用/土地覆盖的变化进行了4组瞬变积分模拟试验；组合因子试验分别做了自然因子试验（太阳辐射+火山活动）和人为因子试验（温室气体+土地利用/土地覆盖）。这些试验都是以控制试验最后一年的结果为初始场进行积分。需要特别说明的是，当前可以直接用于驱动地球系统模式的火山活动外强迫资料最长仅有公元501～2000年（Ice-core Volcanic Index 2，IVI2）（Gao et al.，2008），缺少公元1～500年的外强迫驱动资料，孙炜毅等（2020）将1～500年的火山活动序列采用与IVI2相同的参数化方法进行时空拓展，然后与IVI2资料拼接，从而得到过去2000年的火山活动外强迫驱动资料。孙炜毅等（2021）已经验证了过去2000年火山活动时空拓展及拼接技术的可靠性。

表2.9　CESM过去2000年模拟试验

| 序号 | 试验名称 | | 外强迫条件 | 积分时间长度 |
| --- | --- | --- | --- | --- |
| | 全称 | 简称 | | （模式年） |
| 1 | 控制试验 | CTRL | NCAR1850年外强迫条件（Rosenbloom et al.，2013） | 2400 |
| 2 | 太阳辐射敏感性试验 | TSI | Shipro等2000年重建结果 | 2000 |
| 3 | 火山活动敏感性试验 | VOL | Sigl等1～500年、Gao等501～2000年重建资料 | 2000 |
| 4 | 温室气体敏感性试验 | GHGs | MacFarling等2000年重建资料 | 2000 |
| 5 | 土地利用/覆盖敏感性试验 | LUCC | Kaplan等2000年重建资料 | 2000 |
| 6 | 人为因子试验 | GL | 温室气体+土地利用/覆盖 | 2000 |
| 7 | 自然因子试验 | SV | 火山活动+太阳辐射 | 2000 |
| 8 | 全强迫试验 | ALL | 太阳辐射+火山活动+温室气体+土地利用/覆盖 | 2000 |

图2.25给出了模式所使用的主要外强迫因子的时间变化序列。目前，对太阳辐射量的重建主要依靠反映太阳磁通量变化的两种宇宙放射性同位素（$^{14}C$和$^{10}Be$）和长期监测

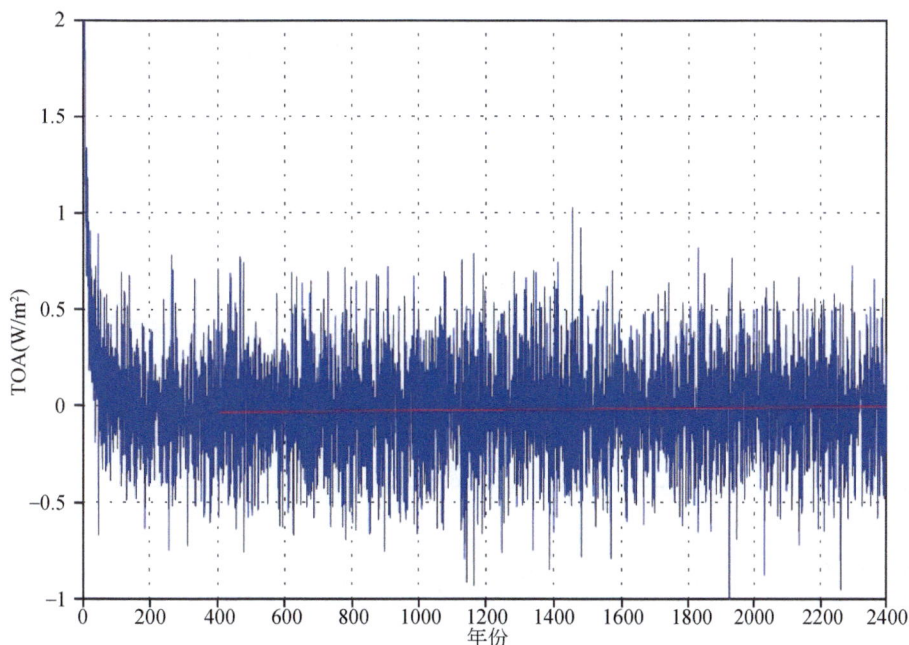

图 2.24　大气顶端能量平衡

注：蓝色线是模式模拟的月平均值，红色线是其线性趋势

类-太阳行星的方法（Shapiro et al., 2011；Steinhilber et al., 2009；Pongratz et al., 2008；Klein et al., 2010；Kaplan et al., 2009）。但由于对影响太阳辐射量变化的机制未能充分地了解，现阶段关于太阳辐射重建还存在较大的不确定性（图 2.26）。为了评估对太阳辐射量最大不确定性的响应，模式中所采用的太阳辐射重建序列为 Shapiro 等（2011）的过去 2000 年重建序列（图 2.25B）。Shapiro 等重建的过去 2000 年太阳活动振幅显著超过目前已发表的重建序列，但尚处于太阳辐射的不确定性范围内。模式所用的火山活动强迫序列（图 2.25C），其中 500 ~ 2000 年为 Gao 等（2008）利用极地地区 53 条冰芯中提取的硫酸盐资料，经过高通黄土滤波的方法去掉火山信号中所包含的背景变量信息，并去掉极端不合理数值和重新定年之后，通过气候模型计算得出。模式中所用的温室气体（图 2.25A）主要包括 $CO_2$、$CH_4$ 和 $N_2O$ 三种，其中 $CO_2$ 和 $CH_4$ 主要在 Law Dom 的高分辨率冰芯资料中获取（Mac Farling et al., 2006），而 $N_2O$ 则在南极地区多个冰芯资料中提取，并集合以增强 $N_2O$ 在冰芯中的信号（Yan et al., 2013；Berger, 1978；Usoskin et al., 2008）。关于土地利用/土地覆盖的变化，目前国际上较为认可的有三套资料，即 Pongratz 等（2008）根据人口变化资料的重建序列，全球环境历史数据库（HYDE）的重建资料（Klein et al., 2010）和 Kaplan 等（2009）重建结果。经比较，我们采 Kaplan 等的数据作为模式的外强迫资料（图 2.25D），其主要根据文献资料中所记载的欧洲国家的人口密度和森林覆盖的相关性关系来推算过去 3000 年的土地利用状况，这个函数关系再应用到世界其他地区以

重建当地的土地利用状况，但其相关性关系在热带自然植被高产率的地方要做出相应的调整。图 2.25D 给出的是 Kaplan 等数据中，反映人类活动影响的植被类型在过去 2000 年的变化状况。另外，模式中所加入的轨道参数的变化（图略），则是按照国际通用的 Berger（1978）的计算方法得出。

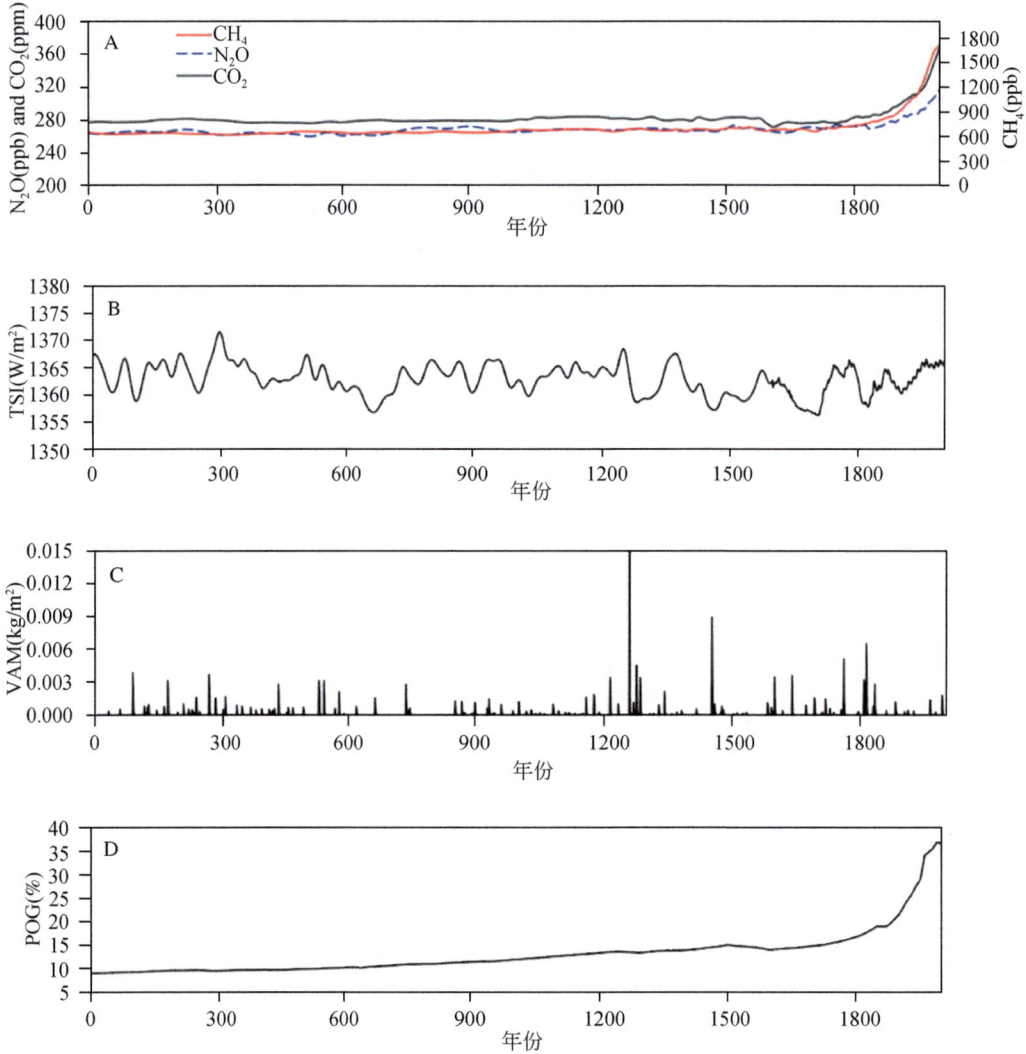

图 2.25　CESM 过去 2000 年模拟试验的主要外强迫因子

注：A 为温室气体；B 为总太阳辐射；C 为火山活动；D 为土地利用/土地覆盖

### 2.2.1.2　过去 2000 年模式模拟结果验证

#### 2.2.1.2.1　模拟结果与观测/再分析资料的对比

我们使用了如下气象观测再分析资料：美国国家环境预报中心（National Centers for Environmental Prediction，NCEP）的地表气温、海平面气压及 850hPa 风场资料（NCEP2）；

美国气候预报中心合成分析的降水资料（Climate Prediction Center Merged Analysis of Precipitation，CMAP）；全球海冰范围与海表温度资料（Global Ice coverage and Sea Surface Temperatures，GISST）（表2.10）。过去2000年的太阳辐射量重建结果如图2.26所示。

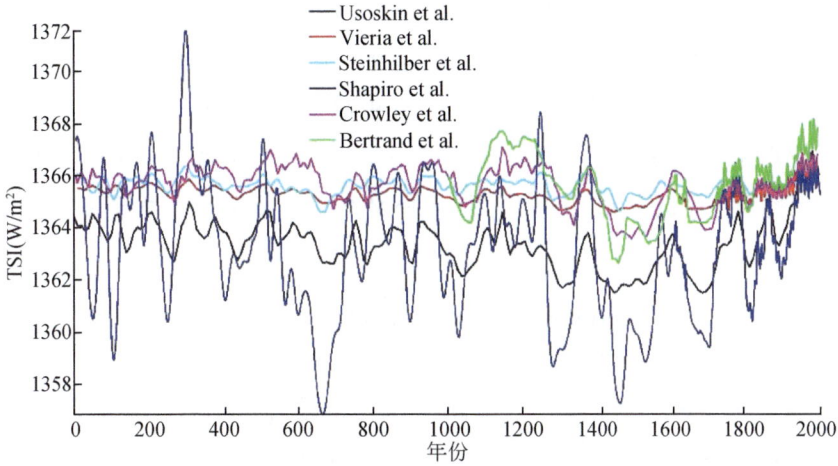

图2.26　过去2000年太阳辐射量重建

注：数据分别来自 Usoskin 等（2008），Vieira 等（2010），Steinhilber 等（2009），Shapiro 等（2011），
Crowley 等（2003）和 Bertrand 等（2002）重建结果

表2.10　观测/再分析资料的基本信息

| 资料 | 数据来源 | 空间分辨率 | 所选时段 | 参考文献 |
|---|---|---|---|---|
| 地表温度 | NCEP2 | 2.5°×2.5° | 1979~2008 | Kistler（2001） |
| 降水 | CMAP | 2.5°×2.5° | 1979~2008 | Xie 和 Arkin（1997） |
| 海平面气压 | NCEP2 | 2.5°×2.5° | 1979~2008 | Kistler（2001） |
| 海表面温度 | GISST | 1.0°×1.0° | 1970~2008 | Rayner 等（1996） |
| 850hPa 风场 | NCEP2 | 2.5°×2.5° | 1979~2008 | Kistler 等（2001） |

　　由于观测/再分析资料的空间分辨率与模拟结果有所差异，为了便于进行对比分析，我们利用三次样条插值法对地表气温和降水等观测资料进行3.75°×3.75°的高斯格点插值；对海表温度的观测资料进行约3.60°×1.55°（经向116格点，纬向100格点）的格点插值，以便与模拟资料的空间分辨率相匹配。此外，由于地球模式模拟的极点误差问题，采用85°N~85°S的面积权重平均作为全球平均的结果。本节中提到的夏季平均为6月、7月和8月三个月份的算术平均，下面简称JJA；冬季平均为12月、次年1月和2月三个月的算术平均，下面简称DJF。

　　因为缺少工业革命时期的空间观测资料，本节采用NCEP2（1979~2008年）的地表气温资料进行对比分析。由于控制试验采用的太阳辐射值（1360.89W/m²）比现代（1979~2008年）的值（约1366.14W/m²）低，温室气体浓度也明显低于现代值，所以模拟结果在数值上与 NCEP2 再分析资料存在差异（表2.11）。然而，模拟的气候态的空间分布却很相似。图 2.27 是控制试验与 NCEP2 再分析资料的地表气温 JJA 与 DJF 的气候平均型态分布及纬圈平均值变化的对比。由图 2.27 可见，CESM 模拟的地表气温的空间分布型态很好地反映了地表气温由低纬到高纬逐渐递减的变化规律，其与 NCEP2 再分析资料 JJA 和 DJF 的空间相关系数分别为 0.99 和 0.98。此外，由其 DJF 季节的纬圈平均值的经向变化可以看出，CESM 模拟的地表气温较现代再分析资料普遍偏低，全球平均地表气温偏低约 1.4℃，特别是在北半球的高纬地区偏冷尤为明显。这与模拟试验采用的太阳辐射值及温室气体浓度比现代偏低有关。总体上看，CESM 较好地模拟了全球地表气温的空间分布特征。

表 2.11 CESM 控制试验与观测/再分析资料对比（全球年平均）

| 物理量 | 观测/再分析（来源、时段） | CESM 控制试验 |
| --- | --- | --- |
| 地表温度（℃） | 14.4（NCEP2，1979～2008 年） | 13.0 |
| 降水（mm/day） | 2.7（CMAP，1979～2008 年） | 2.7 |
| 海表面温度（℃） | 17.5（Had2SST，1850～1879 年） | 15.9 |

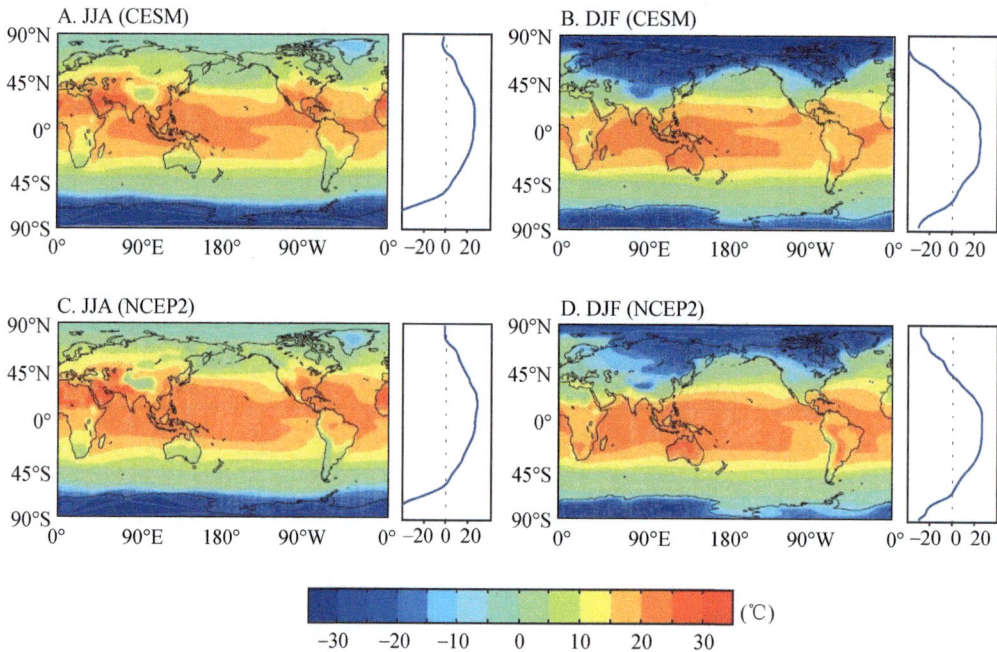

图 2.27 控制试验与 NCEP 再分析资料的地表温度空间分布形态及其纬圈平均值的对比

图 2.28 是 CESM 模拟的降水率与 CMAP 资料的气候空间分布形态及其纬圈平均值的对比。由图 2.28 可知，CESM 模拟的降水率的空间分布形态与实际观测资料较为相似，模拟的全球降水率与 CMAP 资料的 JJA、DJF 季节平均空间相关系数分别为 0.83 和 0.84，其纬圈平均值的经向变化与观测资料也较为一致。此外，CESM 对赤道太平洋地区降水的模

拟较好地刻画出了赤道辐合带（ITCZ）的位置，且耦合模式模拟中普遍存在的"双ITCZ"问题在 CESM 中表现并不明显，这表明 CESM 具有良好的气候模拟性能。然而，CESM 对降水的模拟较观测资料也存在一定的偏差：在北半球夏季，CESM 对北印度洋地区和赤道西太平洋地区的降水模拟明显较观测资料偏弱，而在赤道大西洋区域模拟偏强，并且在孟加拉湾地区的降水中心位置发生了偏移，这可能与模式中积云对流参数化方案存在的不确定性有关；另外在北半球冬季，CESM 模拟的 ITCZ 强度明显强于 CMAP 资料，且在非洲南部和南美洲的降水中心也比 CMAP 资料偏强。但模拟的全球平均降水率与观测资料相当，都是 2.7mm/day。总体上看，CESM 合理地模拟了全球降水的空间分布特征。

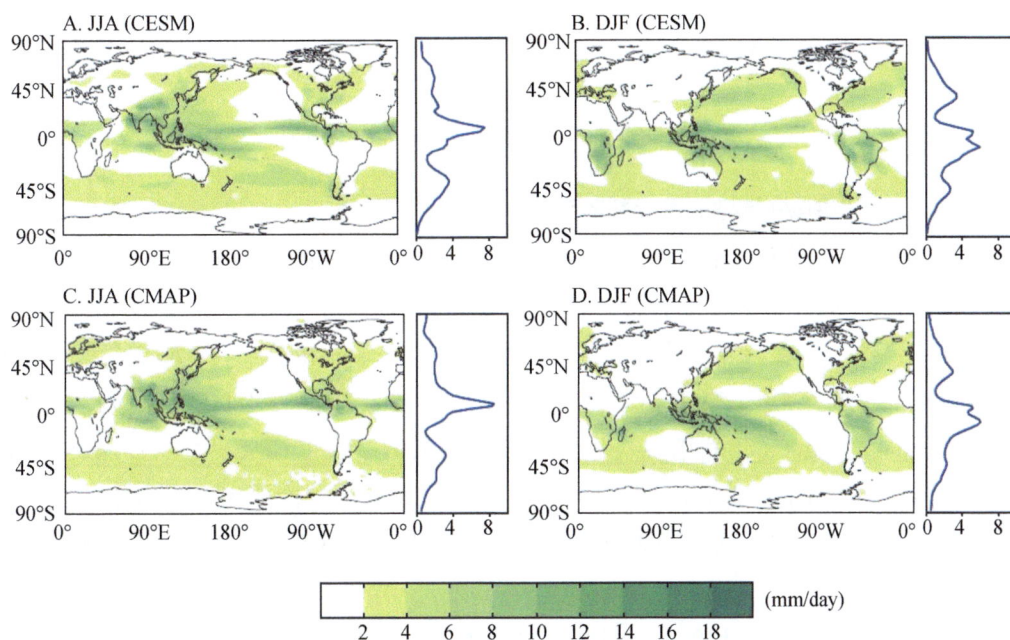

图 2.28　控制试验与 NCEP 再分析资料的降水空间分布形态及其纬圈平均值的对比

图 2.29 表示的是模拟结果与 GISST 资料的全球海表温度（SST）的空间气候平均型态分布及纬圈平均值变化。由图 2.29 可见，CESM 成功地模拟了 SST 由低纬向高纬的梯度变化，无论是 SST 的空间形态还是其纬圈平均值的经向变化，CESM 的模拟结果都与 GISST 资料相差无几，模拟结果与观测资料在 JJA 与 DJF 季节平均的空间相关系数均达到 0.99。这足以说明 CESM 很好地模拟出了 SST 的空间分布情况，抓住了其空间变化的主要特征与分布形态。但 CESM 模拟结果在部分区域亦存在偏差：无论冬夏，模式模拟结果在北半球高纬区域 SST 模拟偏冷；模式模拟的赤道至副热带地区的 SST 梯度偏大，大西洋热带地区的 SST 模拟也较观测资料偏低。此外，在北半球夏季，CESM 模拟的印度洋西海岸有小部分区域 SST 较观测资料偏低。

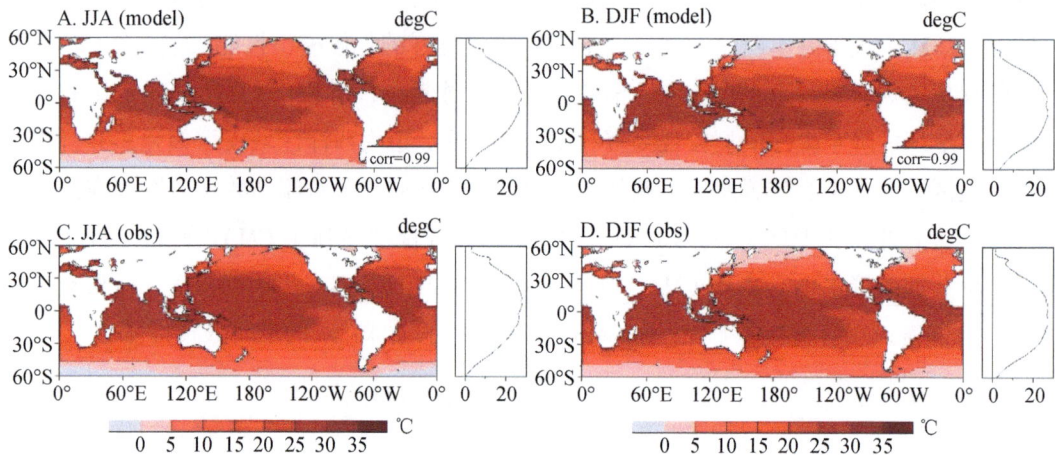

图 2.29  控制试验与 NCEP 再分析资料的海表温度空间分布形态及其纬圈平均值的对比

### 2.2.1.2.2  模拟结果与重建资料的对比

我们选取目前较为认可且使用广泛的重建资料与模式结果进行对比验证：Moberg 等（2005）利用 7 条高分辨率树轮序列和 11 条低分辨率沉积物序列，通过小波变换方法重建了过去 2000 年北半球多尺度温度变化序列（Moberg）；Mann 和 Jones 在 2003 年发表的利用北半球 8 个不同区域的 23 条代用资料重建出的北半球过去 1800 年温度变化序列（M2003）；Mann 等 2008 年利用多代用资料，分别根据多尺度加权平均（composite plus scale）（M08-CPS land）和分段异变量（error-in-variables）（M08-EIV）的方法重建过去 2000 年温度变化序列；Frank 等（2010）选用 9 条已发表的过去千年重建序列，校准北半球年温度变化的集成序列，并给出其不确定性范围等。另外，近百年来存在较为可靠的观测/再分析资料，我们选取由东英吉利大学气候研究部（Climate Research Unit）及哈德莱中心（Hadley Centre）共同整理的第三代全球气温序列（HadCRUT3），较 HadCRUT2 而言，HadCRUT3 不仅增加了观测站点的数量，更是对海温的同化分析方法进行改进，使资料更为准确可靠。

图 2.30 为全强迫条件下 CESM 模拟的地表气温（ALL）与 HadCRUT3 过去 150 年的温度变化情况。可以看出，过去 2000 年 CESM 模拟的地表气温变化在北半球和全球都表现出了工业革命之前气温下降，而后快速升温的趋势。这与 PAGES 2K 在全球各个区域重建资料的结果相类似（Pages，2013），反映出在过去 2000 年的背景下，现代暖期的"过分"异常现象。此外，HadCRUT3 也表现出近 150 年来，地表气温快速上升情况的现象，其 5a 滑动平均后的结果与 ALL 试验结果的相关系数在全球和北半球分别达到 0.91 和 0.85。总体来说，CESM 模拟的地表气温在千年尺度的趋势和近 150 年的变化上较为可靠。

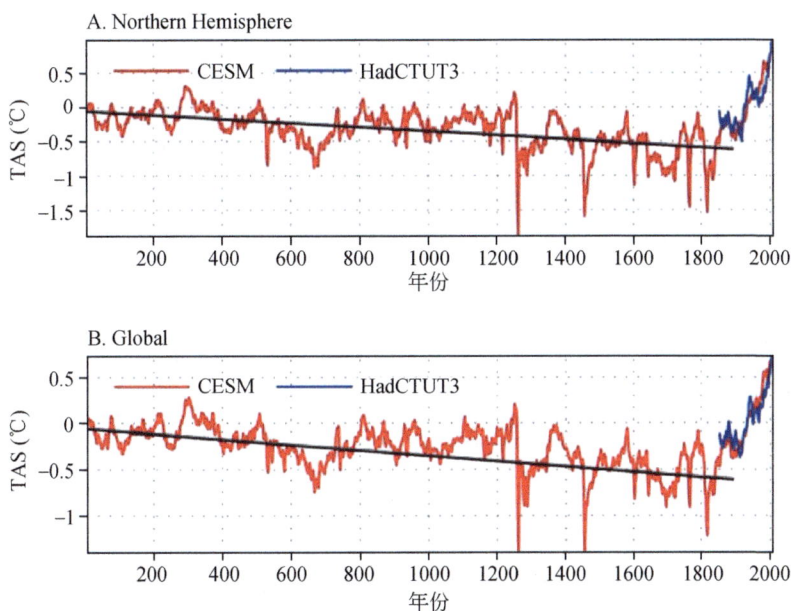

图 2.30　全强迫试验北半球（A）和全球（B）的过去 2000 年地表气温的 5a 滑动平均距平值

（相对于 1850～2000 年）

注：红线为全强迫试验，蓝线为 HadCRUT3 资料（1850～2000 年），黑色实线为全强迫试验公元 1～1850 年的趋势变化

近年来，关于历史时期的气候变化研究，有相当多的成果发表，但由于所选取的代用资料不同以及重建方法等差异，关于过去千年的重建结果仍具有较大的不确定性。因此，本研究采用 Frank 等（2010）的集成序列，对 ALL 试验的过去千年地表气温变化进行验证。从图 2.31 可知，ALL 试验结果与重建结果的变化趋势具有较好的一致性，但模式模

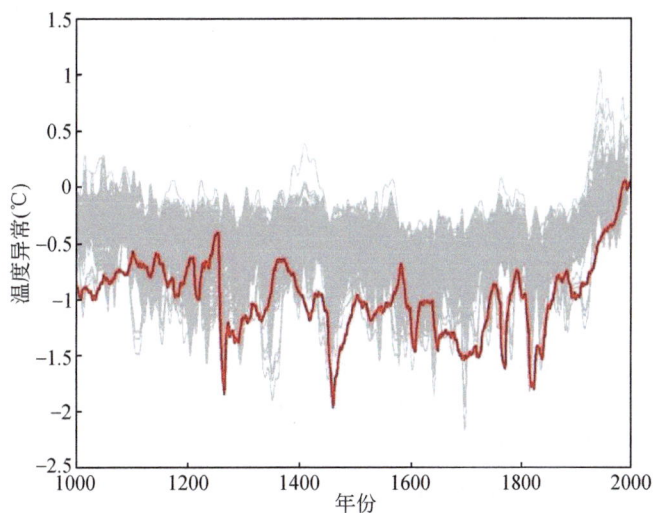

图 2.31　过去 1000 年北半球平均地表气温的 10a 滑动距平变化

注：红线为 CESM ALL 试验结果，灰色阴影为集成重建结果

拟的地表气温波动较大，可能是模式采用了振幅较大的太阳辐射重建序列。此外，模式对火山活动和温室气体的敏感性较强致使现代增暖显著，并导致了过去千年的地表气温距平值偏低，但 ALL 结果仍在重建的误差范围内。相比于重建的集成结果，模式虽然可以看到明显的中世纪暖期（公元 1100～1250 年）、小冰期（公元 1600～1850 年）和现代暖期（1900 年至今），但模式序列的中世纪暖期出现相对较晚。

由于重建的过去 2000 年地表气温距平的基准时段不同，在验证模式对过去 2000 年地表气温的模拟性能前，先对重建和模拟结果进行标准化处理。图 2.32 是经标准化处理后的模拟和重建的过去 2000 年北半球平均地表气温变化。可以看出，模拟结果在多年代—百年尺度上与重建结果基本一致。学者们提出的"罗马暖期""黑暗时代冷期"在全强迫试验中均有所体现（Bianchi and McCave，1999；Patterson et al.，2010），但具体时间范围与 Lamb（2013）的定义有所差异，这与模拟试验采用的外强迫因子重建序列以及代用资料的不确定性有关。"罗马暖期"在 Moberg 和 M2003 的重建结果中并不明显，这可能是因为时间越早，所选取的代用资料越少的缘故。几条重建序列都表现出了明显的中世纪暖期，这在模式模拟结果中也有所体现。如上所述，CESM 基本模拟出了重建资料反映的过去 2000 年典型暖期，且其变化幅度处于重建结果的不确定范围之内，这说明 CESM 模拟结果是合理的。

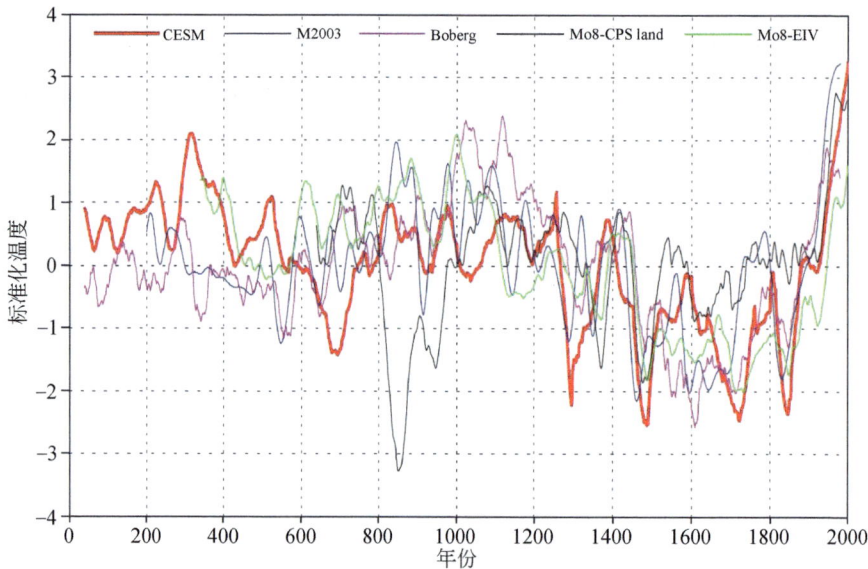

图 2.32　过去 2000 年北半球平均地表气温变化（标准化结果）

注：红线为全强迫试验，其他彩线为重建资料（所有序列经过 40a 滤波处理）

综上所述，模式与各个时段的重建资料的对比中，模拟出了过去 2000 年主要的特征时段，且其变化幅度处于重建结果的不确定范围内。所以，CESM 模拟的过去 2000 的温度变化具有一定的合理性与可信度。

### 2.2.1.3 NNU-2ka 模拟试验小结

本节主要介绍了由美国国家气候中心研制的新一代地球系统模式 CESM1.0.3 及其各个子模式的基本信息，并着重说明了本研究所用的过去 2000 年模拟试验结果的基本情况及试验设计。根据现有资料的情况，本节对模式模拟性能分别从两个时段进行检验：现代空间再分析/观测资料及过去 1000 ~ 2000 年的重建资料。结果显示：CESM 模拟的现代气候要素（地表气温、降水率和 SST）的空间平均分布型态与再分析/观测资料相比较为一致，并很好地表现出了模拟结果的经向变化趋势，但在高原与极地地区模式模拟性能较差；CESM 较好地模拟了气候系统内部变率，抓住了 ENSO 的不规则周期变化，并模拟出了 NAO 的主要空间型态特征；在过去千年的时间变化上，与重建资料相对比，CESM 的地表气温模拟结果与重建结果的变化趋势较为一致，并模拟出了明显"罗马暖期""黑暗时代冷期""中世纪暖期"、"小冰期"及"现代暖期"五个主要的特征时期。此外，在千年尺度的时间变化上，模式表现出了工业革命之前的下降趋势与 1900 年之后的快速增暖趋势，这都与重建结果不尽相同。但由于太阳辐射强迫的变化幅度较大，模拟结果表现出较大振幅，但尚在重建结果的不确定性范围之内。由此可见，CESM 在长期的积分试验中表现较为稳定，对历史时期的气候模拟具有较高的可靠性与合理性。

## 2.2.2 基于 NNU_2ka 的过去 2000 年气候模拟研究

基于上一节的比较，我们相信能够利用 CESM 过去 2000 年的模拟结果对历史时期的气候变化进行深入研究和机理探讨。

### 2.2.2.1 中世纪暖期与现代暖期全球季风降水变化特征及其差异

全球季风（Global Monsoon，GM）指大气环流随季节反向变化并同时伴有显著的降水变化特征的现象。如何客观定量地认识 20 世纪增暖中自然和人为因素的作用是当前面临的重大科学难题。而中世纪暖期（Medieval Warm Period，MWP）是距今最近且公认为受自然因素作用的历史暖期（Idso and Singer，2009）。因此，对比研究中世纪暖期与现代暖期的气候变化特征将有助于我们解决这个问题，并能够更好地认识现代暖期的历史地位。

全球季风区的选取采用 2009 年 Liu 等（2009）定义的方法，即夏季与冬季降水率之差 AR（Annual Range）大于 2mm/day，夏季降水总量占全年降水总量的比值超 55%。其中，北半球 AR 为 5 ~ 9 月（MJJAS）平均降水率减 11 月至次年 3 月（NDJFM）平均降水率，南半球为 NDJFM 月平均降水率减 MJJAS 月平均降水率。图 2.33 显示了使用 CMAP 降水资料（Yin et al.，2004）根据上述条件定义的全球季风区。

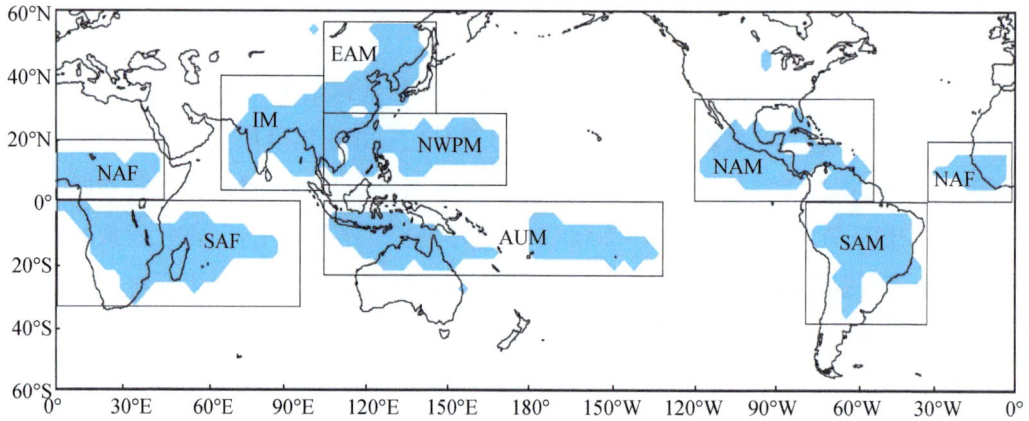

图 2.33　全球季风区的分布

由于 MWP 为百年尺度上的一个暖期，因此对 ALL 试验进行 31a 滑动平均（突出多年代际—百年信号）以选取中世纪暖期时段。图 2.34 为 ALL 试验模拟的过去 1500 年全球季风区年平均地表气温 31a 滑动距平（相对于公元 501～2000 年）时间序列。本研究根据 ALL 试验结果，选取地表气温距平为正的时段，即公元 801～1250 年为中世纪暖期时段。

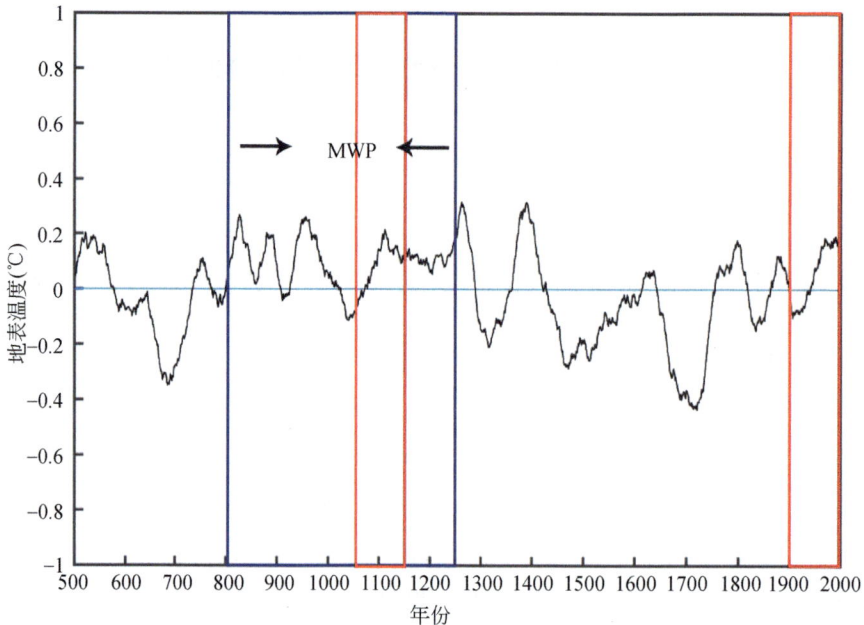

图 2.34　全强迫试验过去 1500 年全球季风区年平均地表温度距平（相对于公元 501～2000 年）的 31a 滑动平均序列

首先，我们对中世纪暖期与现代暖期全球季风降水空间变化上的差异进行探究。图 2.35 是中世纪暖期（公元 1069～1168 年）与现代暖期（1901～2000 年）年平均降水相对于过去 1500 年（公元 501 ~ 2000 年）的距平场。总体上看，两个典型暖期全球季风降水空间变化上差异明显。

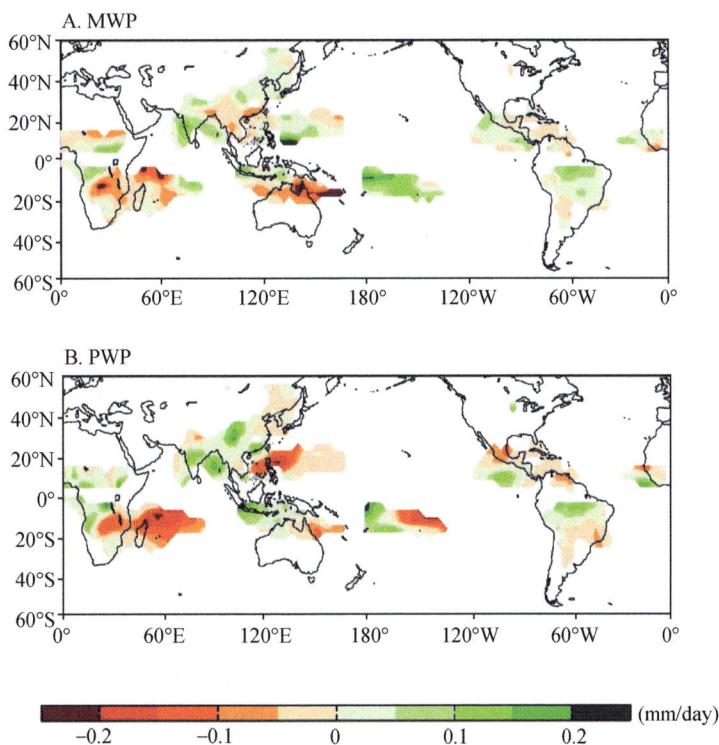

图 2.35  全强迫试验模拟的中世纪暖期（A）与现代暖期（B）全球季风降水距平场（相对于公元 501 ~ 2000 年）

图 2.36 给出了中世纪暖期（公元 1069 ~ 1168 年）与现代暖期（公元 1901 ~ 2000 年）全球季风区降水率和地表气温相对于过去 1500 年的距平序列。由图 2.36 可知，中世纪暖期全球季风降水与现代暖期差异较大，主要表现为现代暖期全球季风降水变化有明显上升趋势，并且在 20 世纪 90 年代中后期，其降水变化几乎为正距平（相对于公元 501 ~ 2000年）。计算表明，中世纪暖期与现代暖期地表气温与降水率的相关系数为 –0.09 与 0.38，两者在中世纪暖期的相关系数并没有通过显著性检验，而在现代暖期则通过了 0.01 的显著性检验（自由度 98）。因此，仅使用回归分析方法计算现代暖期地表气温与降水率之间的线性关系，其回归斜率为 0.079mm/day/℃。即现代暖期，温度每升高 1℃ 降水量增加 2.23%。在百年尺度上，中世纪暖期与现代暖期温度变化趋势一致，均为持续升温，虽然升温的幅度有所不同。但在年际尺度上，两者地表气温变化差异明显，同时，全球季风降水变化差异也较大。

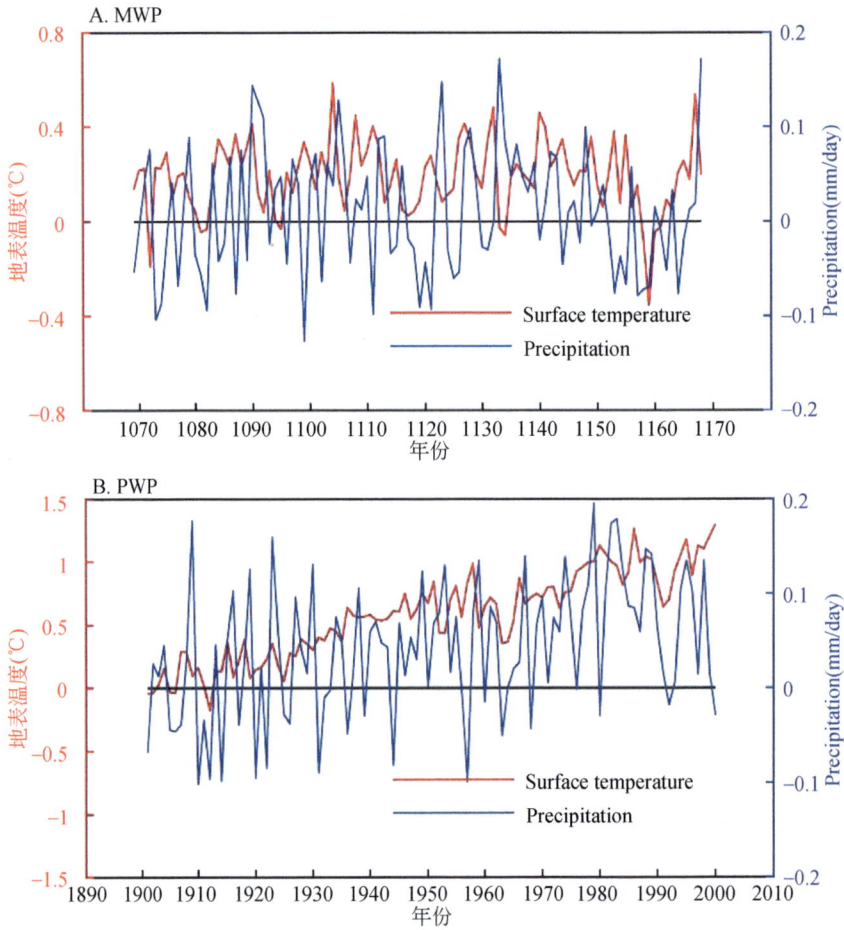

图 2.36  全球季风区地表气温与降水率距平（相对于公元 501～2000 年）序列

　　传统的季风动力学认为季风是由于海洋和陆地热容量差异引起的温度对比产生的风向季节性反转。基于此，我们将根据全球地表气温的变化探究导致中世纪暖期与现代暖期全球季风降水变化存在差异的原因。图 2.37 和图 2.38 分别是中世纪暖期与现代暖期全球地表气温相对于过去 1500 年的距平场。无论在现代暖期还是中世纪暖期，全球地表温度均明显升高，且高纬地区的增温幅度更大。与中世纪暖期不同的是，现代暖期中低纬陆地上增温也较明显。总体上看，现代暖期陆地上的增温较海洋上多。

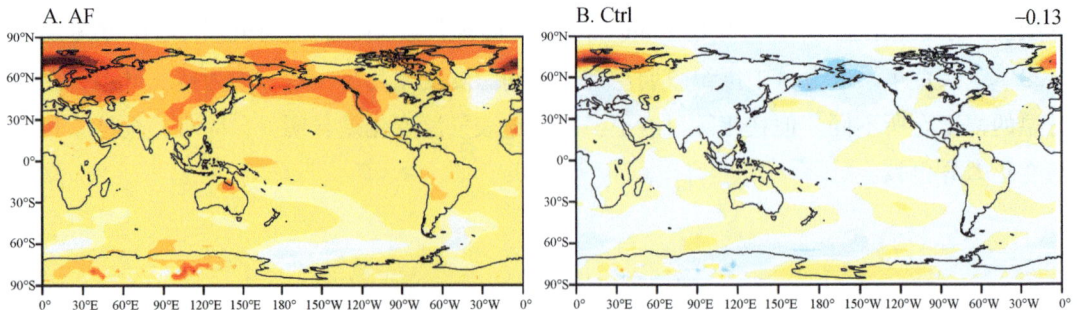

C. TSI 0.80

D. Vol 0.35

E. GHGs −0.07

F. LUCC −0.24

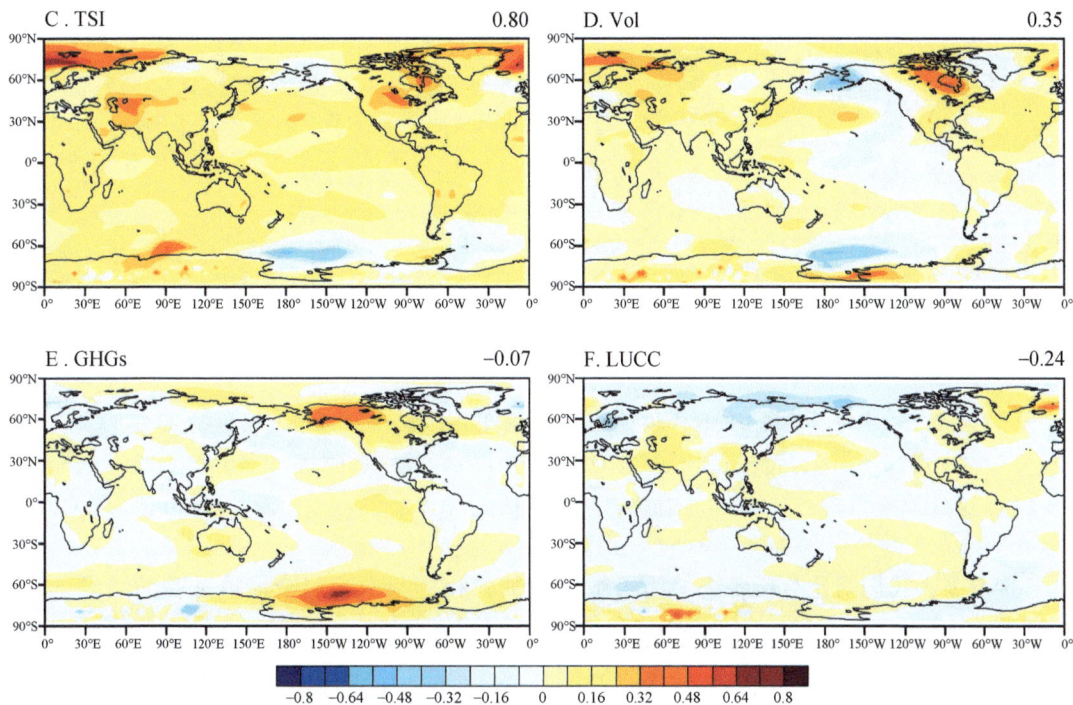

图 2.37　各个试验模拟的中世纪暖期全球地表温度距平场（相对于公元 501～2000 年）

注：A 为全强迫试验；B 为控制试验；C 为太阳辐射单因子敏感性试验；D 为火山活动单因子敏感性试验；E 为温室气体单因子敏感性试验；F 为土地利用/土地覆盖单因子敏感性试验；右上角数字为其他试验与全强迫试验的相关系数

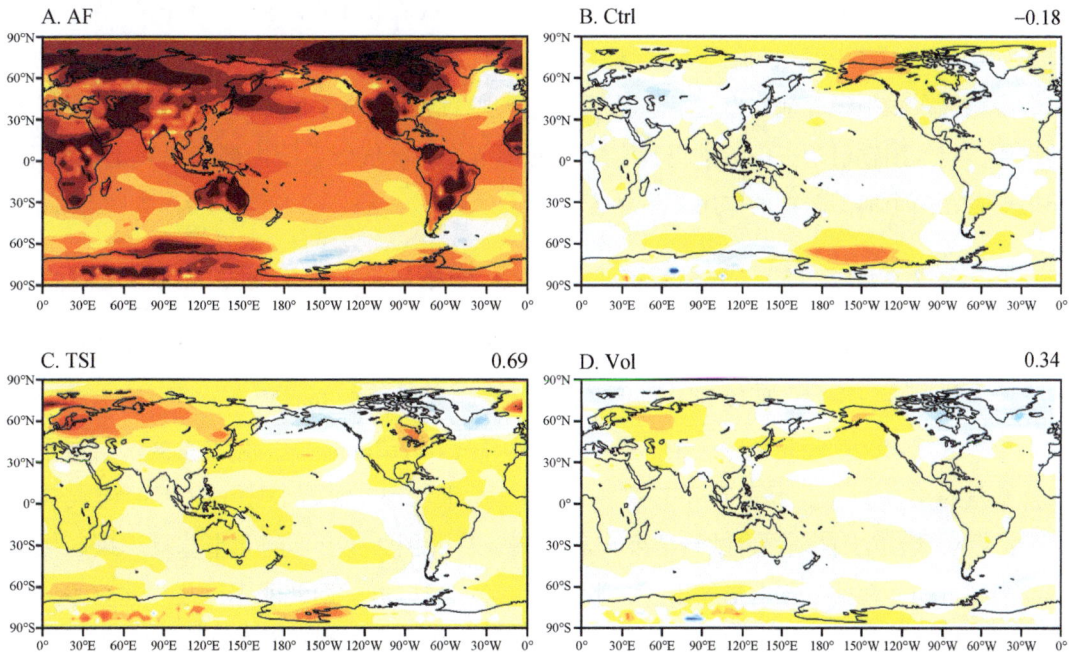

A. AF

B. Ctrl −0.18

C. TSI 0.69

D. Vol 0.34

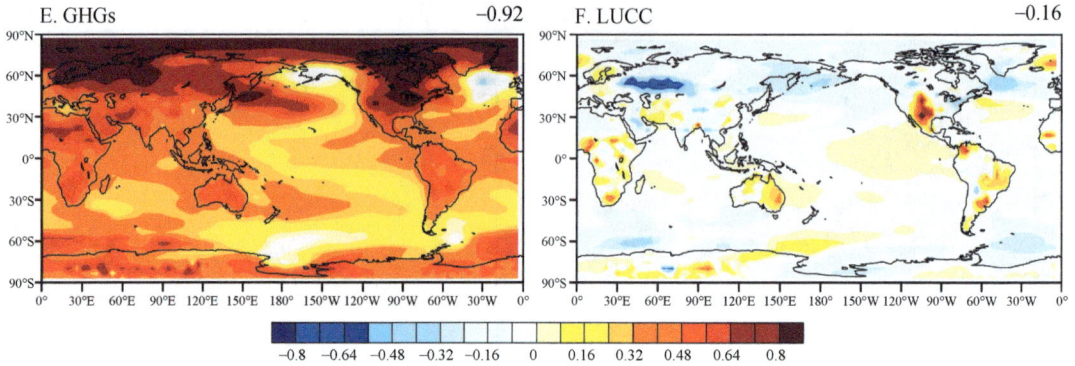

图 2.38　各个试验模拟的现代暖期全球地表温度距平场（相对于公元 501～2000 年）

注：A 为全强迫试验；B 为控制试验；C 为太阳辐射单因子敏感性试验；D 为火山活动单因子敏感性试验；E 为温室气体单因子敏感性试验；F 为土地利用/土地覆盖单因子敏感性试验；右上角数字为其他试验与全强迫试验的相关系数

接下来，我们对比分析各个单因子敏感性试验和控制试验与全强迫试验的结果。TSI 试验的地表气温空间分布表现出了全区几乎一致增温的变化特征，虽然增温的幅度比全强迫试验结果小，但两者的相关系数达到了 0.8，通过了 0.01 的显著性检验。同样，Vol 试验结果与 AF 试验结果的相关性也到达了 99% 置信度。但 Ctrl 试验、GHGs 试验和 LUCC 试验结果与 AF 试验结果的相关系数均未通过显著性检验。由此可知，中世纪暖期（公元 1069～1168 年）全球季风降水变化主要受太阳辐射与火山活动的影响。而现代暖期，GHGs 试验的地表气温增温明显，尤其在北半球陆地上，其增温程度与范围与 AF 试验结果近似，两者的相关系数更是高达 0.92。同样，TSI 试验和 Vol 试验与 AF 试验结果也通过了 0.01 的显著性检验，但两者增温的幅度较小，并且在格陵兰、加拿大、阿拉斯加、白令海峡、东太平洋等地均出现了降温。因此，现代暖期全球季风区降水主要受温室气体的作用，但太阳辐射与火山活动仍具有一定的调节作用。气候系统内部变率和土地利用/土地覆盖在两个典型暖期的作用并不显著。

### 2.2.2.2　过去 1500 年典型暖期北半球季风降水的变化特征及其差异对比

本研究主要针对过去 1500 年的特征暖期（中世纪暖期和现代暖期）的北半球夏季风降水时空特征进行探讨，所以划定的北半球季风区范围是根据 Liu 等（2009）给出的北半球夏季风区域定义：在北半球区域，年平均降水变化大于 2mm/day，且夏季降水量占全年总水量的 55% 以上，其中夏季定义为 5～9 月。图 2.39 即为上述定义下的模式模拟（图 2.39A，数据来自全强迫试验结果）和观测资料（图 2.39B）的北半球夏季风区域范围。由图可知，模式基本上描绘出了北半球的主要季风区域，即北非季风区、北美季风区和亚洲季风区，特别是其模拟的陆地上的季风区域范围，与观测资料较为一致。本研究定义北半球夏季风指数为北半球夏季风区域内所有格点降水率之和（数据经过纬向加权处理之后再求和）。此外，北半球平均夏季地表气温后文简称为 NHST，北半球夏季风简称为 NHSM，是指北半球区域各个格点的降水率变化，北半球夏季风指数则简称为 NHSMI。

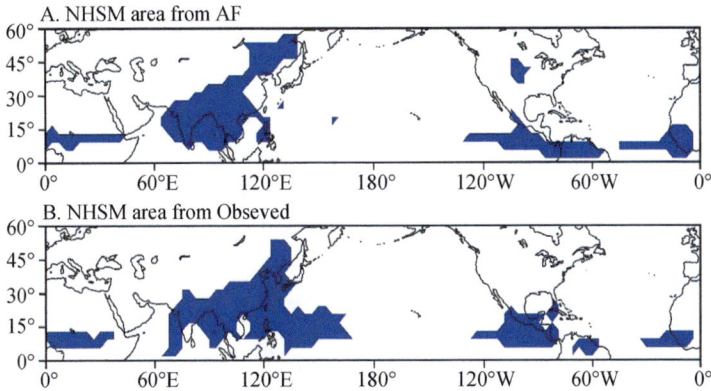

图 2.39　全强迫试验结果（A）与观测资料（B）定义的北半球夏季风区域

　　图 2.40 为全球强迫试验、人类活动敏感性试验和自然因子敏感性试验的 NHSMI 过去 1500 年的距平变化（相对于公元 501～1850 年）。在全强迫试验中，在两个暖期 NHSMI 都所有增加，但在现代暖期 NHSMI 的强度（42.37mm/day）明显大于中世纪暖期的 NHSMI 强度（9.12mm/day）。此外，相较于整个典型暖期的温度变化，NHSMI 在中世纪暖期和现代暖期的强度变化分别约为 56mm/day/℃ 和 83mm/day/℃。因此，总体来说现代暖期 NHSMI 的强度明显大于中世纪暖期。但由前所述，现代暖期的增暖受人类活动和自然强迫共同影响，从 CESM 的敏感性试验结果中亦可看出，人类活动虽然对现代暖期 NHST 的增暖贡献较大（约 0.40℃），但自然强迫亦有所贡献（约 0.06℃）。两个外强迫敏感性试验对现代暖期的 NHSMI 的贡献相当（人类活动与自然强迫分别为 19.95mm/day 和 18.97mm/day），说明虽然在现代暖期自然因子对北半球温度的贡献明显小于人类活动，但对 NHSMI 的影响两者的贡献相当，亦说明了自然强迫对 NHSMI 变化的重要性。而在中世纪暖期，自然强迫无论是对 NHST 还是 NHSMI 的贡献（约 0.17℃ 和 7.92mm/day），都明显强于人类活动的影响（约 0.04℃ 和 −1.48mm/day）。通过对自然因子和人类活动敏感性试验过去 1500 年的 NHST 与 NHSMI 的回归分析亦可发现，在自然强迫的影响下，北半球夏季温度每升高 1℃，NHSMI 增加 67.4mm/day，而在人类活动的影响下，NHSMI 则增加 43.2mm/day，说明 NHSMI 变化对自然强迫更为敏感。但在自然活动的敏感性试验中，选取的公元 1150～1250 虽然为中世纪暖期的温度较高时段，但 NHSM 并非最强时期。同样的现象在人类活动敏感性试验中亦可以发现，即中世纪暖期 NHST 略微上升，但 NHSMI 的强度反而降低，亦说明了其变化很可能受其他因素的调制作用。此外，在人类活动敏感性试验中，现代暖期的 NHSMI 的强度并非随着人类活动的增加而加强，反而表现出近十年的下降趋势，这与部分重建（Zhang and Johnson，2008）及观测结果（Wang and Ding，2006）相一致，亦体现了夏季风降水变化的复杂性。

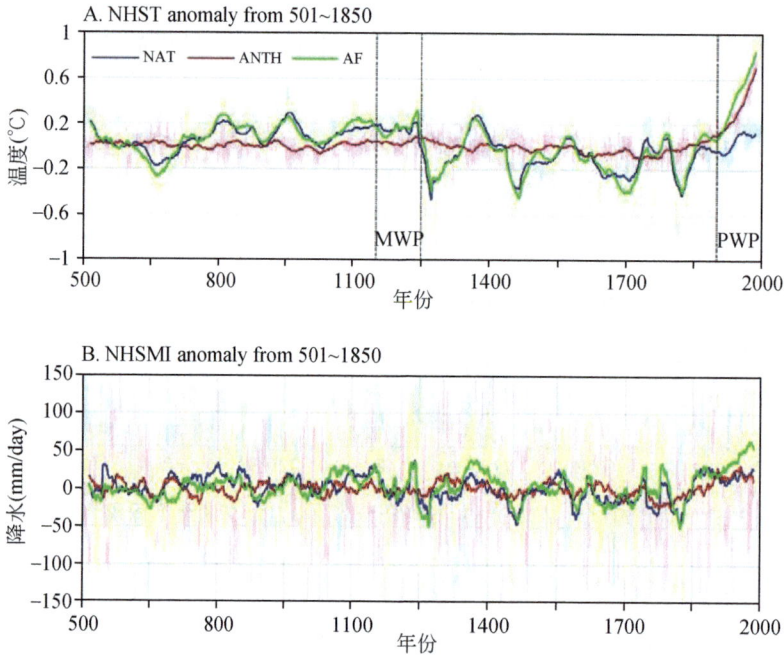

图 2.40　过去 1500 年北半球夏季平均地表气温（A）和夏季风降水指数（B）的距平变化

（相对于公元 501～1850 年）

注：蓝线为自然变化敏感性试验结果，红线为人类活动敏感性试验结果，

绿线为全强迫试验结果，粗线为 31a 滑动平均结果

# 2.3　百年—年代际—年际气候变化

## 2.3.1　百年尺度

### 2.3.1.1　中世纪暖期东亚夏季风增强背景下出现的百年减弱现象

新的代用资料表明 EASM 偏强的中世纪暖期有一个约百年的偏弱时期。利用通用地球系统模式开展的 6 个过去 2000 年气候变化数值模拟试验资料，探索了该现象的形成原因以及控制 EASM 百年变化的因素。通过与控制试验和 4 个单因子敏感试验的对比发现，该海温模态主要受太阳辐射和火山活动的影响，土地利用/土地覆盖和温室气体以及气候系统内部变率的作用并不明显。而公元 980～1100 年 EASM 相对于整个暖期偏弱主要是由于该时期太阳辐射值偏低导致印度洋—太平洋海温整体偏低并呈现出类厄尔尼诺型的空间分布模态。

尽管从公元 900～1300 年的中世纪暖期 EASM 通常很强（图 2.41A～图 2.41D），但是大约在公元 1000～1100 年间 EASM 出现了显著减弱。MWP 中期 EASM 百年减弱事件一直在东亚北部代用资料表示的降水减少中有体现。此外，中国南部的记录（图 2.41E～图 2.41F）揭示了相反的趋势，11 世纪夏季降水增加，与之相反的是 MWP 期间降水不足（Chu et al.，2002）。

根据最近代用资料的结果，我们使用 CESM 模拟结果研究了 MWP 中 EASM 变率。为了通过 CESM 理解外在强迫和典型气候条件间的关系，我们用 CESM 设计并运行了一系列新的试验。

由于计算资源的限制，我们使用了 CESM（CESM1.0.3）的低分辨率版本，其中 CAM 和 CLM 在纬度上有 48 个格点，在经度上有 96 个格点，在垂直方向上有 26 层；POP 在纬度上有 116 个格点，在经度上有 100 个格点，在垂直方向上有 60 层。共进行了六个 2000 年的试验，包括控制（Ctrl）试验、总太阳辐射（TSI）试验、火山喷发（Vol）试验、温室气体（GHG）试验、土地利用/土地覆盖（LUCC）试验和全强迫（AF）试验。控制试验由固定的 1850 年外强迫条件驱动进行，包括 400 模式年的加速旋转（a 400-years spin-up）和 2000 模式年的耦合。其余试验的初始条件设定为 2400 模式年控制试验的最后一年，除了 VOL 试验（Wang et al.，2015）之外的试验均是从公元 1 年模拟到公元 2000 年。

图 2.42 展示了过去 2000 年试验中使用的外强迫时间序列。考虑到 MWP 时工业革命前的变暖期，我们使用 CE 501-1850 的模拟结果研究 MWP 的气候。

### 2.3.1.2  强 EASM 相关的百年 SST 异常

图 2.43 展示了 CE 501-1850 东亚北部区域平均的 MJJAS 季节平均降水和印度—太平洋 MJJAS 季节平均 SST 的相关性地图。在百年际时间尺度上，经过 31a 滑动平均后，强 EASM 与印度洋—太平洋正 SST 异常有关，正距平的两大洋中心几乎遍布整个大洋。该模态与拉尼娜型全球变暖模态相似。

图 2.44 和图 2.45 展示了工业革命前每个试验在百年际上的主 EOF 模态。AF 试验的 EOF1（EOF 第一模态）方差贡献率为 71.4%，表现为北太平洋广大地区 EOF 信号一致（图 2.44A）。结果表明，AF 试验中 EOF 主模态不是 Ctrl 试验中 SST 变率的内部结构，而很可能是太阳辐射和火山活动所致。

图 2.45D～图 2.45F（右图）展示了强迫试验的 SST 的 EOF2（EOF 的第二个模态），包括 AF 试验、TSI 试验和 Vol 试验。AF 试验、TSI 试验和 Vol 试验的 EOF2 明显地与控制试验内部模式的 EOF1 模态相似。这表明 AF 试验、TSI 试验和 Vol 强迫试验的 EOF2 结构代表了 SST 变率的内部结构。

综上所述，AF 试验中印度洋—太平洋 SST 的变化主要受太阳辐射和火山活动的影响，而 LUCC、GHGs 和气候内部耦合动力对工业革命前 EASM 百年际变化的影响可以忽略。

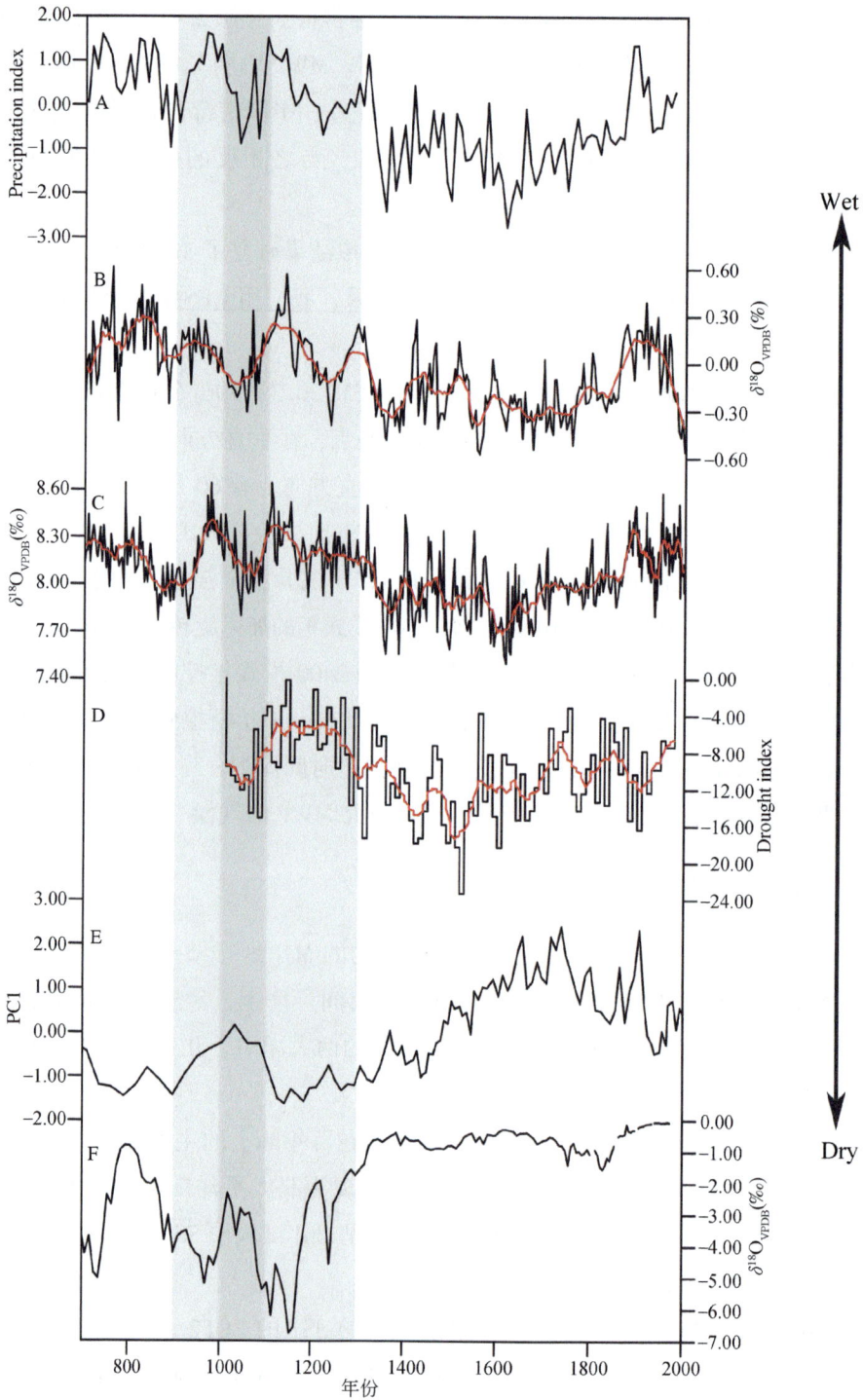

图 2.41　来自东亚的代用资料

注：A 为华中北部的降水指数记录（Tan et al., 2011）；B 为来自青藏高原东部黄叶洞的 $\delta^{18}$O 记录（Tan et al., 2011）；C 为来自甘肃省万向洞的 $\delta^{18}$O 记录（Zhang et al., 2008）；D 为来自东北亚洲季风区的干旱指数，如韩国干旱指数（Kim and Choi, 1987）；E 为来自台湾峰湖硅藻混合物的主成分分析的 PC1 的记录；F 为来自广东省湖光岩马湖的碳酸盐记录（Chu et al., 2002）；灰色条带用于强调公元 900～1300 年和公元 1000～1100 年中的时间段

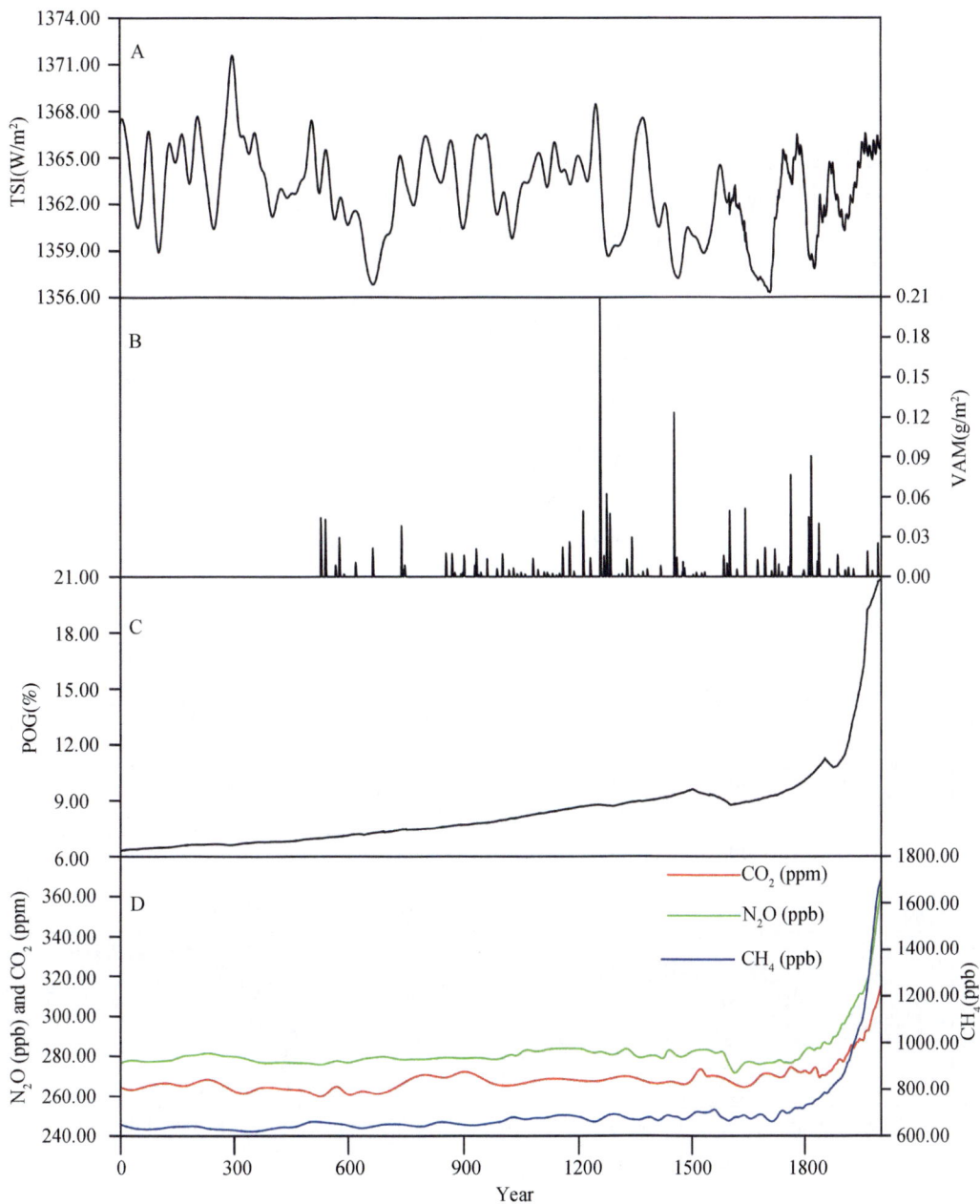

图 2.42　用于试验中的过去 2000 年外强迫时间序列

注：A 为总太阳辐射（W/m²）；B 为火山气溶胶质量（g/m²）；C 为土地利用和土地覆盖率（%）；
D 为温室气体（浓度，ppm 和 ppb）

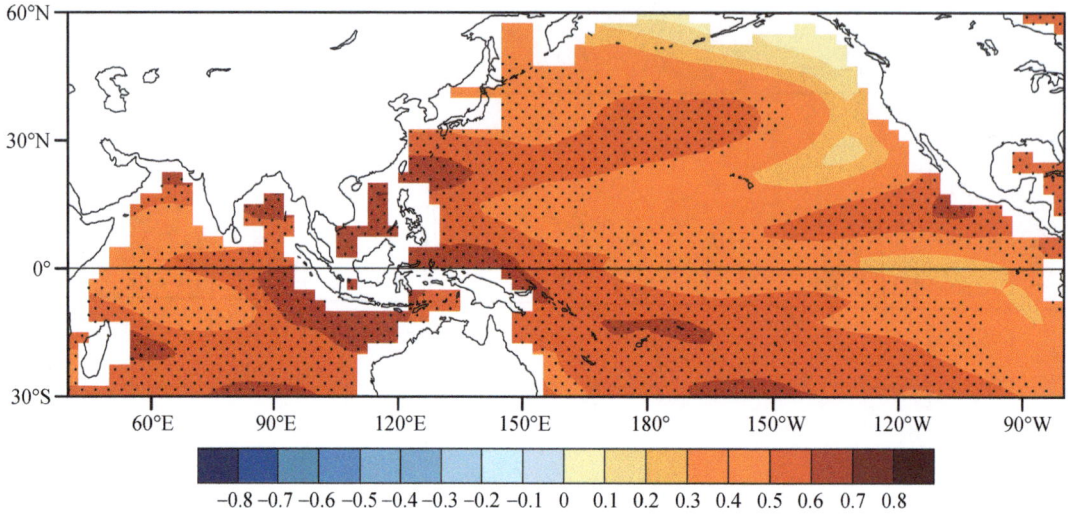

图 2.43　印度洋—太平洋上 MJJAS 平均海表温度与东亚北部百年尺度上的 MJJAS 平均降水
（经 31a 滑动平均处理）的空间相关场
注：打点区域表示其显著性在 95% 置信度上

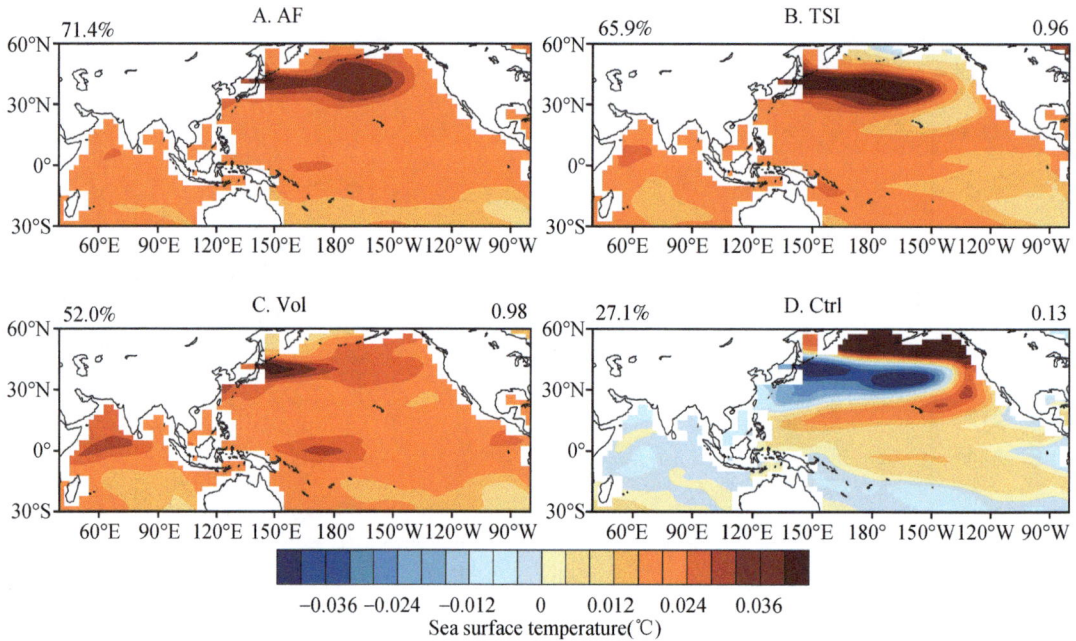

图 2.44　501～1850 年全强迫（AF）试验（A）、总太阳辐射（TSI）试验（B）、火山喷发（Vol）试验（C）
和控制（Ctrl）试验（D）得到的 31a 滑动平均 MJJAS 海表温度经验正交函数 1（EOF1）模式的空间分布
注：左上方的数字表示 EOF1 的方差解释率；B～D 右上方的数字表示每个试验的 EOF1 与
全强迫试验 EOF1 的空间相关系数

图 2.45A ~ 图 2.45C（左图）比较了控制试验的 EOF1 模态和 GHGs、LUCC 强迫试验的 EOF。显然在工业化前期 GHGs 强迫和 LUCC 强迫较弱，并且不会对 SST 自然变率的内部结构产生大的影响。

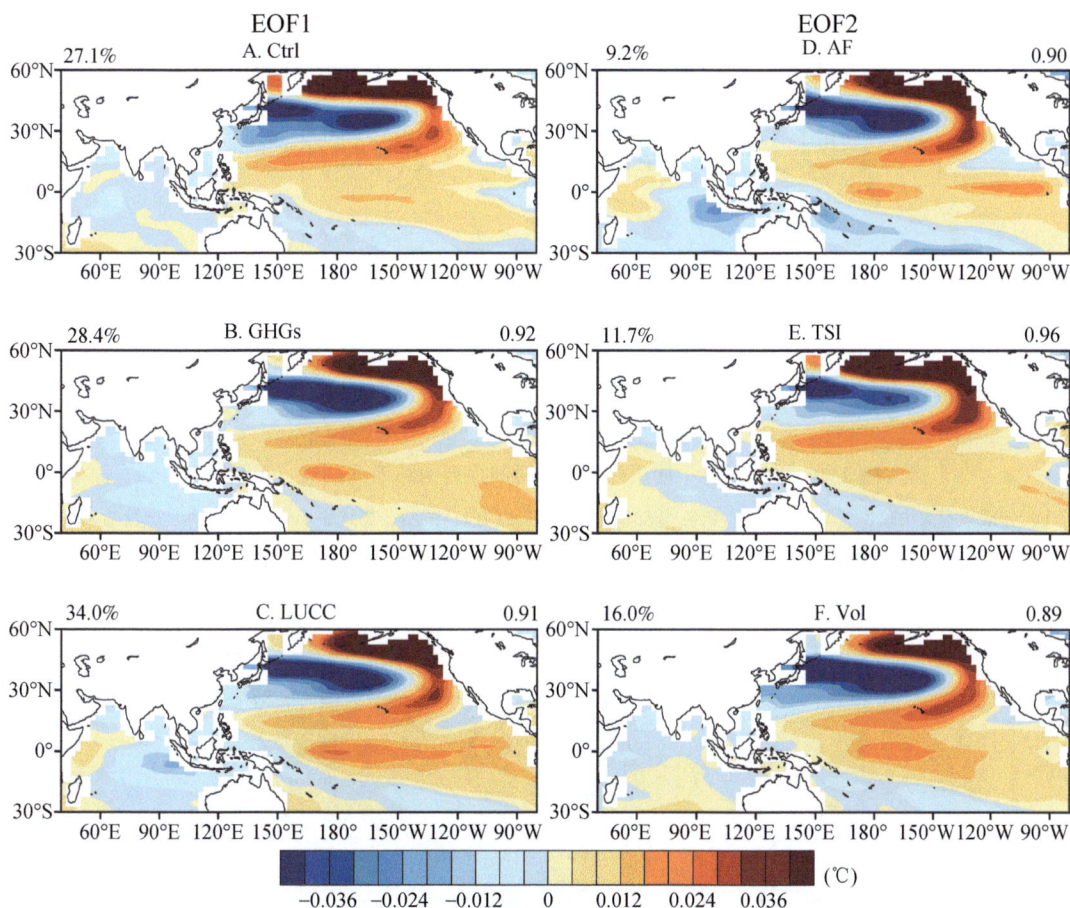

图 2.45　百年际尺度上的主 EOF 模态

注：左边图为公元 501 ~ 1850 年 31a 滑动平均海表温度异常在控制（Ctrl）试验（A）、温室气体（GHGs）试验（B）和土地利用/土地覆盖变化（LUCC）试验（C）的经验正交分解函数 1（EOF1）模式的空间分布；右边图为公元 501 ~ 1850 年 31a 滑动平均海表温度异常在全强迫（AF）试验（D）、总太阳辐射（TSI）试验（E）和 Vol 试验（F）的 EOF2 模式的空间分布；左上方显示的数字表示 EOF 的方差解释率；B ~ F 右上方的数字表示每个试验的 EOF1 或 EOF2 与 Ctrl 试验的 EOF1 的空间相关系数

### 2.3.1.3　MWP 中期 EASM 减弱的原因

　　为了进一步分析出造成 11 世纪 EASM 减弱的原因，我们比较了 MWP 中 AF 试验、TSI 试验和 Vol 试验的 PC1s（第一个主成分，是响应 EOF1 的时间序列）（图 2.46）。从图 2.46 可以看出，在 11 世纪，AF 试验和 TSI 试验的 PC1s 除了幅度差异外，几乎同位相

波动。此外，图2.47展示了CE 980-1100时期TSI试验的印度洋—太平洋SST距平（较于CE 801-1250）的空间分布。印度洋—太平洋的SST特征为普遍变冷模式，伴随着一种厄尔尼诺型印度洋—太平洋降温的热带太平洋SST梯度降低。这种大规模冷可能会降低全球水汽含量。

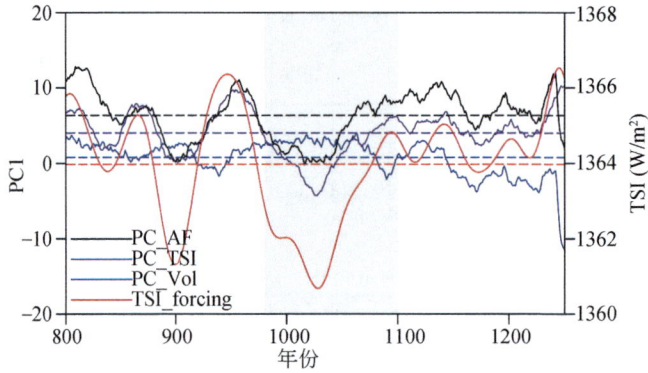

图2.46　TSI试验中使用外强迫的时间序列的距平（红线，W/m²）

注：蓝线表示火山喷发（Vol）试验、紫色线表示总太阳辐射（TSI）试验、黑线表示全强迫（AF）试验的31a滑动平均MJJAS海表温度的经验正交函数第一模态的相应第一个主成分（PC1s）；虚线代表每个时间序列的平均值

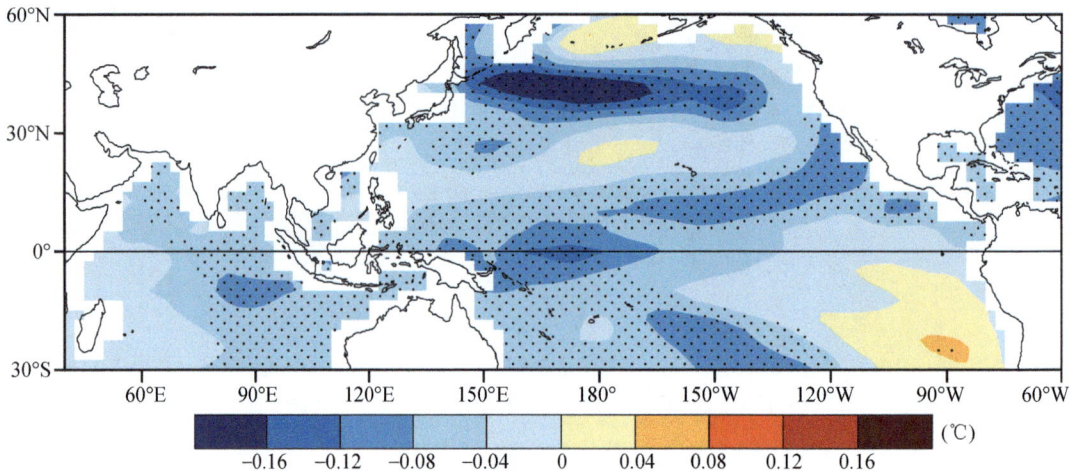

图2.47　总太阳辐射试验模拟结果在CE 980-1100间印度洋—太平洋SST距平
（较CE 801-1250）的空间分布

注：显著性检验是用两个时间段（CE 980-1100，CE 801-1250的剩余时间段）的平均值做t检验；打点区域表示其显著性位于90%置信水平上

### 2.3.1.4　数据

研究区覆盖中国大陆地区（15°N～55°N，70°E～140°E）。本研究使用了中国气象局

提供的 1961～2014 年的高分辨率（0.25°×0.25°）日观测降水资料，即 CN05.1 数据集。CN05.1 数据集是质量控制前提下利用中国 2416 个站点观测资料通过插值（使用"anomaly approach"）构建的。在 anomaly approach 方法中，首先将气候要素网格化，然后把网格化后的日资料异常加到气候网格上，最后得到最终数据集。

在机理分析部分，1961～2014 年分辨率为 2.5°×2.5° 的、网格化后的 1000hPa 至 500hPa 位势高的月资料，包括风速分量 u 和 v、比湿和 omega 数据，均为美国国家环境预测中心（NCEP）的再分析资料。对于环流变量，低层平均水汽通量垂直积分均是用下面的方程计算的：

$$qu = \frac{1}{g} \int_{1000hPa}^{500hPa} \bar{q}\bar{u}\mathrm{d}p\#$$

$$qv = \frac{1}{g} \int_{1000hPa}^{500hPa} \bar{q}\bar{v}\mathrm{d}p\#$$

式中，$qu$ 和 $qv$ 分别是纬向和经向水汽通量部分，$\bar{q}$、$\bar{u}$ 和 $\bar{v}$ 分别是各压力面上季节平均的比湿、纬向风和经向风。二维水汽通量场通过下式计算：

$$q = qu\vec{i} + qv\vec{j}\#$$

式中，$q$ 是低层水平水汽通量，$\vec{i}$、$\vec{j}$ 分别是单位纬向、经向矢量。

### 2.3.1.5 极端降水定义

夏季极端降水事件的定义来自"欧洲气候评估和数据集"。夏季极端降水用以下两个指标表示：极端降水事件总数和整个季节的极端降水事件的总数。极端降水事件的总数被定义为降水量超过阈值的总天数。夏季极端降水量大约贡献了华东地区夏季降水量的 40%～70%。

### 2.3.1.6 旋转经验正交函数（EOF）

EOF 分析普遍用于将复杂数据集简化为更少新变量的线性组合（Wilks，2006）在大气研究中广泛用于表征三维数据集的主空间模态及其相应的时间变化。前人的研究表明，REOF 分析可避免产生传统 EOF 分析产生的非物理偶极子型模态。

### 2.3.1.7 SAH 指数定义

图 2.48 展示了 1961～2014 年夏季气候 200hPa 位势高度场和 SAH 是北半球副热带地区的主要环流模态，其中心位于（22.5°N～32.5°N，50°E～100°E）。先前的研究发现，SAH 具有以下 4 个特征：纬向变化（即双峰）、经向变化、强度变化和延伸变化。为了定量描述 SAH 的位置变化和强度变化，本研究计算了 4 个 SAH 指数，即南北偏移指数、东西偏移指数、面积指数和强度指数。

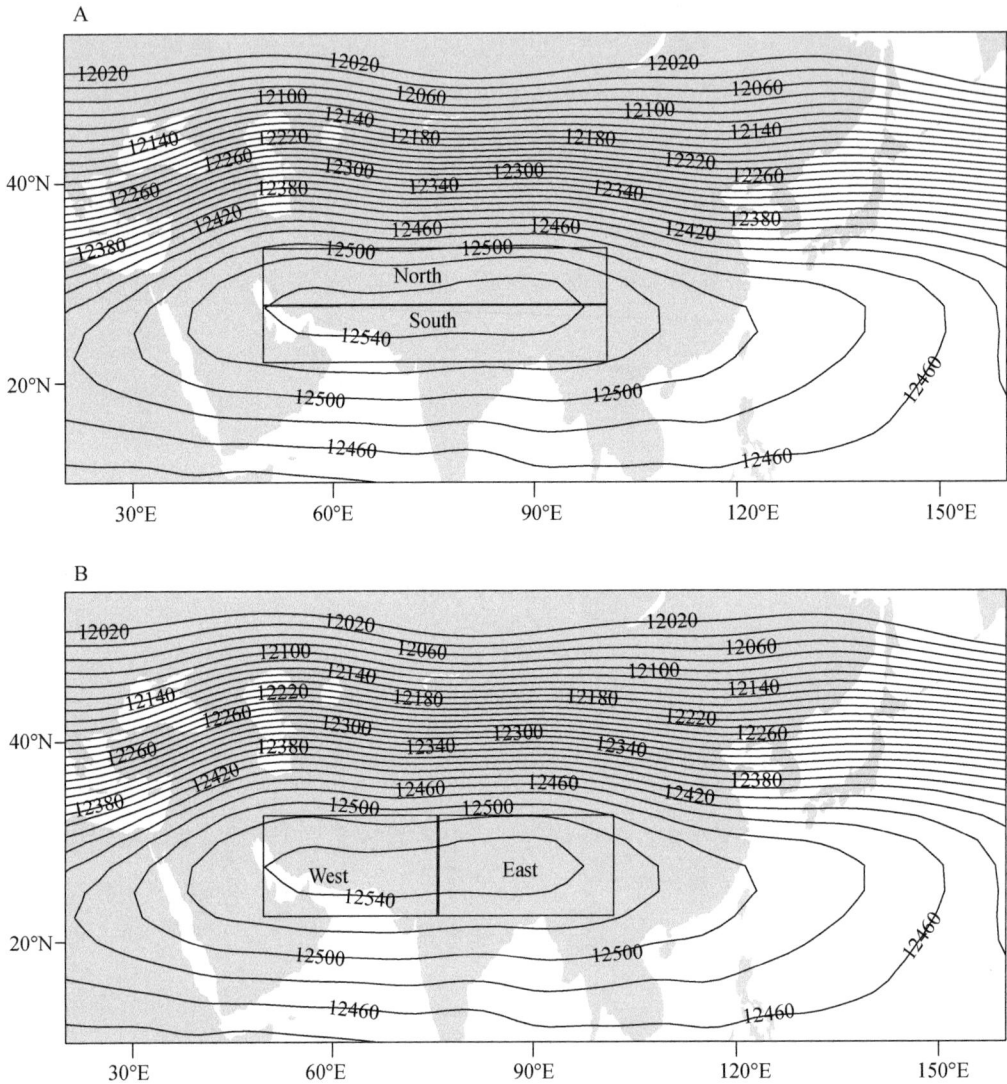

图 2.48　200hPa 位势高度场的气候平均值和用于定义 SAHI-NS 指数（A）及 SAHI-WE
指数（B）的区域（单位：gpm）

表 2.12 给出了 4 个指数间的相关系数。从表中可以得出结论，SAHI-NS 与 SAHI-WE
显著相关（$p<0.05$），表明 SAH 向北移动时它也可能向西移动，但与 SAHI-area 或 SAHI-
mag 不存在相关性。因此，我们综合 SAHI-NS 和 SAHI-WE 定义一个新指数（SAHI-NW）
作为 SAH 中心东南部（22.5°N～27.5°N，75°E～100°E）与北部（27.5°N～32.5°N，
50°E～75°E）的区域平均位势之差。SAHI-area 和 SAHI-mag 高度相关（$r=0.95$），表明
SAH 增强时它可能扩展到更大的区域。SAHI-mag 与基于 SHAI-area 的结果几乎一样。

**表 2. 12　SAHI-NS 指数、SAHI-WE 指数、SAHI-area 指数和 SAHI-mag 指数间的相关性**

|  | SAHI-NS | SAHI-WE | SAHI-area | SAHI-mag |
|---|---|---|---|---|
| SAHI-NS | 1. 00 | **0. 48** | 0. 09 | 0. 05 |
| SAHI-WE |  | 1. 00 | −0. 05 | −0. 09 |
| SAHI-area |  |  | 1. 00 | **0. 95** |
| SAHI-mag |  |  |  | 1. 00 |

注：粗体数字表示在 5% 置信水平下具有显著相关性

#### 2.3.1.8　华东夏季极端降水的特征

本研究中，REOF 分析首先应用于华东线性去趋势后的夏季极端降水总量分析中，并且在旋转期间基于协方差矩阵的原始 EOF 分析的前 10 个主成分被保留下来了。前 3 个 REFO 模态几乎解释了总方差的 25%。该解释率较低，但考虑到用于降水 EOF 分析中的方差解释率通常偏低，这又是合理的，因为由于降水方差中具有非线性部分（Wu et al.，2005）和极端降水具有很强的非线性特征的事实。应用 thumb 的 North 法则（Wilks，2006）时，前两个模态是显著分离的，因此我们下面的讨论主要基于这两个模态。

夏季极端降水的第一主成分特征为三极型模态，其主要变率位于江淮流域（27.5°N ~ 33°N，105°E ~ 122.5°E），另外两个相反的变率分别位于华东北部（34°N ~ 40°N，105°E ~ 122.5°E）和南部（20°N ~ 27.5°N，105°E ~ 120°E）。PC1 确定的强极端降水年份：1980 年、1983 年、1991 年、1996 年和 1998 年，包含了江淮流域发生严重洪涝的所有年份。

第二主成分显示了华东南部地区的夏季极端降水的年代际变化。结果表明，1992 年左右，中国华东南部的极端降水存在年代际的增强，这与以前的研究一致（Ning and Qian，2009；Chen and Huang，2012）。

因此，根据基于其物理特征 REOF 分析，确定了华东具有明显极端降水变化的三个主要区域。华东北部和江淮流域的物理边界为淮河，而江淮流域和华东南部的物理边界是江淮流域的南边界。在下面的章节中，用这三个区域来分析 SAH 对华东极端降水的影响。

#### 2.3.1.9　SAH 和华东极端降水间的关系

SAHI-NW 与华东北部极端降水事件的数量和降水量分别展示在图 2.49A 和图 2.49B 中。极端降水事件的数量（$r = 0.40$）和降水量（$r = 0.37$）均与 SAHI-NW（$p < 0.01$）显著相关，表明 SAH 越向西北移动时，华东北部的极端降水事件越多。江淮流域极端降水事件的数量（$r = -0.35$）和降水量（$r = -0.35$）与 SAHI-NW 均呈负相关（$p < 0.05$）图 2.49C 和图 2.49D），表明 SHA 越向西北移动时，江淮流域的极端降水事件越少。华东南部极端降水事件的数量（$r = 0.11$）和降水量（$r = 0.16$）与 SAHI-NS 均不存在显著相关性（$p > 0.25$）（图 2.49C，图 2.49D），表明 SHA 的西北移动不会影响华东南部的极端降水。

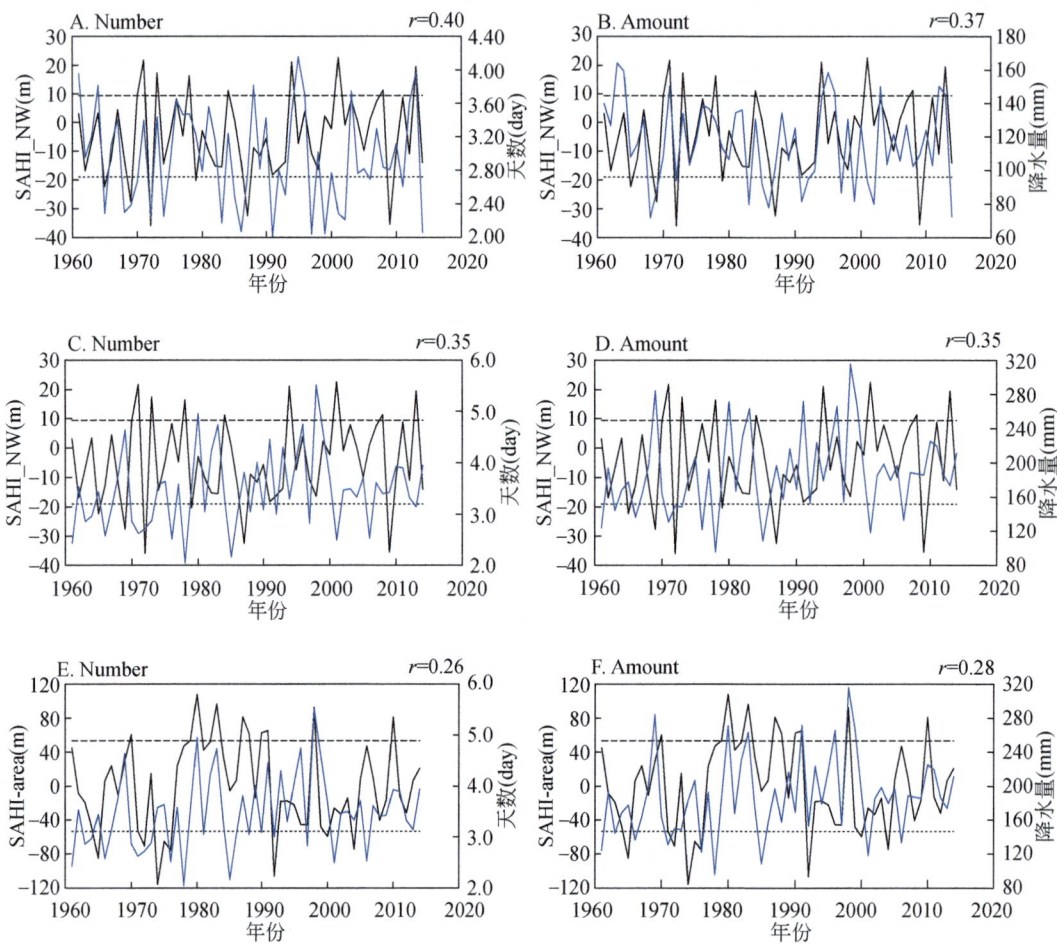

图 2.49　SAHI-NW 和华东极端降水间的关系

注：SAHI-NW 指数（黑线）和华东北部（蓝线）极端降水事件的数量（A）和降水量（B）的时间序列，SAHI-NW 指数（黑线）和江淮流域（蓝线）极端降水事件的数量（C）和降水量（D）的时间序列，去趋势的 SAHI-area 指数（黑线）和江淮流域（蓝线）极端降水事件的数量（E）和降水量（F）；黑色虚线表示 SAH 指数的±标准差

　　SAHI-area 指数只与江淮流域极端降水事件的数量（$r=0.27$）和降水量（$r=0.29$）显著相关（$p<0.05$），表明 SHA 增强并扩展到更大区域时，会在江淮流域引起更多的极端降水。由于 SAHI-area 呈显著上升趋势，故在计算之前去除了 SAHI-area 指数和极端降水的线性趋势，因为本研究主要关注 SAH 对华东极端降水的年际影响。同时，华东北部和南部的极端降水事件的数量（$r=0.12/0.01$）和降水量（$r=-0.13/-0.13$ 与 SAHI-area 不存在显著性相关（$p>0.1$），表明 SAH 的强度和范围不会影响华东北部和南部的极端降水。表 2.13 展示了华东三个地区极端降水和两个 SAH 指数的关系。

表 2.13　华东南部、江淮流域和华东北部的极端降水事件的数量/降水量与 SAHI-NW、
去趋势的 SAHI-area 间的相关性

| | SAHI-NW | SAHI-area |
|---|---|---|
| Northern part | **0.40/0.37** | 0.12/0.01 |
| Jiang-Huai River Basin | **−0.35/−0.35** | **0.27/0.29** |
| Southern part | 0.11/0.16 | −0.13/−0.13 |

注：每个单元格中，第一个相关系数表示极端降水事件数量间的相关系数；第二个相关系数表示极端降水事件降水量间的相关系数。粗体表示相关性在 5% 的置信度上是显著的

### 2.3.1.10　背后的物理机制

本节中，我们首先对比了 SAH 指数较高较低年份中季节平均环流模态的差异。随后，使用累积分布函数（CDFs）的变化研究日降水对平均环流差异的响应。

为了分析 SAH 对大尺度环流的影响，我们选择标准化后的 SAH 指数高于 1 或低于 1 的年份来研究 SAH 西北移动东南移动以及扩展缩小的年份中大尺度环流的差异。

在 SAHI-NW 高和低的年份间，欧亚大陆 200hPa 位势高度场之差显示出两个位于（37.5°N，65°E）和（40°N，125°E）的正位相中心，其幅度大于 50gpm（图 2.50A），这

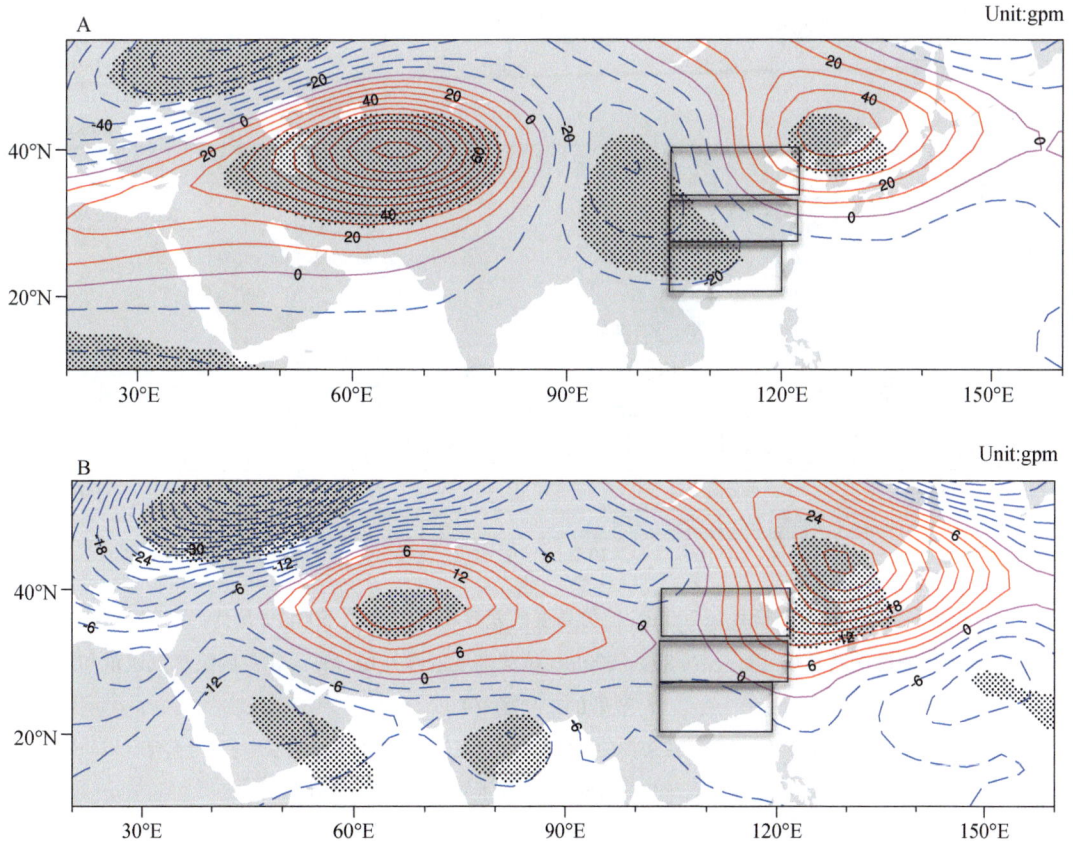

C　　　　　　　　　　　　　　　　　　　　　　　　　Unit:gpm

D　　　　　　　　　　　　　　　　　　　　　　Unit:0.01 Pascal/s

E　　　　　　　　　　　　　　　　　　　　　　　Unit:kg/m·S

100
Reference Vector

−6×10⁻⁵　−4×10⁻⁵　−2×10⁻⁵　0　2×10⁻⁵　4×10⁻⁵　6×10⁻⁵

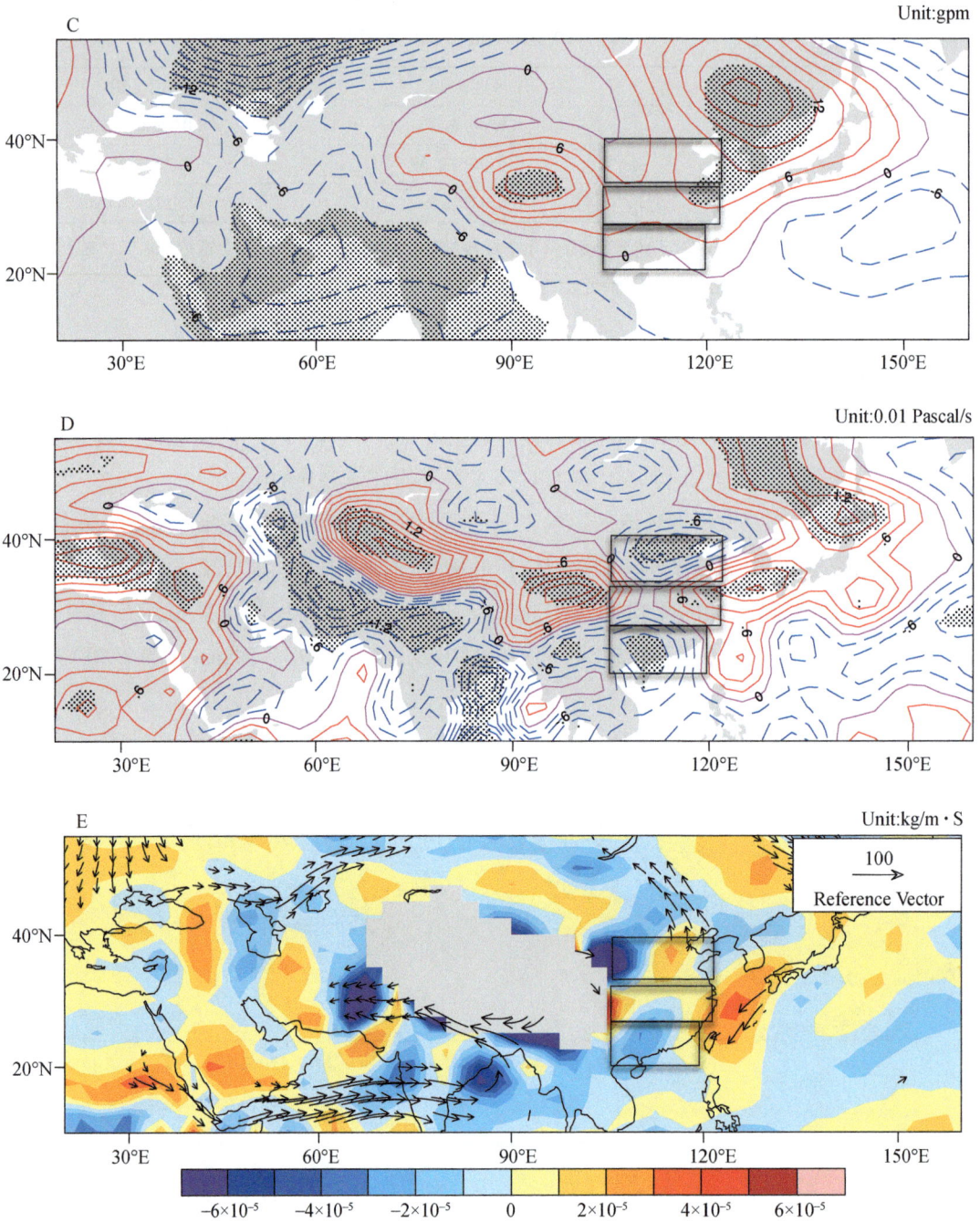

图 2.50　正负位相 SAHI-NW 指数在 200hPa 位势高度的差异场（A）、在 500hPa 位势高度的差异场（B）、在 850hPa 位势高度的差异场（C）、在 850~500hPa 位势高度的差异场（D）和在低层水汽通量和相应离散处的差异场（E）

注：打点区域表示差异值根据学生 t 检验而在 95% 的置信水平上是显著的。矩形区域表示华东三个特征区域的位置。

仅绘制了在 90% 置信度水平上显著的水汽通量矢量箭头

两个中心位于 SAH 气候位置的北部。SAH 向西北移动直接产生异常的中亚高压，然后通过 Rossby 波列沿东亚急流的传播形成了东北亚上空的异常反气旋环流模态，这在丝绸之路遥相关模态的机制中得到了说明（Enomoto et al., 2003）。

中层（500hPa）和低层（850hPa）位势高度场的差异模态与两个反气旋的模态类似，其中东北亚的反气旋更为明显（图 2.50B、图 2.50C）。

由于加强的南向暖对流和北向冷对流的河流，东北亚的深正压系统，本研究中定义为朝鲜高压，在它位于华东北部的西北边缘产生了辐合，在系统内部区域产生了离散。低层 omega 差异场证实了这一机制，该差异场在华东北部表现出显著负 omega 值，在日本至江淮流域的整个区域表现出正 omega 值（图 2.50D）。朝鲜高压还产生了南风异常，进而加强了向华东北部的水汽输送和辐合（图 2.50E）。这些方面的综合影响导致华东北部极端降水增加。同时，江淮流域异常下沉运动（正 omega 值）（图 2.50D）导致该地区降水减少。江淮流域的下沉速度低于华东北部的上升速度。因此，SAHI-NW 和华东北部极端降水间的相关系数高于江淮流域极端降水和 SAHI-NS 间的相关系数（表 2.13）。这些环流异常的位置解释了为什么 SAH 的西北移动会显著影响华东南部的极端降水。

SAH 范围扩大时，12 500m 的等值线从 25°E 扩大至 135°E（图 2.51A），比负 SHHI-area 年份的范围大得多（图 2.51B）。伴随 200hPa 高度整个区域的显著正位势高度异常，SAH 也增强了。如 5880m 等值线所示（图 2.51C），500hPa（图 2.51C，图 2.51D）高度上相应的正位势高度异常表明西太平洋副热带高压（WPSH）的增强和西移。正如先前研究所发现的那样，更强的 SAH 伴随着一个更强、更广泛的 WPSH。强 WPSH 抑制了东亚夏

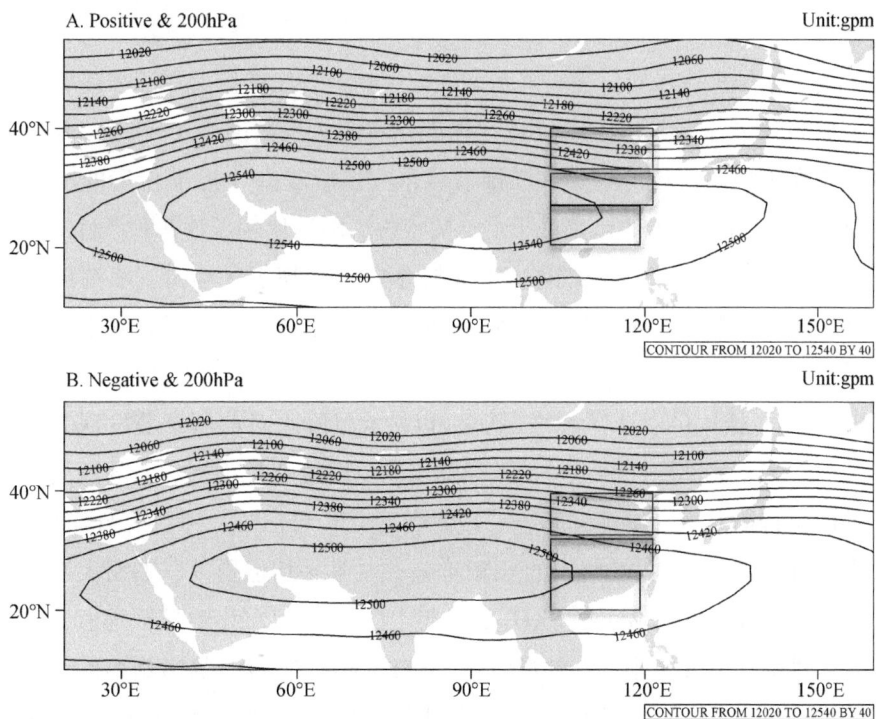

A. Positive & 200hPa                                                      Unit:gpm

CONTOUR FROM 12020 TO 12540 BY 40

B. Negative & 200hPa                                                      Unit:gpm

CONTOUR FROM 12020 TO 12540 BY 40

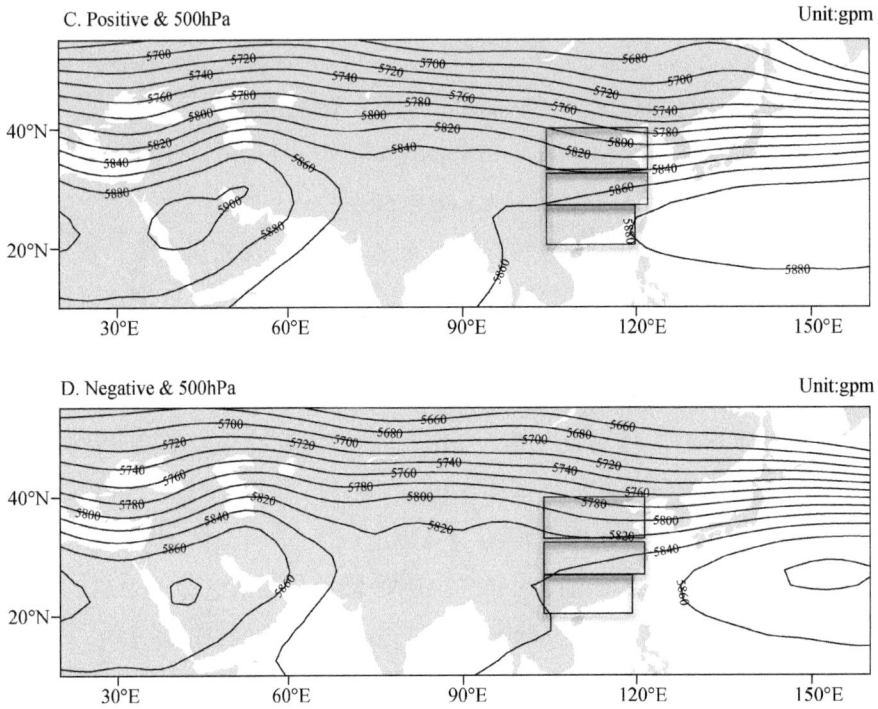

图 2.51 正负 SAHI-area 指数在 200hPa 位势高度的对比（A，B），在 500hPa 位势高度的对比（C、D）

季季风并导致降水带南移到江淮流域（Wang et al., 2013）。SAHI-area 的增长趋势与近几十年来 WPSH 的向西扩张和增强相一致（Zhou and Gong, 2009；Wang et al., 2013；Yun et al., 2015）。

为了验证增加的水汽供应对极端降水增强的影响，首先选择那些江淮流域（27.5°N~33°N，105°E~122.5°E）水汽供应较高（标准化后的水汽散度小于-0.5）并且极端降水与总降水比率高于平均的年份和那些江淮流域水汽供应较高（标准化后的水汽散度低于-0.5）但极端降水与总降水的比率低于平均的年份。随后比较了这两种条件下水汽散度的差异。图 2.52 中的结果表明，极端降水和总降水间之比高于平均时，水汽供应增加得更大，与 SAHI-area 指数较高时的模态相似，说明极端降水的增加较于总降水对水汽供应的增加更加敏感。

比较 SAH 高、低年份中日降水的 CDFs，以检验日降水对前面章节发现的环流模态差异的响应。由于华东北部和江淮流域的极端降水的空间特征是相当均质的，故选择本研究区域中心的两个特征典型的位置（36°N，120°E；30°N，115°E）来计算日降水的 CDFs。

在华东北部，高 SAHI-NW 年中的 CDF 向右移动且平均值更大，表明极端降水事件发生的可能性更大。在江淮流域，高 SAHI-NW 年中的 CDF 向左移动且平均值更小，表明发生极端降水事件的可能性更小。在江淮流域，SAHI-area 对 CDF 的影响相反，即向右移动且平均值较大（图 2.53C），表明发生极端降水事件的可能性更大。CDF 值的这些差异说明，日降水量对大尺度环流模态的响应导致华东发生极端降水的可能性相应地变大或变小。

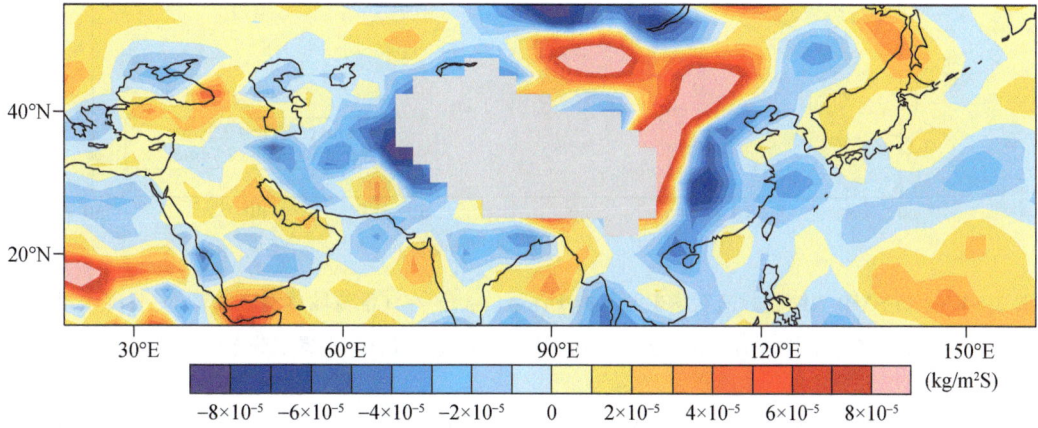

图 2.52　水汽供应增加并且极端降水与总降水的比率平均值以上的年份与水汽供应增加并且极端降水与总降水的比率平均值以下的年份间的水汽辐散

华东三个特征地区的极端降水和两个 SAH 指数的相关系数表明，当 SAH 向西北移动时，华东北部极端降水更多但江淮流域极端降水更少；当 SAH 延伸到更大区域（也增强）时，江淮流域的极端降水更多。同时，SAH 的移动和强度变化对华东南部的极端降水没有显著影响。

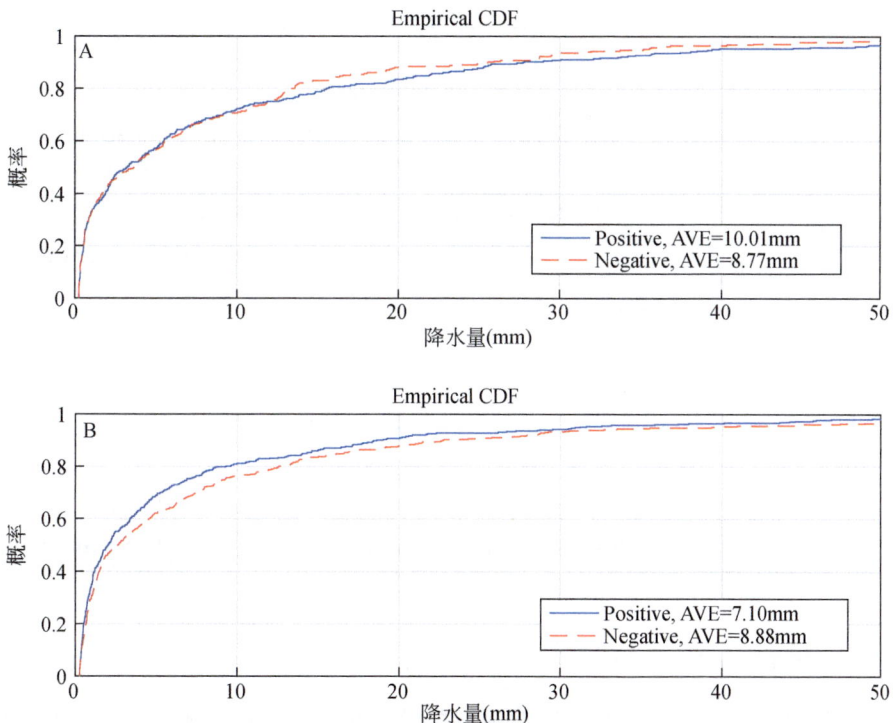

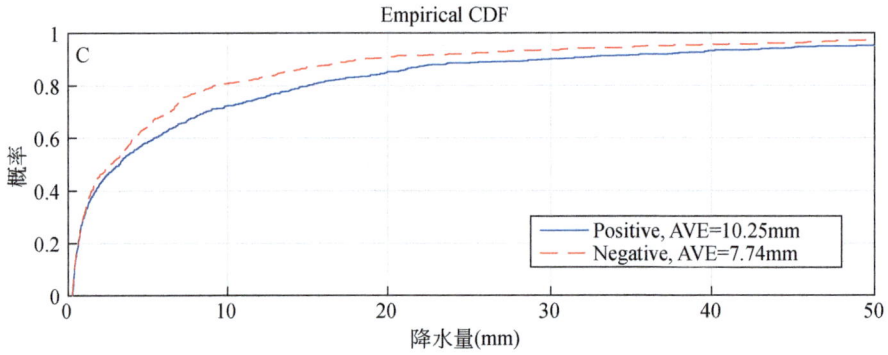

图 2.53　正负 SAHI-NW 指数值在华东北部典型区域（A）、在江淮流域典型区域（B）日降水累积分布的比较；正负 SAHI-area 指数值在江淮流域典型区域日降水累积分布的比较（C）

对物理机制的分析表明，当 SAH 向西北移动时（图 2.54A，第 1 步），它直接导致了中亚正位势异常（图 2.54A，第 2 步）。中亚异常高压通过 Rossby 波沿着东亚急流传播（图 2.54A，第 3 步）诱发了朝鲜正压深厚系统（图 2.54A，第 4 步），最后在亚欧大陆产生了两个反气旋。朝鲜异常高压以类似 WPSH 的方式，在位于它西北边缘的华东北部产生了一个上升运动，在位于它西南边缘的江淮流域产生了一个下沉运动。伴随着异常南向水汽输送，这个环流模态在华东的南北部产生了更多的极端降水，在江淮流域产生了更少的极端降水（图 2.54A，第 5 步）。当 SAH 增强并扩大到更大范围时（图 2.54B，第 1 步），WPSH 也增强并向西延伸（图 2.54B，第 2 步），从而抑制了 EASM 并导致雨带向南

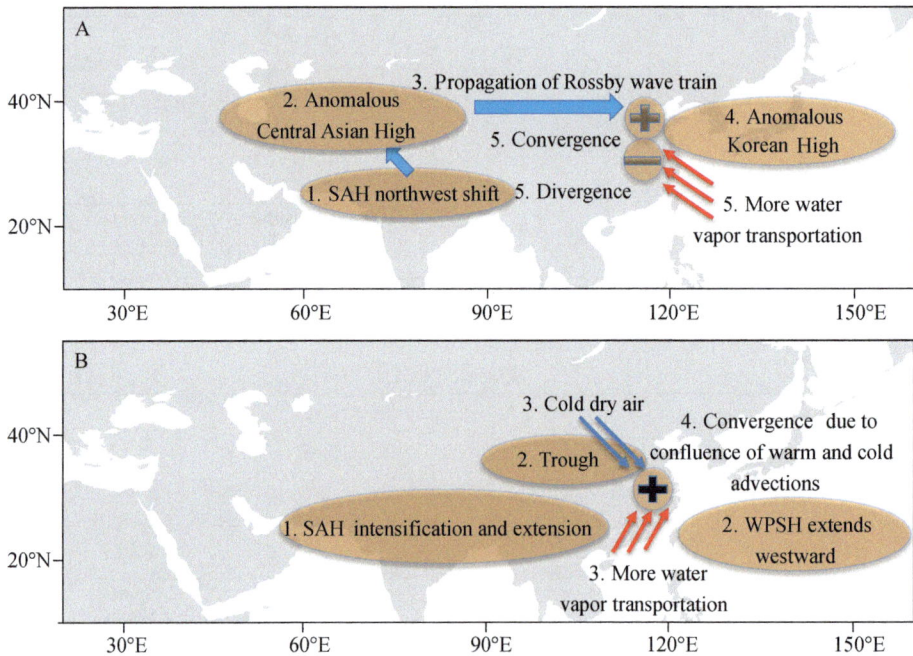

图 2.54　SAH 向西北移动（A）及其增强和扩展如何影响华东极端降水（B）的机制示意

移动。位于 WPSH 西北边缘的江淮流域有更多的辐合（图 2.54B，第 4 步）和更多的极端降水，辐合更多是 WPSH 产生的湿暖平流和槽产生的冷干平流（图 2.54B，第 3 步）汇合的结果（表 2.14）。日降水响应季节平均环流的变化，有利于 CDF 向右移时的极端降水的产生，从而导致 CDF 尾部出现极端降水的可能性更大，反之亦然。

**表 2.14  SAHI-NS 指数、SAHI-WE 指数、去趋势后的 SAHI-area 指数、SAHI-NW 指数及华东北部和江淮流域的极端降水的数量和降水量与 Niño3.4 指数，AMO 指数和 PDO 指数的相关性**

| | Niño3.4 | AMO | PDO |
|---|---|---|---|
| SAHI-NS | **−0.63** | 0.02 | **−0.44** |
| SAHI-WE | **−0.30** | −0.09 | −0.05 |
| SAHI-area | 0.10 | **0.34** | 0.22 |
| SAHI-NW | **−0.50** | −0.05 | −0.25 |
| 华东北部 | **−0.32/−0.30** | 0.11/0.08 | −0.08/−0.21 |
| 江淮流域 | 0.16/0.15 | **0.33/0.35** | 0.25/0.20 |

注：粗体表示相关性在 5% 置信度上是显著的

## 2.3.2  厄尔尼诺现象的历史变化揭示了极端厄尔尼诺现象的未来变化

在温室变暖增强的情况下，厄尔尼诺强度变化受到社会的广泛关注，但气候模式的预测仍然没有提供任何清晰的信息（1，2）。除了模式方法外，研究和理解 20 世纪全球变暖背景下厄尔尼诺现象的变化可能会揭示厄尔尼诺未来的变化。

根据变暖的位置，可以将厄尔尼诺事件分为了东太平洋（EP）厄尔尼诺和中太平洋（CP）厄尔尼诺。然而，尽管强厄尔尼诺常表现为 EP 模态（11），但这种分类方法不能从中等强度厄尔尼诺中区分出强厄尔尼诺，使得很难预测厄尔尼诺强度的未来变化。区分强（厄尔尼诺）和中等（厄尔尼诺）事件以及理解南方涛动（ENSO）变化的物理控制因素，需要在牢固的物理基础和使用长时间记录上客观地描述厄尔尼诺—南方涛动（ENSO）的多样性。

### 2.3.2.1  动力分类下的厄尔尼诺事件类型

我们根据厄尔尼诺事件从早发阶段至成熟阶段的演化过程来描述厄尔尼诺事件，包括形成、发展、传播和强烈阶段。对再分析资料更可靠的 1901～2017 年的 33 个厄尔尼诺年中赤道海表温度异常的演化使用非线性 K 均值聚类分析（12）。该分析方法发现了 4 个具有物理意义的簇。图 2.55 展示了它们（4 个簇）的 SSTAs 的复合时空结构。尽管高值盆地范围（SBW）组在厄尔尼诺形成前分布较不均匀，但这 4 个复合模态均很好地代表了各个复合组中的各事件。

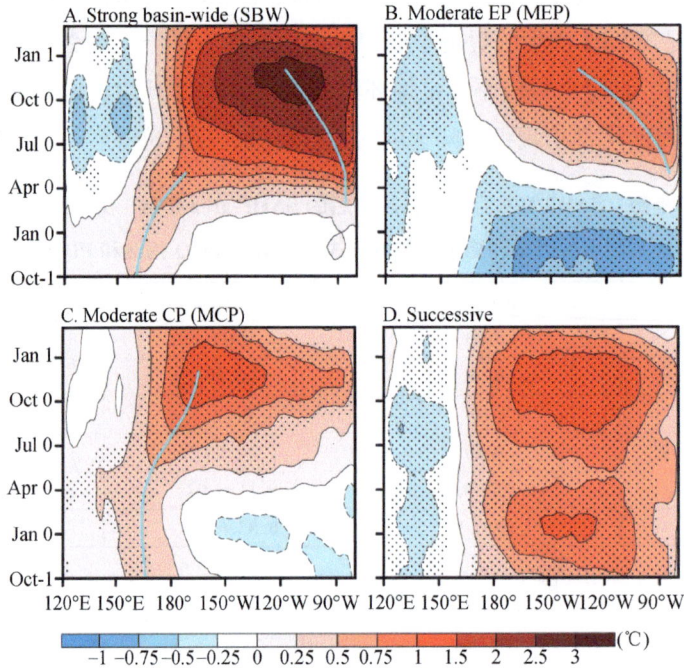

图 2.55　4 种厄尔尼诺中赤道太平洋 SST 异常的综合演变

注：绿线代表最大 SSTA 的传播轨迹；打点区域表示该区域信号（群均值）大于噪声（群均值中每个成员的 SD）；时间纵轴是从厄尔尼诺年份（-1）之前的 10 月到厄尔尼诺年份（1）之后的 2 月；使用的是去除不显著的线性趋势后的 1901～2017 年的融合哈德雷中心海冰和海温数据集（HadISST）和扩展重建海面温度 V5（ERSST5）数据

表 2.15 总结了图 2.55 和图 2.56 中 MCP、SBW 和 MEP 厄尔尼诺的特征。

**表 2.15　MCP、SBW 和 MEP 事件的特征比较**

| Phase | MCP | SBW | MEP |
|---|---|---|---|
| 形成前 | WP 长时间缓慢变暖 | WP 开始变暖和强 WWBs | 处于拉尼娜阶段 |
| 形成 | 夏季，CP | 春季，盆地范围 | 夏季，EP |
| 发展过程 | 纬向对流反馈 | 纬向对流和温跃层/上升流反馈 | 温跃层反馈 |
| SSTA 传播 | 向东 | 形成阶段向东 | 向西 |
| 成熟 | 160°W（1.0～2.5K） | 120°W（>2.5K） | 140°W（1.0～2.5K） |

强 SBW 厄尔尼诺（5 个事件）靠它们非常高的强度（SSTA 最大值>2.5°）而被区分开来。变暖开始于西太平洋并逐渐向东传播，北半球春季的独特的盆地范围的发展紧随其后，并在 11 月的 120°W 达到了最大值。SBW 事件的一个独特特征是西太平洋（130°E～160°W）的前一年冬天和春天发生了显著的西风异常（图 2.56A），可能反映了频繁的西风爆发（WWBs）事件。强西风异常，其最大强度在 160°E，与对流性的暖 SST 异常在日期线附近耦合，并通过 CP 上的平流过程使暖池（warm pool）东移。此外，

2～3 月前，远西太平洋的异常西风导致远 EP 的正温跃层和 SST 异常（图 2.56A），表明异常西风通过激发向东传播的向下开尔文波来出发 EP 变暖。强厄尔尼诺事件的特征是广泛的盆地范围变暖。

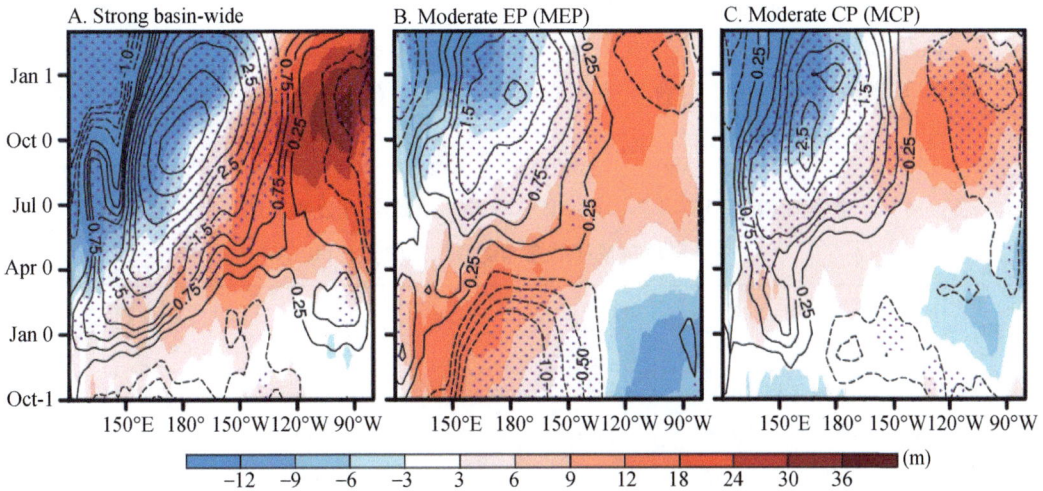

图 2.56 与三种首年厄尔尼诺相关的地表纬向风和温跃层异常的辐合演变

注：等值线（单位：m/s）代表 1000hPa 纬向风异常，颜色阴影（单位：m）代表温跃层深度异常。打点表示该区域信号（群均值）大于噪声（群均值中每个成员的 SD）的区域。温跃层深度用 20℃ 等温线的深度定义。对于纬向风，使用了 1901～2017 年的融合美国国家环境预报中心（ECEP）和 EC 的数据。对于温跃层深度，使用了融合简单海洋数据同化（SODA）和全球数据同化系统（GODAS）的数据（方法）

  MEP 厄尔尼诺事件（12 个）一般在拉尼娜事件后面（图 2.55B）。该变暖起源于远 EP，然后向西传播，并在 12 月的 130°W 附近达到最大强度（图 2.55B）。该类的形成发生在 Niño 3 地区的 7 月左右，并与 CP 的对流异常和西太平洋的西风异常耦合在一起。MEP Niño 的一个独有特征是中西部太平洋 2～6 月的东风异常的急剧逆转，它伴随着 EP 上温跃层斜率突然减小和温跃层加深（图 2.56B），从而触发了 EP 快速升温（图 2.56B）。由于 SSTA 产生的正风异常通过抑制上升气流、加深温跃层并减少蒸发冷却的方式促进变暖向西延伸，因此变暖向西传播。

  相比之下，MCP 厄尔尼诺（8 个事件）始于西太平洋（165°E）长时间的温和变暖，然后向东移动并扩展开来，在 CP 达到最大值（图 2.55C）。该类厄尔尼诺的形成发生在 7 月左右且其变暖最大值在日期变更线处，它与日期变更线左边的西风异常和对流异常紧密耦合在一起。与 SBW 事件相比，其中的西风异常弱得多并发生在 4 月之后（图 2.56C）。MCP 厄尔尼诺在气候 SST 梯度较大的日期变更线处发展起来。MCP 事件相关的异常西风在中、西太平洋较强，有利于强纬向平流反馈。

  通过聚类分析确定的 3 种厄尔尼诺形成方式涉及独特的动力学过程。海洋混合层热量收支分析（方法）支持这个断言。如表 2.16 所示，在 6 月、7 月、8 月，MCP 事件

（0.15℃/month）中的纬向平流反馈强于 MEP 事件（0.06℃/month）；另一方面，MEP 事件（0.08℃/month）的温跃层反馈强于 MCP 事件（0.05℃/month）。有趣的是，SBW 事件的纬向平流（0.35℃/month）、温跃层（0.23℃/month）和上升气流（0.26℃/month）反馈都很强，导致了它们独特的大振幅。此外，3 种情况下的纬向平流对流反馈在 CP 上均更强，而在 EP 上，MEP 和 SBW 事件中的温跃层反馈均比纬向平流反馈更强。当使用另外一套海洋再分析数据集时，混合层热收支结果可能会有所改变，但是定性结论不太可能改变。

表 2.16　赤道中部 EP（5°S~5°N，160°W~80°W）厄尔尼诺发展年的 6 月、7 月、8 月中 3 种厄尔尼诺的海洋混合层热收支分析　　（单位：℃/month）

| Region | ENSO 类型 | $\dfrac{-u'\partial\bar{T}}{\partial x}$ | $\dfrac{-\bar{u}\partial T'}{\partial x}$ | $\dfrac{-u'\partial T'}{\partial x}$ | $\dfrac{-\bar{w}\partial\bar{T}}{\partial z}$ | $\dfrac{-\bar{w}\partial T'}{\partial z}$ | $\dfrac{-w'\partial T'}{\partial z}$ |
|---|---|---|---|---|---|---|---|
| | SBW | **0.35** | −0.06 | −0.06 | 0.26 | 0.23 | −0.11 |
| 160°W~80°W | MEP | 0.06 | 0.00 | −0.01 | −0.01 | **0.08** | 0.00 |
| | MCP | **0.15** | −0.04 | 0.01 | 0.01 | 0.05 | −0.01 |

注：每种厄尔尼诺的主要反馈都标为粗体。$\dfrac{-u'\partial\bar{T}}{\partial x}$、$\dfrac{-\bar{w}\partial T'}{\partial z}$、$\dfrac{-w'\partial\bar{T}}{\partial z}$ 分别表示纬向平流反馈、温跃层反馈和上升流反馈

与厄尔尼诺事件的现有分类方法相比，当前分类方法区分了强厄尔尼诺和中等强度厄尔尼诺事件，也区分了厄尔尼诺事件的第一年和连续厄尔尼诺事件。强厄尔尼诺事件起源于西太平洋（与 MCP 厄尔尼诺相似），但在 EP 成熟（与 MEP 厄尔尼诺相似），并且它们包括 CP 上的纬向平流反馈（如 MCP 厄尔尼诺中的）和 EP 上的温跃层反馈（如 MEP 厄尔尼诺中的）。仅基于成熟阶段最大变暖位置的分类将会混淆 SBW 事件和 MEP 事件。本研究发现，SBW 和 MCP 事件具有共同的西太平洋起源，并且在 MCP 事件盛行期间发生了 3 次超级 SBW 事件。另一方面，通过 1~4 月发生在 CP 西部的显著西风异常，从 MCP 事件中区分 SBW 事件（图 2.56）。在厄尔尼诺发展的夏季，与厄尔尼诺形成相关的 SSTAs 在 SSTA 最大值的强度和位置上表现出明显的差异；因此，预计它们对全球降水的影响也是不同的。

### 2.3.2.2　20 世纪气候变化背景下厄尔尼诺形成方式的改变

我们对 20 世纪气候变化背景下厄尔尼诺现象的变化存在认知空白。前面的分类方法揭示了所有的 MEP 事件发生在 20 世纪 70 年代后期之前，而所有 MCP 事件发生在 20 世纪 70 年代后期之后的现象（图 2.57）。5 个 SBW 事件中的 3 个，即 3 次极端厄尔尼诺事件（1982~1983 年，1997~1998 年和 2015~2016 年）都发生在 20 世纪 70 年代后期之后。

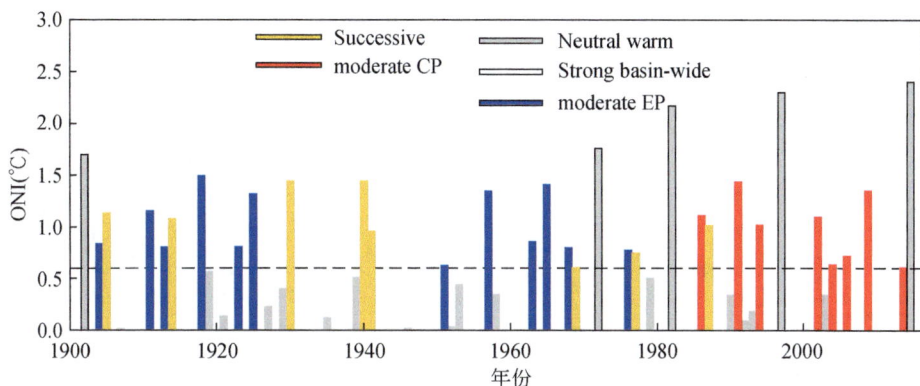

图 2.57　1901～2017 年厄尔尼诺现象类型的变化

注：ONI 值代表 Niño3.4 区域（5°S～5°N，120°W～170°W）平均并且北半球冬季从 10 月至次年 2 月平均后的 SSTA。一个厄尔尼诺事件用 ONDJF ONI 大于等于 0.6℃（虚线）定义。33 个厄尔尼诺事件用不同的色带表示：SWB（黑色），MEP（蓝色），MCP（红色）和联系（黄色）。灰色条带表示剩余的温暖中性年份

　　自从 20 世纪 70 年代后期以来，厄尔尼诺事件形成从 EP 起源变为西太平洋起源，同时间歇性 SBW 事件与 MCP 事件同时发生的频率越来越高。这可能是由于它们在西太平洋具有相同的起源。与 MCP 事件类似，近期的极端厄尔尼诺事件都起源于西太平洋随后即向东传播。自 20 世纪 70 年代后期以来，厄尔尼诺形成和传播模态的变化已在 90 年代得到了记录并且持续到现在（图 2.57）。

　　表 2.17 是二维表，用于测试 20 世纪 70 年代后期前后 3 种厄尔尼诺共同发生的频率的变化的统计学上的显著性。$\chi^2$ 检验表明 1978 年左右的机制变化在 99.9% 的置信水平上是显著的。

表 2.17　列表（二维）显示了 1978 年之前和 1978 年之后厄尔尼诺变化机制

|  | MCP | SBW | MEP | 合计 |
|---|---|---|---|---|
| Pre-1978 | 0 | 2 | 12 | 14 |
| Post-1978 | 8 | 3 | 0 | 11 |
| 合计 | 8 | 5 | 12 | 25 |

　　是什么引起了厄尔尼诺机制肉眼可见的变化？图 2.58 展示了赤道背景场的变化。赤道西太平洋有与全球变暖一致的显著变暖趋势（图 2.58A），但 EP 中部没有。因此，由 SSTA（5°S～5°N，135°E～165°E）减去 SSTA（5°S～5°N，165°W～135°W）定义的日期变更线附近的赤道纬向 SST 梯度自 1980 年以来一直在增强。与西向增强的 SST 梯度一致，日期变更线附近（150°E～150°W）的东向信风也增强了，同时过去 40 年中温跃层变浅了，其中最浅处为 Niño 区域（120°W～170°W）（图 2.58B），这是 CP 上增强的东风和盆地范围风异常的结果。表层变暖的温跃层变浅实质上增强了整个赤道太平洋的垂直温度

梯度。

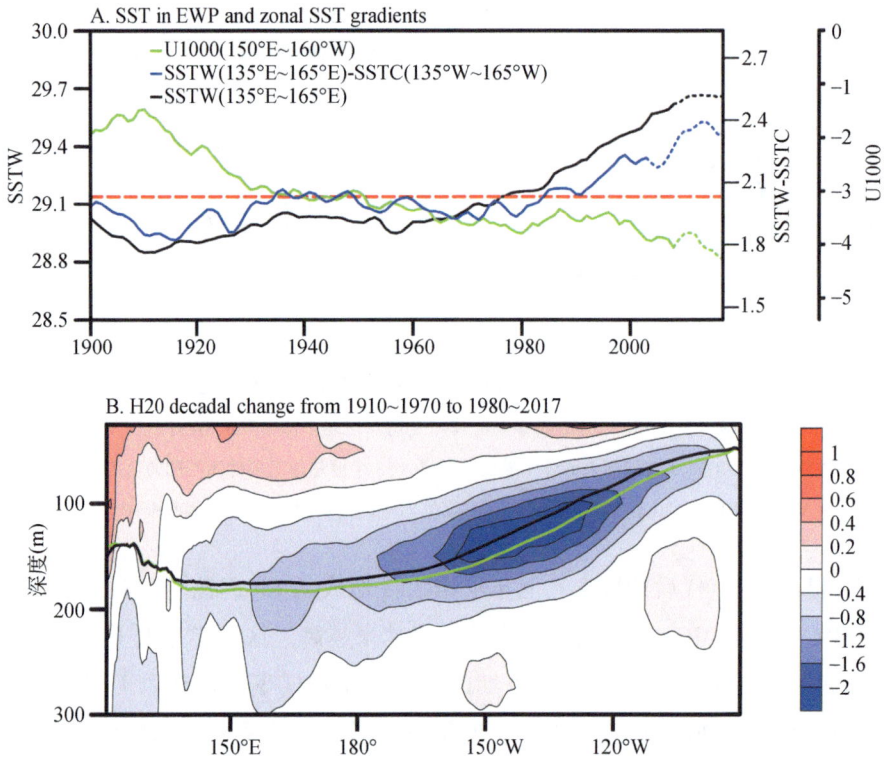

图 2.58  赤道太平洋背景状态的变化

注：图 A 为赤道 WP 区域平均的背景状态 SST 的时间序列（SSTW，5°S～5°N，135°E～165°E），SST（5°S～5°N，135°E～165°E）-SST（5°S～5°N，165°W～135°W）（SSTW-SSTC）计算的纬向 SST 梯度时间序列和 CP（5°S～5°N，150°E～160°W）区域平均的 1000hPa 背景纬向风异常（U1000）。SSTW 和纬向风是 21 年滑动平均序列，而 SSTW-SSTC 是 31a 滑动平均。图 B 为 MEP 时期（1910～1970 年）和 MCP 时期（1980～2017 年）赤道海洋温度（最高 200m）气候变化（℃）；还展示了 MEP 时期（绿色）和 CP 时期（黑色）的温跃层。海洋分层定义为 150°E～140°W 区域平均的上层 75m 平均温度和 100m 温度之差，从 MEP 时期的 0.9℃ 增加到 MCP 时期的 1.5℃。使用了 1871～2017 年的融合 SST 和融合 NCEP 纬向风的数据

过去 40 年中背景场的变化可以说有利于 MCP 和 SBW 厄尔尼诺事件的发生。首先，西太平洋变暖增强了日期变更线上的纬向海温梯度，从而纬向平流反馈过程，这有利于厄尔尼诺在 Niño4（160°E～150°W）区域的形成。这就解释了为什么 MCP 和 SBW 事件往往同时发生且主要发生于 20 世纪 70 年代后期之后。为了支持该论点，我们在图 2.59 展示了在厄尔尼诺形成阶段（4～8 月），观测的 Niño4 SSTA 实质上随着用 SSTA（5°S～5°N，135°E～165°E）减去 SSTA（5°S～5°N，135°W～165°W）的差定义的平均状态纬向 SSTA 梯度的增强而增强，它们具有显著的相关系数 $r=0.85$（$p<0.01$）。很大程度上来说，这里的解释也与耦合气候模拟试验的结果一致，其中西太平洋最初的变暖与赤道 CP 上平均 SST 的强纬向梯度和信风有关。其次，西太平洋变暖为 Madden-Julian 振荡事件更加频繁地

向西太平洋移动提供了有利条件，增加了 WWBs 发生的频率，从而增加了 SBW 事件发生的可能性。最后，加强的垂直温度梯度增强了温跃层反馈，有利于 SBW 事件的发生。

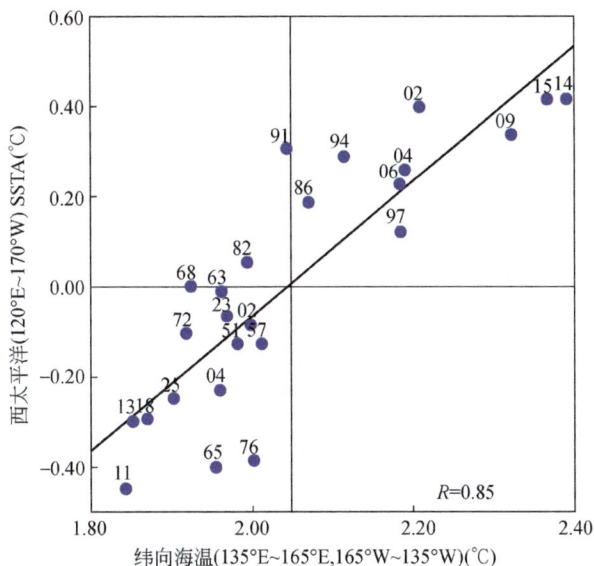

图 2.59　4 ~ 8 月厄尔尼诺形成时期中平均状态纬向 SSTA 梯度［SSTW（135°E ~ 165°E）minus SSTC
（165°W ~ 135°W）］和 WP（120°E ~ 170°W）SSTA 的关系

注：实线表示线性回归（r=0.85）。平均状态定义为 31a 滑动平均气候态

### 2.3.2.3　对厄尔尼诺现象未来变化的启示

上述观测分析揭示了未来可能导致强厄尔尼诺事件发生的控制因素。我们假设 SBW 和 MCP 事件更频繁地发生需要 CP 上加强的纬向 SST 梯度。我们使用了 8 个 CMIP（耦合模式比较项目第 5 阶段）模式的历史模拟和未来预测结果（方法）来对这一假设进行了检验。我们发现模式结果与观测得出的假设是一致的。在人为强迫导致的变暖背景下，8 个 CMIP5 模式预测出平均状态纬向赤道 SST 梯度的不同变化，该梯度是用西太平洋（WP）SST（5°S ~ 5°N，150°E ~ 180°）减去 EP 的 SST（5°S ~ 5°N，120°W ~ 150°W）计算的（图 2.60）。如图 2.60 所示，在人为强迫下纬向平均 SST 梯度增加时，SBW 厄尔尼诺事件发生的频率和强度都会增加。这意味着，如 20 世纪所观测的那样，人为强迫增加了 CP 上的 SST 梯度，那么极端厄尔尼诺事件将会发生得更加频繁。

总之，对厄尔尼诺事件形成和演变的思考产生了厄尔尼诺多样性的创新性分类方法，并揭示了在 20 世纪 70 年代后期厄尔尼诺事件形成机制从 EP 起源变为西太平洋起源。过去 40 年中厄尔尼诺极端事件形成方式的改变和发生得更加频繁是由于赤道 WP 背景场变暖和赤道 CP 相应纬向 SST 梯度加强。这表明，将来可能导致极端厄尔尼诺事件增加的控制因素是 CP 增加的平均状态纬向 SST 梯度。观测表明，CP 增加的纬向 SST 梯度有利于 Niño4 区域变暖的发展。CMIP5 模拟的历史模拟和未来预测也表明，随着平均状态 CP 纬向

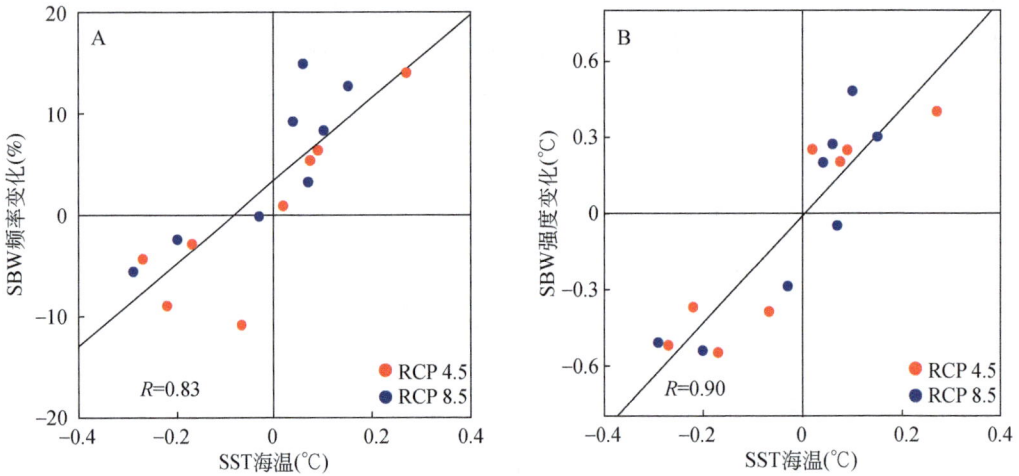

图 2.60 SBW 厄尔尼诺事件的未来变化取决于平均状态纬向 SST 梯度的变化

注：该梯度用 WPSST（5°S ~ 5°N，150°E ~ 180°）- EPSST（5°S ~ 5°N，120°W ~ 150°W）计算。用从 10 月至次年 2 月的区域（5°S ~ 5°N，80°W ~ 180°）平均 SST 异常计算的频率变化（A）和强度变化（B）。红色和蓝色表示代表 RCP4.5 和 RCP8.5 场景下得出的变化值。线性回归线用虚线表示，每幅图均标有显著相关系数（R）

SST 梯度的增加，强厄尔尼诺事件的强度和频率均显著增加。

尽管在太平洋观测到的背景场改变是厄尔尼诺现象变化的原因，但是 20 世纪后期观测到的背景场变化的根本原因仍然难以捉摸，并且由于 SST 数据集中的不确定性，背景场的 SST 变化也具有不确定性。它可能与自然内部变率联系在一起，因为即使在没有外部辐射强迫，耦合的大气环流模式也能模拟出平均状态 SST 和 ENSO 多样性的多年代际变化。然而，厄尔尼诺在 20 世纪 70 年代后期的变化与印度洋—太平洋暖池的迅速增温相吻合，这表明近期全球快速变暖可能已经影响了观测到的厄尔尼诺变化。需要注意的是，近期的全球变暖不仅仅是由于人为强迫的影响。气候模式模拟集合平均给出的热带 SST 趋势的强迫部分比观测中的 SST 趋势弱得多，并且在空间上是更加均质化。自然变率可能极大地推动了最近的变暖。虽然我们把厄尔尼诺形成机制变化归因于平均 SST 梯度的改变，但是这里存在另一个可能，即由于两者的非线性不对称性，厄尔尼诺和拉尼娜随机变化的整流效应会影响平均状态的变化。

ENSO 振幅的未来变化是一个非常重要的问题。图 2.60 表明，厄尔尼诺振幅变化主要取决于 SBW 厄尔尼诺事件的频率；SBW 事件往往与 MCP 事件同时发生。SBW 和 MCP 事件更加频繁地发生需要西 CP 上 SST 梯度的增强，它可以增强纬向平流反馈和 WP 上 WWB 发生的可能性。此外，EP 中部增强的海洋上层垂直温度梯度可能通过增强的温跃层和上升气流反馈而利于 SBW 事件。如果人为强迫产生了类似近期变化的平均状态变化，则将发生更加频繁的 MCP 和更强的厄尔尼诺事件。然而，厄尔尼诺型平均状态变化将有利于 MEP 事件的发生，从而降低厄尔尼诺事件发生的频率。

### 2.3.3　过去2000年北半球不同纬度温度对火山活动的响应

在过去2000年中，火山喷发量级超过1991年Pinatubo火山喷发量级的次数为27次（Sigl et al., 2015）。同时，喷发的地点并不局限于热带地区，也包含了北半球火山喷发及南半球火山喷发事件（Gao et al., 2008）。仅通过器测资料来分析火山喷发对北半球温度的影响机理，会忽略量级大的火山及南、北半球火山喷发的作用。

重建结果在很大程度上帮助我们更好地理解大火山事件下北半球温度的变化情况，然而还存在以下问题：①目前涵盖过去2000年时段的北半球温度重建资料的时间分辨率以年、十年甚至更粗的分辨率为主，难以逐月观察温度变化情况（Shi et al., 2013）；②大部分重建资料集中在过去1000年以来，且主要集中分布在北美洲西部、中国、格林兰岛、欧洲等区域（Ljungqvist et al., 2012；Zhang et al., 2018；Luterbacher et al., 2016；Ge et al., 2015），在北半球其他地区分布非常稀疏，这使得研究结果局限于区域化；③重建结果主要为温度资料。

近年来，借助气候模拟资料围绕不同纬度火山喷发对气候影响的工作有了较大进展。在模拟的热带火山喷发情景下，全球季风区降水会受到抑制（Liu et al., 2016）；北半球火山喷发则会抑制北半球季风降水（Liu et al., 2016，Zuo et al., 2019），使热带辐合带（Intertropical convergence zone，ITCZ）向南推移（Colose et al., 2016），并加强南半球季风降水；而南半球火山喷发的影响与北半球火山正好相反（Fasullo et al., 2019）。同时，热带火山和北半球火山喷发会提高厄尔尼诺出现的概率（Liu et al., 2017；Sun et al., 2019a；2019b；Stevenson et al., 2016），而南半球火山对厄尔尼诺—南方涛动没有明显的影响（Liu et al., 2017；Sun et al., 2019a，2019b；Stevenson et al., 2016）。然而，这些模拟工作主要关注的是不同纬度火山对热带气候变率（季风、ENSO、ITCZ）的影响，缺乏对北半球不同纬度带温度影响的研究。也有一些工作分析了少数特大火山对极地地区冰盖变化的影响（Slawinska and Robock，2018；Zanchettin et al., 2014），认为经向热输送起到关键的作用，但仍不清楚高纬温度变化对不同纬度、不同强度火山喷发响应的敏感性及机理过程。上述研究大多基于通用地球系统模式（Community Earth System Model，CESM）的过去千年集成试验（CESM-LME）（Otto-Bliesner et al., 2016）、古气候模拟比较计划3（PMIP3）（Jungclaus et al., 2017）等试验结果，仅考虑过去1000年或1500年以来的火山事件，而对公元1~500年火山活动的模拟仍是空白。为此，我们基于CESM开展含有更多不同纬度、不同强度火山喷发事件的过去2000年火山活动敏感性试验，来全面探究不同纬度火山喷发对北半球低、中、高纬地区温度变化的影响及机理。

控制试验的设计参数参考耦合模式比较计划（CMIP5/6）及PMIP3/4，将边界条件及外强迫固定在1850年。先前的工作分析了控制试验的大气层顶层能量趋势变化（Wang et al.，2015），在试验积分的 1～300 年，大气层顶层能量没有达到平衡，之后很快达到平衡。我们在第 401 年开始继续运行至 2400 年，将后 2000 年结果作为控制试验结果。前期工作已将控制试验模拟的全球地表温度和降水的气候态与观测/再分析资料进行对比，验证了控制试验模拟结果的合理性（Wang et al.，2015）。

由于重建资料很难反映火山喷发所在季节，因此大部分火山假定在春季喷发（Gao et al.，2008），研究中只选择春季（3～6 月）喷发的火山事件。根据火山气溶胶的经向分布，将火山划分为北半球火山（NHV）、南半球火山（SHV）和热带火山（TRV）。为了辨识火山的气候效应，挑选出强度大于 5Tg 的强火山事件，最终得到过去 2000 年强火山喷发的总次数为 70 次，分别是北半球火山 21 次、南半球火山 18 次和热带火山 31 次。（图 2.61）三类火山在喷发当年平流层气溶胶开始增多并向极地扩散，之后停留在极地平流层的平均气溶胶含量不超过 25kg/km$^2$。热带火山的平均强度为 43.53Tg，分别是北半球和南半球火山的 1.9 倍和 3.3 倍左右。

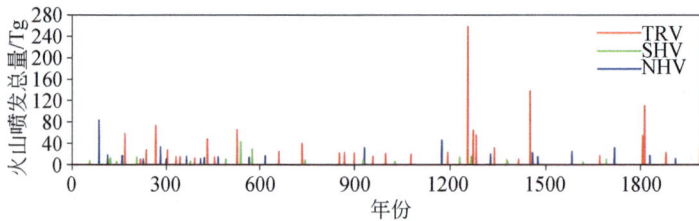

图 2.61　过去 2000 年火山气溶胶外强迫序列

注：红色代表 31 次热带火山（TRV）；蓝色为 21 次北半球火山（NHV）；绿色为 18 次南半球火山（SHV）。其中，公元 1～500 年火山强迫数据来自 Sigl 等（2015），公元 501～2000 年火山强迫数据来自 Gao 等（2008）

为了对比火山喷发后北半球不同纬度地表温度的变化，重建资料的时间分辨率必须达到年分辨率，集成的公元 1～2000 年北极地区年平均重建资料可以用来反映高纬度温度变化（60°N～90°N）。而在中纬度地区重建资料集中分布在亚洲和北美洲，集成的亚洲年平均温度重建资料包含时段为公元 800～1989 年。基于亚洲重建资料可以表示一部分中纬度温度变化信号，而北美洲温度集成资料的时间分辨率在 10a 以上（PAGES 2k Consortium，2013）。为此，收集了 NOAA 基于数据同化方法得到的同化资料 LMR（Tardif et al.，2019；Anderson et al.，2019），利用 LMR 地表温度资料在火山喷发后的中纬度（30°N～60°N）平均结果来分析中纬度温度变化。重建资料的三类火山年划分上参考前期工作（Liu et al.，2017；Sun et al.，2019a），用最新的 Sigl 等（2015）重建的火山序列作为依据，选出过去 2000 年中最强的北半球火山 21 次、南半球火山 18 次和热带火山 31 次。这是因为 Gao 等（2008）重建的火山强迫在某些中小强度火山定年上存在一定的偏差（Sigl et al.，2015）。在热带地区，地表温度的重建资料相对于中高纬度来说非常稀疏且时间长度很短，大部分都不足 400 年。因此，在该地区引用了由 D'Arrigo 等（2009）重建的过去 400 年热带地区温度变化资料。

图 2.62 为重建和同化资料反映的火山喷发后 1~4 年北半球不同纬度平均地表温度变化。模拟的 SHV 降温影响最弱，仅在喷发当年出现降温，TRV、NHV 和 SHV 对北半球低纬度地区的降温效率（每 100 Tg 火山气溶胶总量下 1~24 月的平均温度变化）分别为 -1.0℃/100Tg、-0.9℃/100Tg 和 -0.7℃/100Tg，TRV 降温效率相对较高但三者效率差异不大。

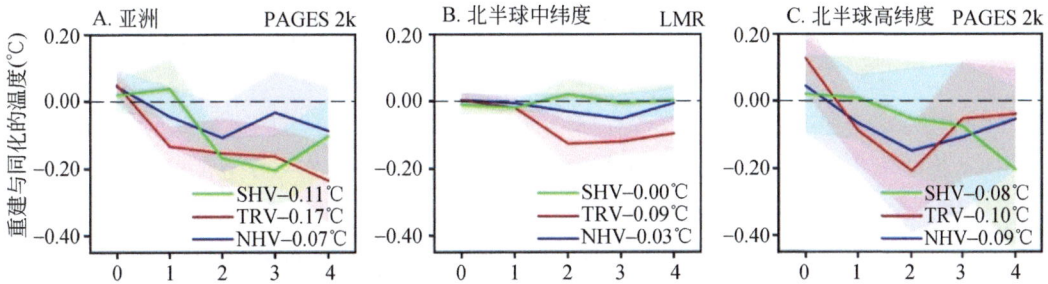

图 2.62　过去 2000 年三类火山喷发后北半球不同纬度的地表温度变化

注：图 A 为亚洲温度变化；图 B 为北半球中纬度（30°N~60°N）温度变化；图 C 为北半球高纬度（60°N~90°N）温度变化；"1"代表火山喷发当年；A、C 为 PAGES 2k 重建资料；B 为同化资料。A~C 中三类火山年份根据 Sigl 等（2015）重建的火山序列划分；阴影为 95% 置信区间（2 倍标准误差）；红色代表热带火山喷发结果；蓝色为北半球火山喷发结果；绿色为南半球火山喷发结果；右下角温度变化值为 1~48 月的平均变化

在北半球中纬度地区，亚洲温度重建资料显示 TRV 引起的 1~4 年降温幅度最强，约 -0.17℃（图 2.62A），而 NHV 的降温幅度不足 TRV 的一半，同化资料反映的三类火山影响中纬度降温幅度均比重建的亚洲温度要弱（图 2.62B），但 TRV 依然有着最明显的降温幅度。模拟的 TRV 中纬度地区降温影响也最强（图 2.62C），达到了 -0.34℃，但其高于重建资料和同化资料显示的降温强度，同时，模拟结果还高估了 NHV 对中纬度降温的影响。模拟的 TRV 对中纬度地区降温效率为 -1.0℃/100Tg，明显小于 NHV 的降温效率（-1.9℃/100Tg）（图 2.63B）。此外，模拟的 SHV 对中纬度降温几乎没有影响，这与同化资料结果一致，而亚洲温度重建资料则表现出明显的 2~3 年降温。我们发现在 Sigl 等（2015）重建的这 18 次 SHV 中，有 5 次喷发后 1~3 年出现了新的北半球或热带强火山喷发，有 3 次喷发前 2~4 年存在热带或北半球火山喷发。因此，重建资料反映的降温（图 2.62A）可能会受到连续火山喷发的叠加效应所影响。

重建资料显示，TRV 和 NHV 喷发后 1~4 年造成北极地区温度下降约 -0.10℃ 和 -0.09℃，两者引起的降温幅度相当（图 2.62C）。模拟的 TRV 对高纬度地区降温效率为 -1.2℃/100Tg，稍强于其对中低纬度的降温效率，但明显小于 NHV 对高纬度地区的降温效率 -2.3℃/100Tg（图 2.63C）。

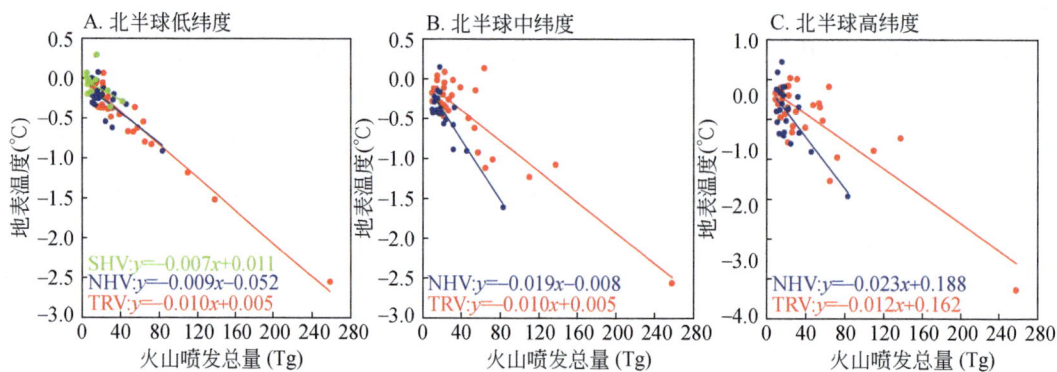

图 2.63　过去 2000 年三类火山喷发后北半球不同纬度的 1~24 月平均地表温度变化与喷发强度的回归分析

注：图 A 为北半球低纬度地区；图 B 为北半球中纬度地区；图 C 为北半球高纬度地区。红色代表热带火山喷发结果；蓝色为北半球火山喷发结果；绿色为南半球火山喷发结果。南半球火山喷发仅对低纬温度变化有影响，因此在图 B 和图 C 中不显示南半球火山。回归分析拟合度均达到 95% 置信度

　　总体来说，模拟结果与重建/同化资料反映的火山喷发后温度变化情况较为一致，它们都反映了历史时期的强热带火山喷发对中低纬度地区降温的强度有着最强的影响，而在高纬度地区的强北半球火山引起的降温幅度与强热带火山非常相似。

# 第二部分

年代际气候变化的特征

# 全新世年代际气候变化的特征

本章研究使用的全新世的模拟数据包括 TraCE-21ka 的瞬变积分气候模拟资料（He，2011），其中大气模块（CAM3）水平分辨率约为 3.75°×3.75°。TraCE-21ka 包含 5 个模拟试验，分别为：地球轨道参数（ORB）、温室气体试验（GHGs）、冰盖试验（ICE）、淡水注入试验（MWF）以及这 4 个外强迫因子共同驱动下的全强迫试验（AF）。

我们利用 CESM 开展了多个全新世瞬变气候模拟试验。控制试验（Ctrl）的边界条件及外迫设计参数参考耦合模式比较计划 5/6（CMIP5/6）的 piControl 试验（周天军等，2019）（表 3.1），只有温室气体浓度进行了调整（$CO_2$ 为 265ppm，$CH_4$ 为 660ppb，$N_2O$ 为 265ppm），参考 Joos 和 Spahni（2008）重建的温室气体变化在距今 12ka 时的值作为试验初始值。Ctrl 试验积分运行了 1200 个模式年，其中 350a 后大气层顶能量达到平衡。之后根据 Berger（1978）重建的轨道参数变化，我们开展了轨道参数试验，但在试验开始时先用起始年份的轨道强迫开展了 400a 的平衡态试验，基于平衡后的试验开展了距今 12 ~ 0ka 随时间变化的 ORB 试验。同样的，在每年改变 ORB 的基础上，我们还分别改变了温室气体（Joos and Spahni，2008）（GHGs）、太阳辐射（TSI）（Vieira et al.，2011）和土地利用/土地覆盖（LUCC）强迫（Goldewijk et al.，2017），开展了 ORB+GHGs 试验、ORB+TSI 试验和 ORB+LUCC 试验，试验积分时段为距今 12 ~ 0ka。

**表 3.1　NNU-12k 模拟试验设计**

| 名称 | 加速 | GHGs | | | ORB | | | TSI | LUCC | 模拟时间 |
|------|------|------|------|------|------|------|------|------|------|------|
| | | $CO_2$ | $CH_4$ | $N_2O$ | 偏心率 | 黄赤交角 | 岁差 | | | |
| Ctrl | None | 265 | 660 | 265 | 0.01676 | 23.459 | 100.33 | 1360.89 | 1850 condition | 1200a |
| ORB | ×10 | 与 Ctrl 相同 | | | Berger（1978）文献中的 ORB 变化 | | | 与 Ctrl 相同 | 与 Ctrl 相同 | 12 ~ 0ka BP |
| ORB+GHGs | ×10 | Joos 和 Spahni（2008）文献中的 GHGS 变化 | | | Berger（1978）文献中的 ORB 变化 | | | 与 Ctrl 相同 | 与 Ctrl 相同 | 12 ~ 0ka BP |
| ORB+TSI | ×10 | 与 Ctrl 相同 | | | Berger（1978）文献中的 ORB 变化 | | | Vieira 等（2011）文献中的 TSI 变化 | 与 Ctrl 相同 | 11.49 ~ 0ka BP |
| ORB+LUCC | ×10 | 与 Ctrl 相同 | | | Berger（1978）文献中的 ORB 变化 | | | 与 Ctrl 相同 | Goldewijk 等（2017）文献中的 LUCC 变化 | 12 ~ 0ka BP |

我们利用了 PMIP3 和 CMIP5 耦合模型比较项目中的 4 个模式模拟的 MH、PI 模拟结果（表 3.2）。为了获得多模式平均（MMM）的模拟结果，利用双线性插值的方法将 4 个模式模拟结果统一为 0.5°（纬度）×0.5°（经度）（表 2.19 给出了本研究用到的 PMIP3 中的 4 个高分辨率模式的具体信息）。表 3.3 给出了两个试验的边界条件，根据表 3.3 可知中全新世时期的试验设计与工业革命前相比，甲烷浓度略有所下降，但是二氧化碳和一氧化氮的浓度没有变化，而且地形和海岸线相同。因此，可以利用两个试验模拟结果来研究太阳辐射变化对北半球西风急流的影响。

表 3.2　PMIP3 中用到的 4 个高分辨率模式的详细信息

| 模型 | 地区 | 方案 | 数据长度 | |
|---|---|---|---|---|
| | | | PI | MH |
| CCSM4 | USA | 1.25°×0.9°　L26 | 100 | 100 |
| CNRM-CM5 | France | 1.4°×1.4°　L31 | 100 | 100 |
| MPI-ESM-P | Germany | 1.875°×1.9°　L47 | 100 | 100 |
| MRI-CGCM3 | Japan | 1.125°×1.1°　L48 | 100 | 100 |

表 3.3　PMIP3 中 PI 和 MH 试验的边界条件

| 边界条件 | PI | MH |
|---|---|---|
| 轨道参数 | [ecc = 0.016724] | [ecc = 0.018682] |
| | [obl = 23.446] | [obl = 23.105] |
| | [peri-180° = 102.04°] | [peri-180° = 0.87°] |
| 太阳常数 | 1365 W/m² | 1365 W/m² |
| 春季温室气体数据 | March 21 at noon | March 21 at noon |
| 温度气体 | [$CO_2$ = 280ppm] | [$CO_2$ = 280ppm] |
| | [$CH_4$ = 760ppb] | [$CH_4$ = 650ppb] |
| | [$N_2O$ = 270ppb] | [$N_2O$ = 270ppb] |
| 植被 | Fixed at present state | Prescribed or interactive as in PI |
| 冰盖 | Modern | Same as in PI |
| 地形与海岸线 | Modern | Same as in PI |

我们使用气候模型 EC-Earth 3.1，模拟了中全新世的中东地区的气候变化。首先以 CMIP5 规定的条件进行了从 1979 年到 2008 年为期 30a 的运行，以评估模型性能。工业化（preindustrial，PI）试验是在进行了 700a 平衡试验的基础上进行的（表 3.4），试验的初始值同 CMIP5 协议一致。撒哈拉沙漠地区（11°N～33°N，15°E～35°E）主要被沙漠覆盖。然后进行 300～400a 敏感性试验，在 100～200a 后达到平衡。这项研究的重点时间是每个试验的最后 100 年。敏感性试验由 Pausata 等（2016）模拟的。在 PI_{GREEN} 的理想实验中，除了与工业化前的条件一致以外，我们用灌木植被代替了撒哈拉沙漠。沙漠和灌木的地表

反照率分别为 0.30 和 0.15。中全新世的模拟是根据 PMIP3 的协议执行的，其中轨道强迫设定为与 6ka BP 时期一致，但是 MH$_{DESERT}$ 试验中撒哈拉沙漠是被沙漠覆盖。PI 试验里温室气体中甲烷浓度为 760ppmv，而在 MH$_{DESERT}$ 实验中将甲烷设置为 650ppmv，$CO_2$ 和其他温室气体的浓度没有变化。

表 3.4　试验数据介绍

| Expt | Orbital forcing | GHGs | Saharan vegetation |
| --- | --- | --- | --- |
| PI | 1850 | 1850 | Desert |
| PIGREEN | 1850 | 1850 | Shurb |
| MHDESERT | 6000yr BP | 6000yr BP | Desert |
| MHGREEN | 6000yr BP | 6000yr BP | Shurb |

在这项研究中，使用了农业生产系统模拟器 7.7 版（Agricultural Production Systems Simulator，version 7.7，APSIM）作为作物模型（Holzworth et al.，2014）。在 MH$_{DESERT}$ 和 MH$_{GREEN}$ 试验过去 20 年输出结果的基础上，分别进行 20 年的理想化的作物试验。在 MH$_{DESERT}$ 和 MH$_{GREEN}$ 试验可以输出这 20 年的日降水量、蒸发量和太阳短波辐射。由于 MH$_{DESERT}$ 和 MH$_{GREEN}$ 的试验结果不输出日最高/最低温度，我们使用了 1979 ~ 1998 年间 NCEP2 的日最高/最低温度减去 NCEP2 的月平均温度，之后加上 MH$_{DESERT}$ 和 MH$_{GREEN}$ 试验的月平均温度。这样就可以消除日最高/最低温度的变化趋势，并且其气候态与中全新世的模拟试验相近。

全新世的重建资料包括基于 Routson 等（2019）收集、插值和集成处理的北半球过去 10ka 以来的温度重建资料。该集成资料选择的代用资料最短时间段为 4000a，平均时间分辨率小于 400a。降水资料也满足上述温度资料的时间范围和分辨率的要求，并对 10 ~ 0ka 或小于此时段的降水资料的整个时段进行标准化处理，对重建的温度和降水资料进行了 200a 的插值处理。

由于大多数重建工作都是针对单个站点进行的，而对中东地区的水文重建工作仍缺乏概述，因此我们收集了一些站点的重建数据（表 3.5）。为了将模拟结果与撒哈拉沙漠植被沙化前后（BP）约 5.5ka 的代理数据进行对比，因此在两个时期之间有 1000a 间隔，以 6.5ka BP 为绿色撒哈拉时期，5.0ka BP 为撒哈拉沙漠时期。在 6.5ka BP 和 5.0ka BP 时，轨道强迫会有所不同，但是 Trace21 的轨道单因子试验中，在 6.5 ~ 5ka BP 期间轨道强迫会产生的降水影响可以忽略。Muschitiello 等（2015）认为 1000a 是一个合适的用于研究两个时期之间中东气候变化的时间窗口，并且它也大大降低了高频气候的变化影响。因此，通过从 6.5±0.5ka BP 期间的平均值减去 5±0.5ka BP 期间的 1000a 平均值来计算重建结果（$\Delta P6.5 ~ 5$ka）。

表 3.5　本研究所使用的重建记录

| 序号 | 区域 | 指标类型 | 经度 | 纬度 | 中全新世的变化 | 参考文献 |
|---|---|---|---|---|---|---|
| **1-2** | **Soreq Cave** | $\delta^{18}$O and $\delta^{13}$C from speleothems | **31°27′N** | **35°E** | **Wet to dry**<br>**No change** | Bar-Matthews et al. （2000）；Zanchetta et al. （2014） |
| **3** | **Red Sea** | Sediment from core GeoB5804-4 | **29°42′N** | **34°57′E** | **Wet to dry** | Arz et al. （2003） |
| **4** | **Red Sea** | Sediment from core GeoB5844-2 | **27°06′N** | **34°24′E** | **Wet to dry** | Arz et al. （2003） |
| 5 | Hoti Cave | $\delta^{18}$O | 23°05′N | 57°21′E | Wet to dry | Fleitmann and Matter （2009） |
| 6 | Qunf Cave | $\delta^{18}$O | 17°10′N | 54°18′E | Wet to dry | Fleitmann and Matter （2009） |
| **7** | **Jeita Cave** | $\delta^{18}$O and $\delta^{13}$C from speleothems | **32°56′N** | **35°38′E** | **Wet to dry** | Verheyden et al. （2008） |
| **8** | **Levantine Sea** | Sediment cores from SL112 | **32°44′N** | **34°39′E** | **Wet to dry** | Hanmann et al. （2008） |
| **9** | **Broken-Leg Cave and Star Cave** | $\delta^{18}$O and $\delta^{13}$C from speleothems | **29°55′N** | **41°30′E** | **No change** | Fleitmann et al. （2004） |
| **10** | **Surprise Cave** | $\delta^{18}$O and $\delta^{13}$C from speleothems | **26°30′N** | **48°20′E** | **No change** | Fleitmann et al. （2004） |
| **11** | **Nefud** | Lithological and geomorphological evidence | **25°36′N** | **42°39′E** | **Wet to dry** | Whitney et al. （1983） |
| **12** | **Neor Lake** | Compound-specific $\delta D$ （‰） | **37°57′N** | **48°33′E** | **Wet to dry** | Sharifi et al. （2015） |
| **13** | **Mirabad** | $\delta^{18}$O | **33°05′N** | **47°43′E** | **Wet to dry** | Stevens et al. （2006） |
| **14** | **Zeribar** | $\delta^{18}$O | **35°32′N** | **46°07′E** | **Wet to dry** | Stevens et al. （2006） |
| 15 | Gölhisar Gölü | Lake sediments | 37°08′N | 29°36′E | Wet to dry | Eastwood et al. （2007） |
| 16 | Eski Acigöl | Lake sediments | 38°33′N | 34°32′E | Wet to dry | Roberts et al. （2001） |
| **17-18** | **Dead Sea** | **Sedimentary** | **31°30′N** | **35°30′E** | **Dry to wet；**<br>**Dry to wet** | Migowski et al. （2006）；Litt et al. （2012） |
| 19 | Rub'at Khali | Lake sediments | 22°30′N | 49°40′E | Wet to dry | McClure （1976） |
| 20 | Lake Van | $\delta^{18}$O，pollen and sediment | 38°24′N | 43°12′E | No change | Wick et al. （2003）；Roberts et al. （2011b） |
| 21 | Caspian Sea | Coastal terraces | 42°N | 51°E | Wet to dry | Overeem et al. （2003） |

注：加粗的为中东地区的数据

　　观测/再分析资料包括 GPCP2.3 版 （Global Precipitation Climatology Project version2.3，GPCP2.3） 数据集中 1979～2008 年的全球降水的资料。大气环流的观测资料来自 ECMWF 再

分析资料（40-yr ECMWF Re-Analysis，ERA-40）。本研究中使用的地表 2m 的空气温度和每天最高/最低温度的观测资料来自 NCEP2（National Centers for Environmental Prediction reanalysis 2）。

我们借鉴以往对西风急流研究学者 Rojas（2013）对西风急流位置的定义方法。为了得到北半球西风带的位置和强度，本研究将各经度/纬度的经向/纬向滑动平均值后的最大风速的纬度和经度，以及相对的最大风速分别作为西风急流的位置和强度。研究表明北半球区域会在欧亚大陆地区、太平洋地区和北美及北大西洋地区上空的纬向风分别出现三个极大值，于是我们将北半球分成三个关键地区——欧亚大陆（30°E～120°E）、太平洋（130°E～120°W）和北美及北大西洋（120°W～30°W）。又因为北半球西风急流轴是一条有方向的轴线，要精确描述不同区域上空的变化情况存在难度，因此为了更好地描述西风急流在三个研究区域的变化情况，我们利用急流中心来描述西风急流的变化情况。在中纬度地区，对流层盛行西风带活跃，包括 850hPa 低空急流和 200hPa 高空急流。与低空急流不同，高空急流不受地形因素的影响。因此，本研究将重点研究 200hPa 高空西风急流。图 3.1 中的黑框为中东地区（34°E～52°E，25°N～38°N）包括叙利亚、美索不达米亚和中北部阿拉伯半岛。

近期一些研究发现地球轨道强迫和温室气体对热带降水的变化幅度和影响机制截然不同，地球轨道强迫通过海陆热力差异引起的动力作用加强季风降水（Joos and Spahni，2008），而温室气体则是通过增强比湿引起的热力作用增强降水（张肖剑和靳立亚，2018；Ha et al.，2012；Li et al.，2011）。并且基于耦合模式比较计划（CMIP6）15 个模式的共享社会经济路径（SSP 2-4.5）情景下，在 21 世纪末中纬度年平均降水将显著增强，这与 Routson 等（2019）基于全新世重建资料推测的未来中纬度降水趋势变化相反，这说明地球轨道强迫和温室气体对中纬度降水影响也不相同。

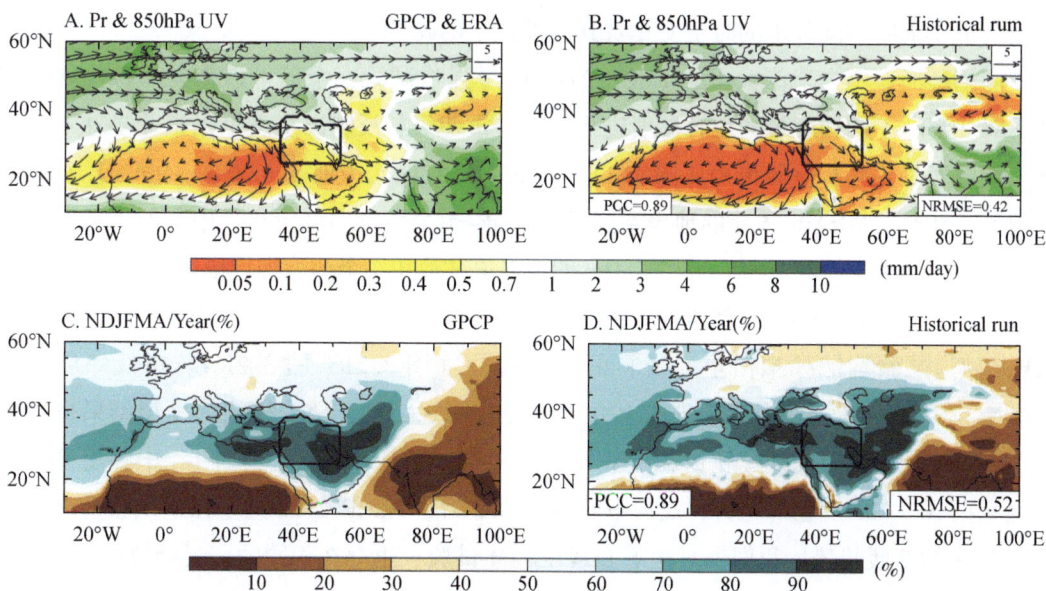

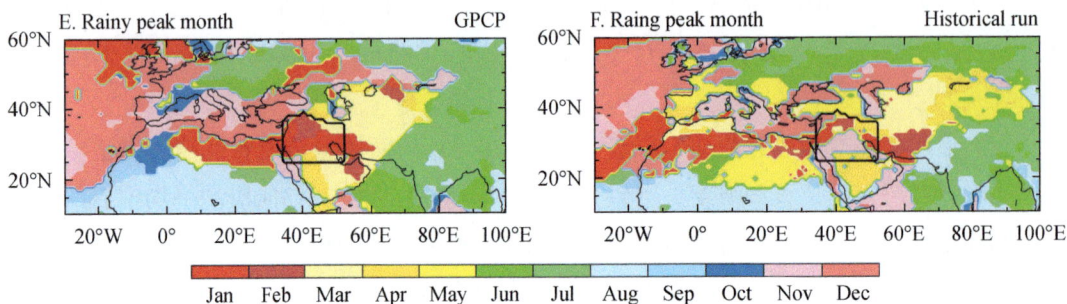

图 3.1 年度平均降水量（A、B）、寒冷季节除以年降水量（C、D）及 GPCP
在 1979～2008 年的寒冷季节的降水量（E、F）

注：图 A 与图 B 中的矢量表示 ERA-40 在 1979～2008 年的 850hPa 的风。寒冷季节是指北半球的 11 月至次年 4 月。
黑框代表中东地区。右侧左下角和右下角的数字表示模拟降水和观测降水之间相关系数和均方根误差

要想解决上述矛盾，需要进一步探究全新世以来中纬度降水变化对不同外强迫因子的响应。在早-中全新世时期，地球轨道参数、陆地冰盖衰退（Wang et al.，2012；Wen et al.，2016）和淡水注入（Huang et al.，2011；Wang et al.，2005）对全球温度变化的影响较强，而约 7ka 以来地球轨道强迫变化和温室气体的逐渐增强对气候产生主要影响（Liu et al.，2014），依靠气候模拟试验来探究不同强迫作用下中纬度降水的变化情况是一个非常有效的手段。然而，基于当前 3 个模式的全新世瞬变模拟试验结果发现，模拟的全新世全球平均温度变化与重建的温度变化存在差异（Wang et al.，2012；Lu et al.，2006；Cheung et al.，2018）。PMIP3 多模式集成的中全新世平衡态试验结果显示，在欧亚大陆中部偏暖、干，与重建结果存在差异（Bartlein et al.，2017）。那么，模式对全新世以来北半球中纬度地区降水的模拟情况究竟如何？中纬度降水变化对不同外强迫因子的响应有何差异？本研究将利用涵盖全新世的 TraCE-21ka 模拟试验及通用地球系统模式（CESM1）探究全新世以来中纬度降水的时空变化及其对外强迫的响应。

前期已经有不少工作验证了 TraCE-21ka 的全强迫试验在全新世以来的模拟性能，但缺乏对北半球不同纬度带的地表温度进行对比。重建资料反映出全新世以来北半球不同纬度带的温度变化趋势差异很大（图 3.2A～图 3.2D），在北极地区（70°N～90°N）和高纬度地区（50°N～70°N）重建的地表温度显示出早-中全新世温度较高，中全新世后降温趋势明显（图 3.2A 和 3.2B）。TraCE-21ka 的全强迫试验在每个纬度带均模拟出早-中全新世偏冷，可能是高估了 9～8ka 淡水注入的降温效应（图 3.2E～图 3.2H）。轨道试验与 NNU-12k 的轨道试验均能模拟出重建资料的主要特征（图 3.2I～图 3.2K）。在低纬度地区（10°N～30°N），重建的温度表现为上升的趋势（图 3.2D），两个模式的模拟结果也显示温度的趋势变化主要受地球轨道和温室气体的影响（图 3.2H 和 3.2L）。中纬度地区重建温度在 10～7ka 呈上升趋势，之后下降（图 3.2C）。TraCE-21ka 的全强迫试验显示整个 10ka 以来的变暖趋势，我们也对比了 LOVECLIM 试验，也存在相同的变暖趋势。

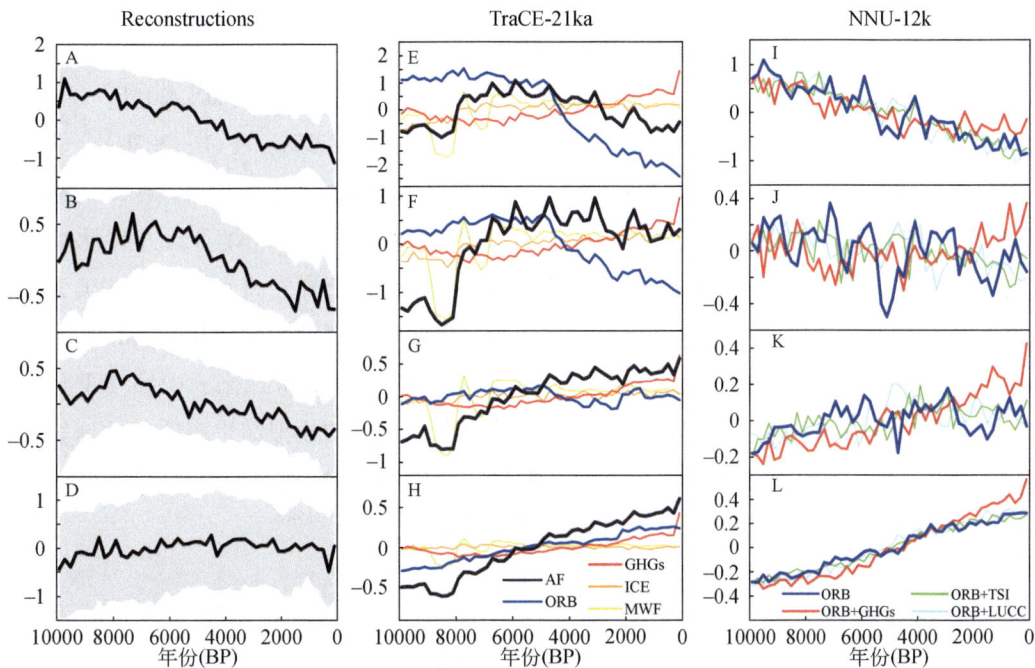

图 3.2　北半球各纬度带平均温度变化

注：A～D 表示重建的温度序列，阴影表示不确定性范围；E～H 表示 TraCE-21ka 试验结果，包括全强迫（AF，黑色）、轨道（ORB，蓝色）、温室气体（GHGs，红色）、冰盖（ICE，橙色）和淡水（MWF，黄色）试验；I～L 表示 NNU-12k 试验结果，包括轨道（ORB，蓝色）、轨道—温室气体（ORB+GHGs，红色）、轨道—太阳辐射（ORB+TSI，绿色）和轨道–土地利用/土地覆盖（ORB+LUCC，淡蓝色）试验；各小图从上往下每排分别代表 70°N～90°N、50°N～70°N、30°N～50°N 和 10°N～30°N 区域纬向平均温度

重建的中纬度降水在全新世以来呈现增加的趋势（图 3.3A），降水在 10～7ka 时期与当地温度变化位相相同，而在 7～0ka 则与温度变化趋势相反。Routson 等（2019）认为在早全新世冰盖作用使温度和降水出现了增加的趋势，而地球轨道引起的经向温度梯度的加强引起西风带加强，从而引起降水增加的趋势。10～7ka 的中纬度降水增加趋势在 TraCE-21ka 全强迫试验中得以体现（图 3.3B），通过比较单因子敏感性试验发现降水主要是与陆地冰盖衰退、淡水注入和地球轨道变化的影响有关；但是在中全新世以来却出现了减弱的趋势，而 NNU-12k 的试验都显示出与重建资料一致的增加趋势（图 3.3C），这反映出两个模式的地球轨道试验模拟的中纬度降水趋势差异很大。比较中纬度陆地地区的模拟结果发现，中全新世以来，在地球轨道作用下都出现降水减少的趋势（图 3.3D 和图 3.3E），这说明 NNU-12k 的地球轨道试验模拟出的中纬度降水增加趋势（图 3.3C）主要是受海洋降水的影响。两个模式的温室气体对 7ka 以来中纬度陆地降水增加趋势均有所贡献，但都无法抵消地球轨道的作用（图 3.3D 和图 3.3E）。我们将中纬度陆地划分为欧亚大陆（30°N～50°N，45°W～170°E）和北美大陆（30°N～50°N，170°E～45°W）来比较这两个区域

的降水差异。值得一提的是，NNU-12k 的地球轨道试验模拟的降水和环流差值场与 PMIP2/3 的 29 个模式的中全新世与 piControl 试验差值场的集合平均结果非常一致。而在温室气体影响下，北半球变暖加强了中低纬地区的大气比湿（Ha et al.，2011；Li et al.，2011），东亚季风和印度季风受动力作用的影响均有所增强（Wang et al.，2020），引起中亚和东亚北部降水增强（图 3.4C 和 3.4D）。从降水和环流空间场来看，两个模式的地球轨道均模拟出北美大陆东部的降水增强（图 3.4C 和图 3.4D），且在 NNU-12k 中降水增强区域更大、强度更强，这是受副热带大西洋的中西部气旋性环流异常将水汽带入北美大陆中东部的影响，而该气旋性环流的形成受到北非季风降水的显著抑制所引起的 Gill-type 罗斯贝波影响（Lorenz and Lohmann，2004）。总体来说，早-中全新世以来，中纬度重建资料反映出北美大陆降水的增长趋势要强于欧亚大陆。两个模式的模拟结果表明，地球轨道强迫很可能是引起欧亚大陆和北美大陆的降水趋势差异的原因之一，而温室气体主要对欧亚大陆降水增强有所贡献，但要小于地球轨道强迫的作用。

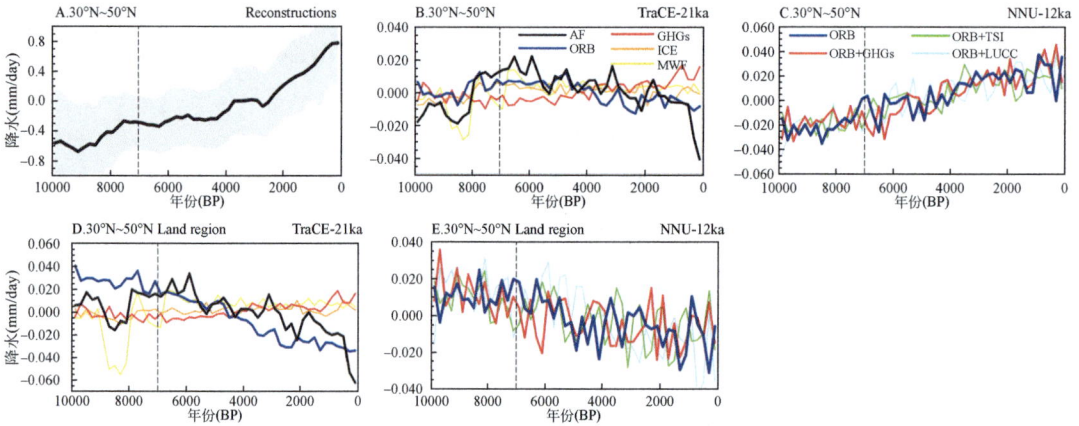

图 3.3　北半球中纬度平均（30°N～50°N）降水变化

注：A 表示重建的降水序列，阴影表示不确定性范围；B 表示 TraCE-21ka 试验结果，包括 AF（黑色）、ORB（蓝色）、GHGs（红色）、ICE（橙色）和 MWF（黄色）试验；C 表示 NNU-12k 试验结果，包括 ORB（蓝色）、ORB+GHGs（红色）、ORB+TSI（绿色）和 ORB+LUCC（淡蓝色）试验；D 和 E 分别与 B 和 C 相似，但代表的是陆地降水；

垂直黑虚线表示 7ka BP 时期

此外我们还发现，在北半球季风区两个模式的轨道试验均反映出中全新世以来降水呈现减弱的趋势（图 3.4A 和 3.4B），这与当前季风区的重建资料结果非常一致（Bartlein et al.，2017；He，2011；Lorenz and Lohmann，2004），同时也和 PMIP 2/3 多模式集合平均模拟的中全新世北半球季风降水变化一致（Ganopolski et al.，2004；周天军等，2019）。这说明地球轨道参数和温室气体试验模拟出印度、东亚北部和北非季风的增强趋势（图 3.4C 和 3.4D），也与未来情景试验的季风区结果相似（张肖剑和靳立亚，2018；Ha et al.，2012；Li et al.，2011），说明在中全新世以来两个模式对北半球季风降水变化模拟得较好。

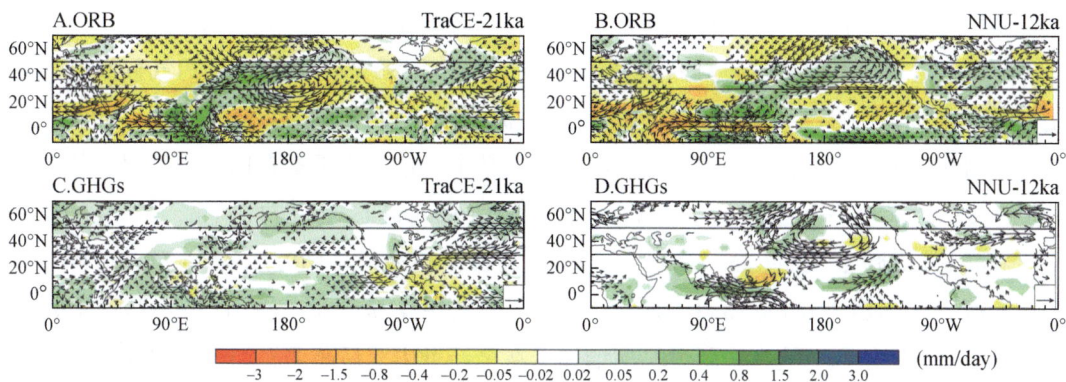

图 3.4 模拟的 2～0ka 与 7～5ka 时期的降水和 850-hPa 风场差值场

注：A 和 C 分别表示 TraCE-21ka 的 ORB 和 GHGs 试验结果；B 表示 NNU-12k 的 ORB 试验结果；D 为 NNU-12k 的 ORB+GHGs 试验与 ORB 试验的差值；显示的结果均超过 90% 置信度；两条黑色水平线表示 30°N 和 50°N

西风带是位于南北半球亚热带高压带和亚极地低压带之间的行星风带。作为环流系统的重要组成部分，它通过调节动量、热量和水分的输送和分布，对全球气候产生了相当大的影响（Weiss，1986；Nissen，1988；Clarke and Coauthors，2016；Sharifi and Coauthors，2015）。高空急流是西风带对流层顶附近的一条狭窄的最大风速带。即使急流的位置和强度稍有变化，也会对中纬度地区的气候产生很大的影响（Magny and Haas，2004；Wanner and Coauthors，2008）。此外，急流的经向运动也与我国降水的年际变化密切相关（Waldmann et al.，2010；Davis and Stevenson，2007；Kutzbach and Otto- Bliesner，1982）。北大西洋急流和中纬度瞬态涡旋与北大西洋涛动密切相关（Claussen and Gayler，1997；Kutzbach，1981）。

很多研究者利用再分析数据集研究了过去几十年高空急流的变化，发现急流逐渐向极地移动，进而间接影响了一些异常的天气活动，如降雨、台风和冰雹（Waldmann et al.，2010；Watrin et al.，2009）。由于日照的增加，全新世中期（约 6000 年前）不同于冰川期，是北半球全新世中一个典型的暖期（Park et al.，2018；Montaggioni et al.，2006；Xu et al.，2019；Baker et al.，2017）。Zhang 和 Liu（2009）根据古气候模拟比较项目（PMIP）中的 13 个海洋—大气耦合模式指出，未来的气候也非常类似于全新世中期。温室气体和二氧化氮的浓度与前工业化时期相近，但甲烷的含量却有很大差异。冰原已经融化到工业化前的程度，这是一个探索冰期后气候变化的好机会。

通过以往研究表明，影响高空急流的主要有两个物理过程：热带 Hadley 环流引起的热力机制和中纬度斜压引起的涡旋驱动力（Held and Hou，1980；Held，1975）。我们可以把它们看作一个热力学因素和一个动力学因素。经向温度梯度被认为是引导西风带急流通过热风关系的主要热力学因素之一（Tian et al.，2018；冷姗等，2019）。由于温度是一个基本因素，西风带的移动与气候变化引起的各种温度异常有关，如 ENSO、热带加热和对流层底部冷却（Cai et al.，2011）。此外，斜压性还会引起急流的漂移，南亚高压和西太平洋副热带高压的变化所产生的斜压异常也会引起急流的异常（Lorenz et al., 2001）。

基于近代重建和模拟资料对西风急流进行研究，无法提供一个完整的气候状态。因此，许多研究者开始研究全新世时期的西风急流特征，以提高未来对西风急流的预测能力。观测和再分析表明，在气候变化的影响下，整个温带气候带都在向两极移动，影响了西风急流、风暴轨迹、云、降水和海洋环流模式（Fu and Lin, 2011；Yin, 2005；Archer and Caldeira, 2008；Scheff and Frierson, Yang et al., 2020a, 2020b）。特别是，这种现象在南半球更加突出（Barnes and Polvani, 2013）。利用花粉记录、石笋等重建数据发现，北半球中高纬度西风急流在全新世早期增强，在全新世中期后减弱，与全新世早期相比向南移动（Yang and Zhang, 2007, 2008；Huang and Sun, 1992；Chen et al., 2019）。

为了定量反映出全新世中期西风急流相对于工业革命前时期的变化，我们计算了两个时期在纬度位置、经度位置和强度上的差异，结果如图 3.5 所示。

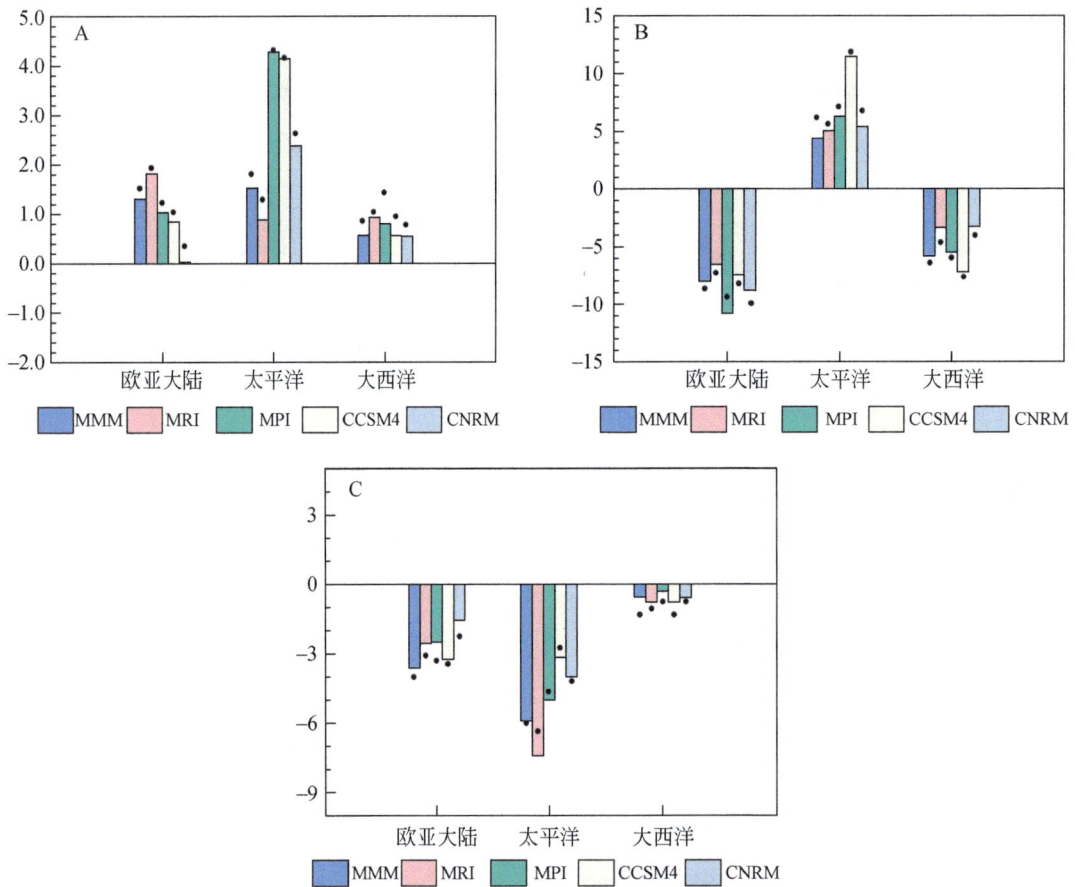

图 3.5　200hPa 西风急流在三个研究区域上空的位置变化情况（A，B；单位：度）和强度变化情况（C；单位：m/s）

注：图 A 和图 B 中的正异常表示中全新世时期急流中心的北移和东移；图 C 中的正异常则表示急流中心的强度增强；打点条形图则表示该模式模拟结果通过了 95% 的信度检验

对于西风急流纬度位置的变化，多模式平均模拟结果（MMM）结果表明：太平洋地区上空西风急流在中全新世时期较工业革命前纬度偏差最大，约1.4°且向北偏移；其次是欧亚大陆，西风急流向北移动1.2°；北大西洋上空的西风急流的偏移特征是最小的，向北偏移只有0.5°（图3.5A）。虽然各模式之间的偏移存在一定差异，但各模式的模拟结果都表明高空西风急流在中全新世时期较工业革命前发生了北移，且太平洋上空偏移程度较大，北大西洋上空偏移程度较小。而对于模式间的差异方面，在太平洋上空，四种模式的模拟结果存在较大差异，西风急流的纬向位置变化最大是MPI-ESM-P模式模拟的4.4°，最小是MRI-CGCM3模式模拟的0.8°。而在欧亚大陆上空，两种模型之间的差异相对较小，变化范围从MRI-CGCM3模拟的1.8°到CNRM-CM5模拟的小于0.1°。对于北美及北大西洋上空西风急流，四种模式的差异较小，偏差程度在0.8°~0.4°（图3.5A）。

对于西风急流经度位置的变化，多模式模拟结果发生了较大的变化。欧亚大陆上空的高空急流和北大西洋上空的高空急流分别向西移动了8°和6°。太平洋上空的急流向东移动4°（图3.5B）。虽然四个模式的数值大小不同，但所有模式的模拟结果都表明急流的移动方向是一致的。最大的模式差异仍然是在太平洋地区。这一变化在CCSM4的模拟结果（12°）是最大的，而其他三个模式之间的差异相对较小（小于2°）。在欧亚大陆，西移的范围从MPI-ESM-P模式模拟的11°到CCSM4模式模拟的7.5°。在北美和北大西洋地区，CCSM4模式的偏差最大，模拟结果表明急流向西移动7°，CNRM-CM5模式模拟的偏差最小（3.5°）。

在强度方面，根据多模式模拟结果，高空西风急流在全新世中期比前工业时期强度更弱。纬向风速减弱程度最大的是太平洋地区，减弱幅度为-6m/s，其次是欧亚地区，减弱幅度为-4m/s。大西洋地区的纬向风速小于-1m/s（图3.5C），减弱幅度最小。西风急流在太平洋地区上空的衰减程度最大，在大西洋的衰减程度最小，其减弱情况与急流纬向位置的变化情况相似。太平洋地区仍然显示出很大的模式之间的差异。MRI-CGCM3模式模拟的减弱幅度为7.5m/s，CCSM4减弱幅度为3m/s。欧亚大陆上空风速变化相对较小，CCSM4模式模拟风速减弱幅度为3.5m/s，CNRM-CM5模式模拟风速减弱幅度为1.5m/s。对于大西洋高空西风急流，四种模式的差异相对较小，变化幅度范围在1m/s以内。

总的来说，根据多模式模拟结果，在全新世中期，北半球30°N以北地区的地表温度增加了1℃以上，主要集中在陆地，在海洋中高纬度地区上升约0.5℃。陆地上的温度的变化主要是在中纬度欧亚大陆和北美大陆的中高纬度地区，温度上升了1.5℃，这也与重建结果相吻合（Wu et al.，2013，2019）。

一般认为，与西风急流变化有关的物理过程有两个：热强迫机制和涡驱动强迫机制（Pausata and Coauthors，2017a，2017b）。以下关于西风急流变化机制的讨论将基于这两个因素。经向温度梯度是影响西风急流的主要热力学因素之一。Ren等（2008）指出，纬向风与涡旋之间的动力联系与西风急流的位置和强度变化密切相关。

图 3.5 显示了西风急流在中全新世时期的北移，且太平洋地区的偏离度最大，欧亚大陆次之，北美最小。急流随环流（如 Hadley 环流）的季节性移动而发生季节性的南北向移动。从多模式模拟的中高层 Hadley 环流的流函数也发生了明显的北移，这与急流北移是一致的。

经向压力梯度的分布表明，北半球西风急流位于经向压力梯度最大的区域（图 3.6）。根据经向压力梯度的变化（图 3.6C），以 50°N 为边界，边界以南的中纬度欧亚大陆和太平洋中部地区的特点是正异常（负压力梯度减弱），边界以北地区的特点是负异常（负压力梯度增强），这会使得欧亚大陆和太平洋上空的西风急流向北移动。然而，由于北美东北部和北大西洋负经向压力梯度较小，压力梯度的北移受到抑制，从而减少了这些区域上空西风急流的北移。因此，多模式模拟结果表明北美上空急流北移最少。而对于各模式而言，模拟结果均表现出急流北移的一致性，经向压力梯度变化也相似，但各个模式模拟的幅度不同。不同的模式变化幅度也很好地解释了上述各个模式间模拟的西风急流的位置的变化情况。

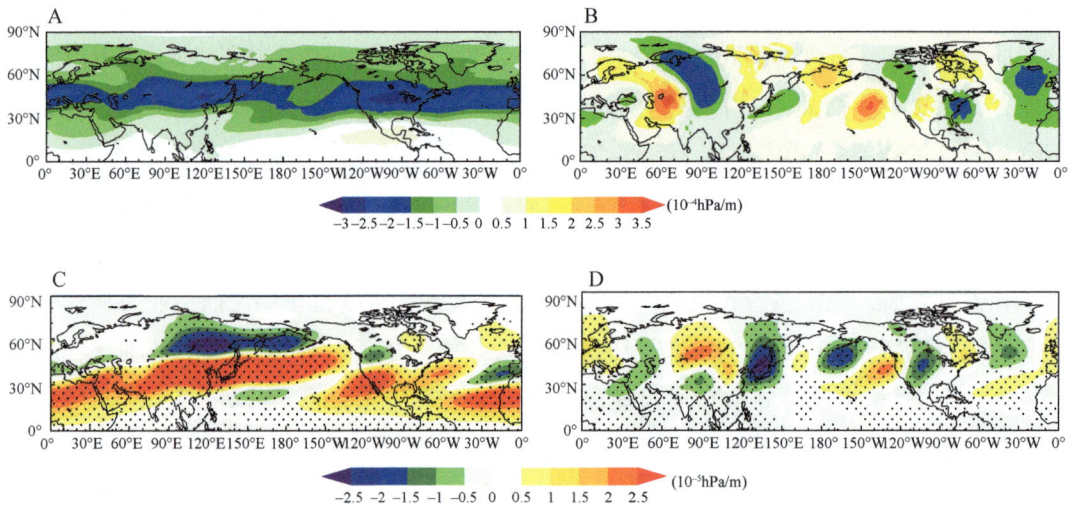

图 3.6 北半球中全新世时期与工业革命前在 200hPa 高度层经向和纬向气压梯度异常情况

注：A 为工业革命前经向气压梯度；B 为工业革命前纬向气压梯；C 为两个时期经向气压梯度异常；D 为两个时期纬向气压梯度异常。打点区域表示差异具有统计学意义且通过了 95% 信度检验

从中全新世时期较工业革命前西风急流的经度位置变化可以看出，在欧亚大陆和大西洋地区西风急流发生西移，在太平洋地区东移。欧亚大陆上空的急流中心位于负的纬向压力梯度的东侧，而太平洋和大西洋上空的急流中心位于正的纬向压力梯度的西侧。根据区域压力梯度异常图（图 3.6D），以 110°E 为边界，压力梯度在欧亚大陆的东部有一个正异常（负压梯度减弱），以西的地区压力梯度的特点是负异常（负压梯度增强），这会导致在欧亚大陆西风急流向西移动。由于异常的梯度场是在北美和北大西洋地区，以 60°W 为边界，以西的压力梯度的特点是正异常（即负压力梯度减弱），而以东的地区有一个负压

力梯度异常（即正压力梯度减弱），从而导致了西进运动的急流集中在大西洋地区。在太平洋上空，纬向压力梯度异常表明急流中心东部正梯度增强，有利于急流中心在太平洋上空的东移。纬向压力梯度也表明四种模式之间存在微小的差异。CCSM4模式的模拟结果显示太平洋地区西风急流东移最大，这可能是由于在西经140°处模拟的强烈负异常造成的。

瞬时涡旋活动的异常主要是由斜压不稳定异常引起的，这一物理过程与西风带动态相关。中纬度斜压不稳定的变化与通过异常涡旋活动对在对流层上层的急流产生有关。因此，我们将全新世中期的瞬态涡旋活动与工业革命前时期进行了比较。这里，通过计算瞬态涡动动能（EKE）来表示瞬态涡动活动。

$$EKE = (\overline{U'^2} + \overline{V'^2}) \tag{3.1}$$

式中，$U$和$V$分别为气压坐标下纬向和经向全风速的月数据。上划线表示时间平均值，一撇表示与时间平均值的偏差。

图3.7显示了中全新世时期较工业革命前在200hPa夏季EKE分布，在这两个时期，沿西风急流轴方向在北太平洋和北大西洋有两个明显的EKE最大中心。北太平洋上空的EKE最大中心与急流中心位置一致。但在欧亚大陆没有发现明显的EKE中心。同时，北太平洋EKE中心的强度大于北大西洋EKE中心。Xiao等（2013）研究西风急流轴的位置与涡旋能量强度的关系时，发现南移的瞬态涡旋活动与西风急流的位移方向是一致的。他们也发现在欧亚大陆上没有明显的EKE中心。在图3.7中，对应于急流的两个EKE最大中心都向北移动，强度降低。这说明EKE中心对北太平洋和北大西洋的西风急流的影响正在向北移动。

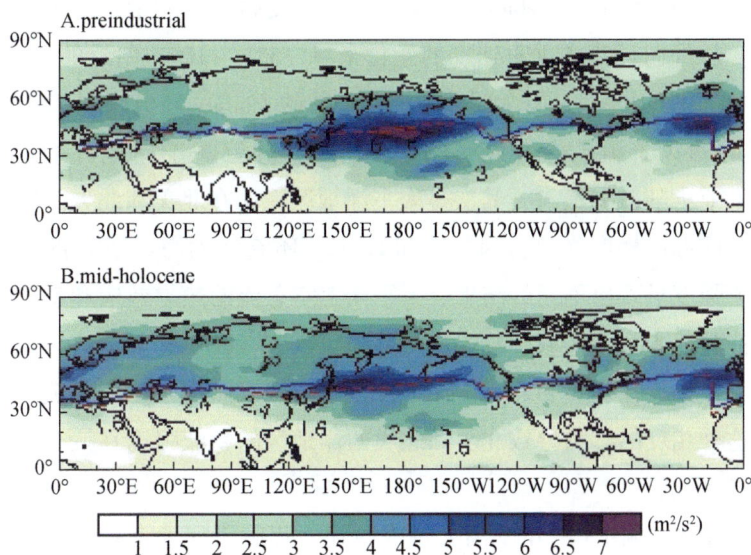

图3.7 北半球夏季涡流动能（EKE）工业革命前（A）和中全新世时期（B）情况

注：红色虚线和蓝色实线分别代表了前工业时期和中全新世的西风轴

欧亚大陆上空 EKE 中心的缺失表明，该地区的西风急流与瞬态涡旋活动的相关性较小，主要是热强迫驱动。因此，在 EKE 动力强迫和热强迫的共同作用下，西太平洋上空的急流北移程度大于欧亚大陆上空。

在全新世中期，北半球中高纬度温度升高，中低纬度温度降低，导致经向温度梯度减弱。以往研究表明，温度梯度是影响西风急流强度和位置的关键因素。因此，本研究给出了经向温度梯度及其变化（图 3.8）。全新世中期太平洋 30°N 附近地区存在温度梯度正异常（即负的经向温度梯度减弱）。而 30°N 的西南部（20°N）和北部（40°N）地区的温度梯度均为负异常。在北美地区，经向温度梯度在 50°N 以南地区为正异常，而在 50°N 以北地区为负异常。在北大西洋地区，经向温度梯度为正异常。欧亚大陆经向温度梯度的变化比较分散（图 3.8B）。高空西风急流主要由热风和大气环流系统共同形成。根据热成风原理，急流最强部分大致位于温度梯度最大的区域。太平洋、北美和北大西洋地区经向温度梯度在 30°N~40°N 异常减弱，导致经向压力梯度减小，急流减弱。

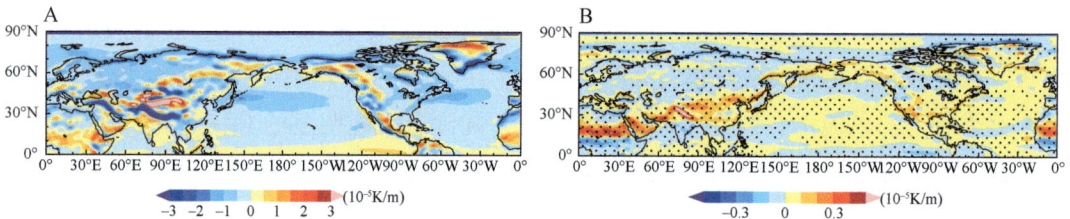

图 3.8　经向表面温度梯度

注：A 为 PI 的经向地表气候温度梯度；B 为 MH 和 PI 的区别；点状区域表示
在 95% 的置信水平下，差异具有统计学意义

Bjerknes（1960）指出，强 Hadley 环流会把低纬度西风角动量带到中纬度，从而加强了中纬度西风。从经向环流和垂直速度的变化来看，5°N~10°N 附近的上升流和 30°N 附近的下降流减弱（图 3.9），表明全新世中期北半球的 Hadley 环流减弱。减弱的 Hadley 环流会导致减弱的西风急流。值得说明的是，Hadley 环流在不同地区的变化是不同的。Hadley 环流在欧亚大陆减弱最大，其次是太平洋地区，而在北美和北大西洋地区增强。

通过分析经向温度梯度（热力因子）和 Hadley 环流（动力因子）的变化，三个研究区域的西风急流强度呈现出不同的结果。太平洋上空急流的热力效应和动力效应均对其有减弱的贡献，使其成为三个区域中减弱最明显的区域。在欧亚大陆上空，动力因素对急流的减弱起着主要作用。在北美和北大西洋地区，热力因素倾向于削弱急流，动力因素倾向于加强急流。这种相反的影响导致北美和北大西洋地区的急流强度在三个关键区域中变化最小。

利用参与 CMIP5/PMIP3 的 4 个高分辨率模式，我们研究了全新世中期夏季北半球高空西风急流位置和强度变化特征及机制。主要结论如下。

1）与工业革命前时期相比，全新世中期夏季北半球高空西风急流向极地移动，且强

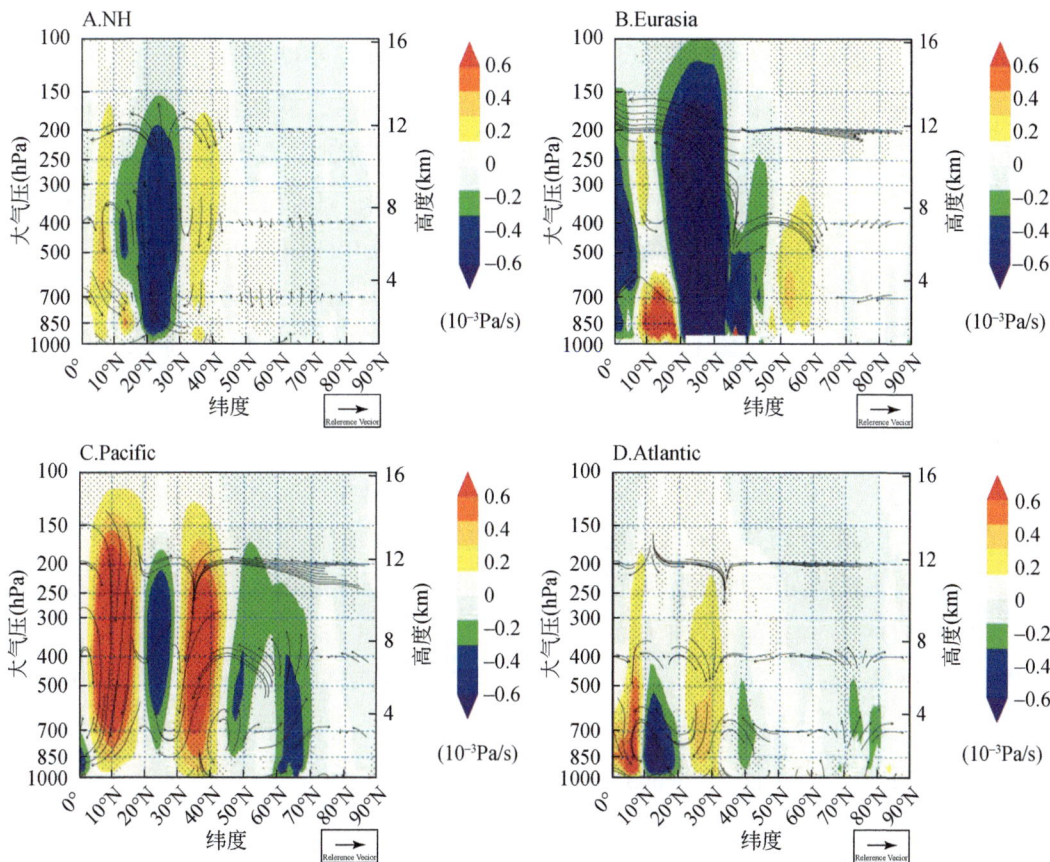

图 3.9　中全新世时期与工业革命前环流异常情况

注：图 A 表示北半球环流异常；阴影代表两时期垂直运动异常（单位：Pa/s）；箭头表示经向风与垂直运动矢量叠加结果（垂直运动扩大了 100 倍便于显示）。图 B～图 D 分别为欧亚大陆、北太平洋和北大西洋三个研究区域；点状区域表明在 95% 的置信水平下，差异具有统计学意义。矢量箭头仅在显著的地方显示

度减弱。另外太平洋区域北移幅度最大，且强度减小程度也最大。北移幅度最小的是北美和北大西洋地区，且强度减弱也是最小的。纬向上，在欧亚大陆、北美和北大西洋地区，西风急流中心向西移动，而在太平洋地区，西风急流中心向东移动。

2）从热因子的角度来看，轨道变化导致的日晒变化与季风—降水之间的潜热释放的加强，导致了中高纬度地区气温升高，中低纬度地区气温降低。此外，陆地上的温度变化比相邻海洋上的温度变化更大。温度的变化会导致气压的变化，从而影响北半球的经向和纬向压力梯度，使西风急流向北移动。从动力因素上看，在北太平洋和北大西洋存在两个 EKE 最大中心，它们都发生北移，这可能导致西风急流北移。欧亚大陆上空未发现明显的 EKE 中心，表明该地区的西风急流与瞬态涡动的相关性较小，主要受热力驱动。西风急流东西向移动的机制尚不清楚，需要进一步研究。

3）急流强度的变化与热力因子（经向温度梯度）和动力因子（Hadley 环流）有关。在太平洋地区高空急流减弱程度最大，其原因是热力和动力因素共同作用导致的结果；而

在北美和北大西洋地区减弱程度最小，其原因是热力和动力因素相互抵消的结果。在动力因素的影响下，欧亚大陆上空的西风急流在三个关键区域中呈中度减弱趋势。

全新世期间，以谷物农业为主的中东地区的演变可能与气候变化有关（Staubwasser and Eastwood，2006）。重建结果表明，距今6000年前，中东地区相对湿润的气候使得农业开始发展。随后乌拜时期的村庄在美索不达美亚发展起来，乌鲁克时期的城市和苏美尔文明得以建立（Staubwasser and Eastwood，2006）。在5.2kaBP时期，中东地区发生了严重的干旱事件，导致底格里斯河和幼发拉底河的流量减少（Nutzel，2004），并严重影响了当地的农业生产。同时期，美索不达米亚各地发生了乌鲁克晚期社会的突然萎缩以及居住集中化，这很有可能是气候变化导致农作物产量减少有关。

一些重建记录表明，在中全新世晚期，中东地区就已经开始变干，Magny 和 Hass（2004）认为气候变化的直接强迫可能与地球轨道参数、海洋环流以及太阳活动有关，但是具体的物理过程仍不清楚。同时，地球轨道强迫也被认为是使得中东地区和地中海东部地区在6ka BP之前相对湿润的原因，但是影响过程尚处于讨论之中：①地球轨道强迫使得亚非夏季风增强，从而使中东地区的季风降水增加（Magny and Haas，2004）；②北大西洋涛动（North Atlantic Oscillation，NAO）的正相位和冬季西风环流的增强有助于地中海东部降水的增加（Wanner and Coauthors，2008；Waldmann et al.，2010）；③其他一些区域性的过程也会造成湿润的条件（Roberts et al.，2011）。

**4**

# 过去 2000 年年代际气候变化的特征

## 4.1 整个时段的年代际气候变化特征

本节使用的模式模拟数据包括 CESM-LME 模拟试验和 PMIP3 过去千年模拟试验（Braconnot et al., 2011, 2012；Schmidt et al., 2012）。本节使用了 CESM-LME 中 1 个控制试验（CTRL）、13 个全强迫试验（ALL），3 个温室气体单因子敏感性试验（GHGs），3 个土地利用/土地覆盖敏感性试验（LULC），4 个太阳辐照单因子敏感性试验（SSI）和 5 个火山活动单因子敏感性试验（VOLC）。外部强迫使用了 850～1850 年瞬变序列。过去千年试验着重于外部强迫（如火山气溶胶、太阳辐射、土地利用/覆盖、人为气溶胶等）和气候系统内部变率对气候变化的影响，以及它们之间的联系，并且能够再现极端事件的发生与强度（Braconnot et al., 2012）。

本研究使用的 PMIP3 过去千年模拟试验 7 个模式模拟结果，包括北京气候中心气候系统模式（BCC-CSM1.1）、通用气候系统模式第 4 版（CCSM4）、中国科学院大气物理研究所地球系统模式（FGOALS-s2）、美国航空航天局海气耦合模式（GISS-E2-R）、哈得来中心耦合模式第 3 版（HadCM3）、皮埃尔·西蒙拉普拉斯研究所低分辨率气候模式第 5 版（IPSL-CM5A-LR）和马克斯·普朗克气象研究所地球系统模型（MPI-ESM-P）。之所以选择这 7 个模式，主要是因为这些模式提供了研究中用到的主要变量，包括经向风、纬向风、海平面气压场、海表温度等。在本研究中为了方便比较，所有模式的变率分辨率均重新插值到 2°×2°。表 4.1 中汇总了这 7 个模式的主要信息。

**表 4.1 7 个 PMIP3 气候模式简介**

| 模式名称 | 分辨率（大气模块） | 分辨率（海洋模块） | 研究机构 |
|---|---|---|---|
| BCC-CSM1.1 | 128×64×L40 | 360×232×L40 | 中国气象局北京气候中心（中国） |
| CCSM4 | 288×192×L26 | 320×384×L60 | 美国国家大气研究中心（美国） |
| FGOALS-s2 | 128×108×L26 | 360×180×L30 | 中国科学院大气物理研究所（中国） |
| GISS-E2-R | 144×90×L40 | 288×180×L32 | 美国航空航天局（美国） |
| HadCM3 | 96×73×L19 | 288×144×L20 | 哈得来气候预测与研究中心（英国） |
| IPSL-CM5A-LR | 96×95×L39 | 182×149×L31 | 皮埃尔·西蒙拉普拉斯研究（法国） |
| MPI-ESM-P | 196×98×L47 | 256×220×L40 | 马普气象研究所（德国） |

**4**

过去 2000 年年代际气候变化的特征

本节使用的重建数据包括区域平均干湿指数（Dry-Wet Index，DWI）（Zheng et al.，2016）。这些序列是基于中国历史文献和器测资料而重建的。DWI 序列时间长度为 501～2000 年。另外，还使用了网格重建的帕尔默干旱严重性指数（Palmer drought severity index，PDSI）（Cook et al.，2010）。此外，使用了亚洲夏季降水格网资料（Reconstructed Asian summer precipitation，RAP）。该数据集是通过两个代用指标（包括 453 个树轮资料和 71 个历史文献记录）加权合并进行重建的资料（Shi et al.，2018a）。同时使用了过去 1800 年（190～1980 年）中国中部和北部集合的高分辨率降水记录（Synthesized high-resolution precipitation record，SHPR）（Tan et al.，2011）。该套合成的降水记录重建了中国中部和北部（33°N～42°N，104°E～121°E）高分辨率年代际降水资料。表 4.2 汇总了本节使用的这些重建数据信息。

表 4.2　重建资料简介

| 名称 | 覆盖范围 | 分辨率 | 时期 | 来源 |
| --- | --- | --- | --- | --- |
| 干湿指数 | 25°N～40°N，105°E～122°E | — | 501～2000 年 | Zheng et al.，2006 |
| 重建亚洲夏季降水格网资料 | 8.75°S～55.25°N，61.25°E～143.25°E | 2°×2° | 1470～2013 年 | Shi et al.，2018 |
| 集合的高分辨率降水记录 | 33°N～42°N，104°E～121°E | — | 190～1980 年 | Tan et al.，2011 |

此外，本节也使用了 ERA-20C 再分析资料，探究过去 120 年间巴伦支—喀拉海地区（70°N～82°N，0°E～70°E）和欧亚大陆北部（40°N～60°N，50°E～130°E）冬季地表温度变化关系。

为了与重建数据保持一致，在 CESM-LME 中同样选择了中国东部（25°N～40°N，105°E～122°E）作为研究区，这是一个典型的季风区，雨季主要在 5～10 月（Wang et al.，2012）。季风降水量约占年总降水量的 70%（图 S1）。另外，还使用了网格重建的 PDSI（Cook et al.，2010）来研究年代际干旱的空间分布格局。

使用模拟的月平均 SST 来表征影响大尺度环流的大气下边界热异常，但是这里的 SST 异常可能是由外强迫或气候系统内部变率引起的。此外，模拟的位势高度、纬向风（U）和经向风（V）、相对湿度、比湿和海平面气压（Sea Level Pressure，SLP）用于研究影响年代际干旱变化的大尺度环流变化。在计算前，所有模式模拟结果均被插值到 2°×2° 空间分辨率。

本研究定义了年代际干旱。另外，为了和重建数据一致，区域平均降水异常首先进行了 10 年滑动平均（Zheng et al.，2006），然后将年代际干旱定义为连续 20 年降水异常小于零的时期。这种基于持续时间阈值的定义在以往的研究中被广泛使用（Meehl and Hu 2006；Peng and Shen，2014）。

为了阐明年代际干旱特征，年代际干旱持续时间被定义为异常值小于零的年数，而年代际干旱强度被定义为平均标准化年降水异常（降水通过除以 851～1850 年时段内的时间序列的标准差进行标准化）和整个干旱事件时期的平均年降水量绝对值。

图4.1 比较了模拟的区域降水时间序列和 DWI 序列。在重建数据（图4.1A）中有六次年代际干旱（灰色标记），而在控制试验（图4.1B）中有五次年代际干旱，在强迫试验（图4.1C～图4.1G）中有3～6次年代际干旱。前人研究（Shi et al.，2018）表明，CESM 能够再现观测到的 EASM 以及东亚夏季风–降水间的关系。年代际干旱定义为至少20年降水异常小于零的时期，而在本研究中持续时间小于20年的干旱事件不被认为是年代际干旱。对于

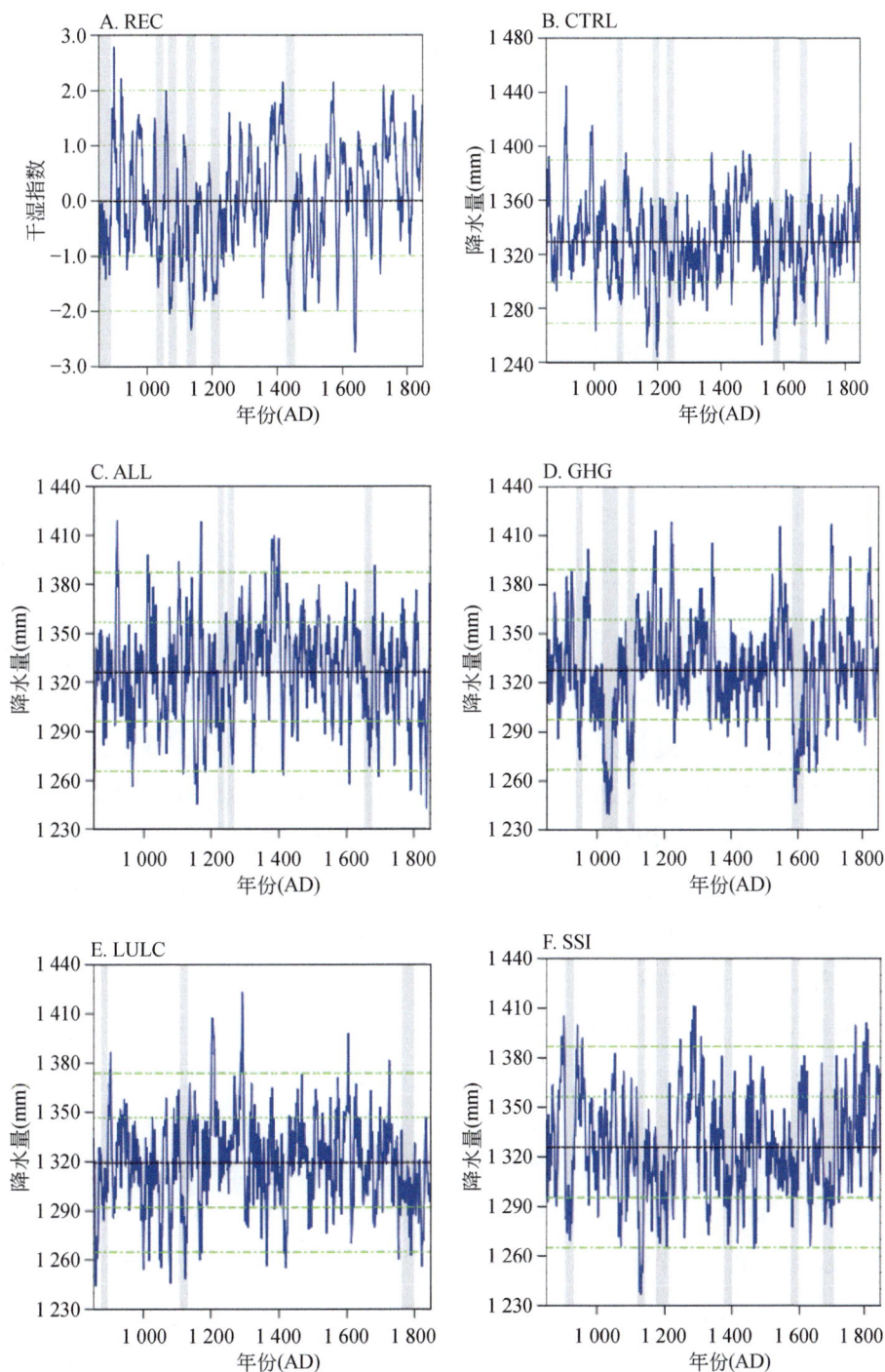

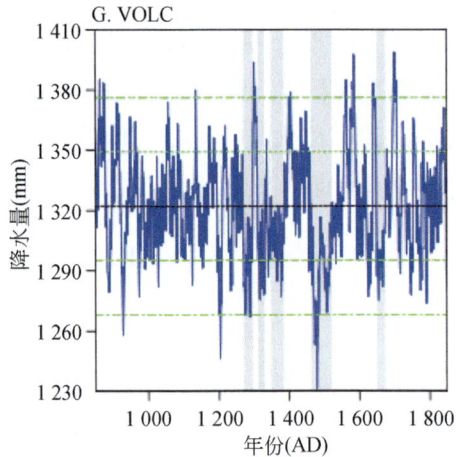

图 4.1　重建的干湿指数时间序列和中国东部干湿指数序列

注：A 为重建的干湿指数时间序列；B 为控制试验；C 为全强迫试验；D 为温室气体试验；E 为土地利用/土地覆盖试验；F 为太阳辐射试验；G 为火山活动试验模拟的中国东部平均降水量时间序列。灰线标记出年代际干旱；黑色实线表示平均值；绿虚线表示±1 倍和±2 倍标准差

重建的年代际干旱发生时间和模式模拟的年代际干旱发生时间，无论是控制试验还是强迫试验，两者几乎都没有吻合。此外，在不同敏感性试验或者同一个敏感性试验中的不同成员间也不一致。年代际干旱持续时间和强度的不一致表明，年代际干旱的主要触发机制是气候系统内部变率。

关于年代际干旱的持续时间和强度，模式与重建数据具有相似的变率（图 4.2）。对于年代际干旱的持续时间，重建中年代际干旱平均时间长度大约为 29 年，而控制试验中年代际干旱的平均时间长度约为 23 年（与重建相比，$P<0.05$，有显著差异），强迫试验中年代际干旱平均时间长度从 25 年到 28 年不等（图 4.2A）。尽管强迫试验中的时间长度比重建中的短，大部分模拟的时间长度与重建的时间长度没有显著差别，但 LULC 试验除外（$P=0.08$）。而这可能是由于，在 851～1850 期间，LULC 变化比其他敏感性试验短，所以 LULC 试验中的时间长度与控制试验值的很接近。对于所有的全强迫和太阳辐射试验，模式表现出和重建资料相似的变率。

重建中年代际干旱的平均强度，定义为平均标准化区域平均年降水量异常，大约低于平均值 1 个标准差（图 4.2B）。在控制试验和强迫试验中模拟的年代际干旱强度也与它们大约有一个标准偏差（图 4.2B），这表明年代际干旱的强度是由试验中模拟的气候系统内部变率决定的。当使用降水减少定义平均年代际干旱强度时，控制试验和强迫试验中的平均年代际干旱强度约为 −30mm（一个标准偏差，图 4.2C、图 4.3、图 4.1），而根据Students $t$-检验来看，这种差异并不显著。强迫试验中平均强度的分布范围为 −18～−54mm。

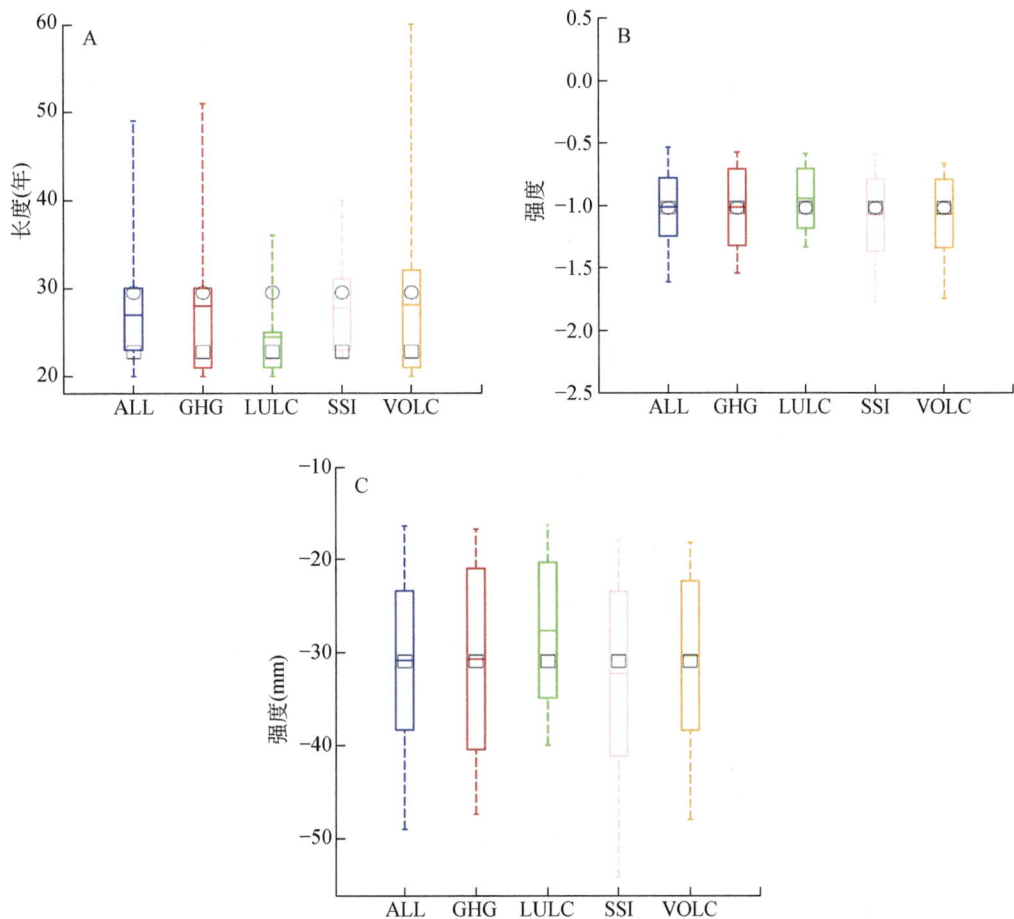

图4.2　比较重建（黑色圆圈）和控制试验（黑色正方形）、全强迫试验（蓝色）、温室气体试验（红色）、土地利用/土地覆盖试验（绿色）、太阳辐射试验（粉色）、火山活动试验（橙色）模拟的年代际干旱持续时间

A：单位：年；B：标准化强度，单位：1；C：绝对强度，单位：mm；方框表示分布的第25%和第75%百分比；方框中的条形图表示平均值；虚线表示整个分布范围

在控制试验中，干旱地区主要分布于长江流域中下游地区。这次干旱的空间分布比重建资料中的要小一点，这表明了中国东部的北部存在更严重的干旱。在控制试验中，最大年降水量约为-50mm。在强迫试验中，干旱延伸到了中国东部地区的南部，降水减少空间模态类似但是更为显著，这表明干旱地区被外强迫扩大，并更接近重建中的干旱程度，尽管年代际干旱强度接近控制试验，平均值约为-30mm（图4.2C）。

如前所述，EASM 降水占年总降水量的很大一部分。在年代际干旱期间，EASM 降水减少通常比非季风季节降水减少更符合年代际干旱。在除了控制试验的大部分试验中，EASM 降水减少的强度也比非季风季节降水减少强度更大。因此，可以得出的结论是，年代际干旱主要由 EASM 降水减少所主导，但非 EASM 季节降水减少也不能忽视。因此，以下机制分析主要集中在年际尺度，EASM 季节（MJJASO）和非 EASM 季节（SDJFM）。

与年代际干旱相关的850hPa风场异常的空间模态显示了全年中国东南部的北风异常，包括 EASM 季节和非 EASM 季节。所有模拟的中国东部年代际干旱都与 EASM 减弱，以及将降雨带转移到中国南部并减少了中国东部降水的 EAWM 加强有关，这与重建数据中的结果一致（Cook et al.，2010）。此外，EASM 季节和非 EASM 季节降水对年代际干旱强度的贡献与 EASM 减弱和 EAWM 增强的强度是一致的。

北风异常主要是由西北太平洋上空的异常气旋环流引起的，对应于显著的负海平面压力（SLP）异常（图4.3）。这种异常模态意味着北太平洋西部亚热带高压的减弱。在中国中东部，所有试验的 SLP 均呈正异常，强迫试验中的异常更显著（图4.3B～图4.3F）。这些持续的 SLP 正异常也可以通过直接抑制上升运动和减少水汽导致干旱。在强迫试验中，SLP 异常模态另一明显特征是亚洲东北区域负 SLP 异常模态，这导致了东亚地区出现

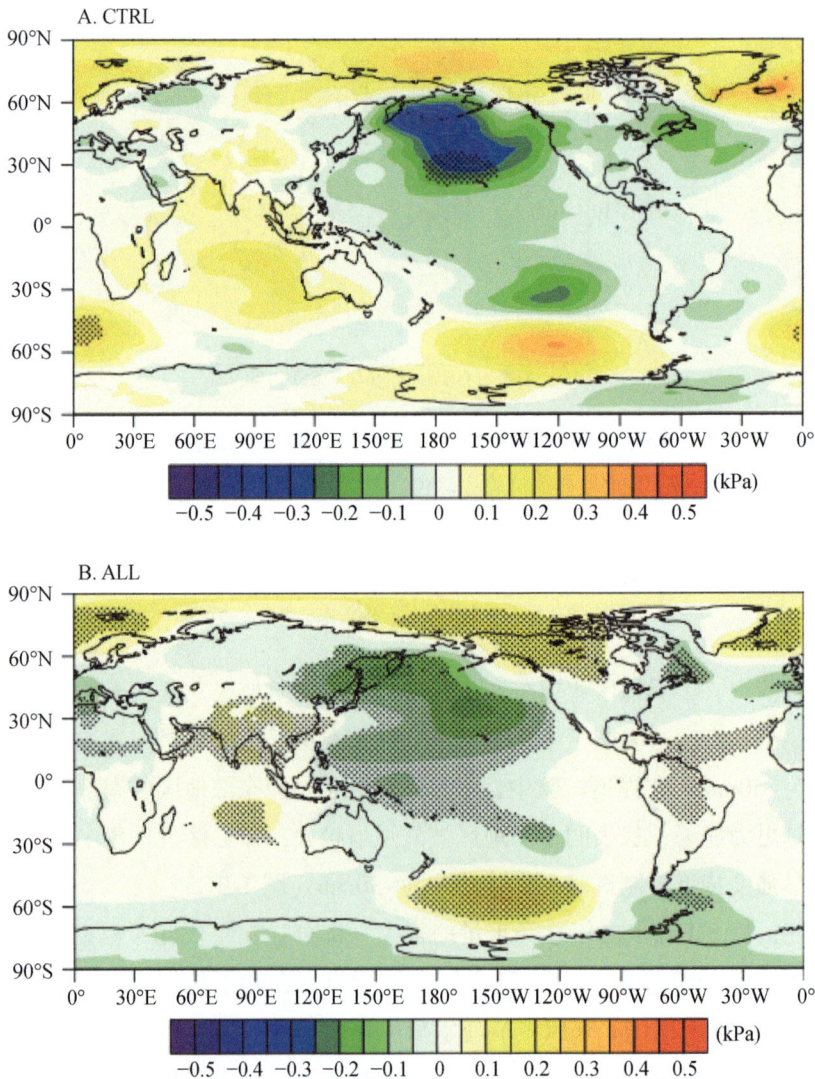

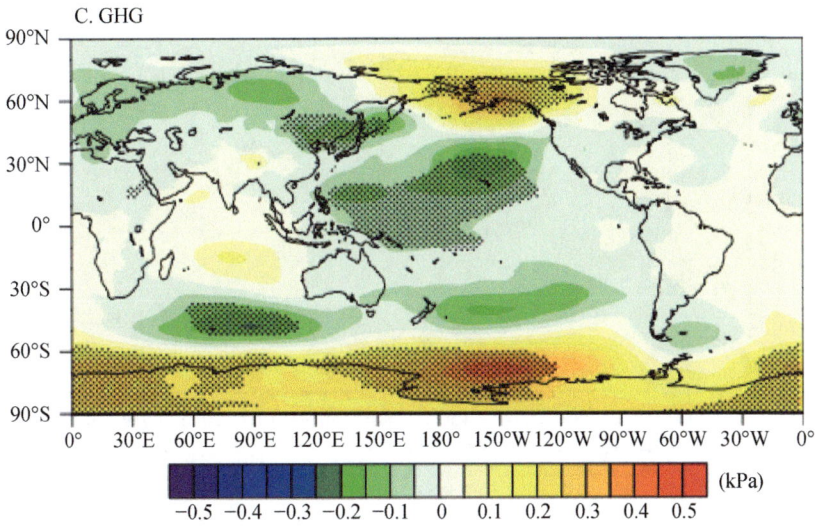

C. GHG

(kPa)

-0.5 -0.4 -0.3 -0.2 -0.1 0 0.1 0.2 0.3 0.4 0.5

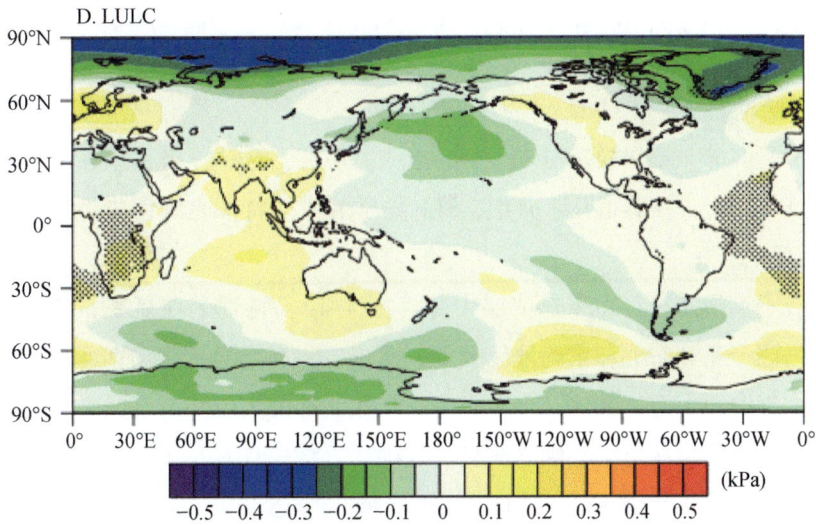

D. LULC

(kPa)

-0.5 -0.4 -0.3 -0.2 -0.1 0 0.1 0.2 0.3 0.4 0.5

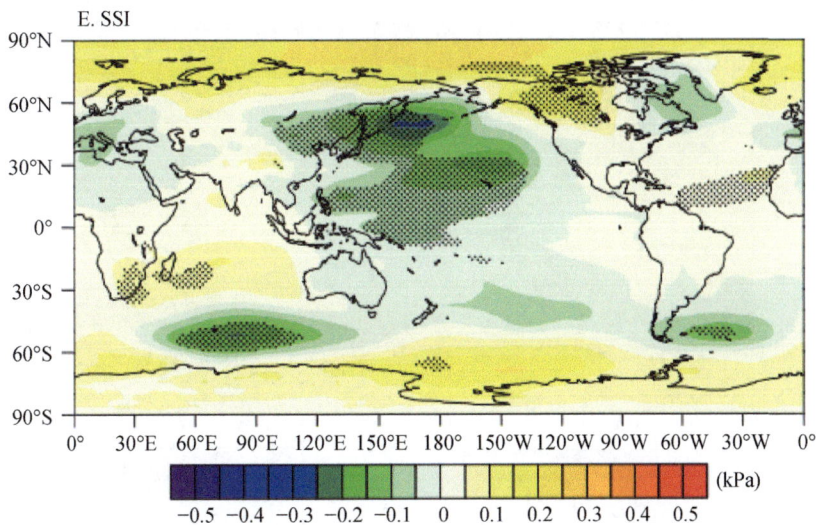

E. SSI

(kPa)

-0.5 -0.4 -0.3 -0.2 -0.1 0 0.1 0.2 0.3 0.4 0.5

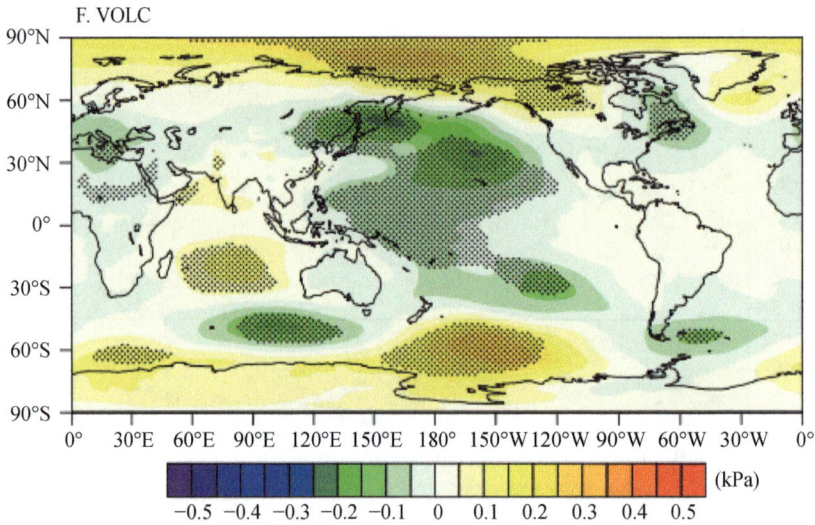

图4.3　控制试验（A）、全强迫试验（B）、温室气体试验（C）、土地利用/土地覆盖试验（D）、太阳辐射试验（E）和火山活动试验（F）模拟的年代际干旱期间海平面气压合成图

注：打点区域表示达到了95%置信度水平

一个三极子型空间分布格局模态（负—正—负）；并且，这种三极模态在 EASM 季节更为明显（图S8）。同时，在其他几个月中，SLP 异常的主要特征是阿留申低压加强，而这通常会增强 EAWM。

这种三极子型模态也存在于对流层中部（图4.4），特别是在夏季。负位势高度异常的两个中心仍位于亚洲东北和东南地区上空，而正位势高度异常则向西倾斜，最显著的位势高度异常位于中亚上空。在这三个中心中，东亚北部的负位势高度异常最显著且具有明显的正压结构，而其余两个中心则不明显。这种垂直结构具有正压结构和斜压结构的模态类似于对流层下层的年代际太平洋–日本（P-J 型）模态（Wu et al., 2016B），而这种模

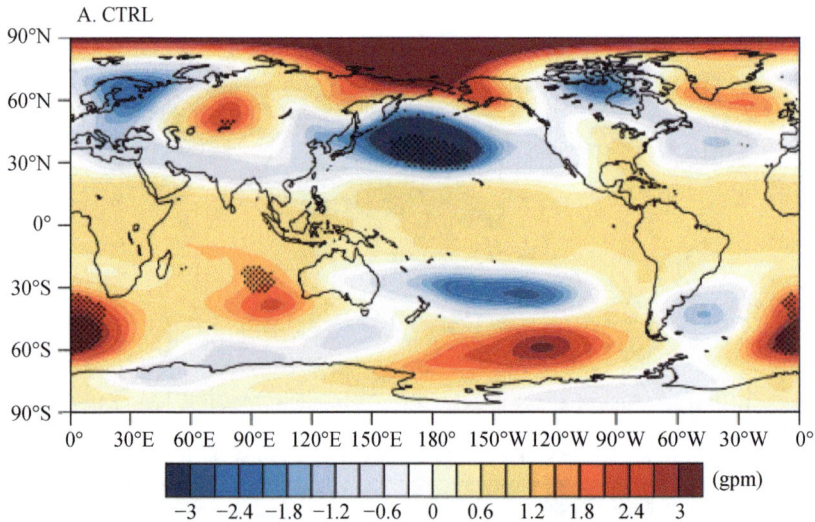

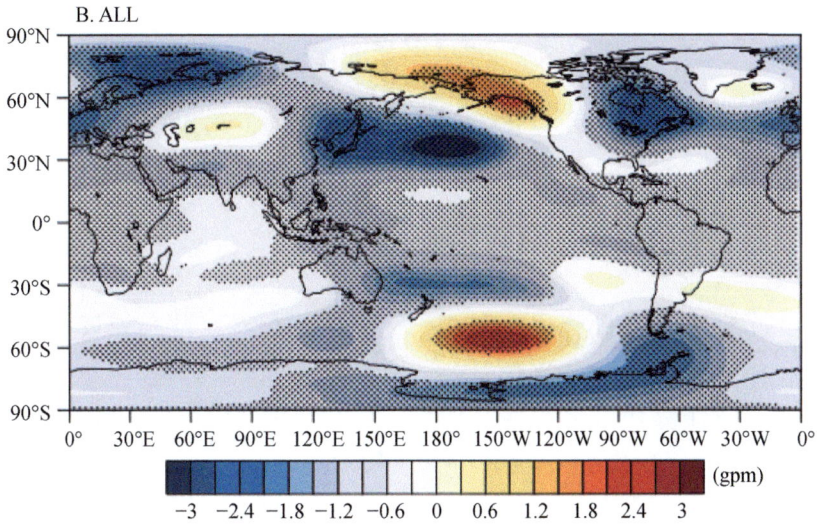

B. ALL

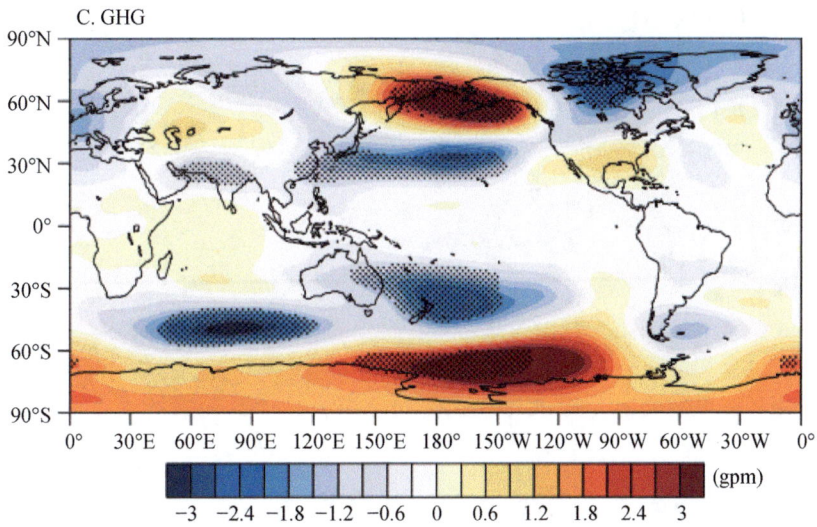

C. GHG

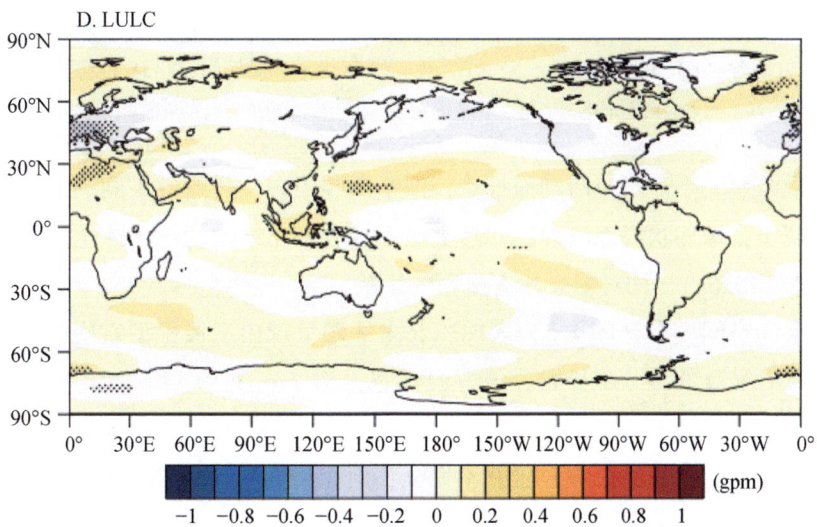

D. LULC

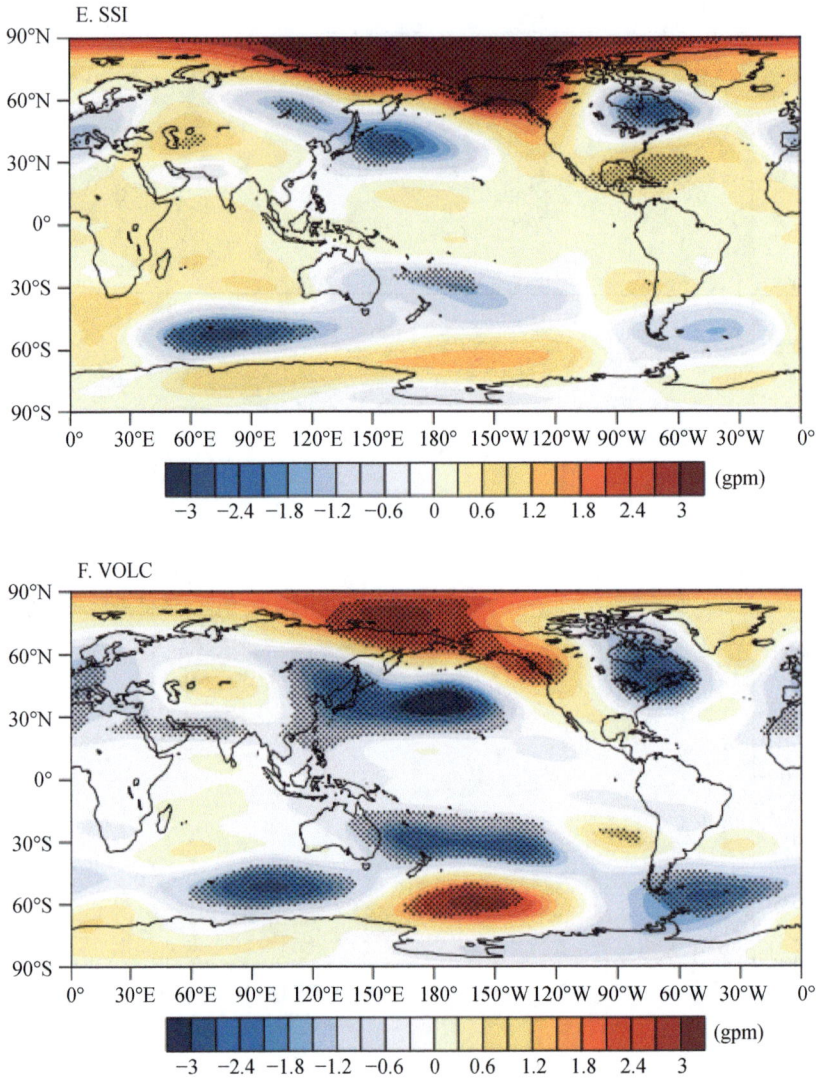

图 4.4　控制试验（A）、全强迫试验（B）、温室气体试验（C）、土地利用/土地覆盖试验（D）、
太阳辐射试验（E）和火山活动试验（F）模拟的年代际干旱期间 500hPa 位势高度合成图

注：打点区域表示达到了 95% 置信度水平。为了清晰起见，色标范围有所不同

态会通过热带西北太平洋对流活动而维持，但是这些中心位置略有不同。此外，亚洲东北部的中心也属于全球环状模态波列，并且类似于具有正压结构的年代际全球环状模态遥相关（Wu et al., 2016a），均对 EASM 有显著的影响。

海温异常的空间模态（图 4.5）表明，北太平洋呈现出三极子型空间分布模态，并且西北太平洋具有显著的负 SST 异常，该海温模态类似于正 PDO 模态和其他年代际尺度模态（Meehl and Hu，2006）。然而，这种 SST 异常模态与典型的 PDO 模态（Trenberth and Hurrell，1994；Zang et al.，1997）也并不完全相同；负的 SST 异常会延伸到南海和东印度洋，而白令海和热带太平洋西部存在正 SST 异常，因此热带太平洋上形成了类拉尼娜型 SST 梯度。以上结果表明，模式偏差存在于气候系统内部变率的空间模态中，并且这些 SST 模态可以视为模式模拟的内部模态。对控制试验和全强迫试验使用旋转经验正交函数

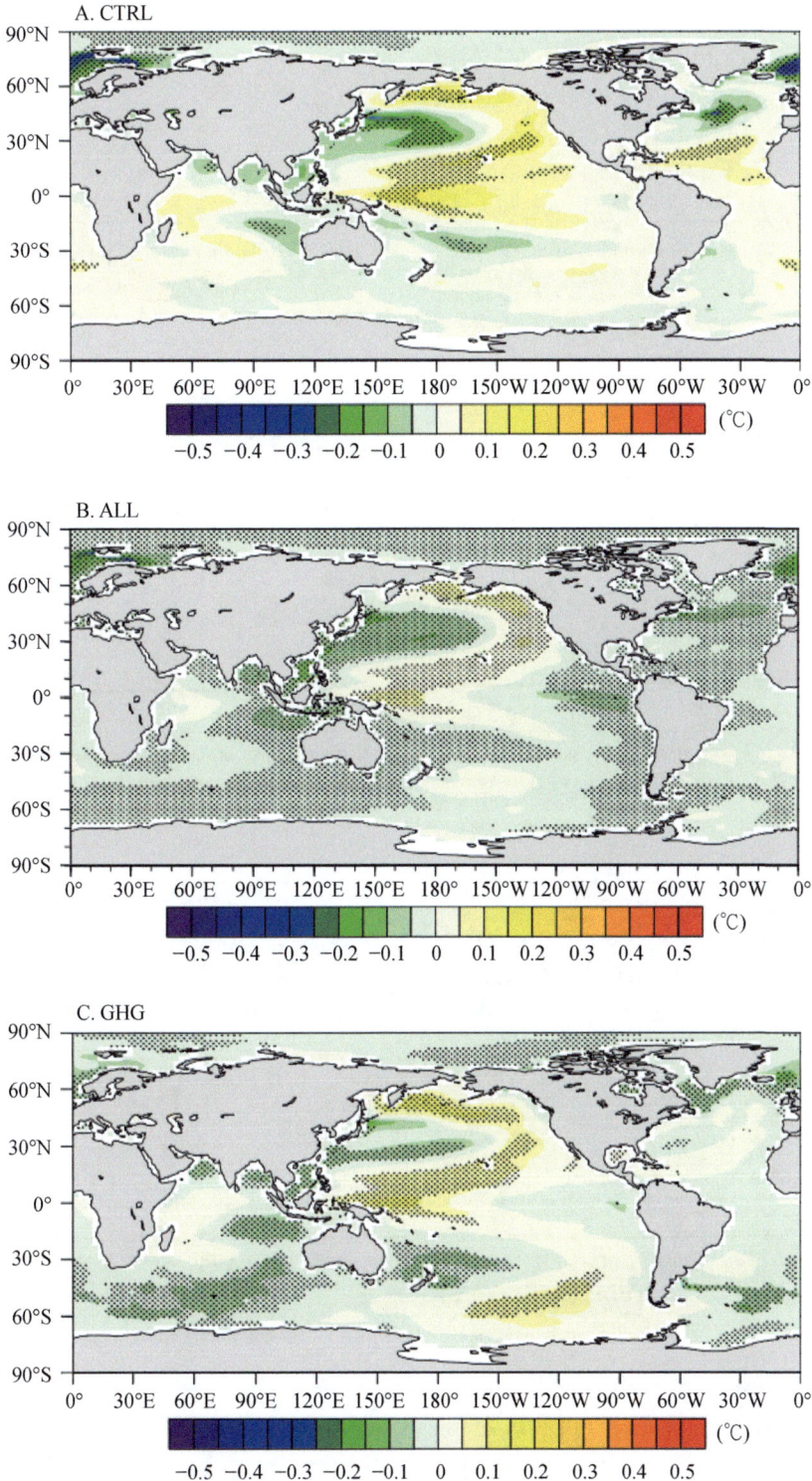

A. CTRL

B. ALL

C. GHG

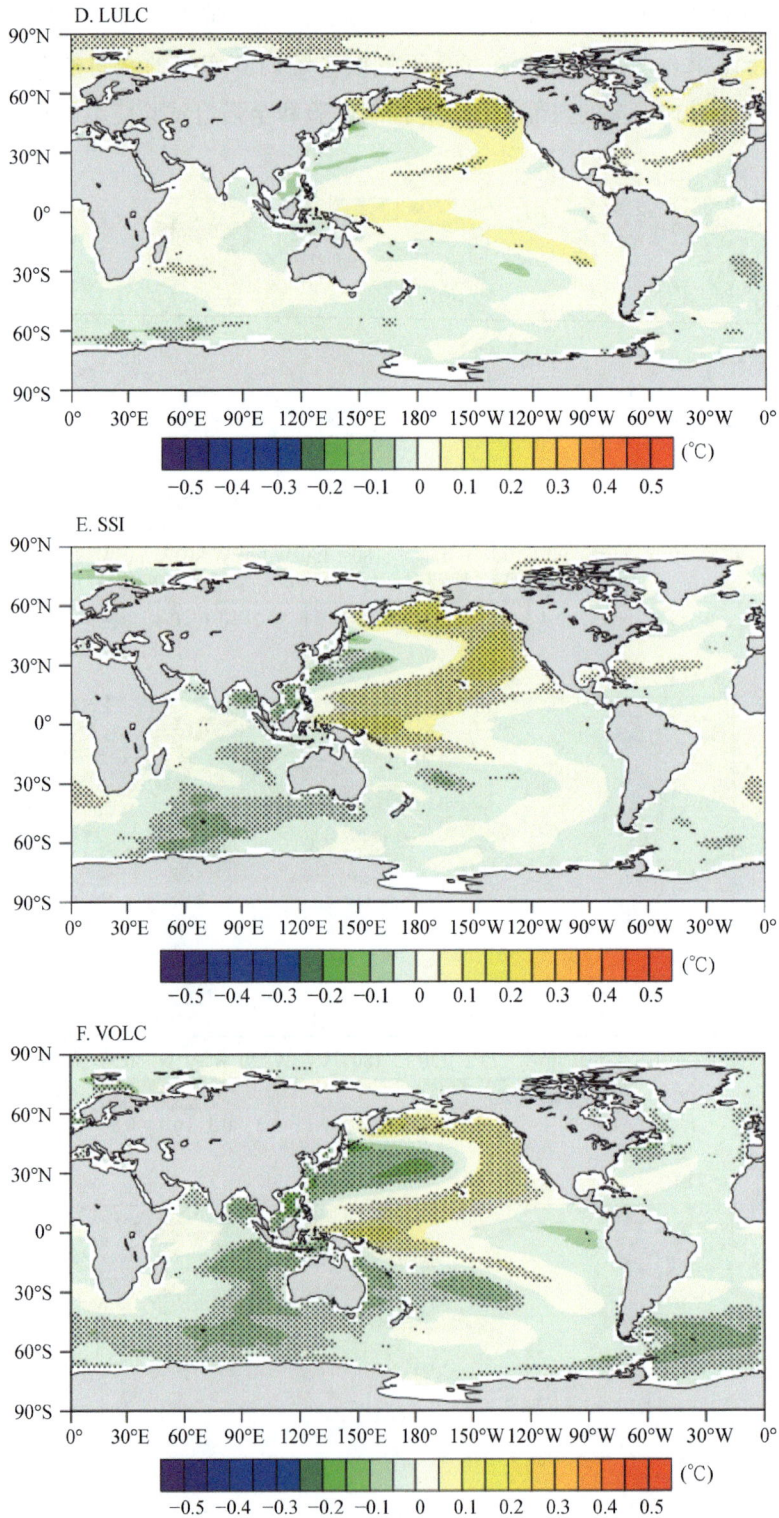

图 4.5　控制试验（A）、全强迫试验（B）、温室气体试验（C）、土地利用/土地覆盖试验（D）、
太阳辐射试验（E）和火山活动试验（F）模拟的年代际干旱期间 SST 合成图

注：打点区域表示达到了 95% 置信度水平

（REOF）提取的海温多年代际变率发现（图4.6），两个试验中前3个EOF模态均能够显著分开，并且控制试验中的第三模态和全强迫试验中的第二模态均为上述的SST模态类似。此外，Li和Wang（2018）使用1901~2016的观测资料发现，这种SST模态与EASM陆地降水多年代际变化对应的SST异常模态相似。然而，最主要区别在赤道东太平洋地区。

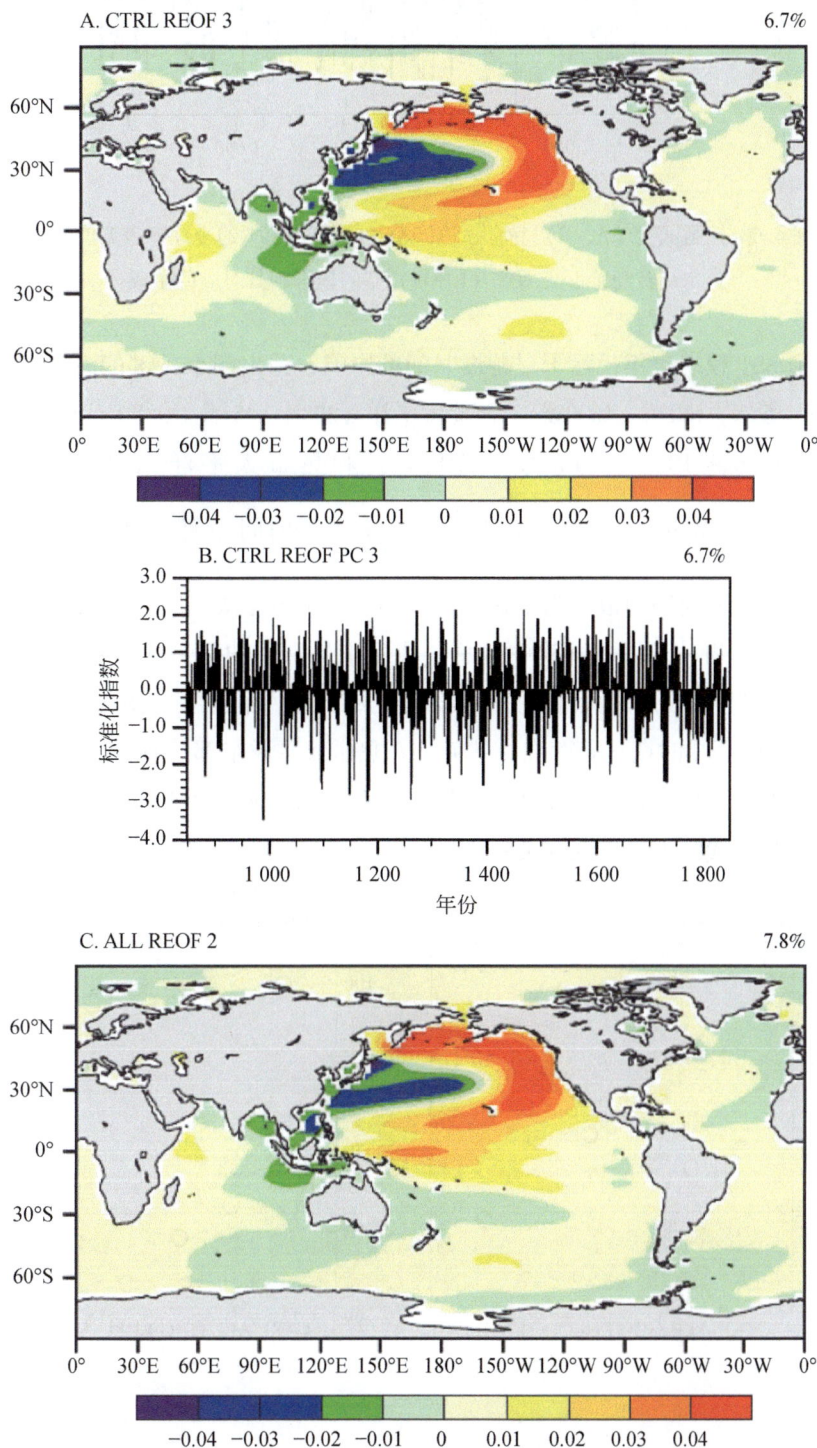

A. CTRL REOF 3                                                                          6.7%

B. CTRL REOF PC 3                                                                       6.7%

C. ALL REOF 2                                                                           7.8%

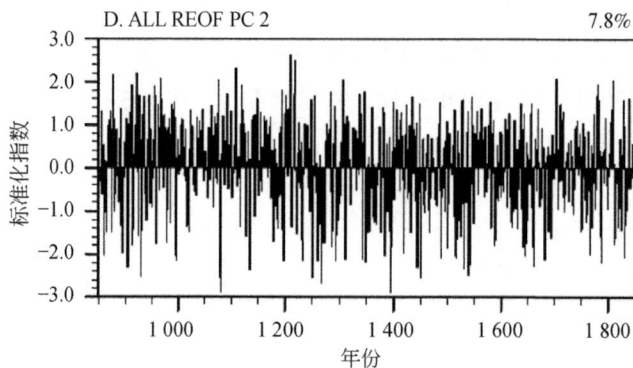

图4.6 控制试验（A，B）和全强迫试验（C，D）模拟的全球海表温度第三/
第二旋转经验正交函数（REOF）空间模态和其对应的主成分

　　为了验证 SST 模态对年代际干旱持续时间的影响，选出四个关键的海温区域，包括白令海（50°N ~ 65°N，160°E ~ 160°W）、西北太平洋（20°N ~ 45°N，140°E ~ 160°W），热带太平洋西部（10°S ~ 10°N，140°E ~ 170°W）和热带太平洋东部（10°S ~ 10°N，130°W ~ 80°W）。如果 lag-1 自相关超过 $\frac{2}{\sqrt{N}}$（其中 $N$ 是时间序列中的年数），那么一个区域平均的 SST 异常时间序列被认为是显著持续的。基于该方法，图 4.7 为四个关键区内显著持续的 SST 异常相对于每个试验中的总年代际干旱事件的百分比。白令海（图 4.7A）和西北太平洋（图 4.7B）的大部分 SST 异常和热带太平洋西部（图 4.7C）一半以上的 SST 异常在年代际干旱时期显著存在；然而，在热带太平洋东部只有少于 30% 的 SST 异常在年代际干旱期间显著存在（图 4.7D）。因此，白令海、西北太平洋和热带太平洋西部的海温异常是影响年代际干旱持续的关键区域。

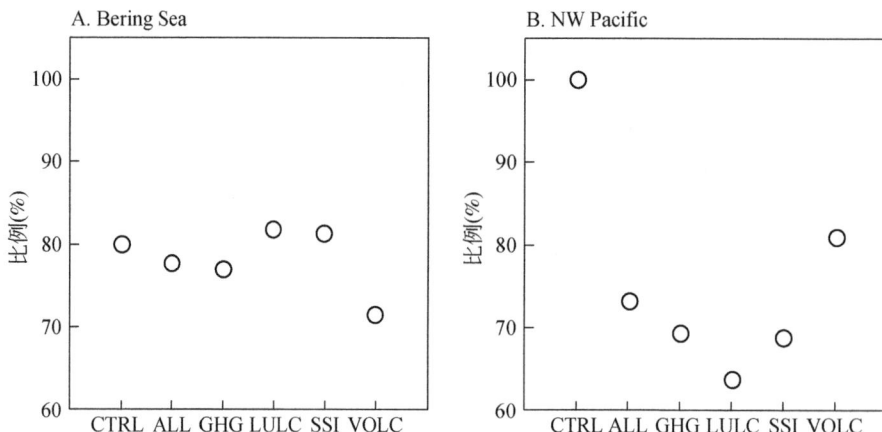

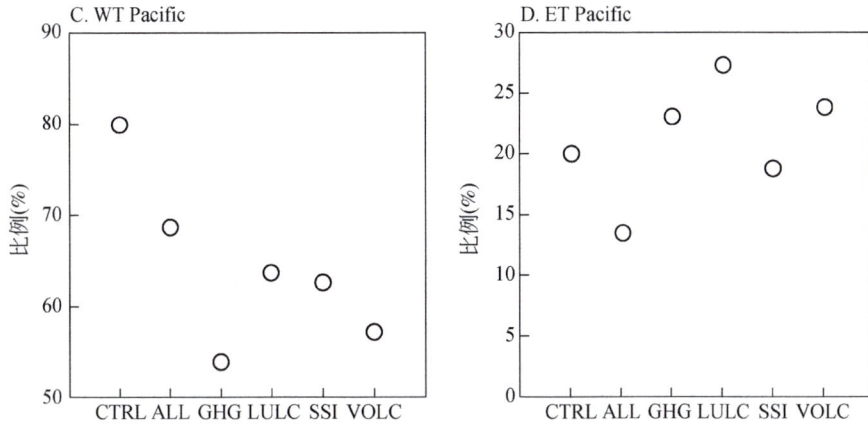

图 4.7 白令海（A）、西北太平洋（B）、热带太平洋西部（C）和热带太平洋东部（D）地区存在显著持续海表面温度（SST）异常的年代际干旱相对于总的年代际干旱事件的百分比

注：为了清晰起见，y 轴取值范围不同

通过探究与 SST 异常对应的 SLP 和 500hPa 位势高度异常，接下来我们研究了影响西北太平洋和热带西太平洋的 SST 异常的物理机制（图 4.8）。这里只给出了控制试验结果，因为其他强迫试验结果与之类似。由于白令海局地加热，白令海（图 4.8A）和西北太平洋（图 4.8B）呈现出显著的 SLP 负异常模态。并且，与热带西太平洋 SST 异常相关的 SLP 异常模态（图 4.8C）类似于这些模态。同时，与热带太平洋西部 SST 异常相关的夏季 SLP 异常模态则表现出副热带西太平洋显著负 SLP 异常而中国东部显著正 SLP 异常（$P<0.05$）。副热带西太平洋负 SLP 异常对应的气旋性环流与 Matsuno-Gill 型模态（Matsuno，1966；Gill，1980）类似，从而导致西北太平洋加热而形成异常气旋性环流（Wang et al.，2000）。这也证实了西北太平洋年代际异常对流加热可以驱动东亚地区经向类 P-J 型波状模态（Wu et al.，2016b）。

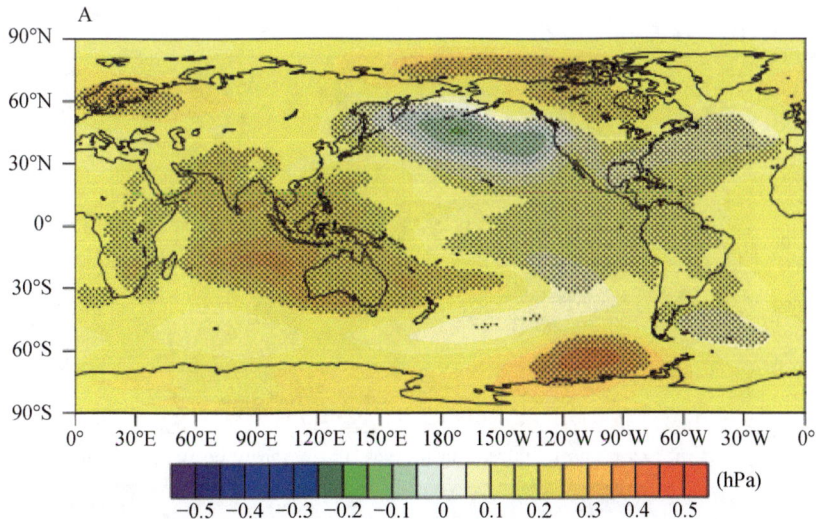

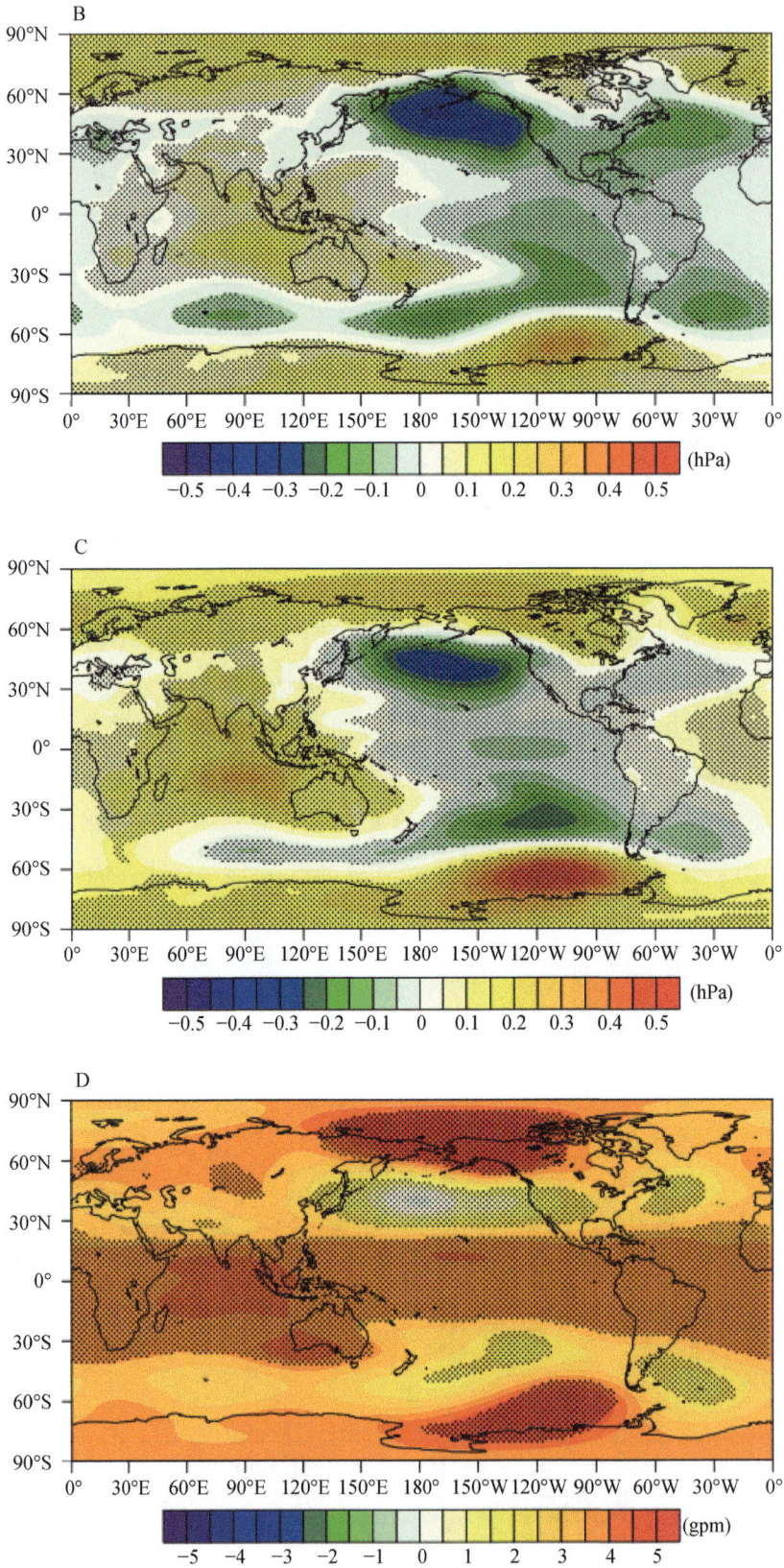

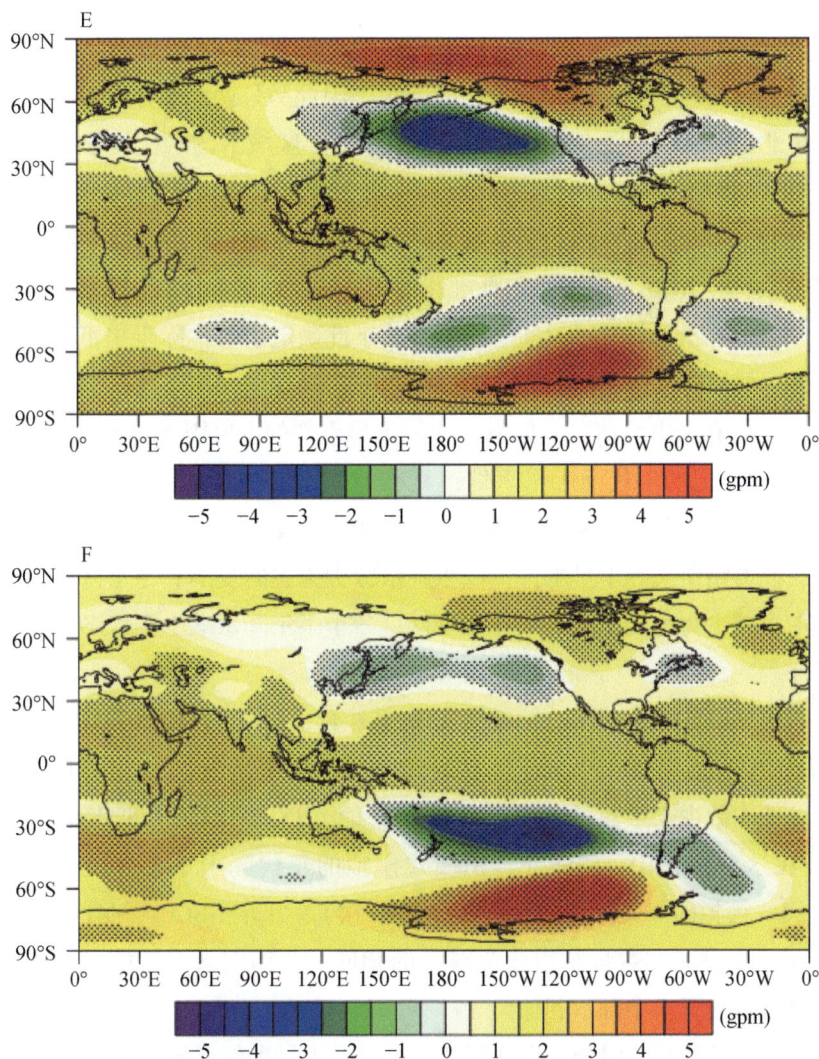

图 4.8　控制试验模拟的白令海（A，D）、西北太平洋（B，E）和太平洋（C，F）海表温度（SST）
异常回归到海平面气压（SLP）异常和 500hPa 位势高度回归场

注：打点区域表示相关达到了 95% 显著度水平

　　500hPa 位势高度异常回归模态（图 4.8D ~ 图 4.8F）表明，所有三个关键区域对 SST
异常的最强响应位于北太平洋上空，且具有负位势高度异常，而在热带至中纬度区域，则
主要存在正位势高度异常。这与先前的分析结果一致，其中北太平洋位势高度异常比其他
地区更显著，SLP 异常比 500hPa 的位势高度异常更显著。这表明，副热带西太平洋上的
异常气旋环流模态主要存在于对流层下部。

　　在本书的研究中，首先将参与 PMIP3 过去千年试验中 7 个模式模拟结果与重建资料进
行对比，以探究模式对中国东部年代际干旱的发生频次、持续时间、强度及时空特征的模
拟能力。之后，使用模拟结果探究了中国东部多年代际干旱的空间分布特征和成因机制。

以上这些分析将有助于了解中国东部年代际干旱事件形成的物理机制。同时，对 7 个 PMIP3 模式模拟结果进行评估有利于气候模式比较和未来气候模式发展。

由于 SHPR 数据代表了中国北部年代际降水，因此另外两个重建资料和模式模拟的降水序列均是华北地区（34°N ~ 40°N，105°E ~ 122°E）区域平均。比较了三套重建资料和模式模拟的年平均降水序列发现（图 4.9），三套重建资料中的年代际干旱事件发生时间点是比较一致的，但是模式模拟的干旱事件发生时间与重建资料中的几乎不一致。

图 4.10 为 850 ~ 1850 年中国东部标准化的 DWI 和 RAP（图 4.10A）与模式模拟的降水异常（图 4.10B ~ 图 4.10H）时间序列，并基于此确定了年代际干旱事件。重建与模式模拟的年代际干旱事件发生的时间点有明显的差异，这说明气候系统内部变率而不是外强迫因子（太阳辐射和火山活动）是触发年代际干旱事件的主要因子（Ning et al.，2019a）。

如图 4.10 中标记的年代际干旱事件，夏季（5 月至 10 月）和冬季（11 月至次年 4 月）降水异常对干旱事件的贡献不一致（图 4.10B ~ 图 4.10H）。如图 4.10 所示，每个模式都诊断出三种类型年代际干旱事件：以年降水减少为主的夏季和冬季降水均为负异常事件、以夏季降水减少为主夏季降水负异常事件；冬季半年降水减少则以冬季半年降水显著负值为主事件。

对年代际干旱事件发生频次进行比较发现（图 4.11A），过去千年 DWI 序列显示有 18 次干旱发生，而模式模拟的干旱事件是 11 ~ 19 次，平均值是 16 次。尽管模式模拟的平均年代际干旱事件次数少于重建的干湿指数序列中的（18 次），但是两者的差异并不显著（$P > 0.05$）。在这些模式中，GISS-E2-R 模式模拟的年代际干旱事件最少（11 次），而 MPI-ESM-P 模式模拟的年代际干旱次数最多（19 次）。另外，BCC-CSM1-1 模式模拟出了 18 次年代际干旱事件，其数量与重建资料中的相同。整体上来看，模式对年代际干旱发生频次的模拟与重建资料中基本相似。

对于年代际干旱的持续时间，重建资料中年代际干旱事件平均持续时间为 18 年，而模式模拟的年代际干旱持续时间为 11 年（MPI-ESM-P）到 48 年（CISS-E2-R）（图 4.11B）。在 7 个模式中，HadCM3 模式模拟的干旱事件平均时间最接近重建资料中的。BCC-CSM1-1、IPSL-CM5A-LR 和 MPI-ESM-P 模式模拟的年代际干旱事件持续时间略短于重建资料中的持续时间。CCSM4、FGOALS-s2 和 CISS-E2-R 模式模拟的年代际干旱持续时间略长于重建资料中的。但是，所有模式模拟的年代际干旱持续时间与重建资料中的差别都不显著（$p > 0.05$）。

对于年代际干旱的强度（图 4.11C），模式模拟的年代际干旱平均强度为 -1.009，接近于重建资料的 -1.010。此外，所有模式模拟的强度范围是 -1.80 ~ -0.04。在 PMIP3 的 7 个模式中，CCSM4 和 MPI-ESM-P 模拟的年代际干旱事件强度最接近于重建资料中的，而 BCC-CSM1-1 模拟的年代际干旱强度与重建的相差最大。所有这些模式模拟的年代际干旱强度与重建资料中的差别也不显著（$p > 0.05$）。

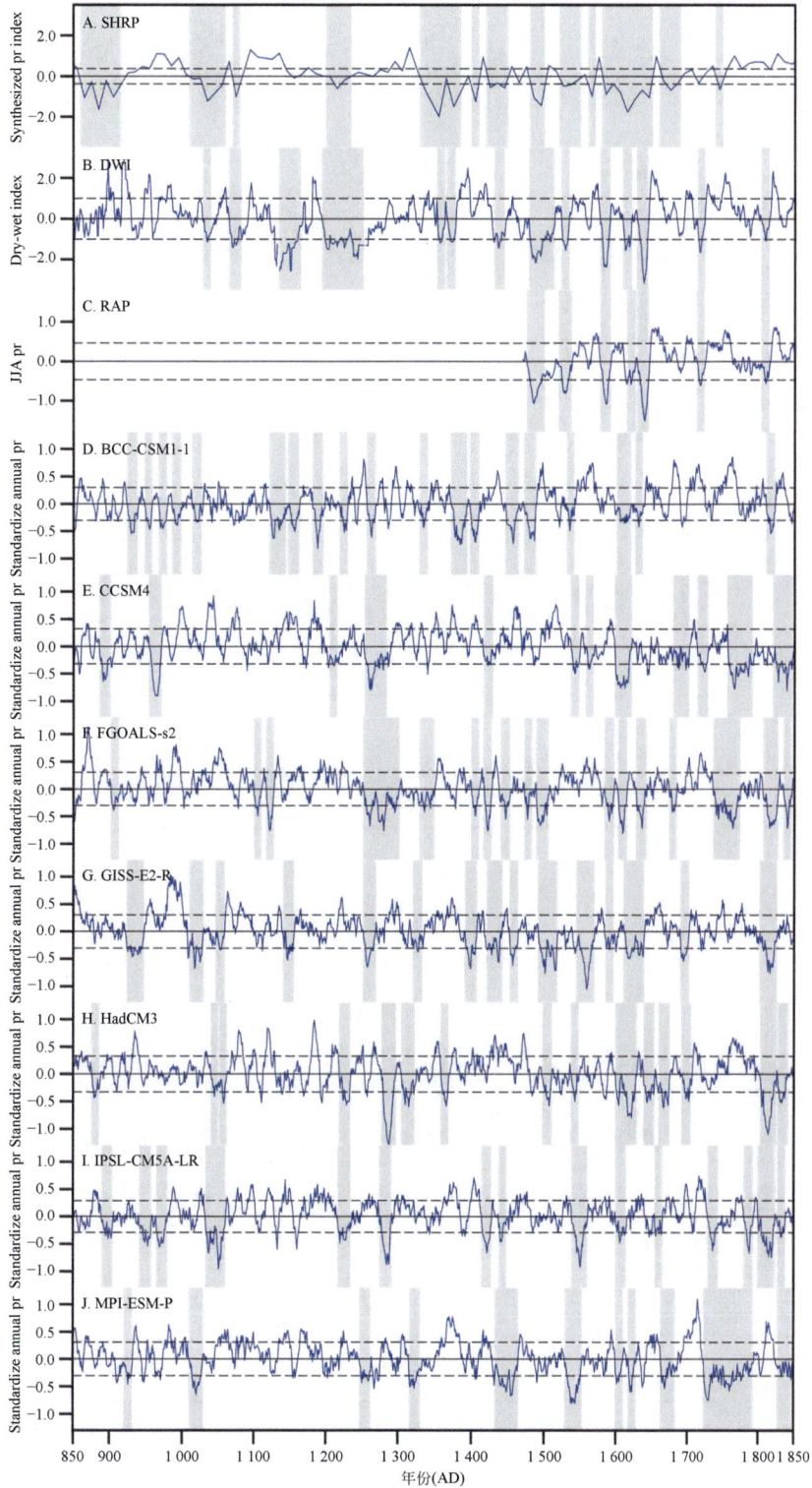

图 4.9　850～1850 年 SHRP（A）、DWI（B）、RAP（C）和模式模拟（D～J）的中国北部年平均降水距平

注：选取的年代际干旱事件时段被标记在了灰色阴影区内

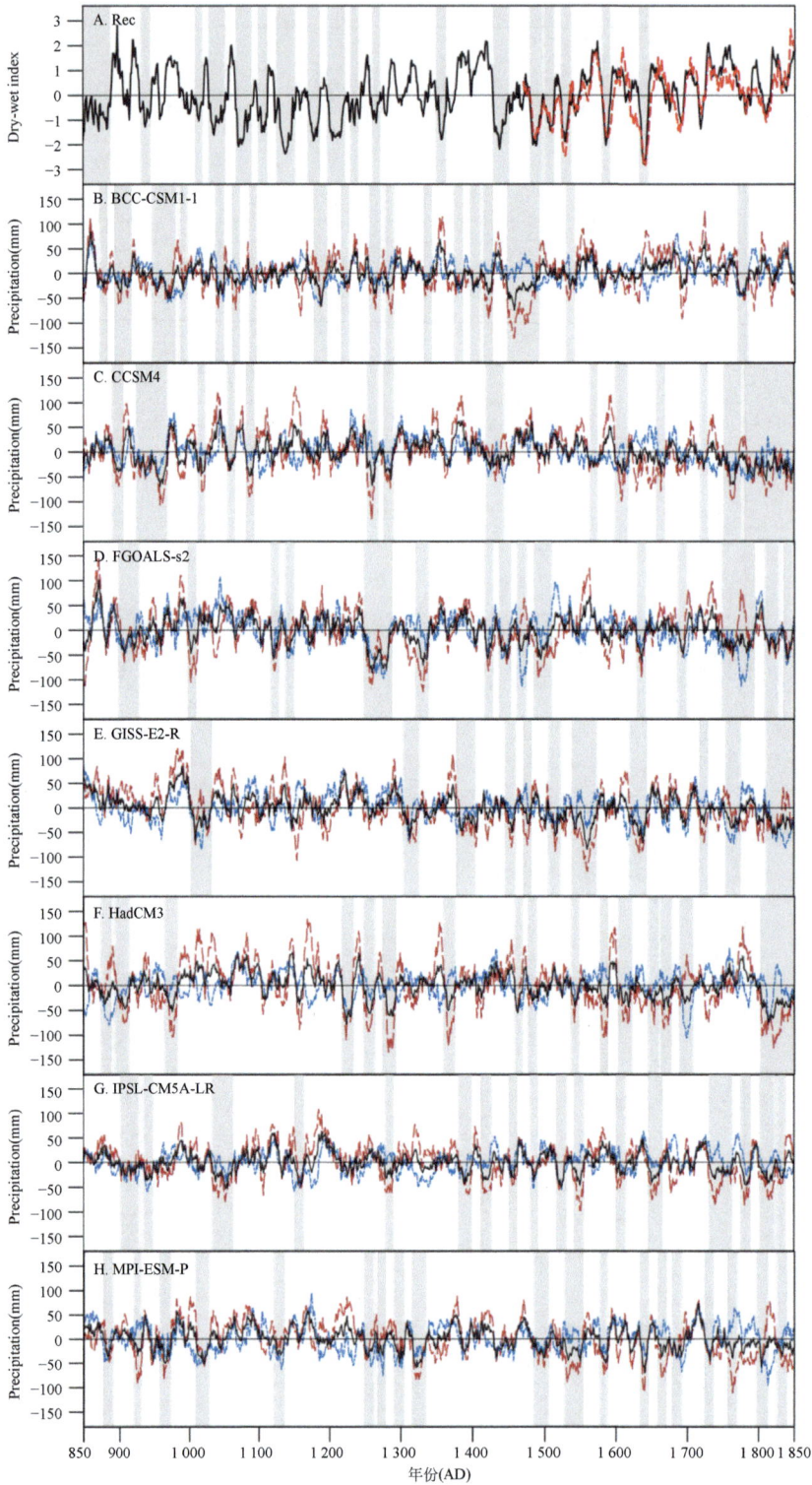

图 4.10　重建的 DWI 指数（实线）和 RAP（虚线）降水序列（A）、模式模拟的年降水异常（黑线）、

夏季（5 月至 10 月）降水异常和冬季（11 月至次年 4 月）降水异常（B ~ H）

注：选取的年代际干旱事件时段被标记在了灰色阴影区内

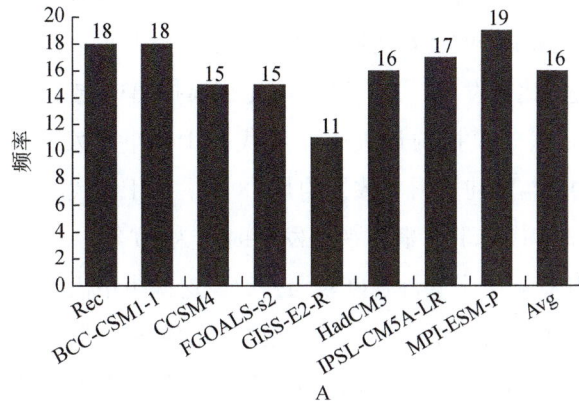

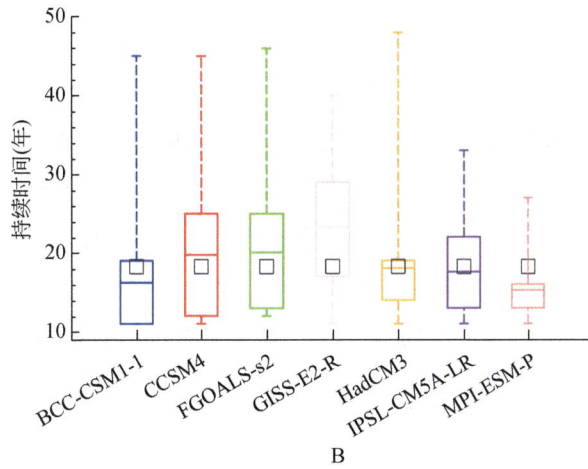

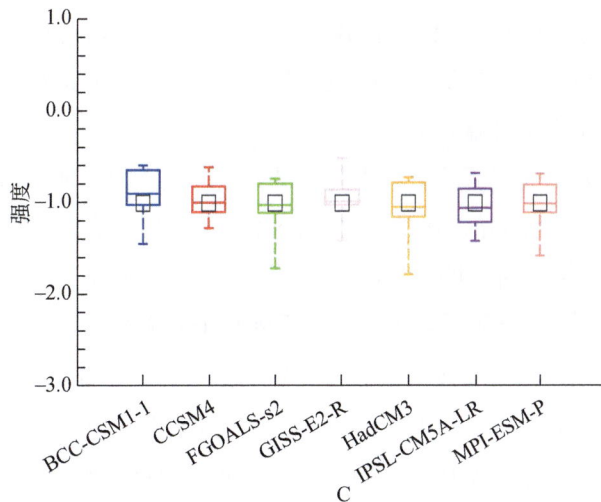

图 4.11　重建和模式模拟的年代际干旱发生频次（A）、持续时间（B）和标准化强度（C）

注：图中 B 和 C 中方框的上边缘表示第 75 个百分位数，下边缘表示第 25 个百分位数，
方框内的条形表示平均值，黑色方块表示 DWI 的平均值

本书评估了 PMIP3 过去千年试验中 7 个模式对中国东部年代际干旱的模拟能力，并详细分析了中国东部年代际干旱的物理机制，主要结论有以下几个方面。

1）与重建资料进行比较发现，7 个模式均能够模拟出中国东部年代际干旱的发生频次、持续时间及强度。模式模拟的过去千年年代际干旱事件发生频次为 11～19，BCC-CSM1-1 模式模拟的结果与重建资料一致，均是 18 次。对于年代际干旱持续的时间，模式模拟的和重建资料中的年代际干旱事件平均发生时间为 20 年。对于年代际干旱事件的强度，所有模式模拟的年代际干旱事件强度较为一致；这说明年代际干旱强度大小与降水的变率有关，可能是受气候系统内部辩论和外强迫共同的影响。但是，模拟的年代际干旱发生时间与重建资料中的时间不一致，这说明中国东部年代际干旱事件是由气候系统内部变率引起的。此外，在年代际干旱事件期间，模式模拟的中国东部降水异常空间分布模态表明，中国东部大部分地区降水呈现显著的负异常。与重建资料对比发现，CCSM4、FGOALS-s2 和 MPI-ESM-P 模式模拟的降水场与重建资料中的最相似。综上所述，PMIP3 中 7 个模式可以合理地模拟出中国东部年代际干旱事件的时空分布特征。

2）模式模拟结果表明中国东部年代际干旱事件发生期间，EASM 显著减弱而 EAWM 显著增强。但是对应的环流均呈现显著的北方异常，这是导致中国东部年代际干旱期间降水减少的主要原因。而这些北风异常主要是由于东亚地区呈现显著的正 SLP 异常而西北太平洋地区有显著的负 SLP 异常造成的。在这 7 个模式中，CCSM4、HadCM3 和 MPI-ESM-P 表现最佳，能够模拟出夏季此 SLP 模态；并且 7 个模式均能够模拟冬季中国东部正 SLP 异常。

3）大多数模式都能够模拟出 PDO 正位向海温型，该模态与中国东部的年代际干旱密切相关。在 7 个模式中，BCC-CSM1-1 模式模拟的结果最好，与观测资料中的正位相 PDO 模态最为相似。其他模态大多数是只能模拟出北太平洋中部—西部显著的冷海温模态，并不能模拟出北太平洋东部暖海温异常。

很多研究结果均表明太阳活动会对亚洲季风变化产生影响。阿曼南部石笋的高分辨率氧同位素记录结果表明在公元前 8000 年之后，由于北半球夏季太阳日射量的变化，季风降水逐渐减少，印度季风降水的年代际到多年际变化与太阳活动有关（Fleitmann et al., 2003）。一般认为，石笋 $\delta^{18}O$ 记录能够很好地反映热带环流和季风降水变化，而树轮 $\Delta^{14}C$ 能够反映太阳活动变化；研究发现公元前 9000～前 6000 年，石笋 $\delta^{18}O$ 记录与树轮 $\Delta^{14}C$ 变化几乎一致，这说明热带降水和季风强度在百年—年代际上的变化与太阳辐射的变化有显著的相关关系（Neff et al., 2001）。Wang 等（2005）通过分析全新统董哥洞石笋资料发现全新世后期亚洲夏季风减弱与轨道变化导致的夏季日照降低有关，亚洲夏季风在百年—多年代际上的变化主要取决于太阳辐射变化。中国历史文献记录资料表明，陇西地区降水变化与北半球温度和大气中 $^{14}C$ 浓度的变化一致，模拟的太阳短波辐射和重建的太阳总辐照度结果表明太阳活动可能是陇西降水在多年代际、百年尺度上变化的主要驱动力（Tan et al. , 2008)。

另外还有很多学者根据模式模拟结果分析了太阳活动与亚洲季风之间的关系。况雪源等（2010）利用 ECHO-G 模式模拟结果分析了近千年三个特征时期东亚夏季风特征及其影响因子，研究结果表明，中世纪暖期东亚夏季风最强，东亚地区降水明显偏多，主要受有效太阳辐射变化影响。同样是利用 ECHO-G 模式模拟结果，Liu 等（2012b）发现北半球夏季风降水变化对温室气体变化更敏感，而南半球夏季风降水变化对太阳辐射与火山活动变化更敏感。代用资料和模式模拟结果均表明中世纪暖期东亚夏季风偏强，但相较于整个中世纪暖期，公元 1000 ~ 1100 年东亚夏季风明显偏弱（Liu et al. , 2014）。Jin 等（2018）利用通用地球系统模式（Community Earth System Model, CESM）开展的 6 个过去2000 年气候数值模拟试验资料发现，公元 980 ~ 1100 年东亚夏季风相对于整个中世纪暖期强东亚夏季风来说是偏弱的，并且东亚夏季风多年代际—百年尺度变化与印度洋—太平洋海温呈显著的正相关关系。东亚夏季风偏强时印度洋—太平洋海温偏高并呈现了类拉尼娜型空间分布模态。通过与控制试验和 4 个单因子敏感试验的对比发现，该海温模态主要受太阳辐射和火山活动的影响，土地利用/土地覆盖、温室气体及气候系统内部变率的作用并不明显。而公元 980 ~ 1100 年东亚夏季风相对于整个暖期偏弱，主要与该时期太阳辐射值偏低导致印度洋—太平洋海温整体偏低，并呈现出类厄尔尼诺型的空间分布模态有关。赤道西太平洋海温偏低，对流减弱，激发了菲律宾反气旋，使得大量的水汽向北传输，中国南方降水普遍偏多。但是反气旋环流北部的气旋性环流使得南风减弱，中国北方降水偏少，东亚夏季风减弱。

观测资料也表明太阳活动会对亚洲夏季风产生影响。Zhao 等（2012）根据 1901 ~ 2006 年的高分辨率陆地降水资料和太阳黑子数（Sunspot Number, SSN）数据分析中国夏季降水与年代际太阳变化之间的关系发现，在全国范围内降水与 SSN 的相关性很差。但如果仅考虑降水年代际（9 ~ 13 年）分量，两者的相关性会显著增强；并且太阳辐射高、低值年份对应的低层季风环流存在明显的差异，导致了中国中部高太阳活动年降水更多。太阳辐射极大值年份，赤道东太平洋海表温度呈现冷异常，ITCZ（Intertropical Convergence Zone）和 SPCZ（South Pacific Convergence Zone）极向扩展，西太平洋降水增多。同时随着沃克环流的增强，赤道西太平洋上升运动和赤道东太平洋下沉运动均有增强（Gleisner and Thejll, 2003）。同时，ENSO 的周期也会受太阳活动调制（Kodera et al. , 2007）。在太阳辐射极大值年份 2 ~ 3 年后，东太平洋海温开始转变为暖位相，也就是类 El Niño 模态（White and Liu, 2008a，b），从而对亚洲季风降水产生影响。

因此本章利用 CESM-LME 中 4 个太阳辐射单因子敏感性试验（Spectral Solar Irradiance Experiments, 简称 SSI 试验）的集合平均结果和 1 个控制试验（Control Experiment, 简称 CTRL 试验）结果，探究了在仅有太阳辐射强迫下亚洲夏季风年代际变化上的时空特征，揭示了太阳活动对亚洲夏季风的影响过程及驱动机制。

小波分析结果可知（图4.12），TSI 序列显著的 8～16 年周期信号在公元 850～1850 年间并不是一直连续存在的。在太阳活动 11 年周期对亚洲夏季风年代际变率的影响研究中，为了使结果更可靠，选取了过去 1000 年中两个连续最长的时期，即公元 900～1285 年太阳辐射有显著的 8～15 年周期的时段与公元 1400～1535 不具有显著的 8～15 年太阳辐射时段，来进行对比分析。其中，公元 900～1285 年在历史上被称为中世纪暖期，而公元 1400～1535 年属于小冰期（Little Ice Age，LIA）。

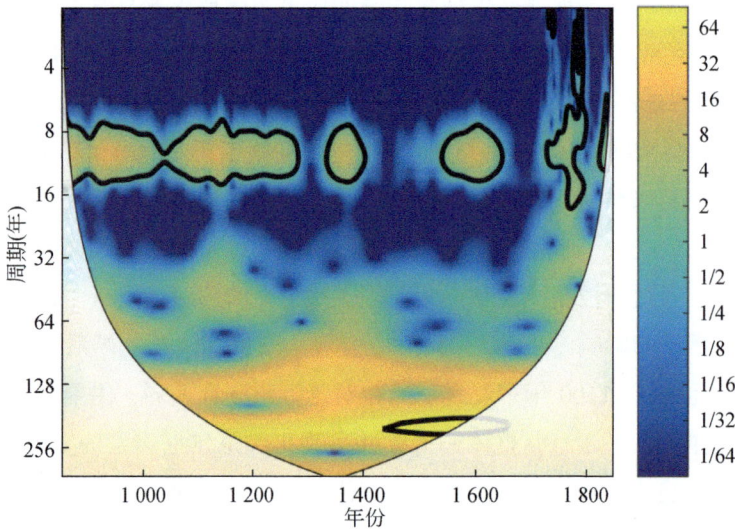

图 4.12　SSI 试验中太阳辐射序列在公元 850～1850 年小波分析

首先诊断了亚洲地区夏季平均降水（5～9 月，May～September，简称为 MJJAS）在太阳辐射强 11 年周期时段和弱 11 年周期时段年代际信号（9～13 年）的空间分布格局。在太阳辐射强 11 年周期时段（图 4.13A），夏季降水具有显著年代际信号的区域存在于青藏高原、中国华北地区和华南沿海地区、朝鲜半岛、日本半岛附近。整体来看，东亚季风区具有显著的年代际信号；印度季风区包括印度半岛和中南半岛，均未检测出显著的年代际信号；西北太平洋季风区仅有部分区域检测出了年代际信号并且空间上不连续。在太阳辐射弱 11 年时段（图 4.13），30°N 以北尤其是中国西北部干旱半干旱地区年代际信号较为显著。综上所述，东亚季风区在太阳辐射强 11 年周期时段具有显著的年代际信号，但是弱 11 年周期时段并没有；印度季风区不管在强 11 年周期时段还是弱 11 年周期时段均没有显著的年代际信号；西北太平洋季风区仅在强 11 年周期时段西北太平洋地区和海洋大陆地区部分岛屿存在明显的年代际信号。所以接下来主要比较 EASM 年代际变率在太阳辐射强 11 年周期和弱 11 年周期时段区别。

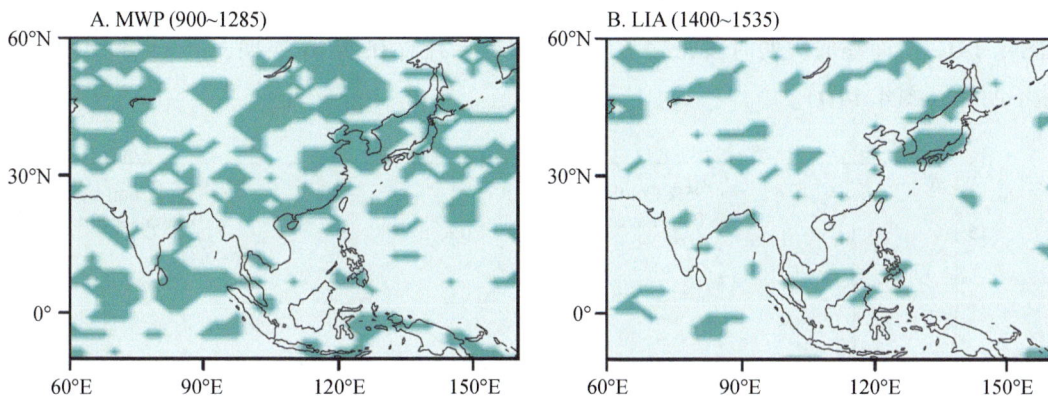

图 4.13  夏季平均降水具有显著年代际信号 (9 ~ 13 年) 空间分布

图 A 为太阳辐射强 11 年周期时段 (公元 900 ~ 1285)，图 B 为弱 11 年周期时段 (公元 1400 ~ 1535)；

深绿色阴影区表示该区域具有显著年代际周期信号

很多学者提出了不同的指数来度量 EASM 强度变化。关于东亚季风区范围，Wang 和 Ding (2008) 将季风区定义为年变化 (夏季—冬季) 降水量超过 2mm/d，当地夏季 (5 ~ 9 月平均) 总降水量超过年总降水量 55% 的地区。Yim 等 (2014) 则直接将 EASM 定义在 22.5°N ~ 45°N，110°E ~ 135°E 矩形框内。为了使东亚季风区的范围更准确，最终采用了 Wang 和 Ding (2008) 的方法定义东亚季风区。

观测资料结果表明东亚夏季风降水在年代际上空间分布格局最主要的模态就是南北偶极子分布型 (Wang et al.，2008；Zhou et al.，2009)。为了探究太阳辐射强迫下的东亚夏季风降水年代际空间分布格局如何，下面对 CESM-LME 中 4 个 SSI 试验集合平均结果的公元 850 ~ 1850 年东亚季风区内夏季平均降水进行了 EOF 分解。为了区分出年代际上的信号，首先对降水进行了 8 ~ 15 年带通滤波。东亚夏季风降水在年代际上 EOF 第一模态 (first EOF mode，简称 EOF1) 呈现 "北涝南旱" 空间分布格局，即 35°N 以北和 35°N 以南夏季降水呈反位相变化。通常来说想要量化 EASM 年代际强度变化，可以选择东亚 (East Asia，简称 EA) 北部或 EA 南部区域平均降水来表征。Chen 等 (2015) 使用重建的代用资料发现 EASM 强度可以直接由华北地区降水来表征。因此在本项工作中，使用了 EA 北部的 MJJAS 平均降水来衡量 EASM 强度的变化，并将 EASM 指数定义为东亚季风区北部 (35°N ~ 45°N，110°E ~ 135°E) 夏季区域平均降水。

为了探究 EASM 对太阳辐射 11 年周期的响应，我们首先比较了太阳辐射强 11 年周期时段 (公元 900 ~ 1285) 和弱 11 年周期时段 (公元 1400 ~ 1535) 外强迫序列及 EASM 指数功率谱。为方便起见，这里将公元 900 ~ 1285 的时期称为强 (11 年) 周期时段，将公元 1400 ~ 1535 的时期称为弱 (11 年) 周期时段。公元 900 ~ 1285 年和 1400 ~ 1535 年太阳辐射序列均存在显著的 11 年信号，但是在强周期时段的 11 年周期对应的光谱信号比在弱周期时段的要强得多。对于 4 个 SSI 试验集合平均结果中的 EASM 指数来说，尽管

EASM 指数的年际波动很大，但在强周期时段还是存在一个显著的准 11 年周期信号（图 4.14C）。而在弱周期时段，除了年际信号外，还存在准 15 周期，准 11 年周期信号并不明显（图 4.14D）。

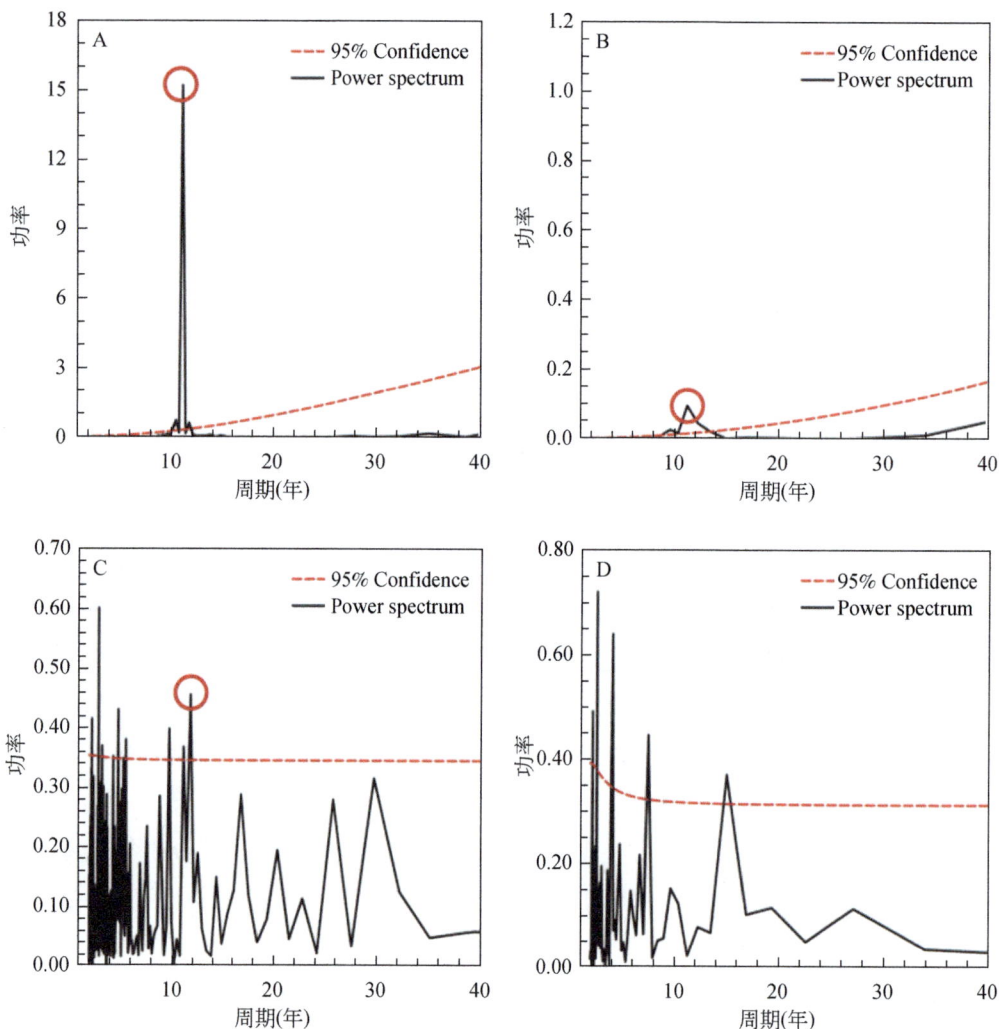

图 4.14　太阳辐射外强迫序列（A，B）和 4 个 SSI 试验集合平均中的 EASM 指数序列（C，D）在太阳辐射强 11 年周期时段（900～1285 年）（A，C）和弱 11 年周期时段（1400～1535 年）（B，D）的功率谱

为了搞清楚 EASM 指数在强周期时段出现的准 11 年周期信号是否是受气候系统内部变率的调控，下面对 1000 年的 CTRL 试验中 EASM 指数也进行了功率谱分析（图 4.15）。在控制试验中，EASM 指数具有显著的年际信号，这可能是与 ENSO 有关，另外还存在显著的 15 年周期，但是并没有 11 年信号。值得注意的是，弱 11 年周期时段 EASM 指数也具有显著的 15 年周期（图 4.14D）。所以，强 11 年周期时段显著的 11 年周期信号并不是受气候系统内部变率的影响，而气候系统内部变率可以强迫出 EASM 指数准 15 年周期信号。

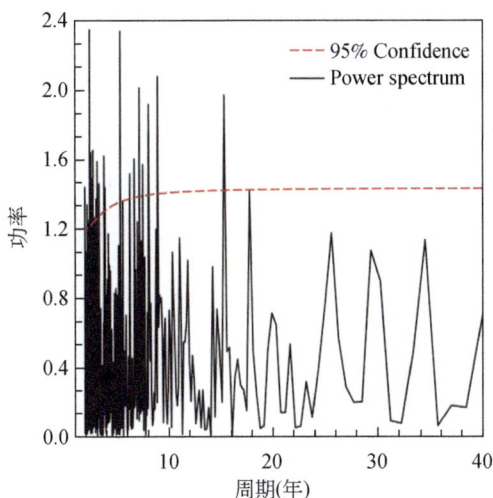

图 4.15　控制试验中 EASM 指数的功率谱

之前的研究结果表明，东亚地区冬季 DJF 地表温度（Surface air temperature，SAT）年际至年代际 EOF 分解的结果有两个主模态，即北方模态和南方模态（Chen et al.，2014），并且这两种模态能够表征整个亚洲季风区变化特征（Wang et al.，2010）。图 4.16A 和图 4.16B 是观测再分析资料中整个亚洲季风区（0°~70°N，60°~140°E）在 1871~2000 年 DJF 平均的地表温度 EOF 分解前两个模态，亚洲冬季温度 EOF1 表现为 40°N~70°N 全区一致变化型，最大的变率中心在 60°N 附近。EOF 第二模态（Second EOF mode，EOF2）的特征为亚洲地区南北偶极子型空间分布格局，最大的变率中心位于哈萨克高地，并由此延伸到我国华东地区。该 EOF 分解结果和 Wang 等（2010）结果一致。在本研究中，同样将 EOF1 对应的模态称为 AWM 北方模态，EOF2 称为亚洲冬季风南方模态。

为了探究模式对 AWM 变率的模拟能力，下面同样从 1000 年控制试验中随机选取出一个 130 年的样本进行比较。CRTL 试验中亚洲地区冬季地表温度 EOF 第一模态和第二模态的空间结构（图 4.16C 和 4.16D）与观测资料 EOF 分解出来的结果基本一致。值得注意的是，不管在观测资料还是 CRTL 试验中 AWM 北方模态的解释方差大约能占到总方差的

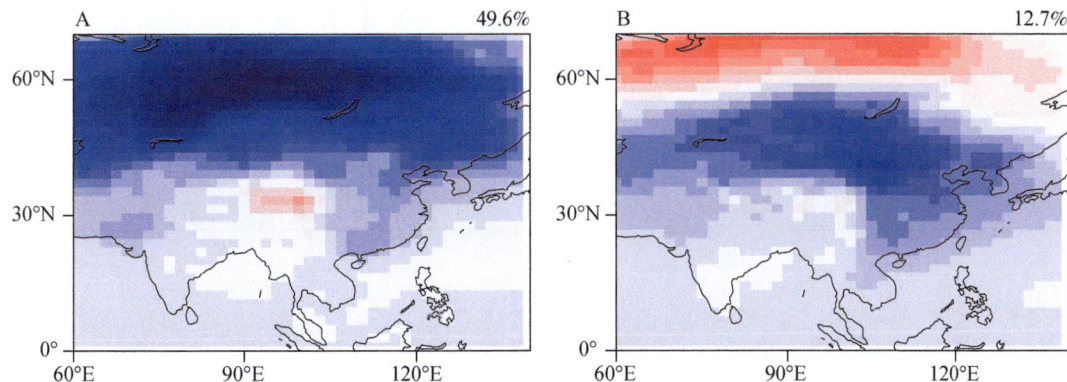

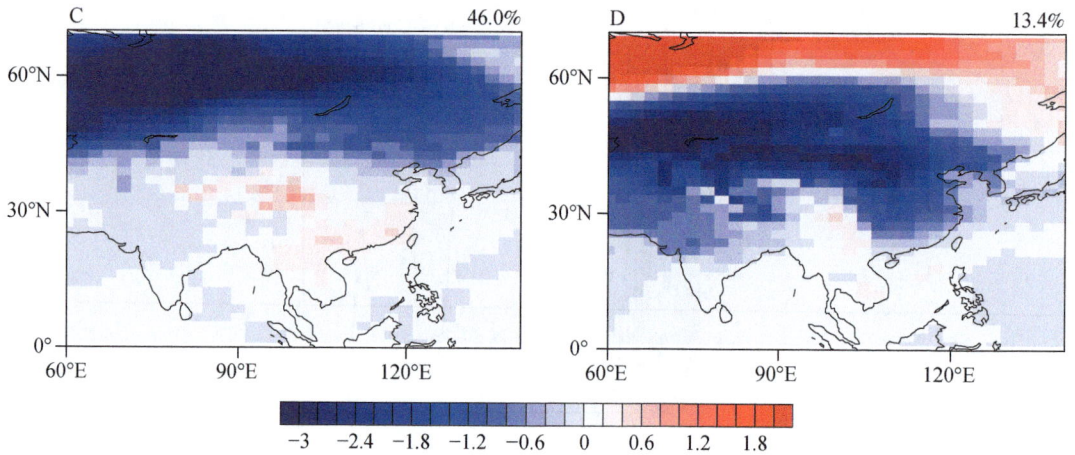

图 4.16  观测再分析资料（A，B）和控制试验（C，D）中亚洲冬季平均地表
温度 EOF 第一模态（A，C）和第二模态（B，D）

50%，约是南方模态对应解释方差的 4 倍。因此接下来我们着重分析了冬季地表温度第一模态也就是北方模态对应主成分（First principal Components，PC1）的时间尺度特征，并将 PC1 定义为亚洲冬季风（北方模态）指数。

虽然观测再分析资料和 CRTL 试验 EOF 分解出来主模态空间结构上类似，但是对应的 PC1 周期变率还是存在较大的差异（图 4.17）。CTRL 试验中 PC1 功率谱分析结果表明其具有显著的年际信号（准 3.5 年、准 5 年、准 7 年）和准 15 年年代际周期信号，而观测资料中 PC1 仅存在准 2 年年际信号。综上所述，CESM-LME 中控制试验几乎能够模拟出观测到的 AWM 年际—年代际变率的主模态。

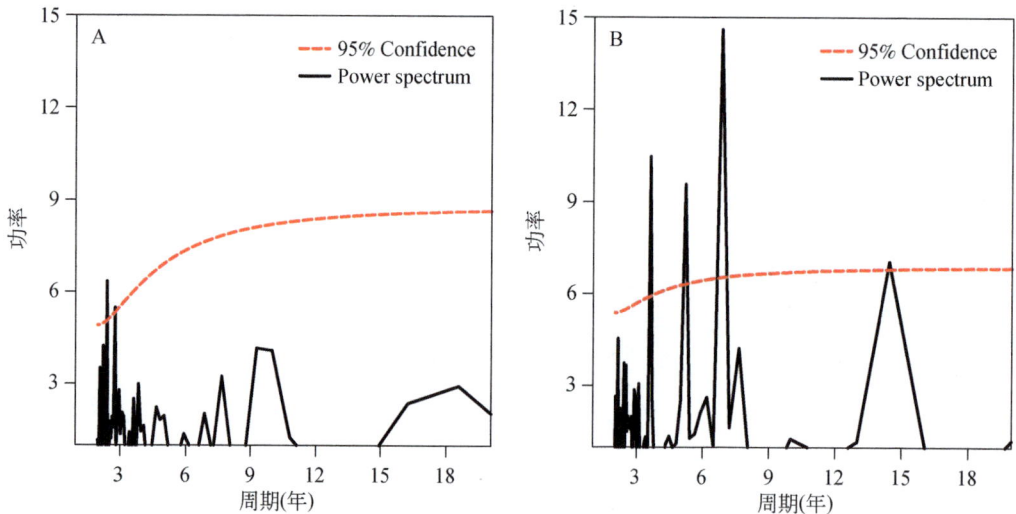

图 4.17  观测再分析资料（A）和控制试验（B）中亚洲冬季地表温度 PC1 的功率谱

在探究太阳活动 11 年周期与亚洲冬季风指数之间的相关关系之前，首先需要诊断亚洲季风区冬季平均温度年代际信号（9～13 年周期）分别在太阳辐射强 11 年周期时段和弱 11 年周期时段的空间分布格局（图 4.18）。如图 4.18A 所示，在强 11 年周期时段（公元 900～1285 年），亚洲季风区北部大部分区域均检测出了显著的年代际信号。另外，检测出显著年代际信号的地理位置与亚洲冬季风北方模态空间分布格局较为一致。而在弱 11 年周期时段（公元 1400～1535 年），亚洲季风区仅有少数区域具有显著的年代际信号（图 4.18B）。由此猜测，太阳活动 11 年周期可能会对亚洲冬季风北方模态年代际变率产生影响。一般来说，模式对温度的模拟能力会比对降水的模拟能力强，并且温度对外强迫的响应更明显，因此在探究太阳活动 11 年周期与 AWM 年代际变化之间关系时，选取了相同时间长度的强 11 年周期和弱 11 年周期时段，即公元 1100～1235 年作为具有显著的年代际信号时段，而公元 1400～1535 年作为没有明显年代际时段来进行比较分析。

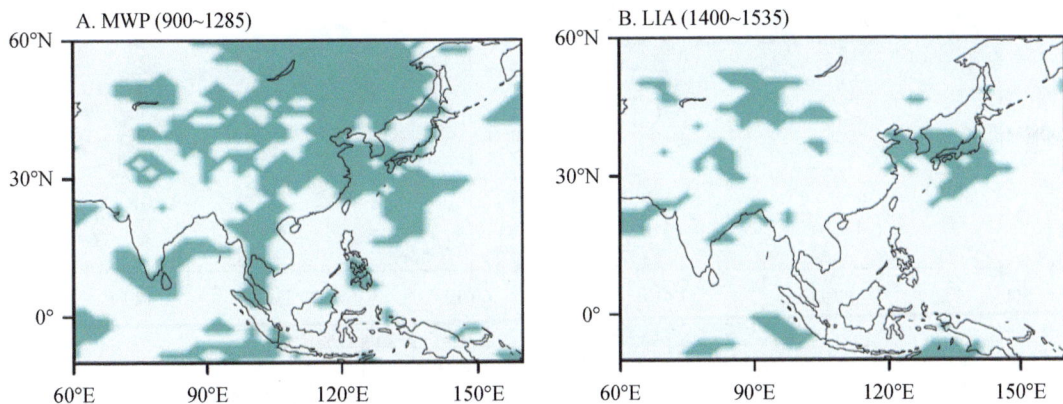

图 4.18　冬季地表温度具有显著的年代际信号（9～13 年）空间分布格局

注：A 为太阳辐射强 11 年周期时段（公元 900～1285 年）；B 为弱 11 年周期时段（公元 1400～1535 年）空间分布格局；深绿色阴影区表示该区域具有显著年代际周期信号

为了研究太阳活动 11 年周期如何影响 AWM 年代际变化，我们先探究了太阳辐射单因子敏感性试验中亚洲冬季地表温度的主模态。在强 11 年周期时段（图 4.19A 和图 4.19B），亚洲冬季地表温度前两个模态的解释方差分别为 44.1% 和 14.3%，通过了 North 检验（North et al.，1982）。而在弱 11 年周期时段（图 4.19C 和图 4.19D），亚洲冬季地表温度前两个模态的解释方差分别为 48.1% 和 13.3%。虽然 SSI 试验中模拟的地表温度 EOF1 和 EOF2 空间模态的变化幅度略小于其在观测再分析资料和控制试验中的，但太阳辐射强迫的亚洲冬季地表温度主模态空间结构和观测资料与控制试验中模拟的基本一致。此外，强、弱 11 年周期时段 AWM 的 EOF1 和 EOF2 的解释方差也基本一致。以上结果表明，AWM 北方模态和 AWM 南方模态本质上是亚洲冬季温度内部模态，它们的空间分布格局不会受太阳辐射变化的影响而改变。太阳辐射外强迫不会明显改变亚洲季风北方模态和南方模态空间结构，那么太阳辐射 11 年周期在 AWM 年代际变化中起到了什么作用？

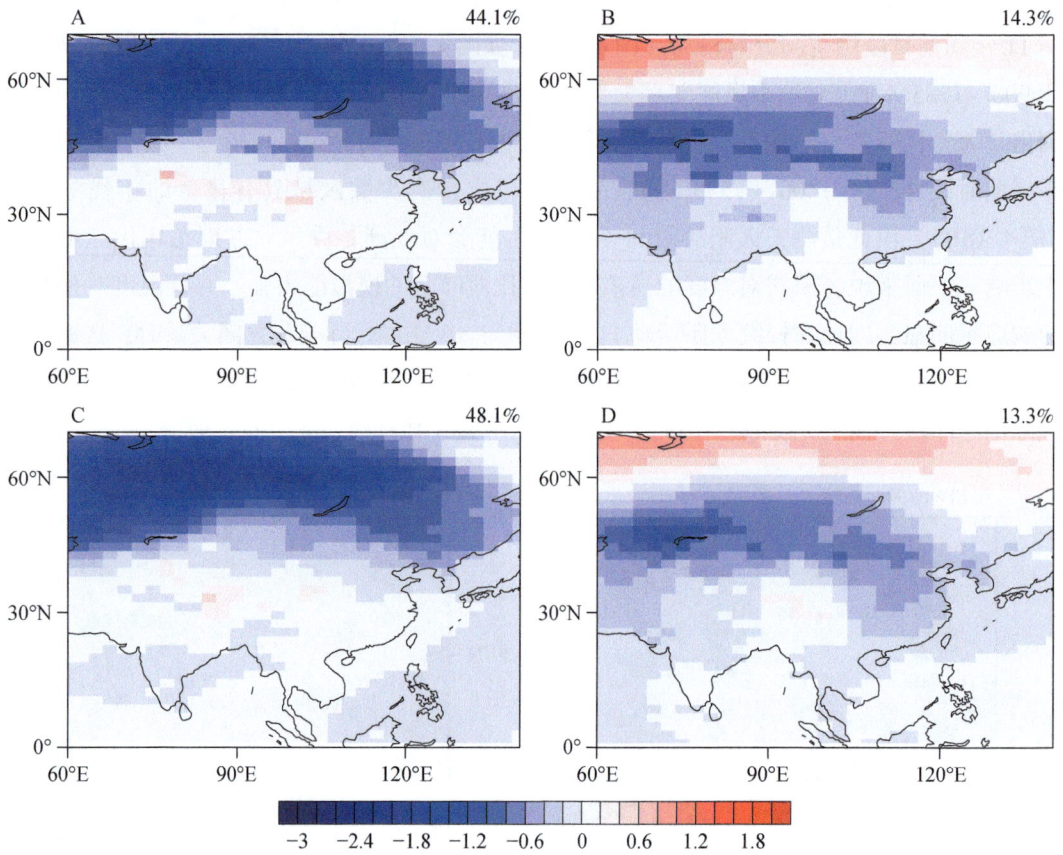

图 4.19　太阳辐射单因子敏感性试验中太阳辐射强 11 年周期时段（A，B）和弱 11 年周期时段（C，D）亚洲冬季地表温度 EOF 分解第一模态（A，C）和第二模态（B，D）

之后，同样对比了强 11 年周期和弱 11 年周期时段 PC1 的功率谱（图 4.20）。在太阳辐射强 11 年周期时段，显著的年代际信号（准 12 年）成为其主要周期，而控制试验和观测资料中出现的年际变率则变得不显著。在弱 11 年周期时段，年代际周期仍然占主导地位；虽然 CTRL 试验中出现的准 15 年周期并未在该时段出现，但是在该时段也出现了准 12 年峰值信号，虽然该信号并未通过显著性检验。需要说明的是，与 PC1 不同，太阳辐射强 11 年周期和弱 11 年周时段 AWM 南方模态对应的主成分仍然以年际振荡为主（图略）。由此可知，太阳活动 11 年周期对亚洲季风南方模态的影响很小，但是太阳辐射强 11 年周期会影响亚洲冬季风北方模态。此外，在单个太阳辐射单因子敏感性试验中，年际信号还是占主导地位（图 4.21）。单个 SSI 试验结果很大程度上会受到气候系统内部变率的调控，4 个 SSI 试验集合平均的结果会使得气候内部变率相互抵消，从而可以更好地探究太阳辐射外强迫因子在 AWM 年代际变化中起到的作用。因此，接下来的分析均是基于 4 个 SSI 试验集合平均结果。

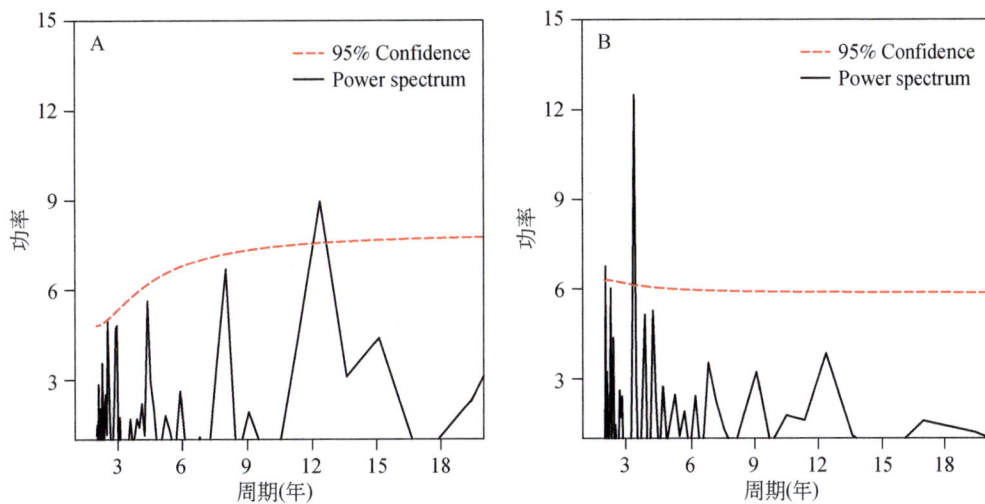

图 4.20　太阳辐射单因子敏感性试验中太阳辐射强 11 年周期时段（A）和弱 11
年周期时段（B）亚洲冬季地表温度 PC1 的功率谱

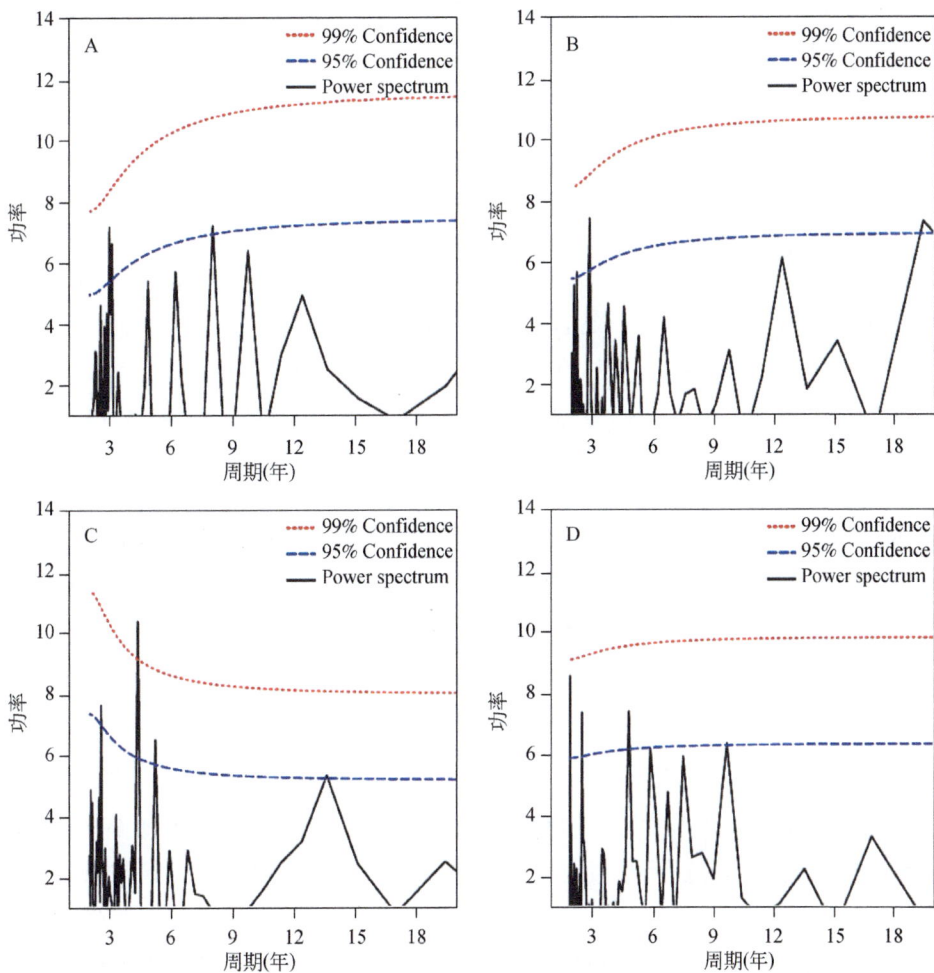

图 4.21　4 个太阳辐射单因子敏感性试验中太阳辐射强 11 年周期时段亚洲冬季地表温度 PC1 功率谱

为了进一步探究 AWM 北方模态年代际变率与太阳活动 11 年周期的关系，接下来对太阳辐射强 11 年周期和弱 11 年周期时段太阳辐射序列与亚洲冬季风指数（PC1）进行了超前滞后相关分析。为了突出年代际信号，对两个序列均进行了 8～15 年带通滤波。如图 4.22A 所示，在强 11 年周期时段，亚洲冬季风指数与太阳辐射变化之间没有显著的同期相关关系，但是在 3～4 年两者存在显著的正相关关系。虽然两者在 −2 年左右存在显著的负相关关系，但这并不具有物理意义，因为亚洲冬季风年代际变率无法影响到太阳辐射变化。因此，在太阳辐射达到峰值后的 3～4 年，AWM 北方模态年代际响应达到了峰值，即亚洲北部异常寒冷在太阳辐照度峰值年后的 3～4 年最大。但是在弱 11 年周期时段，太阳辐射序列与亚洲冬季风强度指数并没有显著的相关关系（图 4.22B）。

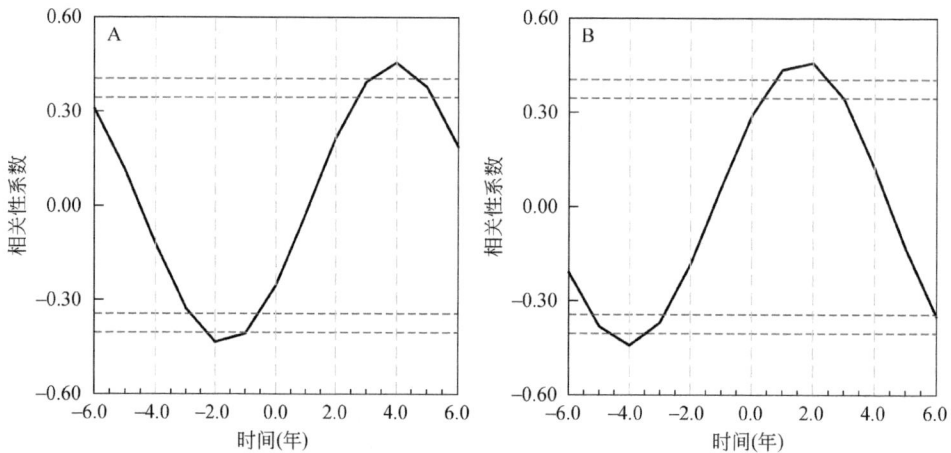

图 4.22　SSI 试验中太阳辐射外序列与亚洲冬季风指数在年代际变化上（8～15 年带通滤波）
在强 11 年周期时段（A）和弱 11 年周期时段（B）超前滞后相关关系

注：−6～0 年表示太阳辐射序列滞后亚洲冬季风指数，0～6 年表示太阳辐射序列超前于亚洲冬季风指数；蓝色虚线表示在 90% 置信度水平上，红色虚线表示在 95% 置信度水平上；图 A 中有效自由度为 22，图 B 中有效样自由度为 23

CESM-LME 模式模拟结果表明，亚洲大陆北部寒冬发生的同时北极海温升高明显（Jin et al.，2019）。基于观测资料的结果发现在最近的二十年中，欧亚大陆发生寒冬的频率增多（Cohen et al.，2012；Mori et al.，2014），而巴伦支—喀拉海地区海温显著变暖，目前一般将这种模态称为"暖北极—冷西伯利亚"［Warm Arctic-cold Siberia（or Eurasia），WACS］。

首先使用 ERA20C 合成资料中的 DJF 地表平均温度探究了过去 120 年间巴伦支—喀拉海地区（70°N～82°N，0°～70°E）和欧亚大陆北部（40°N～60°N，50°E～130°E）冬季地表温度变化曲线。如图 4.23 所示，自 1965 年以来巴伦支—喀拉海地区的冬季平均地表温度呈现显著的增加趋势，并且在 20 世纪末其温度增长的趋势更快，这可能与温室气体排放导致的增温有关。对于欧亚大陆北部冬季地表温度来说，在 1965～1997 年间温度增长的趋势与巴伦支海地区较为一致，但是 1998 年后，欧亚大陆北部冬季地表温度出现了反向变化趋势。那么，WACS 现象会是冬季地表温度多年代尺度变化的一部分吗？

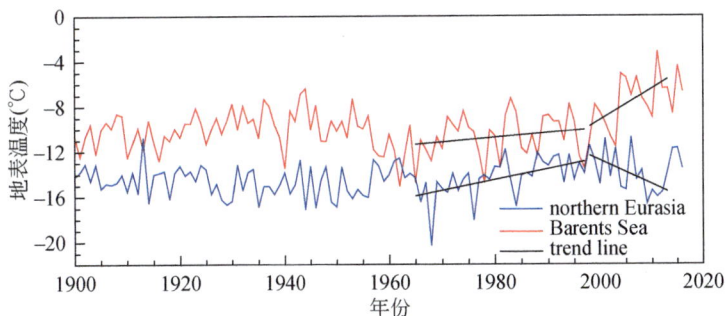

图 4.23 基于 ERA20C 合成资料的欧亚大陆北部（蓝线）和巴伦支—喀拉海
（红线）冬季地表气温变化曲线

注：黑色直线为 1965～1997 年和 1998～2013 年温度变化的趋势线；所有趋势线均通过了 0.05 显著性检验

为了揭示在 1998 年后两条温度序列出现反向变化趋势的原因，我们对北极—欧亚大陆地区（40°N～90°N，0°～150°E）1965～1997 年和 1998～2013 年的冬季地表温度分别进行了 EOF 分解。通过样本误差的统计显著性检测，两个时段 EOF 分解后的前两个模态均能显著区分开来（North et al.，1982）。在 1965～1997 年（图 4.24A，图 4.24B），北极—欧亚大陆冬季地表温度 EOF1 呈现全区一致变化的空间分布格局，其解释方差为40.3%，EOF2 则表现为暖北极冷欧亚大陆偶极子型空间分布格局，即 WACS 模态。有意思的是，在 1998～2013 年期间（图 4.24C，图 4.24D），WACS 模态已经成为冬季温度变化的主模态，其解释方差为 46.5%。而全区一致变化模态则变成了第二模态，解释方差仅有 23.6%。此外我们分析了 EOF1 对应的时间序列（PC1）趋势（图 4.25），结果表明只有在 1998～2013 年间标准化后的 PC1 具有显著增长趋势。综上所述，北极—欧亚大陆地区在 1998 年前后 EOF1、EOF2 发生了转换。在 1965～1997 年期间，冬季温度以全区一致

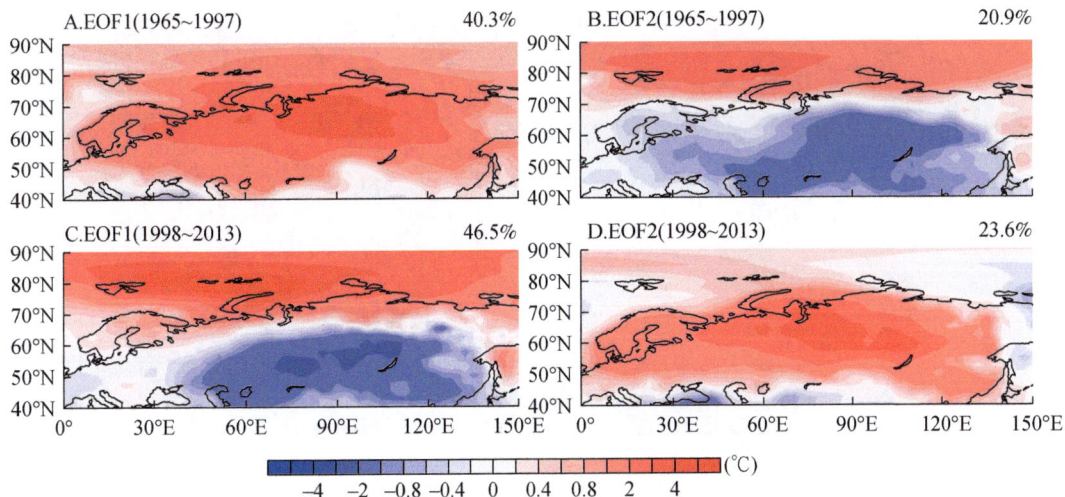

图 4.24 基于 ERA20C 合成资料的北极—欧亚大陆地区 1965～1997 年（A，B）和 1998～2013 年
（C，D）的 DJF 平均地表温度 EOF1（A，C）和 EOF2（B，D）

增温为主；但是在1998年之后，WACS型分布格局则变成了主模态。综上可知，北极—欧亚大陆冬季地表温度有两个主模态，包括全区一致型和WACS型，并且两个模态的总解释方差在1998年前后两个时段内几乎没有差别。

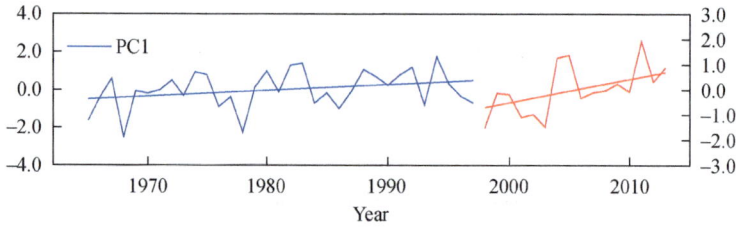

图4.25　北极—欧亚大陆地区EOF1对应的时间序列

注：直线表示趋势线，只有1998~2013年间的PC1在95%置信度水平上

虽然WACS是冬季气候变化的主模态，但它也可能会受到外强迫因子的影响。因此，下面首先使用CESM-LME模式模拟结果来辨别各外强迫因子引起的冬季温度变化趋势如何。由于火山活动和土地利用/土地覆盖对气候的影响通常是降温作用（Bonan，2008；Stoffel et al.，2015），这里就仅考虑太阳辐射和温室气体的影响。CESM-LME太阳辐射单因子敏感性试验和温室气体单因子敏感性试验中用到的外强迫序列，在工业革命以后（1850~2000年），温室气体浓度呈现显著增长趋势，而总太阳辐射也呈现显著上升的趋势，但是其年代际波动比较大。使用集合平均后的太阳辐射单因子敏感性试验和温室气体单因子敏感性试验结果，对两个试验模拟的1850~2000年北半球冬季温度进行了线性趋势分析发现（图4.26），在SSI试验中（图4.26A），北半球冬季地表温度变化趋势表现为

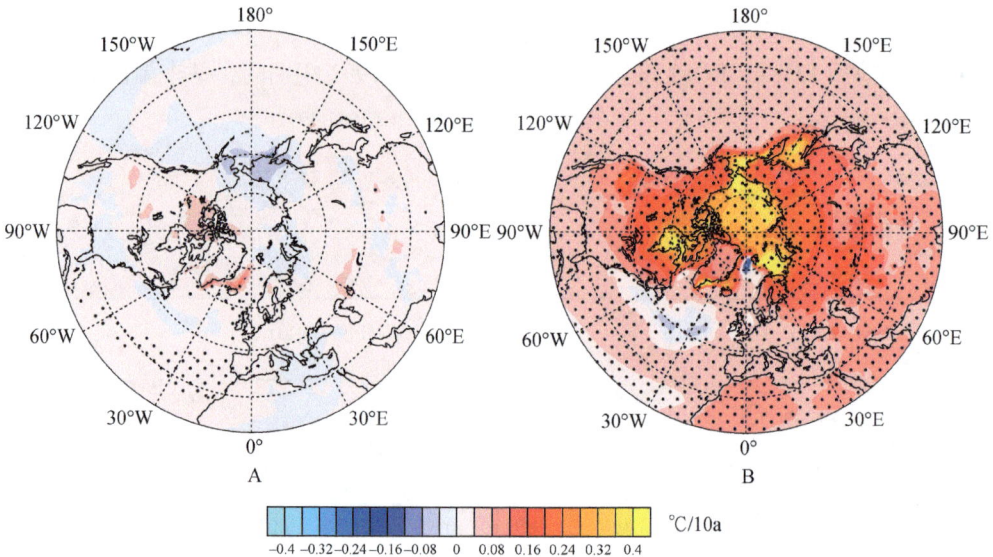

图4.26　太阳辐射单因子敏感性试验（A）和温室气体单因子敏感性试验（B）中现代暖期

（1850~2000年）冬季地表温度线性趋势的空间分布格局

注：打点区域表示通过了0.05显著性检验

大部分区域为增温，但是整体上并不显著，只有副热带大西洋温度增高较为显著，并且欧亚大陆没有显著的温度变化趋势。温室气体增加引起的北半球增温更显著，除了北大西洋部分海域外，其他区域均表现出一致增温变化趋势模态（图4.26B）。从图4.26来看，不管是太阳辐射还是温室气体都不会强迫出冬季地表气温WACS型变化趋势。

# 4.2 典型冷暖期的年代际气候变化特征

## 4.2.1 数据

本研究所用模拟资料来自CESM低分辨率版本（CESM1.0.3，T31_g37）开展的过去2000年气候数值模拟试验，共7个试验（表4.3）。模拟试验采用的外强迫条件包括随时间变化的太阳辐射、火山活动、温室气体浓度及土地利用/覆盖。其中，温室气体主要包括$CO_2$，$CH_4$和$N_2O$，本研究仅用$CO_2$外强迫因子代表。土地利用/覆盖仅用农作物（Crop）代表，实际下垫面覆被类型包括农作物、牧场、落叶阔叶林等17种。

表4.3 7个过去2000年气候模拟试验简况

| 试验名称 | 简称 | 驱动因子 | 积分时间（模式年） |
| --- | --- | --- | --- |
| 太阳辐射敏感性试验 | TSI | Shapiro等2000年重建结果 | 2000 |
| 火山活动敏感性试验 | Vol | Gao等1500年重建结果 | 1500 |
| 温室气体敏感性试验 | GHGs | Macfarling等2000年重建结果 | 2000 |
| 土地利用/覆盖敏感性试验 | LUCC | Kaplan等2000年重建结果 | 2000 |
| 自然因子试验 | SV | 太阳辐射+火山活动 | 2000 |
| 人为因子试验 | ANTH | 温室气体+土地利用/覆盖 | 2000 |
| 全强迫试验 | AF | 太阳辐射+火山活动+温室气体+土地利用/覆盖 | 2000 |

本书将CESM模拟结果与观测/再分析资料、重建资料进行对比（表4.4）。先将全球降水气候项目的降水资料（Global Precipitation Climatology Project，GPCP）2.2版、欧洲中期天气预报中心40年再分析资料（40-yr European Center for Medium Range Weather Forecasts Reanalysis，ERA-40）与CESM模拟结果进行对比。由于分辨率不同，对比前先将GPCP降水数据和ERA-40再分析资料插值到CESM模拟结果的格点上。图4.30为CESM模拟资料与观测/再分析资料的夏季（6~9月）降水场与环流场的气候平均态。CESM模拟结果与GPCP的夏季降水气候态的空间相关系数为0.75，均方根误差为2.15mm/day，模式能够再现降水的空间分布特征。但模式高估了青藏高原东部的降水，这是CMIP5模式现阶段普遍存在的问题；对印度半岛的降水也有高估。从环流场来看，模式模拟的海平面气压、850hPa风场及500hPa位势高度场的空间型态与再分析资料均较为

一致，空间相关系数分别为 0.85、0.97 和 0.98（均达到 99% 置信度）。

表 4.4  用于验证的观测/再分析资料及重建资料

| 序号 | 资料名称 | 简称 | 空间分辨率（°） | 所选时间段（年） |
|---|---|---|---|---|
| 1 | 全球降水气候项目的降水资料 2.2 版 | GPCP | 2.5°×2.5° | 1979~2008 |
| 2 | 欧洲中期天气预报中心 40 年再分析资料<br>PAGES 2k Consortium 重建的过去 1200 年 | ERA-40 | 2.5°×2.5° | 1958~2000 |
| 3 | 亚洲区域（20°~55°N，60°~160°E）夏季（6~8 月）<br>温度距平序列 Shi 等重建的过去 1100 年亚洲区域 | PAGES 2k | 区域平均 | 800~2000 |
| 4 | （2.5°N~57.5°N，62.5°E~142.5°E）夏季（6~8 月）<br>温度时空变化 Cook 等重建的过去 1200 年亚洲区域 | Shi 2015 | 2°×2° | 900~1999 |
| 5 | （10°S~54°N，60°E~148°E）夏季（6~8 月）<br>温度时空变化 | Cook 2013 | 5°×5° | 800~1989 |

图 4.27 为重建序列与 CESM 模式模拟的对应亚洲区域过去 1200 年夏季温度距平序列的对比。由图 4.27 可见，AF 的温度变化与重建的温度变化在百年尺度上较为一致，模拟结果基本处于重建资料的不确定性范围（2 倍标准差）以内。AF 模拟的温度与 PAGES 2k（图 4.27A）、Shi 2015（图 4.27B）、Cook 2013（图 4.27C）重建的温度序列 31 年滑动的相关系数分别为 0.53、0.67、0.52，原始序列的相关系数分别为 0.24、0.42、0.25，均达到 99% 置信度；但模拟结果整体偏低，表明模式存在系统偏差。

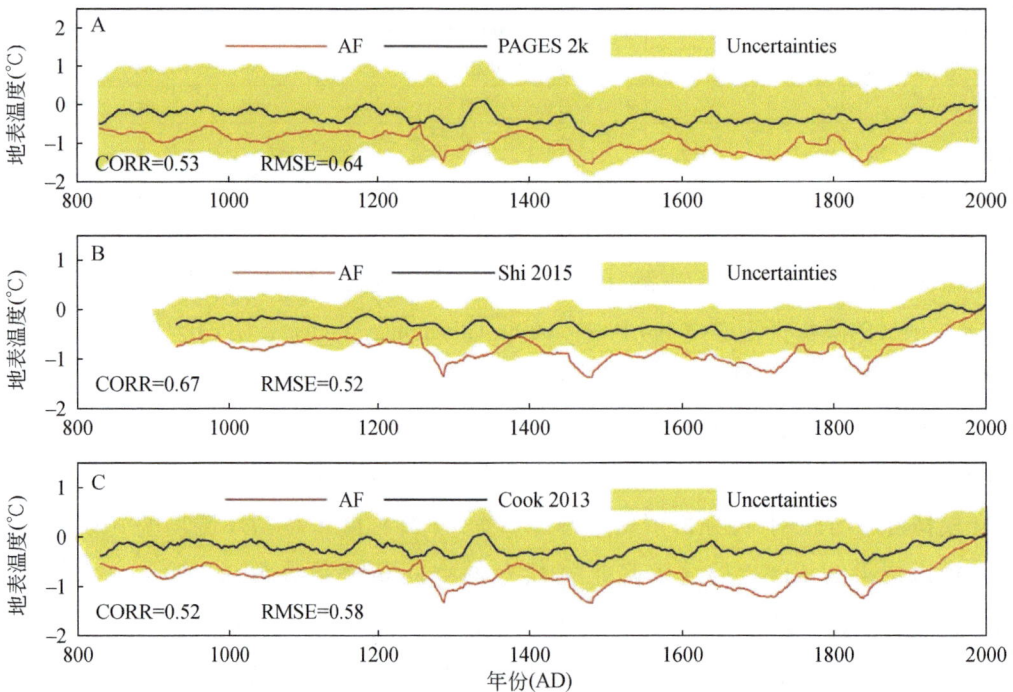

图 4.27  过去 1200 年亚洲区域平均温度（℃）距平（相对于 1961~1990 年）的 31 年滑动时间序列

RAP 是具有 544 年（从公元 1470～2013 年）的网格化（2°×2°）降雨重建数据集，融合了亚洲陆地地区（8.75°S～55.25°N，61.25°E～143.25°E）453 个树环宽度年表和 71 个历史文献记录这两个代用资料（Shi et al., 2018a）。校准时段为 1951～1989 年，验证时段为 1901～1920 年，1921～1950 年周期用于加权。研究表明，RAP 数据集很好地捕捉了 20 世纪 EASM 和 ISM 地区（统称为亚洲季风）、中亚干旱地区及海洋大陆（MC）常年降雨区域的大规模逐年降雨变化（Shi et al., 2018a）。在 1470 年至 1920 年期间，RAP 与其他代用资料（洞穴和冰芯）大体一致。RAP 同时记录了 17 世纪阿拉伯海上升流代用资料的 ISM 显著变化（Shi et al., 2018a）。

为了研究工业时期 RAP 与全球海温和环流空间型态及年代际—多年代际变化关系，我们使用了可追溯至 19 世纪 50 年代的观测海温和再分析数据集。一种是 Kaplan 扩展的 SST V2（1856 年至今），另一个是美国国家海洋和大气管理局与环境科学研究合作研究所（CIRES）于 1851 年至 2012 年的 20 世纪再分析资料（Giese et al., 2016；Compo et al., 2006）。这两个数据集均由位于科罗拉多州博尔德的 NOAA/OAR/ESRL PSD 提供，网址是 https://www.esrl.noaa.gov/psd/。

这项工作还利用了与 RAP 重叠的共同时期的气候重建集合。首先，使用了全球水文气候和动力学变量的最新重建方法（Steiger et al., 2018），该模型结合了 2978 个古气候代用数据和来自大气—海洋气候模型的物理约束相结合。我们从该产品中选取了网格化气温重建和大西洋多年代际振荡（AMO）重建指数。此外，采用了 Mann 等（2009）重建的全球地表温度场，但只检查了太平洋的温度重建。因 RAP 是通过树轮和基于历史记录的重建结合起来使用加权方法生成的，所以，重建的海洋表面温度与整个亚洲陆地的平均 RAP 指数之间的相关性不会受到共用代用资料的影响。

## 4.2.2 方法

为了探讨人类活动与自然因子对特征暖期的影响，本研究使用正则化最优指纹法（Regularized Optimal Fingerprinting，ROF）进行监测和归因分析，本研究中使用的 ROF 是基于最优指纹法（OP）的一种改进，而 OP 则可表示为多元线性回归模型。本研究利用总最小二乘法（Total Least Square，TLS）的线性回归模型结果来做基础估算。TLS 一般写作：

$$y = \sum_{k=i}^{n} \tilde{x}_i \beta_i + \varepsilon$$

式中，$y$ 为观测资料，在本研究中为全强迫试验的模拟结果；$\tilde{x}_i$ 在 TLS 中被设为未知项，可用敏感性试验的集合平均结果表示，其可计算过程中拆解为

$$\tilde{x}_i = x_i + \varepsilon_{xi}$$

式中，$x_i$ 为归因的外强迫影响下的气候向量，本研究中用人类活动和自然变化敏感性试验的集合平均结果表示；而 $\varepsilon_{xi}$ 和 $\varepsilon$ 为假定为随机项，其符合高斯随机分别特征并具有相似的协方差结构，一般使用气候系统内部变化来表征，即本研究中的控制试验结果。

为了最优估计，TLS 将控制试验结果分为互不重叠的两部分，即 $C_1$ 和 $C_2$，其中一部分用于优化模型，另一部分用于测试。在这里，ROF 被用于较为准确评估 $C_1$ 部分的特征，即将其正则化可以更好地评估内部变化的均方根误差。在 ROF 中利用模式集合平均结果可以更好地表征外强迫影响特征，并减少对尺度因子（scaling factor，$\beta_i$）的不确定性估计。但由于我们并没有进行多次模式试验，所以采用如下方法进行估计。

（1）分离敏感性试验中气候要素变率的非线性趋势

本研究利用集合经验模态分解法（Ensemble empirical mode decomposition，EEMD）提取其非线性趋势。现阶段，EEMD 是较为可靠的信号提取方法之一，被广泛地应用到气候变化的研究当中。

（2）叠加外强迫影响下的年际变化特征

我们以控制试验的 ±1.77 倍表标准差为基准（benchmark），并认为敏感性试验变化超过其范围则具有统计意义，选出超过这一基准的年份，叠加至步骤（1）的趋势变化上。

（3）叠加内部变率

利用 Monte Carlo 法来产生随机的红噪声数据集来保留控制试验相应气候变量的振幅和一阶自相关系数来经验地（empirically）估计气候系统内部变率。

应用功率谱分析和小波分析方法检测周期性及其长期变化。利用经验正交函数（EOF）分析不同时间尺度下各主要变率模态的空间特征。为了分离不同频率的信号，对 RAP 和 SST 数据采用 4 年滑动平均减去 21 年滑动平均提取年代际分量；用 21 年的滑动平均减去 45 年的滑动平均来提取多年代际分量。通过比较 8 ~ 40 年和 40 ~ 80 年两种带通滤波方法的结果进行了灵敏度测试。

RAP 与观测到的 SST 之间的相关系数和回归系数的统计检验是通过考虑自相关后的有效自由度来确定的（Livezey and Chen，1983）。还采用了 Hope（1968）之后的简化蒙特卡罗方法。

Mega-ENSO 强迫对于亚洲夏季降水的年代际变化至关重要（Wang et al.，2018）。然而，在过去的 544 年中，文献没有对这种指数进行任何重建。为了将分析扩展到器测资料时期以外，我们使用了两种全球地表温度网格重建，构建了代表 1470 ~ 2013 年期间的 Mega-ENSO 指数，并将其命名为代用 Mega-ENSO 指数。

Steiger 等（2018）利用重建的 2m 地表温度生成了第一个代用 Mega-ENSO 指数，它与 1871 ~ 2013 年观测到的年均 Mega-ENSO 指数具有良好的相关性（$r=0.86$，$p<0.01$）。另一种是利用 Mann 等（2009）的表面温度场构造的。它更平滑并能很好地反映 Mega-ENSO 观测的年代际特征（4 年平滑的 Mega-ENSO 指数），在 1871 ~ 2013 年的年代际时间尺度上

相关系数为 0.86 （$p<0.01$）。

为了进一步验证重建 Mega-ENSO 指数的合理性，我们计算了 Mega-ENSO 序列与 1871 ~ 2013 年的全球海温之间的相关图。两种相关模态在很大程度上类似于太平洋的 Mega-ENSO 模态（Wang et al., 2013a）。不同的作者重建了 AMO 代用资料，使用的序列是北大西洋未经过滤的海温异常。

### 4.2.3　数据和试验

本研究采用了 2005 年美国国家大气研究中心（NCAR）的 CESM 古气候工作组（Otto-Bliesner et al., 2016）的地球系统模式（CESM）过去千年集合（LME）试验的结果，包括 3 个 LUCC 敏感性试验。CESM-LME 模拟的分辨率为 ~2°，对于大气和陆地成分和海洋和海冰组成部分为 ~1°。所有 CESM-LME 模拟从公元 850 年开始使用初始条件源自 850 年控制实验，并于公元 2005 年结束。太阳辐射、温室气体、轨道参数是固定在 850 年的值上的，臭氧和气溶胶固定在 1850 年的值上的。该模型合并 Pongratze 等（2008）土地利用重建 Hurtt 等、Pongratze 等对数据集进行缩放，以匹配 2011 年 Hurtt 数据集，每个土地模型网格为 1500（Otto-Bliesner et al., 2016）。唯一的改变了植物功能类型（PFTs）是庄稼和牧场；剩下所有其他在 1850 年控制试验没有改变。

过去一千年 LUCC 敏感性试验中使用的作物和牧草的变化（Otto-Bliesner et al., 2016）表明，1750 年之后，作物和牧草迅速增加。为此，本研究将过去千年划分为公元 1749 年（公元 850 年前后）和公元 2005 年（公元 1750 年前后）两个时段，研究了 LUCC 对中国东部夏季（6 月、7 月、8 月、JJA）年代际降水型的影响。

### 4.2.4　方法

基于先前的研究（Zhang et al., 2007；Ding et al., 2008），中国东部被定义为：20°N ~ 45°N 和 105°E ~ 125°E 地区。用降水异常百分率代替降水量能更好地解释降水变化。这 11 年滑动平均是对所有变量进行应用，得到年代际尺度变率。经验正交函数（EOF）为用以说明空间格局的主导模式中国东部夏季降水百分比。将 CESM-LME 全强迫试验所得的中国东部夏季降水与 CMAP（CPC Merged analysis of precipitation）（Xie and Arkin, 1997）和 GPCP（Global precipitation Climatology Project）（Adler et al., 2003）再分析所得的夏季降水进行了比较。CESM-LME 与 CMAP 的相关性为 0.925；CESM-LME 与 GPCP 为 0.931，表示可信度很高。然而，值得注意的是，模拟降水在中国东部的北部被高估了。另外，夏季降水分布的前两个主导模态与 Huang 等（2011）的研究结果一致。这说明该模式能较好地反映中国东部夏季降水的分布特征。

## 4.2.5　模型模拟和重建

在本研究中，模拟数据来源于美国国家大气研究中心的 CESM 古气候工作组的 CESM-LME（Otto-Bliesner et al., 2016）。大气和陆地组分的分辨率为 ~2°，海洋和海冰组分的分辨率为 ~1°。从 850 年到 1850 年的 13 次全强迫试验是由随时间变化的太阳强度、火山喷发、温室气体、土地利用/土地覆盖和轨道参数的重建作为外部强迫驱动。本研究采用了地面温度、降水、海温、海平面气压（SLP）、u 分量风和 v 分量风的月资料。地表温度数据被用来定义 MCA 和 LIA；利用降水资料，提取了中国东部年代际特大暴雨的特征；利用大尺度环流资料和海温资料，探讨了十年来特大干旱的成因机制。与之前的研究一致，将中国东部地区定义为 25°N ~ 40°N，105°E ~ 122°E（Ning et al., 2019a, 2019b; Chen et al., 2020a, 2020b; Qin et al., 2020）。

利用 CESM-LME 模拟的地表温度数据，首次定义了过去千年的典型时期，即 MCA 和 LIA。图 4.28 显示了近一千年北半球模拟温度的 11 年平均集合平均时间序列。可以发现，整个时期可分为 MCA 和 LIA，公元 1250 年以后气温显著下降。因此，我们将 MCA 定义为公元 850 ~ 1250 年，将 LIA 定义为公元 1300 ~ 1850 年，这与先前基于重建数据的研究一致（Jones and Mann, 2004; Ge et al., 2013; Neukom et al., 2019）。此外，我们还尝试了不同定义 MCA（公元 950 ~ 1250）和 LIA（公元 1450 ~ 1850 年）（Masson-Delmotte et al., 2013），结果是相似的。因此，本研究的结论对 MCA 和 LIA 的定义不敏感。

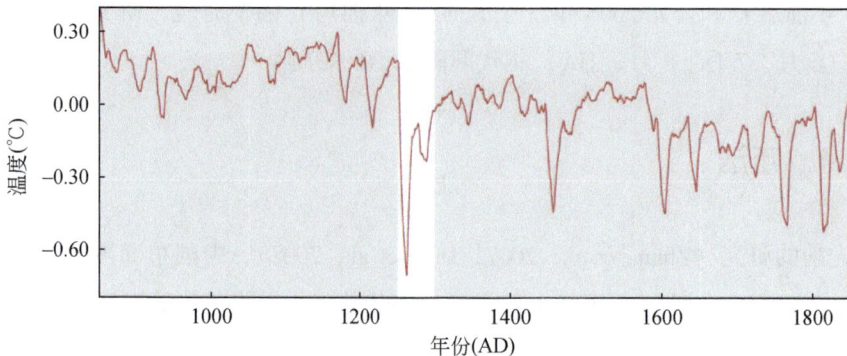

图 4.28　模拟试验的集合平均温度时间序列

注：典型时期 MCA（公元 850 ~ 1250 年）和 LIA（公元 1300 ~ 1850 年）用灰色标记

## 4.2.6　年代际干旱的定义

一般来说，年代际特大干旱是指持续时间超过 10 年的干旱事件，其影响比短期干旱更严重（Cook et al.，2016）。本研究定义了一个年代际特大干旱，即某一年降水异常值小于 1 个标准差，且某一年前后 5 年降水异常值均小于 0。这一定义与之前研究中使用的定义相似（Ault et al.，2018；Stevenson et al.，2018）。将一次特大干旱的平均强度定义为特大干旱期间降水异常的平均值，将平均持续时间定义为特大干旱期间出现负降水异常的年数。

图 4.29 以 CESM-LME 的第六个集合成员为例显示了结果。结果表明，MCA 有 6 次干旱事件，LIA 有 8 次干旱事件。先前的研究（Stevenson et al.，2016）已经表明，通过与各种代用重建的比较，CESM-LME 可以合理地重现 AMO 和 ENSO 的变率，以及不同地区干旱的相应遥相关。在亚洲季风地区，研究发现，CESM-LME 能够通过代用重建捕捉到类似的特大干旱的统计特征，以及过去千年对外强迫的干旱响应（Stevenson et al.，2018；Ning et al.，2019a，2020）。此外，CESM-LME 模拟还通过数据同化方法及 2978 年年度解析代用资料时间序列网络，产生了跨越过去 2000 年的全球水文气候和相关动力变量重建（Steiger et al.，2018）。因此，CESM-LME 模拟是可靠的，可以用来研究 MCA 和 LIA 之间的特大干旱频率的差异和相应的机理。

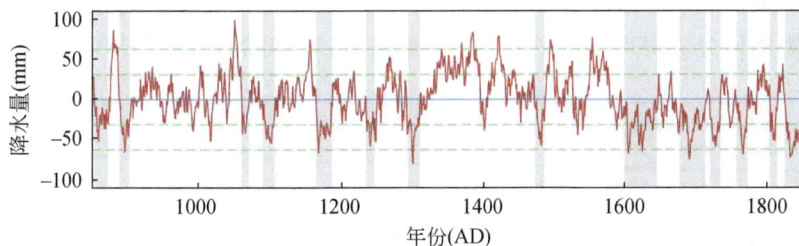

图 4.29　降水时间序列

注：红线为 CESM-LME 第 6 个集合成员在 850~1850 年期间中国东部地区的平均观测值；

年代际特大干旱用灰色表示；绿色虚线表示±1 和±2 个标准差

由于现代暖期的器测资料时段较短，并不能展示全球季风降水的全部特征。因此，欲了解全球季风在现代暖期背景下的影响机制和准确预测其未来的变化趋势，也必须将其放在更长时间尺度上进行分析。

古气候研究表明，轨道参数对全球/半球季风强度有显著影响（Kutzbach et al.，2008；Caley et al.，2011），但并未显著改变季风区域大小（Yan et al.，2015）。然而，全球季风在这种轨道尺度上的变化特征，对仅有百年左右的现代暖期全球季风研究的参考价值较小。所以过去 1000~2000 年的历史时段就成为研究现代暖期的重要参考时段。近年来对这一时期的研究已积累了大量的重建资料，并发现存在与现代暖期较为相似的历史暖期（Mann et al.，2009；Yang et al.，2014；Gou et al.，2014；Ge et al.，2013）。现代气候代用资料揭示出历史时期北半球季风降水在多年代—百年际时间尺度上受自然外强迫的影响较大（Zhang and Johnson，2008；Demenocal，1995），且与北半球地表温度的变化较为一致

（Asmerom et al.，2013），这种现象同样得到了气候模式结果的验证。已有的模拟结果亦表明，在多年代—百年际尺度上，全球/北半球夏季风变化与温度变化较为一致（Liu et al.，2012），其具有明显的暖湿（中世纪暖期）—冷干（小冰期）—暖湿（现代暖期）的特征。虽然有学者提出不同外强迫对热带太平洋和北大西洋海温有一定的调制作用，且这种海温变化可能是影响全球季风在年代—多年代际波动的主要原因（Carrillo et al.，2015），但外强迫因子引起的海陆温差变化亦是不同时期季风强弱变化的主要因素之一。历史时期的全球/北半球夏季风多年代际变化主要与有效太阳辐射（火山活动+太阳辐射）活动有关，而现代暖期则与温室气体浓度的变化较为一致（Jian，2009）。本研究利用通用地球系统模式模拟的过去 1500 年瞬变积分试验结果，探讨北半球夏季风在不同暖期的变化特征，检测归因人类活动与自然因子对不同暖期北半球夏季风降水的影响。

图 4.30A 为全强迫试验过去 1500 年北半球地表气温 5 年滑动的距平序列（相对于 1850~2000 年），由图可知，过去 1500 年来，北半球地表气温呈现先下降后上升的趋势变化，这亦与重建结果较为一致（Ahmed et al.，2013）。此外，学者们提出的"中世纪暖期""小冰期"和"现代暖期"在本模拟结果中均有所体现（Lamb，2013）。通过对比较为可靠的过去 150 年观测再分析资料（Brohan et al.，2006）（图 4.30A 蓝色曲线）可以发现，模拟与观测再分析资料都表现出了工业革命后期气温的快速上升现象，5 年滑动后序

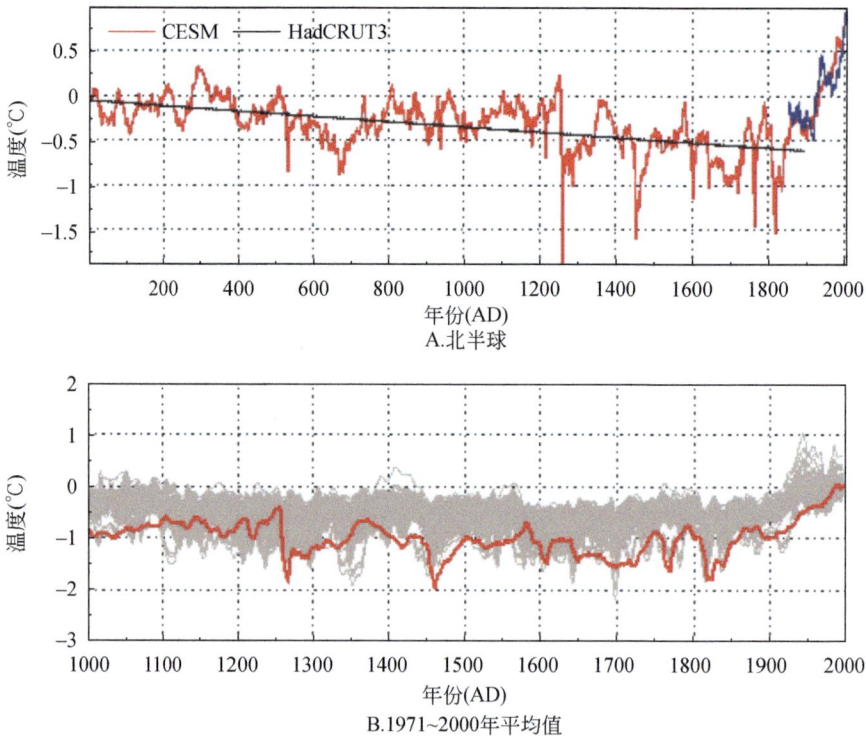

图 4.30　CESM 模拟的地表气温与观测再分析及重建资料的对比

注：A 图中红线为全强迫试验过去 2000 年的模拟结果，蓝线为观测再分析资料；B 图中红线为
全强迫试验过去 1000 年的模拟结果，阴影部分为重建资料

列的相关系数为 0.85，达到 99% 的置信度，亦说明模拟结果较好地刻画了近 150 年来的北半球地表气温的变化过程。此外，相比较 Frank 等（2010）集成的过去千年北半球地表气温变化（图 4.31B 灰色阴影），模拟结果亦重现了其变化特征，虽然模式模拟的地表气温展现了较大的振幅（这与试验中采用了最大振幅的太阳辐射重建序列（Shapiro et al.,2011）作为外强迫因子有关），但其仍处于重建资料的不确定范围之内。综上所述，模式模拟结果是合理的。

本研究主要针对过去 1500 年的特征暖期（中世纪暖期和现代暖期）的北半球夏季风降水时空特征进行探讨，所以划定的北半球季风区范围是根据 Wang 等（2013）给出的北半球夏季风区域定义：在北半球区域，年平均降水变化大于 2mm/day，且夏季降水量占全年总降水量的 55% 以上的区域。其中，夏季定义为 5~9 月。图 4.31 即为上述定义下的模式模拟（图 4.31A，数据来自全强迫试验结果）和观测资料（图 4.31B）的北半球夏季风区域范围。由图可知，模式基本上描绘出了北半球的主要季风区域，特别是其模拟的陆地上的季风区域范围，与观测资料较为一致。但 CESM 模式同样也表现出了一些不足，比如模式并没有模拟出热带太平洋季风区域，这可能与模式对西北太平洋副高特征的模拟欠佳，致使西太副高西伸有关。当前气候模式对副热带区域，特别是副高位置及强度的描述，都存在一定的不足（He and Zhou, 2014）。本研究以观测资料所刻画的北半球季风区域为主要研究对象（图 4.31B），定义北半球夏季风指数为北半球夏季风区域内所有格点降水率之和（数据经过纬向加权处理之后再求和）。此外，北半球平均夏季地表气温后文简称为 NHST，北半球夏季风简称为 NHSM，北半球夏季风指数则简称为 NHSMI。

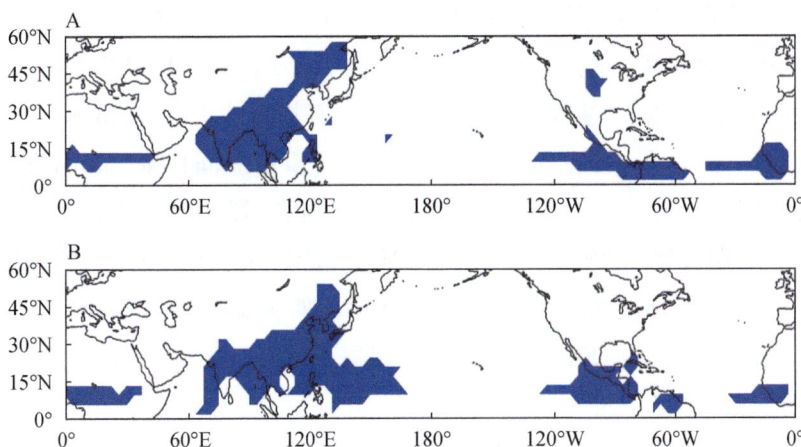

图 4.31　全强迫试验结果（A）与观测资料（B）定义的北半球夏季风区域

通过上述方法我们分别产生 10 条人类活动敏感性试验和自然强迫敏感性试验的集合平均结果来归因人类活动与自然强迫的影响，这里简称为伪（pseudo）-敏感性试验。由图 4.32 可见，不论是对敏感性试验的 NHST 还是 NHSMI（图中黑线）时间变化，伪-敏感性试验（彩线）都表现出了一致的趋势特征及波动幅度，较好描述了模式模拟的敏感性试验的长期变化特征。所以，伪–敏感性试验结果可用于后文的检测归因研究。

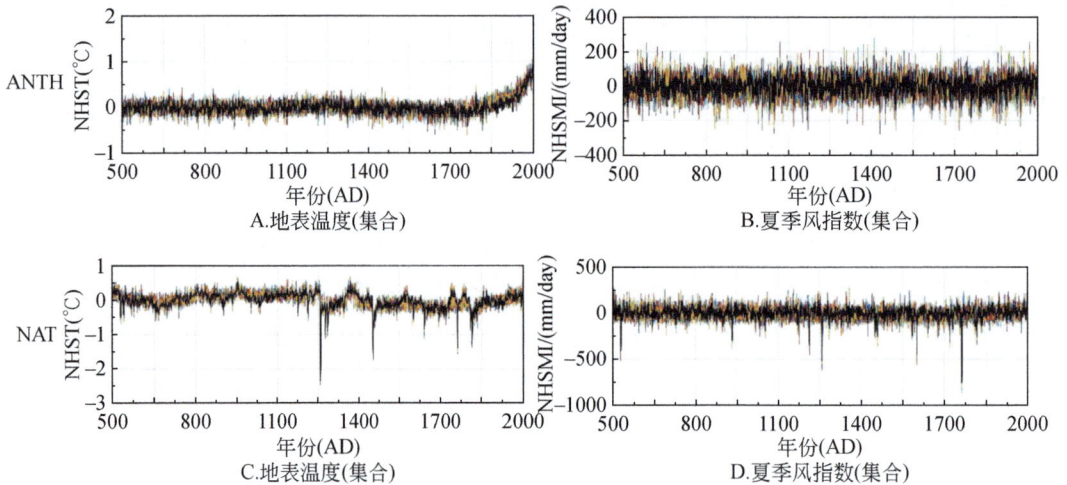

图 4.32 人类活动敏感性试验（A、B）与自然因子敏感性试验（C、D）的
北半球平均地表气温（A、C）及夏季风指数（B、D）
注：黑色线为模拟结果，彩色线为伪–敏感性试验结果

现代暖期主要以工业革命以来的气温的快速上升为主要特征，而中世纪暖期普遍定义为 800～1300 年的较为温暖时期，但是其起始时间和温暖程度尚存争议（郑景云等，2013）。全强迫试验过去 1500 年 NHST 的距平序列（相对于 501～1850 年平均）如图 4.33A 所示，多数研究指出的现代暖期异常（Jones et al.，2001；Mann et al.，1998，1999）增暖在模式模拟亦有所体现，其高于过去 1500 年来任意时段的百年平均值，这种变化同样在人类活动敏感性试验中有所体现，亦说明人类活动对现代暖期的重要性。但有研究表明，虽然现代暖期"过暖"，但自然活动亦有相当的贡献（Moberg et al.，2005），模式夸大了其对人类活动（温室气体浓度）的响应（Gerlich and Tscheuschner，2009）。此外，在全强迫试验中，工业革命前期亦存在持续增暖的时段，即中世纪暖期（800～1250 年），由于这一时期人类活动较少，所以自然强迫可能是这一时期的主要影响因素，但亦有学者研究发现，虽然温室气体的浓度在工业革命前期变幅较小，但仍对北半球气温变率有较大影响（Schurer et al.，2014）。本研究为了便于对比分析，特征暖期选取 1901～2000 年为现代暖期，简称 PWP。

图 4.33B 为全球强迫试验、人类活动敏感性试验和自然因子敏感性试验的 NHSMI 过去 1500 年的距平变化（相对于 501～1850 年）。在全强迫试验中（图 4.33B，绿色线），在两个暖期，NHSMI 都有增加，但在现代暖期 NHSMI 的强度（42.37mm/day）明显大于中世纪暖期的 NHSMI 强度（9.12mm/day）。部分研究表明（Man et al.，2012），虽然近 50 年来全球季风降水呈略微降低趋势（Lal et al.，1994），但在多年代—百年际尺度上，现代暖期 NHSMI 的强度在历史时期中较大。从 CESM 的敏感性试验结果中亦可看出，人类活动虽然对现代暖

期 NHST 的增暖贡献较大（约 0.40℃），但自然强迫亦有所贡献（约 0.06℃）。两个外强迫敏感性试验对现代暖期的 NHSMI 的贡献相当（人类活动与自然强迫分别为 19.95mm/day 和 18.97mm/day），说明虽然在现代暖期自然因子对北半球温度的贡献明显小于人类活动，但对 NHSMI 的影响两者的贡献相当，亦说明了自然强迫对 NHSMI 变化的重要性。而在中世纪暖期，自然强迫无论是对 NHST 还是 NHSMI 的贡献（约 0.17℃ 和 7.92mm/day），都明显强于人类活动的影响（约 0.04℃ 和 −1.48mm/day）。通过对自然因子和人类活动敏感性试验过去 1500 年的 NHST 与 NHSMI 的回归分析亦可发现，在自然强迫的影响下，北半球夏季温度每升高 1℃，NHSMI 增加 67.4mm/day；而在人类活动的影响下，NHSMI 则增加 43.2mm/day，这种对不同外强迫响应的差异与之前的研究成果较为一致（Liu et al., 2013），说明 NHSMI 变化对自然强迫更为敏感。但在自然活动的敏感性试验中，选取的 1150～1250 虽然为中世纪暖期的温度较高时段，但 NHSMI 并非最强时期。同样的现象在人类活动敏感性试验中亦可以发现，即中世纪暖期 NHST 略微上升，但 NHSMI 的强度反而降低，亦说明了其变化很可能受其他因素的调制作用（Wang et al., 2005）。此外，在人类活动敏感性试验中，现代暖期的 NHSMI 的强度并非随着人类活动的增加而加强，反而表现出近十年的下降趋势，这与部分重建及观测结果相一致，亦体现了夏季风降水变化的复杂性。

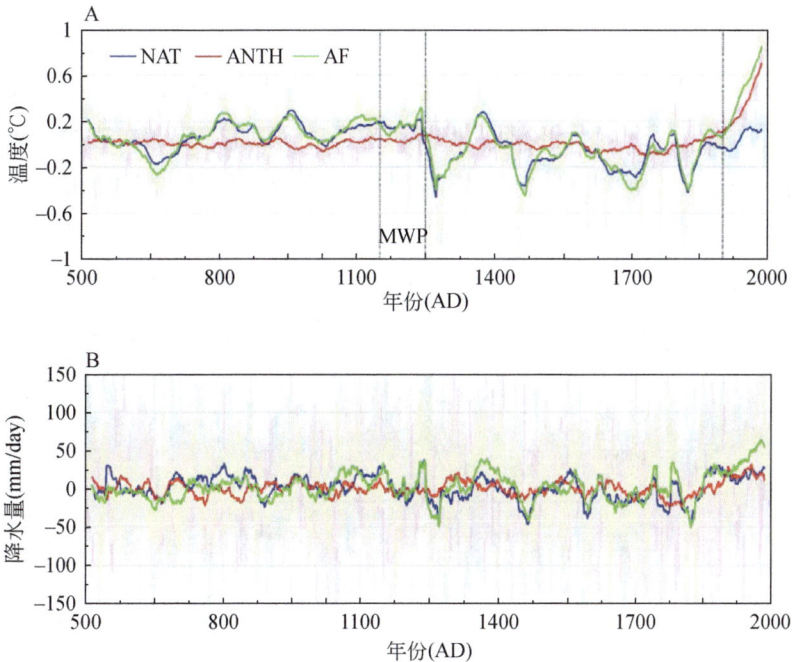

图 4.33 过去 1500 年北半球夏季平均地表气温（A）和夏季风降水指数（B）的距平变化

（相对于 501～1850 年）

注：蓝线为自然变化敏感性试验结果；红线为人类活动敏感性试验结果；绿线为全强迫试验结果；

粗线为 31a 滑动平均结果

另外，分析了季风降水的空间分布特征以了解其在区域尺度上对外强迫因子的响应状况。图 4.34 为全强迫试验（A）、人类活动敏感性试验（B）和自然因子敏感性试验（C）北半球夏季风降水在中世纪暖期的空间分布（相对于 501～1850 年）。全强迫试验中，NHSMI 虽然显著加强，但 NHSM 在空间上的变化特征并不明显，大部分区域没有达到 90% 的置信度，仅在西北太平洋南缘有较小的显著增加现象，说明在全强迫试验中 NHSM 的空间变化并不显著。同样，人类活动敏感性试验亦有如此表现，其在中世纪暖期几乎没有区域 NHSM 发生显著变化（未达到 90% 的置信度）。在自然强迫的影响下，在孟加拉湾地区及中国东南部地区的夏季风降水有显著增加（达到 90% 的置信度），而在其他地区，其变化特征亦不明显。由此可见，在中世纪暖期人为外强迫变化较小的时候，NHSM 表现出了较为稳定的空间分布特征，亦说明了季风系统的稳定性，而只有孟加拉湾及中国东南部的夏季风降水对自然强迫变化较为敏感，可能是自然强迫增强导致印太暖池海温增加，从而加大区域的海陆风，进而导致其区域季风降水增强。而在现代暖期（图 4.35），无论是全强迫试验还是单因子敏感性试验，随着外强迫因子增强，NHSM 都发生了显著空间变化（达到 90% 的置信度，相对于 501～1850 年）。相较中世纪暖期而言，热带夏季风降水区域对外强迫的响应更为敏感，特别是在印度、北美和北非区域，三个试验区都表现出了明显的夏季风降水增加现象。而对于唯一的温带季风区，即东亚季风区，仅在中国东南及内陆部分区域表现出了明显的降水增加现象，而其他季风区域变化并不显著。所以，利用区域平均降水表征季风强度在东亚地区并不适合，主要原因在于不同纬度区域季风降水对外强迫因子的响应是不一致的（Mohtadi et al.，2016）。另外，无论是人类活动还是自然强迫，随着外强迫的增强，热带季风区降水都表现出了显著的增加，很可能是其在季风系统中具有相同的响应机制，这种湿区更湿（wet-gets-wetter）的现象也与现代研究一致（周鑫等，2010）。此外，在东亚季风区，随着外强迫的增强，华北、长江中下游及华南的夏季风降水变化呈现"+-+"的三极分布形态，说明副热带与热带季风对外强迫响应存在差异（Yim et al.，2014）。

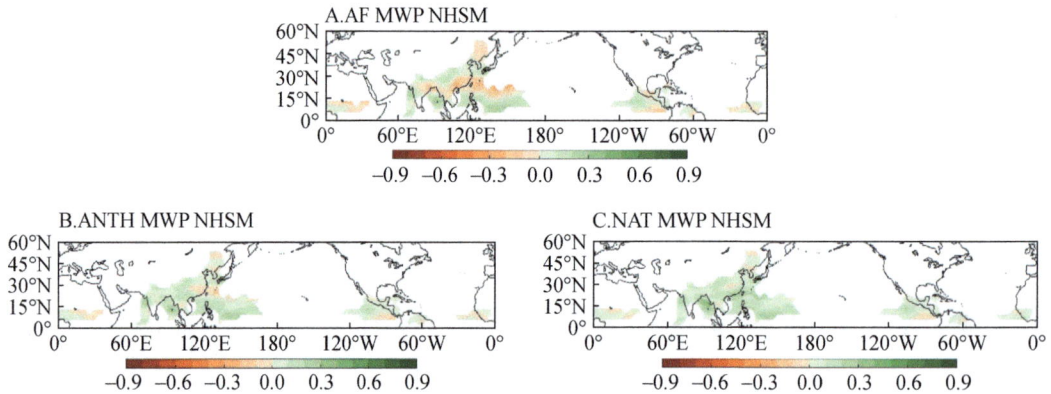

图 4.34　模式模拟的中世纪暖期北半球夏季风降水距平场（相对于 501～1850 年）

注：A 为全强迫试验；B 为人类活动敏感性试验；C 为自然因子敏感性试验

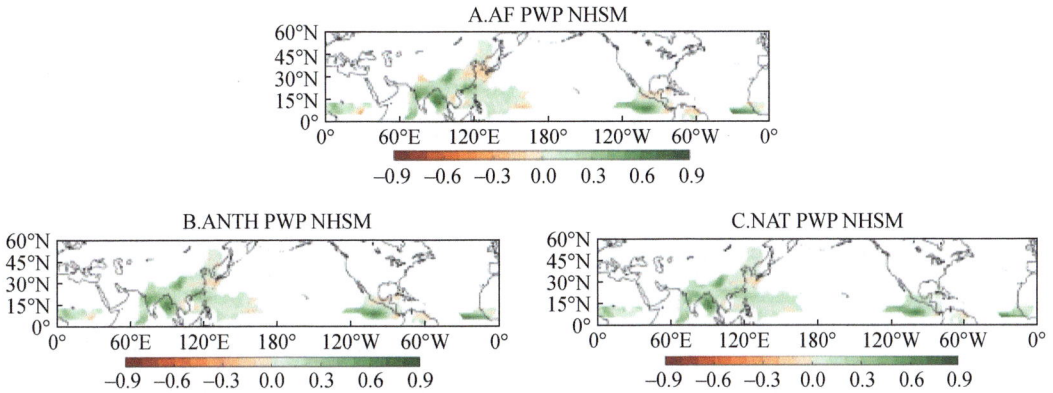

图 4.35 模式模拟的现代暖期北半球夏季风降水距平场（相对于 501~1850 年）

注：A 为全强迫试验；B 为人类活动敏感性试验；C 为自然因子敏感性试验

将全强迫试验模拟的 NHSMI 作为因变量，分别将 10 组伪-人类活动和伪-自然变化结果作为自变量进行 ROF 分析。此外，用于 ROF 分析的所有数据都进行了标准化处理，以检验外强迫对 NHSMI 变率的影响。图 4.36 所示为中世纪暖期和现代暖期 NHST 和 NHSMI 的尺度因子及其 5%~95% 的显著区间。其中，如果外强迫的尺度因子大于 0，且显著性区间不包括 0，则该外强迫的影响可被检测；如果尺度因子大于 0 且显著性区间不包括 0 但包括 1，则观测变化可归因为对应外强迫的作用。如图 4.36A 所示，在中世纪暖期，自然变化影响下的 NHSMI 可以被明显地检测到，亦说明这一时期中 NHSMI 的变率特征以自然强迫为主导，虽然模式模拟的 NHST 对温室气体的变化较为敏感，但在中世纪暖期，其变化幅度较小，而植被作用又主要影响区域气候特征，在半球/全球影响较小（Wang and Yan, 2013），所以通过 ROF 检测人类活动对中世纪暖期气温变化的影响并不显著。而在现代暖期（图 4.36B）人类活动对 NHST 的影响则可以被清晰地检测到，说明人类活动导致现代明显变暖的趋势特征。相比较而言，自然因子对 NHST 的贡献在现代暖期则明显小于人类活动，但并不能否认其对现代增暖的贡献（图 4.36B，蓝色），ROF 结果说明现代的温暖程度与人类活动和自然变化均有联系，但以人类活动为主导因素。

夏季风降水的检测结果如图 4.36C 和图 4.36D 所示，在中世纪暖期（图 4.36C）对 NHSMI 变化的主要贡献为自然强迫变化，即自然强迫依然是导致中世纪暖期 NHSMI 年际变

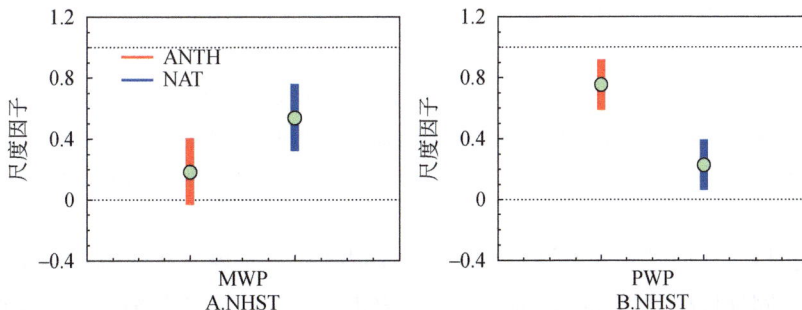

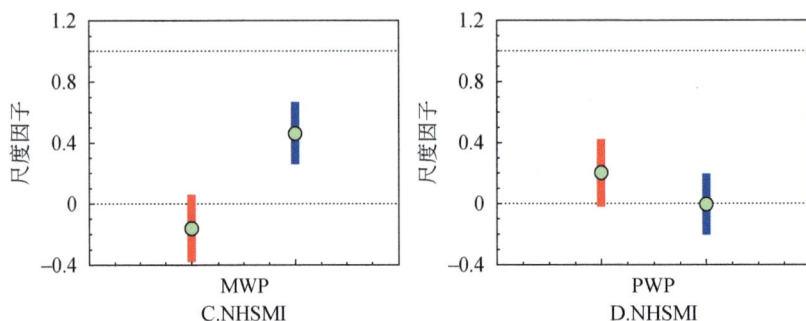

图4.36 中世纪暖期（A、C）和现代暖期（B、D）北半球夏季平均地表气温（A、B）和夏季风降水指数（C、D）利用正则最优指纹法得到的尺度因子（绿点）及其5%～95%显著性区域间（黑色虚线）

注：红色线为人类活动，蓝色线为自然强迫

率的主要因素，而人类活动的信号则未被显著检测到。而在现代暖期则相反，虽然人类活动对现代增暖起主要作用，但对 NHSMI 变化的影响则较小（尺度因子为0.01～0.39）。

如图4.37所示，通过对现代暖期的 NHSMI 的谱密度分析可以发现，无论是人类活动（图4.37A），还是自然变化（图4.37B）影响 NHSMI 变化，绝大部分数值都分布于控制试验 NHSMI 的分布概率范围内，仅有约20%和18%可能为外强迫影响下的降水分布，这在 IPCC 第五次报告中提出的概率阶段（probability phrases）中处于"不可能"（unlikely）特征，亦说明 NHSMI 的降水受气候系统内部干扰较大，外强迫因子的贡献较小甚至其信号被噪声淹没（图4.37D）。

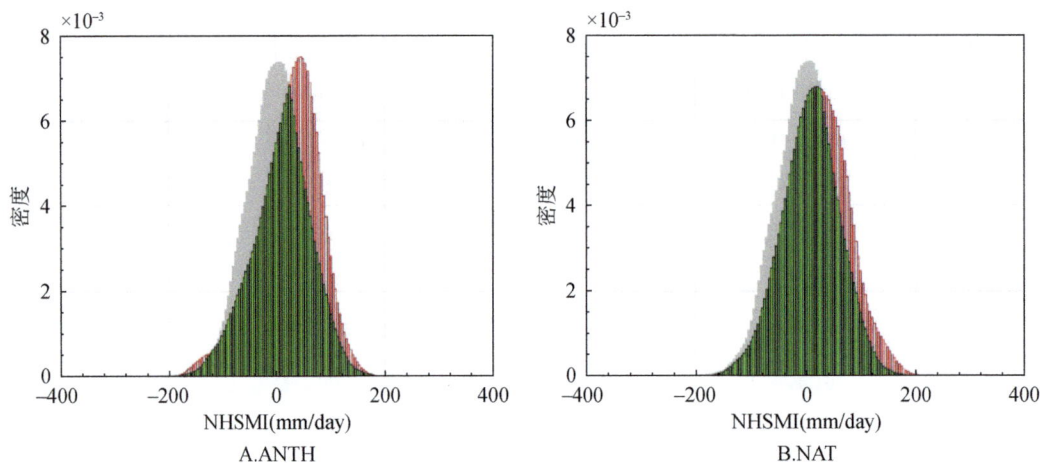

图4.37 模式模拟的现代暖期北半球夏季风降水指数（NHSMI）的谱密度分析

注：图中灰色部分为控制试验 NHSMI 的概率密度分布；绿色部分分别为人类活动敏感性试验（A）和自然变化敏感性试验（B）的 NHSMI 的概率密度与控制试验重叠部分；红色为两个试验 NHSMI 概率密度分布超出控制试验的部分

近年来，科学家们已开展了过去千年全球季风和东亚季风变化的模拟工作。针对东亚季风，利用不同气候模式的模拟研究已取得一定进展：王红丽等（2011）发现百年尺度上东亚夏季降水暖期多冷期少；况雪媛等（2010）发现过去千年东亚夏季风在中世纪暖期最强，东亚大陆降水偏多，现代暖期有所减弱；Man 等（2012）也认为东亚夏季风在小冰期较弱，在中世纪暖期较强；陈超等（2011）的研究表明，中世纪暖期与 20 世纪暖期我国东部 5~9 月降水表现为长江以南与以北地区相反的变化特征；而周天军等（2011）则发现不同特征时期东亚夏季风降水的距平型基本一致，100°E 以东为长江流域与华北反相的特征。现有的模拟研究多关注于东亚季风和全球季风，对整个亚洲季风系统的变化关注较少；且以往的研究大多基于全强迫试验，缺乏单因子敏感性试验，难以区分不同外强迫因子对季风降水的影响以及气候系统内部变率的作用。本研究利用通用地球系统模式（Community Earth System Model，CESM）进行的多个过去 1500 年瞬变积分气候模拟试验，分析了中世纪暖期与现代暖期亚洲夏季风（6~9 月）降水时空变化特征及相应的环流场分布，并初步探讨了两个暖期降水对不同外强迫因子的响应。

目前，对于中世纪暖期的起止时间还有不少分歧但 800~1400A. D. 基本上可以涵盖中世纪暖期（左昕昕和靳鹤龄，2009）。现代暖期，即 20 世纪异常变暖期，指的是工业革命（1850 年）以来的温度上升期（Jones and Mann，2004）。IPCC 第四次报告认为最近一百年（公元 1906~2005 年）全球平均温度升高了 0.18~0.74℃。本研究利用亚洲季风区年平均地表气温来选择两个典型暖期的起止时间。本书参考了 Liu 等（2009）对全球季风区域的划分。根据全强迫试验 AF 中过去 1500 年来全球及亚洲季风区年平均地表气温距平（相对于公元 501~2000 年）的 31 年滑动序列（图 4.38），可以看到亚洲季风区及全球存在两个明显的暖期——中世纪暖期（公元 800~1250 年）和现代暖期（公元 1900~2000 年），以及一个明显的冷期——小冰期（公元 1400~1850 年），这与重建结果较为一致（王江林和杨保，2014；葛全胜等，2013）。

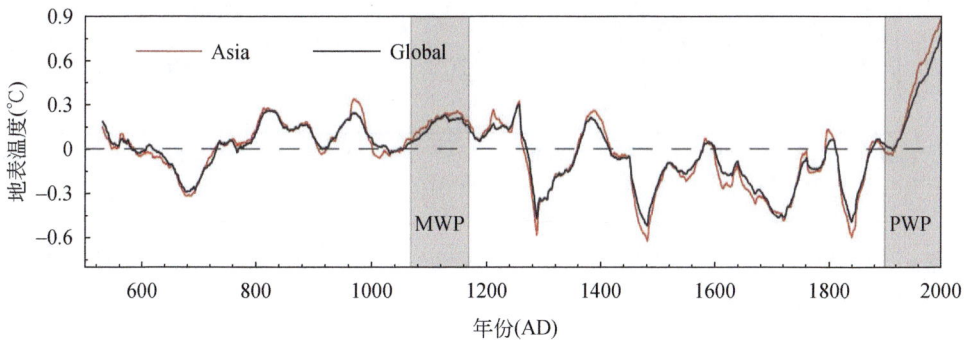

图 4.38  过去 1500 年亚洲（红实线）及全球（黑实线）年平均地表温度距平
（相对于公元 501~2000 年）的 31 年滑动时间序列

由图 4.39 可以看到，两个典型暖期 ASM 及其子系统降水均偏多，PWP 各区域降水都有一个很明显的上升趋势。图 4.40 给出了两个暖期 ASM 及其子系统降水年际变化序列，MWP（图 4.40A）和 PWP（图 4.40B）的季风降水变化具有相似的特征：WNPSM 降水变化幅度最大，EASM 和 ISM 夏季降水变化幅度相当，说明热带海洋地区是降水较多的区域。对各序列间的相关系数计算表明（表4.5），在两个暖期：ASM 降水与三个子系统的降水变化比较一致，尤其是 WNPSM（两个暖期 ASM 与 WNPSM 降水序列的相关系数均达到了0.81）；而 EASM 与 ISM 降水具有一定的负相关关系，与 WNPSM 降水具有正相关关系，ISM 降水与 WNPSM 降水不具有明显的相关关系。功率谱分析表明（图4.41），两个暖期亚洲夏季风及其子系统降水变化均以年际变率为主。在 MWP，ASM 降水（图4.41A）具有 2～8 年的年际周期及准 10 年的年代际周期，EASM 降水（图4.41B）具有 2～6 年的年际周期，ISM 和 WNPSM 降水（图4.41C 和图4.41D）也具有 2～8 年的年际周期；而在 PWP，ASM （图4.41E）及其子系统（图4.41F～图4.41H）降水均为 6 年以下的年际变化周期。

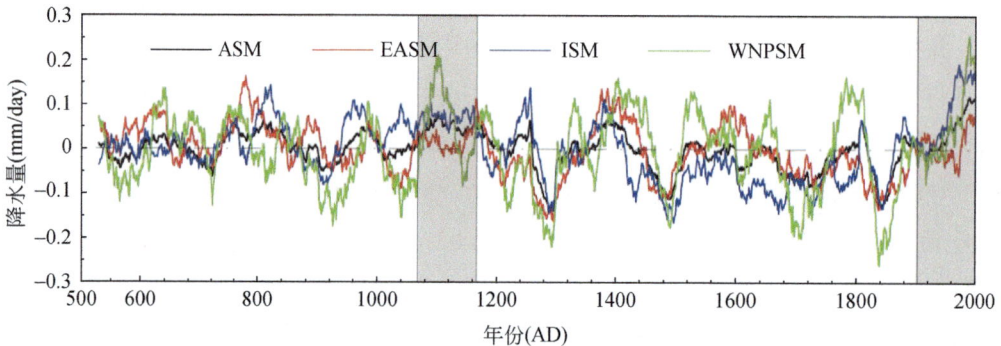

图 4.39　过去 1500 年亚洲夏季风及其子系统降水距平（相对于公元 501～2000 年）的 31 年滑动时间序列

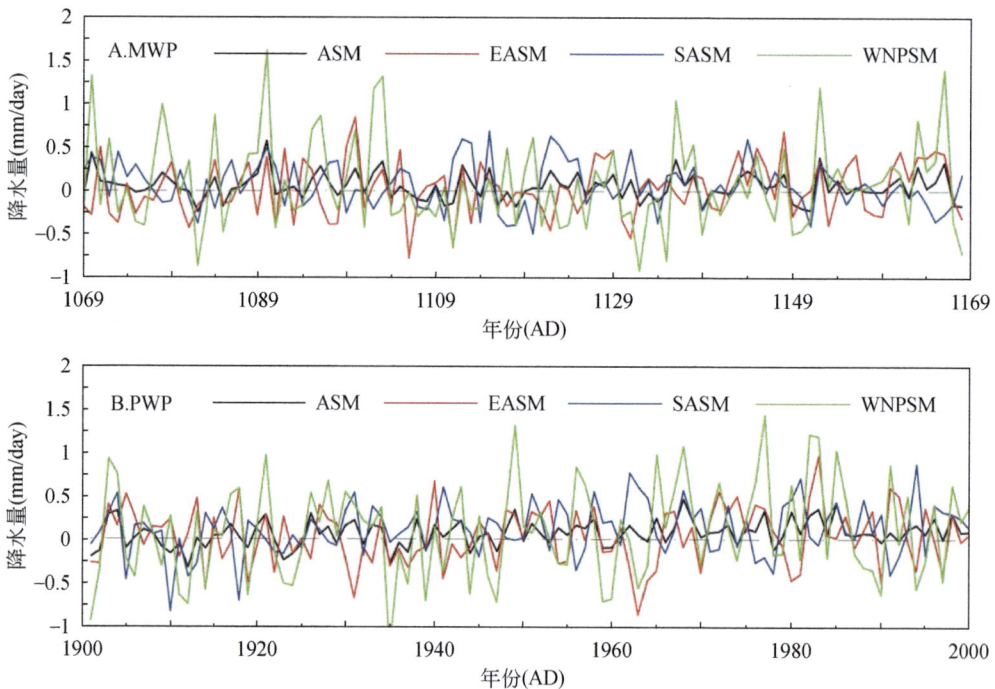

图 4.40　MWP 和 PWP 亚洲夏季风及其子系统降水距平（相对于公元 501～2000 年）的年际变化时间序列

表4.5　MWP 和 PWP 亚洲夏季风及其三个子系统降水序列之间的相关系数

| | ASM-EASM | ASM-ISM | ASM-WNPSM | EASM-ISM | EASM-WNPSM | ISM-WNPSM |
|---|---|---|---|---|---|---|
| MWP | 0.32 ** | 0.43 ** | 0.81 ** | -0.28 ** | 0.36 ** | -0.05 |
| PWP | 0.19 * | 0.40 ** | 0.81 ** | -0.52 ** | 0.46 ** | -0.10 |

** 表示达到99%置信度，* 表示达到95%置信度

图4.42A 和图4.42B 分别为 MWP 和 PWP 亚洲夏季风降水与环流场的距平场的空间分布。MWP 中国东部长江以南地区降水减少，中国华北、东北地区与韩国、日本及其周围海上区域降水增多；印度半岛中部、北部和孟加拉湾降水增多，中南半岛大部、印度半岛南端及其西侧海洋降水减少；西北太平洋地区150°E 以西降水增多，而150°E 以东部分区域降水减少；PWP 大部分区域降水增多，中南半岛、华北平原及其以东同纬地区降水减少；印度季风区存在着与 MWP 一致的两个正异常中心，中国东部呈"南涝—北旱"的分布格局。两个暖期，20°N 以南热带季风区大部分区域降水均增多，PWP 降水距平值更大；两个暖期主要差异为中国东部 EASM 降水的分布格局，在 MWP 为"北涝—南旱"，而在 PWP 为"南涝—北旱"；温暖时期并不对应整个亚洲季风区域降水的增多，部分地区降水有所减少。图4.42C 和图4.42D 给出了两个暖期850hPa 风场和海平面气压场距平的分布。在 MWP 时850hPa 风场距平图上可以看出，索马里越赤道气流显著增强，输送到印度季风区的水汽增多；孟加拉湾与西北太平洋季风区各受气旋性差值环流控制，降水增多；中国东部为偏南风异常，更多的水汽输送到华北及东北地区。在 PWP 时850hPa 风场距平图上可以看出，索马里越赤道气流增强，向季风区输送的水汽增多；中南半岛为偏东风异常，从而降水减少；长江以南至海面上为偏北风异常，而黄淮流域及其以东日本等区域受反气旋性差值环流控制，EASM 减弱，水汽滞留在长江以南，使得中国东部长江以南及西北太平洋季风区降水增多，而中国东部黄淮流域及其以东同纬地区降水减少。在 MWP，马斯克林高压增强，而欧亚大陆大部分地区海平面气压降低，有利于索马里越赤道气流的增强；孟加拉湾和南海各有一个海平面气压负异常中心。在 PWP，马斯克林高压增强，而赤道以北印度洋和印度半岛的海平面气压正异常较小，也有利于索马里越赤道气流的增强；江淮流域向东至日本地区为海平面气压正异常大值区域，阻碍了中国东部偏南风向北输送水汽。从500hPa 位势高度来看（图4.42E 和图4.42F），在两个暖期，欧亚大陆位势高度距平均为正值，有利于西北太平洋副热带高压的西伸加强；PWP 时中国东部至日本地区呈条带状正距平分布，减小了500hPa 位势高度的纬向梯度，不利于水汽向北输送。

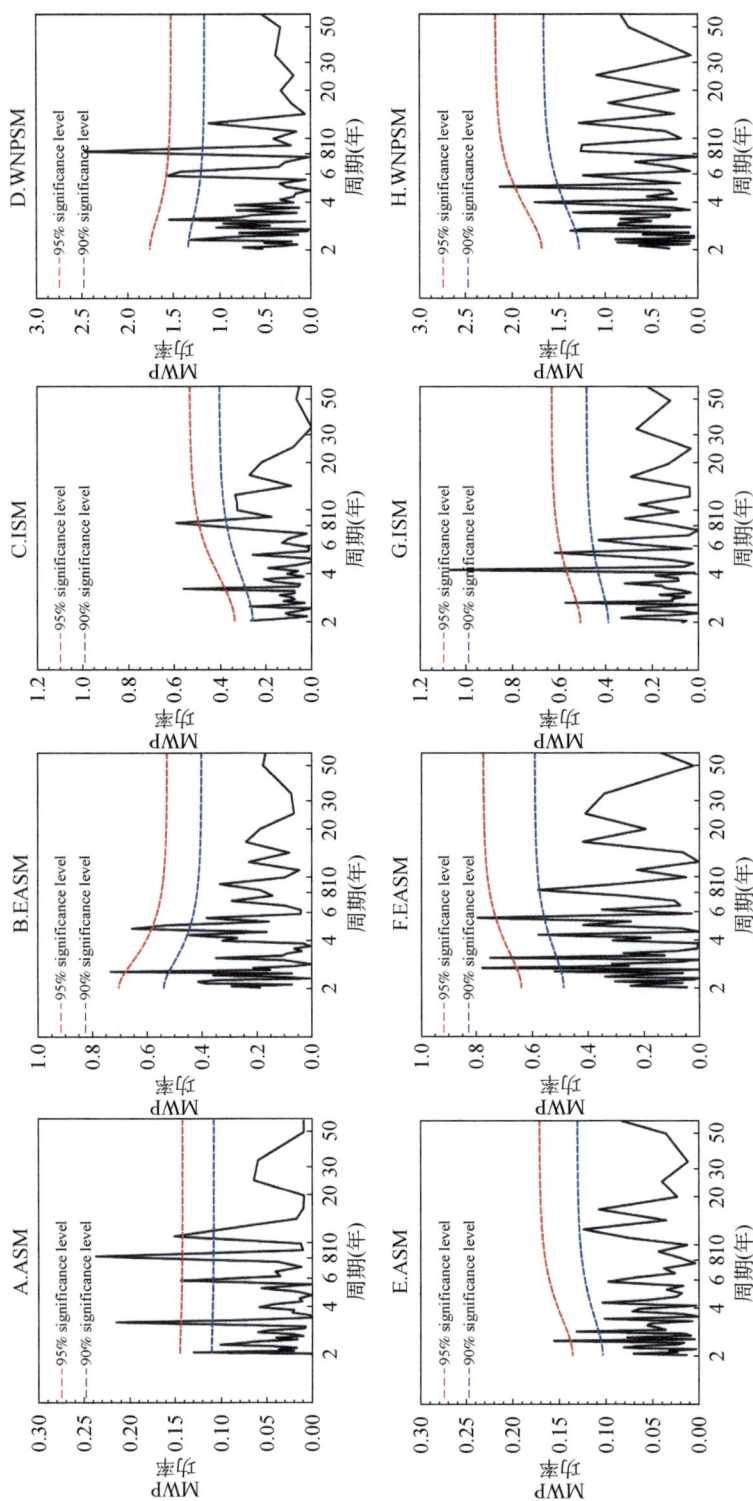

图 4.41　MWP（A~D）和 PWP（E~H）亚洲夏季风及其子系统降水距平（相对于公元501~2000年）年际变化序列的功率谱

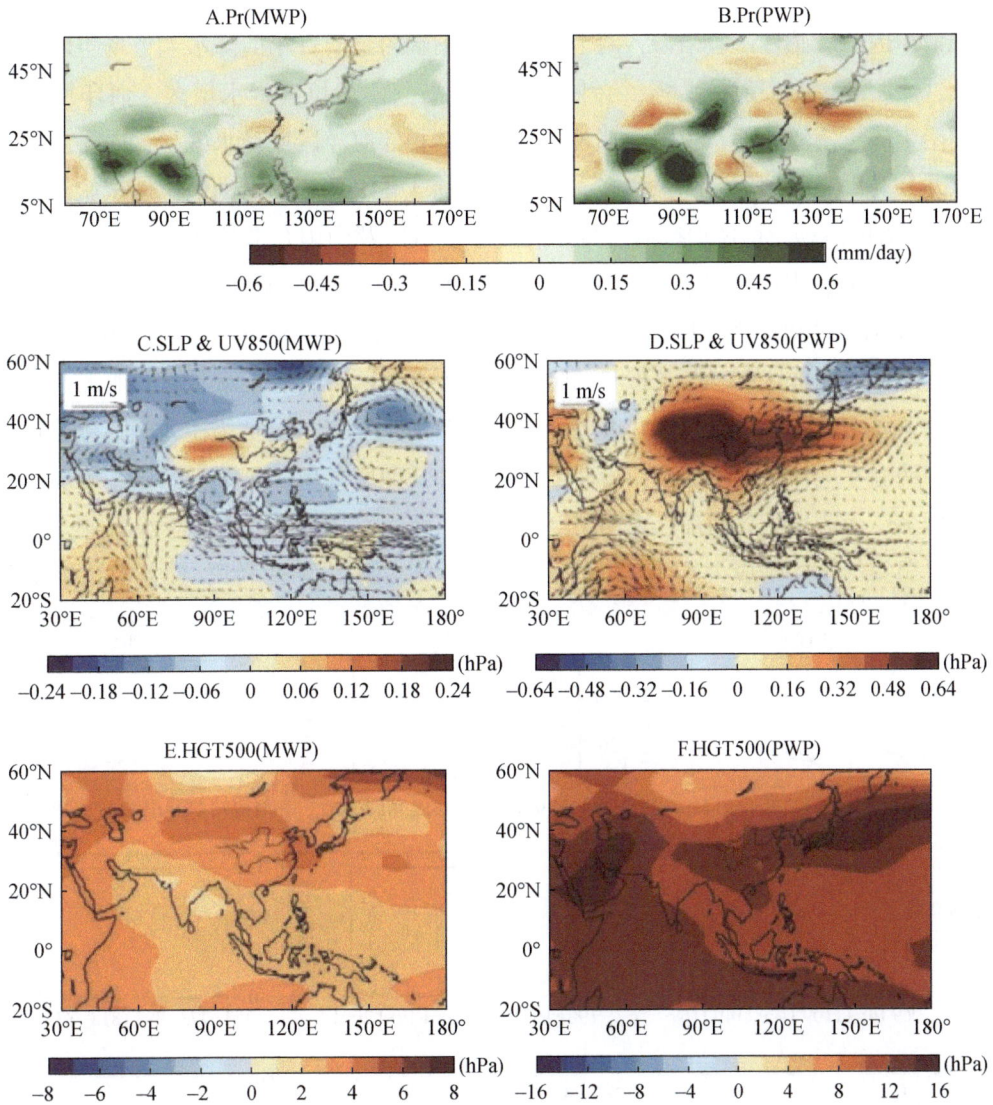

图 4.42　MWP 和 PWP 亚洲季风区夏季降水（A 和 B）、海平面气压（C 和 D，阴影）、850hP 风场（C 和 D，矢量）和 500hPa 位势高度场（E 和 F）距平（相对于公元 501～2000 年）的空间分布

图 4.43 给出了两个暖期各外强迫因子序列（图 4.43A～图 4.43H）及过去 1500 年各外强迫因子最弱时期的外强迫因子序列（图 4.43I～图 4.43L）。与总太阳辐射量最小百年公元 1627～1726 年相比，MWP 与 PWP 总太阳辐射量处于较高水平；MWP 和 PWP 均有几次小火山爆发，公元 753～852 年百年内无火山爆发；MWP 温室气体 $CO_2$ 含量处于 280～285ppm，PWP 温室气体 $CO_2$ 含量迅速、大幅上升至 360ppm 以上，公元 1597～1696 年为过去 1500 年 $CO_2$ 含量最低百年（低于 280ppm）；MWP 农作物用地占 8%～9%，而 PWP 农作物用地所占比例迅速提高（10%～25%），公元 501～600 年农作物用地最少，所占比例低于 7%。本研究通过单因子敏感性试验中 MWP 和 PWP 分别与相应的外强迫因子最弱时

期的降水差值场来探讨亚洲夏季风降水对外强迫的响应（图4.44）。图4.44A与4.44E为太阳辐射单因子敏感性试验结果，两个暖期与太阳辐射最弱百年的降水差值场空间分布基本一致，表明总太阳辐射量增强，会使得印度半岛、孟加拉湾降水增多，而印度半岛南端、中南半岛、南海北部、中国东部长江以南及其相邻海洋区域降水减少，同时中国东部长江以北及其以东同纬地区降水增多。图4.44B与4.44F为火山活动敏感性试验结果，表明MWP的火山活动使得孟加拉湾、西北太平洋季风区及中国东部长江以北降水减少，同时印度半岛南部、中南半岛、中国东部长江以南地区、日本、韩国等地区降水增多；而PWP的火山活动使得印度季风区和西北太平洋季风区大部分区域降水减少，中国东部长江以南及其东部同纬地区有一个条带状的降水增加中心；两个时期火山活动对亚洲夏季风降水影响的差异可能与火山爆发点纬度差异有关。图4.44C与4.44G为温室气体敏感性试验结果，表明温室气体浓度增加会使得印度半岛中部、印度半岛以西海洋区域、孟加拉湾地区降水增多，而印度半岛南部、中南半岛南部与西北太平洋季风区南部降水减少；但PWP时降水对温室气体的响应大于MWP。图4.44D与4.44H为土地利用/覆盖敏感性试验结

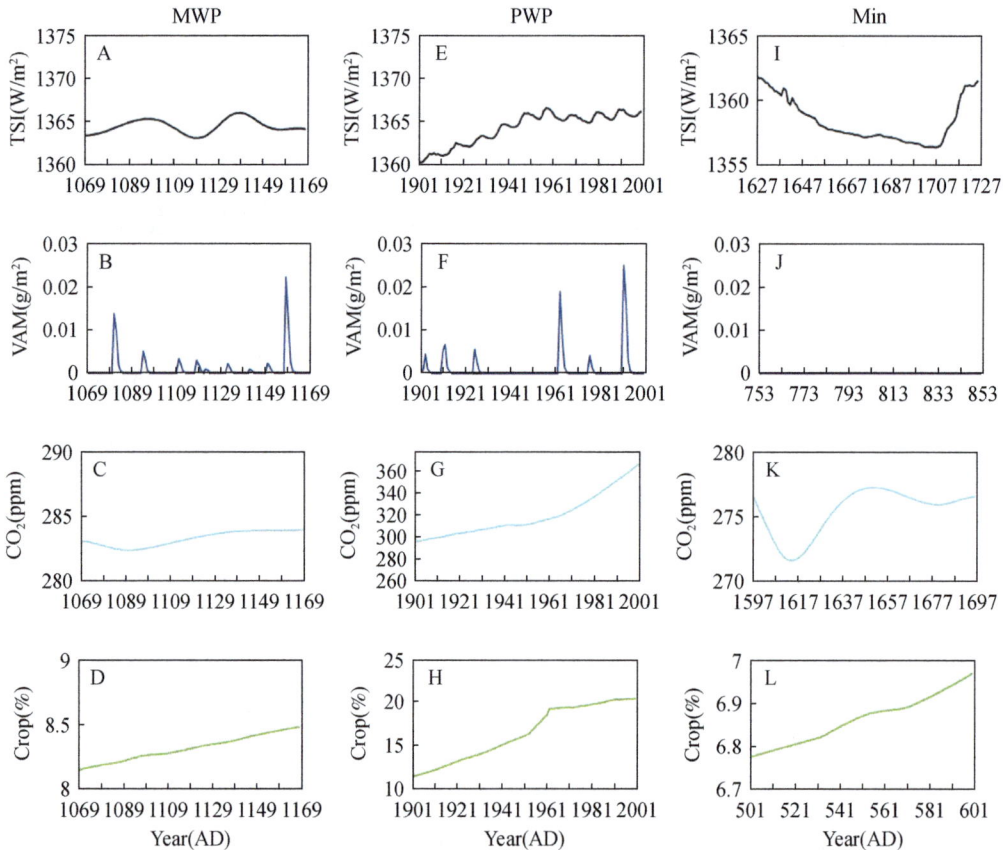

图4.43 MWP（A~D）和PWP（E~H）各外强迫因子序列（A~H）及过去1500年各外强迫因子最弱时期的外强迫因子变化序列（I~L）

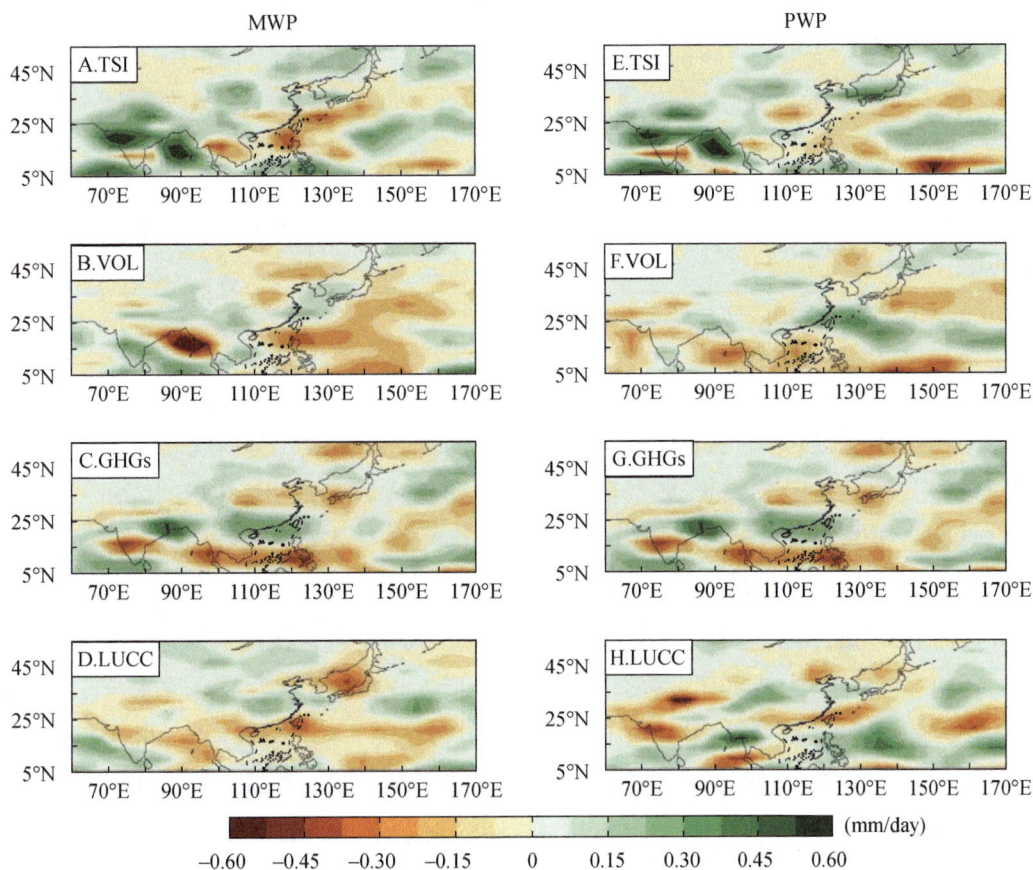

图 4.44 各单因子敏感性试验中 MWP（A～D）和 PWP（E～H）分别
与相应的外强迫因子最弱时期的降水差值场

果，MWP 土地利用/覆盖的变化使得亚洲季风区大部分地区降水减少，印度季风区西南部及中国东部长江流域降水有所增加；PWP 土地利用/覆盖的变化则使得华南、台湾及其周围海域降水减少，而印度半岛南端、中南半岛中部、江淮流域和朝鲜半岛降水增多，同时印度半岛中部与北部、中南半岛南端和中国东北地区降水减少；两个暖期的差异主要在热带季风区。

我们将这些降水差值场分别与全强迫试验中两个时期的降水距平场对比（表 4.6），探讨了对 ASM 降水距平的空间分布有主要正贡献的外强迫因子。结合表 4.6 与图 4.44，MWP 降水距平场的空间分布主要贡献外强迫为太阳辐射，中国东部"南旱—北涝"的空间格局主要是太阳辐射的影响，而日本地区与其周围海域及西北太平洋季风区的降水的增加是其他因子的共同作用；PWP 降水距平场的空间分布则受到了太阳辐射和温室气体的影响，其中温室气体的作用相对较大。

表 4.6　图 4.43 中降水距平场与图 4.45 中降水差值场的空间相关系数

| | MWP | | | | PWP | | | |
|---|---|---|---|---|---|---|---|---|
| TSI | VOL | LUCC | GHGs | TSI | VOL | LUCC | GHGs | TSI |
| ASM | 0.34** | −0.28 | −0.37 | −0.30 | 0.44** | −0.01 | 0.16 | 0.40** |
| EASM | −0.06 | −0.41 | −0.21 | −0.03 | 0.15 | 0.32 | −0.09 | 0.65** |
| ISM | 0.57** | −0.27 | −0.54 | −0.47 | 0.55** | −0.13 | 0.32 | 0.33* |
| WNPSM | 0.12 | −0.37 | −0.07 | −0.32 | 0.28 | 0.03 | 0.04 | 0.44* |

＊＊表示达到99%置信度，＊表示达到95%置信度

本研究利用通用地球系统模式 CESM1.0.3，在不同外强迫因子驱动下的单因子敏感性试验及全强迫试验得到的过去 1500 年亚洲夏季风降水、500hPa 位势高度、850hPa 风场与海平面气压资料，分析了中世纪暖期和现代暖期亚洲夏季风降水及环流场的特征，并探讨了两个暖期亚洲夏季风降水对外强迫因子的响应，尝试对降水距平的空间分布进行了归因分析，主要结论有以下几点。

1）两个典型暖期，ASM 及其子系统降水均偏多，PWP 各区域降水都有一个很明显的上升趋势。在 MWP 和 PWP 中，WNPSM 降水的年际变化幅度最大；ASM 降水与三个子系统的降水变化比较一致；而 EASM 与 ISM 降水具有负相关关系，与 WNPSM 降水具有正相关关系，ISM 降水与 WNPSM 降水不具有显著的相关关系，但两个暖期降水间的相关关系强弱有些差异；两个暖期亚洲夏季风及其子系统降水变化以年际变率为主，但在 PWP 时 ASM 及其子系统均为 6 年以下的年际变化周期，而 MWP 时出现了 8 年甚至年代际的周期。

2）从距平场来看，两个暖期，20°N 以南热带季风区大部分区域降水均增多，但 PWP 时降水距平值更大；两个暖期的主要差异为中国东部 EASM 降水分布格局不同，在 MWP 为"北涝—南旱"，而在 PWP 为"南涝—北旱"。两个暖期，马斯克林高压均增强，有利于索马里越赤道气流的增强，从而向季风区输送更多的水汽；欧亚大陆位势高度距平均为正值，有利于西北太平洋副热带高压的西伸加强。PWP 时，东亚地区 500hPa 位势高度的纬向梯度减弱，不利于水汽向北输送。

3）两个暖期，亚洲夏季风降水对太阳辐射的响应基本一致；PWP 时 ASM 降水对温室气体的响应比 MWP 时大；对火山活动的响应差异较大，可能与火山爆发点的纬度差异有关；对土地利用/覆盖变化的响应，主要差异在热带季风区。MWP 降水距平分布主要受太阳辐射的影响，而 PWP 降水距平分布受到了太阳辐射和温室气体强迫的共同影响，其中温室气体的作用较大。

上述结论只是对模拟试验结果的初步分析，归因时只探讨了外强迫的作用，但并未排除气候系统内部变率的影响，关于外强迫因子和气候系统内部变率对亚洲季风及其子系统降水的影响机理还有待进一步深入研究。此外需要指出的是，本研究仅为 CESM 单个气候模式的模拟结果，不排除结果可能具有模式依赖性。

近年来因夏季风异常引发的旱涝灾害呈现加剧的趋势，对我国社会经济和人民的生命财产产生了重大的影响。为了提高对东亚季风气候变化的预报能力，20世纪30年代，中国气象学家竺可桢就率先开展了东亚季风变化的研究。之后专家学者们针对东亚季风的时空变化特征、过程、机理及其对我国气候异常的影响等展开了大量的研究工作，对年际—年代际时间尺度东亚季风变化的原因和机制也进行了模拟探讨，并取得了显著的进展。但受观测资料时间长度的限制，目前对于东亚夏季风百年尺度的变化研究还较欠缺所以将研究时段进行拓展是当务之急。

为了更好地理解现代暖期东亚夏季风的气候变率，提高东亚夏季风未来百年气候变化的预报能力，专家学者们利用不同的气候模拟对过去千年典型暖期（中世纪暖期、现代暖期）中国东部降水、温度、东亚季风等的变率进行了对比分析。但是这些分析大都基于全强迫试验，缺少单因子敏感性试验，难以区分东亚夏季风对不同外强迫因子的响应。因此，本研究将使用通用地球系统模式（CESM）模拟的过去2000年全强迫试验、单因子敏感性试验以及自然和人为组合因子试验结果，分析东亚（0°~50°N，100°E~140°E）夏季（5~8月）风降水在百年尺度上对外强迫的响应，对比中世纪暖期最暖百年（公元1068~1167年）和现代暖期（公元1901~2000年）东亚夏季风的空间变化特征及其成因的差异（图4.45）。由于东亚夏季降水5月初开始于中南半岛，5月中旬经过中国南海，直到8月末东亚夏季雨带结束，所以本次研究选择5~8月作为东亚地区的夏季。由于火山活动单因子外强迫序列只有1500年，故将研究时段统一为过去1500年。另外，本研究采用Bretherton等（1999）的方法计算样本的有效自由度。

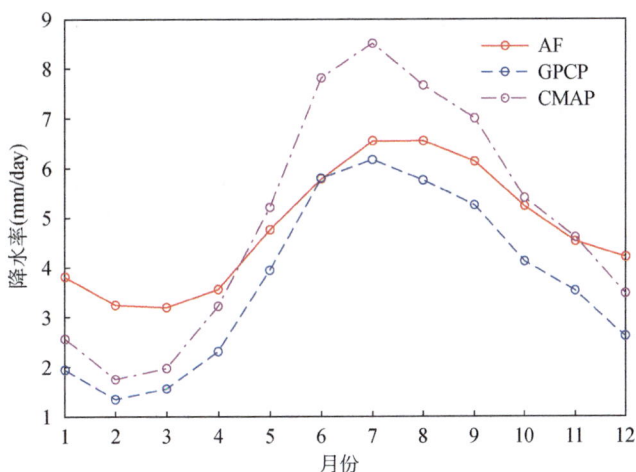

图4.45　GPCP、CMAP和AF降水率的季节变化

为了验证模式对过去气候的模拟性能，图4.46对比了AF试验与Ge（2010）的过去1500年中国10年平均温度距平的时间变化。可以看出，大部分模拟的温度变化在重建的95%不确定性范围内。两者之间的相关系数为0.36，达到了99%的置信度，因此，模式

模拟的中国过去 1500 年温度变化比较合理。

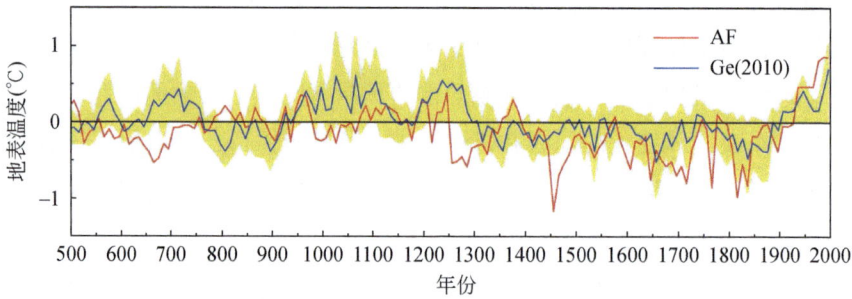

图 4.46　重建与模拟的过去 1500 年中国 10 年平均温度距平（℃）的时间序列
注：黄色阴影区表示重建的 95% 不确定性范围

　　图 4.47 是过去 1500 年 AF 试验的东亚夏季风降水率和地表温度 31 年滑动距平（相对于公元 501~2000 年）时间序列，红实线表示温度距平，蓝实线表示降水率距平。从温度距平变化上来看，模拟的东亚夏季风平均温度显示了两个暖期——中世纪暖期（公元 800~1250 年）和现代暖期（公元 1901~2000 年）及两个冷期——黑暗冷期（公元 500~721 年）和小冰期（公元 1400~1850 年），与重建结果较为一致。东亚夏季风降水率变化与温度基本呈同位相变化，表现为"暖湿冷干"，两者相关系数达 0.68，有效自由度为 35，达到了 99% 的置信度。中世纪暖期最暖百年（公元 1068~1167 年）平均降水率为 0.0242mm/day，现代暖期平均降水率为 0.0955mm/day。那么，典型暖期东亚夏季风的空间分布特征有何异同？

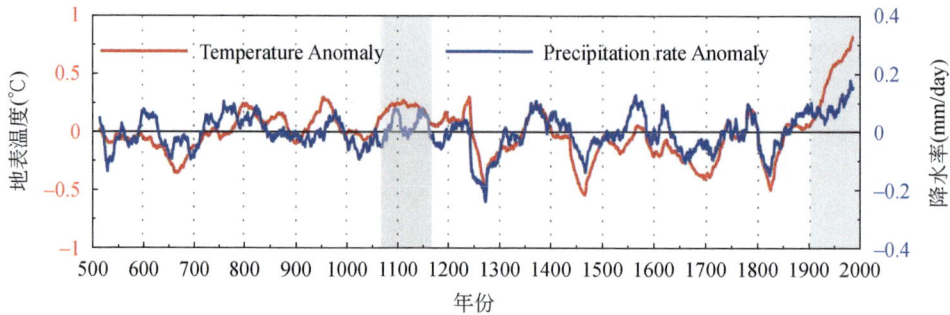

图 4.47　过去 1500 年东亚夏季降水与地表温度距平（相对于公元 501~2000 年）的 31a 滑动时间序列
注：灰色阴影区分别表示 MWP（公元 1168~1167 年）以及 PWP（公元 1901~2000 年）

　　中世纪暖期中国东部长江以南降水少，长江以北地区降水多。从 850hPa 风场的分布上看，长江以南地区存在一个反气旋性距平环流，不利于该地区产生降水，中国东部以南风为主，东亚夏季风较强，有利于水汽向北的输送，使得长江以北地区降水多，这与 Man 等（2012）依据 MPI-ESM 模式模拟的研究结果一致。现代暖期中国东部夏季降水距平呈"多—少—多"的三级分布特征，即华南和华北地区降水多，长江中下游地区降水少。长江以南地区以气旋性距平环流为主，使得该地区降水增多，华北地区以南风为主，有利于水汽输送，使得该地区降水增多，而长江中下游地区对流比较弱，降水减少。

为了探讨过去1500年两个典型暖期东亚夏季风降水时间变化特征的影响因素以及对外强迫因子的响应，图4.48将各单因子强迫序列及其驱动下的敏感性试验与全强迫试验的东亚夏季风降水距平序列进行了对比。从图4.48A中可以看出，太阳辐射外强迫因子与TSI试验的东亚夏季风降水变化具有一致的波动变化，两者之间的相关的系数为0.61（有效自由度为38），达到了99%的置信度。这说明在太阳辐射外强迫因子的影响下，降水多少与太阳辐射强弱呈正相关，而内部变率对东亚夏季风降水的影响较小。从图4.48B中可见，强火山活动以及火山频发期，东亚夏季风降水相应地减少，这与火山活动爆发致使有效太阳辐射减弱有关。火山活动外强迫与Vol试验的东亚夏季风降水变化之间的相关系数达-0.53（有效自由度为52），达到了99%的置信度检验，即火山活动对东亚夏季风降水也具有较大的影响。温室气体浓度（$CO_2$）的变化幅度在1800年之前较为平稳，之后迅速上升，GHGs试验的东亚夏季风降水对应的也呈上升趋势（图4.48C），说明在该时期GHGs对东亚夏季风降水的变化起到了重要作用。从图4.48D中农作物（crop）外强迫与LUCC试验的东亚夏季风降水的变化上来看，1800年以后crop呈上升趋势，而LUCC试验的降水没有明显的趋势变化，说明在crop外强迫驱动下，现代暖期东亚夏季风降水主要受内部变率的影响。表4.7给出了各单因子强迫序列及其驱动下的敏感性试验与AF试验的东亚夏季风降水距平序列的相关系数，可见过去1500年两个典型暖期东亚夏季风降水变化主要受太阳辐射、火山活动和温室气体的共同影响，而温室气体的作用主要体现在现代暖期。

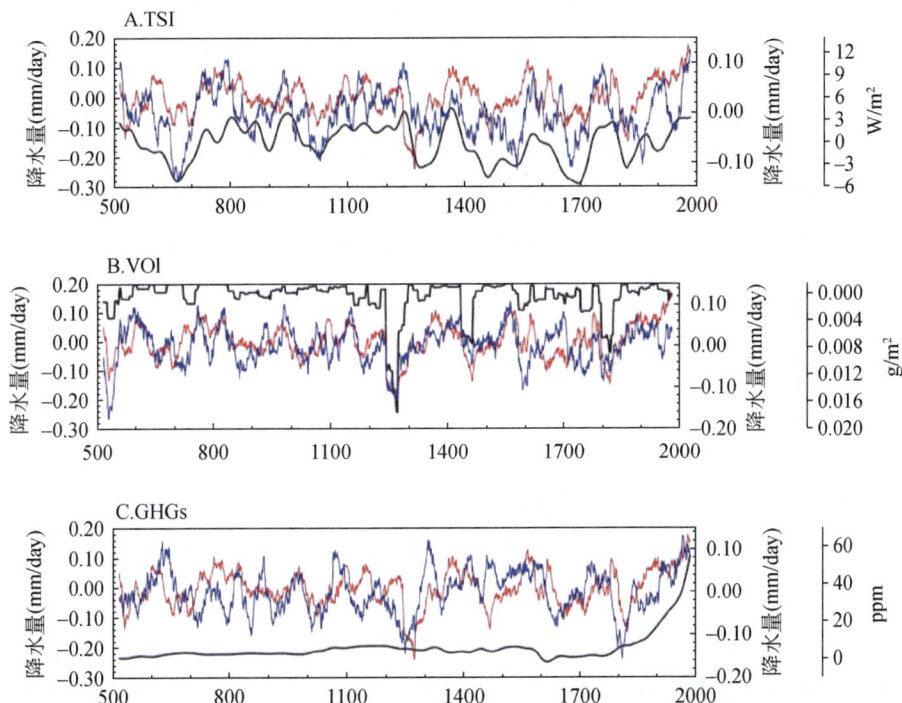

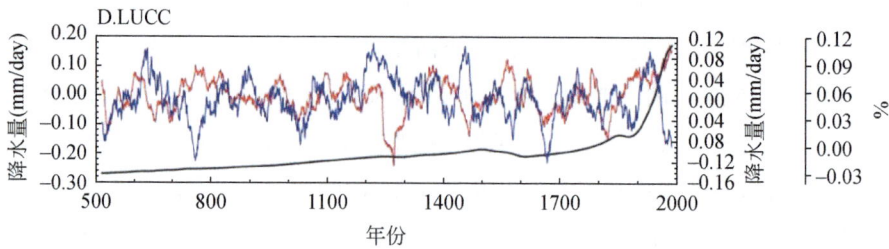

图 4.48　过去 1500 年各单因子强迫序列与其驱动下的敏感性试验和全强迫试验（AF）的东亚夏季风降水率距平的对比（数据都经过了 31a 滑动平均，距平时间段均相对于公元 501～2000 年）

注：红实线表示 AF 试验的结果，蓝实线表示单因子敏感性试验的结果，黑实线表示对应外强迫序列的变化；图 C 中温室气体外强迫因子仅使用 $CO_2$ 序列的变化作为对比；图 D 中土地利用/土地覆盖外强迫因子仅使用农作物 crop 序列的变化作为对比

表 4.7　AF 与单因子敏感性试验的降水序列及对应外强迫因子序列的相关系数

| 相关系数 | TSI 试验/外强迫 | Vol 试验/外强迫 | GHGs 试验/外强迫 | LUCC 试验/外强迫 |
|---|---|---|---|---|
| AF | 0.30*(44)/0.46** | 0.52(44)/-0.61** | 0.33*(51)0.38** | -0.11(62)0.32* |

*表示达到了 95% 置信度，**表示达到了 99% 置信度，括号内的数字为有效自由度

为了探讨典型暖期东亚夏季风距平空间分布的影响因子，我们对比了典型暖期全强迫试验与各个单因子敏感性试验的东亚夏季风降水和 850hPa 风场距平变化。结果表明，两个典型暖期 SV 组合试验的东亚夏季风降水和 850hPa 风场距平空间变化与 AF 试验结果基本一致，中世纪暖期中国东部降水距平呈偶极子分布特征；现代暖期，中国东部降水距平呈三级分布特征。此外，现代暖期 GHGs 敏感性试验的东亚夏季风降水和 850hPa 风场距平空间变化特征亦与 AF 试验结果基本一致。表 4.8 为 AF 与 SV 及 GHGs 试验的降水的空间相关系数。因此，中世纪暖期东亚夏季风空间异常变化主要受太阳辐射和火山活动的共同影响；现代暖期东亚夏季风空间异常变化主要受太阳辐射、火山活动以及温室气体的共同影响。

表 4.8　AF 与 SV、GHGs 试验的东亚夏季风降水异常的空间相关系数

| 相关系数 | 典型暖期 | SV | GHGs |
|---|---|---|---|
| AF | 中世纪暖期 | 0.28** | 0.1 |
| | 现代暖期 | 0.57** | 0.45** |

**表示达到了 99% 置信度

本研究在验证 CESM 模式模拟性能的基础上，采用 CESM 模式模拟的过去 2000 年全强迫试验、单因子敏感性试验以及自然和人为组合因子试验结果，探讨了东亚夏季风在两个典型暖期即中世纪暖期（公元 1068～1167 年）和现代暖期（公元 1901～2000 年）的时空变化特征及其影响因素。主要结论如下：

1）CESM 模式能较好地模拟出东亚夏季风降水和 850hPa 风场变化的气候态及降水的

季节变化特征，但高估了青藏地区以及冬半年的降水；模拟的中国地表温度与重建资料的波动变化较为一致，总的来说，CESM 模式对东亚地区气候变化的模拟是合理的。

2）过去 1500 年两个典型暖期东亚夏季风降水与温度均呈同位相变化，体现了"暖湿"的特征。中世纪暖期东亚夏季风降水距平呈偶极子分布特征，即长江以南降水少，长江以北地区降水多，中国东部以南风为主，东亚夏季风增强；现代暖期华南及华北地区夏季降水多，长江中下游地区夏季降水少，华北地区以南风为主，东亚夏季风增强。

3）对比外强迫因子及敏感性试验结果发现，过去 1500 年典型暖期东亚夏季风降水变化主要受太阳辐射、火山活动、温室气体的共同影响，而温室气体的作用主要体现在现代暖期。两个典型暖期东亚夏季风的空间异常变化均主要受太阳辐射和火山活动的共同影响，温室气体对现代暖期东亚夏季风的增强起到了促进作用。

亚洲季风和全球季风随时间尺度而变化（Wang，2006；Wang et al.，2014；Wang et al.，2017）。近半个世纪以来，东亚夏季风（EASM）在 20 世纪 70 年代末和 90 年代初的降水格局发生了明显的年代际变化（Ding et al.，2008，2009；Zhou and Gong，2009；Kwon et al.，2007；Yim et al. 2014）。1970 年前后，印度夏季风（ISM）发生了由正常偏上向正常偏下的年代际变化（Goswami，2006），随后在 1970s 中后期，潜在可预测性下降（Goswami，2004）。然而，器测数据时段太短，无法对季风的多年代际变化进行可靠的分析。

一些研究分析了过去一到两千年的代用季风记录，其中大部分集中在 ISM 上（Zhu and Wang 2002；Sinha et al.，2011，2015；Sankar et al.，2016；Shi et al. 2017；Goswami et al.，2015）。由于 EASM 和 ISM 及其邻近地区的年代际和百年代际变化及其对外部强迫的响应往往发生在区域尺度之外，因此更应该考虑以更大空间尺度的降水重建来揭示 EASM 和 ISM 及其邻近地区的一致性变化。但这一点在之前的研究中并没有得到考虑。

了解年代际到多年代际气候变化的主要挑战之一是区分这种变化是由内部变率，还是由耦合气候系统外部的强迫因素驱动的，以及确定它们的相对贡献。Wang 等（2013a）的开创性研究表明，即使在 20 世纪气候变暖的情况下，北半球夏季风降水的年代际变化在很大程度上归因于内部变率。

基于地球系统模型的 500 年控制试验的结果（Cao et al.，2015，2018），支持多年代际北半球季风变化可能是地球气候系统内部变化影响的（Wang et al.，2018）。北半球季风降水年代际变化可预测性的两个主要来源为：通过 NAID 指数测量的北大西洋—印度洋南部海温偶极子（NAID）和由扩展 ENSO 指数测量的太平洋年代际振荡（IPO）及东西太平洋海温对比（Wang et al.，2018）。研究表明，通过使用混合动力—经验模型，可以提前十年实现对北半球陆地季风降水的预测（Wang et al.，2018）。作为北半球季风系统的重要组成部分，学者们还研究了东亚夏季风年代际变化的动力学成因。Li 和 Wang（2018）指出，中东部热带太平洋（CEP）的降温以及温带北太平洋和热带西部太平洋在 5~10 月的变暖与 EASM 的年代际变化有关。数值实验进一步表明，CEP 降温是东亚陆地降水年代际变化的主要驱动因素，而西太平洋海表温度异常在很大程度上是一种响应（Li and Wang, 2018）。人们可能会质疑与使用模型相关的不确定性，或者与经验预测技术相关的不稳定性。现在，随着长期代用资料可用性的提高，我们可以将重建的降水和海温指数作为证据，与模型模拟结果结合起来，以更好地解决不确定性问题。

研究表明，RAP 数据集很好地捕捉了 20 世纪 EASM 和 ISM 地区（统称为亚洲季风），中亚干旱地区以及海洋大陆（MC）常年降雨区域的大规模逐年降雨变化（Shi et al., 2018）。在公元 1470～1920 年，RAP 与其他代用资料（洞穴和冰芯）大体一致。RAP 同时记录了 17 世纪阿拉伯海上升流代用资料的 ISM 显著变化（Shi et al., 2018）。

为了研究工业时期 RAP 全球海温和环流模式及年代际—多年代际变化关系，我们使用了可追溯至 1850s 的器测海温和再分析数据集。一种是 Kaplan 扩展的 SST V2（1856 年至今），它是通过统计结合来自英国气象局哈德利中心历史海温数据集（MOHSST5）的每月异常值而得出的全球海洋表面温度（GOSTA）（Kaplan et al., 1998）和美国国家海洋和大气管理局（NOAA）利用位置（船舶和浮标）和卫星海温进行全球海表温度分析（Reynolds and Smith, 1994）。另一个是美国国家海洋和大气管理局与环境科学研究合作研究所（CIRES）于 1851～2012 年的 20 世纪再分析 2c 版本（Giese et al., 2016；Compo et al., 2006）。[①]

这项工作还利用了与 RAP 重叠的共同时期的气候重建集合。首先，使用了全球水文气候和动力学变量的最新重建方法（Steiger et al., 2018），该模型结合了 2978 个古气候代用数据和来自大气—海洋气候模型的物理约束相结合。我们从该产品中选取了 2m 网格化气温重建和大西洋多年代际振荡（AMO）重建指数。另外两个 AMO 指数见 Mann 等（2009）和 Wang 等（2017）的研究。此外，还采用了 Mann 等（2009）重建的全球地表温度场，用以检查太平洋的温度重建。热带亚洲的树木年轮和 Steiger 等（2018）使用的 MC 以及 Mann 等（2009）使用的华南历史文献也包括在 RAP 重建中，但共同代用资料的数量很少（Steiger et al., 2018；Mann et al., 2009）。Steiger 等（2018）在西太平洋的重建中，使用了大量独立的珊瑚记录与 1750 年后的树木年轮数进行比较（Steiger et al., 2018）。此外，RAP 是通过树轮和基于历史记录的重建结合起来使用加权方法生成的。

RAP 与观测到的 SST 之间的相关系数和回归系数的统计检验是通过考虑自相关后的有效自由度来确定的（Livezey and Chen, 1983）；同时，还采用了 Hope（1968）之后的简化蒙特卡罗方法。这是一种相对不那么严格的测试，但当相关系数相对较低时，仍然能够作出有意义的解释。

mega-ENSO 强迫对于亚洲夏季降水的年代际变化至关重要（Wang et al., 2018）。为了将分析扩展到仪器时期以外，我们使用了两种全球地表温度网格重建，构建了代表 1470～2013 年期间的 mega-ENSO 指数，并将其命名为代用 mega-ENSO 指数。

―――――――――――

① 这两个数据集均由位于科罗拉多州博尔德的 NOAA/OAR/ESRL PSD 提供，网址是 https://www.esrl.noaa.gov/psd/。

Steiger 等（2018）利用重建的 2m 地表温度生成了第一个代用 mega-ENSO 指数，它与公元 1871～2013 年观测到的年均 mega-ENSO 指数具有良好的相关性（$r=0.86$，$p<0.01$）。另外，还可以利用 Mann 等（2009）的表面温度场构造，它更平滑并能很好地反映 mega-ENSO 观测的年代际特征（4a 平滑的 mega-ENSO 指数），在公元 1871～2013 年的年代际时间尺度上相关系数为 0.86（$p<0.01$）。

为了进一步验证重建 mega-ENSO 指数的合理性，我们计算了 mega-ENSO 序列与公元 1871～2013 年的 4a 平均滑动全球海温之间的相关图。两种相关模式在很大程度上类似于太平洋的 mega-ENSO 模式（Wang et al.，2013a）。

为了检验亚洲夏季降雨的低频变化，我们尝试确定主要的周期和它们占主导地位的时期。为此，我们构建了一个全亚洲夏季降水指数（AARI），该指数通过对包括海洋和大陆在内的整个亚洲大陆的夏季降水进行面积加权平均。制定 AARI 的依据在于 RAP 的主要EOF 模式在年际时间尺度上表现出近乎均匀的空间格局（Shi et al.，2018）。AARI 主要由亚洲季风和 MC 降水控制。

图 4.49 显示了从公元 1470～2013 年的年 AARI 时间序列时间演化，涉及年际、年代际、几十年代际和更长的时间尺度。AARI 的功率谱分析显示了四个主要的显著谱峰：年际（2～5a），年代际（8～10a），准双代际（22a），多年代际（50～54a），以及可能的百年和更长的时间尺度。Shi 等（2018）在 RAP 的 EOF2 和 EOF3 模态中发现了 8～10a 和 50a 的周期性。

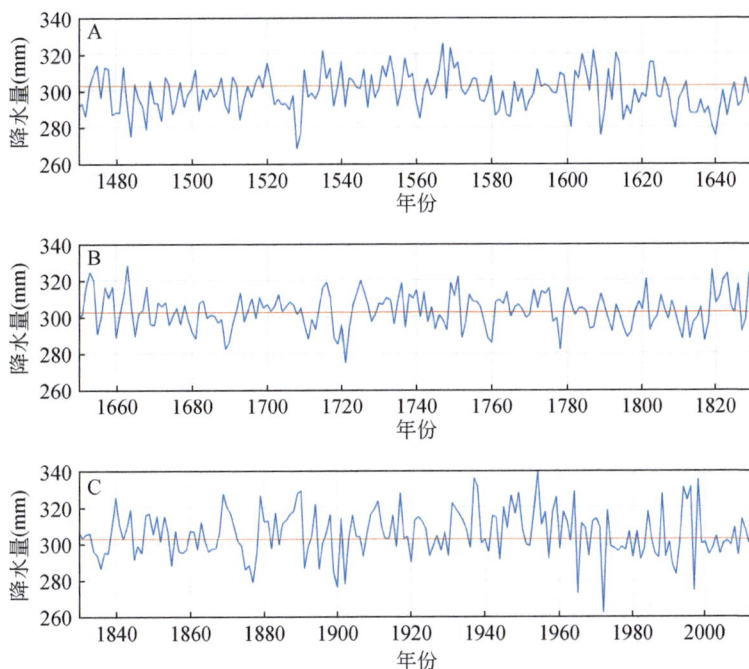

图 4.49　公元 1470～2013 年全亚洲降水指数（AARI）

注：红线是整个 544 年的平均降水量（303mm）

除了 AARI，我们基于亚洲的三个主要降雨类型（季风型，干旱—半干旱和常年降雨）定义了三个区域降雨指数（Wang and LinHo，2002），将 55°N 以南的亚洲地区划分为季风亚洲、中亚干旱地区和 MC 区。①根据 Wang 和 Ding（2008）提出的标准，利用降水特征（夏季湿润与冬季干燥）来定义亚洲季风区，即年降水量超过 300mm（或 2mm/d），局部夏季（5~9 月）降水量超过全年总降水量的 55%。②中亚干旱区是指夏季降水在 1mm/day 以下的季风区以北和西部，属于地中海型（夏干冬湿），湿润季节发生在 12 月至次年 3 月。③MC（8.75°S~10.25°N，95.25°~143.25°E）（图 4.49B）是一个特殊区域（Shi et al.，2018），主要包括常年降雨，但也有一部分 MC 属于北半球和南半球热带深部的季风区域。采用面积加权法计算了 3 个区域性北方夏季降水指数。

三个年度区域降水指数的功率谱表明，在亚洲干旱地区（图 4.50D）出现了 22a 的峰值，而在季风亚洲地区（图 4.50B）和中部 MC（图 4.50B）发现了 10a 和 50a 的峰值（图 4.50C）。区域功率谱分析显示，亚洲季风和 MC 的 10a 和 50a 周期以及干旱亚洲的 22a 高峰对 544 年 AARI 的主要周期有共同贡献。

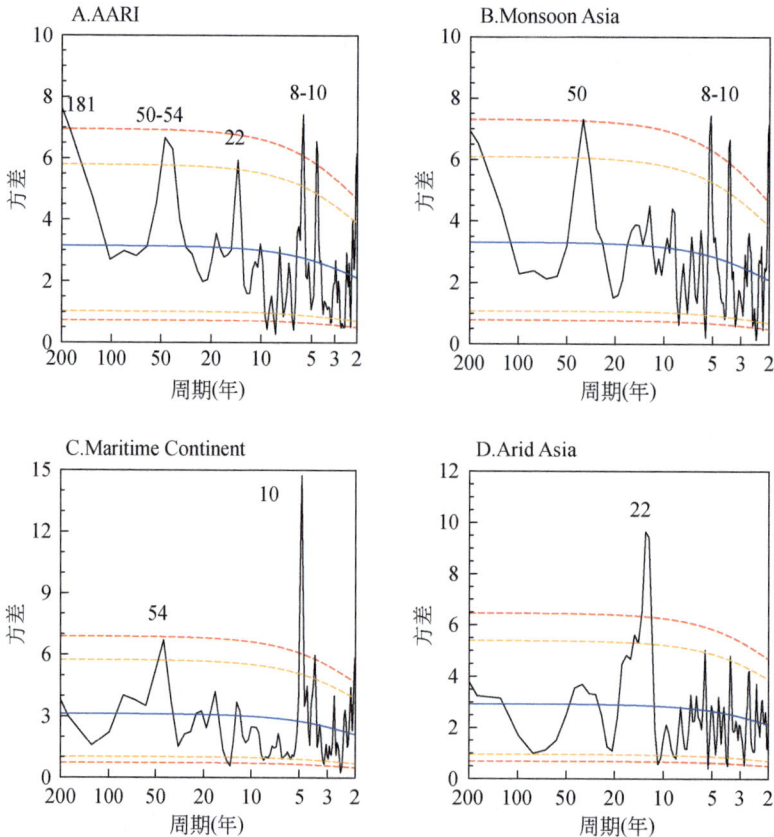

图 4.50　AARI 和区域北方夏季降水指数的功率谱

注：蓝色曲线是 Markov 红噪声谱。红色和橙色虚线分别表示 95% 和 90% 显著性水平下的上可信界和下可信界

对 AARI 的小波分析揭示了一个有趣且令人惊讶的结果，即主导周期在 1700 年前后突然变化。如图 4.51 所示，多年代（约 50a）的振荡信号在公元 1700 年之前占主导地位，而在公元 1700 年之后，多年代信号几乎消失了，与此同时，年代际（8~22a）功率增加。在年代际和多年代际时间尺度上，AARI 的变化显示了公元 1700 年期间的显著变化。$F$ 检验表明，在 95% 显著性水平下，两个时间尺度上两个时间段的标准差（SD）均存在显著差异。公元 1700 年之前的年代际和多年代际标准差之比为 1.86，公元 1700 年之后为 3.17。这主要是由于公元 1700 年以后多年代际变化明显减少（图 4.51）。

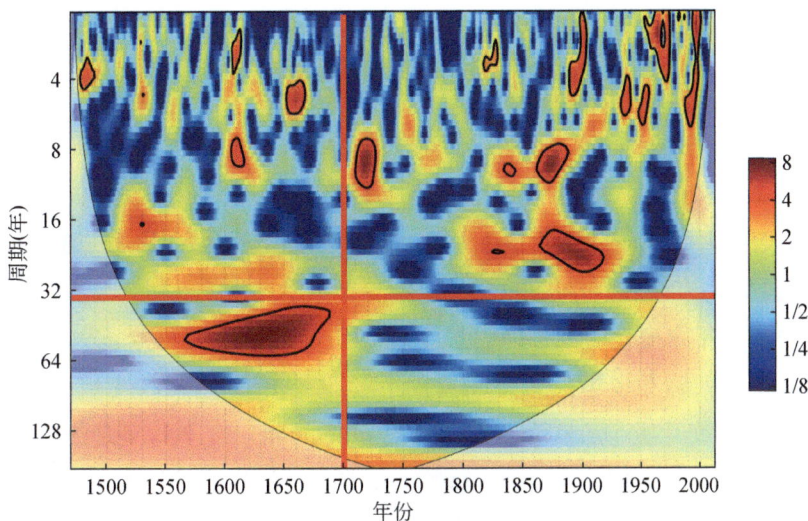

图 4.51　AARI 连续小波功率谱

注：黑色轮廓表示针对红色噪声和影响锥（COI）的 95% 显著性水平，其中边缘效应可能会使图片失真，显示为较浅的阴影。红色垂直线表示 1700 年，红色水平线划分了年代际和多年代际周期

为了进一步证实这一发现，在公元 1700 年之前（公元 1470~1700 年）和公元 1700 年之后（公元 1701~2013 年），对这两个时期进行了 AARI 和三个区域指数的功率谱分析（图 4.54）。实际上，在公元 1700 年左右，AARI 的主导周期发生了变化：在 1700 年之前，50a 峰值是唯一的显著周期（图 4.52，第一列顶部），但在公元 1700 年之后，年代际和 22a 峰值出现并成为其重要周期（图 4.52，第一列底部）。主导周期的突变也可以从所有

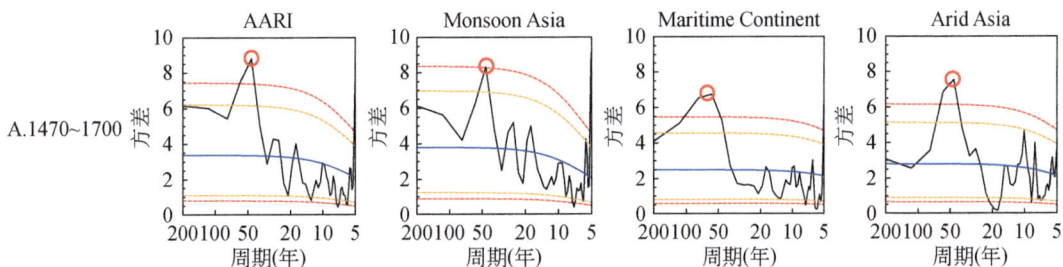

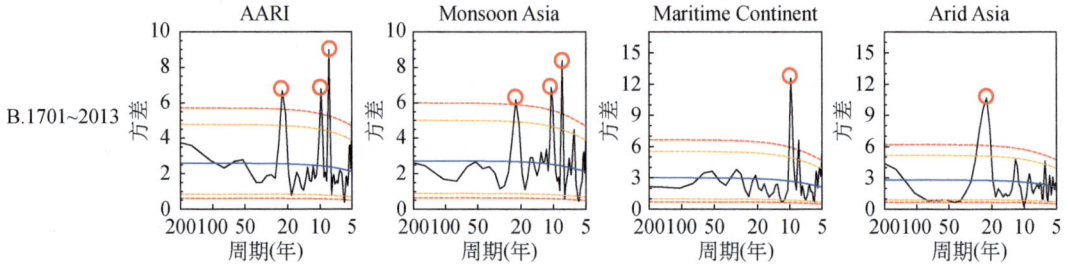

图 4.52　1700 年前后亚洲夏季降水主导周期变化

注：蓝色曲线是 Markov 红噪声谱。红色和橙色虚线分别表示在 95% 和 90% 显著性水平下的
置信区间的上可信界和下可信界

三个分区指标中检测到。如图 4.52 所示，这三个区域在公元 1700 年之前均显示出明显的多年代际峰值（50~54a）（图 4.52A）。在公元 1700 年之后，MC 区域以年代际周期为主，而在亚洲干旱地区则以 22a 的周期为主（图 4.52B）。亚洲季风区同时出现了 10a 和 22a 的峰值。

亚洲夏季降水年际变化的主导模态显示出近乎均匀的空间格局（Shi et al.，2018）。这里我们展示了年代际和多年代际时间尺度上的主要 EOF 模态以及相应 PCs 的功率谱（图 4.53）。与年际变化类似，在年代际和多年代际时间尺度上均呈现统一的变化规律。年代际主导模态约占带通滤波总方差的 24%，在 10a 左右出现一个尖峰。该峰主要由 MC，中国中部东部，孟加拉国和印度的降水所主导。多年代际变化的主导模式占带通滤波总方差的 31%，峰值在 50a 左右，在南亚地区的负荷较小。主要 PCs 在年代际和多年代际时间尺度上的功率谱与 AARI 的主要低频周期一致。由于 EOF 相对均匀，PCs 的功率谱不能有效地反映区域信息。

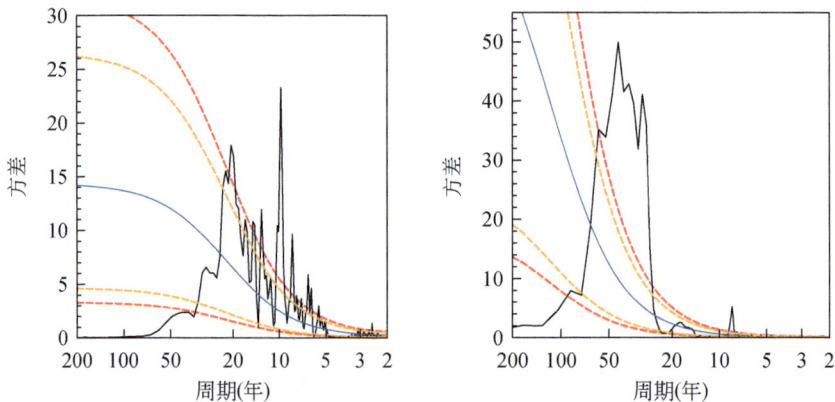

图 4.53　1470~2013 年亚洲夏季降水变化的主导低频模态

在两个时间尺度上，两个 PCs 与带通滤波后的 AARIs 显著相关（$p < 0.01$）。年代际和

多年代际 PC1s 和 AARIs 在 1700 年之后的频率都略有增加，这与 AARI 的小波功率谱和 1700 年前后的功率谱一致。

在寻找年代际变化的起源时，我们首先使用工业时期的器测数据来检查与年代际 PC1 相关的全球海温和环流异常（图 4.54）。海温模态显示出明显的 mega-La Niña 模态，西太平洋 k 型区域显著变暖，东太平洋三角区域显著变冷（Wang et al., 2013a）；在北大西洋上空明显升温，在印度洋西南部显著降温（图 4.54）。这表明亚洲夏季风的年代际变化的主导模式可能根源于太平洋，北大西洋和印度洋的海表温度异常，特别是 mega-ENSO 和 AMO。

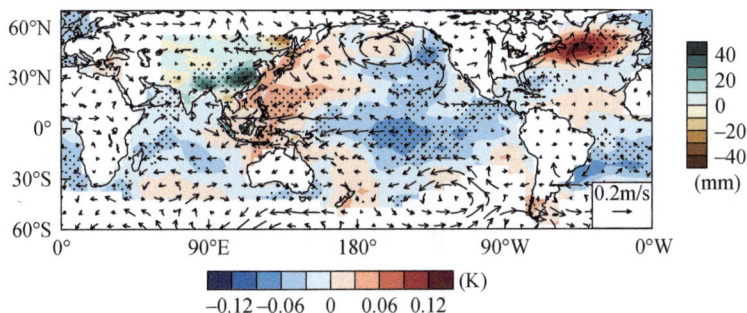

图 4.54　年代际夏季降水异常（陆地上的阴影；垂直色条；单位：mm），海温异常
（海洋阴影；水平色条；单位：K），850hPa 风（矢量；单位：ms$^{-1}$）。

注：海温数据是 Kaplan 扩展的 SST V2（Kaplan et al., 1998；Reynolds and Smith, 1994）；850hPa 风来自 20 世纪再分析
资料 2c 版本（Giese et al., 2016；Compo et al., 2006）；阴影在 95% 水平上具有统计学意义的显著性回归

由于器测数据记录的长度有限，因此我们将进一步使用我们重建的代用 mega-ENSO 指数和其他研究人员重建的代用 AMO 指数来检验仪器期之前的 AARI 年代际变化。图 4.55 显示两个代用 mega-ENSO 指数及由不同研究人员进行的三种 AMO 指数重建，以及公元 1701～1855 年的年代际 AARI。之所以选择这个前工业化时期，是因为在公元 1700

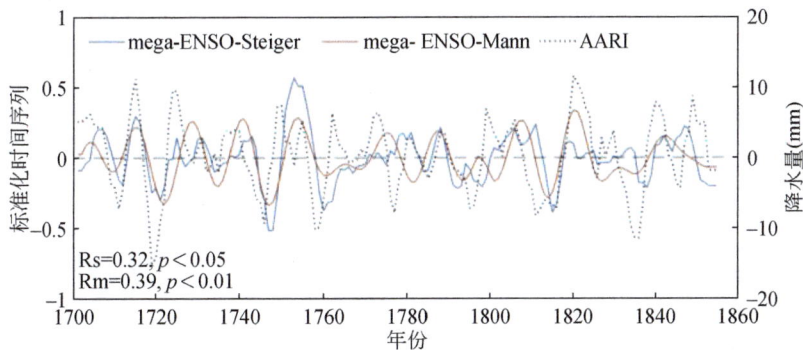

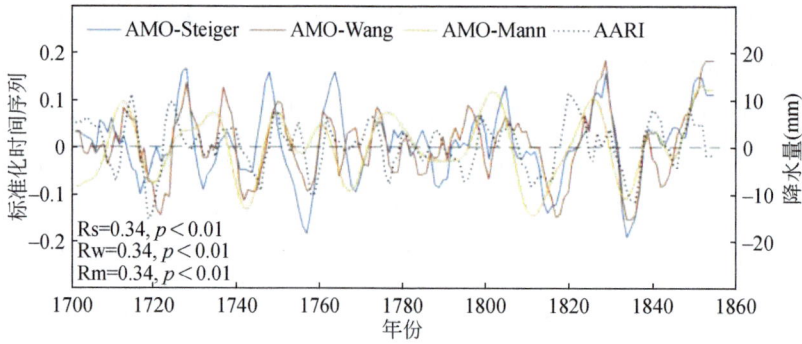

图 4.55　年代际 AARI 在 1701～1855 年与（顶部）代用 mega-ENSO
指数和（底部）大西洋多年代际振荡（AMO）重建比较

年之后，年代际变化更为显著（图 4.55B）。AARI 与 mega-ENSO 和 AMO 指数之间的相关系数范围为 0.32～0.39（$p<0.05$），表明在该时间段内，mega-ENSO 和 AMO 可能是 AARI 年代际变化的驱动因子。虽然每种方法只能解释 10%～15% 的年代际变率方差，但不同重建方法之间的显著相关性表明，这些关系是有意义的，并且可能被广泛观察到。

对于多年代际变化，仪器数据周期太短，无法检测到稳健的海温异常驱动因素。然而，北大西洋的显著变暖仍然被发现与亚洲夏季降水的增强有关，这表明 AMO 和 AAR 的年代际变化之间可能存在联系。因此，我们进一步研究了在 1470～1700 年期间多年代际变化显著的时期，多年代际 AARI 与同一套 AMO 和 mega-ENSO 代用资料之间的关系。一方面，随着时间的推移，两个重建的代用 mega-ENSO 指标相互偏离，只有其中一个与 AARI 呈显著正相关（$r=0.32$，$p<0.1$）。另一方面，所有 AMO 重建都与多年代际 AARI 的相关性较强（图 4.56）。在显著性水平为 90% 或更高时，相关系数的范围在 0.30～0.47。这表明，在多年代际时间尺度上，增强的 AAR 可能与温暖的北大西洋有关。

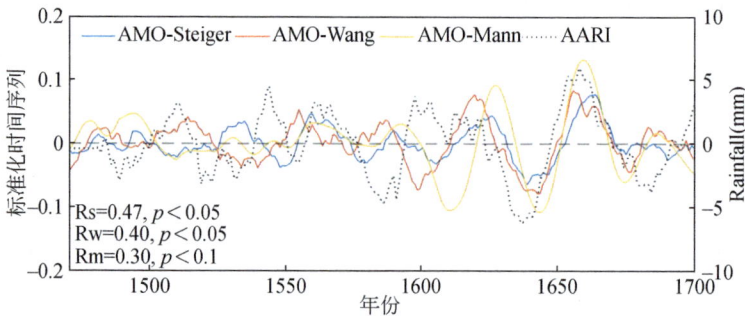

图 4.56　多年代际 AARI 在公元 1470～1700 年期间与 AMO 重建比较

在 1700 年之后，AAR 的年代际信号相对较强，并显示出与 mega-ENSO 和 AMO 的显著关系。因此，在本节中，我们将进一步研究自公元 1700 年以来，这些关系是否发生了变化。为此目的，我们计算了这些指数与 AARI 之间的 101 年窗口滚动相关性，结果如

图 4.57 所示。所有系列均为 4 年减去 21 年的滑动平均。AARI 与每个重建的海表温度指数之间的相关性存在很大的差异（黑色曲线，图 4.57），表明基于其平均值的解释存在不确定性（红色粗曲线，图 4.57）。

图 4.57 显示这两种关系都是不稳定的。自公元 1700 年以来，除了在 19 世纪短暂减弱之外，mega-ENSO 和 AARI 的关系一直呈显著正相关。在 1856 年之后，观测结果仍然显示出 mega-ENSO 和 AARI 的显著关系（图 4.57）。另一方面，AMO-AARI 则在公元 1750～1825 年间显著为正相关。1825 年之后，这种关系减弱并在 19 世纪后期变为负相关。值得注意的是，1856 年以后，年代际 AARI 与温带北大西洋海温异常有关，而不是与 AMO 所反映的整个北大西洋海温异常有关。

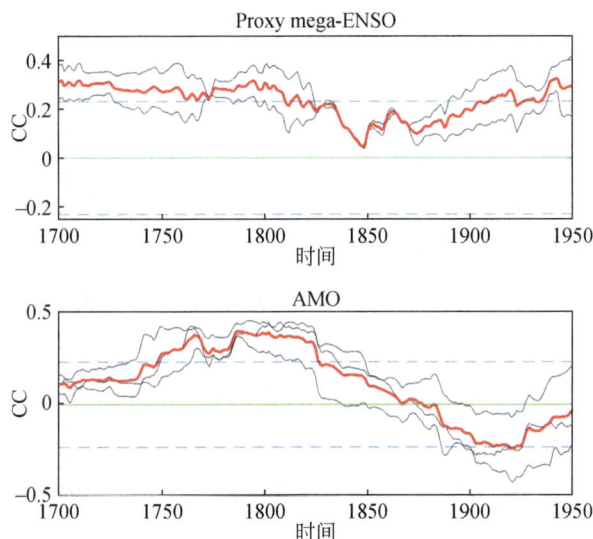

图 4.57　AARI 与代用 mega-ENSO 和 AMO 之间年代际关系的非平稳性

（显示为具有 101 年滑动平均相关系数）

注：在每个图中，黑色曲线是每个单独重建的相关系数；红色粗曲线是它们的相关系数平均值；
虚线是基于蒙特卡洛检验（Hope，1968）在 90% 显著性水平下的截止相关性

Gershunov 等（2001）提出 ENSO 与印度降水关系的年代际调制可能完全是由于随机过程造成的。按照他们的自举方案，在图 4.57 中对观测到的 AARI 与 mega-ENSO 和 AMO 的关系进行了显著性检验。测试结果表明，在 95% 显著性水平下，AARI-AMO 年代际关系的非平稳性在统计学上可与相关白噪声时间序列的预期区别开来有关。但是，对于 AARI 和 mega-ENSO 的年代际关系，我们不能排除非平稳性是由随机气候变化引起的可能性。然而，许多研究已经观测到季风与包括 AMO 和 PDO 在内的内部气候模式之间的非平稳关系（Shi et al.，2017；Sankar et al.，2016；Goswami et al.，2015）。

通过观测和代用指标确定亚洲夏季降水年代际变化的一个驱动因素是太平洋的 mega-ENSO 模态。图 4.53 结果表明，MC 和亚洲季风降水的增加与赤道中太平洋降温有关，MC

和菲律宾海温变暖以及印度洋西部变冷有关。赤道太平洋和印度洋海温梯度在西太平洋产生赤道东偏异常，在印度洋产生西偏异常，这增强了 MC 西部的水汽辐合和季风降水。MC 上空降水加热的增加激发了赤道 Rossby 波响应，产生了从苏门答腊到阿拉伯海的低层气旋环流异常，增加了印度降水。与此同时，太平洋中部的降温诱导的抑制加热作用在副热带西北太平洋上空产生了异常反气旋，该反气旋以菲律宾海为中心，脊线延伸至中南半岛。增强的菲律宾海反旋风增强了西南季风，将潮湿的空气输送到孟加拉国和中国南部，并增加了华东地区的降雨。因此，类似于 mega-La Niña 的年代际海温异常，推动了大气环流并增强了亚洲降水。

在印度洋板块上，印度洋南部的降温增强了印度洋和亚洲大陆之间的北向温度梯度，增强马斯克林高压和越赤道流，从而增加印度季风降水（Webster et al., 1998）。

在北大西洋，暖异常主要发生在北大西洋北部。北大西洋海温异常的整体模态类似于 AMO 的正位相或与 NAO 负位相相关的三极海温异常。但是除北大西洋北部外，海表温度异常较弱。目前尚不清楚这些海温异常在多大程度上影响亚洲降水。先前的研究表明，AMO 或 NAO 可能会以不同的方式影响亚洲降水。北大西洋变暖可能通过热带辐合带的北移来增强亚洲降水（Zhang and Delworth, 2006）。Wu 和 Huang（2009）提出与 NAO 负位相有关的三极海温异常可以通过诱导横跨欧亚大陆北部的亚极地遥相关的下游发展来增强 EA 夏季风，从而增强乌拉尔山和鄂霍次克海的高压，有利于加强东亚副热带锋面降雨。北大西洋海温异常可以影响 EASM 的另一种机制是改变赤道中部太平洋海温。与热带大西洋 NAO 负位相相关的海温异常可能导致北半球夏季赤道太平洋冷却（Gong et al., 2011; Wang et al., 2013b），通过激发向西传播的下降的 Rossby 波，进一步增强了西太平洋副热带高压，从而增加 EA 降水。在年代际—多年代际时间尺度上，正位相 AMO 有利于 NAO 负位相频发（Peings and Magnusdottir, 2014）以及相关的北大西洋三极海温模式。图 4.54 示的是大西洋海温异常可以认为是 AMO 正位相和 NAO 负位相的组合。因此，正位相的 AMO 或负位相的 NAO 都可能对亚洲降水产生类似或共同的影响。但是，通过分析公元 1701～1855 年的代用资料，我们发现在年代际尺度上，RAP 指数与代用 NAO 之间的相关性不显著，而与代用 AMO 之间的相关性显著。这种不一致性可能是由于重建指标的不确定性导致，特别是 NAO 指标。

利用重建的公元 1470～2013 年亚洲夏季降水（RAP）数据集（Shi et al., 2018），研究了亚洲夏季降水的年代际到多年代际变化。一些发现总结如下。

1）在全亚洲平均降水指数（AARI）中发现了显著的年代际（8～10a）、准双年代际（22a）和多年代际（50～54a）周期。在公元 1700 年左右，前导周期从多年代际（~50a）突变为年代际和双年代际周期（图 4.58）。

2）进一步检查亚洲季风区，海洋大陆（MC）和亚洲干旱地区 3 个区域加权平均降雨指数，发现 10a 和 50a 的峰值来自季风亚洲和海洋大陆，而 22a 的峰值主要来自亚洲干旱地区

（图 4.57）。在公元 1700 年之前，50~54a 的峰值是三个地区唯一的显著和主导周期，而公元 1700 年以后，10a 和 22a 的峰值成为了主导周期。具体而言，海洋大陆以 10a 周期为主，亚洲干旱地区以 22a 的周期为主，亚洲季风区表现出 10a 和 20a 的周期（图 4.58）。

3）年代际和多年代际尺度上的主导 EOF 模态都显示出相似的空间均匀结构，表明南亚和东亚降水在年代际和多年代际尺度上的海洋大陆几乎呈同相变化。主导 PCs 在每个时间尺度上均与 AARI 显著相关。

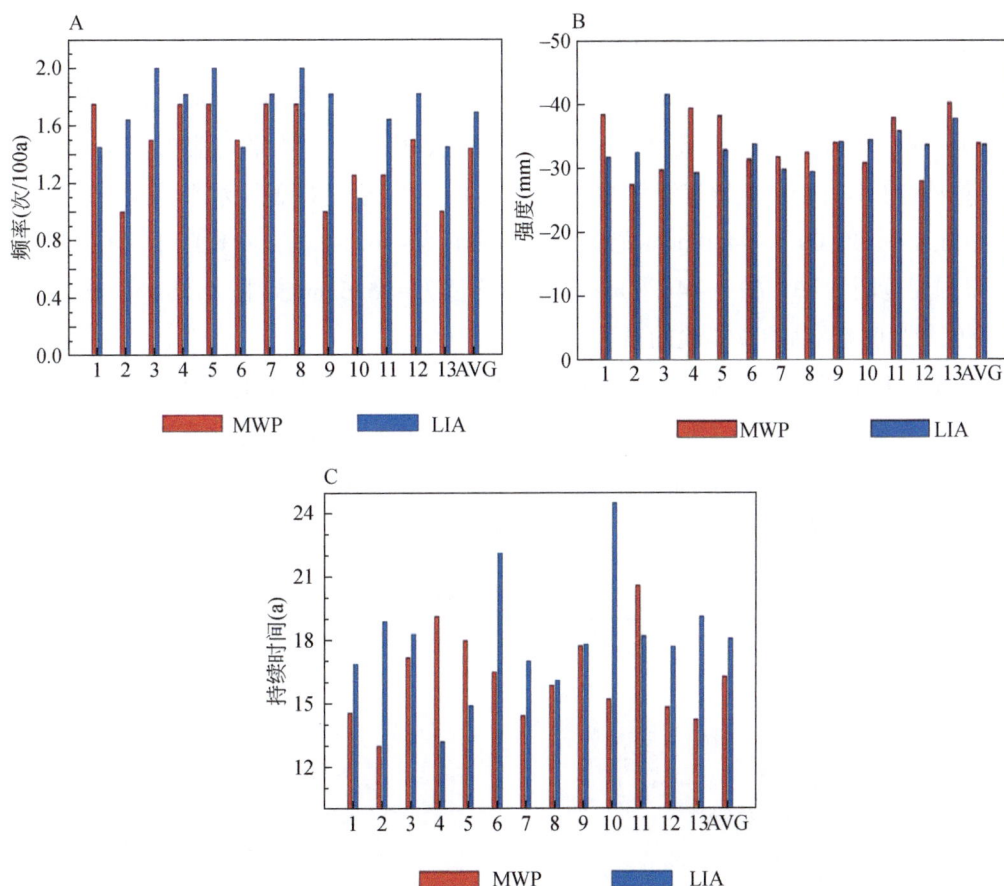

图 4.58　年代际干旱的频率（A）、强度（B），持续时间
（C）在 MCA 之间（红条）和 LIA（蓝条）13 个实验和整体平均

4）重建的亚洲夏季降水变化的主导年代际模态与 mega-ENSO 有关。除了 1820~1900 年，AARI-mega-ENSO 关系持续显著。长期海温和再分析数据以及古气候重建表明，年代际 AAR 的增强也与北大西洋的变暖/AMO 呈正位相显著相关。但是，AARI-AMO 关系显然是不稳定的。

5）AARI 的多年代际变化（50~54a）与 AMO 显著相关（图 4.58）。AMO 和多年代际 AARI 间的强相关周期与 AARI 的强 50a 周期重合（图 4.58）。

本研究表明，亚洲季风的年代际—多年代际变化与内部耦合动力模式有关。但是，仅靠观测和古气候重建，我们无法完全区分这些"内部"信号是真正内部的，还是自然响应和强迫响应的结合。特别是，研究期间包括了小冰期（LIA）的最冷部分，以及当前前所未有的变暖，这两个时期之间的过渡导致了许多气候系统的变化（如太阳辐射强迫、火山活动和温室气体浓度的变化）。外部强迫的这些变化可能会改变内部模态的某些属性，或产生类似于内部模态变异性的海温异常，从而进一步影响全球环流/降雨。未来的强迫/非强迫运行和模式实验可以帮助验证这一假设。

两种典型时期十年大干旱期比较频率（单位：次/100a）、平均强度（单位：mm）、年平均持续时间（单位：a），我们在 MCA 和 LIA 期间的年代际干旱强迫实验中进行比较（图 4.58）。年代际特大干旱频率在 MCA 范围内为 1.00 ~ 1.75 次/100a，平均值为 1.44 次/100a；在 LIA 期间的频率范围为 1.09 ~ 2.00 次/100a，整体平均值为 1.69 次/100a。MCA 期间的频率与 LIA 差异有统计学意义（$p < 0.05$），通过显著性水平检验。10 年的特大干旱强度在 −30.00 ~ −44.09mm 范围内，平均值为 −36.14mm；年代际干旱在 LIA 期间的干旱强度范围为 −31.62 ~ −44.00mm，整体均值为 −35.62mm（图 4.58B）。在 MCA 和 LIA 期间的强度不是基于 $t$ 检验的显著差异（$p > 0.05$）。

MCA 和 LIA 期间，中国东部地区表现在年代际特大干旱的空间分布如图 4.59 所示。此外，10a 的特大干旱持续时间年际变化范围为 13.00 ~ 20.60a，总体平均为 16.25a；而 LIA 时期 10a 超级干旱持续时间为 16.10 ~ 24.50a，整体平均 18.06a（图 4.58C）。MCA 和 LIA 的持续时间不显著，没有通过显著性水平检验。

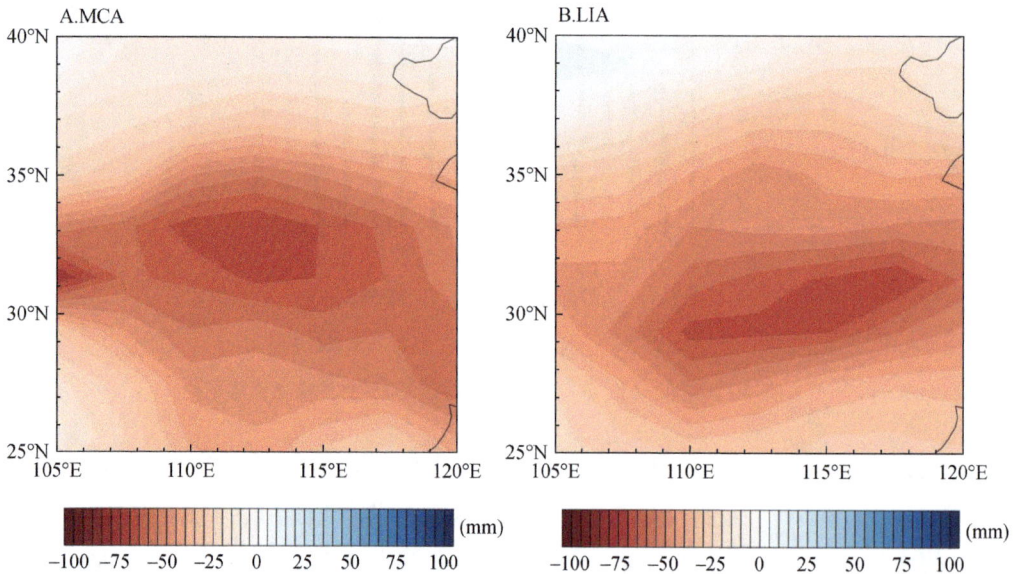

图 4.59　MCA（A）和 LIA（B）中国东部地区特大干旱年代际变化空间分布

为了研究是太阳还是火山在特大干旱频次中扮演了重要角色，我们对在 MCA 和 LIA 期间的干旱敏感试验和 5 个敏感试验分别进行了比较。结果表明，在 4 个太阳敏感试验中，年代际特大干旱频率在 MCA 范围内从 0.75 次/100a 到 1.75 次/100a，整体平均值为 1.18 次/100a；LIA 期间的频率范围为 1.60~2.40 次/100a，整体平均值为 1.82 次/100a。这些频率在 MCA 和 LIA 期间的 4 个太阳敏感试验中是显著的，通过显著性水平检验（$p<0.5$）。

此外，在只有火山敏感性试验中，MCA 期间 10a 特大干旱频率范围为 0.50~1.50 次/100a，整体均值为 1.15 次/100a；而在 LIA 的变化范围为 1.27~1.81 次/100a，总体平均值为 1.45 次/100a。5 次火山敏感性试验中，在 MCA 和 LIA 的频率没有明显差异（$p<0.5$）。因此，太阳强迫对 MCA 和 LIA 年代际特大干旱频率差异的形成起主导作用。

通过这些对比，可以得出结论：中国东部地区的年代际干旱在重要的频率之间的不同的两个典型时期和太阳辐射强迫扮演着主导的角色，虽然干旱的强度和持续时间这两个典型时期没有显著的不同。在研究两个典型周期特大干旱频率差异的物理原因之前，我们先计算了两个典型周期的平均降水量，13 次全强迫试验中 MCA 总体平均降水量为 1376.82mm/a，LIA 总体平均降水量为 1374.77mm/a。这两个典型时期的平均降水量没有显著差异（$p<0.05$）。因此，MCA 和 LIA 之间的特大干旱频率差异不是由两个时期平均降水量的差异造成的。

利用 CESM-LME 的 13 次全强迫试验资料，我们比较了中国东部地区特大干旱在 MCA 和 LIA 两个典型时期的年代际变化特征。结果表明：两个典型时段的特大干旱频率存在显著性差异，而特大干旱强度和特大干旱持续时间在两个典型时段之间没有显著性差异。此外，我们还证实了 MCA 和 LIA 之间的特大干旱频率差异并不是由两个典型时期平均降水量的差异造成的。通过对太阳敏感性试验和火山敏感性试验结果的比较，发现这种差异主要是由太阳辐射强迫引起的。与以往研究一致（Yang et al., 2018; Ning et al., 2019a; Qin et al., 2020），两个典型时期的特大干旱都与正的 PDO-like 海温型相关。MCA 期间北太平洋海温变化幅度大于 LIA；而 LIA 年代际特大干旱的频率要大于 MCA 年代际特大干旱的频率。因此，在 MCA 年代际特大干旱可能由强正 PDO 样模式诱发，而在 LIA 年代际特大干旱可能由弱正 PDO 样模式诱发。也就是说，MCA 地区的特大旱灾频率与强 PDO 海温型显著相关，LIA 地区的特大旱灾频率与弱 PDO 海温型显著相关。由 SLP 和风场的复合资料可以看出，在这两个典型时期，大尺度大气环流模式对海温的响应是相似的。与 LIA 期相比，MCA 期的 SLP 和海温异常明显增大。可以看出，SLP 异常对海温的响应和风场对 SLP 的响应都是线性的。此外，东亚夏季风在大旱期间表现出减弱的特征，在 MCA 和 LIA 期间，干旱强度对季风异常的响应不同，LIA 期间的响应更为敏感。由此可以得出，降水变化对大尺度大气环流模式变化的非线性响应导致了 MCA 和 LIA 之间不同的特大干旱频率。因此，本研究不仅有助于我们了解中国东部地区特大干旱发生的机制，而且有助于我们了解自然作用力对区域气候变化的影响。此外，提高对未来特大干旱发生的可预测性将有助于决策者为适应和缓解未来水资源管理以及社会和经济可持续发展做好准备。

# 第三部分

---

## 年代际气候变化的机制

# 自然外强迫对年代际气候变化的影响

## 5.1 火山对年代际气候变化的影响

### 5.1.1 过去110年火山爆发对亚洲夏季风的影响

#### 5.1.1.1 研究背景

在亚洲季风区，尽管火山爆发的影响是短暂的（Scheider et al.，2009），但大范围的火山爆发会减弱东亚夏季风（EASM）环流和 EASM 降水量（Fan et al.，2009；Iles et al.，2014；Man and Zhou，2014；Song et al.，2014）。然而，代用资料（Knudsen et al.，2014）和模拟数据（Both et al.，2012）都显示，在长时间尺度上，小冰期结束以来大西洋多年代际变率（AMO）很容易受到火山爆发的影响，进而影响 EASM（Feng and Hu，2008），强调了大规模火山爆发与 AMO 的遥相关关系对 ASM 多年代际变化影响的重要性。

#### 5.1.1.2 年代际尺度上火山爆发对 ASM 的影响

选取火山气溶胶混合比大于 $2 \times 10^{-8}$ kg/kg 的两次火山爆发期（1901～1935 年和1963～1993 年），与火山活动最少的时期（1936～1962 年）进行比较。如图 5.1 所示，火山爆发活跃期 ASM 的平均指数，明显低于火山爆发非活跃期。

通过比较火山非活跃期（1936～1962 年）和火山活跃期（1901～1935 年和 1963～1993 年）的去趋势冬季和夏季海表温度（SST）的差异，发现火山强迫可以使 AMO 的值显著降低。

#### 5.1.1.3 AMO 对 ASM 降水影响的机制

AMO 对全球 JJA SST 的回归表明，火山爆发对大西洋和太平洋的影响更为明显（图 5.2A）。在过去的几个世纪中，因为 AMO 的放大作用，SST 在响应热带强火山爆发时，呈现出强厄尔尼诺/南方涛动（ENSO）模态的年代际变化；而由于 AMO 与 Niño3.4 在年际尺度上的相关系数不显著，因此，火山爆发通过 AMO 对热带太平洋东部 SST 的年代际影响与以往研究中观察到的 El Niño 事件在年际尺度上的影响无关（Adams et al., 2003；Li et al., 2013；Mann et al., 2005）。

火山非活跃期，北大西洋和西热带太平洋 SST 呈正异常，东太平洋 SST 呈负异常，相应的沃克环流增强向 ASM 区输送了更多的水汽，增加了季风降水。

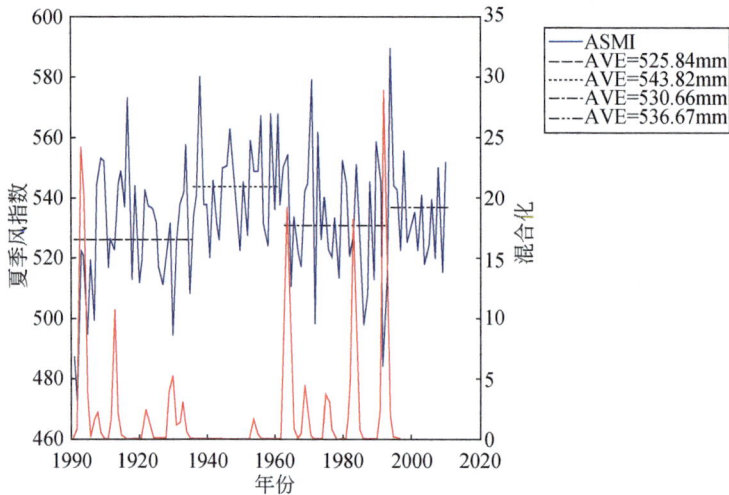

图 5.1　观测的亚洲夏季风指数时间序列和重建的火山气溶胶质量混合比

注：蓝色实线，左 y 轴，单位：mm；红色实线，右 y 轴，单位：$10^{-8}\,\mathrm{kg/kg}$

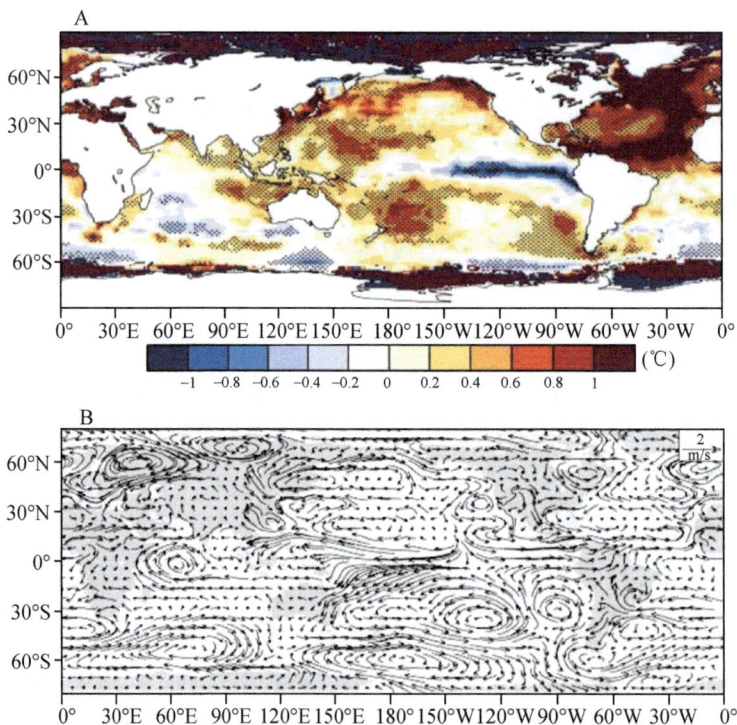

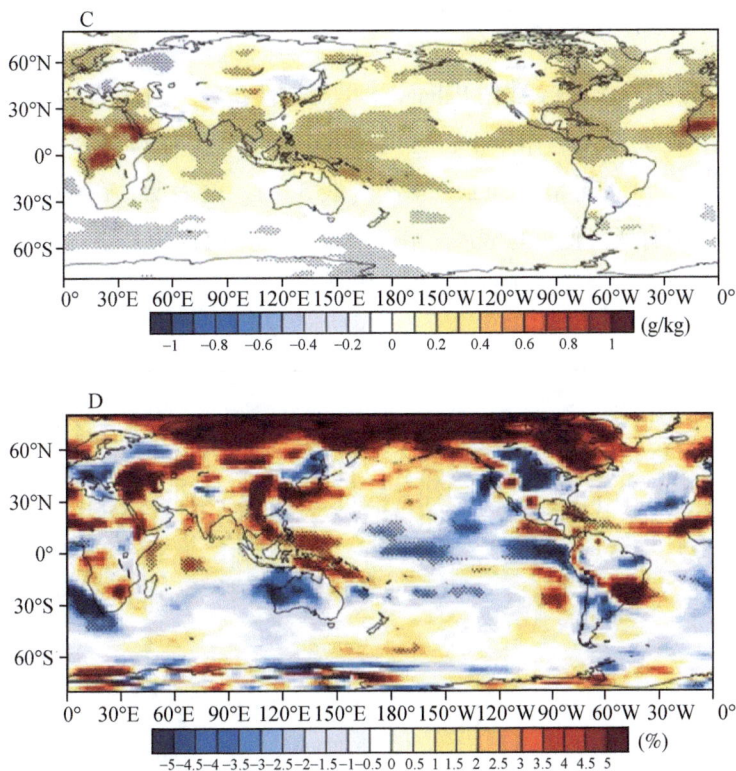

图 5.2　1901～2010 年期间的夏季去趋势 SST（A）、850hPa 高度风场（B）、
去趋势比湿（C）和相对湿度（D）与 AMO 指数的回归场

注：阴影区域表明相关性在 $p=0.05$ 水平上显著

## 5.1.2　过去千年火山喷发对中国东部年代际大旱的影响

年代际特大干旱事件与东亚夏季风的衰退有关。东亚夏季风的衰退与西太平洋赤道至高纬地区经向三极型的表面温度异常有关，表明西太平洋的海温有年代际时间尺度的内部变率。在年际时间尺度上，火山喷发首先导致干旱增强，随后干旱减弱。此外，强火山喷发与内部变率引起的干旱线性叠加能够加剧并延长干旱。

### 5.1.2.1　研究背景

中国东部的年代际干旱与 EASM 的减弱密切相关。一方面，EASM 的减弱与热带印度洋—太平洋 SSTA 的大规环流密切相关；另一方面，外部强迫（如火山爆发）也会通过大尺度遥相关的改变来影响中国东部特大干旱发生的风险和持续时间（Ning et al.，2018；Stevenson et al.，2018）。

### 5.1.2.2 重建和模拟结果中的年代际特大干旱

图 5.3A 显示了来自 MADA 数据 Palmer 干旱严重性指数（PDSI）和重建干湿指数的中国东部时间序列，在火山强迫作用下，五组 VOLC 实验中基于降水量的特大干旱分别有 14±2.74 次和基于 PDSI 的干旱 12.4±1.14 次（表 5.1）。这表明，在 VOLC 实验中，干旱的频率比在 CTRL 中有所降低。这表明，在 CESM 中，只有火山外强迫的作用下可能将大干旱发生的频率降低到显著低于 CTRL 实验的水平。

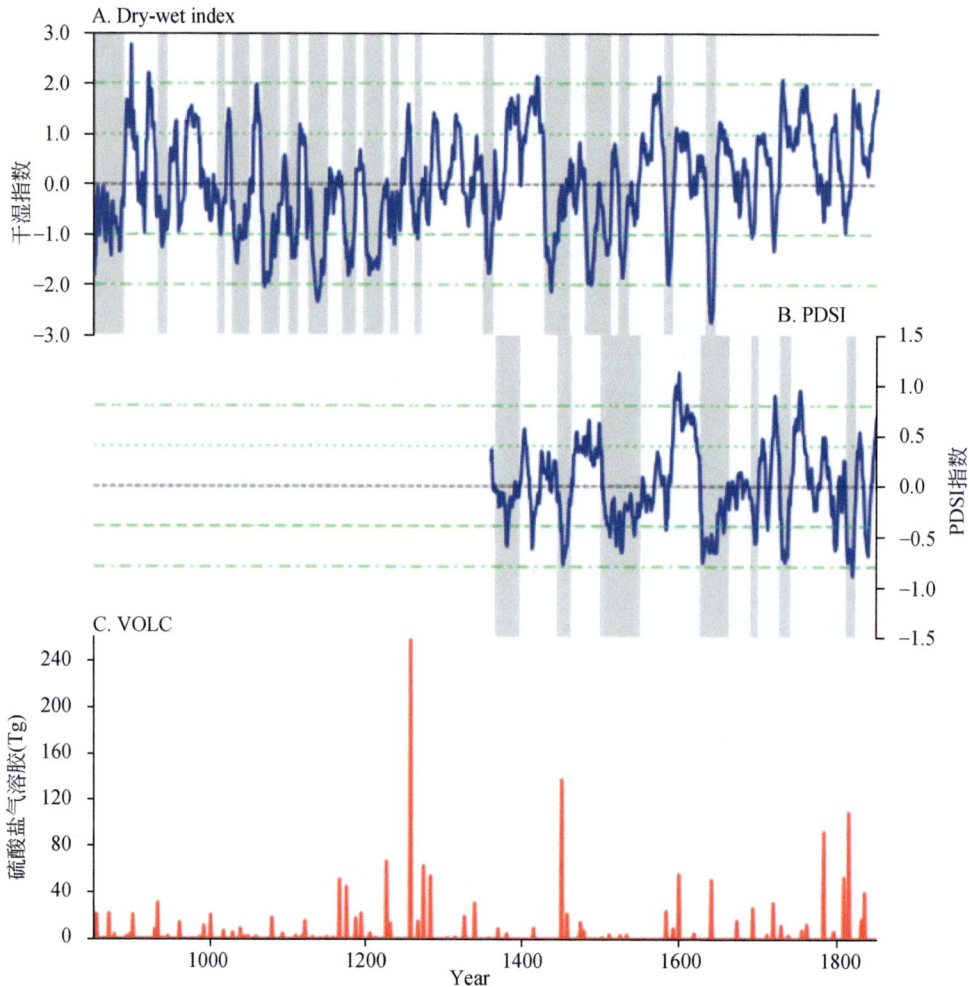

图 5.3　标准化的重建干湿指数（A）、PDSI 指数（B）和硫酸盐气溶胶（C）的时间序列

注：年代际大旱以灰色阴影突出显示；黑色实线表示降水平均值；绿色虚线表示±1 和 2 倍标准偏差；

红色线表示硫酸盐气溶胶（Tg）

表 5.1　重建、CTRL 试验和五个 VOLC 试验中年代际干旱的发生频次

| | Frequency | Frequency based on PDSI |
|---|---|---|
| Reconstruction | 18 | 9 （1360 ~ 1850） |
| CTRL | 18 | 14 |
| VOLC_1 | 12 | 14 |
| VOLC_2 | 17 | 13 |
| VOLC_3 | 17 | 11 |
| VOLC_4 | 12 | 12 |
| VOLC_5 | 12 | 12 |
| Average of VOLC （standard deviation） | 14 （2.74） | 12.4 （1.14） |

### 5.1.2.3　年代际重大干旱事件背后的机制

与 SSTA 模态有关的 SLP 异常的合成结果显示，大旱期间，西部热带太平洋和东北亚显示出负异常，而中国东部显示出正异常（图 5.4B）。这种 SLP 异常模态也出现在大干旱发生之前，与 SSTA 模式一致。与 SLP 异对应的 700hPa 风异常显示，大旱发生前，西北太平洋在大约 19°N 处出现了异常的气旋环流，在夏季季风季节（5 ~ 9 月），中国东南部出现了北风异常（图 5.4C）。这表明，西太平洋北部副热带高压（WPSH）的减弱及 EASM 的衰退导致了中国东部的特大干旱。

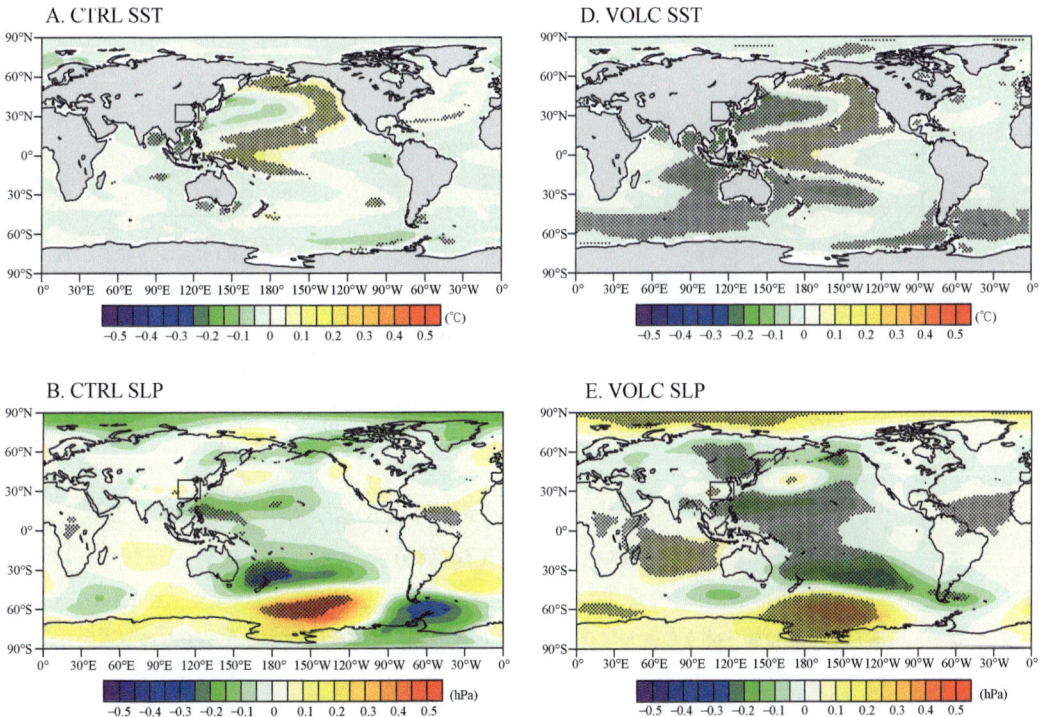

A. CTRL SST　　　　　D. VOLC SST

B. CTRL SLP　　　　　E. VOLC SLP

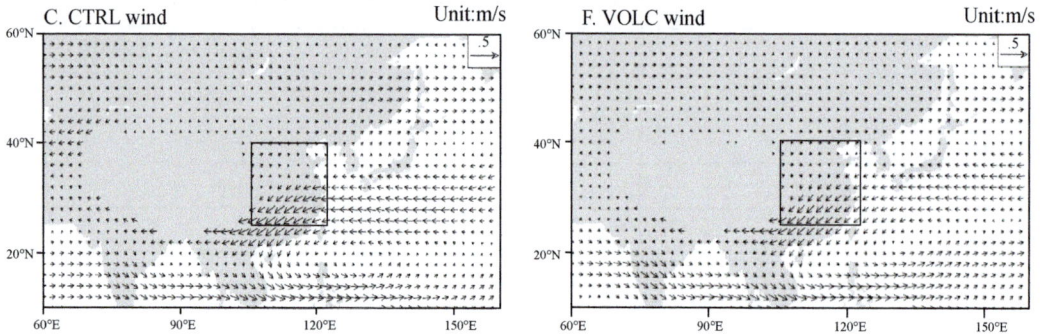

图 5.4　模拟结果中集合平均的 SSTA（A、D）、SLP 异常（B、E）和 700hPa 风场异常（C、F）的合成

注：左列为 CTRL 试验，右列为 VOLC 试验；矩形表示研究区域；黑点表示在 Student $t$

检验中异常达到了 95% 的显著水平

### 5.1.2.4　强火山爆发的影响

火山爆发如何改变年代际大旱的发生频次和演化过程？在本节中，首先选择了公元 850～1850 年期间 10 个最强的火山爆发合成。

VOLC 实验（图 5.5A）显示，在爆发当年及爆发后的第一年，整个中国东部地区降水量均显著下降。从火山爆发后的第二年开始，负降水异常转变为正异常，第三年出现显著异常。然后，降水异常在第 6 年转变为显著负值，并在火山爆发后第 10 年结束。

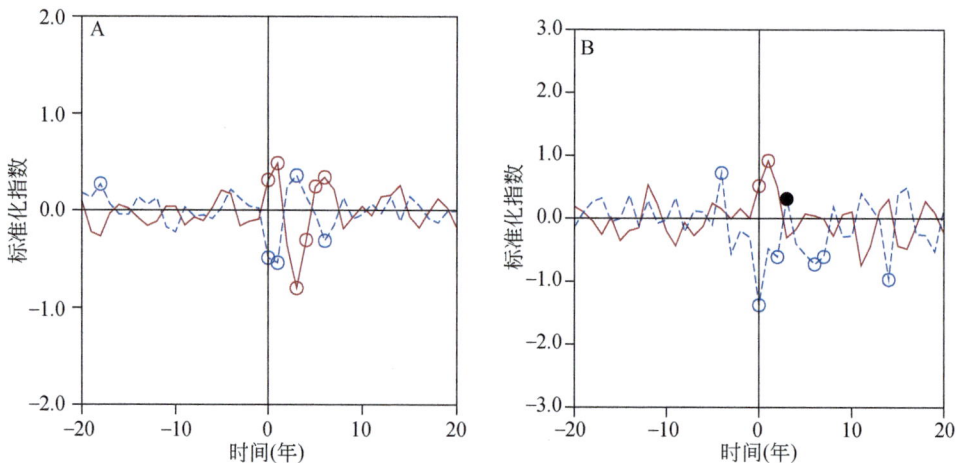

图 5.5　火山爆发（A）和叠加了年代际干旱的火山爆发（B）之后的标准化降水（蓝线）

和 EOF PC 序列（棕色线）

注：图 A 中空心圆圈表示，根据 Student $t$ 检验，降水异常在 0 到 95% 的水平上相对于 0 值显著。图 B 中的实心圆圈表示，根据 Student $t$ 检验，降水异常与年代际大旱发生时期的降水异常在 95% 的水平上有显著不同

相应的 SLP 异常和 700hPa 风异常显示，火山爆发当年和爆发后的第一年，热带西太平洋地区 SLP 异常为负，EASM 减弱。从火山爆发后的第五年开始，出现了从弱 EASM 向强 EASM 的另一种转变，并导致了相应的降水异常变化。

在从第一年到第三年的过程中，强烈的厄尔尼诺现象出现在第二年，引起了前人研究中发现的异常北太平洋反气旋（WNPAC）（Wang et al., 2000），从而导致干旱减弱。在第三年，赤道中太平洋发展出了拉尼娜模态，并通过风-蒸发-SST 反馈机制增强了异常的 WNPAC，进而通过南风异常加强了 EASM（Wang et al., 2000）。

### 5.1.2.5 结论

在年代际时间尺度上，中大干旱对火山爆发的响应与前人结论中强火山爆发能够激发 PDO 负位相的结论是一致的（Wang and Otterå, 2012）。但是，在外部强迫的作用下，EASM 的年代际变率要弱于观测值，这表明内部的 PDO 变率可能在年代际季风变率中起主导作用（Song and Zhou, 2014）。火山喷发通过调节海温和环流模态，对年代际大旱的演变造成强烈影响。

## 5.1.3 火山爆发对明朝末年中国东部崇祯大旱的影响

### 5.1.3.1 研究背景

明朝的覆灭，部分原因是因为明朝末期（公元 1637～1643 年）发生的一场大旱——崇祯大旱（LMDMD）（Cook et al., 2010; Shen et al., 2007; Ge et al., 2013; Zheng et al., 2014a）。其形成和维持机制引起了广泛关注（Shen et al, 2007; Zhang, 2005）。

中国东部干旱主要与东亚夏季风（EASM）减弱有关（Cook et al., 2010; Ding, 1994）。同时，外强迫（如强火山喷发）也会导致中国东部降水减少（Shen et al., 2007, 2008; Adams et al., 2003）；但触发和维持 LMDMD 的机制尚不清楚（Zheng, et al., 2014b）。

### 5.1.3.2 敏感性试验设计

本节利用 CESM1.0.3 T31_g37（Hurrell et al., 2013）气候模式的火山敏感性试验，重现 LMDMD 的演化过程。首先，以公元 1850 年为初始环境进行了一个 2400a 的控制试验，并从 2000 年控制试验的模拟结果中挑选了 10 个初始场。之后，将 Gao 等（2008）重建的 Ice-core Volcanic Index 2 序列作为驱动模式的唯一外强迫因子。

### 5.1.3.3 LMDMD 的演化特征

崇祯大旱是中国东部近 500 年来持续时间最长、强度最大的极端干旱事件。重建资料的结果表明，LMDMD 发生前和发生初期没有出现突然的火山外强迫，1641 年左右发生在

LMDMD 中段的降水最小值与帕克火山爆发年份非常吻合，我们为 LMDMD 假设了"叠加"产生机制（火山强迫叠加在内部变率上）。因此，本节提出猜想——崇祯大旱源于气候系统的内部变率，1641 年赤道的强火山爆发对干旱起到增强和加剧作用。

### 5.1.3.4 机制分析

我们提出的叠加机制首先得到了来自 CESM-LME 的 13 个全强迫试验分析的支持（Otto-Bliesner et al.，2015）。该模式降水响应也表明，帕克火山爆发并不是 LMDMD 的触发因素，因为帕克火山强迫仅在 1641 年之后，而此时 LMDMD 已经过去一半的时间。这使得触发机制可能是与气候内部变率相关的自然干旱事件。我们基于 CESM-LME 试验结果得到的自相关系数，并利用蒙特卡洛方法生成了 2000 条红噪声序列，发现在 1000 年内如果仅受内部变率影响，像 LMDMD 这样特大干旱发生的概率很小。因此，火山对自然干旱的叠加影响应该会增加像 LMDMD 这样的特大干旱事件发生的概率（图 5.6），支持了叠加机制假设。

我们通过敏感性试验进一步验证了这种叠加机制。首先基于 CESM 做了 500 年控制试验，并从中挑选出 15 次持续时间为 3 ~ 5 年并且最大降水异常低于负一倍标准差的干旱，与崇祯大旱保持一致。其次将 1641 ~ 1645 年 Parker 火山爆发的气溶胶分别加在这 15 次干旱事件的最后一年（图 5.7B），并对 15 次控制试验和敏感性试验的结果进行合成平均。如果没有火山的强迫（图 5.7A、图 5.7B），干旱事件往往会持续 5 年左右，以洪涝事件结束（图 5.7A）。然而，帕克山火山爆发抑制了这一洪涝事件，并造成了持续干旱，负降水异常持续至火山爆发后 3 年，Student-$t$ 检验的结果显示是显著的（$p < 0.05$）（图 5.7B）。

火山爆发降低了海陆温差，从而直接削弱了 EASM。火山爆发后，海陆热力差减弱，从而减少了 EASM 和相应的水汽输送，最终减少了中国东部的 EASM 降水（图 5.8）。在火山爆发后的前 2 年，副高减弱并东退（图 5.7D），进一步削弱了东亚夏季风。此外，火山作用减弱的东亚夏季风也可能被土壤湿度反馈放大。火山爆发减少了降水，从而使土壤湿度下降，这可以从火山爆发后持续了三年多的土壤湿度负反馈中看出（图 5.7C）。火山爆发前土壤水分的耗竭为降雨减少提供了正反馈的前提条件，从而放大了火山爆发的影响（Koster et al.，2004；Liu et al.，2006）。

### 5.1.3.5 结论

1637 年开始的自然干旱事件被 1641 年帕克山火山爆发放大，是由内部气候变化和外部强迫共同作用造成的典型历史气候事件。成因与火山加剧的干旱和火山爆发后东亚夏季风的减弱有关，其直接原因是陆海热对比减弱，间接原因是土壤湿度负反馈及 WPSH 的减弱和东退。

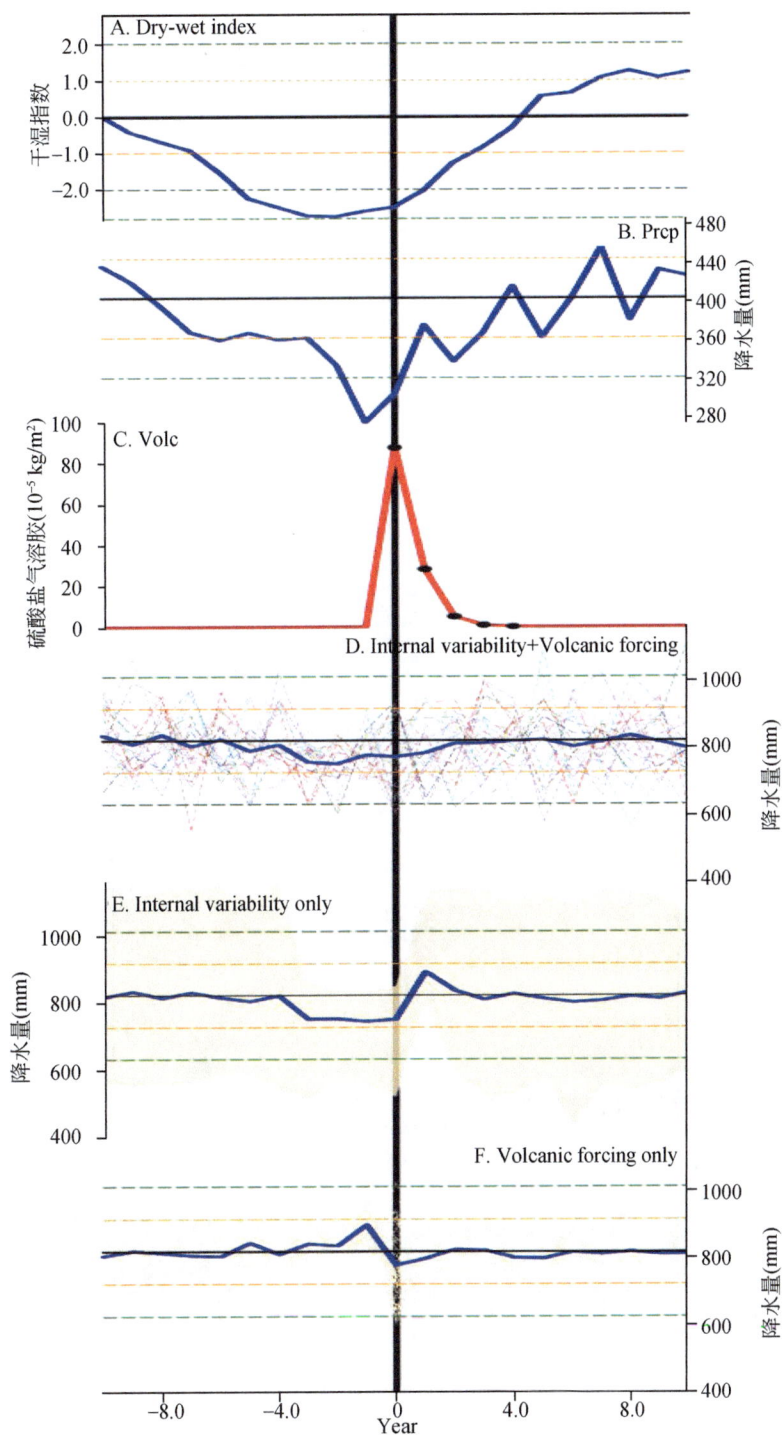

图 5.6　火山对自然干旱的叠加影响

注：图 A 为 1350 ~ 1850 年重建的 11a 滑动平均 DWI；图 B 为 1471 ~ 1850 年重建中国东部区域平均的夏季（JJA）降水
（单位：mm）；图 C 为重建 1350 ~ 1850 年火山气溶胶序列；图 D 为集合平均的 850 ~ 1850 年火山爆发前干旱持续 3 年
以上的降水变化（蓝色实线）；图 E 为集合平均的 850 ~ 1850 年内部变率激发的干旱（蓝色实线）；图 F 为集合平均的
850 ~ 1850 年火山爆发前没有干旱出现的降水变化（蓝色实线）

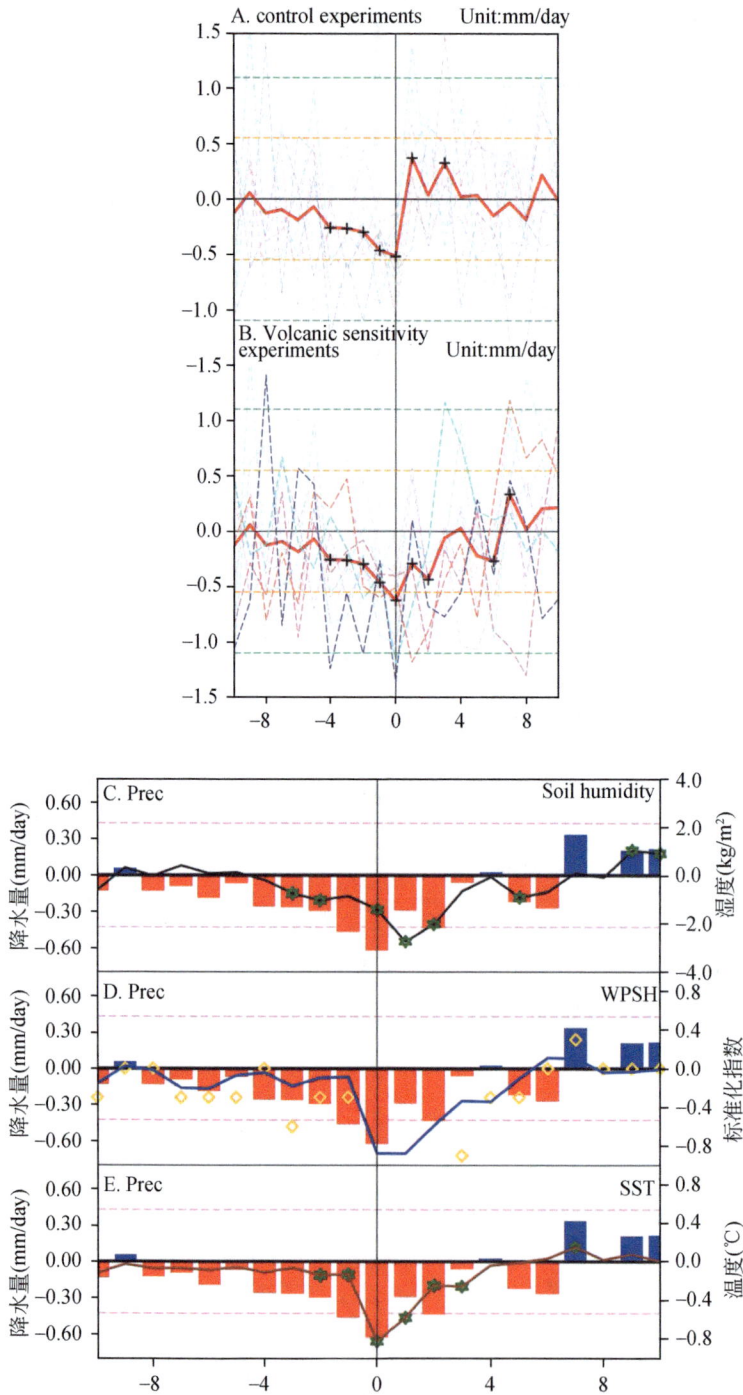

图5.7 夏季（MJJAS）降水异常控制试验（A）和敏感性试验（B）及降水异常的叠加回波分析（C～E）

注：合成分析"+"表示在Student-$t$检验的95%水平上异常显著。橙色、绿色虚线分别表示±1、±2标准差。其中，图C为中国东部土壤湿度异常（黑线，右y轴）；图D为火山强迫敏感性试验对西太平洋副热带高压线西脊点（黄色菱形，右y轴，标准化）、西太平洋高压线覆盖面积（蓝色线，右y轴，标准化）的变化；图E为西北太平洋关键区域海温异常（棕线，右y轴）。图C和图E中的绿色"＊"表示在Student-$t$检验的95%水平上显著的异常

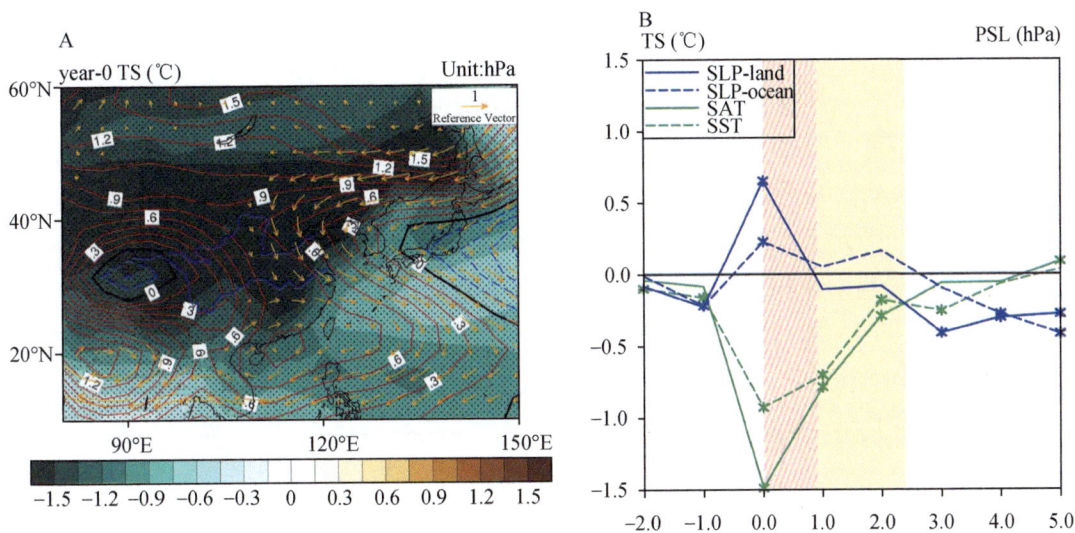

图 5.8 火山爆发年（0 年）夏季（MJJAS）温度和海平面气压异常

注：图 A 中，红色实线为正值、蓝色虚线为负值、黑色实线为零等高线；图 B 中，黄色阴影区域
是火山活动后海温高于 SAT 的时期。粉色阴影区域覆盖了火山喷发后陆地上的 SLP 大于海洋的
时期。符号"＊"表示通过 Student-$t$ 检验

## 5.1.4 不同强度火山爆发对中国东部年代际干旱的影响

### 5.1.4.1 研究背景

中国东部地区内部变率引发的火山强迫和干旱事件的线性组合可能会加剧干旱和使干旱持续 3～4 年，干旱的持续时间和强度取决于火山爆发的干旱不同阶段。然而，由不同程度火山爆发驱动的干旱的演变仍不清楚。在本节研究中，分析不同程度火山爆发引起的干旱的范围和演变，并对相应的机制进行了研究。

### 5.1.4.2 试验设计

基于地球系统模式 1.0.3（CESM1.0.3）版本 T31_g37 进行三组火山敏感性试验，分别为 25Tg、50Tg 和 100Tg。从过去 2000 年的控制试验中选择了 10 个持续近 5 年的干旱事件，最后选择了 10 个由内部气候变异性触发的干旱事件。利用 Gao 等（2008）重建的基于冰芯的火山指数作为唯一驱动模式运行的火山强迫，25Tg、50Tg 和 100Tg 火山爆发分别施加到 10 次干旱的最后几年。

### 5.1.4.3　不同强度火山爆发后降水的时空变化

首先，比较了三类强度火山爆发后的降水变化（图 5.9）。控制试验的模拟结果显示，火山爆发前内部变率引起的干旱（-3~0 年的干旱）强度为-0.26mm/day，大于 0.5 倍的标准差（图 5.9A）。与另外两组敏感性试验的结果相比，100Tg 的火山爆发后干旱的持续时间最长、强度最大（图 5.9B）。显著性检验的结果显示，大于 50Tg 的火山量级才能对干旱产生显著的加剧作用，且干旱的强度随着火山量级的增加线性增强（$r = 0.40$，$p < 0.05$）。

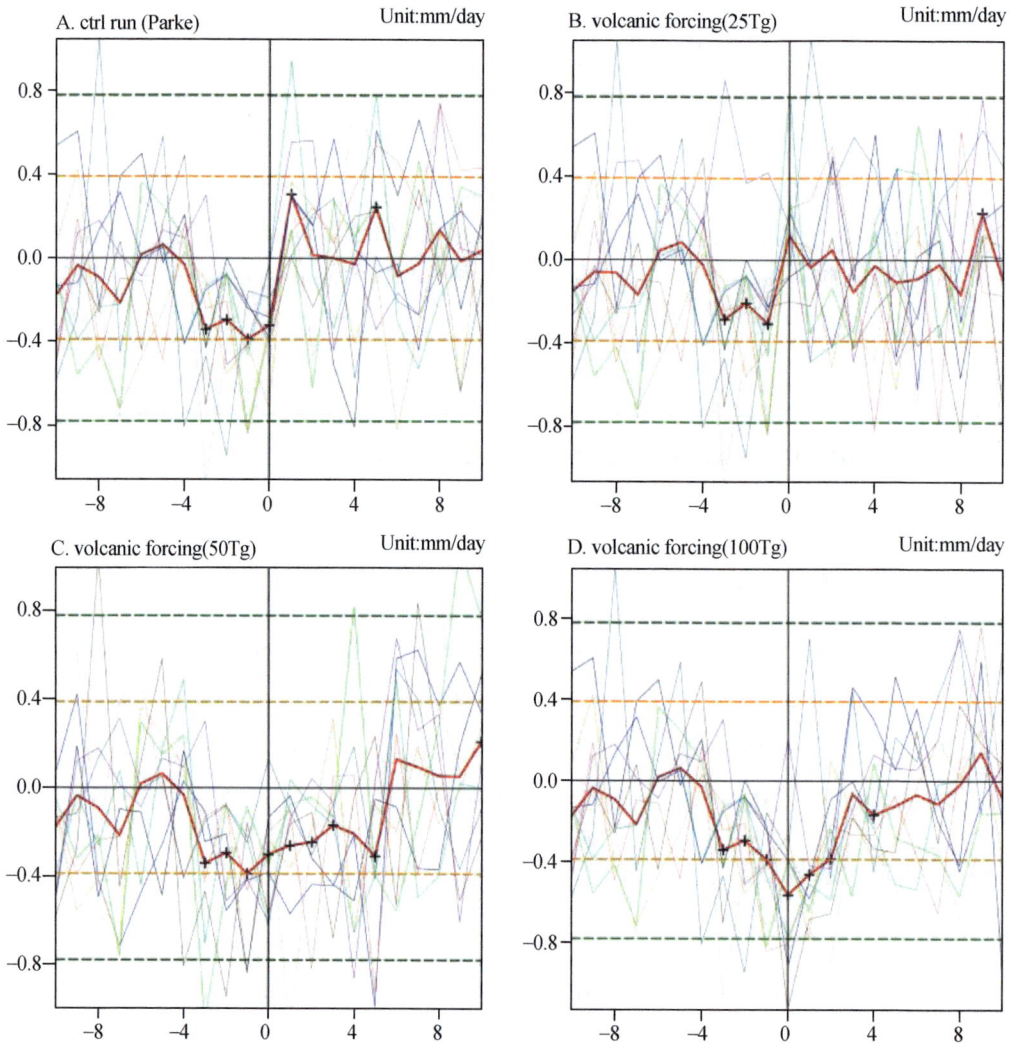

图 5.9　控制试验（A）及 25Tg（B）、50Tg（C）和 100Tg（D）火山爆发的敏感性试验中降水距平合成分析

注：红色粗线为 10 个试验结果集合平均的降水距平，各色细线表示单个试验的降水距平。黑色"+"号表示该年降水通过 Student-$t$ 检验。黄色和绿色虚线分别表示±1 倍和±2 倍标准差

为了对敏感性试验的结果进行验证，将模拟结果与 PDSI（Cook et al., 2010）的变化情况进行了对比（图5.10）。过去700年（1300~2000年）爆发的所有火山中，共有14次火山爆发与内部变率叠加引起干旱加剧。而这14次火山事件中，当火山量级大于100Tg时，在4组重建结果中干旱的强度最大、持续时间最长（图5.10D）。此外，14次火山爆发后PDSI的强度随火山量级变化的散点图及回归分析结果表明，火山对干旱的加剧作用随着火山量级的增加线性增强（图5.10B）。

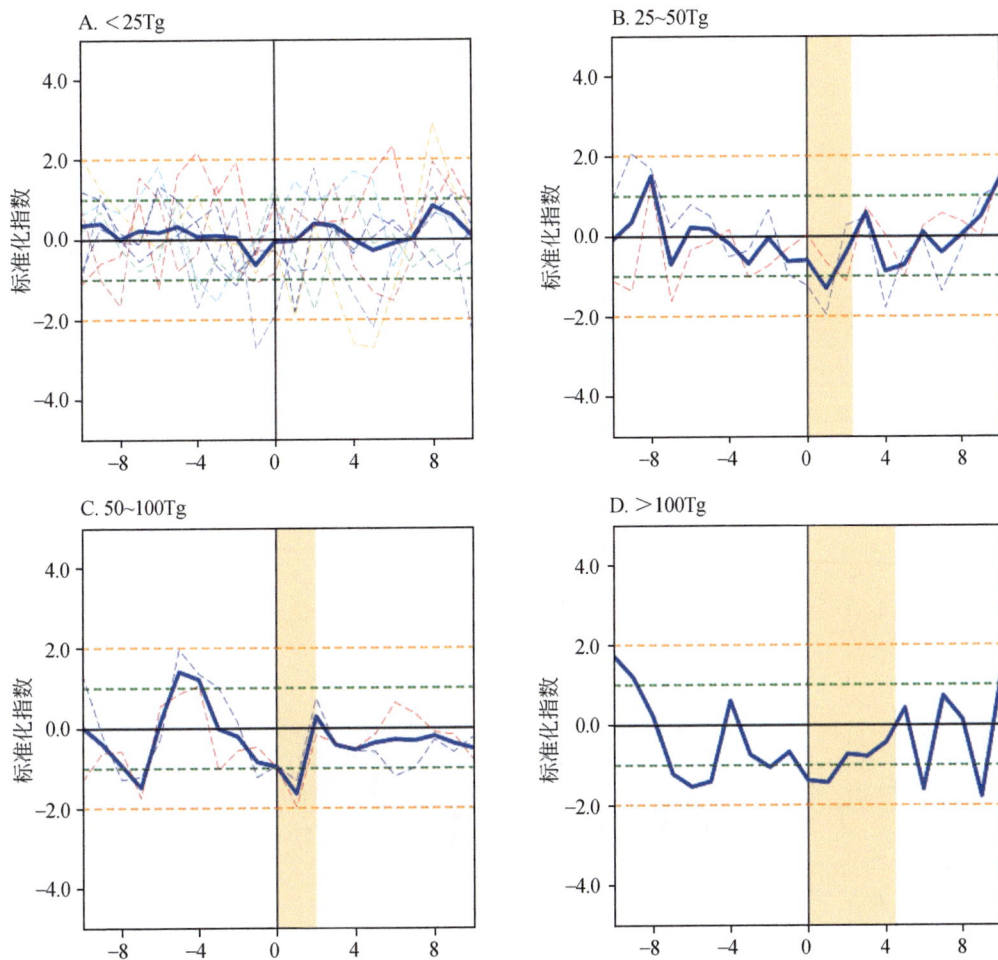

图5.10　1300~2000年小于25Tg，25~50Tg，50~100Tg和大于100Tg火山爆发前后集合平均的PDSI（蓝色实线）变化

注：绿色和黄色虚线分别表示±1倍和±2倍标准差，黄色阴影区域表示火山爆发后的干旱阶段

通过比较三组敏感性试验，发现100Tg的火山爆发后EASM的衰退程度最大，50Tg的火山次之，25Tg的火山最小（图5.11）。50Tg和100Tg火山敏感性试验的结果显示，西北风异常和东亚夏季风减弱在火山爆发后分别持续了3年和4年，并在第4和第5年回升

（图 5.12），与相应年份中国东南沿海出现的反气旋异常有关。此外，东亚夏季风的衰退的程度还与火山爆发后中国东部和临近海域的气压梯度有关（图 5.13）。

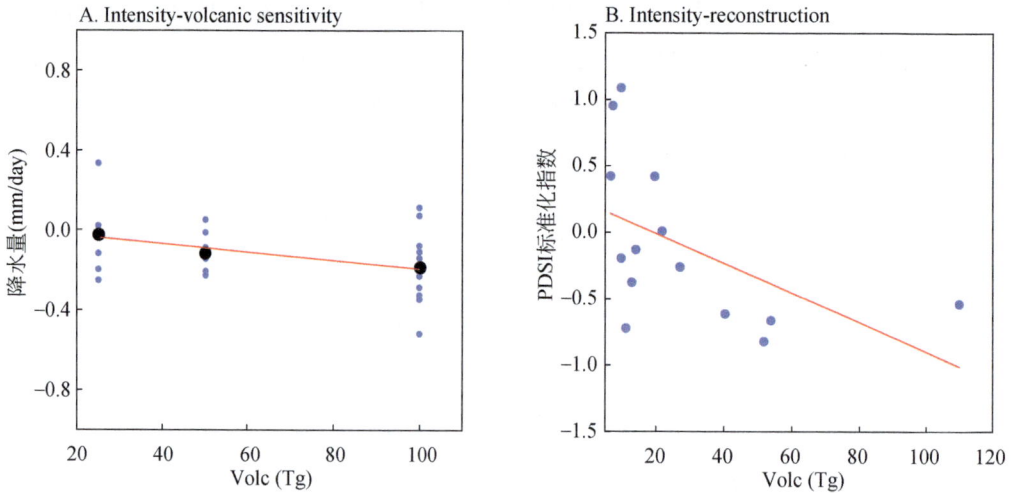

图 5.11　三组敏感性试验火山爆发后干旱强度和火山量级分布（紫色点）及 25Tg、50Tg 和 100Tg
火山爆发后干旱强度平均值（黑色点）

注：红线表示干旱强度和火山量级的线性回归；图 B 与图 A 类似，但为火山爆发后重建 Palmer
干旱指数随火山量级的变化

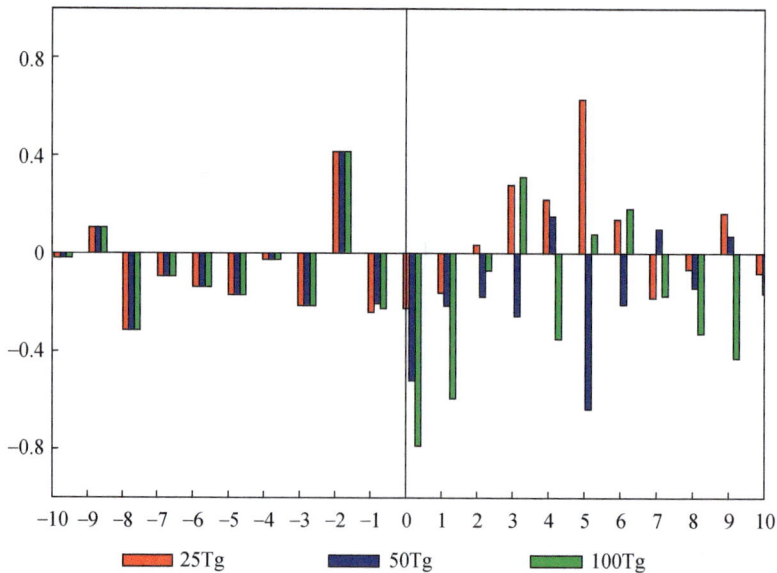

图 5.12　25Tg（红色）、50Tg（蓝色）和 100Tg（绿色）火山爆发前后中国东亚
夏季风指数变化（单位：m/s）

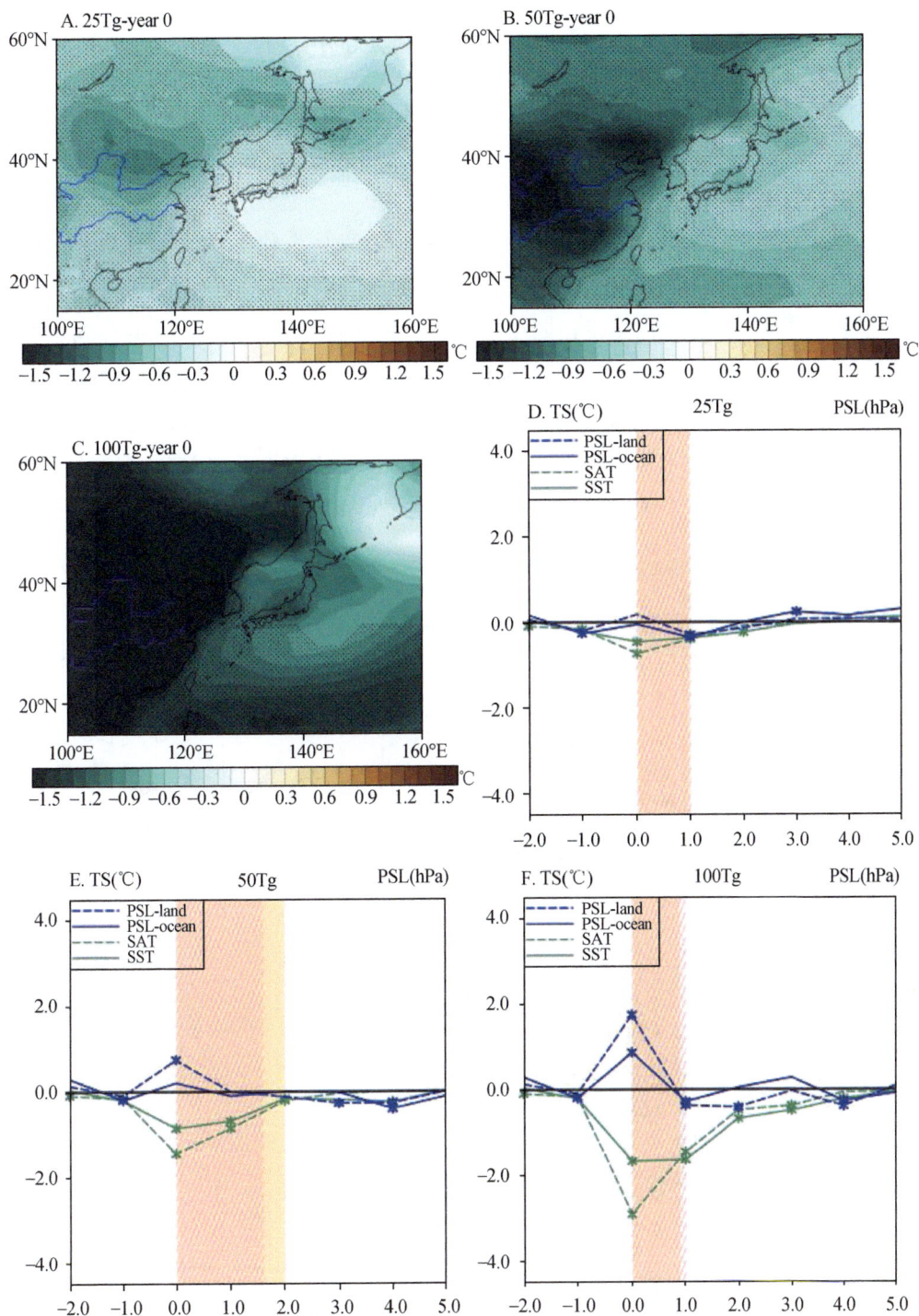

图5.13 25Tg、50Tg 和 100Tg 火山爆发当年夏季海温空间距平场（A～C）及 25Tg、50Tg 和 100Tg 火山爆发前后区域平均的海表面温度（绿色实线）、陆地表面温度（绿色虚线）、海平面气压（蓝色实线）、陆地表面气压（蓝色虚线）距平图

注：粉色阴影覆盖了火山爆发后陆地气压高于海洋气压的时间段；黄色阴影覆盖了火山爆发后陆地降温幅度大于海洋的时间段。*表示该年的结果通过了 Student-$t$ 检验

### 5.1.4.4 不同强度火山爆发后干旱演变的机制

三组敏感性试验的结果还显示，不同量级火山爆发后季风回升的速度存在差异。25Tg、50Tg 和 100Tg 的火山爆发后的 EASM 与干旱的变化一致（图 5.12）。三组试验火山爆发当年的温度场显示，火山喷发后海陆间的热量差异也随之减弱（图 5.13A ~ 图 5.13C）。陆地和海洋的减弱的热对比导致了 SLP 梯度发生变化（图 5.13D ~ 图 5.13F），从而导致了中国东部的降水下降。

三组试验结果显示，火山爆发初期 WPSH 东移并减弱，全球海温降低并伴随着 EASM 的衰退（图 5.14A ~ 图 5.14C）。随后，WPSH 开始恢复（图 5.14A ~ 图 5.14C）。WPSH 的变化与降水变化高度相关（图 5.14A ~ 图 5.14C），表明火山爆发可以通过影响 WPSH 的恢复速率间接影响中国东部干旱的持续。量级越大的火山爆发后 WPSH 东移和减弱的程度越大，回升速度越慢，中国东部海水的降温幅度越大，低海温的持续时间越长，造成的

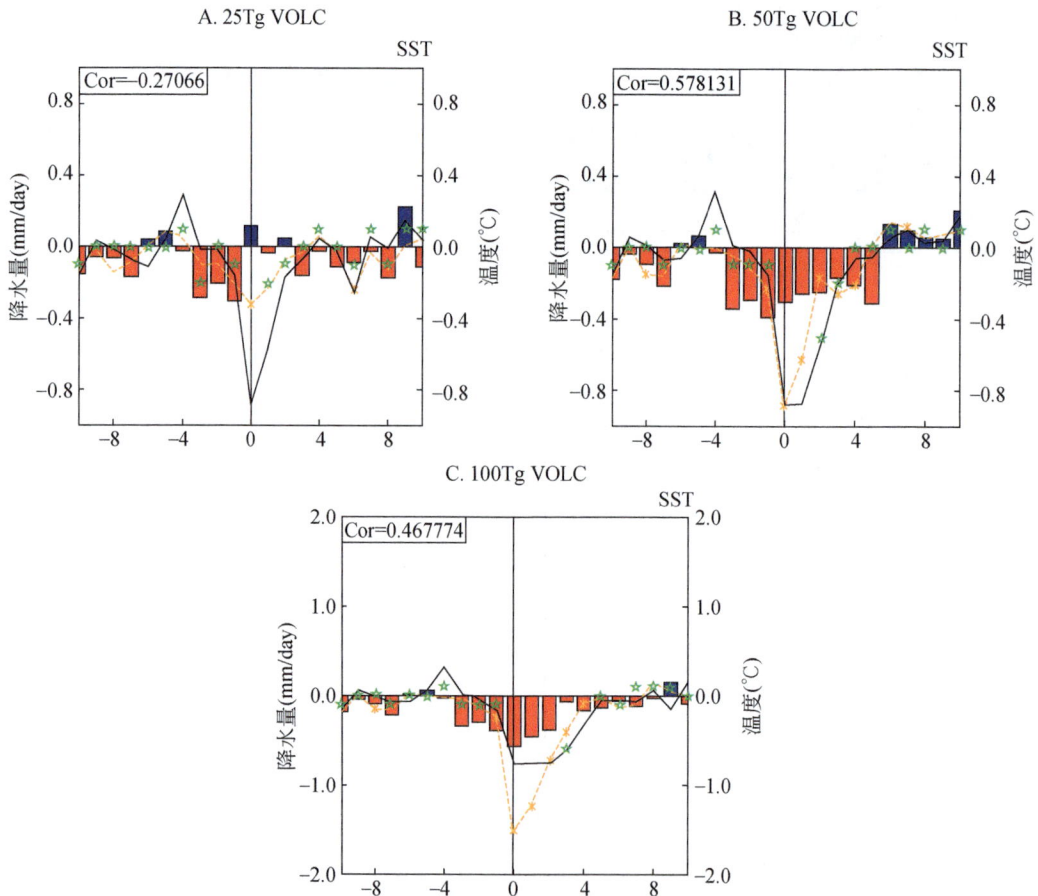

图 5.14　25Tg、50Tg 和 100Tg 火山爆发前后 10 年区域平均的降水距平序列（柱状图）、海温序列（黑线，120°E ~ 160°E，20°N ~ 35°N）、西太平洋副热带高压位置变化（绿色☆）、WPSH 覆盖范围（黄色虚线）及显著性检验的结果（黄色＊）

干旱持续时间越长、强度越大，反之则相反。

### 5.1.4.5 结论

当火山量级达到 50Tg 及以上时，火山显著加剧内部变率引起的干旱，且随着火山量级的增加，干旱的强度和持续时间也增加。随着火山爆发的强度增加，干旱的持续时间和强度都在增加。

不同量级火山喷发所引起的季风衰退是导致干旱更严重的原因。不同量级的火山喷发所导致的不同海陆热力差异直接对干旱的强度产生影响。此外，不同强度的火山喷发所导致的西太平洋副热带高压以及中国东部沿海海温减弱的程度和回升的速度会对干旱的强度和持续时间产生影响。

## 5.1.5 热带和北极火山爆发对全球陆地季风的影响

### 5.1.5.1 研究背景

先前的研究工作发现，人为排放的温室气体引起的全球变暖会导致全球季风降水的增强（Hsu et al.，2012；Lee and Wang，2014）。地球工程被认为是一种抵消全球变暖和冷却地球的备选方案（National Research Council 2015），其中减缓全球增暖的方法中，最有效率的是向平流层注入硫酸盐气溶胶（Lenton and Vaughan，2009）。然而，目前还是不确定向平流层注入气溶胶会对全球陆地季风降水会造成怎样程度的影响。

在本节研究中，将使用 CESM 来分析热带和北极注入气溶胶对全球陆地季风降水的影响。向平流层注入气溶胶的强度要比以前的地球工程研究要强，目的是探索气候对强气溶胶注入的响应。

### 5.1.5.2 全球和北极地表温度对热带和北极注入气溶胶的响应

图 5.19 显示了年平均地表气温的时间序列，在 1% $CO_2$ 的试验中，在 135 年以后全球、北半球和南半球温度分别增加了 3.5℃、4℃ 和 3℃。当在热带注入超过 50Tg $yr^{-1}$ 的气溶胶，地球会在整个 140 年内都被过度冷却（图 5.15A），在第一个 20 年内，全球和北半球气温会迅速下降。而在北极注入 50Tg $yr^{-1}$ 的气溶胶情景下，全球会在前 50 年内被过度冷却，且全球和北半球气温在前 10 年会迅速下降（图 5.15B、图 5.15D）。然而，即便在北极注入 100Tg $yr^{-1}$ 的气溶胶，也不会抵消南半球的增暖（图 5.15F）。

在热带注入气溶胶的试验中，北半球 140 年平均的降温（尤其是北极地区降温）要比全球和南半球降温强（图 5.16A）。而当在北极地区注入相同强度的气溶胶时，全球降温效果会比在热带注入气溶胶试验的结果弱（图 5.16B），尤其是在南半球，但在极地地区

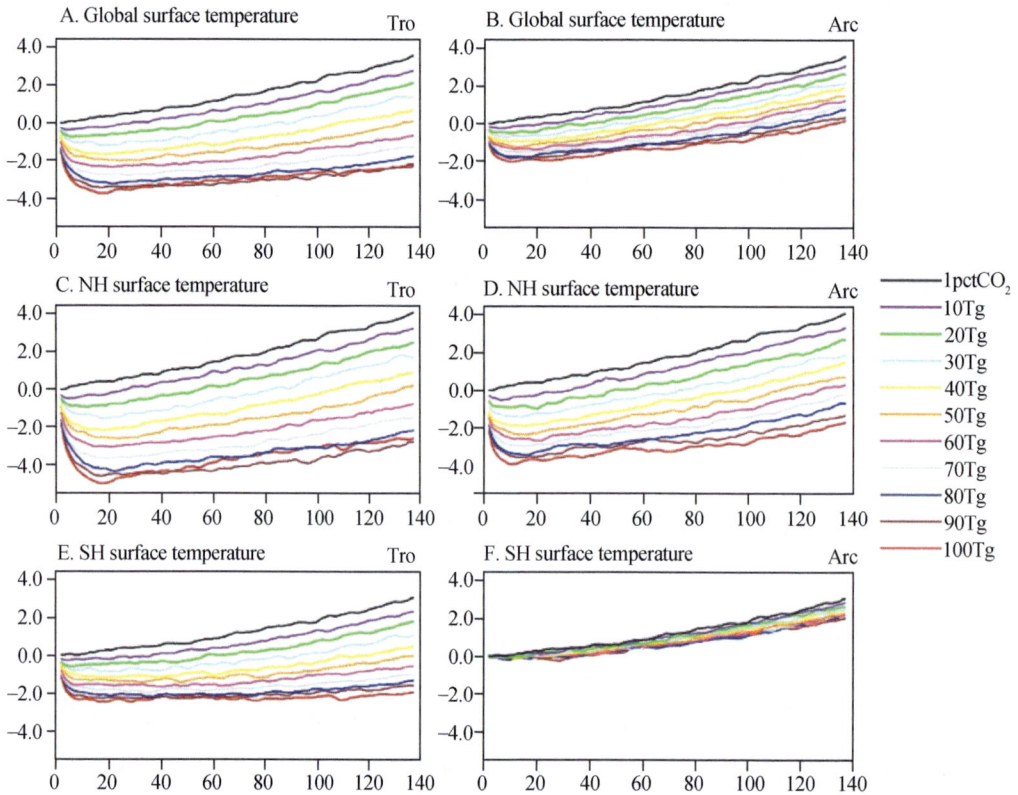

图 5.15　模拟的全球（A，B）、北半球（C，D）和南半球（E，F）的年均地表温度的时间序列

注：结果经过 5a 滑动平均处理。左侧图代表热带注入气溶胶试验的结果，右侧图代表北极注入气溶胶试验的结果。

黑线表示 1% CO$_2$ 试验的结果，其他颜色的线代表不同注入强度（10，20，30，…，100Tg yr$^{-1}$）试验结果

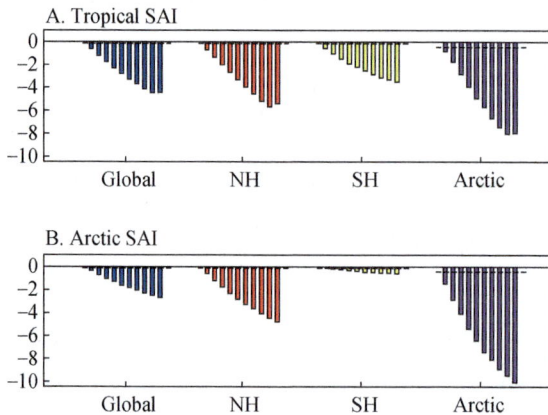

图 5.16　热带（A）和北极（B）注入气溶胶试验中的全球、北半球、南半球

和北极地区 140 年平均地表气温变化

注：在每个地区，柱状图从左到右表示了气溶胶注入强度 10，20，30，…，100Tg yr$^{-1}$；水平虚线表示 1% CO$_2$

试验结果的一倍标准差范围

降温会更强。

图 5.17 显示了年平均地表温度异常的空间分布，热带注入气溶胶导致了很强的热带和中高纬度陆地降温，但对海洋的影响相对较弱（图 5.17B ~ 图 5.17D）。而北极注入气溶胶主要导致了北半球中高纬度降温，引起半球间经向温度梯度（图 5.17E ~ 图 5.17G）。

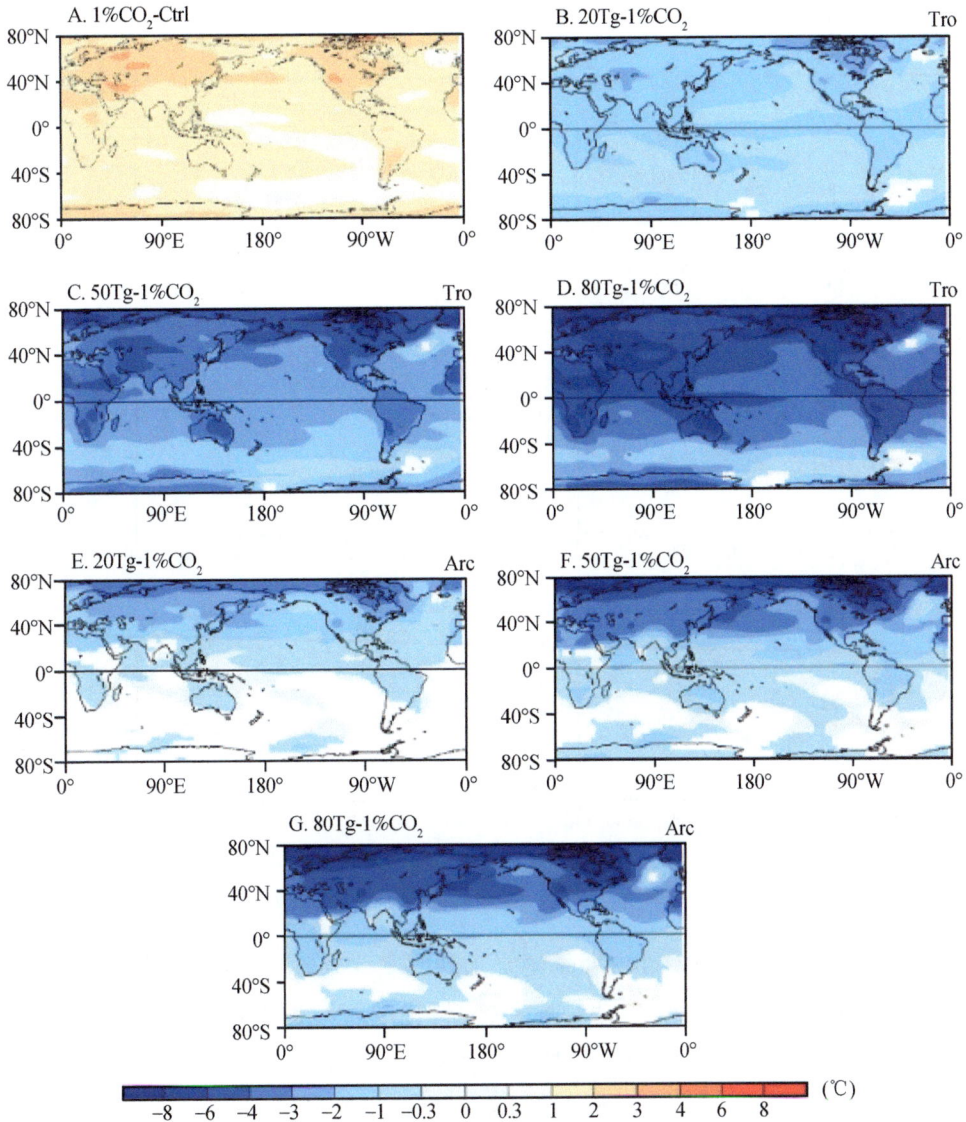

图 5.17　模拟的 140 年年平均地表气温变化

注：图 A 为 1% $CO_2$ 试验和控制试验结果之差。中间图和右侧图表示了注入气溶胶试验结果和 1% $CO_2$ 试验结果之差。图 B、图 C、图 D 为热带注入 20Tg $yr^{-1}$、50Tg $yr^{-1}$ 和 80Tg $yr^{-1}$ 强度的气溶胶试验结果。图 E、图 F、图 G 为北极注入 20Tg $yr^{-1}$、50Tg $yr^{-1}$ 和 80Tg $yr^{-1}$ 强度的气溶胶试验结果。水平黑线代表赤道。仅显示通过 Student-t 检验后显著的异常值（达到 95% 置信度）

### 5.1.5.3　全球陆地季风降水的变化

在热带和北极注入气溶胶的试验中，降水都几乎在前十年迅速降低并达到最小值，之后降水由于受到 $CO_2$ 增加的作用开始出现增加的趋势。在热带注入气溶胶试验中，降水在赤道地区被显著地抑制，同时在中纬度地区也有明显的减弱（图5.18）。

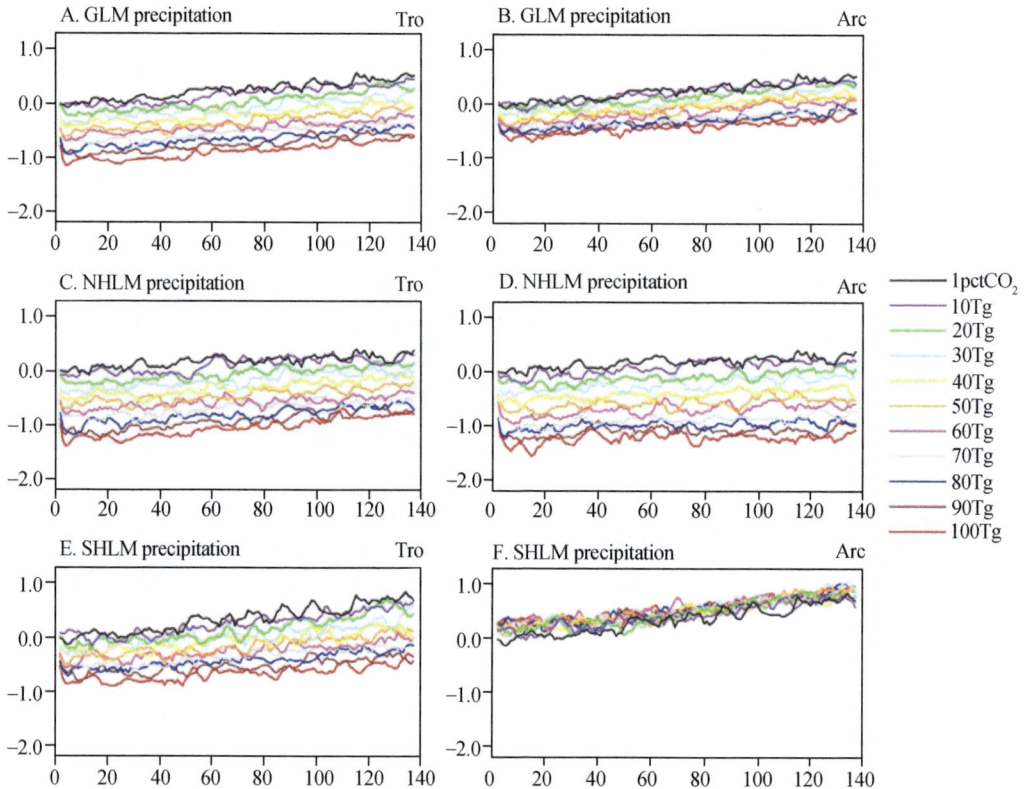

图5.18　陆地季风降水变化的时间序列

图5.19显示了各个季风区140年平均降水的改变百分比。当向平流层注入相同强度的气溶胶时，热带注入气溶胶的方法对减弱全球陆地季风降水的效果是北极注入气溶胶方法的约1.5倍。而相对于热带注入气溶胶，在北极注入气溶胶对减弱北半球陆地季风降水有着一个相对较强的贡献，并且它倾向于加强南半球陆地季风降水。

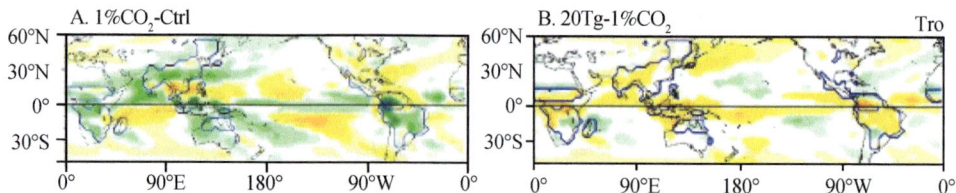

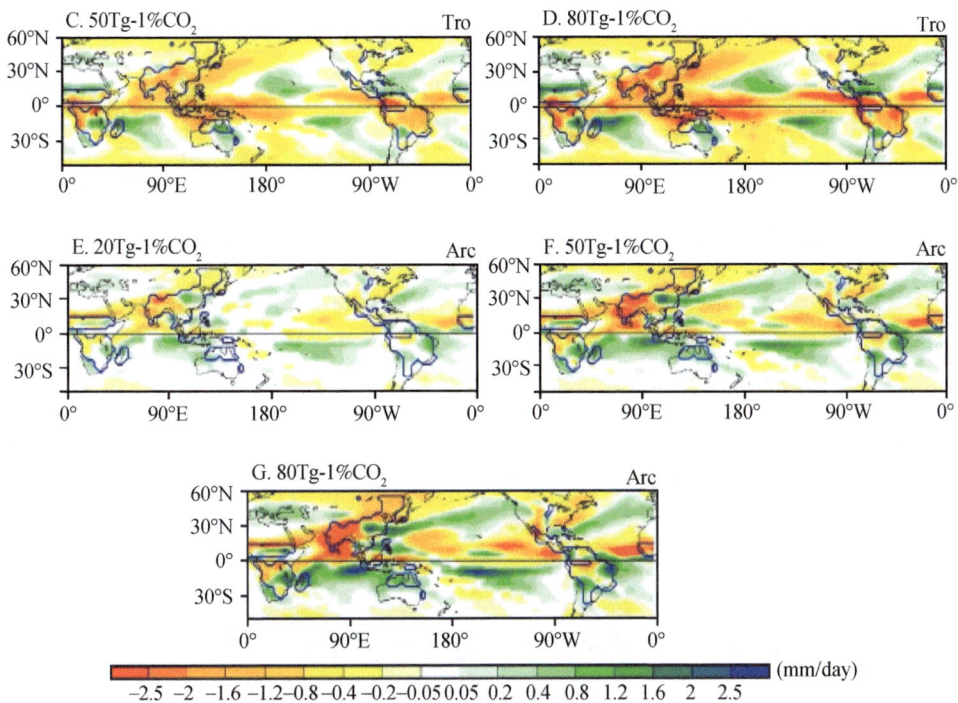

图 5.19　模拟的 140 年夏季降水变化

注：当地夏季在北半球是指 5～9 月，而在南半球是指 11 月至次年 3 月。蓝线代表
全球陆地季风区范围。仅显示通过 Student-$t$ 检验后显著的异常值（达到 95% 置信度）

在南半球季风区中，南非季风降水和南美季风降水在热带注入气溶胶的影响下会被显著抑制（图 5.20E）；而在北极注入气溶胶的试验中，南非季风降水和南美季风降水没有发生明显的变化，但澳大利亚季风降水会被增强（图 5.20F）。

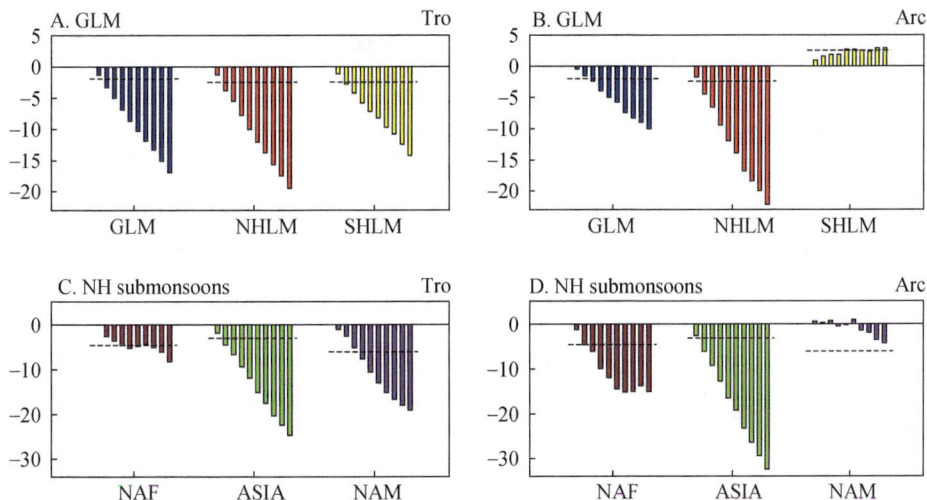

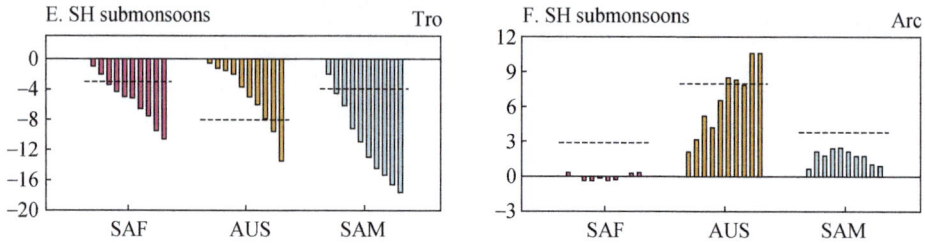

图 5.20　热带和北极注入气溶胶试验中 140 年陆地季风区平均降水的改变百分比

（相对于 1% $CO_2$ 试验结果）

注：图 A 和图 B 为全球陆地季风、北半球陆地季风与南半球陆地季风。图 C 和图 D 为北非季风（NAF）、亚洲季风（ASIA）与北美季风（NAM）。图 E 和图 F 南非季风（SAF）、澳大利亚季风（AUS）与南美季风（SAM）。在各个季风区中，柱状图从左到右表示了气溶胶注入强度 10，20，30，…，100Tg $yr^{-1}$。水平虚线表示 1% $CO_2$ 试验结果的一倍标准差范围

### 5.1.5.4　影响全球陆地季风降水变化的物理机制

在热带注入气溶胶的试验中，热力作用（−0.46mm/day）显著地抑制了全球陆地季风降水，而动力作用倾向于增强季风降水，尽管它的强度较弱（图 5.21A），地表的蒸发项和非线性项略微减弱了全球陆地季风降水，而辐合过程在负的热力机制中起到了重要的作用（图 5.21B）。

对于热带注入气溶胶的情景，异常负的热力机制过程导致了北半球陆地季风区和南半球陆地季风区降水的减弱，这与水汽变化有关（图 5.21C 和图 5.21E），其中辐合过程在这个负的热力机制中贡献最强（图 5.21D 和图 5.21F 在北极注入气溶胶的试验中，负的动力机制和蒸发异常项在抑制北半球陆地季风降水中起到关键作用（图 5.21C），而正的动

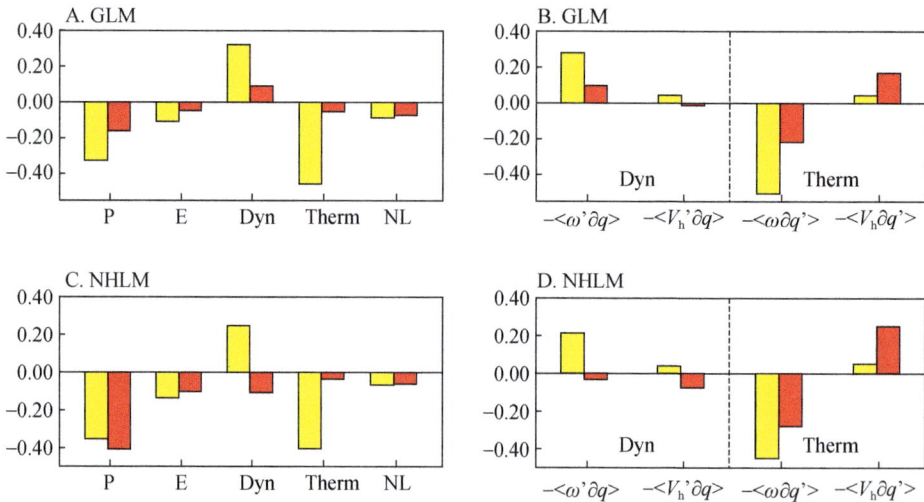

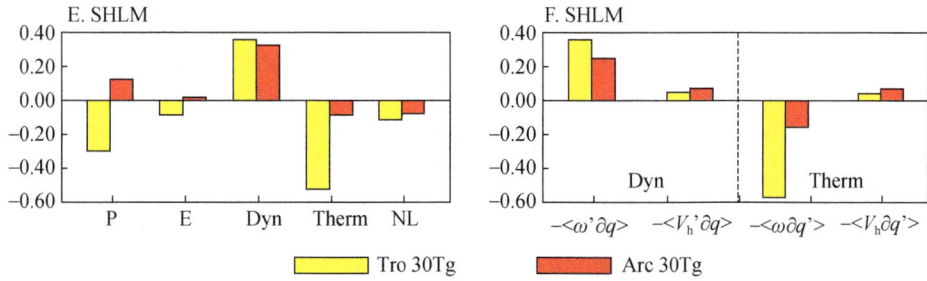

图 5.21　在热带（黄色）和北极（红色）注入 30Tg yr$^{-1}$ 气溶胶试验中降水（P）、蒸发（E）、动力作用（Dyn）、热力作用（Therm）和非线性项（NL）（mm/day$^{-1}$）的变化

注：图 A 和图 B 为全球陆地季风区；图 C 和图 D 为北半球陆地季风区；图 E 和图 F 为南半球陆地季风区；在图 B、图 D、图 F 中，$-<\omega'\partial q>$ 代表动力作用中的辐合项，$-<V_h'\partial q>$ 代表动力作用中的平流项，$-<\omega\partial q'>$ 代表热力作用中的辐合项，$-<V_h\partial q'>$ 代表热力作用中的平流项

力机制导致了南半球陆地季风降水的增强（图 5.21E），这与环流变化有关。

在热带注入气溶胶试验中，硫酸盐气溶胶的中心位于赤道上，因此对流层温度降低的最大值位置位于赤道上（图 5.22 左列），引起了这里异常的下沉运动，从而减弱了赤道地区的降水（图 5.23 左列）。

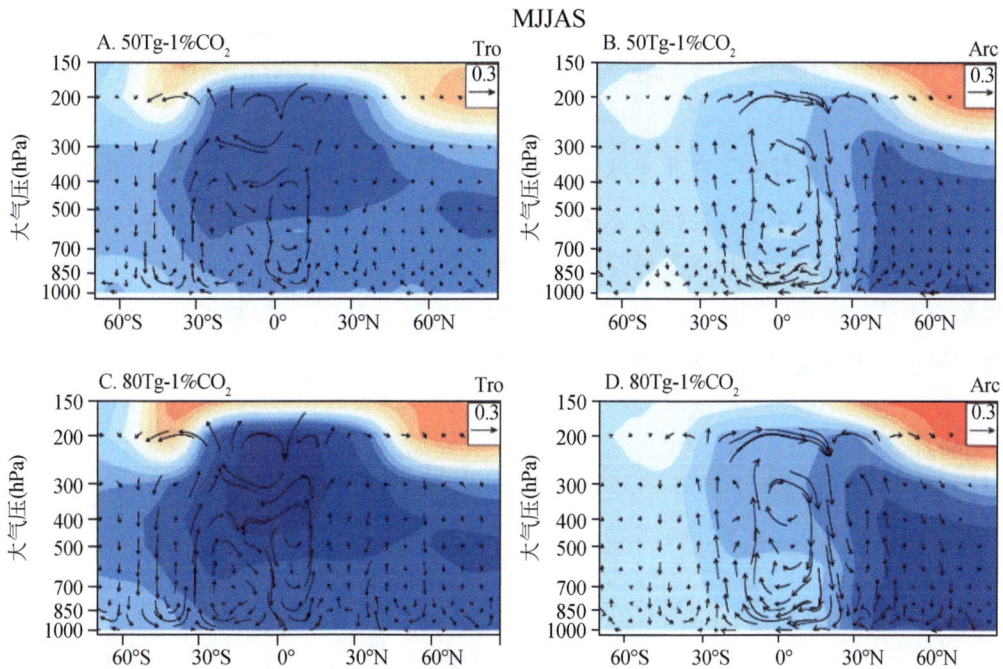

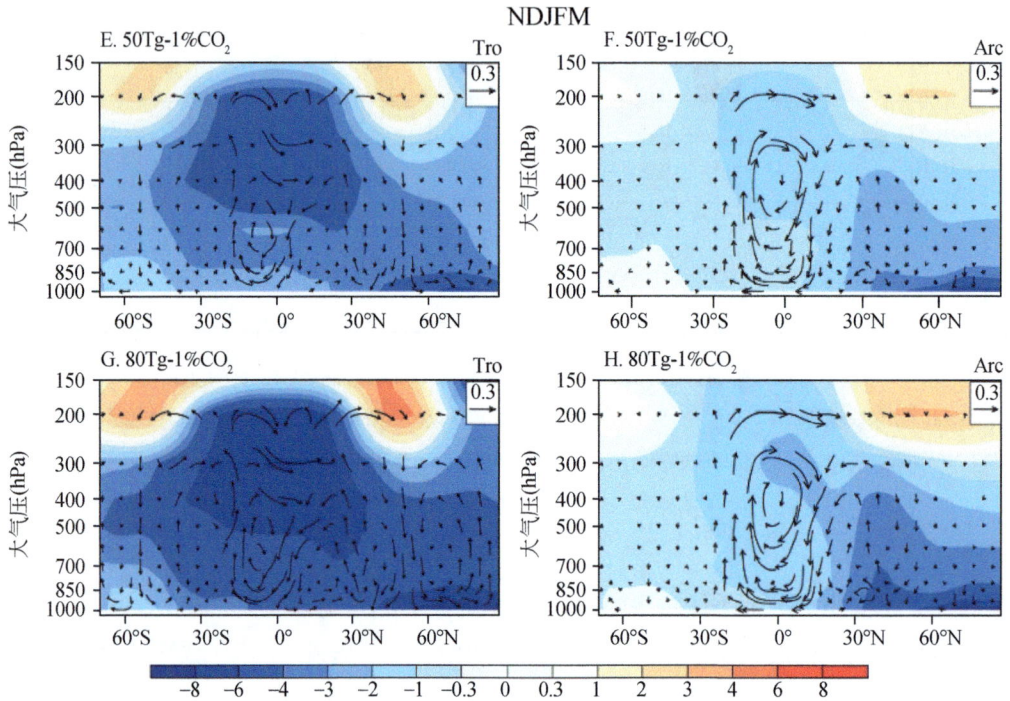

图 5.22　异常温度（℃）、经向风场（m/s）和垂直速度（$10^{-2}$ Pa/s）的纬度–高度图

注：左侧图表示的是热带注入气溶胶试验的结果，右侧图表示的是北极注入气溶胶试验的结果。图 A、图 B 和图 C、图 D 分别是注入 50Tg $yr^{-1}$ 和 80Tg $yr^{-1}$ 试验的 5~9 月结果；图 E~图 H 与图 A~图 D 相似，但是显示的是 11 月至次年 3 月的结果。仅显示通过 Student-$t$ 检验后显著的异常值（达到 95% 置信度）

北极注入气溶胶导致了在北半球中高纬度对流层的强降温作用（图 5.22 右侧），导致了异常的北半球—南半球温度梯度，从引起了南半球热带地区的异常上升运动和北半球热带地区的异常下沉运动，加强了异常的越赤道北风。这就导致了北半球陆地季风的负动力机制和南半球陆地季风的正动力机制（图 5.21C 和图 5.21E），抑制了北半球夏季风降水以及增强了南半球夏季风降水（图 5.23B 右侧）。

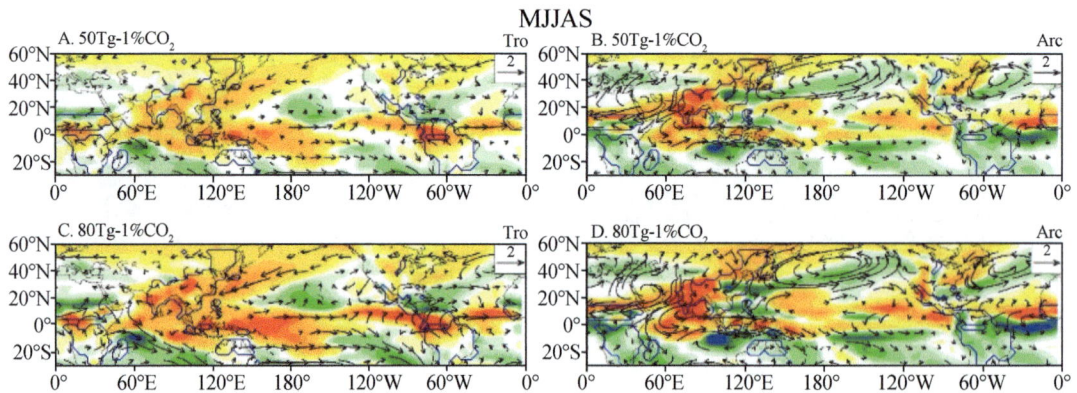

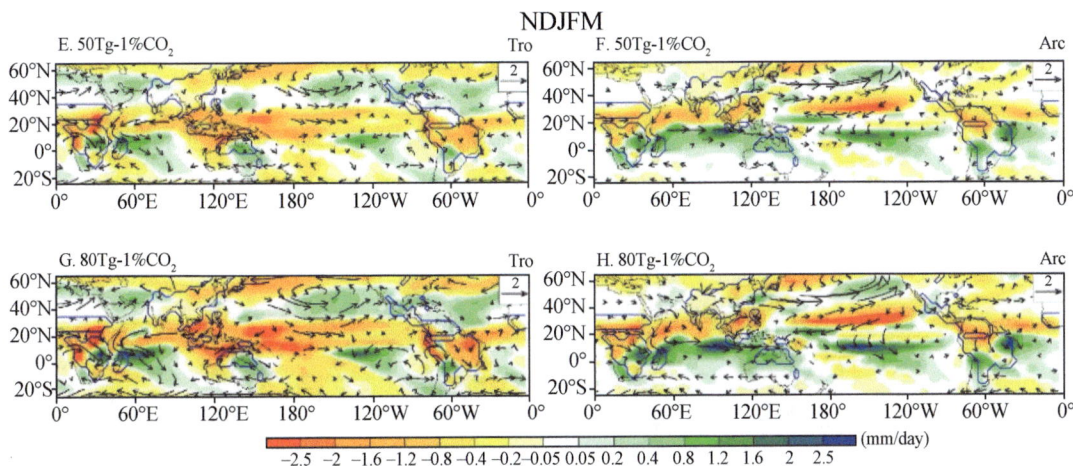

图 5.23　异常的降水（mm/day）和 850hPa 水平风场（m/s）

注：左侧图代表热带注入气溶胶试验的结果，右侧图代表北极注入气溶胶试验的结果。图 A、图 B 和图 C、图 D 分别是注入 50Tg yr$^{-1}$ 和 80Tg yr$^{-1}$ 试验的 5 ~ 9 月结果。图 E ~ 图 H 与图 A ~ 图 D 相似，但是显示的是 11 月至次年 3 月的结果。蓝线代表全球陆地季风区范围。仅显示通过 Student-$t$ 检验后显著的异常值（达到 95% 置信度）

### 5.1.5.5　结论

1）北极注入气溶胶对全球陆地季风（北半球陆地季风）降水的抑制作用相对于热带注入气溶胶的作用来说较弱（强），并且它会增强南半球陆地季风区的降水。

2）在热带注入气溶胶的情景下，亚洲、北美、南非和南美的陆地季风区降水都会被大量抑制；而在北极注入气溶胶的情景下，对北非和亚洲季风区降水的抑制作用会相对更强。

3）在热带注入气溶胶的试验中，负的热力机制对全球季风降水的抑制作用起到重要影响，辐合过程在热力机制中起到决定性作用。

## 5.1.6　Samalas 特大火山爆发对全球和极地温度的影响

### 5.1.6.1　研究背景

作为工业革命前气候变化最大的外部因素之一，火山爆发是许多时间尺度上重要的自然强迫（Robock，2000；Stevenson et al.，2016）。但是，单次特大火山爆发（如 Samalas 量级）是否及如何也会导致十几年到几十年的降温，目前仍未回答。

单次特大火山爆发（如 Samalas 量级）能对全球和极地温度的变化产生纯粹而持久的影响吗？这种影响能持续多久？在单次特大火山爆发（如 Samalas 量级）之后，北半球和南半球之间的温度变化有什么差异？是什么原因导致了这些差异？

### 5.1.6.2　火山气溶胶的变化和全球温度响应

Samalas 火山爆发后，实验结果显示全球范围和半球尺度上地表空气温度（SAT）显著下降（图5.24A）。与北半球陆地相比，海洋的热量较高，导致南半球的温度变化较小（Iles et al.，2013）。

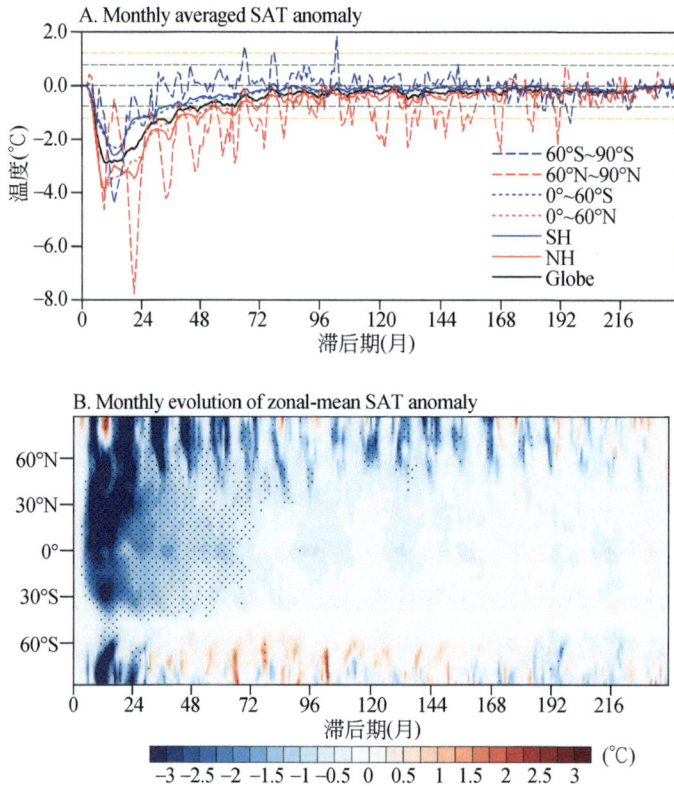

图 5.24　Samalas 特大火山爆发后平均地表（2m）气温（SAT）距平（A）和纬向平均地表气温距平（B）集合平均的逐月演变

注：图 A 中的橙色水平虚线表示北半球高纬度极地（60°N～90°N）地表气温距平的标准差，绿色水平虚线表示南半球高纬度极地（60°S～90°S）地表气温距平的标准差。图 B 中打点区域表示置信度超过90%。lag（0）表示 Samalas 特大火山爆发当年的 1 月

此外，高纬度上的温度异常远远大于中低纬度（图5.24A）。与南极相比（最大冷却温度为-4.40℃），北极经历了更强和更持续的冷却，最大冷却温度为-7.78℃，几乎是南极的两倍。在 Samalas 火山爆发后，北极和南极的地表空气温度（SAT）演化显示出明显的不对称性。

### 5.1.6.3 北极和南极之间温度变化不对称的原因

北极和南极海冰范围与海冰体积的距平变化显示了 Samalas 特大火山爆发后显著的半球间差异（图5.25）。与北极海冰变化相比，南极海冰范围仅在第0年和第1年出现急剧但短暂的增加，如图5.25A所示。但这并没有伴随着南极海冰体积的大量增加，南极的海冰覆盖了更大的面积，但在 Samalas 特大火山爆发后最初的两年里变得更薄。

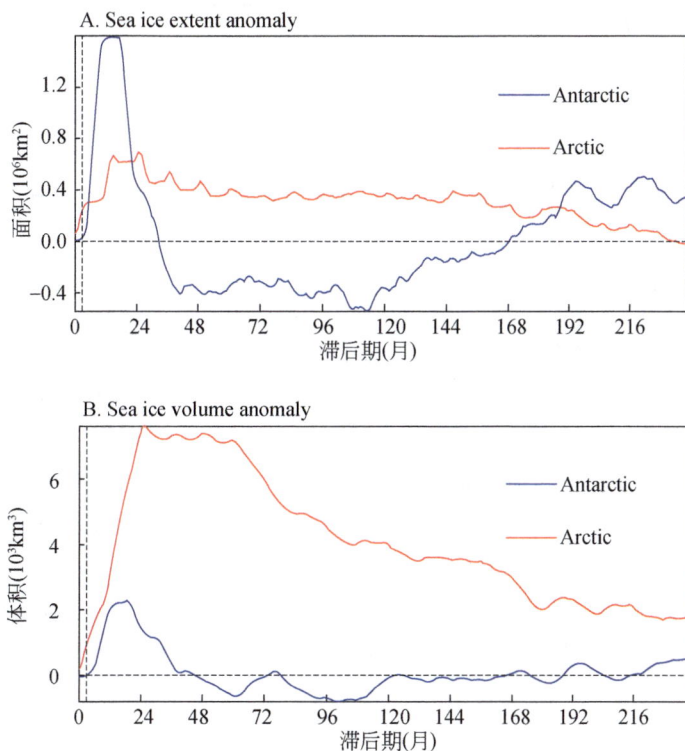

图5.25 模拟的 Samalas 特大火山爆发后北极（60°N～90°N，红线）和南极（60°S～90°S，蓝线）海冰范围（A）和海冰体积（B）的距平时间序列

距平经过了13个月的滑动平均处理。垂直的黑线虚线表示火山爆发集合试验中 Samalas 特大火山开始爆发。

lag（0）表示爆发当年的1月

极地海冰变化对北极和南极的反照率变化有着直接影响，而反照率可以通过冰雪正反馈机制影响极地温度变化（Curry et al.，1995；Eisenman and Wettlaufer，2009；Pithan and Mauritsen，2014）。如图5.26A所示，Samalas 特大火山爆发后，北极当地夏季和冬季的反照率在20年中表现为稳定的正距平。除影响反照率变化外，海冰变化还对极地的大气与海洋的热量输送产生重要影响。

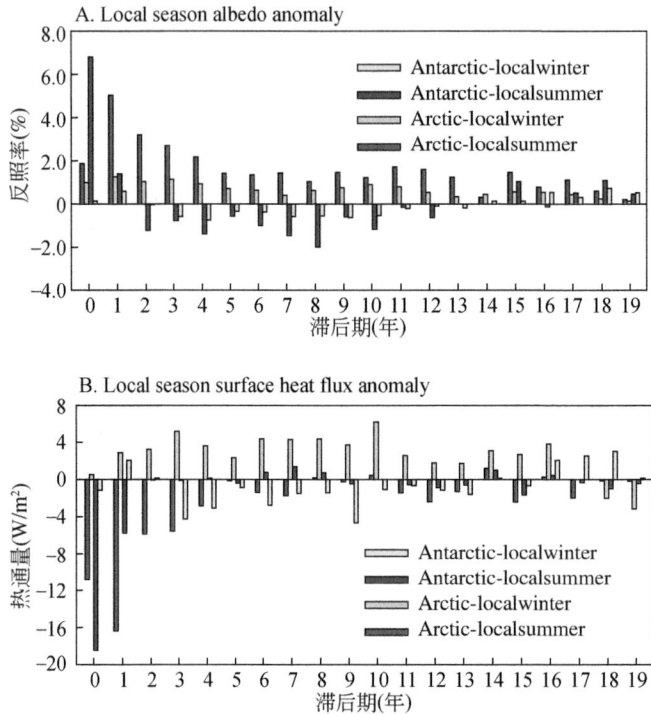

图 5. 26　模拟 Samalas 特大火山爆发后北极（60°N ~ 90°N）和南极（60°S ~ 90°S）海洋区域在
当地季节反照率（A）和向下的表面热通量（B）的距平时间序列

注：红色柱状和粉红色柱状分别表示北极当地夏季（5 ~ 9 月）和当地冬季（11 月至次年 3 月）。蓝色柱状和浅蓝色柱
状分别表示南极当地夏季（11 月至次年 3 月）和当地冬季（5 ~ 9 月）。lag（0）表示火山爆发当年。在图 B 中，正
（负）距平表示海洋从（向）大气获得（失去）热量

#### 5.1.6.4　火山敏感性试验中 Samalas 特大火山的气候效应

重建数据和模拟结果都表明，在 Samalas 特大火山爆发之后，北半球经历了将近 20 年
的强烈降温。单次特大火山爆发（如 Samalas 量级）将导致北极和南极温度变化与持续时
间的显著不对称。这种北极和南极不对称的温度变化是由于在第二阶段火山气溶胶对太阳
辐射的直接削弱作用减弱，而由海冰变化引起的反照率反馈和海洋–大气热量输送的综合
作用成为极地温度变化的主要影响因素。

### 5.1.7　热带火山爆发对 ENSO 演化的影响

基于九组 ENSO 重建资料的集合平均结果和 CESM 模拟的过去 1500 年火山活动敏感性
试验结果发现，在火山爆发后第 1 年出现了厄尔尼诺，第 2 年出现拉尼娜，同时该拉尼娜
强度要比控制试验中相同振幅的厄尔尼诺转变后的拉尼娜强。

### 5.1.7.1　研究背景

厄尔尼诺通过大气环流在全球年际尺度气候变率上起主导作用（Webster et al.，1998），它会引起极端气候事件从而对社会经济产生深远的影响（Wang et al.，2000；2013）。以往研究表明 ENSO 主要是受耦合气候系统内部的海气相互作用决定的（Bjerknes，1969；Philander et al.，1984；Cane et al.，1986），而近期研究发现，长期 ENSO 的历史重建资料中表现出大的热带火山爆发可以引起类厄尔尼诺的现象（Adams et al.，2003；Mann et al.，2005；McGregor et al.，2010）。当前已有许多模拟工作研究了热带火山爆发影响 ENSO 的过程（Emile-Geay et al.，2008；Zanchettin et al.，2012；Ning et al.，2017；Predybaylo et al.，2017；Stevenson et al.，2017）。Maher 等（2015）通过 CMIP5 模式 122 个历史试验集合平均结果进一步发现，这种类拉尼娜现象会在热带火山爆发后第 2 年出现。

### 5.1.7.2　观测和模拟的赤道东太平洋海表温度变化

9 个重建资料中有 7 个反映出在强热带火山爆发后的第 2 年在赤道东太平洋出现了显著的降温，这意味着一个强的类拉尼娜态形成（图 5.27，表 5.2）。

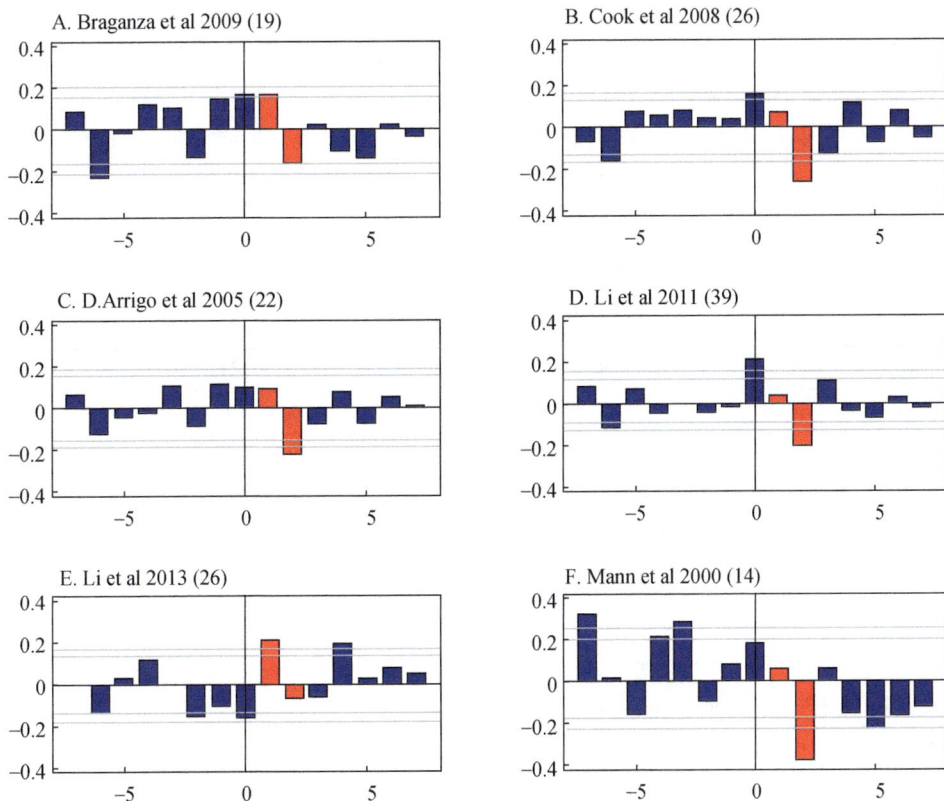

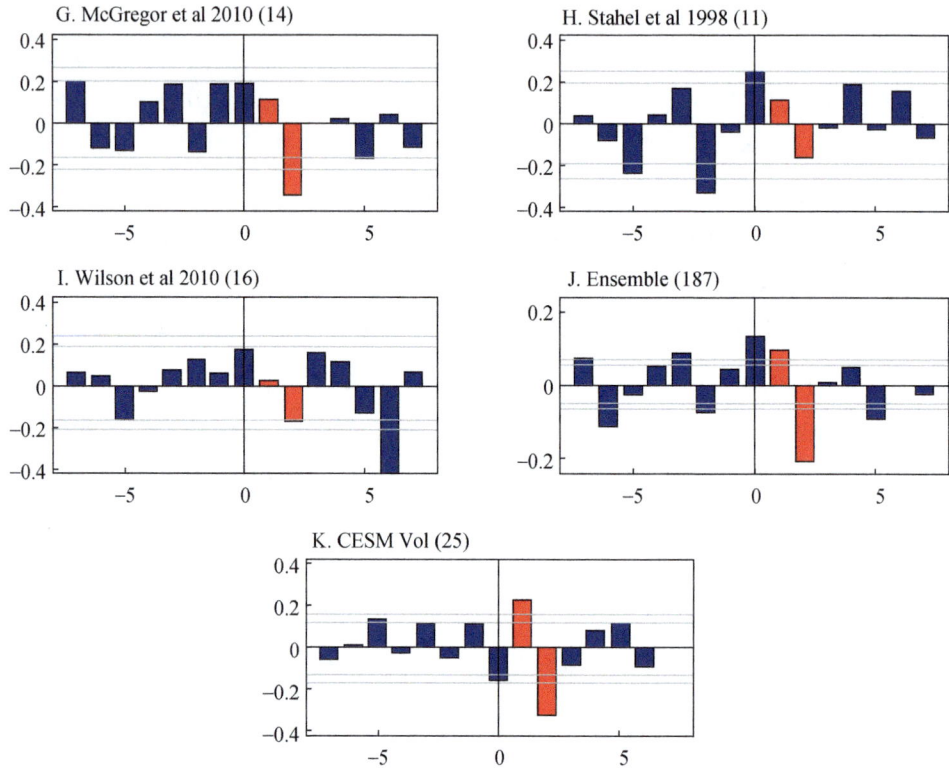

图 5.27 热带大型火山爆发后的冷季节（10 月到次年 3 月）的标准化 Niño3 指数的合成分析

注：图 A～图 I 是 9 套 ENSO 重建资料，图 J 是九套重建资料的集合平均结果，图 K 代表 CESM 的火山敏感性试验结果。0 年代表火山爆发后紧接着的冷季节，红色柱状图标记出火山爆发后的第一年和第二年，水平线代表蒙特卡洛 10 000 次重采样后的置信区间（90% 和 95%）

表 5.2 1871～2000 年期间的 10 月到次年 3 月 Niño3 区域（5°S～5°N，150°W～90°W）海温平均的相关系数

| 来源 | 参考文献 | 时段 | 相关系数 |
| --- | --- | --- | --- |
| Tree-rings fromNorth America | Li et al., 2011 | 900～2002 | 0. 52 |
| Tree-rings from Mexico and Texas | Cook et al., 2009 | 1300～1979 年 | 0. 80 |
| Tree-rings from south western USA and Mexico | D'Arrigo et al., 2005 | 1408～1978 年 | 0. 72 |
| Tree-rings from Asia, New Zealand, and North and South America | Li et al., 2013 | 1301～2005 年 | 0. 75 |
| Corals, tree-rings, and ice cores from the western Pacific, New Zealand, the central Pacific and subtropical North America | Braganza et al., 2009 | 1525～1982 年 | 0. 61 |
| Corals from the central Pacific, tree-rings from the Tex Mex regionand USA, and coral sand ice cores from other tropical regions | Wilson et al., 2010 | 1607～1998 年 | 0. 51 |

| 来源 | 参考文献 | 时段 | 相关系数 |
|---|---|---|---|
| Tree-rings, coral sand ice cores from the Pacific Basin | McGregor et al., 2010 | 1650～1977 年 | 0.79 |
| Tree-rings, coral sand ice cores from tropical Pacific region | Mann et al., 2000 | 1650～2000 年 | 0.73 |
| Tree-rings from northern Mexico and south western USA | Stahle et al., 1998 | 1706～1977 年 | 0.68 |

首先，模式很好地捕捉到火山爆发后 ENSO 位相的转换特征（图 5.28）。

其次，在火山爆发后，合成结果显示的厄尔尼诺事件迅速衰减并转为一个较强的拉尼娜态（图 5.28A）。

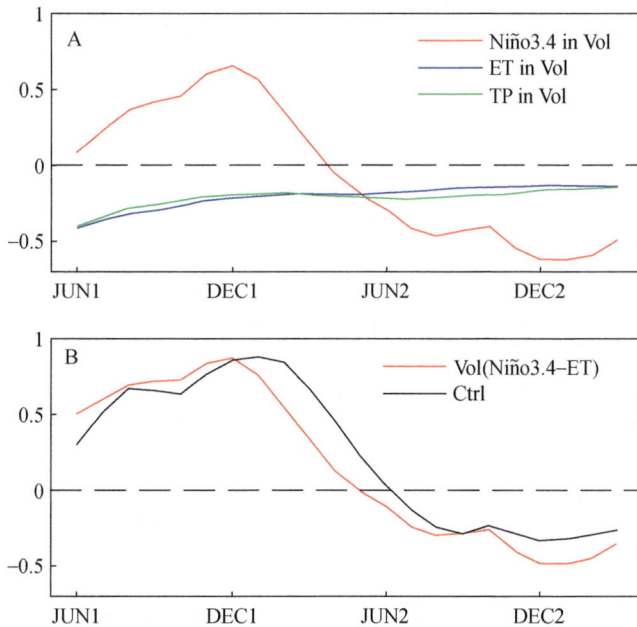

图 5.28 Niño 3.4 指数的演化

注：图 A 表示火山试验中 Niño 3.4 区域（红线）、整个热带地区（蓝线）和热带太平洋地区（绿线）的平均海温异常。图 B 中红线表示火山试验中 Niño 3.4 区域海温异常减去整个热带地区的海温异常值，黑线表示控制试验里的 Niño 3.4 区域海温异常。异常值是相对于每次火山爆发的前后 7 年平均

火山试验中的趋势显著强于控制试验中的趋势。与此同时，在第 2 年底火山试验中拉尼娜的强度要强于控制试验的结果。火山试验中在第 1 年末冬季出现了明显的赤道东太平洋增暖（图 5.29A、图 5.29B）。第 2 年火山强迫影响下厄尔尼诺迅速衰退。在第 2 年春季，赤道中太平洋的增暖非常的弱（图 5.29D）；在第 2 年夏季，整个赤道太平洋出现了

海温负距平（图 5.29F）。在此之后，降温在赤道中—东太平洋继续发展，并在第 2 年底的冬季达到了最强（图 5.29H 和图 5.29J）。

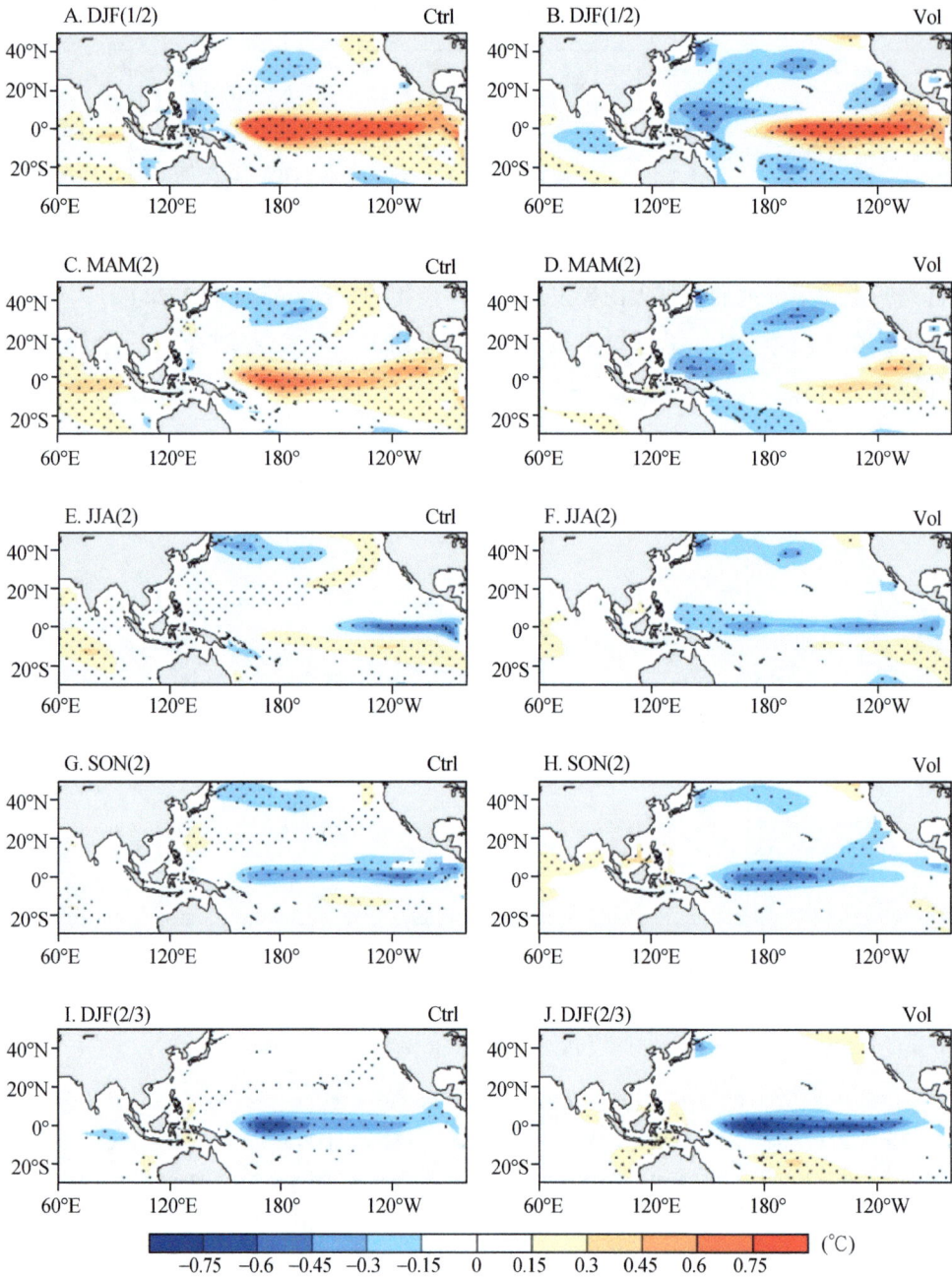

图 5.29 控制试验（左侧）和火山试验（右侧）中的海温异常合成场

注：异常值相对于火山爆发后的前后 7 年平均，并减去了同期热带平均海温异常。左侧中第 1 年和第 2 年分别表示厄尔尼诺的发展和衰退年。打点区域代表异常值达到了 95% 置信度（通过蒙特卡洛 10 000 次重采样）

### 5.1.7.3 拉尼娜发展的物理过程

充电-放电过程是引起 ENSO 转位相的重要过程（Jin，1997；Li，1997）。图 5.30 中火山试验和控制试验中的 18℃ 等温线的暖水量（WWV）都在第 1 年 6 月前达到最大值，而火山试验中的放电过程比控制试验提前发生，这意味着火山试验中的经向能量输送更早，从而使纬向平均的温跃层变浅，导致厄尔尼诺事件的提前衰减。

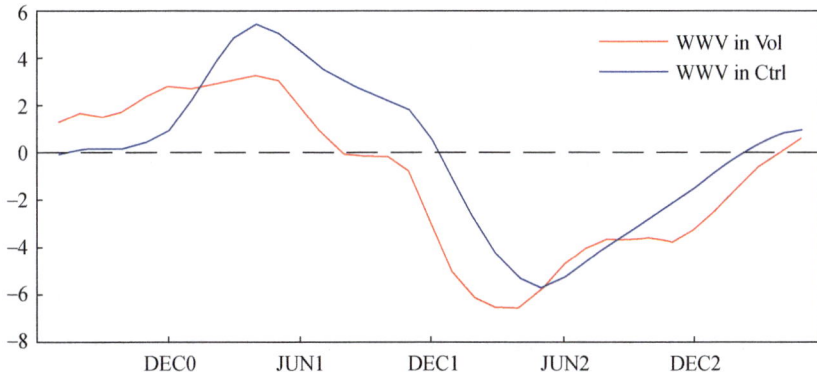

图 5.30　WWV 异常的事件演化

注：红线和蓝线分别表示火山试验和控制试验的结果

为了更好地理解火山爆发后 ENSO 由暖位相向冷位相转换的物理机制，针对 Niño 3.4 区域平均的混合层海温异常（MLTA）的能量收支进行了分析。图 5.31 显示了在厄尔尼诺衰减期（第 1 年 12 月到次年 3 月）混合层中各项的相对贡献。火山试验和控制试验中的 MLTA 趋势分别为 $-0.18℃/month$ 和 $-0.05℃/month$（图 5.31A）。

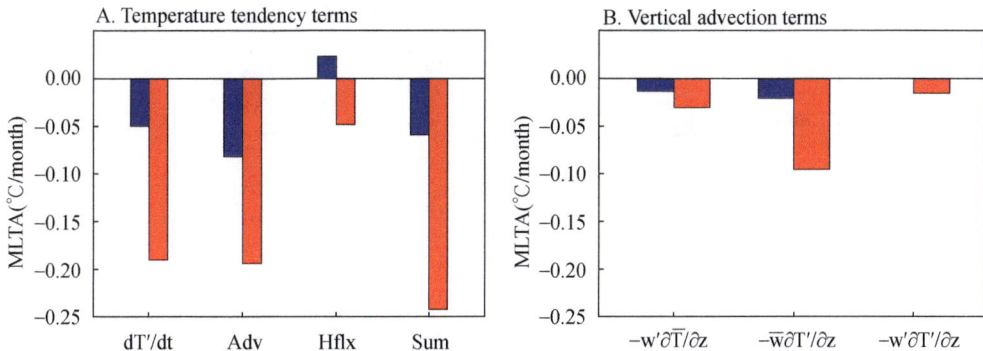

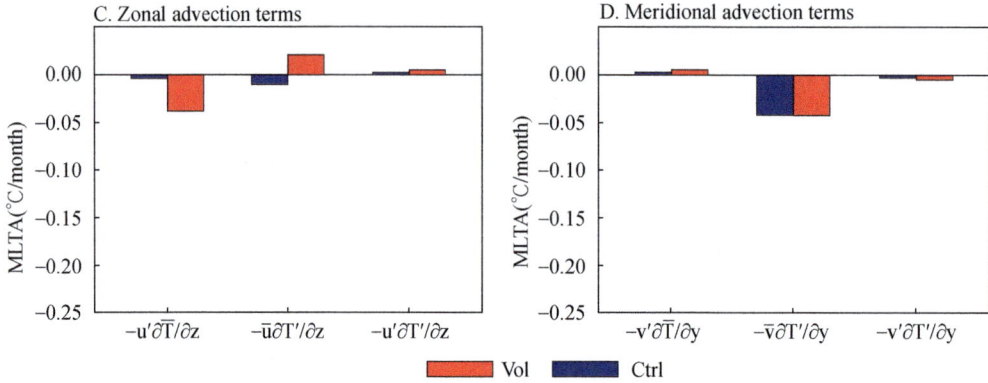

C. Zonal advection terms

D. Meridional advection terms

图 5.31　厄尔尼诺衰减期（第 1 年 12 月到次年 3 月）Niño 3.4 区域平均的 MLTA 能量收支分析

注：Adv 代表平流项，Hflx 代表热量通量项，Sum 代表 Adv 和 Hflx 的总和。火山试验中的结果都减去了热带平均海温异常。蓝色和红色柱状图分别表示控制试验和火山试验的结果

图 5.32 表示的是拉尼娜增强期（第 2 年 9 月到 12 月）混合层各项的相对贡献。火山试验中的 MLTA 趋势为 −0.08℃/month，显著强于控制试验中的 −0.03℃/month（通过 Mann-Kendall 检验），异常的纬向平流项（$-u'\partial\overline{T}/\partial x$）和温跃层反馈机制（$-\overline{w}\partial T'/\partial z$）依然是导致火山试验中 MLTA 下降趋势的主要原因。

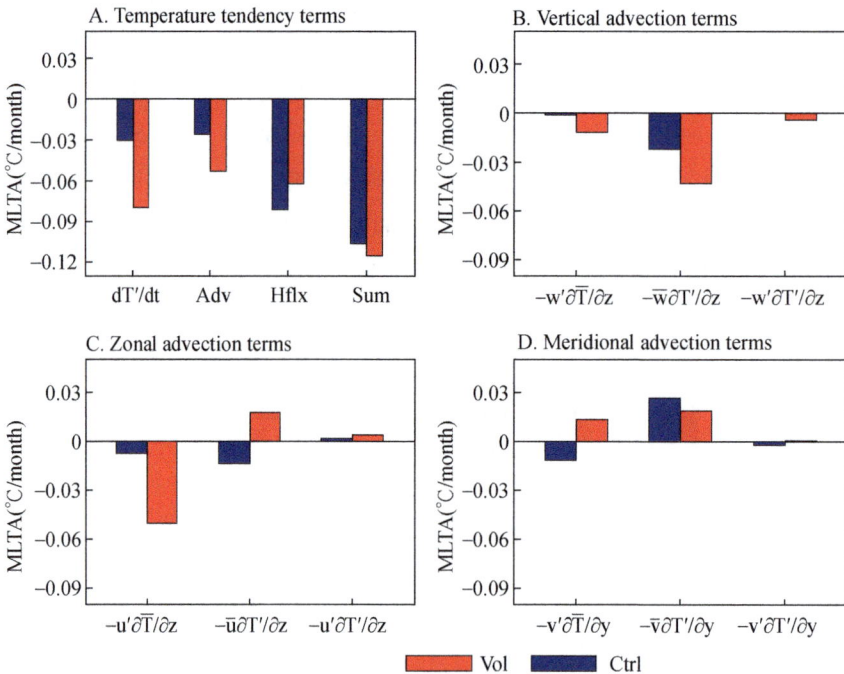

A. Temperature tendency terms

B. Vertical advection terms

C. Zonal advection terms

D. Meridional advection terms

图 5.32　拉尼娜增强的时期（第 2 年 9 月到 12 月）Niño 3.4 区域平均的 MLTA 能量收支分析

注：Adv 代表平流项，Hflx 代表热量通量项，Sum 代表 Adv 和 Hflx 的总和。火山试验中的结果都减去了热带平均海温异常。蓝色和红色柱状图分别表示控制试验和火山试验的结果

图 5.33A 和图 5.33C 反映了赤道东太平洋地表热量通量的贡献。在第 1 年 12 月到次年 3 月，火山强迫导致了更冷的地表热量通量（$Hflx_v < 0 < Hflx_c$，下标 v 和 c 分别代表火山试验和控制试验中的结果），其中短波辐射占据了主导（$Sw'_v < Sw'_c < 0$），导致海温降温更强。

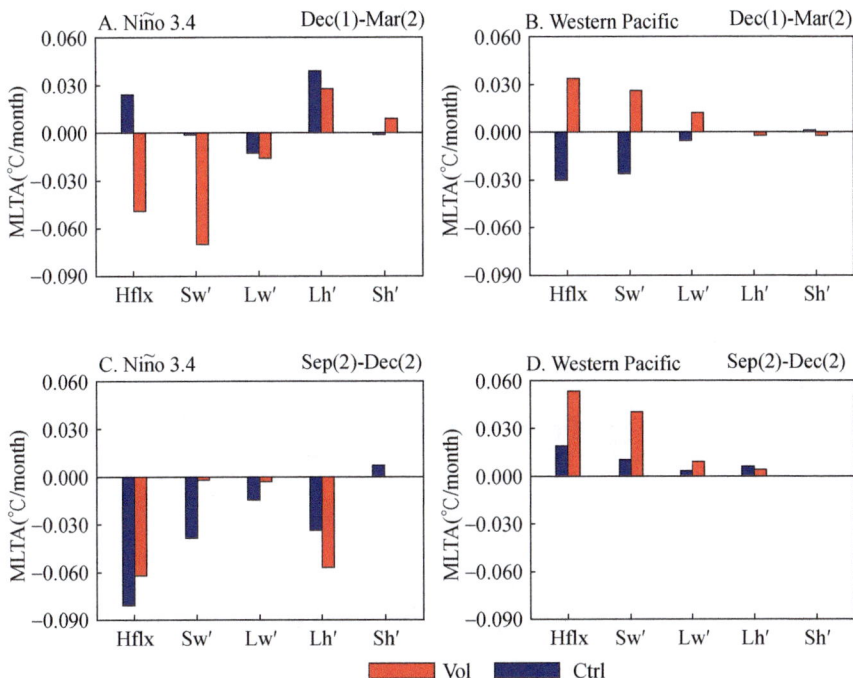

图 5.33 厄尔尼诺衰减期（A、B）和拉尼娜的发展期（C、D）Niño 3.4 区域和西太平洋区域（0°~15°N，130°E~170°E）的地表热量收支分析

注：正值代表方向向下，Hflx 代表热量通量项，Sw′代表短波辐射异常，Lw′代表长波辐射异常，Lh′代表潜热通量异常，Sh′代表感热通量异常

### 5.1.7.4 西北太平洋反气旋异常对拉尼娜发展的决定作用

图 5.34 反映了 ENSO 暖向冷位相转变年的海平面气压异常和风场异常的演化。在厄尔尼诺成熟的冬季（图 5.34A、图 5.34B），西北太平洋反气旋异常在火山试验中非常明显，而在控制试验中则并不明显。火山强迫下很强的东风异常在西北太平洋反气旋异常的南边形成，冷 Kelvin 波也同时在赤道上形成（Suarez and Schopf，1988；Battisti and Hist，1989；Wang et al.，1999），迅速使海温降低。

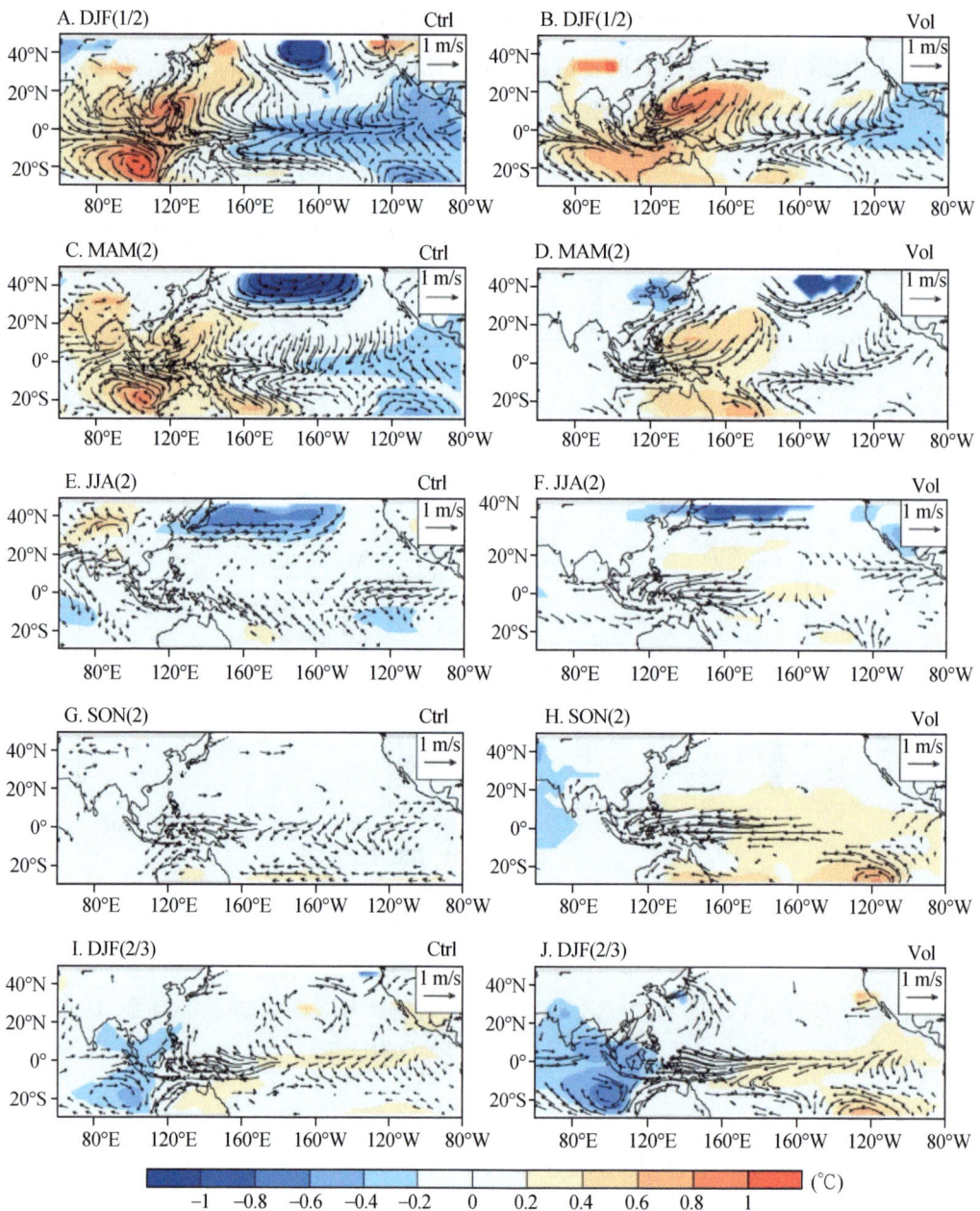

图 5.34　控制试验（左侧）和火山试验（右侧）中的时海平面气压异常和 925hPa 的风场异常

注：只显示达到 95% 置信度的结果

### 5.1.7.5　结论

1）数值模拟试验的结果表明，厄尔尼诺经历了一个提前的衰退和一个再次降温时期，引起了一个比控制试验中 ENSO 模态转变更强的拉尼娜态。

2）在火山强迫影响下，西北太平洋反气旋异常向东移动，对提前降温及之后的再次加强降温起到了至关重要的作用（图 5.35B）。

3）火山试验中厄尔尼诺事件向东移动导致了西北太平洋反气旋位置的偏东，而厄尔尼诺增暖位置的偏东是火山气溶胶影响的结果。

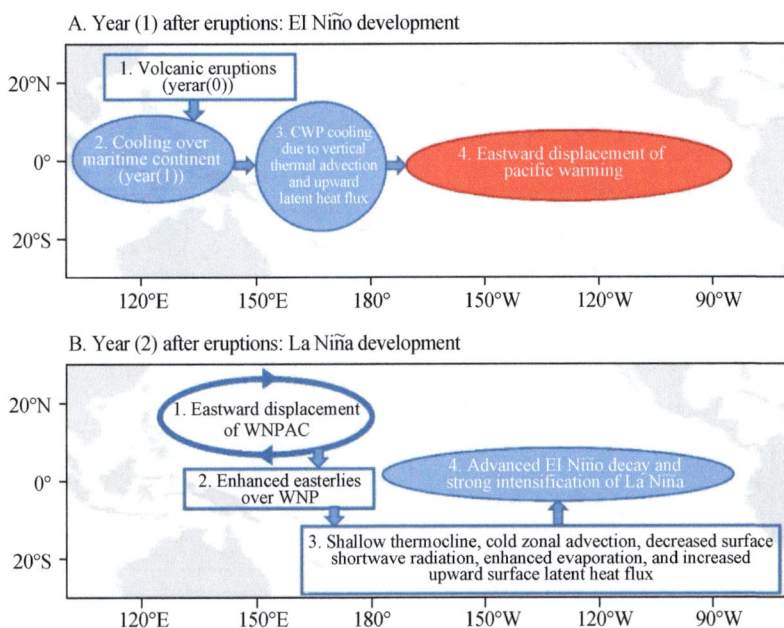

图 5.35　热带大火山爆发后拉尼娜形成机制的示意图

注：蓝颜色的阴影表示降低的温度，而红颜色表示温度升高

## 5.1.8　北半球高纬度不同季节的火山爆发对 ENSO 演化的影响

大气环流的季节性变化会影响北半球高纬度火山气溶胶的分布变化，从而可能引起 ENSO 演变的差异。因此，基于 CESM 设计了多组不同季节的北半球高纬度中等强度火山爆发敏感性试验。模拟结果表明：在 1 月和 4 月（7 月和 10 月）火山爆发之后会对北半球造成强（弱）降温。ENSO 对北半球高纬度火山爆发的响应取决于爆发时的季节。火山爆发的具体季节及当时可能的大气环流背景状态对 ENSO 的演变具有重要影响。

### 5.1.8.1　研究背景

厄尔尼诺在热带气候年际变率上占主导地位，并对全球的大气环流产生深远的影响，它会引起洪水、干旱、热带气旋及其他极端气候事件（Wallace and Gutzler，1981；Ropelewski and Halpert，1987；Wang et al.，2000；Ning and Bradley，2015）。火山爆发是一个重要的外强迫，它会对多时间尺度上的极端气候事件的形成产生贡献（Robock，2000；Liu et al.，2013；Ning et al.，2017）。

很多研究学者强调了高纬度火山爆发对气候的重要影响（Robock，2000；Shindell et al.，2004；Oman et al.，2005；Kravitz and Robock，2011）。强高纬度火山，如1783年Laki火山爆发后，非洲季风、印度季风和东亚季风都被明显削弱（Oman et al.，2006），导致了严重的饥荒事件（Thordarson and Self，2003）。本节研究的主要目标是评估北半球高纬度火山爆发（NHV）的季节性差异对ENSO演化的影响。

### 5.1.8.2　北半球高纬度火山爆发对气候的影响

图5.36显示了NHV爆发后纬向平均的地表短波辐射异常的合成场。由于大气环流的季节性差异，火山气溶胶的扩散在各个季节不同，这会导致在1月和4月火山爆发后北半球副热带到极地区域的地表短波辐射减弱的幅度更强，而在7月和10月火山爆发后地表短波辐射减弱幅度偏弱。

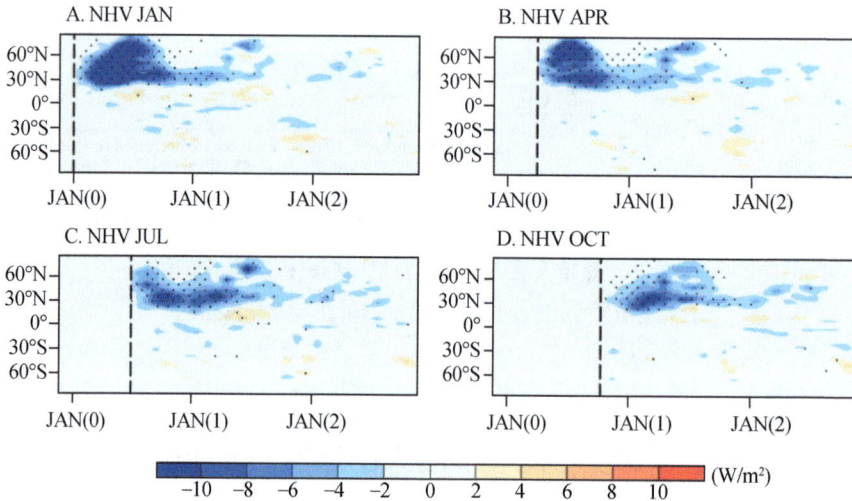

图5.36　纬向平均的地表短波辐射异常合成场（距平相对于Ctrl试验的集合平均）

注：NHV在1月（A）、4月（B）、6月（C）和10月（D）爆发的试验结果。垂直的虚线代表火山爆发的具体月份。打点区域表示异常值达到了95%的置信度

全球平均温度的响应如图5.37所示。在1月和4月火山爆发之后，北半球副热带到极地区域的地表温度会在紧接着的北方夏天和秋天大幅降低，并且其降温强度、持续时间及造成的极地—热带温度梯度异常都要比7月和10月的火山爆发影响强。

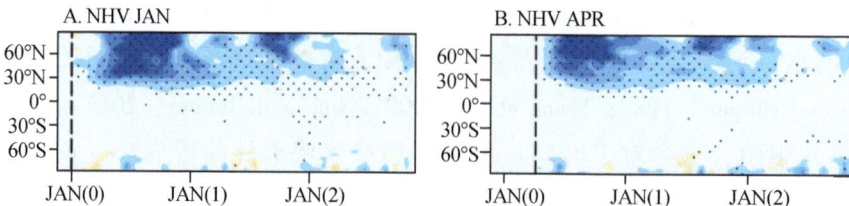

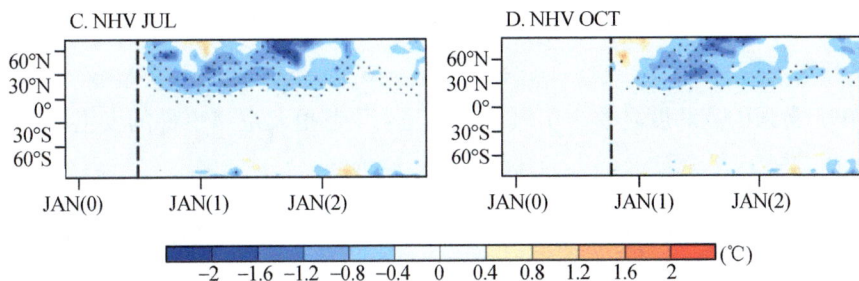

**C. NHV JUL**

**D. NHV OCT**

图 5.37 地表温度异常

　　图 5.38 反映了北方冬季（11 月到次年 1 月）热带太平洋海温异常。在 1 月爆发的火山试验中，强厄尔尼诺很快在第一个冬季就形成（图 5.38C），但在 4 月火山爆发试验中则并没有出现显著的厄尔尼诺现象（图 5.38D）。在 7 月火山爆发试验中，第一个冬季赤道东太平洋海温并没有明显变化（图 5.38E），但在第二个冬季赤道东太平洋出现了增暖，尽管它并不显著（图 5.38F）。在 10 月火山爆发集成试验中，第一个冬季也没有出现任何明显的赤道太平洋海温变化（图 5.38G），但显著的厄尔尼诺事件出现在第二个冬季（图 5.38H）。

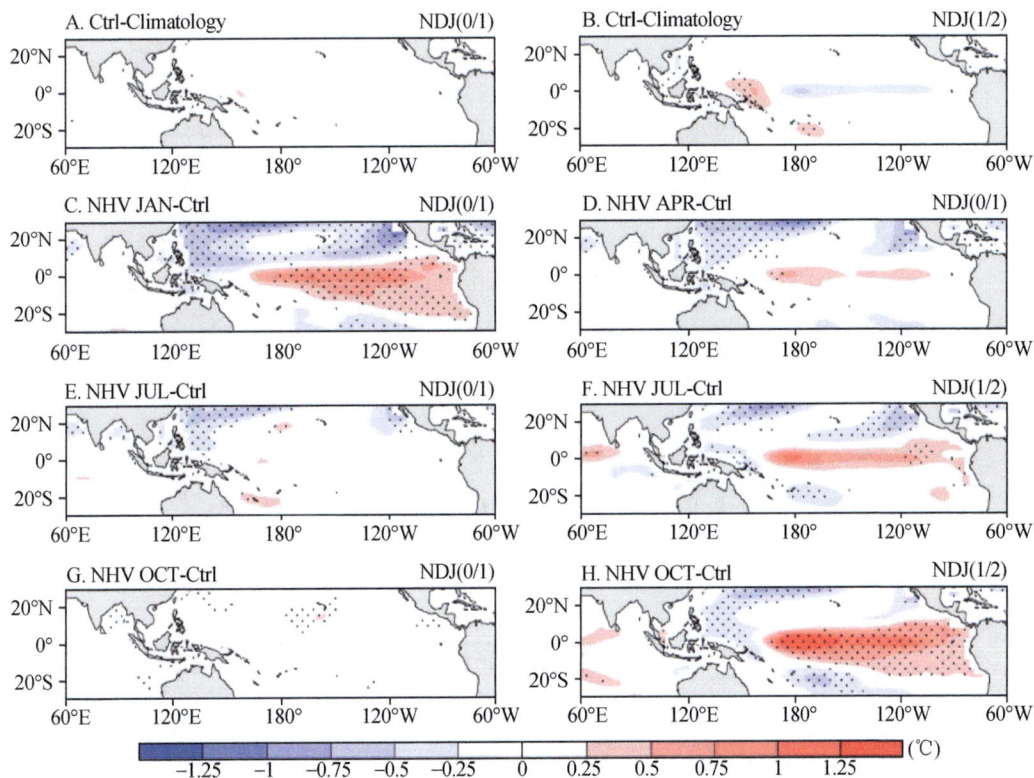

图 5.38　北方冬季的海温异常合成场（11 月到次年 1 月）

注：图 A、图 B 为 10 组对照试验的集成结果（相对于 Ctrl 试验的过去 500 年平均），一月（C）、四月（D）、七月（E、F）和十月（G、H）NHV 试验的结果都相对于对照试验的集合平均。打点区域表示异常值达到了 95% 的置信度

研究结果表明，在 Laki 火山爆发之后的第一个冬季出现了明显的厄尔尼诺现象（图 5.39），这与树轮资料所记录的结果一致（Cook and Krusic，2004；D'Arrigo et al.，2011），这意味着在非常强的高纬度夏季火山爆发之后是会引起厄尔尼诺事件的发生。

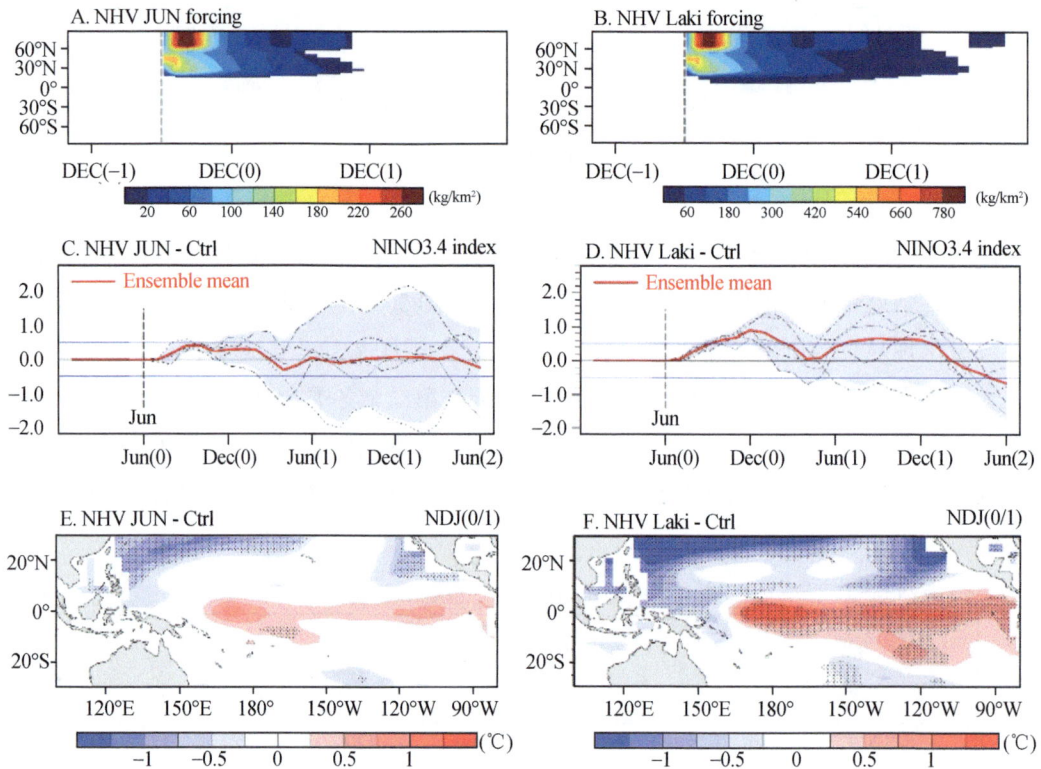

图 5.39　6 月北半球高纬火山爆发试验结果（右侧）与 Laki 试验结果的比较（左侧）

注：图 A、图 B 为纬向平均的柱状气溶胶密度。图 C、图 D 模拟的 Niño 3.4 区域平均海温异常的时间序列，红线代表的是集合平均的结果，阴影代表的是两倍标准误差范围，垂直虚线代表的是火山爆发开始时的月份。图 E、图 F 是第一个冬季的海温异常合成场。打点区域表示异常值达到了 95% 的置信度

# 5.2　太阳辐射对年代际气候的影响

## 5.2.1　太阳活动 11a 周期影响东亚夏季风年代际变率的物理过程

### 5.2.1.1　研究背景

在前文中，我们指出，在太阳辐射强 11a 周期时段（公元 900～1285 年），EASM 指数序列出现了显著的 11a 周期，并且其与太阳辐射序列具有显著的相关关系，相关系数为

0.414（EFD=68，$p<0.05$）。在弱 11a 周期时段（公元 1400～1535 年），EASM 指数序列并不具有显著的年代际信号，并且其与太阳辐射序列也不存在相关关系（$R=0.002$，EFD=24）。本节研究主要揭示太阳活动 11a 周期影响东亚夏季风（EASM）年代际变化的物理过程。

### 5.2.1.2　太阳活动影响的关键机制

印度洋、太平洋和大西洋海表温度异常均可能对 EASM 环流和水汽输送产生较大的影响（Wang et al.，2008；Xu et al.，2016），因此下文首先探究了在太阳辐射强 11a 周期时段、弱 11a 周期时段与 EASM 指数相关的夏季海温场异常模态。根据图 5.40 可知，在太阳辐射强 11a 周期时段，EASM 年代际变化与太平洋海温具有显著相关关系（图 5.40A）。在热带地区，强东亚夏季风对应着海洋性大陆（MC）周围暖海温异常，而热带东太平洋上则呈现类似于拉尼娜型海温模态。北太平洋呈现的异常海温模态类似于太平洋年代际振荡（PDO）的负位相。而在太阳辐射弱时段（图 5.40B），强 EASM 对应的海温模态与其在强 11a 周期时段的结果存在较大差异。副热带北太平洋（20°N 以北）海温沿纬向呈现"－+－"三极子型空间分布格局，这与 PDO 模态明显不同。据图 5.40 可知，在太阳活动强 11a 周期时段，EASM 年代际变化与北太平洋类 PDO 型海温模态显著相关；同时，不管在强 11 年周期时段还是弱 11 年周期时段，EASM 年代际变化均与赤道太平洋海温存在显著相关关系。

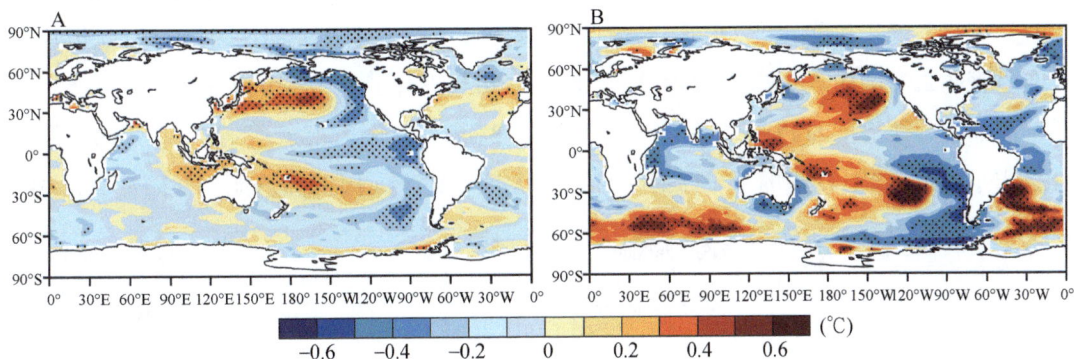

图 5.40　太阳辐射强 11 年周期时段（公元 900～1285 年，A）和弱 11 年周期时段（公元 1400～1535 年，B）MJJAS 海温与 EASM 指数在年代际（8～15 年带通滤波）同期相关图

注：打点区域通过了 0.05 显著性检验

类 PDO 型海温异常模态是否与太阳辐射 11a 周期有关呢？图 5.41 结果表明，太阳辐射序列确实会强迫出赤道西太平洋暖海温异常，太平洋 SST 对太阳辐射强、弱 11a 周期响应最主要区别就在北太平洋 20°N 以北地区。综合图 5.40 和图 5.41 可知，太阳辐射 11a 周期可能是通过影响北太平洋海温模态，强太阳辐射会激发类 PDO 负位相型海温分布格

局，继而影响到东亚夏季风降水。

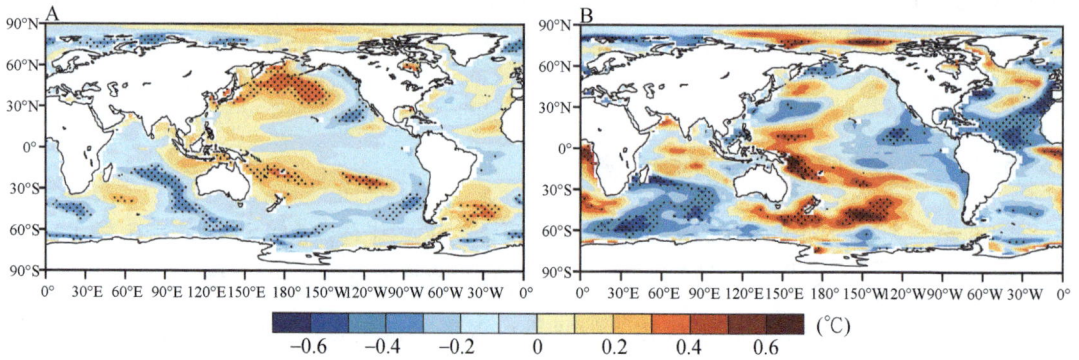

图 5.41　太阳辐射强 11a 周期时段（公元 900～1285 年，A）和弱 11a 周期时段（公元 1400～
1535 年，B）MJJAS 海温与太阳辐射序列在年代际（8～15 年带通滤波）同期相关图

注：打点区域通过了 0.05 显著性检验

### 5.2.1.3　北太平洋年代际振荡准 11a 周期

PDO 指数定义为 20°N 以北太平洋夏季平均海温 EOF 分解第一模态对应的时间序列。为了突出年代际信号，在进行 EOF 分解之前对原始海温数据进行了 5a 滑动平均。对两个时期的 PDO 指数进行功率谱分析结果可知（图 5.42），在太阳辐射强 11a 周期时段，PDO 指数具有显著的年代际（准 11a 和准 19a）能量峰值；而在弱 11a 周期时段，PDO 指数仅存在显著的 22a 周期。此外对 CTRL 试验中 PDO 指数进行了功率谱分析发现，在仅受气候系统内部变率调控下的 PDO 指数只具有显著的 18a 周期（图 5.43）。因此，在太阳辐射强 11a 周期时段，PDO 出现的 11a 周期信号是受太阳辐射 11a 周期强迫而来，而显著的 19a

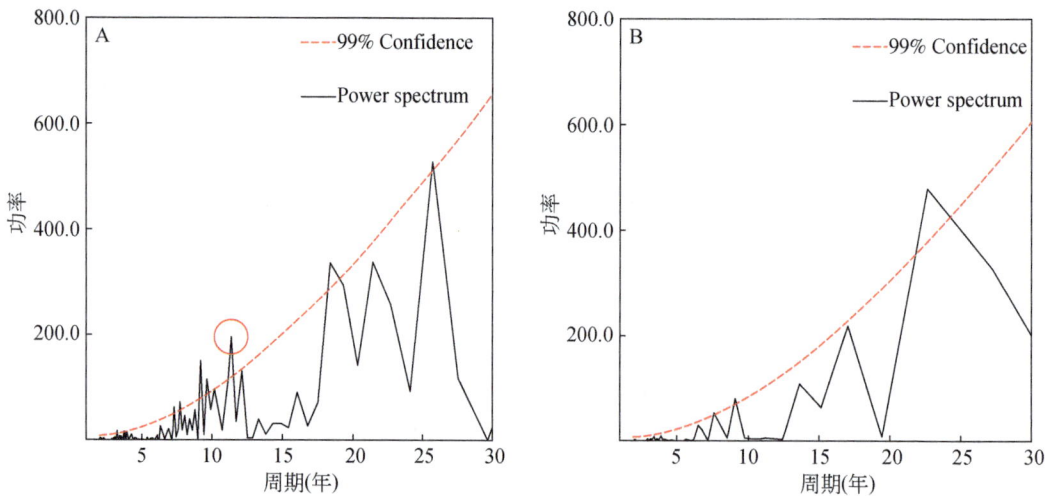

图 5.42　PDO 指数在太阳辐射强 11a 周期时段（A）和弱 11a 周期时段（B）的功率谱

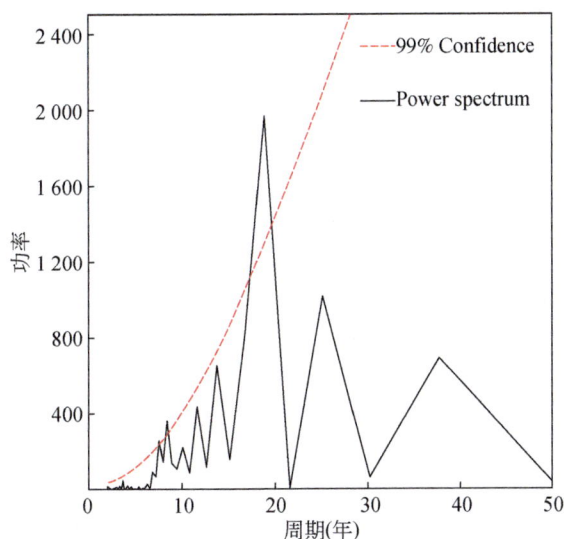

图5.43 控制试验中PDO指数的功率谱

周期可能是受气候系统内部变率的影响。

下面探究包括赤道太平洋海的太平洋海温异常在其中的作用。分析使用 Extended ENSO 指数（XEN 指数）（Wang et al.，2018，2013）探究在强、弱 11a 周期时段是否存在显著的年代际信号。在强 11a 周期时段（图5.44A），经过5a滑动平均后的 XEN 指数具有显著的准 18a、准 9a 周期信号，但是 XEN 指数在弱 11a 周期（图5.44B）时段也存在显著的准 9a 周期。由于 XEN 指数在强 11a 周期时段并没有出现显著的 11a 周期，因此更大范围的太平洋海温异常在其中的作用并不大。

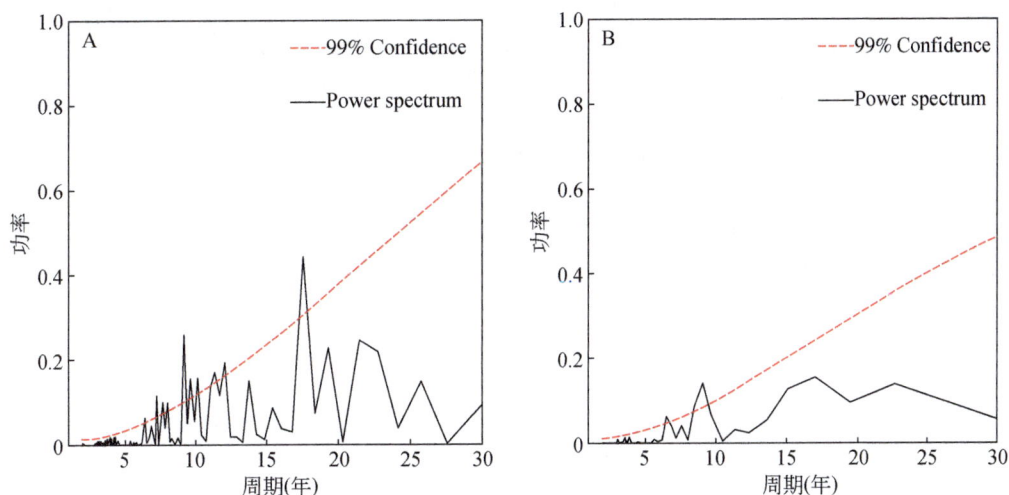

图5.44 XEN指数在太阳辐射强11a周期时段（A）和弱11a周期时段（B）的功率谱

在太阳辐射强 11a 周期时段 PDO 是如何影响 EASM 年代际变化的？在太阳辐射强 11a 周期时段，PDO 处于负位相，副热带北太平洋（20°N 以北）出现高压异常，北太平洋低层被大范围反气旋环流所控制。同时，亚洲低压异常增强，北太平洋高压和亚洲低压之间显著的纬向气压梯度（图 5.45A），有利于异常南风将更多水汽向 EA 地区输送（图 5.45B）。东亚地区 35°N 处存在一个局地东西向气压槽（图 5.45A），该气压槽对应着华北地区气旋性涡旋和华南地区反气旋性涡旋（图 5.45B）。因此，在 PDO 冷位相阶段，东亚北部降水充沛而东亚南部降水却明显不足（Yang et al.，2017b；Ma and Fu，2006）。

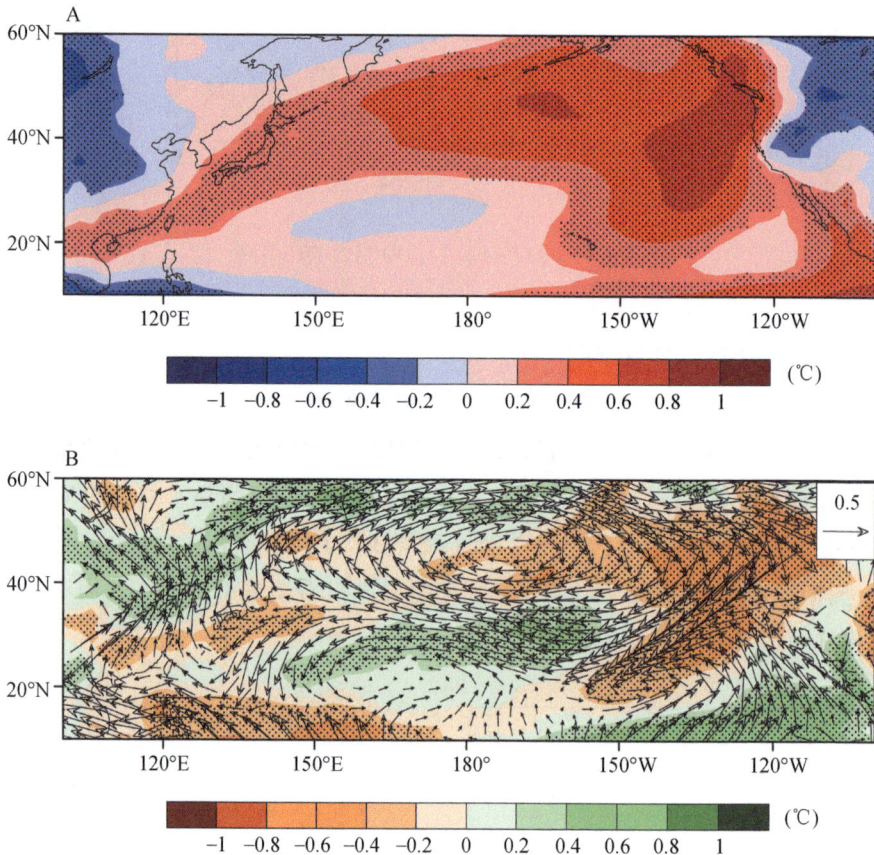

图 5.45　在太阳辐射强 11a 周期时段（A）夏季平均海平面气压场和夏季降水、850hPa
风场（B）与 PDO 指数在年代际（8～15 年带通滤波）同期相关图
注：打点区域通过了 0.05 显著性检验

### 5.2.1.4　小结

太阳活动 11a 周期与东亚夏季风年代际变化具有显著的相关关系。在太阳辐射强 11a 周期时段，EASM 的年代际变化与太平洋类 PDO 型海温异常模态相关（图 5.40A），而在强 11a 周期时段太阳辐射也可以强迫出北太平洋类 PDO 型 SST 异常模态（图 5.41A），并且在此时段内 PDO 序列也具有显著的 11a 周期信号（图 5.42A）。模式模拟结果表明 11a 太阳活动周期影响 EASM 年代际变化的主要过程就是激发一个副热带北太平洋类 PDO 型年代际海温异常模态，其最主要的特征是范围极广的反气旋环流控制着北太平洋。

在北半球夏季，太阳辐射强 11a 周期能够显著增强东亚夏季风年代际信号，并且北太平洋高压和亚洲低压均有所增强。与此同时，增强的北太平洋高压（异常北太平洋反气旋）也可以通过亚洲–太平洋地区强烈的海–陆相互作用来维持 PDO 型 SST 异常模态。这就解释了为什么 EASM 年代际变率和北太平洋年代际振荡在太阳辐射强 11a 周期时段具有较为一致的年代际周期信号。

虽然模式模拟结果揭示了太阳辐射 11a 周期与东亚夏季风年代际变率、和 PDO 之间存在的联系，但是 11a 太阳辐射强迫出年代际 PDO 模态和北太平洋异常反气旋环流还值得进一步研究。另外，由于模式不包括太阳辐射影响地球气候系统的"自上向下"过程，因此本节提出的机制完全取决于地球气候系统对流层低层对太阳辐射变化的响应过程。

## 5.2.2 太阳活动 11a 周期影响亚洲冬季风年代际变率的物理过程

### 5.2.2.1 研究背景

在前文中，我们指出，亚洲冬季（AWM）地表温度在年际–年代际上具有两个固有模态，即北方模态与南方模态。太阳辐射强 11a 周期会影响 AWM 北方模态的周期变率，使其具有显著的年代际信号。将 AWM 北方模态对应的时间序列（PC1）定义为亚洲冬季风指数，PC1 与太阳辐射序列具有显著的相关关系，但是其滞后于太阳辐射 3~4 年。为什么太阳辐射 11a 周期影响下，亚洲冬季风北方模态对其的响应具有 3~4 年位相延迟？

以往的研究表明，在太阳峰值年冬季太平洋海温会呈现类拉尼娜型空间分布格局，而这种海温模态在 2~3 年后会转变成中部型厄尔尼诺海温模态（Meehl and Arblaster，2009；Misios et al.，2016，2019），大气环流模式试验结果表明赤道太平洋海温异常可能会导致欧亚大陆冬季异常降温（Zhang et al.，2019）。还有一些研究结果表明，欧亚大陆寒冬可能与北极地区海冰极速减少有关，尤其是在巴伦支—喀拉海海域，这里的海冰变化具有最大的季节性和年际变率（Honda et al.，2009；Cavalieri and Parkinson 2012；Inoue et al.，2012）。

### 5.2.2.2 太阳活动的影响过程

为了揭示太阳活动 11a 周期影响亚洲北部冬季地表温度的过程，我们探究了太阳辐射序列与冬季地表温度之间的关系。由于两者存在 3~4 年的滞后关系，我们直接计算了 8~15 年带通滤波后的冬季地表温度滞后于太阳辐射序列 4 年的相关性（图 5.46）。与太阳辐射序列相关的冬季地表温度场在亚洲北部的空间分布格局与亚洲冬季风北方模态结构相似，不仅北极地表温度与太阳辐射序列具有显著的相关关系，东太平洋海温也与其存在显著的正相关关系，并且海温呈现类厄尔尼诺型空间分布格局。因此，太阳活动 11a 周期影响亚洲冬季风年代际变化可能通过两种方式；一是太阳活动影响北极海冰融化和北极海温升高，继而影响到 AWM 北方模态年代际变化。二是太阳活动激发出的东太平洋类厄尔尼诺型海温分布格局，从而影响到 AWM 北方模态年代际变化。

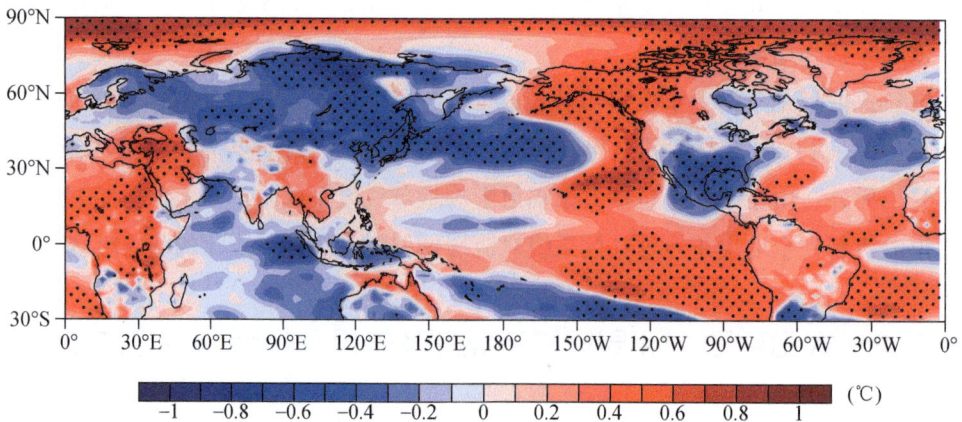

图 5.46　太阳辐射强 11a 周期时段（公元 1100～1235 年）8～15a 带通滤波后冬季平均地表温度滞后于太阳辐射序列 4 年的相关图

注：打点区域表示通过了 0.05 显著性检验

在强 11a 周期时段东太平洋厄尔尼诺型海温是否会影响亚洲北部降温？基于 SSI 试验结果首先计算了冬季平均 ONI 指数序列，然后使用这条序列与冬季 SAT 进行同期相关。如图 5.47 所示，太阳辐射变化引起的厄尔尼诺型海温分布格局不太可能导致欧亚大陆北

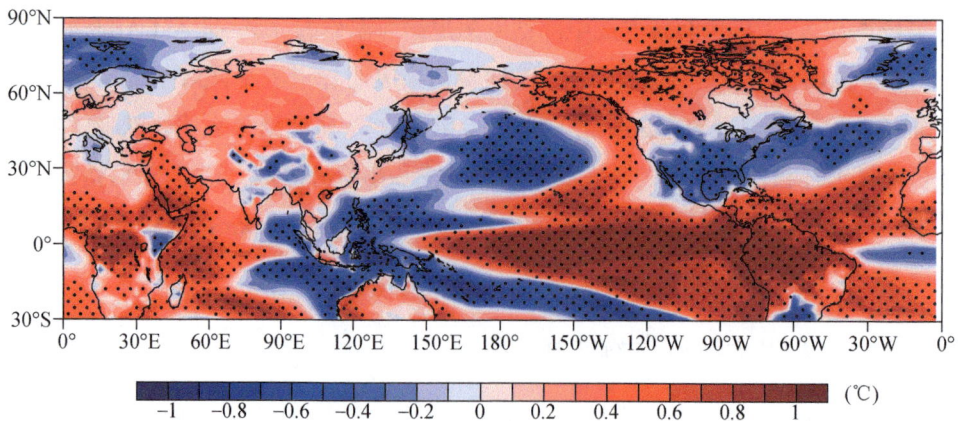

图 5.47　太阳辐射强 11a 周期时段（公元 1100～1235 年）8～15a 带通滤波后 ONI 指数与冬季地表温度同期相关图

部降温。综合图 5.46 和图 5.47 的结果，太阳活动 11a 周期对亚洲冬季风北方模态年代际变率的影响主要是通过调节夏季巴伦支—喀拉海海冰和海表温度来实现。

### 5.2.2.3 太阳活动影响巴伦支海海冰和亚洲北部寒冬的关键机制

北极海冰融化和海洋增温在其中的作用是什么？如图 5.48A 太阳辐射加热率极大值时期，只有巴伦支海和喀拉海海域夏季海冰覆盖度显著减少，且海冰融化导致海温显著升高（图 5.48B）。另外，根据 JJAS 巴伦支海地区（70°N～82°N，0°～50°E）海冰覆盖度区域平均值定义的巴伦支海冰覆盖度指数发现，强 11a 周期时段的 BSIC 指数具有显著的 11a 能量峰值（图 5.49A），而在弱 11a 周期时段 BSIC 指数则不存在显著年代际信号（图 5.49B）。以上结果表明太阳活动 11a 周期可能会导致巴伦支海夏季平均海冰覆盖度出现显著的 11a 周期，这在 AWM 北方模态年代际变化对夏季太阳辐射的相位延迟响应过程中起到了关键作用。

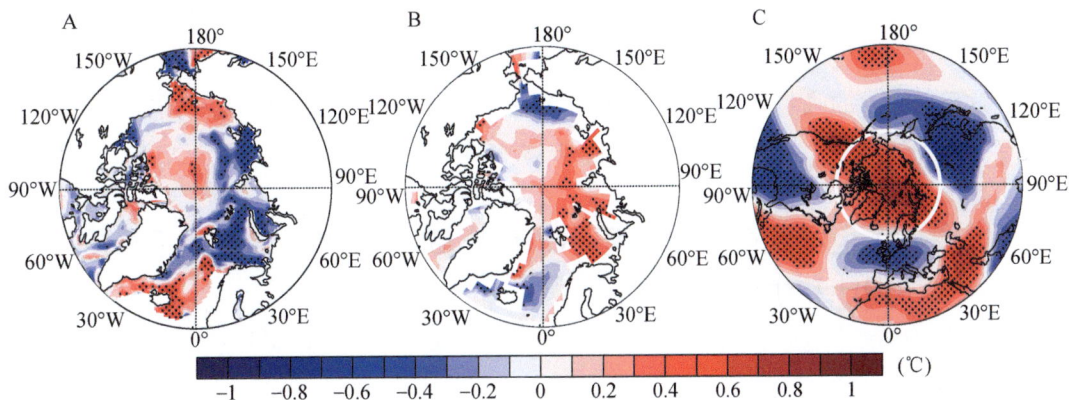

图 5.48　太阳辐射强 11a 周期时段 8～15 年带通滤波后的夏季平均海冰覆盖度（A）、
夏季平均海表温度（B）和冬季 500hPa 位势高度场（C）滞后于太阳辐射序列 4 年的相关图

注：打点区域表示通过了 0.05 显著性检验，图 C 中白色圆圈对应着图 A 和图 B 中的范围

### 5.2.2.4　结论与讨论

太阳活动 11a 周期对 AWM 北方模态的影响主要是通过调节夏季和秋季的巴伦支—喀拉海海冰变化实现。巴伦支—喀拉海海冰融化在太阳辐照度峰值年后第 4 年达到最大，夏季海冰融化会导致北极地区（70°N 以北）冬季地表温度显著增温，西伯利亚高压加强，从而有利于北极冷空气涌向亚洲大陆的高纬度地区，最终导致亚洲大陆北部寒冬由乌拉尔山一直延伸到北太平洋中部。

本节研究提出了一种新机制来解释太阳活动 11a 周期可以通过其累积的热效应影响亚洲冬季风北方模态年代际变化，而这种累积的热效应是由夏季北极海冰融化、海洋增温导

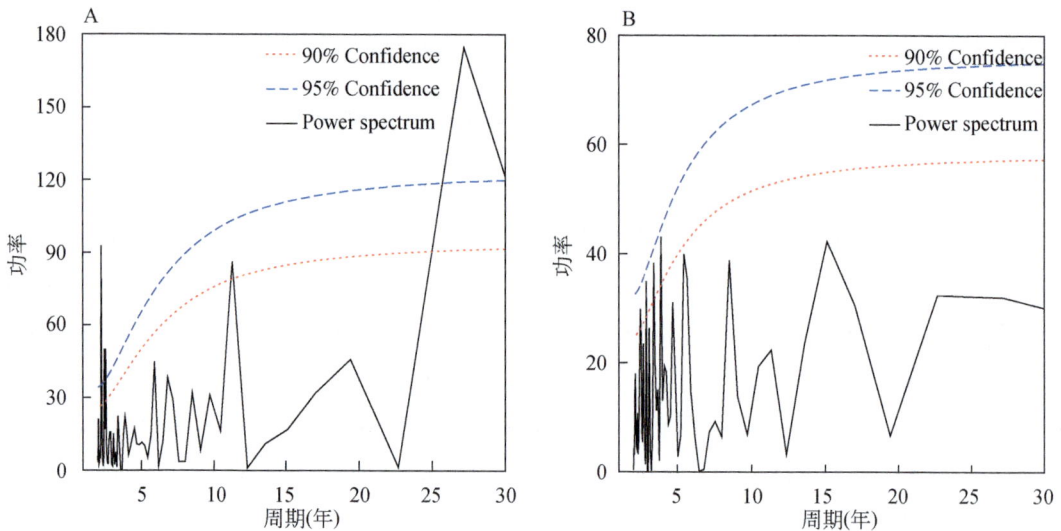

图5.49 太阳辐射强11a周期时段（A）和弱11a周期时段（B）巴伦支海海冰密集度指数功率谱

致的。这里面提出的机制可以解释以下两个难题：一是为什么夏季太阳辐射强迫变化会影响北半球冬季气候，二是为什么太阳辐照和AWM年代际变率之间存在延迟响应。

## 5.2.3 中世纪温度异常期和小冰期期间中国东部年代际干旱的特征对比和机制分析

### 5.2.3.1 研究背景

有研究表明，中国东部年代际干旱是由气候系统内部变率触发的。Zhang和Zhou等（2015）认为东亚地区干旱与北太平洋西部的海表面温度关系密切，中国东部降水年代际异常对应着"南涝北旱"的空间分布格局，而这种空间格局是由太平洋海温异常而导致的。

太平洋年代际振荡（PDO）在中国东部的年代际干旱事件中意义重大。1960~1990年，华北地区70%的干旱事件均与PDO位相转变有关。研究表明PDO正位相对应着华北地区的干旱期，而PDO负位相对应着非干旱期。PDO还可以通过调节大尺度环流场来影响东亚夏季风，东亚夏季风年代际变率与PDO位相的转变关联密切。

通过分析观测数据和模拟数据发现，除了内部变率之外，外强迫对中国东部的降水也有一定的影响，如温室气体的浓度、火山爆发和太阳辐射等。

### 5.2.3.2 中世纪温度异常期和小冰期期间中国东部年代际干旱的特征对比

如图5.50所示，小冰期期间中国东部年代际干旱频次（1.69次/百年）显著多于中世纪温度异常期（1.44 次/百年），而在强度和持续时间上并无显著性差异。此外，我们通过计算了 CESM-LME 中 4 个太阳辐射单因子敏感性试验和 5 个火山单因子敏感性试验当中的干旱频次发现，造成两个特征时段内中国东部的年代际干旱在频次上的显著差异是由太阳辐射主导的。

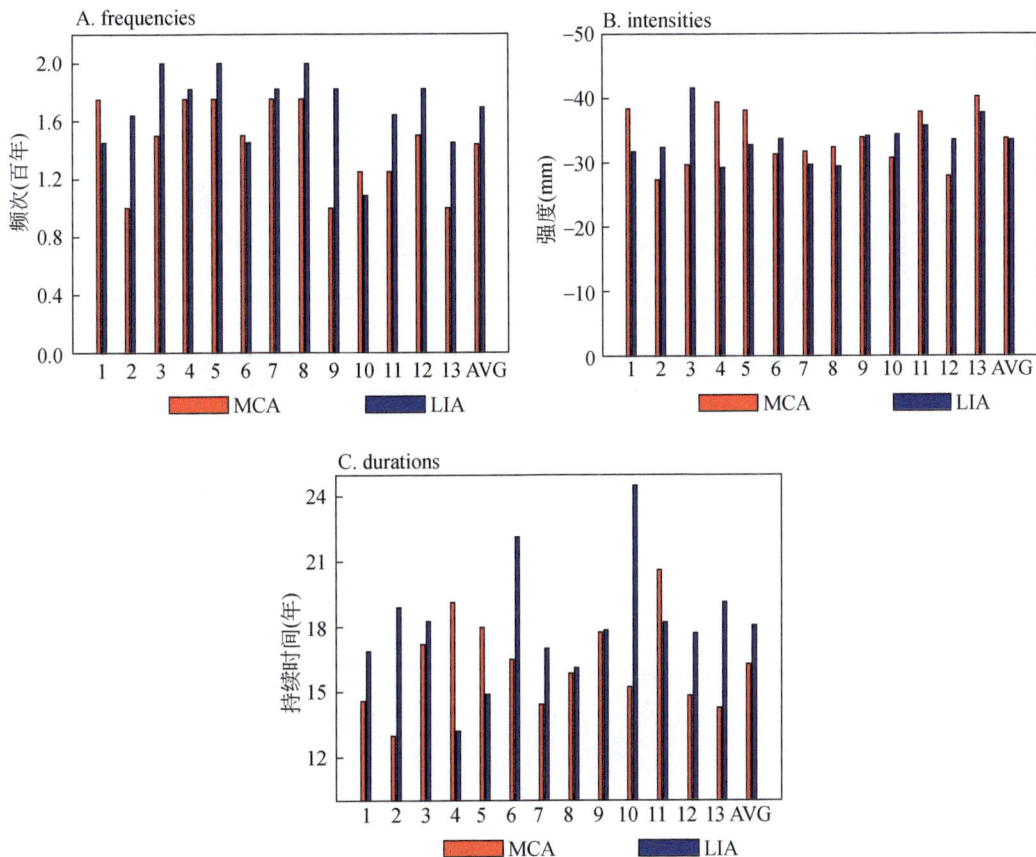

图 5.50　CESM-LME 的 13 个全强迫试验及其集合平均中 MCA 和 LIA 期间年代际干旱发生频次（A）、强度（B）和持续时间（C）对比

### 5.2.3.3　中国东部的年代际干旱和类 PDO 模态的关系

北太平洋上的海温异常是中国东部年代际干旱的主要原因之一，下面分析了两个时期内发生干旱时太平洋上所对应的海温模态。

在 MCA 和 LIA 期间发生干旱时，北太平洋均表现出类似于 PDO 正位相的模态（图 5.51），在 MCA 海温异常的强度大于其在 LIA 中的。这表明 MCA 年代际干旱与强的类 PDO 正位相模态密切相关，而 LIA 的年代际干旱则与弱的类 PDO 正位相模态密切相关。因此，两个时段内中国东部年代际干旱发生频次之间的显著差异，可以归结于 MCA 期间强的正 PDO 型海温模态与 LIA 期间弱的正 PDO 型海温模态。

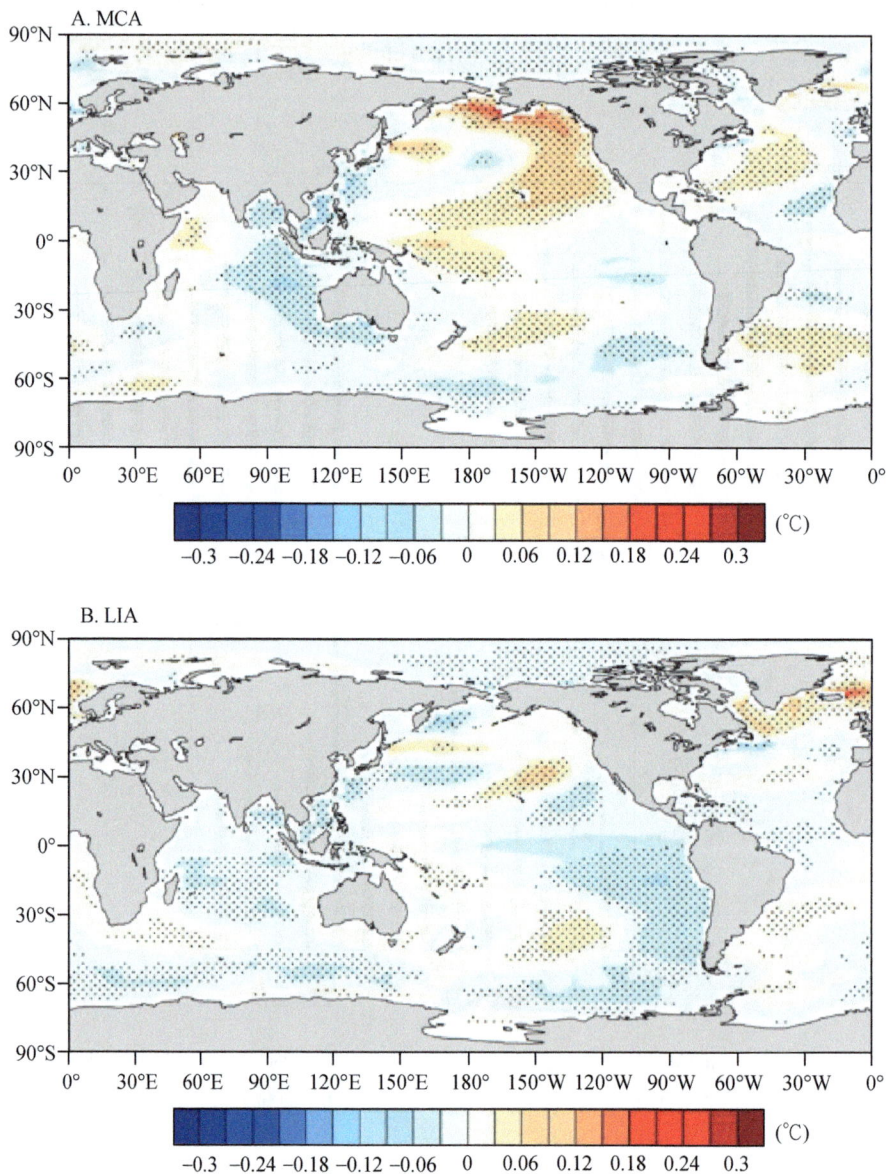

图 5.51　MCA（A）和 LIA（B）期间年代际干旱时对应的海温异常

注：打点区域表示通过了 95% 的显著性检验

　　为了进一步确认年代际干旱与正 PDO 之间的关系，下面分别对 LME 中的 13 个全强迫数据中的正 PDO 型发生频次做了统计和分析。PDO 指数定义为北太平洋上海温异常（20°N ~ 60°N，80°E ~ 120°W）EOF 分解的第一模态对应的时间序列。PDO 强度大于一倍标准差被定义为强的正 PDO，大于 0.25 倍标准差被定义为弱的正 PDO。在 MCA，年代际干旱的频次与强的正 PDO 的频次之间相关性显著（$p < 0.05$）；而在 LIA，干旱的频次与弱

的正 PDO 的频次有显著的相关性（$p<0.1$）（图 5.52）。因此，在 MCA 和 LIA 期间，中国东部的年代际干旱发生频次具有差别主要是由于 MCA 期间强的正 PDO 发生频次与 LIA 弱的正 PDO 发生频次之间的差异所导致的。

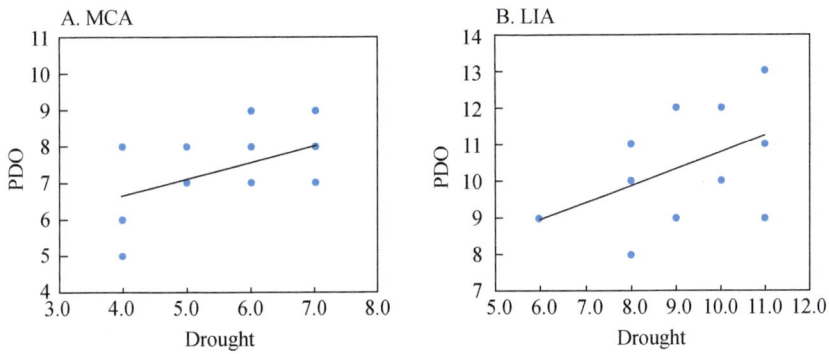

图 5.52　MCA（A）和 LIA（B）期间的年代际干旱频次和正 PDO 频次的散点图

注：蓝线表示线性回归的结果

### 5.2.3.4　区域降水对大尺度环流场的响应

为了进一步探究两个特征时段中，降水对正 PDO 响应的差异，分别探究了 MCA 强的正 PDO 和 LIA 期间弱的正 PDO 期间，海平面气压场异常（图 5.53）与 850hPa 风场异常（图 5.54）。从海平面气压异常可以看出（图 5.53），MCA 的气压强度高于 LIA，与海温异常类似。因此，在这两个特征时期中，海平面气压异常对海温异常的响应是线性的。此外，从风场异常可以看出（图 5.54），东亚夏季风在中国东部地区呈减弱趋势，并且 MCA

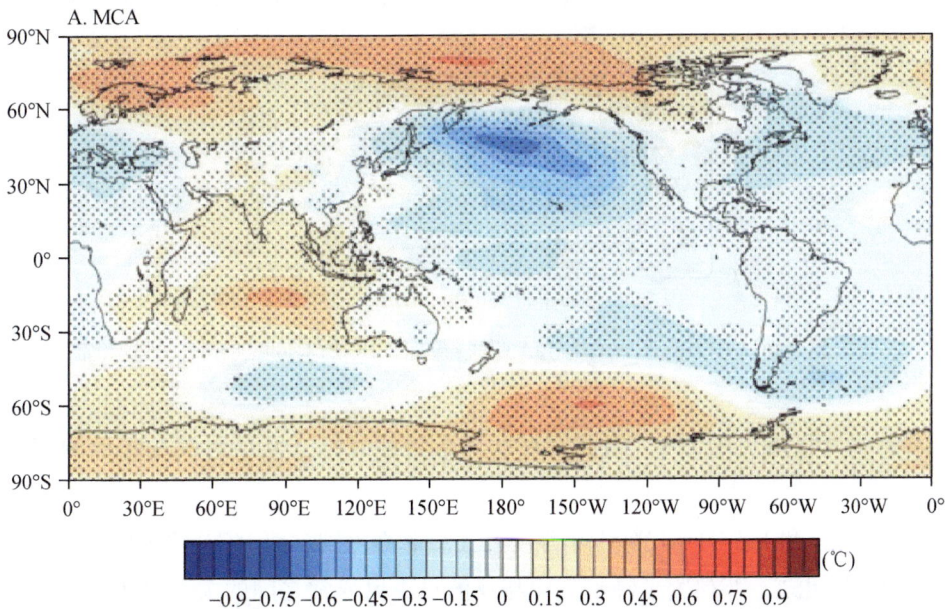

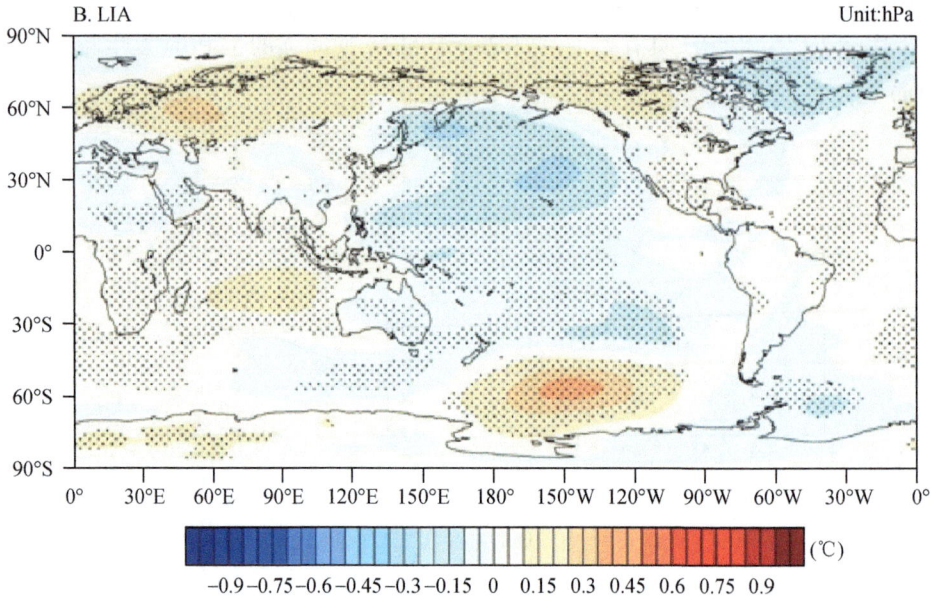

图 5.53　MCA 中强的正 PDO（A）和 LIA 期间弱的正 PDO（B）所对应的海平面气压异常

注：打点区域表示通过了 95% 显著性检验

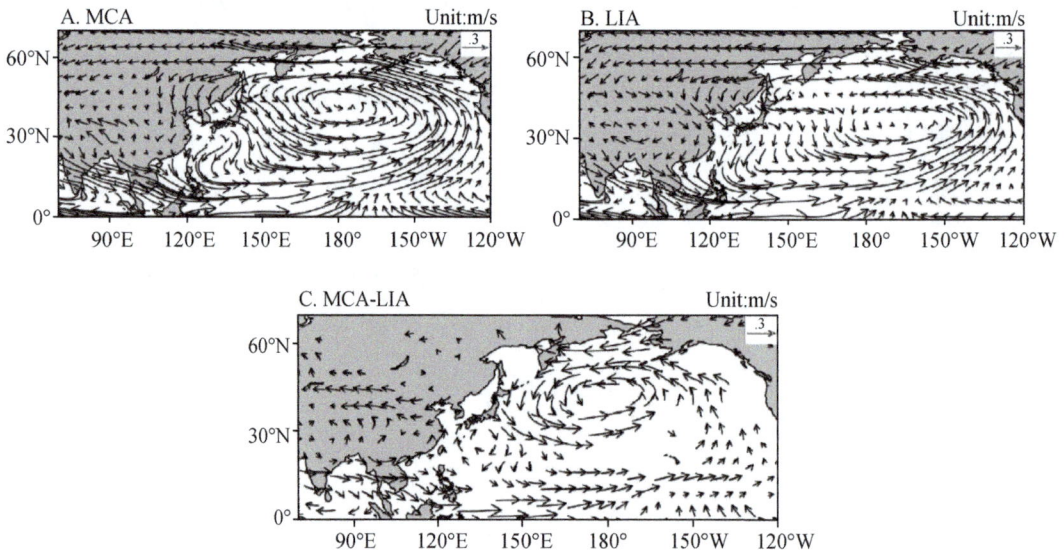

图 5.54　MCA 中强的正 PDO 和 LIA 期间弱的正 PDO 所对应的 850hPa 风场异常

的风场异常强度显著大于 LIA。因此，在这两个特征时期，风场对气压场的响应也是线性的。

　　由于在 MCA 和 LIA 的年代际干旱强度并无显著性差别，而 MCA 的风场异常强度却显著高于 LIA，因此进一步研究了降水变化与亚洲夏季风异常之间的关系。因此，在两个时期中，降水对风的响应是非线性的。

综上所述，海平面气压异常和风场异常的量级均与海温异常保持一致，并且两者在MCA 均显著高于 LIA。风对海平面气压场的响应以及海平面气压场对海温的响应均是线性的，而两个时期年代际干旱发生频次的差异是由于降水对风的非线性反应造成的。

### 5.2.3.5　结论

中国东部在两个特征时段期间的年代际干旱在发生频次上是有显著差别的，而在强度和持续时间上并无显著差别，这种差异主要是由太阳辐射主导的。

这两个时期中的年代际干旱均与北太平洋上正 PDO 海温模态有关，并且在中世纪温度异常期海温的量级显著高于小冰期中的。因此，中世纪温度异常期中的干旱是由强的正PDO 引发的，而小冰期期间的干旱是由弱的正 PDO 引发的。

此外，海平面气压异常和风场异常表明，在两个特征时段中大型环流场对海温异常的响应是类似的，均为 MCA 大于 LIA，即风对气压的响应及气压对海温的响应均是线性的。而在两个特征时段中降水强度对季风异常的响应是不同的，LIA 要比 MCA 更加敏感。因此，两个特征时期干旱频次不同的原因是由于降水对大型环流场的非线性响应造成的。

## 5.2.4　不同辐射强迫下中国北方降水对 PDO 的响应

### 5.2.4.1　研究背景

模式结果表明，有效太阳辐射（太阳辐射+火山活动）是影响全球地表气温和季风降水百年尺度变化的最主要的外强迫因素，但与区域尺度上气候变化的相关性很低。前人模拟研究了太阳辐射和温室气体引起的敏感性差异，发现自然和人为因子所引起的降水变化基本一致，但人为因子引起的气候变暖效应要明显强于自然因子。在百年尺度上，自然和人为因素引起的辐射强迫对我国北方降水变化的影响目前尚缺乏定量研究与评估。

### 5.2.4.2　中国北方降水对 PDO 的响应

由图 5.55 可知，对整个区域年平均距平多年代际变量场（MDV）进行 EOF 分解，第一特征向量（解释方差 42.8%）能够很好地表征降水多年代际变化的时空特征：区域大部分地区为正，甘肃中南部至内蒙古中南部狭长区域为负的分布型（图 5.55A）。结合时间系数可以看出，标准化的第 1 特征向量与 PDO 多年代际变化呈现出较好的一致性，相关系数可达 0.53（$p<0.05$），表明 PDO 是调制我国西北区降水多年代际变化重要自然因子（图 5.55C）。EOF 分解第二模态解释方差高达 30%，空间分布上主要表现为同正的分布型，从时间演变上来看，标准化的 PC2 与区域平均多年代际变化（虚线）具有较高的

吻合度，说明第二特征向量主要表征区域降水平均变化特征（图5.55D）。

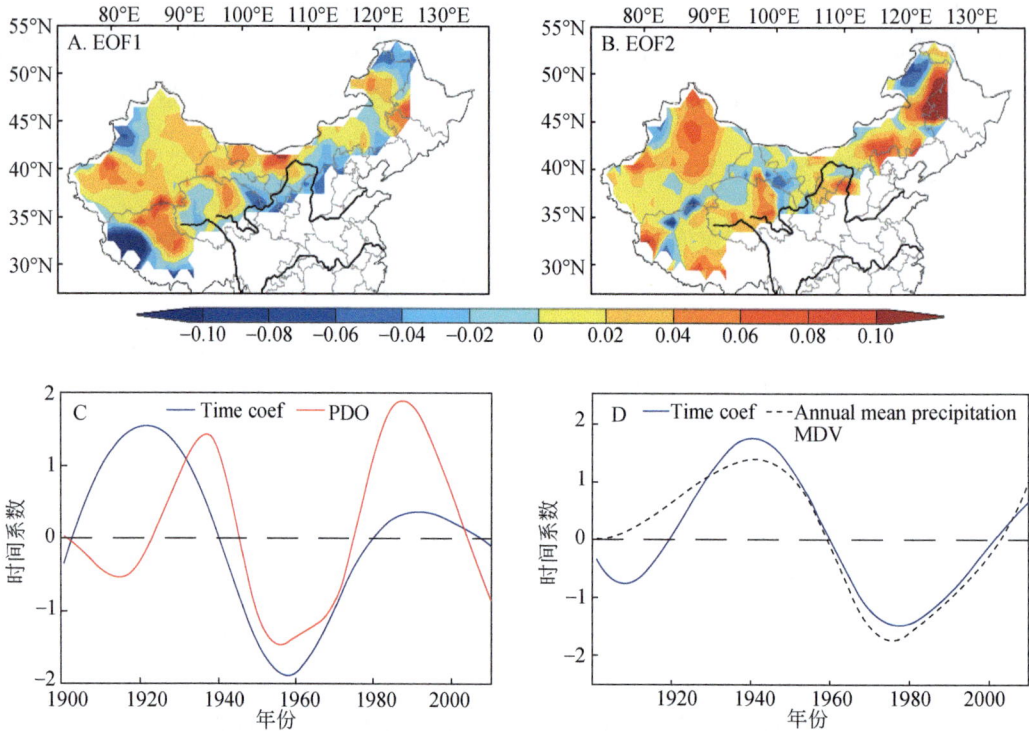

图5.55　降水距平多年代际变化EOF分解第一特征向量（A、C）、
第二特征向量（B、D）的空间模态（A、B）和时间系数（C、D）

进一步分析表明，当PDO为暖相位时，径向环流增强使得北冰洋水汽南下；当遇到低空北上的阿拉伯海域暖湿气流时，一方面会造成新疆中南部的降水增多，另一方面，PDO暖相位时赤道西太平洋及印度洋区域通过对流加热的作用激发了太平洋—日本/东亚—太平洋（PJ/EAP）遥相关型的产生，增大降水概率。同时，当偏北和偏西气流在河套北部区域相遇时，会形成降水中心。当PDO位于冷位相时，结论则相反。

### 5.2.4.3　机制解释

对比两种辐射强迫下降水变率的主要模态特征及其差异，我们采用经验正交函数（EOF）对过去1000年的模拟结果进行了分解。结果显示，B1850和B2000前两个主要特征向量的空间分布基本完全一致，两个EOF模态的解释方差也非常接近，总体解释方差超过了40%。从第一模态时间系数的长期变化来看，B1850与B2000结果显著正相关（相关系数0.28，$p = 0.05$）（图5.56）。分析结果表明，尽管现代人类活动引起的辐射强迫作用对降水的年际、多年代际变化特征及其长期趋势没有明显的影响，但却能改变降水的强度和多年代变率幅度。自然因素外强迫则对我国西北地区降水的多年代际（70～100年）

周期振荡有一定的调制作用。

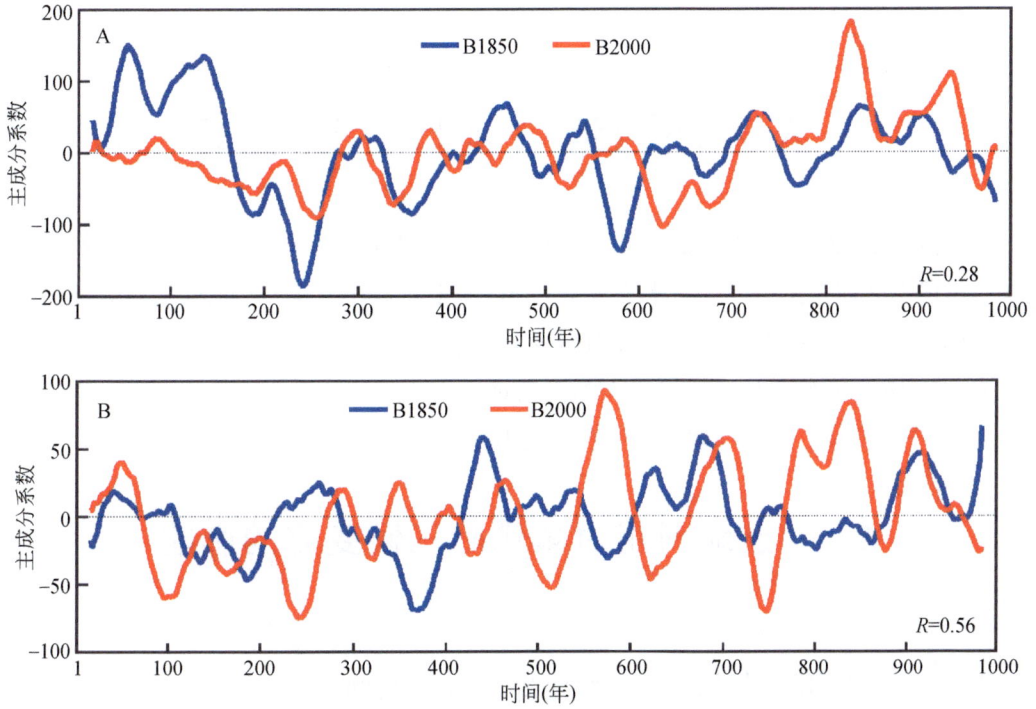

图 5.56    B1850 和 B2000 降水的 EOF 空间场及其主模态（PC）

# 人为外强迫对年代际气候变化的影响

人类活动影响气候变化已成为事实，IPCC 最新评估报告指出，"已经在大气和海洋的变暖、全球水循环变化、积雪和冰的减少、全球海平面上升以及一些极端气候事件的变化中检测到人为影响，而太阳活动、火山爆发等自然强迫和气候系统内部变率不是自 1950 年以来全球变暖的最强驱动因子"，人类活动对气候造成了显著的影响。本章将详细介绍土地利用/土地覆盖、温室气体、气溶胶等人为外强迫对年代际气候变化的影响。

## 6.1 土地利用对年代际气候变化的影响

### 6.1.1 LUCC 对过去两千年全球气候的影响

#### 6.1.1.1 试验设计

本章中主要使用的模式是 NCAR（Hurrell et al., 2013）开发的地球系统模式（CESM）和土地系统模式 4.0（CLM4）。我们进行了 2 个气候模拟试验，一个是以 1850 年为标准固定外部强迫条件下的对照试验（CTRL 试验），一个是土地利用/土地覆盖驱动的单因子气候敏感性试验（LUCC 试验）。

用于 LUCC 单因子敏感性试验的外部强迫数据来自 Kaplan 等（2010）提供的重建结果（KK10）。过去两千年 LUCC 试验中的 16 种植被类型（包括农作物、绿地和其他自然植被类型）比例变化情况如图 6.1。工业革命后，农作物比例迅速增加，2000 年达到 15.5%。在此期间，除了 C3 和 C4 草地部分略有增加外，天然植被部分减少（图 6.1 中的实线）；农作物比例有所增加（图 6.1 虚线）。

与 1850 年对照试验所用的平均条件相比，北美洲中部、欧亚中部和赤道亚洲的 LUCC 敏感性试验所用的森林覆盖率有所增加。然而，世界大多数地区的作物比率仍然高于对照运行的产值（图 6.1 和图 6.2）。

图 6.3A 显示了过去两千年全球年平均地面温度异常的时间序列，图 6.3B 和图 6.3C 为全球年平均地表温度的功率谱分析结果。CTRL 试验中，约 200a 的周期显著高于 95% 的置信水平（$p<0.05$），而在 LUCC 敏感性试验中，周期不显著。而在 LUCC 敏感性试验中，

50a、100a、300a 和 400a 左右的周期均超过 95% 置信水平（$p<0.05$）。

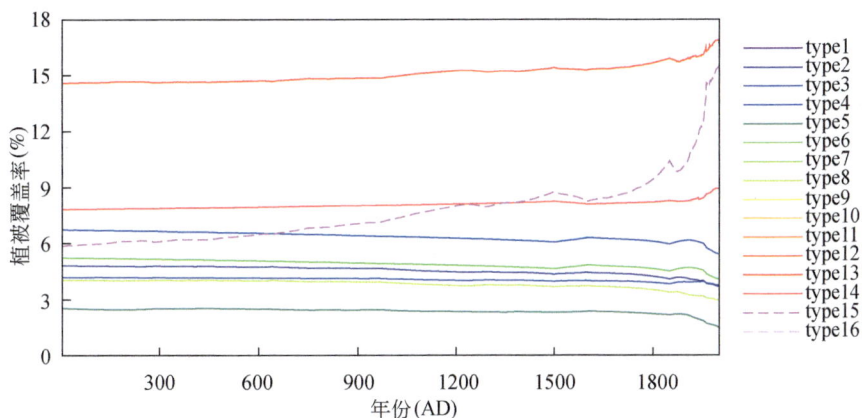

图 6.1　过去两千年 LUCC 敏感性试验中 16 种植被类型占比的时间序列

注：虚线表示作物 1（类型 15）和作物 2（类型 16）的分数变化时间序列；实线表示各种自然植被分数变化时间序列

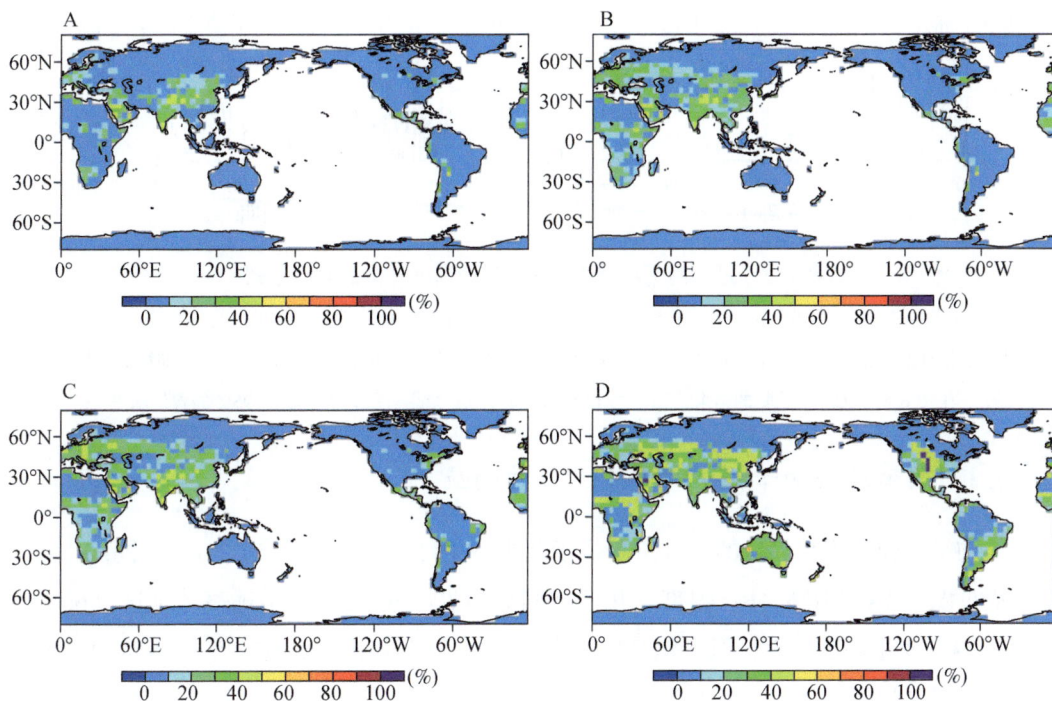

图 6.2　LUCC 试验中公元 1 年（A）、公元 1700 年（B）、公元 1850 年（C）和
公元 2000 年（D）农作物的空间分布

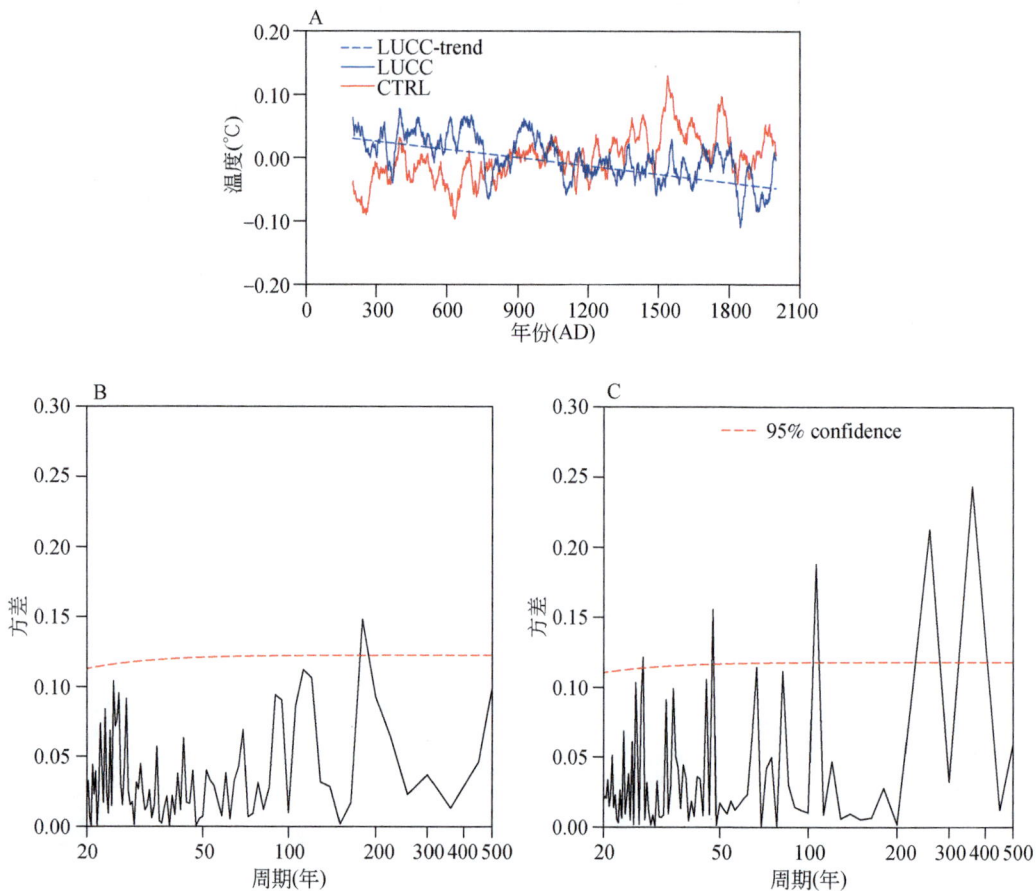

图 6.3 过去两千年全球年平均地面温度异常的时间序列

注：31a 滑动平均过程后，红线为 CTRL 试验模拟结果，蓝色曲线为单因子敏感性试验结果，蓝色虚线为单因子敏感性试验地表温度的变化趋势。图 B 和图为 C 全球年平均地表温度的功率谱，这里只显示 20a 以上的周期性变化情况；其中图 B 显示 CTRL 试验的结果；图 C 为 LUCC 敏感性试验结果。红色虚线表示 95% 的置信水平

### 6.1.1.2　过去两千年温度对 LUCC 的响应

作物呈现较大增长趋势的地区主要位于北半球中纬度（30°N~50°N），不同纬度的温度响应见图 6.4A 和图 6.4B，温度变化的空间分布见图 6.4C。北半球高纬地区（60°N~90°N）温度变化幅度最大，但变化趋势不明显。在北半球中纬度地区（30°N~60°N）出现了最大幅度的降温（0.01℃/100a），这与作物和牧场出现最大增长现象所在的纬度带相对应。北半球低纬（0°~30°N）和南半球（SH）（0°~90°S）的降温趋势相对较小。此外，年平均气温趋势的空间分布也表明了，在 LUCC 强迫下，北半球中纬度地区，特别是欧亚大陆的气温下降幅度更大（图 6.4）。除了 LUCC 对气温长期趋势的影响外，LUCC 还导致了气温的几十年甚至百年变化。LUCC 的影响主要发生在上半年（冬、春）。北半球中纬度地区对 LUCC 的温度响应最强。

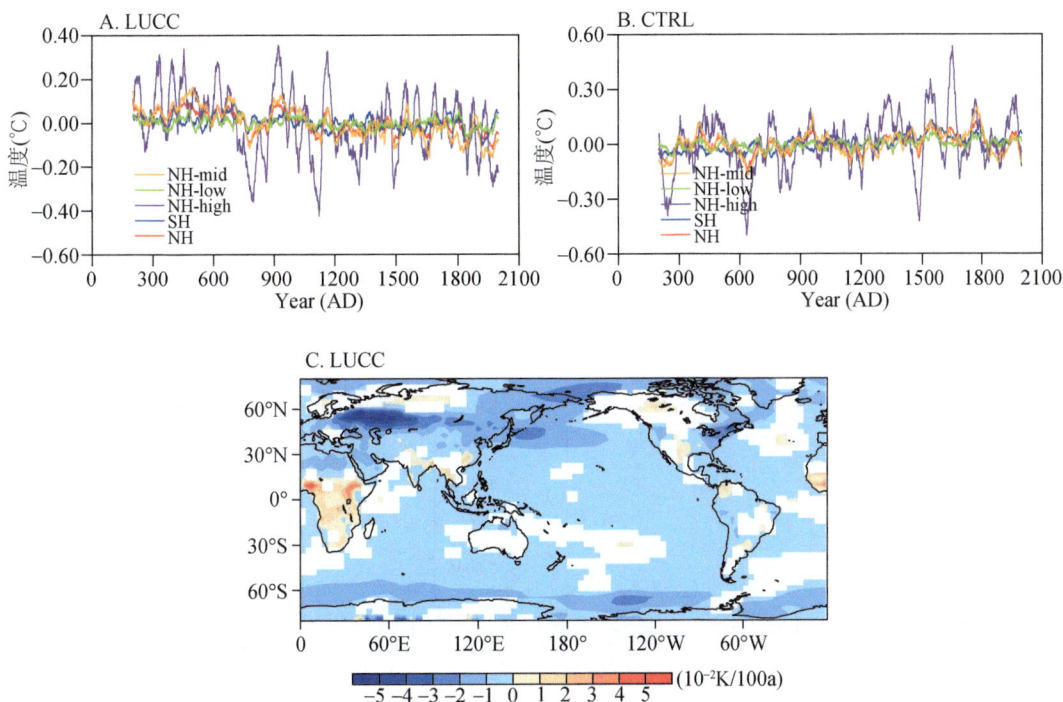

图 6.4　近 1800 年来不同纬度年平均地温异常的时间序列及温度趋势的空间分布

注：图 A 为 LUCC 试验；图 B 为 CTRL 试验；图 C 为 LUCC 试验中温度趋势的空间分布，

仅绘制超过 99% 置信水平的区域

### 6.1.1.3　过去两千年降水对 LUCC 的响应

在 LUCC 试验中，全球年平均降水量在过去 1800 年中表现出一个多年代际至百年际变化的下降趋势（图 6.5A 中的蓝线）。

全球年平均降水量的功率谱分析（图 6.5C）表明，CTRL 试验和 LUCC 试验中的全球降水量都显示出年际变化。在 CTRL 试验中，没有显著长于年际变化的周期；然而，在 LUCC 敏感性试验中，出现了显著的 50a、100a 和 400a 周期。

随着作物的增加和自然植被的减少，LUCC 和 CTRL 试验之间的差异在百年时间尺度上变化更显著。

图 6.6B 显示了在 LUCC 和 CTRL 运行的影响下，不同纬度地区年降水量的时间序列。在 LUCC 试验中，对流降水的变化幅度和变化率均大于大尺度降水（图 6.6C）。对于不同季节的降水，LUCC 对冬季和春季降水的影响略大于夏季和秋季。

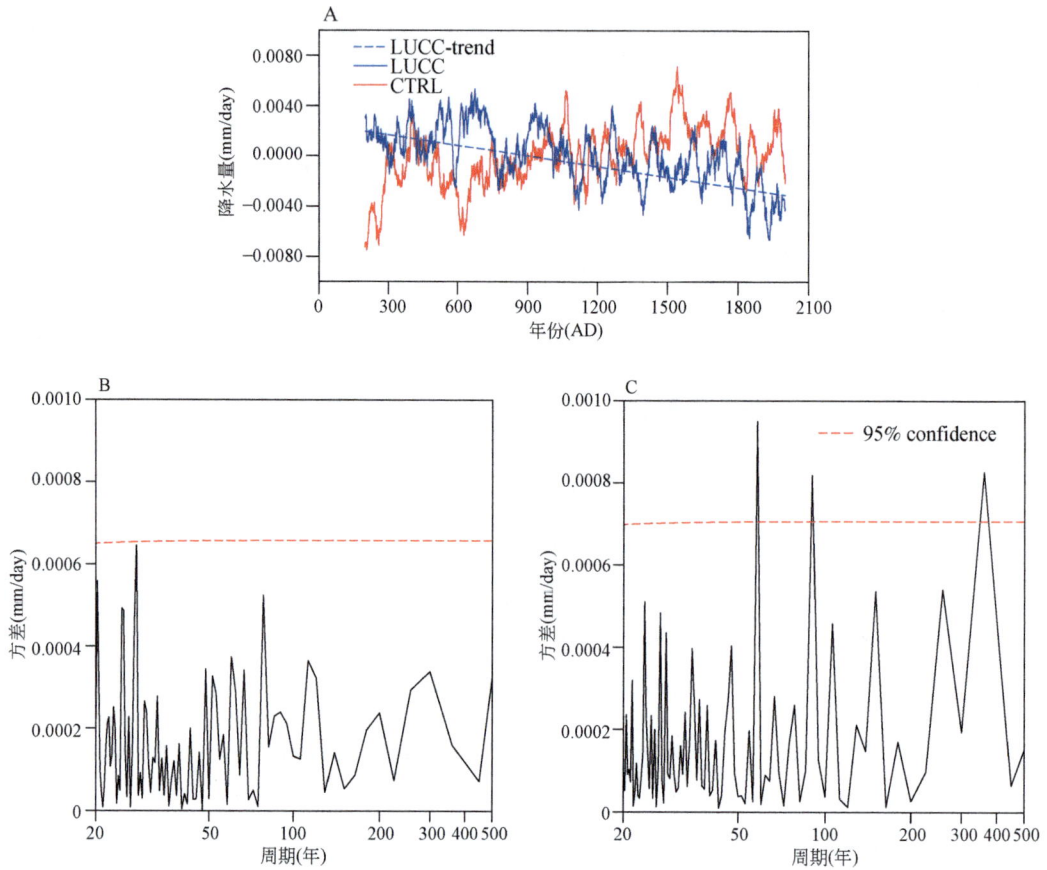

图 6.5　近 1800 年全球年平均降水率异常的时间序列

注：31a 滑动平均过程后，红线为对照运行结果，蓝色曲线为单因子敏感性试验结果，蓝色虚线为单因子敏感性试验模拟的地表温度变化趋势。图 B、图 C 为全球年平均降水率的功率谱，仅显示 20 年左右的周期性变化情况，其中图 B 是 CTRL 试验的模拟结果，图 C 是 LUCC 敏感性试验的模拟结果；红色虚线表示 95% 的置信水平

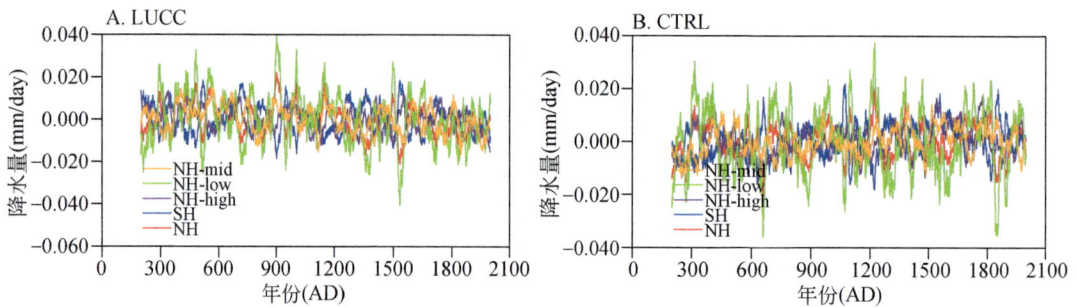

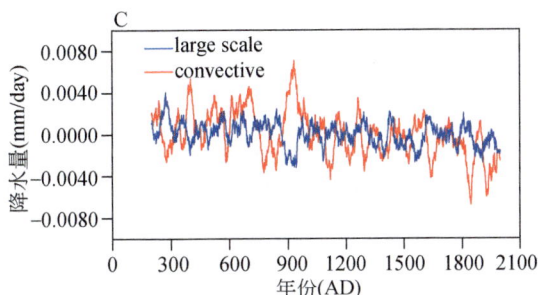

图 6.6　过去 1800 年不同纬度年平均降水率异常的时间序列

注：图 A 为 LUCC 试验，图 B 为 CTRL 试验，图 C 为全球年平均对流降水率异常（红线）和大尺度降水率
异常（蓝线）的时间序列

### 6.1.1.4　过去两千年温度变化机制

过去两千年，多年代际到百年际尺度上，农作物增加，自然植被减少，地表反射的太阳辐射以每 100 年 0.02W/m² 的速度增加（图 6.7），而地表净辐射呈每 100 年下降 0.03W/m² 的趋势。在 LUCC 作用下，全球气温呈下降趋势。

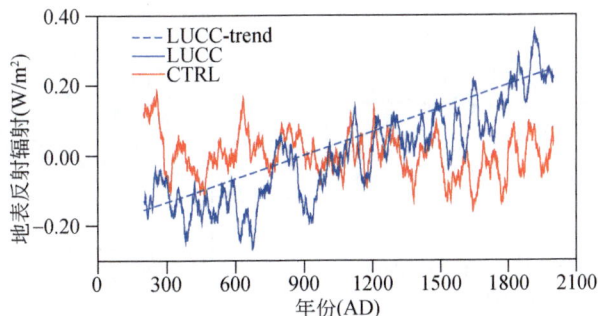

图 6.7　年平均地表反射太阳辐射异常的时间序列

在不同纬度地区中，地表反射太阳辐射最强的地区位于北半球中纬度地区（图 6.8）。

不同植被类型的反照率在不同季节间存在差异，这也是不同植被类型对季节气温影响较大的原因之一。Hua 和 Chen（2013）还证明，在年际尺度上，LUCC 对中纬度地区气温的影响在冬季和春季比夏季和秋季更为显著。

进一步研究气温的多年代际特征，我们在 LU 试验中发现了大西洋年代际振荡（AMO）模式和太平洋年代际振荡（PDO）模式，而在 CTRL 试验中没有发现。因此，我们们认为这种增强的年代际变化可能与 PDO 和 AMO 有关。

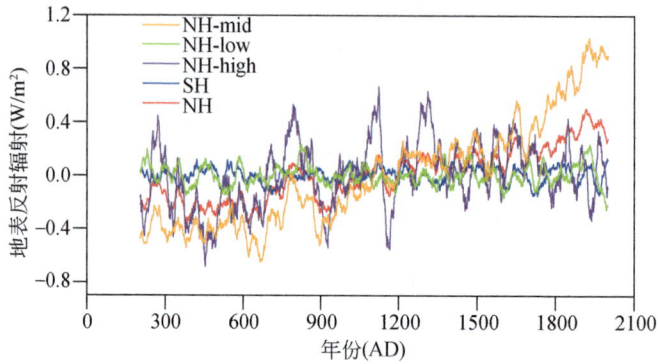

图 6.8　不同纬度下年平均地表辐射异常（LU 敏感性试验和 CTRL 控制试验结果之间的差异）

### 6.1.1.5　过去两千年降水变化机制

随着全球作物比例的增加和自然植被比例的减少，近 1800 年来地表蒸发量呈下降趋势和大气湿度呈现下降趋势（图 6.9B），此外，地表温度降低可能减少了蒸发。在过去的 1800 年中，LUCC 导致地表感热通量呈下降趋势，对应于上升流和大气对流辐合的减弱（Mao et al.，2008），阻碍了降水的形成。

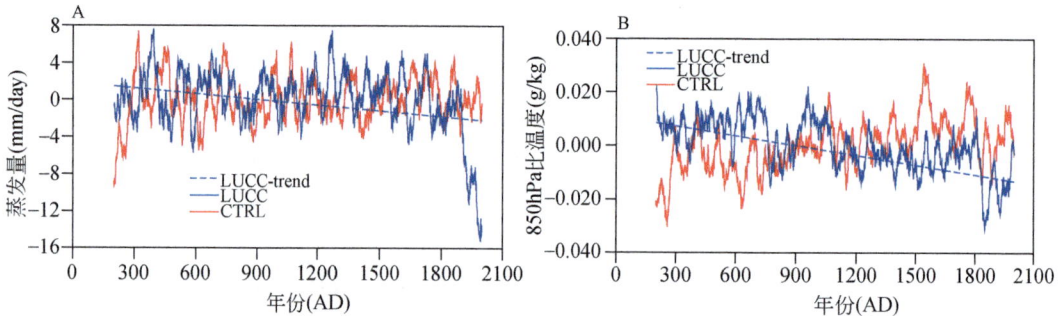

图 6.9　年平均蒸发量异常时间序列及 850hPa 的比湿度异常

图 6.10 显示，自 1850 年以来，北半球中纬度 500hPa 的纬向风场增加，LUCC 与西风之间存在显著的相关性，相关系数为 −0.45（−0.23）。结果表明，LUCC 主要影响中纬度西风，从而影响中纬度地区的降水。

通过比较近 1800 年来全球作物占比的时间序列，以及全球气温和降水的时间序列，在全球气温和降水变化相对稳定的阶段（如公元 200～700 年、公元 1200～1700 年），作物占比变化不到 1%。在全球气温和降水幅度变化相对较大的时期（如公元 700～1200 年和公元 1700 年后），作物比例的变化超过 1%。现阶段尚不清楚在 LUCC 对全球气候产生重大影响之前是否必须达到一个阈值，这需要更多的研究。

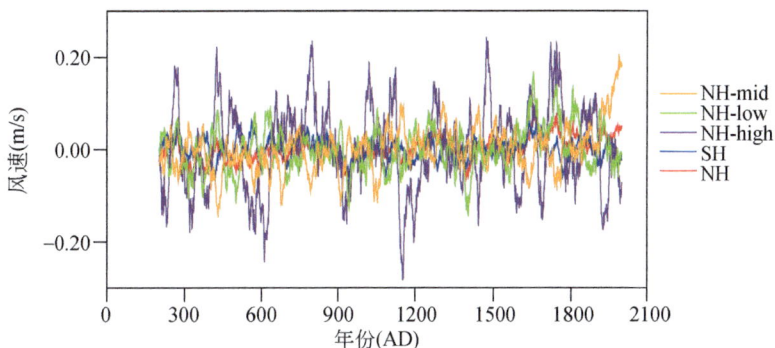

图 6.10 不同纬度 500hPa 的年平均纬向风异常（LU 敏感性试验与 CTRL 试验结果的差异）

### 6.1.1.6 结论

近 1800 年来，随着耕地面积的增加和自然植被的减少，地表在多年代际和百年际尺度上反应的全球太阳辐射呈上升趋势。此外，地表净辐射的减少和地表热通量的减少导致全球温度的降低。全球年平均气温和降水量在多年代际和百年尺度上均表现出明显的振荡。

## 6.1.2 20 世纪土地利用/土地覆盖变化对年平均温度的影响

### 6.1.2.1 试验设计

本章节基于 CESM 进行了 2 个气候模拟试验，一个是温室气体驱动的单因子气候敏感性试验（GHGs 试验），一个是土地利用/土地覆盖和温室气体共同驱动的人类活动气候敏感性试验（ANTH 试验）。土地利用/土地覆盖试验和温室气体试验在控制试验的最后一年开始，ANTH 试验同时结合了土地利用/土地覆盖和温室气体强迫，并积分 2000 年。

### 6.1.2.2 全球平均值

温室气体强迫下现代暖期全球年平均温度增加 0.29℃，在土地利用/土地覆盖强迫下则下降 0.12℃，两者强迫联合下增加 0.17℃。在这种情况下，温室气体和土地利用/土地覆盖的生物地球物理效应对全球气候变化的影响似乎是线性的。这可能与缺少碳–氮循环循环有关，需要进一步研究。

温室气体强迫作用下，20 世纪 50 年代以后，全球年平均温度显著上升，然而在 20 世纪土地利用/土地覆盖强迫作用下，全球平均温度仅有轻微变化（图 6.11）。温室气体增加导致的变暖对 20 世纪 50 年代后的 ANTH 试验增暖贡献最大。

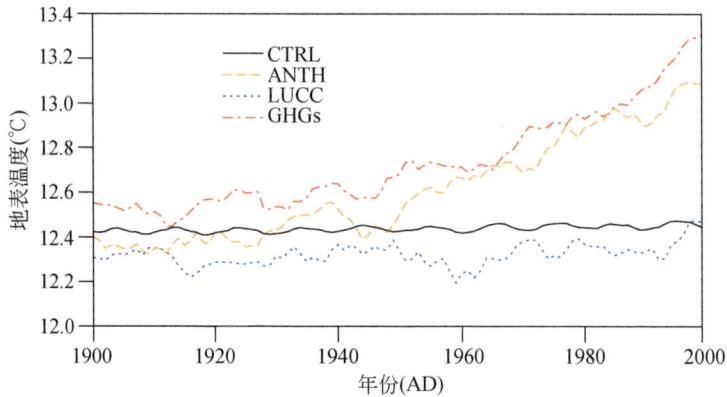

图 6.11 控制试验、ANTH 试验、土地利用/土地覆盖试验及温室气体试验中现代暖期全球年平均气温序列

在温室气体试验中,纬向平均温度明显增加,但在土地利用/土地覆盖试验中,中高纬度则下降(图 6.12)。因此,除了振幅与土地利用/土地覆盖试验相似以外,从人类试验得到的变化与从温室气体试验得到的变化相似。

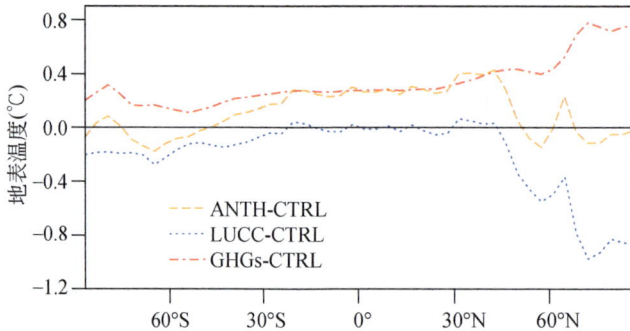

图 6.12 ANTH 试验和控制试验、土地利用/土地覆盖试验和控制试验、温室气体试验和控制试验间的纬向地表温度之差

在中高纬度地区,土地利用/土地覆盖和温室气体的影响是相反且可比的,而在北半球中低纬度地区,温室气体占主导地位。

尽管温室气体总体上对 ANTH 试验的变暖有积极贡献,但土地利用/土地覆盖的生物地球物理影响也对热带非洲、热带南美、中纬亚洲和北美的变暖贡献了近 50%。对 ANTH 试验中北半球高纬度地区的变冷,土地利用/土地覆盖贡献超过 80%。贡献基于线性;但是,上述线性具有区域依赖性。在欧洲、北非、澳大利亚南部及北美西北地区没有明显的线性关系。在此,线性度由土地利用/土地覆盖试验和温室气体试验的结果之和除以 ANTH 试验的结果来表示。

欧洲、北非、澳大利亚南部和北美西北部的线性关系较差，这表明我们应更加注意这些区域的外部强迫与内部变率之间的相互作用。

### 6.1.2.3 年平均降水的变化

土地利用/土地覆盖对降水的生物地球物理效应不同于温室气体。在温室气体试验中，全球年平均降水率增加 0.014mm/day，在土地利用/土地覆盖试验中，全球年平均降水率下降 0.011mm/day（表 6.1）。因此，土地利用/土地覆盖引起的全球平均温度变化导致的降水变化为 3.4%/℃，大于温室气体变化引起的降水变化（表 6.1），后者为 1.8%/℃，接近 RCP4.5 下的未来变化（约 1.9%/℃；Lee and Wang，2014）。由于在 ANTH 试验中全球平均降水变化很小，因此每度温度变化的降水变化比率很小。土地利用/土地覆盖和温室气体的综合效果也似乎是线性的；但是，在区域尺度上，降水变化的线性比温度变化的线性小。

ANTH 试验中的纬向平均降水量变化是温室气体和土地利用/土地覆盖的综合作用，特别是位于赤道附近和 15°N 附近的两个峰值（图 6.13）。赤道附近的峰值是由温室气体引起的。接近 15°N 的另一个峰以及相邻的从 10°N 到 40°N 的变化可以归因于土地利用/土地覆盖。南半球的变化更可能受温室气体的影响，尤其是在 90°S 到 30°S 间陆地很少的区域。在土地利用/土地覆盖的作用下，ANTH 试验中 10°S ~ EQ 范围内的降水减少。

表 6.1    全球年平均温度和降水变化率

| 项目 | GHGC | | LUCC | ANTH |
|---|---|---|---|---|
| | CTRL run | run-CTRL run | run-CTRL run | run-CTRL run |
| Global surface temperature（℃） | 12.45 | 0.29 | −0.12 | 0.17 |
| Global precipitation rate（mm · day⁻¹） | 2.68 | 0.014 | −0.011 | 0.003 |
| Percentage of precipitation change per degree global mean temperature change（%/℃） | — | 1.8 | 3.4 | 0.6 |

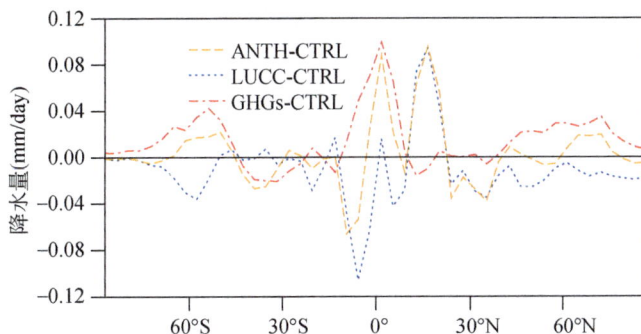

图 6.13    ANTH、LUCC、GHGs 与 CTRL 试验间的降水差异

如果研究纬向平均季节降水量变化，我们发现土地利用/土地覆盖的生物地球物理效应在各个季节之间存在显著差异，而温室气体则没有。在10°S ~ EQ范围内，年平均降水量减少是由于土地利用/土地覆盖中北方冬季降水减少。20°N附近的峰值是由于北方夏季降水增加所致。无论是在北方的夏季还是冬季，作为对温室气体的响应，降水增加都位于赤道附近。我们认为，热带降水与热带辐合带（ITCZ）有关，在土地利用/土地覆盖强迫作用下它比在温室气体强迫作用下更靠北。

季风降雨的减少与RCP8.5情景下的未来变化在一定程度上是一致的（Quesada et al.，2017）。在土地利用/土地覆盖试验中，低纬度的变化要比温室气体试验中变化大（图6.14）。

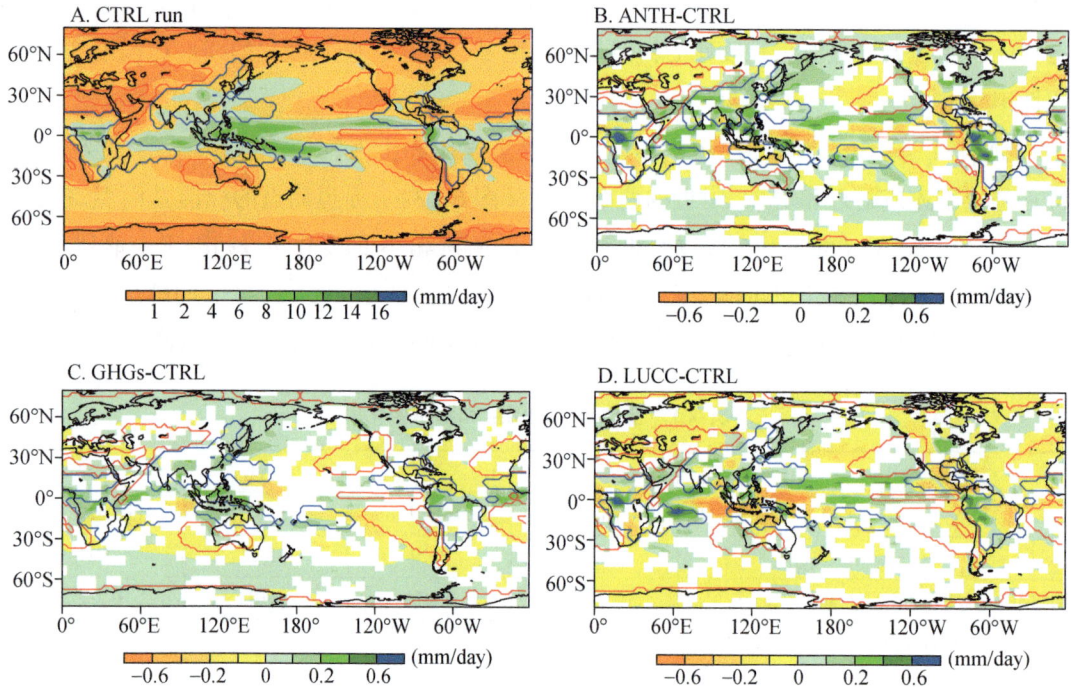

图6.14　CTRL（A）、ANTH与CTRL试验之差（B）、GHGs与CTRL之差（C）、LUCC与CTRL之差（D）的降水速率

注：蓝线包围为全球季风区域，该区域定义为局部夏季和冬季降水率之差超过2.5mm/day，且局部夏季降水与年均降水量之比超过0.55的区域（Wang and Ding，2008；Yan et al.，2016）。红线围住区域为夏季降水率低于1mm/day的全球干旱地区

在ANTH试验中，低纬度地区的降水变化模式与土地利用/土地覆盖试验中的相似。土地利用/土地覆盖试验的一个显著特征是，邻近海洋大陆的暖池上的降水受到抑制（图6.15D）。

土地利用/土地覆盖和温室气体对降水的影响线性度较差表明，与温度的影响相比，土地利用/土地覆盖和温室气体对降水的影响过程更为复杂，外部强迫和内部变率之间的相互作用也更多。

从 ANTH 试验得出的表面净辐射通量变化更多地归因于陆地上的土地利用/土地覆盖和海洋上的温室气体，对于敏感的热通量尤其如此。地表辐射通量的变化解释了东亚和北美及其邻近海洋的大部分温度变化；对于欧洲的降温，通过远程连接的远程影响可能会抑制局部影响；本地联系可能会通过遥相关被影响（图 6.15，图 6.16）。

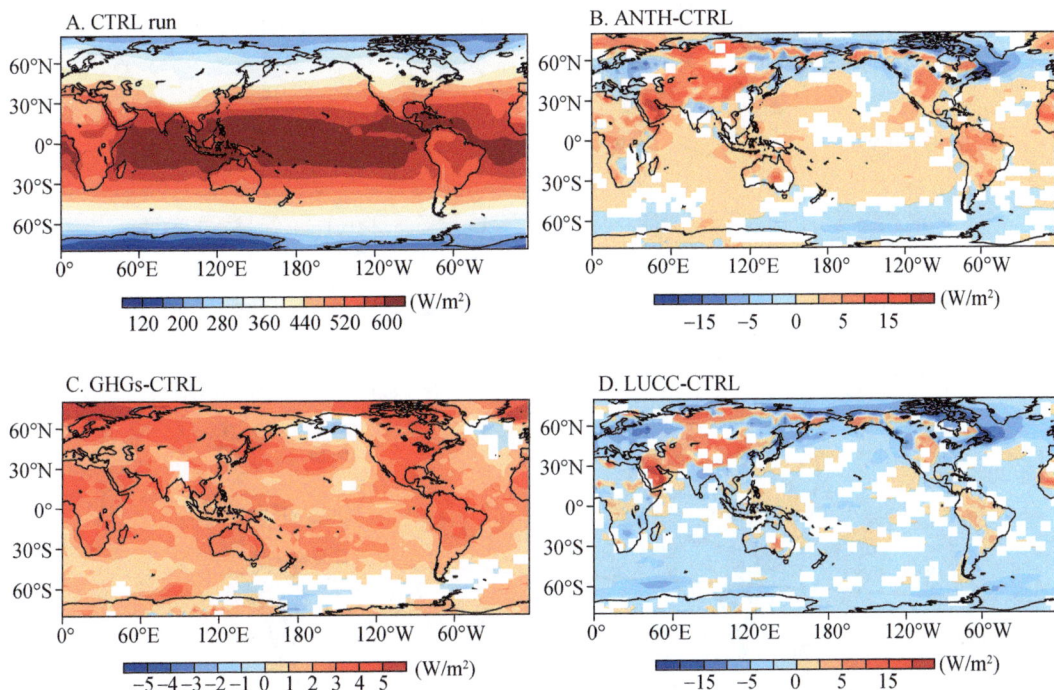

图 6.15  CTRL（A）、ANTH 和 CTRL 之差（B）、GHGs 和 CTRL 之差（C）、LUCC 和 CTRL 之差（D）的年平均表面净辐射通量

注：图 B~图 D 中仅绘出通过 $t$ 检验且高于 0.05 置信水平的网格

Hurrell（1996）发现，20 世纪 70 年代中期以来西北大西洋的降温是 NAO 变化的结果。蔡斯等（2001）还提出土地利用/土地覆盖和 NAO 之间的相互作用对解释气候变化可能是重要的。我们认为土地利用/土地覆盖可以解释 NAO 的大部分变化，从而解释欧洲，西北大西洋和北美东北部的温度变化；但是，暖池冷却的原因尚不清楚，需要进一步研究。

在全球范围内，在温室气体强迫下，增大的湿度有利于降水，而增加的稳定性不利于降水。而在土地利用/土地覆盖强迫下，湿度减少和稳定性增加都是降水的不利因素。这使得在温室气体强迫下，每度温度变化导致降水变化的程度要比在土地利用/土地覆盖强迫下小。

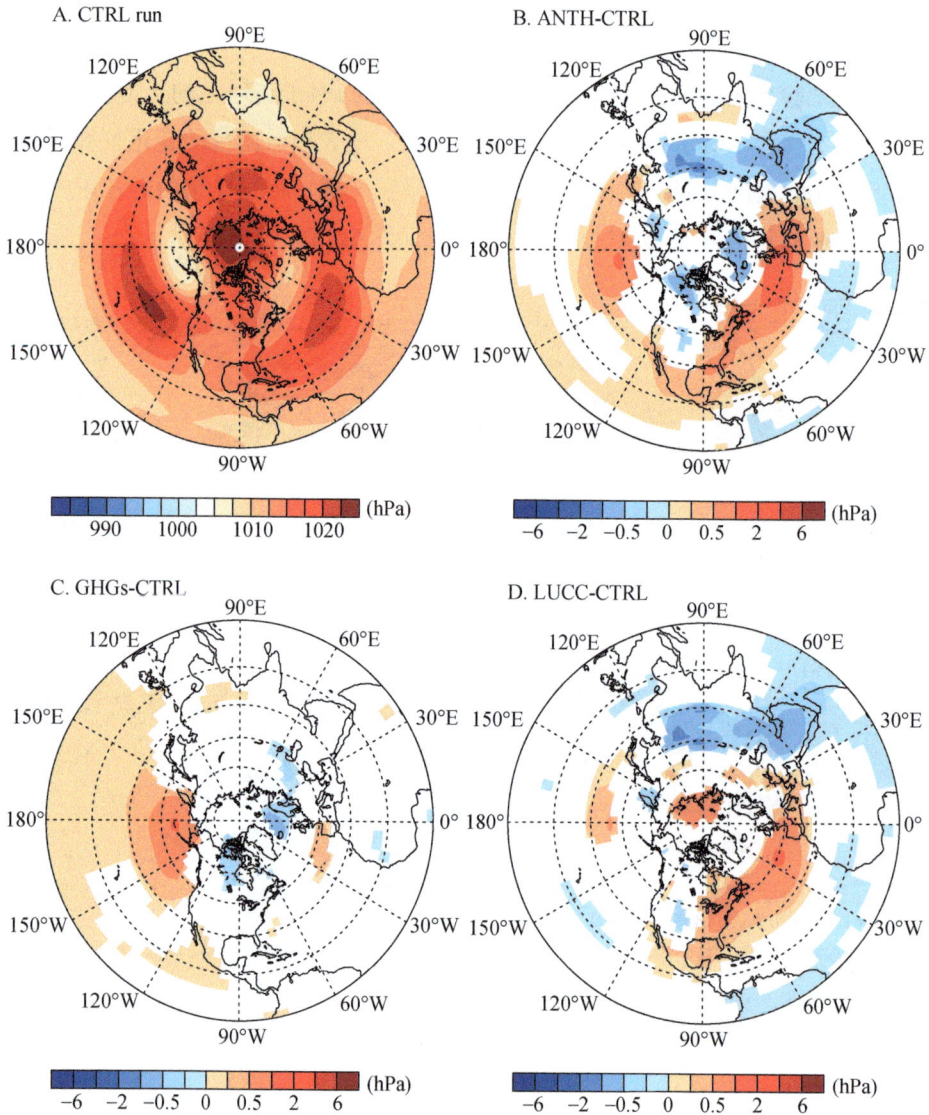

图 6.16　CTRL（A）、ANTH 与 CTRL 之差（B）、GHGs 与 CTRL 之差（C）、LUCC 与 CTRL 之差（D）的海平面气压

注：图 B～图 D 中仅绘制通过 $t$ 检验且在 0.05 置信水平以上的网格

### 6.1.2.4　小结

历史上的土地利用/土地覆盖在统计学上对生物地球物理的显著影响总体上可与温室气体相提并论，特别是在中高纬度地区，这两者都在现代暖期造成了人为的气候变化。更重要的是，土地利用/土地覆盖在北欧海域的冷却作用可以抑制温室气体的变暖作用。

在全球范围内，土地利用/土地覆盖的生物地球物理效应和温室气体的效应可能是线性的，并且温度变化的线性度强于降水变化的线性度。土地利用/土地覆盖和温室气体对温度的线性影响具有区域依赖性，在欧洲、北非、澳大利亚南部和北美西北部地区并不显著。非线性表明，在研究过去或将来外部强迫对气候的影响时，我们应更加注意外部强迫与内部变率之间的相互作用。

土地利用/土地覆盖比温室气体更有效地改变降水；但是，在这两个试验中，湿度的变化有所不同：在温室气体试验中，湿度增加了，但在土地利用/土地覆盖试验中，湿度降低了。这使得土地利用/土地覆盖强迫试验中每摄氏度温度变化导致的降水量变化大于温室气体强迫试验中每摄氏度温度变化导致的降水量变化。此外，土地利用/土地覆盖和温室气体对降水带状分布有明显的相反影响。

## 6.1.3 土地利用/土地覆盖对中国东部年代际夏季降水空间模态的影响机制

### 6.1.3.1 年代际降水空间模态的变化

将风场、水汽通量及其散度和 500hPa 垂直速度分别与 LUCC 前和 LUCC 后中国东部年代际夏季降水的前两个主要主成分（PCs）回归（图 6.17），有类似南北向经向偶极子模式。在东亚的东部，LUCC 前对应于第一个主导模态（图 6.17A），后 LUCC 对应第二个主导模态（图 6.17D）。

LUCC 前后夏季降水三极型的回归环流型（图 6.17）显示，当长江中下游降水高于正常值，华北和华南降水低于正常值时（图 6.17B），在日本海附近有一个气旋性异常环流，

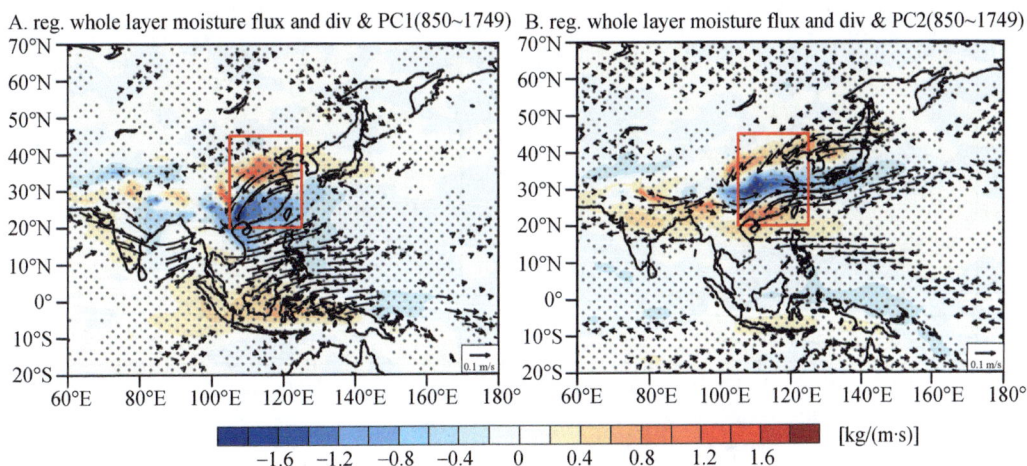

A. reg. whole layer moisture flux and div & PC1(850~1749)　　B. reg. whole layer moisture flux and div & PC2(850~1749)

C. reg. whole layer moisture flux and div & PC1(1750~2005)　D. reg. whole layer moisture flux and div & PC2(1750~2005)

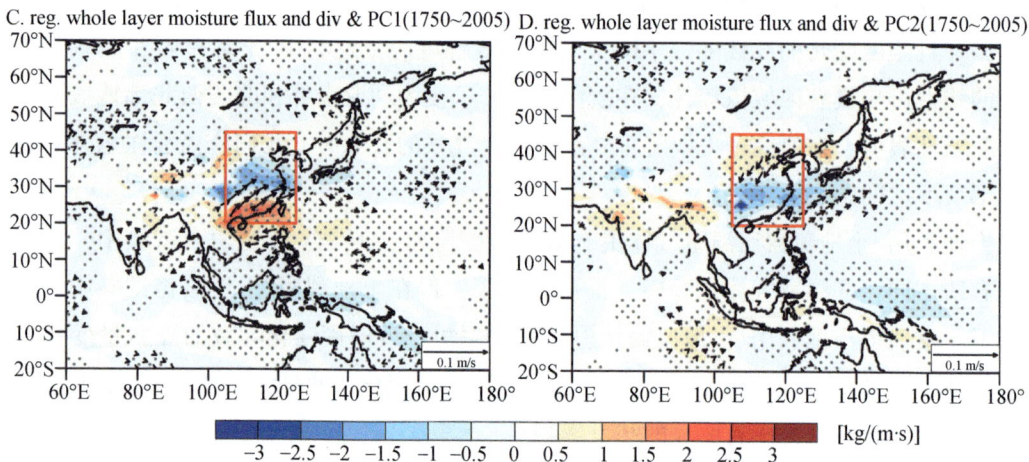

图 6.17　从地表到 500hPa 的水汽通量及其散度［阴影，单位：$10^8$ kg/（m·s）］

注：点状区域和矢量表示 95% 的显著性水平

在中国东南部和东亚东北部有一个反气旋性异常环流（图 6.18B）。长江流域中下游存在一个辐合区，垂直向上运动较强，而华南和华北上空出现水汽辐散和垂直下降气流（图 6.18），导致中国东部出现降水负正负异常。对于降水模态的负相，情况正好相反。

中国东部年代际夏季降水第一主导型为偶极型。土地利用/土地覆盖变化后的三极型格局表明，在土地利用/土地覆盖变化的强制作用下，三极型格局可能会增强。但中国东部地区作物和牧草的变化不表现出类似的三极型模式。因此，我们认为降水模式的年代际变化可能是受 LUCC 诱发的年代际遥相关变化的影响，而不是受局地陆-气相互作用的影响。

A. reg. 500hPa Omega & PC1(850~1749)　　B. reg. 500hPa Omega & PC2(850~1749)

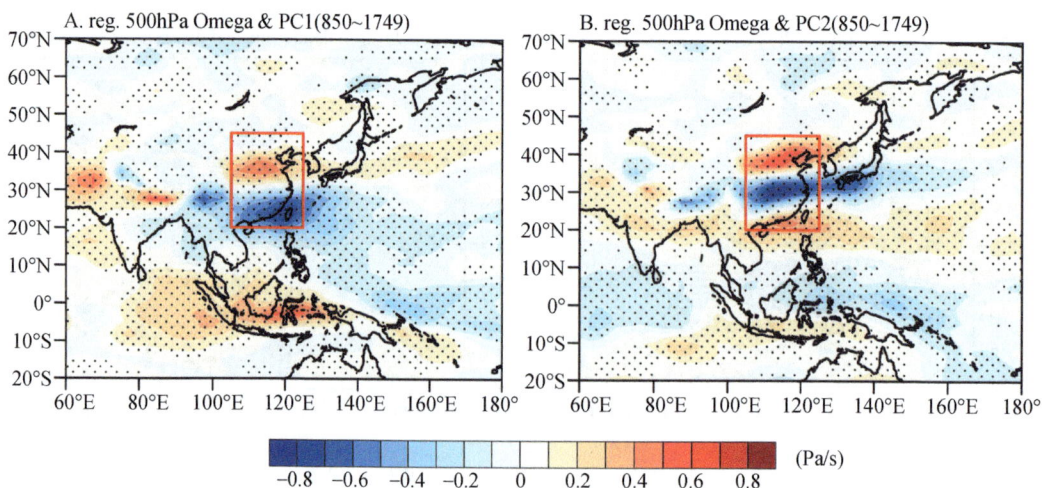

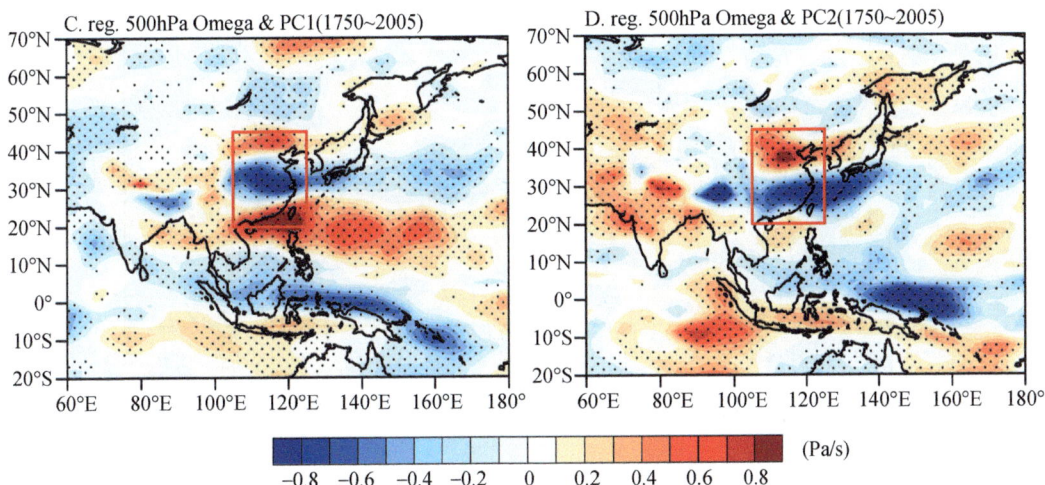

图 6.18　从地表到 500hPa 的垂直速度场

注：打点区域表示 95% 的显著性水平

### 6.1.3.2　年代际降水空间模态变化的成因机制

PDO 和 AMO 是年代际尺度上影响全球气候的两个主要内部变率。这些振荡及其不同组合可以显著影响中国东部夏季降水的年代际变化（Si and Ding，2016；Zhu et al.，2016；Zhang et al.，2018）。

为了证实这些影响，我们对 12 月、1 月、2 月（DJF）平均海表温度（SST）的变化进行了检验（图 6.19）。模拟的 PDO 和 AMO 指数显示，在 LUCC 强迫下，AMO 指数随着年代际变化整体呈明显的减少趋势，而 PDO 指数仅表现出年代际变化，没有明显的增加或减少趋势（图 6.20）。

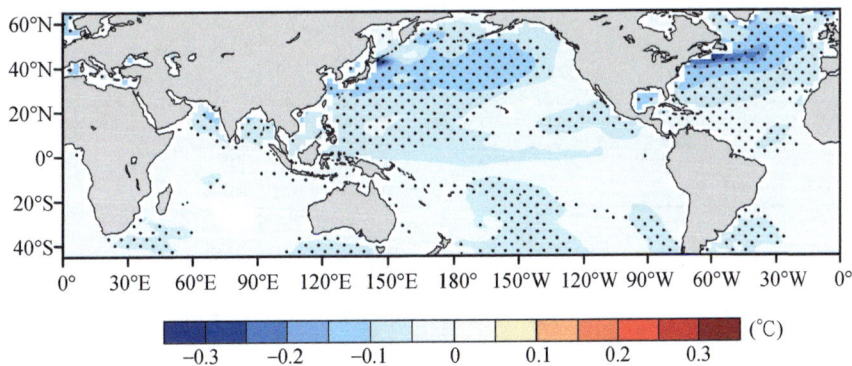

图 6.19　1750~2005 年和 850~1749 年经过 11a 滑动平均 DJF 平均海温差分布

注：打点区域表明 95% 的显著性水平

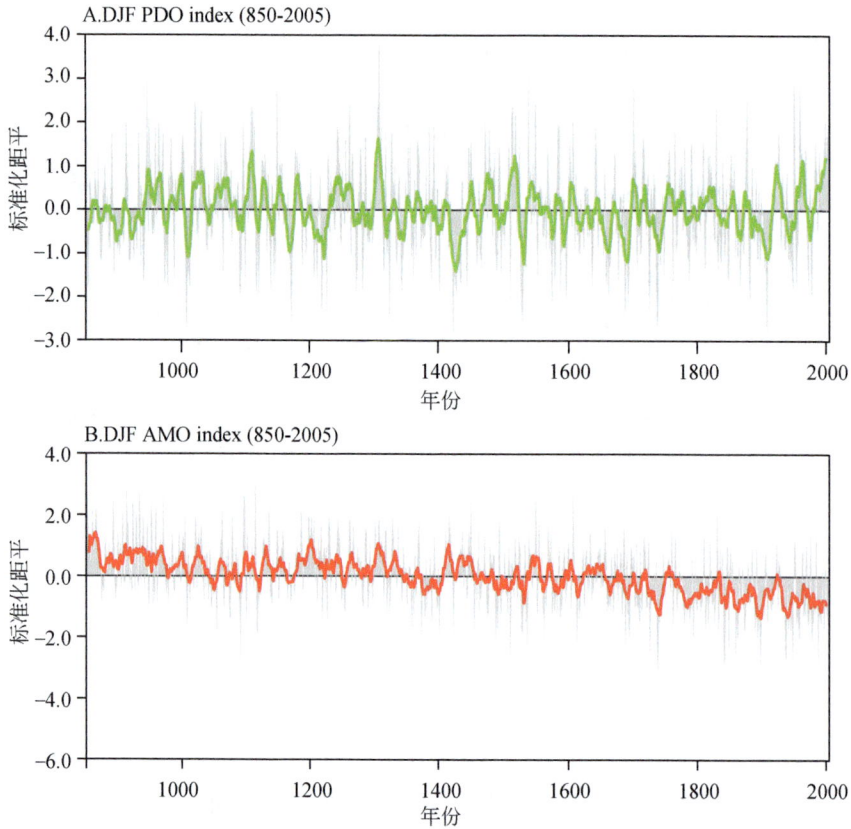

图 6.20　11a 滑动平均的 DJF PDO（A）和 AMO（B）标准化去趋势时间序列

注：绿粗线为 PDO，红粗线为 AMO

在 LUCC 强迫下，AMO 指数随着年代际变化整体呈明显的减少趋势，而 PDO 指数仅表现出年代际变化，没有明显的增加或减少趋势（图 6.21）。

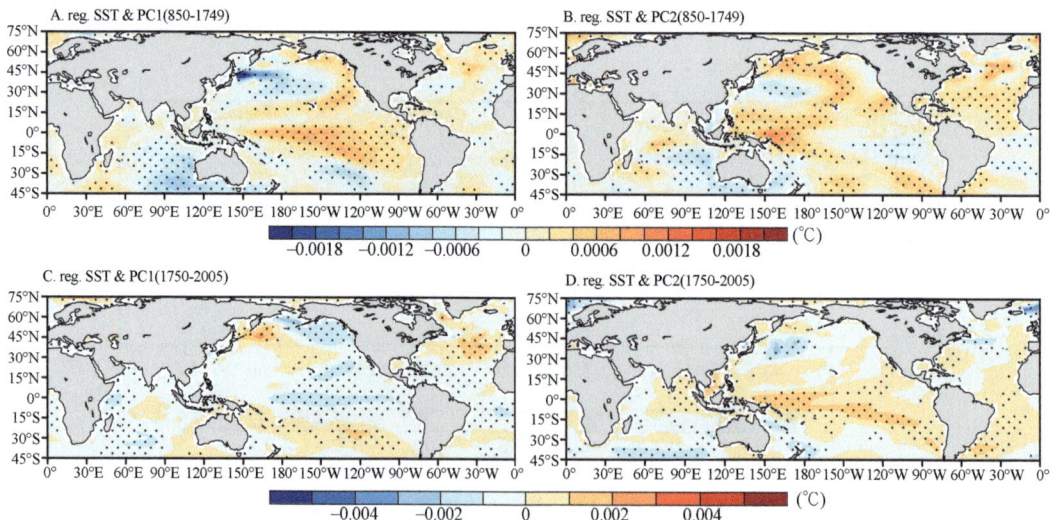

图 6.21　1750～2005 年和 850～1749 年经过 11a 滑动平均 DJF 的冬季 SST

回归的 PDO 和 AMO 模式表明，在 LUCC 之前有更多的同相耦合，而在 LUCC 之后有更多的反相耦合。综合分析被用来测试的假设 LUCC 触发更多的反相之间的耦合 PDO 和 AMO（表 6.2）。我们还分析了在控制运行中反相位和同相位 PDO-AMO 模式。结果表明，无论是 JJA 还是 DJF，PDO 和 AMO 均没有明显的增加或减少趋势（图 6.22）。这些结果表明，中国东部夏季降水在年代际尺度上的三极型增强可能与冬季 PDO-AMO 反相耦合增强有关。

表 6.2　PDO 和 AMO 反相和同相耦合的概率　　　　　　（单位：%）

|  |  | Anti-phase coupling | In-phase coupling |
|---|---|---|---|
| DJF | Before LUCC | 40.4 | 59 |
|  | After LUCC | 48 | 50 |
|  | After-before | 7.6 | −9 |

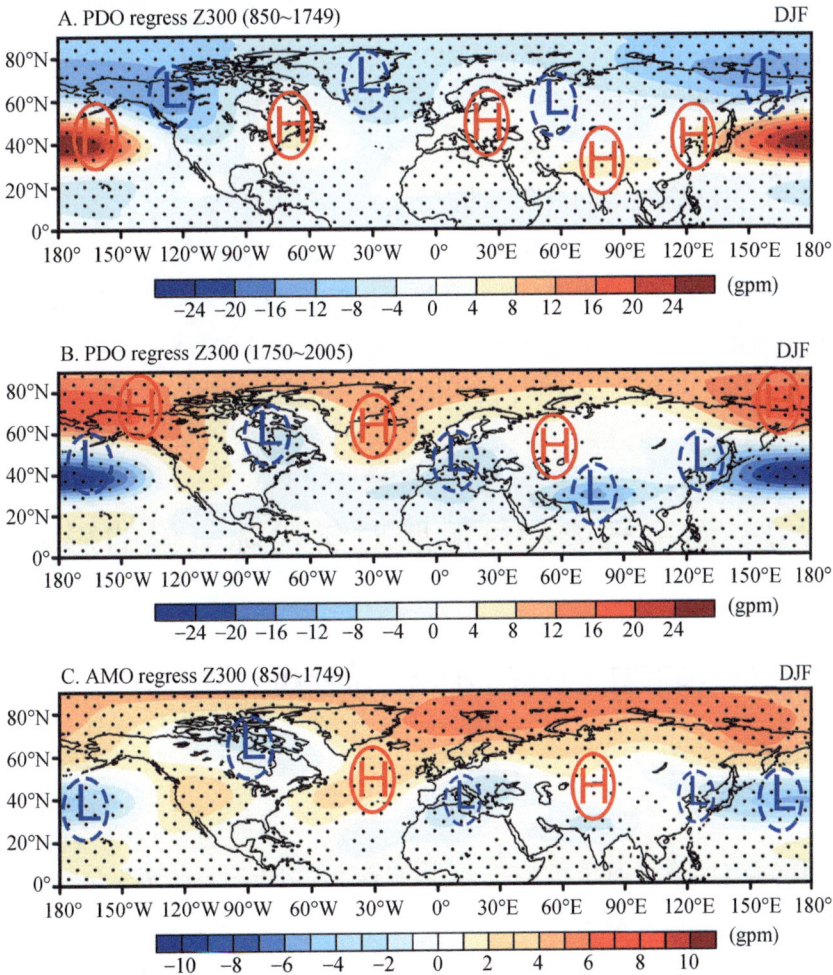

A. PDO regress Z300 (850~1749) DJF

B. PDO regress Z300 (1750~2005) DJF

C. AMO regress Z300 (850~1749) DJF

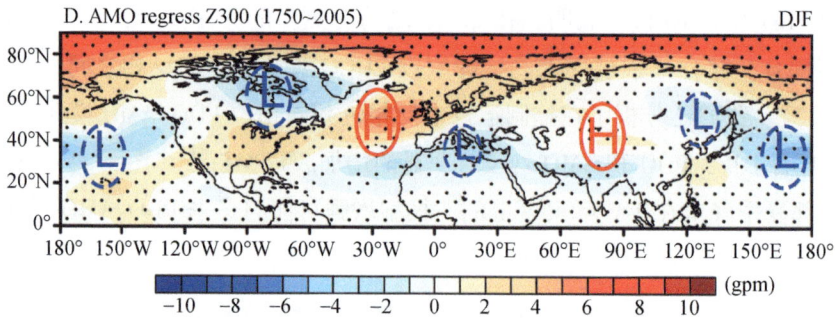

图 6.22　850～1749 年（A、C）和 1750～2005 年（B、D）期间的 PDO（A、B）和 AMO（C、D）

300hPa 位势高度回归分析

注：打点区域表示 95% 的显著性水平

### 6.1.3.3　结论

年代际尺度上，中国东部夏季降水空间型的主要特征为经向偶极子型和三极子型（Huang et al.，2011）。在 LUCC 敏感性试验中，模式模拟的 LUCC 之前中国东部夏季降水年代际空间格局的两种主导模式与 LUCC 之后的模式完全相反。LUCC 之后，中国东部年代际降水的第一主导模态由偶极型转变为三极型（北方干/湿—中部湿/干—南方干/湿），第二主导模态由三极型转变为偶极型（北方干/湿—南方湿/干）。

东亚东部低空环流（包括水汽输送和垂直气流）的年代际变化与中国东部夏季降水的年代际变化型完全一致。结果表明，这些环流变化与 LUCC 诱发的年代际遥相关有关。在土地利用/土地覆盖变化下，AMO 呈下降趋势，而 PDO 呈波动趋势。因此，增加了 DJF 中 PDO-AMO 反相耦合的可能性，减少了同相耦合的可能性。增强的反相位耦合有利于中国东部夏季降水的年代际三极型。

## 6.2　温室气体和气溶胶对年代际气候的影响

### 6.2.1　长江中下游流域夏季极端降水预测

#### 6.2.1.1　研究背景

随着极端气候对经济、环境和人类生活影响越来越大，它也越来越受到当前气候研究的关注（Easterling et al.，2000；Meehl and Tebaldi，2004）。为了提高区域极端降水事件的预测能力，深入研究极端降水事件背后的机制具有重要意义。有研究表明，ENSO 和西太平洋副热带高压等几个大尺度环流模式对中国东部极端降水事件的数量和频率有显著影响

（Wang and Zhou, 2005；Li et al., 2011）。Ning 等（2017）也指出南亚高压的西北移动通常会导致中国东部北部地区出现更多的极端降水，而江淮流域的极端降水较少。

利用大尺度环流模式对区域极端降水事件的影响机制，提出了基于物理的经验模式（physics-based empirical model，PEM）方法来预测未来极端降水事件（Wang et al., 2015；Xing et al., 2014；Li and Wang, 2016；Yim et al., 2014）。在本研究中，我们使用 PEM 方法来理解在 MLYRB 上 SEP 的来源和可预测性。

### 6.2.1.2    SEP 的定义及物理经验模型（SEP）介绍

当日降水值位于夏季日降水值 95 百分位及以上则被定义为一次夏季极端降水事件（Frich et al., 2002；Meehl and Tebaldi, 2004；Alexander et al., 2006；Ning and Bradley, 2015a，2015b）。95 百分位阈值基于 1961～2014 年全夏季（JJA）降水记录值来计算。夏季中国东部的阈值要显著大于中国其他区域，MLYRB 的阈值甚至已超过 45mm。因此，夏季可以被认为是中国的极端降水季节。本研究使用 PEM 对 SEP 进行预测，采用多元线性回归分析建立回归方程。此外，我们还将建立一套独立的预测方法来验证预测模型的预测能力。

### 6.2.1.3    SEP 的物理预测因子

将 MLYRB（27°N～33°N，108°E～120°E）的区域平均值当做 SEP 的区域平均值，北印度洋（20°S～30°N，50°E～95°E）区域平均的春季 SST 距平值被作为本研究的第一个预测因子，命名为 NIO-SST。对比春季高 SST 与低 SST 年份（表 6.3）与不同大尺度环流的关系。高 SST 的春季被定义为该年春季海温高于平均春季海温一倍标准差；低 SST 的春季被定义为该年春季海温低于平均春季海温一倍标准差。因此，选取出了 5 个高 SST 春季与 8 个低 SST 春季，如表 6.3 所示。

表 6.3    高 SST 与低 SST 春季年份

| 高 SST 春季年份 | 1983，1987，1988，1991，1998 |
|---|---|
| 低 SST 春季年份 | 1961，1965，1966，1968，1971，1974，1976 |

进一步分析降水形成过程有关的两个主要要素：水汽输送（图 6.23）与大气垂直速度（图 6.24）。由于 SAH 范围的东移与 WPSH 的西移，在西太平洋上空产生了一个反气旋环流，使得更多的水汽从西太平洋北运送至 MLYRB 上空。由于 SAH 的东移与 WPSH 的西移产生的次级环流，使得大气上升运动增强，更有利于降水的形成。

图 6.25 为当年春季 SLP 与 SEP 相关系数图，可以明显地看到，西北太平洋（northwestern Pacific，WNP；30°S～30°N，120°E～150°W）为显著的负相关；阿留申群岛（Aleutian Islands，Ais；50°N～70°N，160°E～160°W）为显著的正相关。因此，本研究将 WNP 与

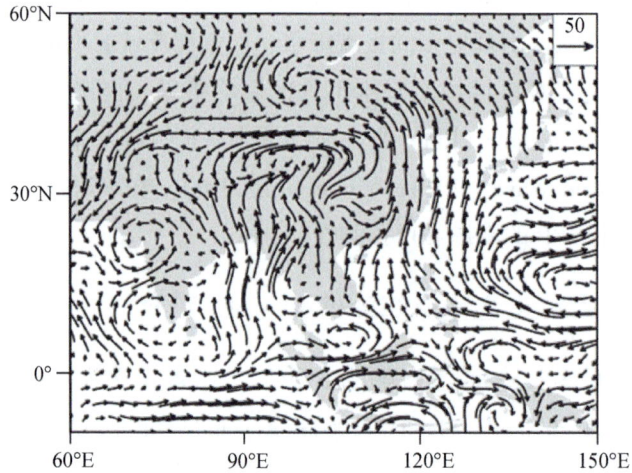

图 6.23　高 SST 与低 SST 时期低层大气（1000~500hPa）水汽输送［单位：kg/（m·s）］差值

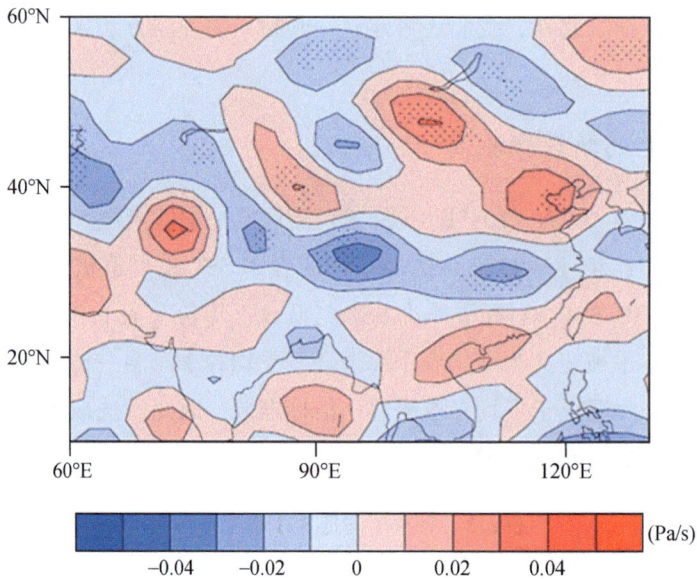

图 6.24　高 SST 与低 SST 时期低层大气（1000~500hPa）垂直速度场差值

Ais 的 SLP 差值被定义为第二预测因子，命名为 WNP-AI-SLP。

在 WNP 存在一个高 SLP 异常，太平洋存在一个冷暖 SST 异常分布。夏季 WNP 的维持和增强是由于 WPSH 与冷（暖）SST 的海–气相互作用导致的高 SLP 异常。西南风沿着副高西南侧向 MLYRB 输送较暖的水汽，这使得 MLYRB 降水增强（图 6.26）。

### 6.2.1.4　PEM 预测

我们利用这两个预测因子为 SEP 建立了一套逐步回归预测方程（图 6.27）。利用

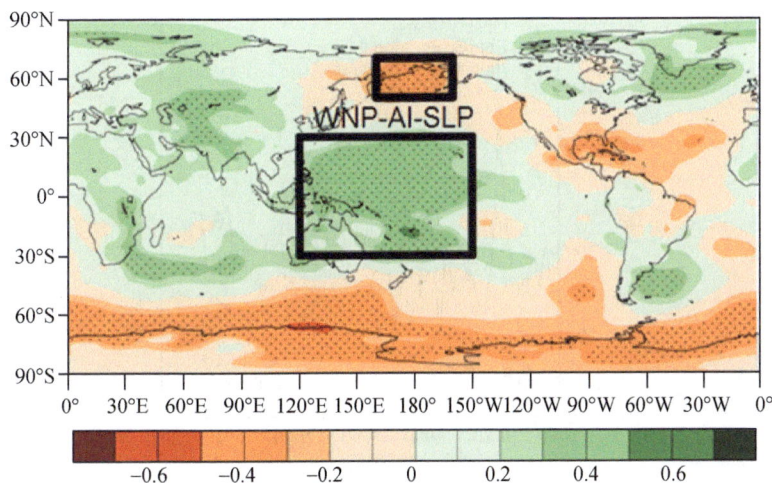

图 6.25　MLYRB 区域平均 SEP 与 1961 ~ 1999 年区域平均 SLP 相关系数图

注：打点区域为相关系数通过 95% 显著性检验

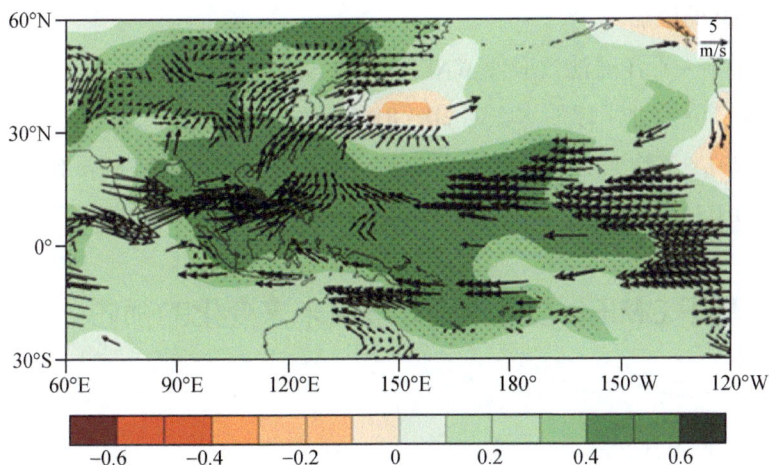

图 6.26　WNP-AI-SLP 预测因子与 1961 ~ 1999 年夏季平均 SLP（阴影）与 850hPa 风场
超前–滞后相关系数图

1961 ~ 1999 年的校正数据建立了回归模型，相关系数为 0.56（$p < 0.01$）。对 PEM 的独立
预测，2000 ~ 2014 年验证时期的 SEP 观测值与模型模拟值的相关系数为 0.52（$p < 0.05$），
表明 PEM 具有很好的预测能力。

### 6.2.1.5　结论与讨论

本研究的主要结论如下：

1）REOF 分析结果表明，MLYRB 是中国东部 SEP 变化较为显著的区域。

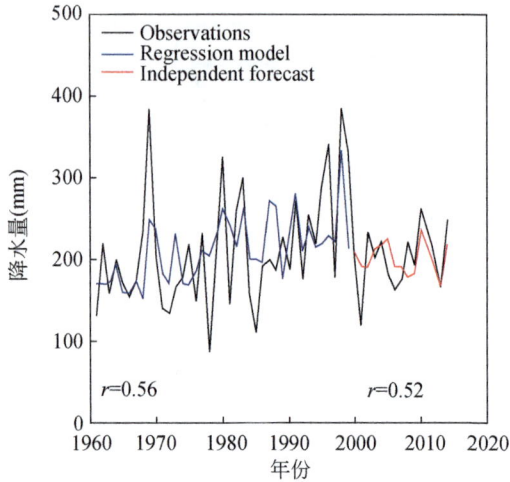

图 6.27　观测 MLYRB 的 SEP（黑线）、回归模型（蓝线）及独立预测结果（红线）时间序列图

2）由于南亚高压的东伸和副高的西伸，在西太平洋上空形成了一个反气旋环流，致使 MLYRB 的 SEP 的增加。

3）北印度洋-太平洋暖池效应使 WNP 高压和 SST 异常的相互作用维持了菲律宾海附近的反气旋异常，导致北半球的水汽向 MLYRB 输送。

4）2000～2014 年验证期 SEP 的独立预测结果与观测数据具有显著的相关关系，相关数为 0.52（$p<0.05$）。

## 6.2.2　基于 CMIP6 模式对全球季风未来变化的预估

### 6.2.2.1　研究背景

本节研究，将使用参与了耦合模型比较计划第六阶段（Phase Six of the Coupled Model Intercomparison Project，CMIP6）中的 15 个模型来评估全球季风的未来的变化，并探索未来变化的原因。通过模式集合预测发现，全球气温每升高 1℃ 北半球（northern hemisphere，NH）陆地季风降水很有可能增加约 2.8%，而南半球（southern hemisphere，SH）陆地季风降水的变化则较小，气温每升高 1℃，降水增加约为-0.3%。此外，我们还发现在未来亚洲-北非季风可能会变得更加湿润，而北美季风则会变得更加干燥。进一步研究发现，正是温室气体的辐射强迫产生的"北半球暖于南半球"空间模式，使得北半球（南半球）季风降水增加（减少），并延长（缩短）了季风降水的季节。同样的，GHGs 强迫产生的"陆地暖于海洋"的空间模式，使得亚洲季风低压增强以及亚洲与北非季风降水增加，同时产生暖"类-厄尔尼诺"模态，这使得北美季风降水减少。

了解 GM 未来的降水变化对了解气候变化至关重要。GM 降水通过释放潜热驱动大气环流起着关键作用，是全球水能循环的基础。6~9 月（JJAS）的北半球夏季季风区约占热带降水的 70%，强季风雨释放的潜热使空气上升，形成全球范围的翻转环流。辐散季风流的经向分支形成了 Hadley 环流的骨干，约有四分之三的热带辐合带（Inter-tropical convergence zone，ITCZ）位于季风区内，这决定了 ITCZ 每年的迁移。全球沙漠地区一般位于夏季风的西侧和极向一侧，这是由于季风加热引起的 Rossby 波和其极向一侧的平均西风相互作用导致的下降（Hoskins，1996；Rodwell and Hoskins，1996；Hoskins and Wang，2006）。GM 不仅支配着气候系统内的水和能量的流动，而且在决定气候系统的反照率和长波辐射向空间的释放方面起着至关重要的作用（Wang et al.，2017）。

IPCC 第五次评估报告（Fifth Assessment Report，AR5）指出，到 21 世纪末，GM 面积（GMA）、强度（GMI）和降水（GMP）可能或很可能增加（Hsu et al.，2013；Christensen et al.，2013）。GM 变化主要是 NH 季风降水的增加（Kitoh et al.，2013）。更早或不变的开始日期和更晚的撤退日期使得 GM 季节的长度可能增加（Christensen et al.，2013；Lee and Wang，2014）。然而，基本驱动因子的 GM 降水变化的复杂模式尚未完全理解。

### 6.2.2.2　全球季风未来变化预测评估

季风总降水量包括陆地和海洋季风区的所有降水，季风总降水量反映了半球季风对温室气体强迫的总体响应。年际变化的范围是由最大和最小候对应的降雨量来测量的，NHM 的年变化范围从 7.63mm/day 加到 8.20mm/day，增加了 7.5%，主要是由于夏季最大降水量增加（6.3%）导致。另外，SHM 的年及变化范围仅从 7.27mm/day 增加到 7.51mm/day，增加了 3.3%，这是由于夏季最大降雨量增加（1.9%）和冬季最小降雨量减少（-6.9%）共同导致。NH 夏季风降水通过经向环流引起的 NH 沉降增强，抵消了比湿和陆海热对比增加的相反作用，从而导致 SHM 冬季降水明显减少。为了支持这一假设，我们检查了个模式间模拟的差异分布，结果表明，模式有抑制 SH 冬季季风降水显著相关，增强 NH 陆地季风区与总季风区（包括陆地与海洋）降水（图 6.28）的表现。图 6.28 表明了 NH 与 SH 季风之间是通过经向环流产生内在联系。季风年际变化幅度的放大，表明了在季风区，湿季将会变得更湿，干季将会变得更干。

预测的 NH 夏季季风开始时间在 CMIP6 没有发生变化，但季风撤退时间推迟了约 10 天，因此北半球夏季风雨季延长了 10 天。预测的 SHM 的开始与峰值时间都推迟了约 5 天，而撤退日期并没有明显的改变。预测的起始和撤退时间的不显著变化与预测的 SHM 降水总量和年际降水变化范围的不显著变化相一致。

陆地季风降水的变化与海洋季风区的降水不同。因此，本节将重点研究陆地季风降水（land monsoon rainfall，LMR）的变化（表 6.4）。由于夏季最大降雨量增加（5.2%）和冬季最小降雨量减少（4.9%），预测的 NH 的 LMR 季风降水的年变化范围将由 7.05mm/day

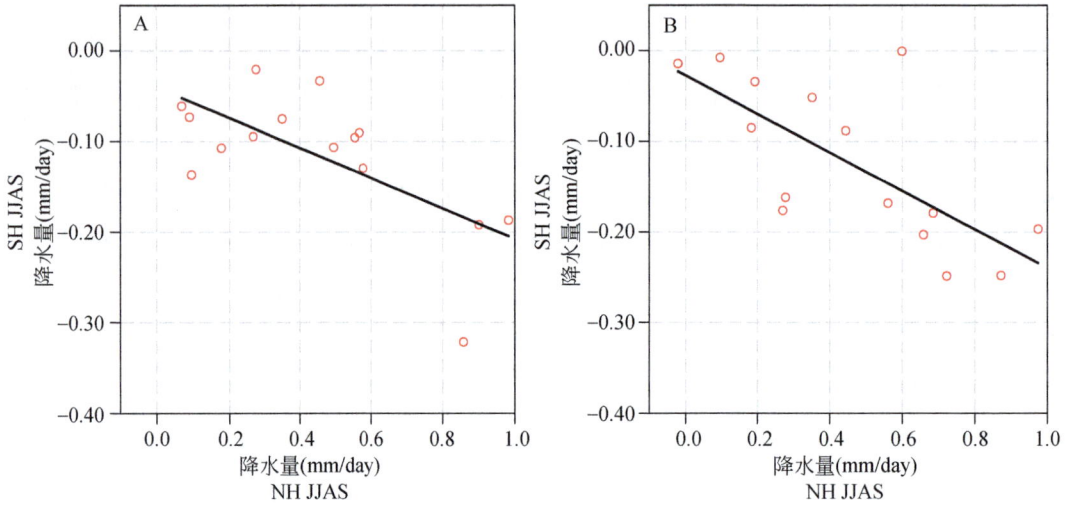

图 6.28　15 个 CMIP6 模式的 SH 夏季风与 NH 冬季风降水之间的散点图

注：图 A 为 SH 的 JJAS 总季风降水与 NH 的 JJAS 总季风降水的关系。图 B 为 SH 的 JJAS 陆地季风降水与
NH 的 JJAS 陆地季风降水的关系。图 A 和图 B 的相关系数分别为 $-0.67$（$p<0.01$）和 $-0.71$（$p<0.01$）

增加至 7.48mm/day，增幅为 6.1%。对于 SH 的 LMR，由于夏季最大降水量增加
（4.8%），冬季最小降水量减少（$-19.2$%），使得夏季最大降水量增加（7.73mm/day）
至 8.23mm/day，增加幅度为 6.5%，与海洋季风区相比要明显大得多。冬季降水的大幅度
减少导致 SH 的 LME 平均降水略有减少。

在陆地季风区，由于海洋季风开始时间提前，撤退时间晚于陆地季风区，因此预测的
雨季开始时间要晚于整个海洋季风区，撤退时间也早于整个陆地季风区（表 6.4）。对于
NH 的 LMR，预测的开始时间不变，但撤退日期要稍微延迟 2～3 天，所以夏季季风雨季
时间略有延长。而对于 SH 的 LMR，预测的开始时间推迟了 5～10 天，而撤退日期没有变
化，延迟的 NH 陆季风撤退时间与延迟的 SH 陆地季风的开始时间上是一致的，并且没有
变化的 NH 陆季风开始时间与 SH 陆地季风撤退时间也是一致的。

表 6.4　NH 和 SH 陆地季风降水情况

| | | Min | Mean | Max | Onset | Withdrawal |
|---|---|---|---|---|---|---|
| NH land monsoon | Observation | 0.61（6） | 3.50 | 7.64（42） | 30.5 | 54 |
| | Historical | 0.61（4） | 3.42 | 7.66（42） | 31 | 54 |
| | SSP2-4.5 | 0.58（3） | 3.57 | 8.06（42） | 31 | 54.5 |
| SH land monsoon | Observation | 0.55（43） | 3.57 | 7.62（3） | 66 | 18.5 |
| | Historical | 0.52（42） | 3.91 | 8.25（6） | 64.5 | 20 |
| | SSP2-4.5 | 0.42（42） | 3.83 | 8.65（5） | 66 | 20 |

预测的 GMP 区域总面积将扩大 6.1%，主要是在海洋的季风区（8.1%）（图 6.29A），陆地季风区面积略有增加，增幅约为 3.9%，全球干旱地区面积减少约 5.2%。陆地季风区的边界的定义主要依据当地夏季（NH 的 MJJAS）300mm 降水等值线（Wang and Lin，2002）。

　　通过衡量降水年变化范围预测的 GMP 强度在北非和亚洲–西太平洋季风区中增加，而在墨西哥及邻近海洋季风区中减少（图 6.29B）。在 SH，预测的降水年变化范围的增加是发生在印度尼西亚、赤道南部非洲和巴西东南部。

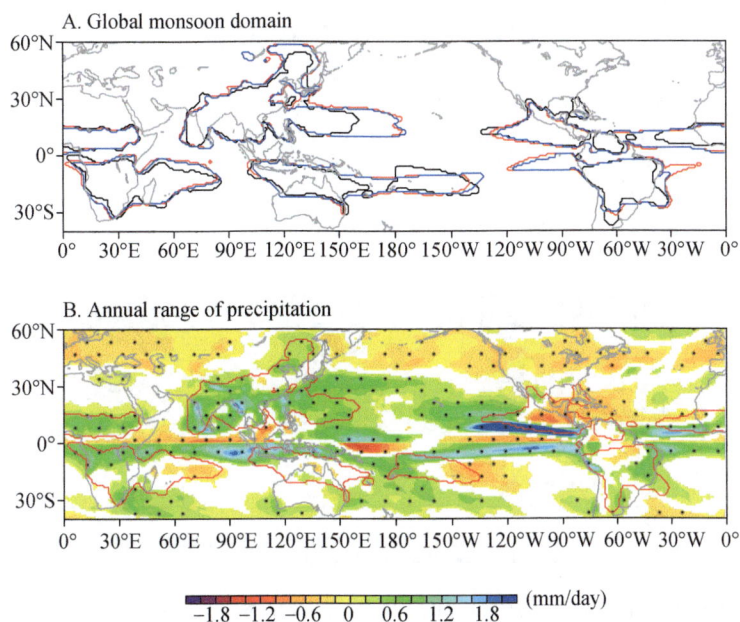

图 6.29　全球季风特征的未来变化（2065～2100 年相对于 1979～2014 年）

注：图 A 为 GM 区范围的变化，黑色、蓝色与红色的线分别代表观测、15 个模式历史模拟 MME，以及 SSP2-4.5 预测。

　　图 B 为降水年范围的变化，阴影区域表示该区域通过 66% 显著性检验；打点区域表示通过 95% 显著性检验

　　在 JJAS，预测的季风降水在亚洲—西太平洋和北非季风区显著增加，而在北美季风区显著减少（图 6.30A）。SH 冬季季风降水在印度尼西亚显著减少，这意味着该地区干旱季受到野火的威胁增加。

　　在 DJFM，季风降水在印度尼西亚，非洲赤道南部、东部和巴西增加，可能与预测的赤道气候变暖模式相关（图 6.30B），因为这些地区的降水极易受到有位相海温梯度槽成的瓦克环流东–西移动影响。

　　未来季风年平均降水的变化（图 6.30C）具有南—北半球不对称性及 NHM 的东—西半球不对称性的特点。NHM 降水增加主要发生在亚洲—西太平洋和北非地区，而 SHM 降水减少主要发生在南美和南部非洲地区，亚非季风降水增强与北美季风降水减少之间表现

为 NH 的东—西半球不对称性。

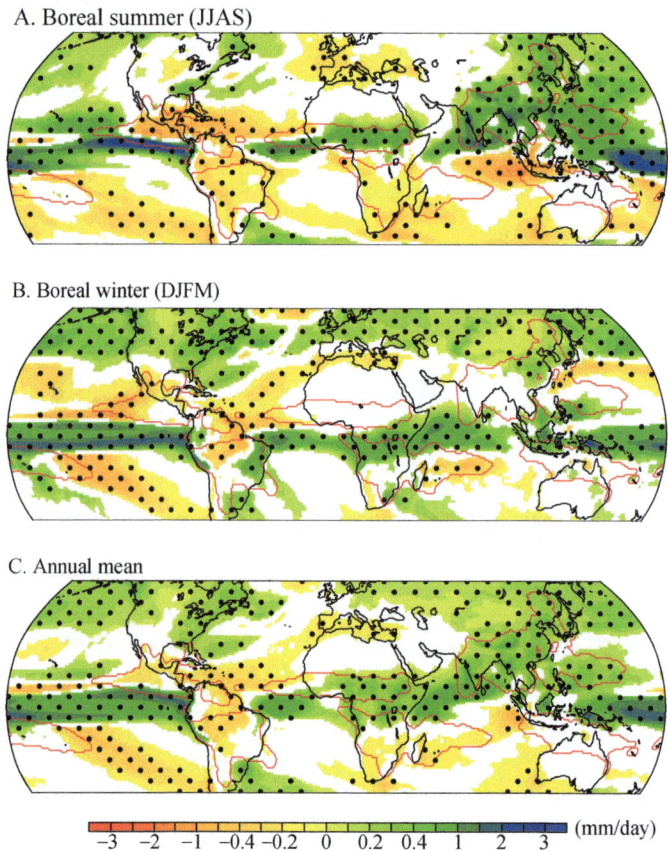

A. Boreal summer (JJAS)

B. Boreal winter (DJFM)

C. Annual mean

−3  −2  −1  −0.4 −0.2  0  0.2 0.4  1  2  3  (mm/day)

图 6.30　JJAS（A）、DJFM（B）及年平均降水率（C）未来气候态变化

注：这些气候态变化是利用 SSP2-4.5（2065～2100 年）相对于 15 个模式历史模拟 MME（1979～2014 年）的
变化来计算。阴影区域表示该区域通过 66% 显著性检验；打点区域表示通过 95% 显著性检验

### 6.2.2.3　年际变化的主模式与 GM-ENSO 的关系

SSP2-4.5 中 GMP 主模式的空间格局与 PCC=0.96 的历史模拟非常相似（图 6.31A），然而，相应的主成分与同期 NINO 3.4 事件海温异常负相关，在历史模拟（1979～2014 年）中 CC=−0.64；在未来预测（2065～2100 年）中 CC=−0.83（$n=34$，$p<0.01$），表明 GMP 主模式将受 ENSO 变率控制，这可能意味未来 GM 预测性将提高。从图 6.31B 中可以发现，现在与未来季风年的 GMP 异常相对于 NINO 3.4 海温异常相关图非常相似（CC=0.97），而在澳大利亚和美国季风区的相关系数绝对值有增加的趋势，表明 ENSO 与澳大利亚和美国季风区的关系增强。

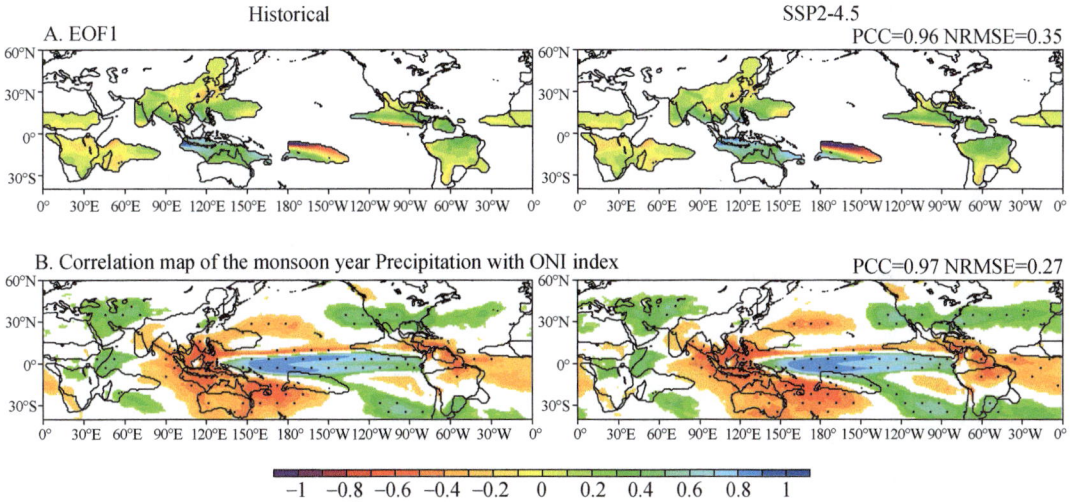

图 6.31　未来 GMP 年际变化和 GM-ENSO 关系的变化

注：图 A 为历史模拟（左）与 CMIP6 SSP2-4.5 预测（右）GM 年平均降水 EOF 主模态空间模态，为了进行公平的比较，相应的主成分已经被它自己的标准偏差标准化；图 B 为历史模拟（左）与 CMIP6 SSP2-4.5 预测（右）季风年平均降水（5 月至次年 4 月）与同期 ONI 指数相关系数分布图；仅有 CCs 显著，且 $p<0.34$ 被绘制出；虚线区域表示 CCs 显著，$p<0.05$

### 6.2.2.4　季风降水与全球变暖的响应

图 6.32 为模拟的 1979～2014 年和预测的 2015～2100 年全球、NH 与 SH 降水和地面气温（surface air temperature，SAT）时间演变。在 1979～2014 年期间，观测和模拟的 NHM 降水趋势是一致的，表现了模型模拟的准确性。观测的 SHMP 年代际波动较大，趋势不明显。预测的平均 GMP 从 1979～2014 年的 4.26mm/day 增加到 2065～2100 年的 4.36mm/day，平均增幅 2.3%。NHM 每升高 1℃平均降水量将增加 2.1%～5.1% 。另一方面，SHM 平均降水略有减少，每升高 1℃平均降水量将减少 0.3%～0.7%。以一个标准差衡量的模式的差异小于趋势，这意味着 GMP 和 NHMP 在未来很可能会增加。

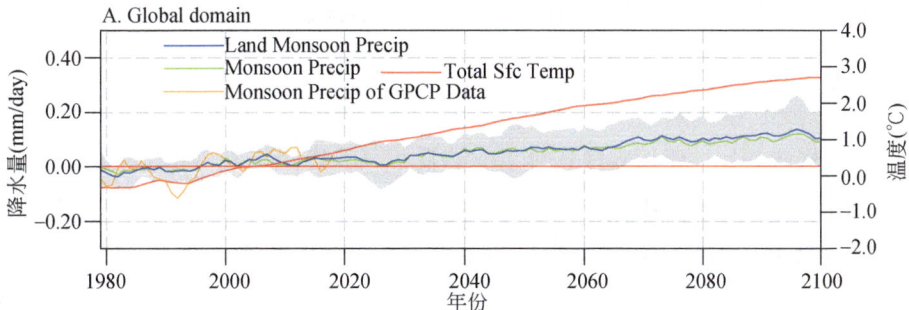

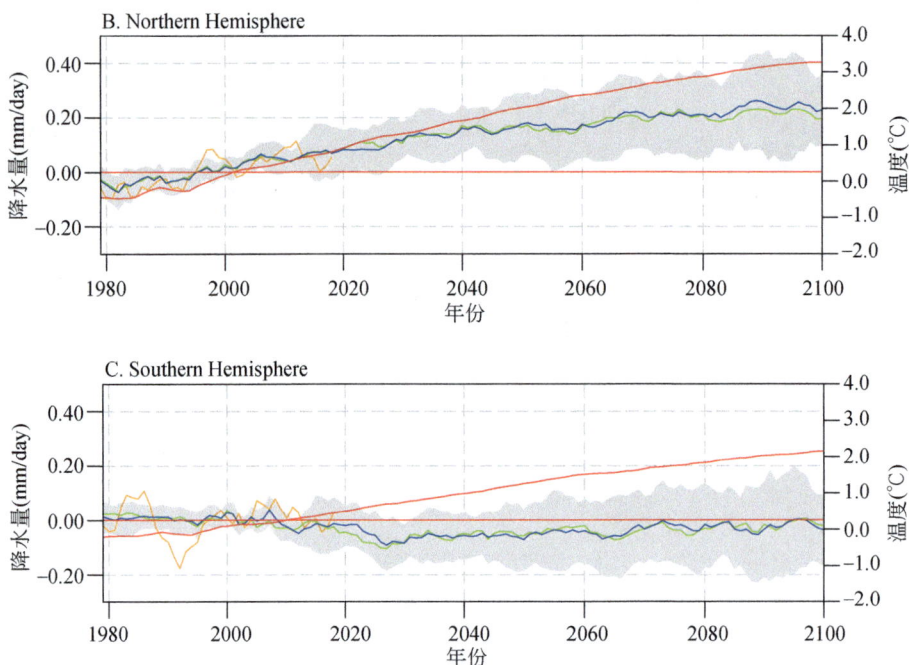

图 6.32 15 个模式集合平均历史模拟（1979～2014 年）与 SSP2-4.5 模拟（2015～2100 年）的全球

（A）、NH（B）及 SH（C）的季风降水区季风平均降水速率（绿色）与陆地季风平均降水速率（蓝色）

对全球平均 SAT（红色）瞬时响应

注：平均季风降水的 MME 不确定性是通过单个模型偏离 MME 的一个标准偏差来测量的。

并对所有时间序列进行 5 年滑动平均来减少年际变化

预测的全球平均 LMR 从 1979～2014 年的 3.75mm/day 增加到 2065～2100 年的 3.85mm/day，增幅为 2.7%，而 NH 的 LMR 的增幅为 2.8%/1℃，要比 NHM 的增幅快。另一方面，SH 的 LMR 下降仅 0.2%/1℃，这个下降趋势并不显著，而且模型间差异较大。

NH 和 SH 季风环流强度由表 6.5 所示的三个指标来定义。辐散风指数反映了全球季风经向区域（10°E～160°E，100°W～60°W）的平均跨赤道经向环流强度。预测的 NH 夏季风环流指数和辐散风指数均略有下降（表 6.5），但下降不显著，因为它们小于模式偏差的一个标准差。然而，在 SH 夏季风相关的辐散风指数却显著下降。

### 6.2.2.5　结论与讨论

与 CMIP5 模式相比，CMIP6 模式对当前的夏季气候态降水和 GMP 强度的模拟性能有所提高。CMIP6 模式很好地再现了 NH 季风夏至日平均降水型和年际周期（开始、峰值、撤退），以及 GM 年际变化的现实主导模态及其与 ENSO 的关系。然而，模式间存在严重共同偏差：①显著降水误差在赤道（太平洋、印度洋和大西洋）海洋中，使得预测出海温场偏差，并使得预测出 NH 陆地季风区较干与 NH 海洋季风区偏湿的偏差。②模式的 MME

中高估对 SHM 地区年平均降水模拟超过 20%，且模拟开始时间提前 2 候，退出时间晚 4~5 候。③模拟的海洋季风域过度向洋中延伸。这些偏差，加上模式积云参数化的不足，是预测季风变化不确定性的主要来源之一。

表 6.5 北半球和南半球夏季风环流的变化

| 项目 | 1979~2014 年 | 2065~2099 年 | 变化 |
|---|---|---|---|
| a. NH summer monsoon circulation index | 5.93 | 5.23 | −0.70（1.30） |
| b. NH summer monsoon divergent wind index | 6.46 | 6.33 | −0.13（0.22） |
| c. SH summer monsoon divergent wind index | 5.46 | 4.94 | −0.52（0.27） |

a. 通过 JJAS 定义的纬向风（850hPa~200hPa）平均垂直切变高于（0°~20°N，120°W~120°E）的 NH 夏季风环流指数。b. 通过 JJAS 测量的 [5°S~5°N，（10°E~160°E，100°W~60°W）] 平均 NH 夏季风辐散环流指数平均的跨赤道经向风垂直切变（850hPa~200hPa）平均在和季风经度。c. [5°S~5°N，（10°E~160°E，100°W~60°W）] 平均的跨赤道经向风（850hPa~200hPa）的 DJFM 平均垂直切变定义的 SH 夏季风辐散风指数。单位为 m/s，括号内的值为 15 个模型的差值的一个标准差。辐散风指数为正表示北半球夏季风低层气流向北，南半球夏季风低层气流向南

SSP2-4.5 情景下未来 GM 降雨变化的主要特征可以概括为：

1）对比 SH 陆地季风总降水量不显著的下降（−0.3%/℃），NH 陆地季风降水总量却显著增加约 2.8%/℃。GMP 的整体变化特征为，在亚洲—非洲季风增强和北美季风减弱之间的 NH-SH 不对称和 NH 的东西不对称。

2）北半球季风雨季由于推迟的撤退时间，整个雨季可能延长约 10 天，而南半球季风雨季由于推迟开始时间，整个雨季可能缩短约 5 天。

3）预测的整个陆地季风降雨年变化范围在北半球增加了约 6.1%，在南半球增加了约 6.5%，表现为夏季更潮湿，冬季更干燥。NHM 年变化幅度的增加主要是由于夏季降水的增加，而 SHM 年变化幅度的增加主要是由于夏季降水的增加和冬季降水的减少。这种变化增加了夏季洪水和冬季干旱的可能性。

4）预测的 GM 年际变率主导的模态将更强烈地受 ENSO 变率控制，预示着未来 GM 可预测性将增强。

5）GMP 域的预计总面积轻微扩大 6.1%，主要是在海洋（8.1%），而陆地季风域略微增加约 3.9%。全球干旱地区相应减少约 5.2%。

6）预测的 NH 夏季风环流减少不显著。而与 SH 夏季风辐散环流相关的跨赤道经向环流有显著的减少，这表明了温室气体辐射加热导致的大气静态稳定性增加的主要影响。

## 6.2.3 CMIP6 模式预测的 8 个区域季风的未来变化及其控制因素

我们利用 CMIP6（第六次耦合模式相互比较计划）的 24 模式的集合平均预测发现了，在 SSP2-4.5 情境下，夏季 LMP 将很有可能在南亚增加 ~4.1 %/℃，在东亚增加 ~4.6

%/℃，在北非增加~2.9 %/℃，在北美减少~ –2.3 %/℃；然而，由于冬季降水明显减少，南半球三个季风区的年平均 LMP 可能保持不变。研究表明，区域平均的 LMP 的变化主要受到由于蒸发所导致的水汽输送的变化的控制，该变化可以近似用对流层中层上升气流与 850hPa 的比湿的乘积来表示。而通过模型间差异分析表明，温室气体引起的环流变化（动态效应）是造成区域差异的主要原因，温室气体产生的"暖陆地–冷海洋"模态增强了亚洲夏季风，产生的"暖北大西洋与撒哈拉"模态增强了北非季风；赤道中部太平洋变暖削弱了北美季风。

### 6.2.3.1 研究背景

全球季风是热带—亚热带降水和环流年变化的主导模式，是决定地球气候的特征与主要模态的主要因素（Wang and Ding，2008）。然而，不同地区的季风有很大差异，每个地区的季风由于其特定的陆–海和地形配置、不同的远程强迫及大气–海洋–陆地相互作用过程而具有独特的特点。正是区域季风（regional monsoon，RM）直接影响着人类，因此了解其可变性、可预测性和未来的变化具有根本的社会和科学意义。

第五次耦合模式比较计划（Coupled Model Intercomparison Project Phase 5，CMIP5）模式预测的未来区域季风变化已得到广泛探讨。预测的南亚（South Asia，SA）夏季季风雨量将持续增加（Menon et al.，2013；Kitoh et al.，2013），降雨的敏感性（全球变暖一度的降水变化的百分比）为 5.0 %/℃（Wang et al.，2014）。预测的东亚（East Asia，EA）夏季季风降水将增加 6.4 %/℃（Wang et al.，2014），并且由于季风开始日期的提前与撤退日期的推迟，将会使得 EA 的雨季持续时间延长（Kitoh et al.，2013；Moon and Ha，2017）。由大气稳定性，预测的整个亚澳季风低层环流有明显减弱的趋势（~2.3 %/℃），而预测的 EA 副热带季风环流将增加~4.4 %/℃。除此之外，预测的亚洲季风区的陆地面积降水扩大 10% 左右（Wang et al.，2014）。预测的北非（North Africa，NAF）季风通常会有一个较湿润的晚季（除西海岸外），并推迟雨季的结束（Biasutti，2013；Roehrig et al.，2013）。对于北美（North American，NAM）季风，气候模式预测却表现出一个早期到晚期重新分布、平均降水量基本不变的传统 NAM 季风区（Cook and Seager，2013），而在美国中部降水却显著减少（Colorado-Ruiz et al.，2018）。尽管如此，对 NAM 的预测可信度仍较低，因为其中涉及很大的不确定性（Bukovsky et al.，2015；Meyer and Jin，2017；Pascale et al.，2017）。

南半球（Southern Hemisphere，SH）季风变化与北半球（Northern Hemisphere，NH）不同，主要是由于人为强迫和陆–海格局导致的半球变暖差异（Wang et al.，2014）。在澳大利亚—印度尼西亚季风区，大多数"优"CMIP5 模式预测至 21 世纪下半叶澳大利亚北部（20°S 以北）的季风降水将增加 5%~20%，而海洋性大陆的降水增加趋势存在更多的不确定性（Jourdain et al.，2013）。模型预测表明非洲南部（South Africa，SAF）地区的季风降水持续时间和平均降水量没有显著变化，尽管季风开始和撤退日期都将推迟（Kitoh et al.，2013）。CMIP5 预测的南美降水总量变化不大，但季风季节将延迟和缩短（Seth et al.，2013）。

虽然未来 RM 的变化已经被广泛探讨，但是通过比较和综合不同作者提供的区域季风预测结果仍然有很大的困难。由于对季风区的定义不同，评估和预测的指标（变量和标准）也不同，这取决于作者的研究兴趣和观点。Wang 等（2020b）利用参与 CMIP6 项目第六阶段的 15 个模式，在共享社会经济路径 2-4.5（SSP2-4.5）下，对全球季风的未来变化进行了评估和探索。全球气温每升高 1℃，NH 陆地季风总降水量（land monsoon precipitation，LMP）可能增加约 2.8%（2.8%/℃），这与 SH（-0.3%/℃）的微小变化形成对比。各夏季季风区的比湿增加量基本一致，但各地区的 LMP 变化差异较大。

### 6.2.3.2　区域季风定义及降水归因分析

在本节研究中，统一使用 Wang 和 Ding（2008）提出的客观的定义标准对季风区进行定义。图 6.33 为 8 个区域季风区，广阔的亚洲季风区被划分为 SA、EA 和西北太平洋（Western North Pacific，WNP）三个子季风系统，热带 WNP 和亚热带 EA 季风区之间以 105°E（青藏高原的东部边界）与 22.5°N 纬度线进行划分（Wang et al.，2003）。除 WNP 季风外，我们的研究主要集中在陆地季风（图 6.34 中的绿色阴影）上。北美季风（North American Monsoon，NAM）区不仅包括墨西哥西部和亚利桑那州，也包括中美洲和委内瑞拉。

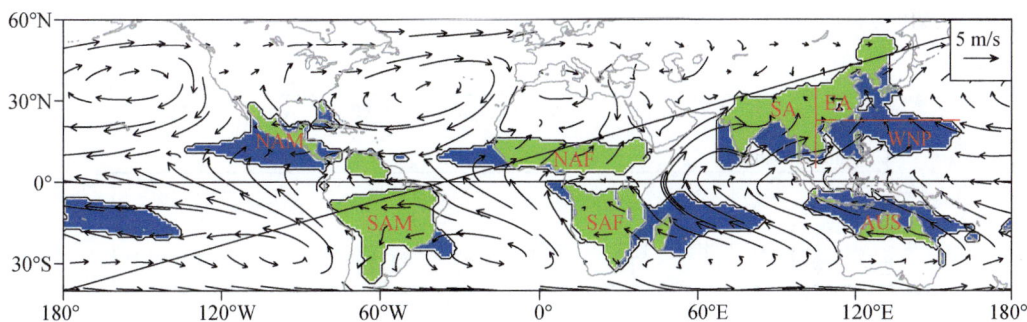

图 6.33　8 个区域季风区分布

注：季风降水区的定义为夏季与冬季降水量超过 300mm，夏季降水量超过年总降水量的 55%。在这里夏季表示 NH 的 6 月、7 月、8 月、9 月（JJAS）与 SH 的 12 月、1 月、2 月和 3 月（DJFM）。8 个区域季风季风区包括：北非（North Africa，NAF），南亚（South Asia，SA），东亚（East Asia，EA），西北太平洋（Western North Pacific，WNP），北美（North America，NAM），南非（Southern Africa，SAF），澳大利亚（Australia，AUS）与南美（South America，SAM）。SA、EA 和 WNP 季风区以 105°E 和 22.5°N（红线）划分。绿色和蓝色的阴影分别表示陆地和海洋季风区。矢量表示八月平均 925hPa 的风场（m/s）

### 6.2.3.3　区域季风未来变化预测

尽管在一个季风区的变化是不一致的，但很有必要先检查季风区的综合性质。为此，我们计算了各陆地季风区在当地夏季、当地冬季和全年平均降水变化（图6.34）。在 NH，预计 SA 夏季平均 LMP 很可能增加，在 EA、NAF 和 WNP 有可能增加，但 NAM 的 LMP 可能减少。降水对温度敏感性最强的是 EA（4.6%/℃）和 SA（4.1%/℃），这些敏感性都低于 CMIP 5 模型的预测（Lee and Wang，2014）。有趣的是，在 NH 季风区中，年平均变化基本上是由当地夏季降水变化决定的，且夏季和冬季降水变化方向一致；而在青藏高原，夏季和冬季变化方向相反，导致年平均降水量变化不大。值得注意的是，EA 冬季 LMP 是唯一一个可能会增加的，而在冬季，去测 LMP 的变化改变了 SH 季风区降水变化，

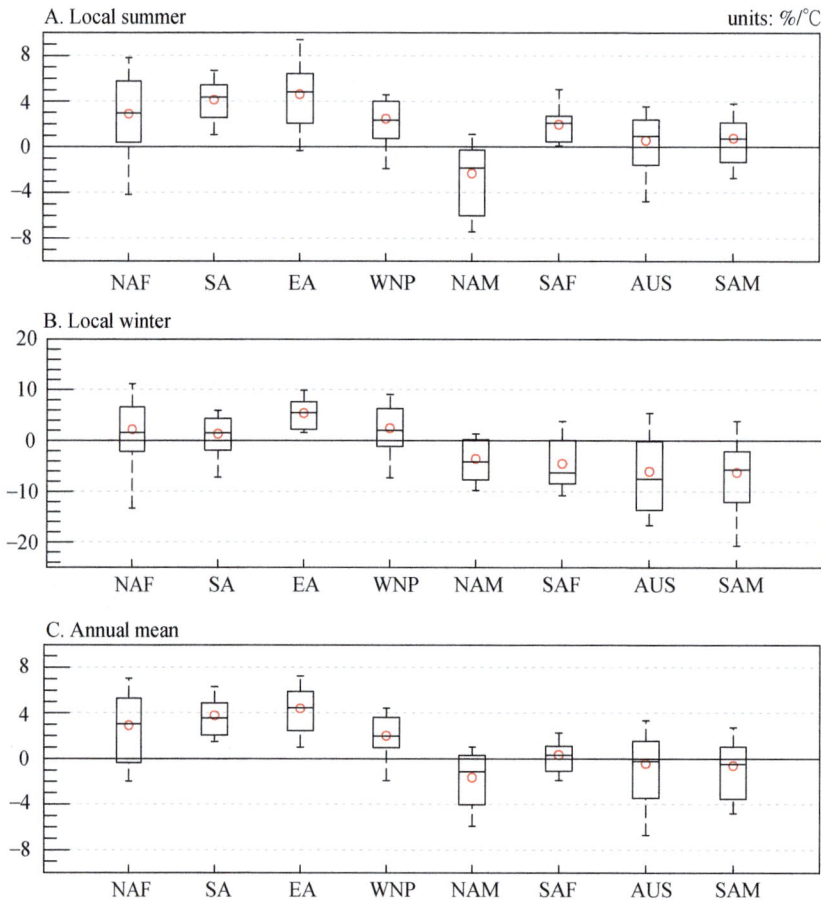

图6.34　由24个CMIP6模式的SSP2-4.5模拟的8个季风区当地夏季（A）、当地冬季（B）与全年（C）平均陆地降水在全球变暖每变化1℃区域陆地季风降水敏感性变化百分比

注：当地夏季表示为 NH 的 JJAS 平均和 SH 的 DJFM 平均。箱型的上（下）底表示83（17）百分位，因此，箱型包含模式预测数据66%"可能"范围，箱型中的横线表示中位数，红色圆圈表示平均值，垂直的虚线表示5%~95%可能性发生的范围

即 SAF、AUS 和 SAM 将可能会减少。通过模型间偏差预测的不确定性在 AUS 与 NAF 上是最大的，此外，夏季 NAM 和冬季 SAM 也表现出较大的模拟偏差。

图 6.35 显示了降雨标准差的变化。对比图 6.34 和图 6.35 可以看出，除 NAM 外，SD 的变化似乎与对应的平均 LMP 的变化方向一致，但由于模式间偏差较大，故 SD 的变化不太显著。在当地夏季，SAF 与 SAM 预测的 SD 很可能增加，而在当地冬季，WNP 的 SD 则可能会增加。年平均降水变率虽然在大部分季风区显示了增加，但可能只会在 SA 与 SAM 增加。

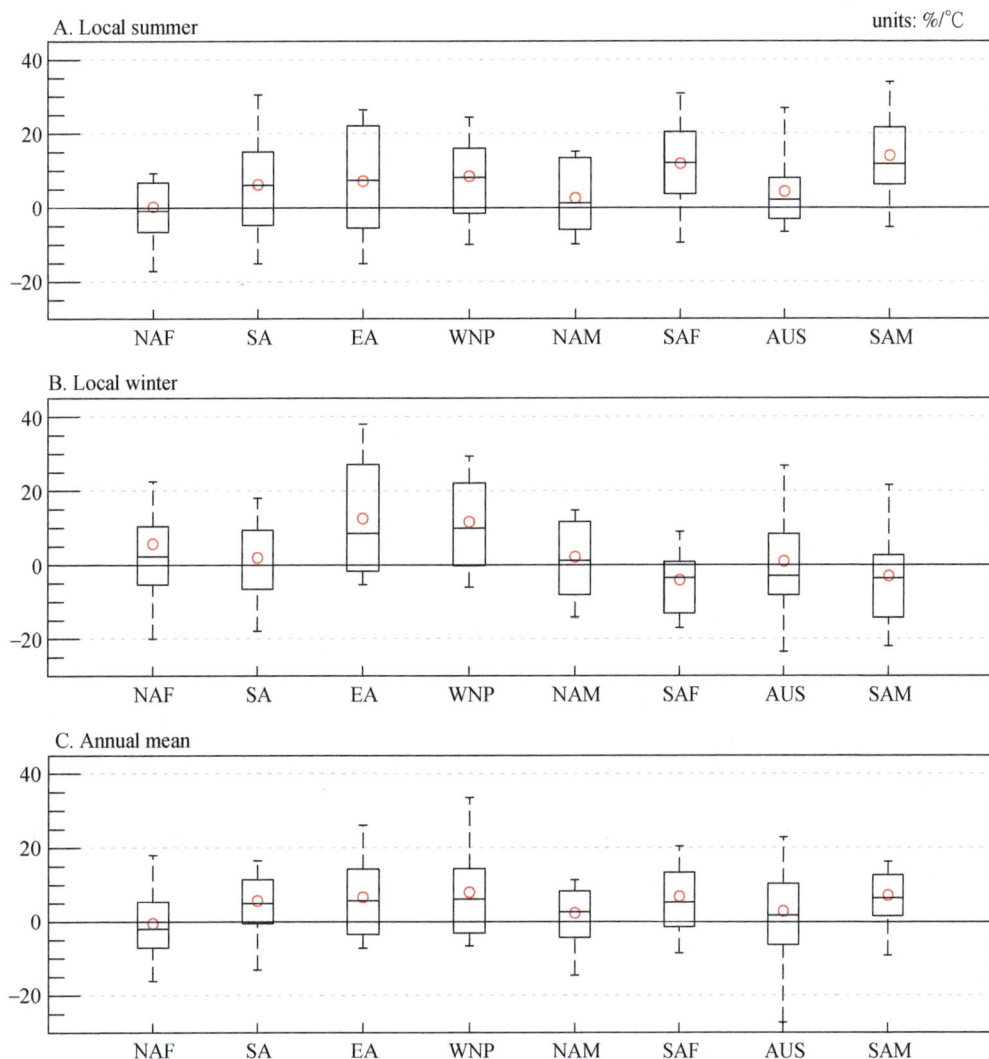

图 6.35　降雨标准差

依据预测结果，在人为强迫下，全球季风降水变率将增强，季风与 El Niño 之间的关系也将增强（Hsu et al., 2013）。此外，更频繁的极端 ENSO 事件（Wang et al., 2019）可能会增强未来极端季风降水（Cai et al.，2014）。

从 SSP2-4.5 得到的 2065～2100 年季风年降水主模态的空间模态与从历史模拟中得到的 1979～2014 年的季风年降水主模态的空间模态非常相似，除 NAF（PCC＝0.73）外，PCC 均高于 0.90（图 6.36）。除了 SAM 的轻微的增加外，预测的方差也非常相似。在最近的一次分析 CMIP6 的结果中，预测全球季风降水的主成分与季风年同期 NINO 3.4 的 SST 异常相关系数也将增加，在 SSP2-4.5 中 $R=-0.83$，而在历史模拟中仅为 $R=-0.65$（Wang et al.，2020b），并与 CMIP5 评估结果一致（Hsu et al.，2013）。然而，在区域尺度上，基于 B10MME 预测的 ENSO-季风的预测关系仅在 SA 与 SAF 增强，而在其他地区保持不变。

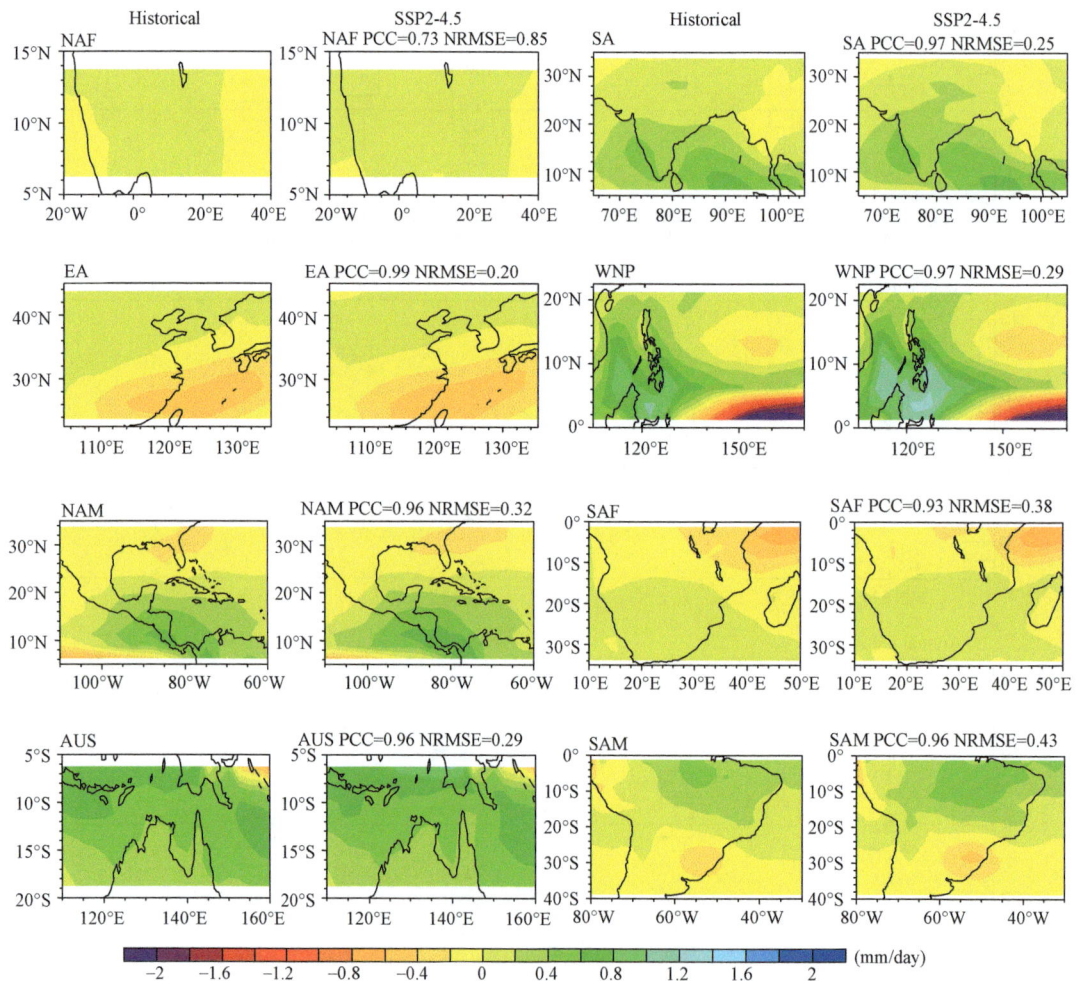

图 6.36　历史模拟与 SSP2-4.5 模拟的各季风区预测的季风年降水量年际变率的 EOF 主模态变化

图 6.37 为 1979～2100 年各季风区陆地季风环流指数的瞬时响应。季风环流指数在 SA 和 EA 上有轻微的上升的趋势，在 WNP 和 SAM 上有轻微下降的趋势，但我们认为模式间

偏差在一个标准差之内，它们的趋势并不具有统计学意义。预测的 NAM、AUS 和 SAF 环流指数显著下降，而 NAF 环流指数显著上升。

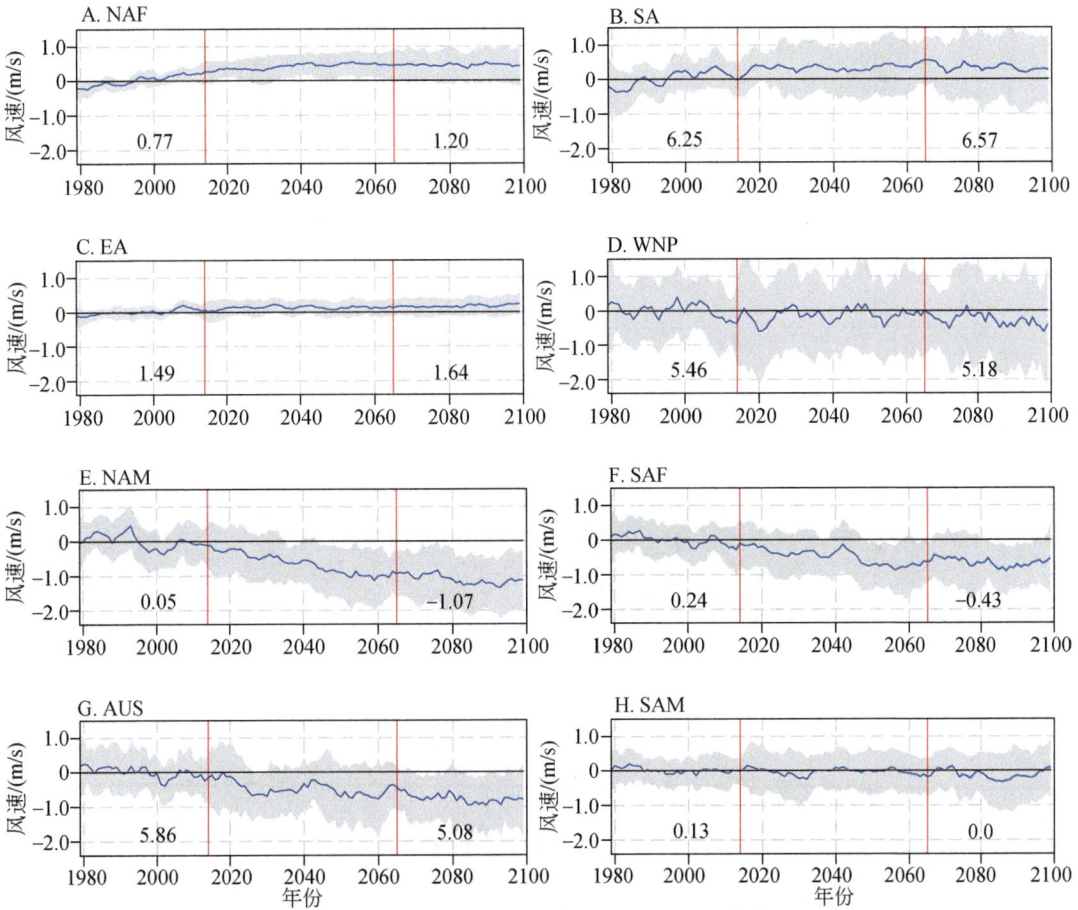

图 6.37　八个季风区夏季季风环流指数变化时间序列

注：时间序列来自 CMIP6 中 24 个模式 MME，1979～2024 年为历史模拟实验；2015～2100 年为 SSP2-4.5 模拟试验。0 处水平线代表了现在时间段（1979～2014 年）气候平均态，该时间序列代表了相对于现代的距平值。平均季风环流指数的 MME 的不确定性为 24MME 中单模式分布的一倍标准差。整个时间序列使用了 5a 滑动平均。每个图中的数字分别表示了 1979～2014 年与 2065～2100 年的气候态平均值

图 6.38 为模拟的现在平均（1979～2014 年）以及未来（2065～2100 年相对于 1979～2014 年）各个季风区夏季降水与 850hPa 风场变化（除了 SAF 的 700hPa 风场没有显示）。预测的南太平洋降水减少与美国南部和墨西哥的反气旋异常相一致，后者向赤道东太平洋输送水汽。这一结果与减少的 NAM 降水和相关的环流指数（图 6.38D）很好地吻合。AUS 季风区受异常反气旋环流控制，环流指数呈下降趋势（图 6.38E）。这一结果与 CMIP5 的预测不同，CMIP5 预测澳大利亚北部降水增加。南大西洋上空环流模式的变化倾向于增加南美洲东南部的降水，但亚马孙上空的反气旋异常倾向于减少当地降水。对于南

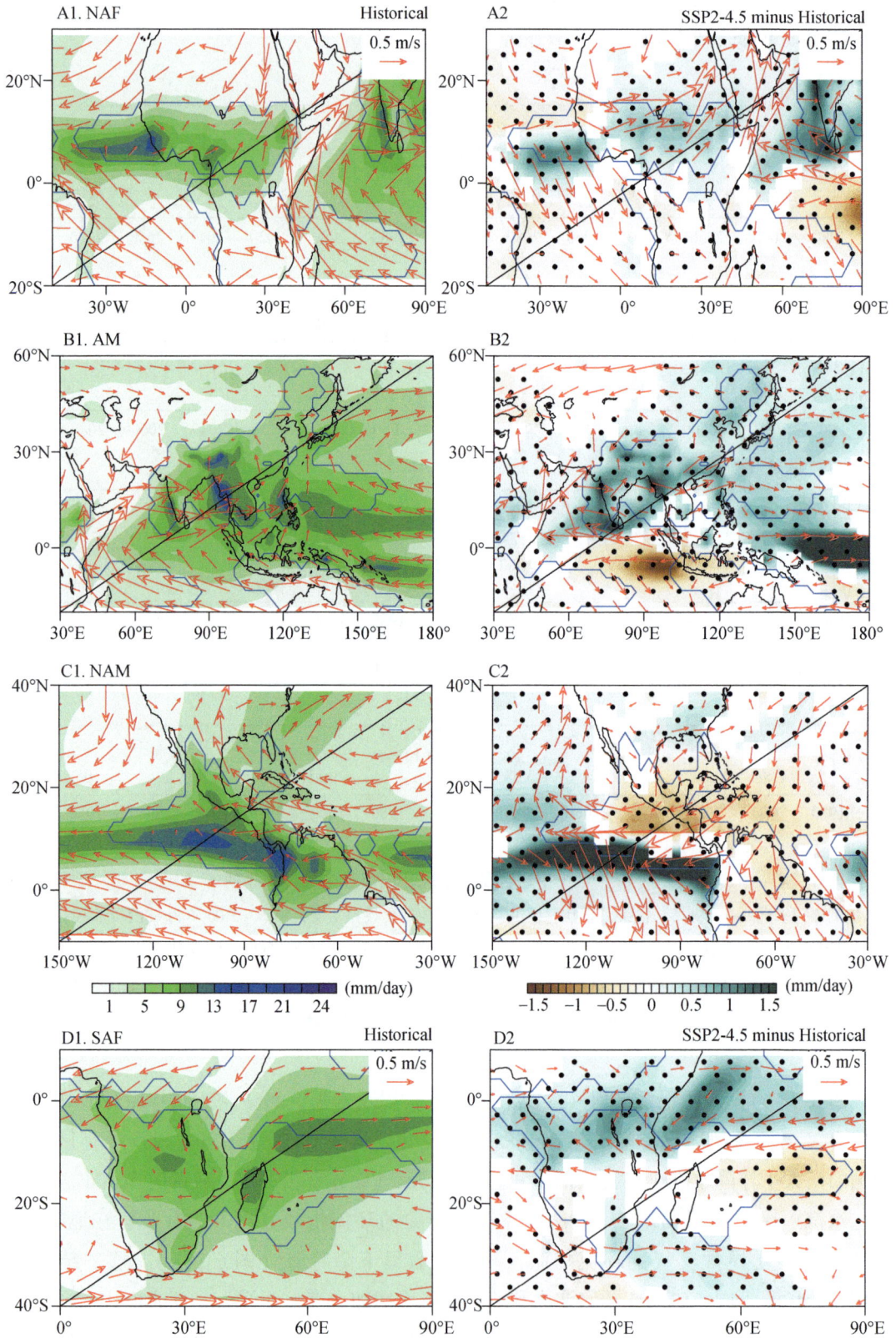

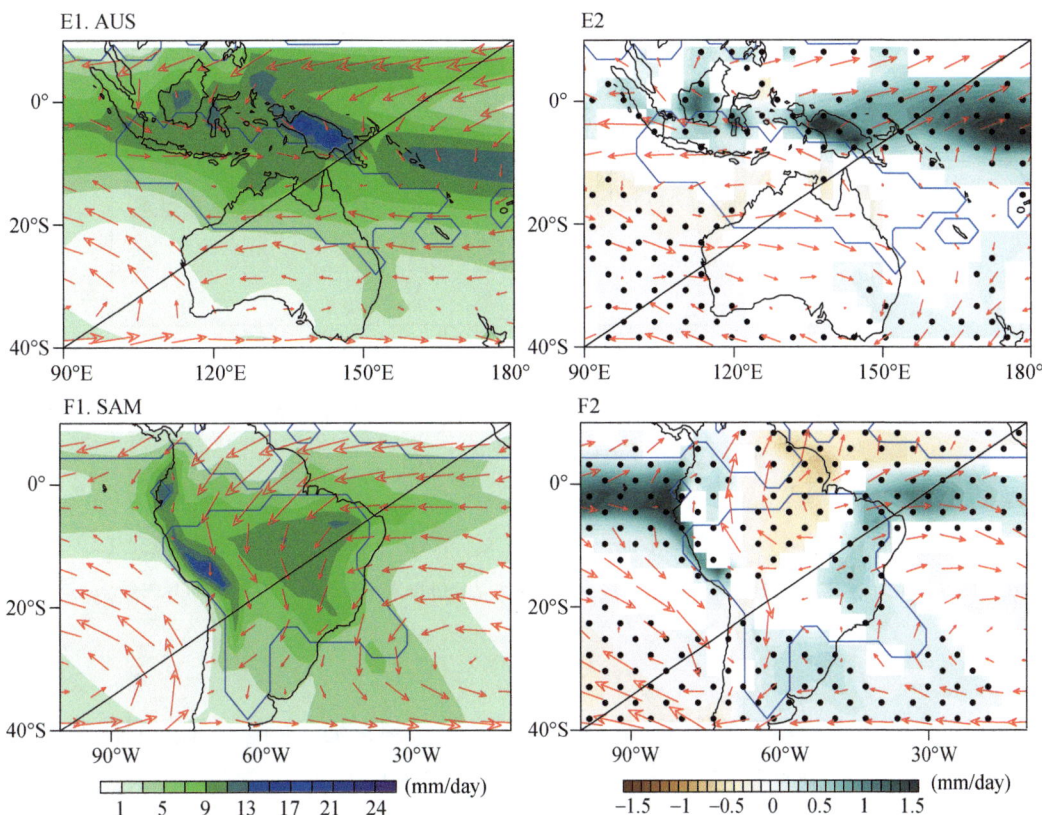

图 6.38　夏季（北半球 JJAS 与南半球 DJFM）850hPa 风（矢量，m/s）与降水（阴影，mm/day）空间模态
注：A1、B1、C1、D1、E1、F1 为 CMIP6 的 24MME 平均气候态；A2、B2、C2、D2、E2、F2 为未来改变（2065～2100
年相对于 1979～2014 年）。注意！为了减少地形的影响，SFA 区域的风选在 700hPa。A2、B2、C2、D2、E2、F2 中的
阴影区域表示降水变化在 66％ 的置信水平显著；打点的区域表示降水变化在 95％ 置信水平显著

亚季风区，南亚季风区北部有较多的降水，与一个局地气旋槽相对应。三个海上区域季风
LMP 的经向偶极分布变化与环流变化基本一致。

#### 6.2.3.4　未来变化与预测不确定性来源的归因

图 6.39 显示了水汽的垂直和水平运动和表面蒸发对各季风区夏季区域平均的 LMP 变
化（2065～2100 年平均值减去 1979～2014 年平均值）的贡献预估。总体而言，除 NAM
（−0.2mm/day）和 EA（0.2mm/day）两个季风区水汽通量主要受北风与南风作用外，其
余季风区的区域平均的水平运动（$\langle V_h \cdot \nabla q \rangle$）（小于 0.1mm/day）均起着微不足道的作
用。同时，除 EA（0.25mm/day）表面阵发量较大外，其他季风区的蒸发量均有适度增加
（约为 0.05～0.15mm/day）。水汽垂直运动变化$\left( \left\langle \omega \dfrac{\partial q}{\partial p} \right\rangle \right)$在所有区域季风中均起主导作
用，除了 AUS 和 SAM 中夏季 LMP 没有显著变化。诊断的区域夏季风降水变化与 24MME
预测结果吻合较好，但诊断结果略高于预测降水量。

在适当的尺度下，区域月平均降水量或季节平均降水量可以近似为上升运动（$-\omega_{500}$）

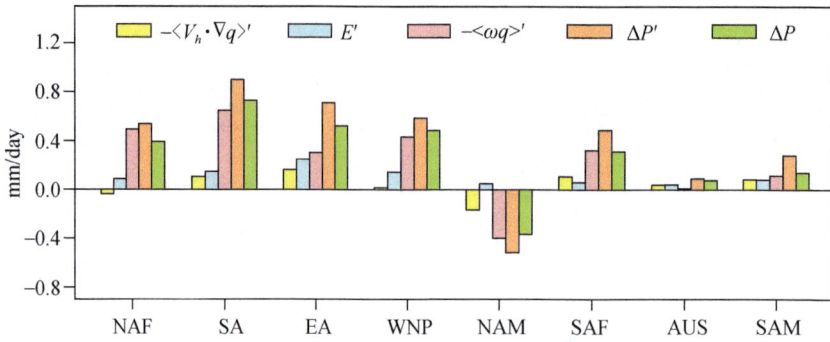

图 6.39 基于区域平均的水汽守恒方程式的各季风区当地夏季陆地季风降水变化的水汽收支变化

（2065～2100 年平均值减去 1979～2014 年平均值）

注：变化及各水汽收支要素基于 CMIP6 的 24MME 模拟结果来计算。黄色、浅蓝色、浅粉色、橙色及绿色柱状图分别表示水汽水平运动变化（$-\langle V_h \cdot \nabla q\rangle'$）、蒸发变化（$E'$）、垂直水汽辐合变化（$-\langle \omega q\rangle'$）、诊断的降水变化（$\Delta P'$），以及模拟的降水变化（$\Delta P$）。$E$ 与 $P$ 表示为表面蒸发量与降水量，$q$ 是 850hPa 绝对湿度，$V_h$ 是 850hPa 风矢量，$\omega$ 是 500hPa 大气垂直运动速度

与 850hPa（$q_{850}$）的比湿度的乘积。2015～2100 年各季风区通过 $-\omega_{500} \cdot q_{850}$ 估算的降水与各季风区 24MME 模拟的降水高度相关，相关系数在 0.90～0.97，RMSEs 较小。由于忽略了地表蒸发和水平平流的重要贡献，使得 EA 具有最高的 RMSE。除此之外，除了 NAF，图 6.40 中的区域平均上升运动的变化大体上与区域季风环流指数的相应变化一致。

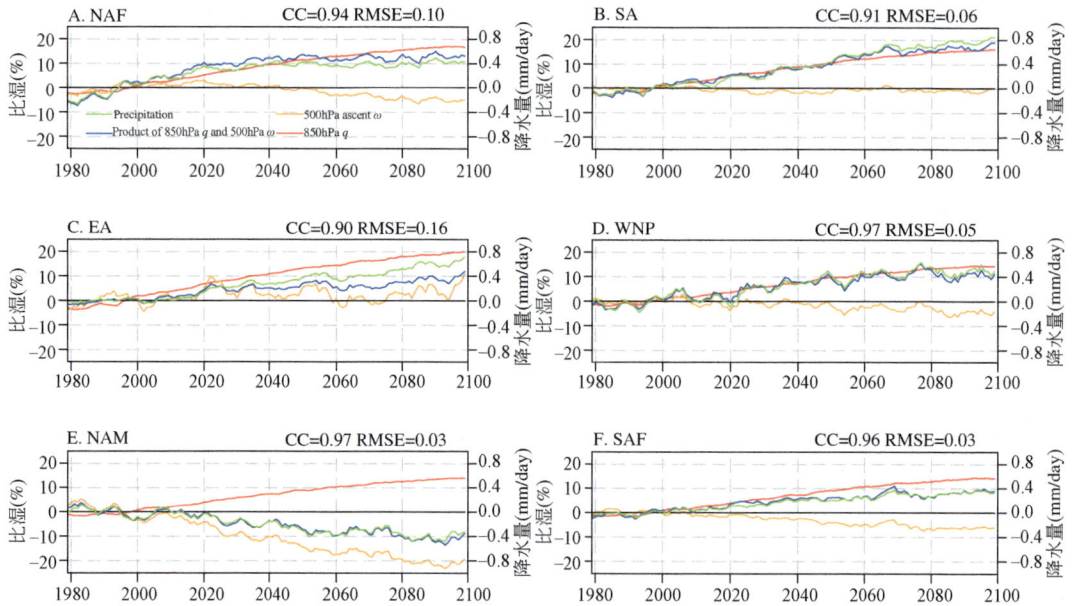

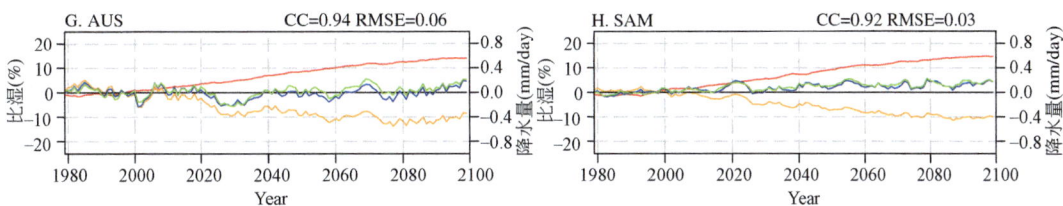

图 6.40　24 个模式集合平均的历史模拟时期（1979～2014 年）及 SSP2-4.5 模拟时期（2015～2100 年）的各季风区的 850hPa $q$（比湿，红线）、500hPa 上升 $\omega$（500hPa 负垂直压力速度）和公式计算得到的 850hPa $q$ 与 500hPa $\omega$（诊断的降水量，蓝线）及模拟的降水量（绿线）

注：$q$ 与 $\omega$ 用变化的百分比表示，即 1979～2014 年以对应平均值的距平的归一化。诊断与模拟的降水都由它们对应的 1979～2014 年的距平值定义（单位：mm/day）。诊断与模拟降水之间的 PCC 与 RMSE 在每张图的右上角上显示

我们通过模型间偏差分析来研究 NH 区域季风的变化。在北非，预测的 NAF 陆地季风降水增加的模型对应着撒哈拉和邻近北大西洋地表气温的增加，$R = 0.68$（$p < 0.01$）（图 6.41A）。因此，未来 NAF LMP 的增强可能与撒哈拉和邻近的北大西洋变暖有关。该模式预测的北大西洋海温和撒哈拉地区地面气温变化的不确定性可能导致该模式预测 NAF LMP 的不确定性。

图 6.41B 为亚洲大陆季风的分析结果（包括 SA 和 EA），这表明模型预测出更高的增加在亚洲陆地季风降水与在东半球欧亚大陆及邻近印度和太平洋陆地热对比（$R = 0.78$，$p < 0.01$）。此结果有双重含义：一方面，多模式物理研究表明，温室气体强迫导致的"陆地比海洋暖"温度模态加强了亚洲季风环流，可能将加剧未来亚洲陆地季风降水的变化（Endo et al., 2018）；另一方面，模式间的偏差表明模式预测的陆-海热对比的不确定性可能导致亚洲 LMP 变化的预测不确定性。

未来陆-海热力对比增强将有利于北非季风的增加，而不利于美洲中部大陆桥周围广阔海洋的北美季风的增加。因此，NH 季风响应的东西不对称性仅有部分能归因于温室气体迫使的"陆地比海洋暖"模式，因为它不能解释南太平洋总降水的减少。然而，我们发现预测的 NAM 夏季总降水与赤道中太平洋海温之间存在关联，$R = -0.56$（$p < 0.01$）（图 6.41C），结果表明，未来赤道中太平洋变暖可能是南太平洋降水减少的主要原因。物理上，这种情况类似于 El Niño 事件中发生的情况（Magaña et al., 2003）。图 6.41C 的结果也表明，模式对赤道太平洋海温变化预测的不确定性也会导致 NAM 夏季风降水的不确定性。

### 6.2.3.5　结论与讨论

在 SSP2-4.5 增温情景下，CMIP6 模式对区域季风变化的预测结果如下：

1）预测的 SA 的夏季平均 LMP 可能增加，EA、NAF 和 WNP 夏季降水可能增加，而

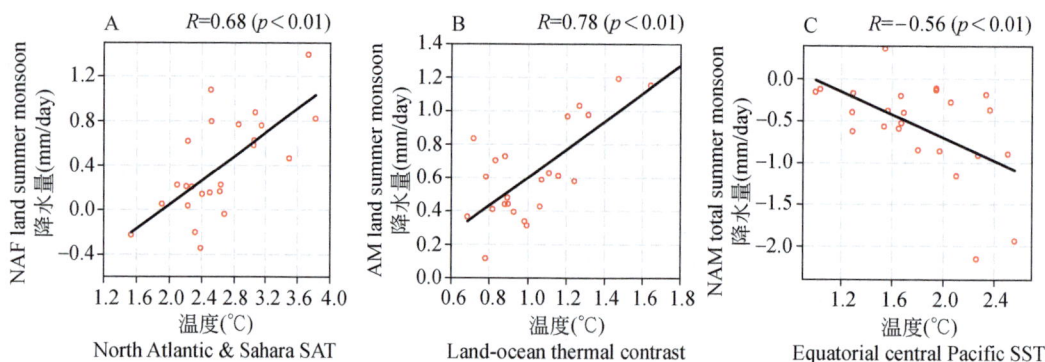

图 6.41　CMIP6 中 24 个模式预测结果偏差分析

注：图 A 为 JJAS 平均 NAF 陆地季风降水与北非（20°N～40°N，60°W～0°）和撒哈拉（25°N～35°N，0°～60°E）的 SAT 的关系。图 B 为 JJAS 平均亚洲季风（AM）陆地降水与陆地区域（0°～60°N，30°E～180°E）和海洋区域（10°S～60°N，30°E～180°E）计算的海陆热力对比的关系。图 C 为 JJAS 平均的 NAM 总季风降水与太平洋赤道中部（5°S～5°N，150°E～130°W）SST 的关系。R 为相关系数

NAM 的 LMP 极有可能减少。EA（4.6%/℃）和 SA（4.1%/℃）夏季降水敏感性最高。预测在 SH 季风区，即 AUS、SAF 和 SAM 的年平均降水量并没有明显变化。在 NH 季风区，夏季降水变化主导年平均变化；而在 SH 季风区，夏季和冬季降水变化方向相反，对年平均降水变化的贡献不大。值得注意的是，未来冬季 SH 季风区 LMP 均将受到抑制，这与夏季 NH LMP 显著增加一致，表明 NH-SH 之间存在一种贯穿 Hadley 环流的联系。

2）除 NAM 外，各季节和年平均降水的预测年际变化趋势与 LMP 的变化趋势一致；然而，由于存在了较大的不确定性，这些变化并不显著。夏季 LMP 的变率可能只会在 SAF 和 SAM 上增加。

3）预测各季风区年际降水主模态的空间模态和方差均无变化。然而，预计 ENSO 区域 LMP 的关系将在 SA 上增强，可能也会在 SAF 和 SAM 上增强，但在其他地区基本不变。

4）预测的对流层低层夏季环流变化显示，NAM、AUS 和 SAF 有明显的下降趋势，而 NAF 有明显的上升趋势。减少（增加）趋势与低空反气旋（气旋）环流变化一致。SA 和 EA 季风区环流指数呈轻微增加趋势，但不显著。

5）预计夏季 LMP 在北半球地区季风（EA、SA 和 NAF）都较为一致，这是符合相应的对流层低层环流变化：亚洲和 NAF 季风区气旋环流变化钠对应降雨增加，而 NAM 季风区的反气旋环流变化对应降雨减少。而在 SH 季风区，夏季降水变化倾向于南北偶极型（AUS、SAF 和 SAM），这与相应的环流变化模式一致。

是什么驱动了未来区域季风降水的变化？

1）水汽守恒分析表明，在所有区域季风中，LMP 变化主要由垂直水汽平流变化（$\langle \omega \frac{\partial q}{\partial p} \rangle$）主导。相比之下，水平水汽变化（$\langle V_h \cdot \nabla q \rangle$）一般可忽略，导致地表蒸发量增加。

2）各地区夏季平均 LMP 均可由上升运动（$-\omega_{500}$）与 850hPa 比湿度（$q_{850}$）的乘积来拟合。EA 的 LMP 的低估是由于忽略了蒸发，而蒸发是一个影响 LMP 重要的贡献。

3）各区域季风的比湿度均以 7 %/℃ 的速率增加，因此，它无法解释区域差异。环流变化是导致各区域季风 LMP 变化显著差异的主要原因。

4）模式间差异分析为环流变化导致区域季风降水变化的机制提供了物理依据。结果表明，温室气体强迫导致的"陆地比海洋暖"温度模式增强了亚洲季风环流，从而增强了亚洲 LMP。温室气体强迫导致的"暖撒哈拉—北大西洋"模式可能会增强 NAF LMP。未来南太平洋夏季总降水量的减少与模型预测的赤道中部太平洋变暖密切相关。

5）模式间差异研究分析表明，模型在预测海-陆热力差异的偏差可能导致预测的亚洲和非洲北部季风降水的变化的不确定性，以及对赤道太平洋和北大西洋 SST 变化的模式间的偏差可能是导致预测的北美与北非季风不确定的来源。

# 气候系统内部变率对年代际气候变化的贡献

## 7.1 太平洋内部变率对年代际气候变化的贡献

### 7.1.1 IPO调节大西洋纬向模对澳大利亚秋季降水年际变动的影响

#### 7.1.1.1 研究背景

近年来澳大利亚经历严重的干旱威胁，2017～2019年农作物年产量较自2011年以来减少12.6%。秋季降水是影响澳大利亚冬小麦产量的关键因素之一，明确澳大利亚秋季降水的影响因子及物理机制对提高秋季降水的季节预测和农作物管理具有重要意义。

#### 7.1.1.2 IPO对澳大利亚秋季降水的影响及机制

利用4～5月AZM指数对同期降水进行回归分析可以有效揭示发展期AZM对降水的影响（图7.1）。结果显示：在IPO正位相年，当AZM发生时，澳大利亚大部分地区尤其是澳大利亚中部经历大范围降水减少（图7.1B）；而在IPO负位相年，AZM可引起澳大利亚大部分地区尤其是澳大利亚中南部降水增加（图7.1C）。我们分别定义了IPO正位相期间澳大利亚降中部降水指数（Central Australia Precipitation Index，cAPI）和IPO负位相期间的澳大利亚南部降水指数（Southern Australia Precipitation Index，sAPI）。如图7.1B、图7.1C的黑色方框所示，cAPI为（29°S～17°S，113°E～154°E）区域平均的降水异常，而sAPI为（38°S～22°S，116°E～153°E）区域平均的降水异常。线性相关结果表明，在IPO正相期间，ATL3与cAPI的相关系数为−0.41，通过99%信度检验；在IPO的负位相期间，ATL3与sAPI的相关系数为0.28，通过95%信度检验。以上分析表明，在IPO不同位相，AZM与澳大利亚秋季降水呈近乎相反的相关关系。

用标准化的ATL3指数回归了SST、850hPa位势高度和风场异常，如图7.2所示。在IPO正位相年AZM的发展期，澳大利亚中部对流层低层为反气旋异常所控制，这不仅不利于该地区对流的发生发展，同时反气旋北部的偏东风异常也抑制了自热带印度洋向澳大利

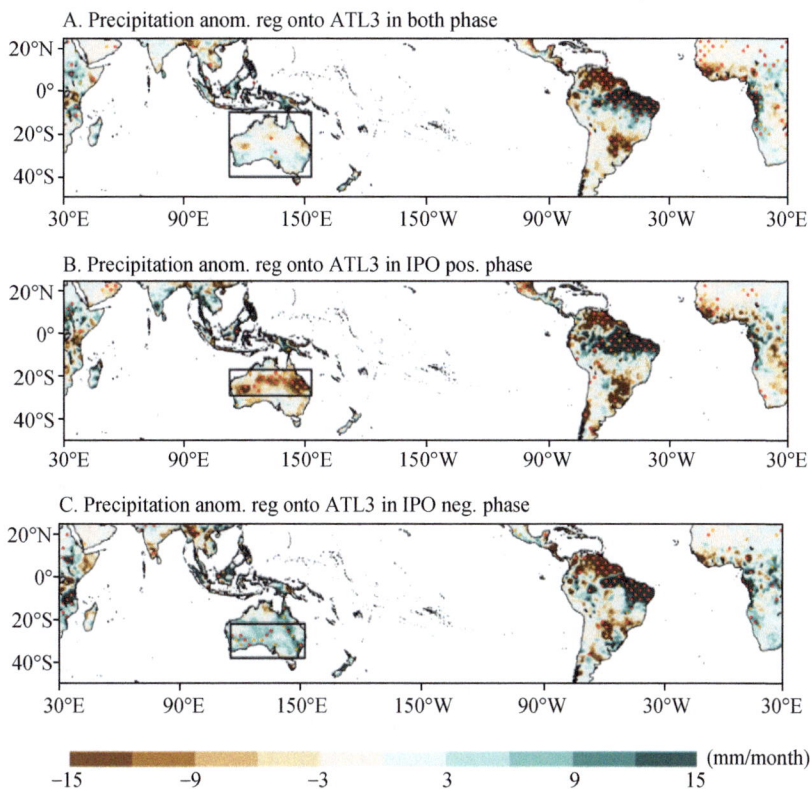

図7.1　1900～2014年全時段（A）、IPO正位相（B）、IPO负位相（C）
南半球秋季（4～5月）ATL3指数回归的同期降水异常（阴影）

注：红色和橙色打点区域分别通过0.05和0.1信度检验

亚的暖湿水汽输送（图7.2A）。因此，澳大利亚中部地区降水显著减少（图7.1B）。这不仅有利于低层辐合，同时该气旋东北部的西北风异常可引导更多热带印度洋的暖湿水汽到澳大利亚中南部（图7.2B），增强澳大利亚中南部降水（图7.1C）。因此，在IPO不同位相年，AZM-澳大利亚秋季降水遥相关的不同，主要由澳大利亚及其附近不同的环流异常所引起。

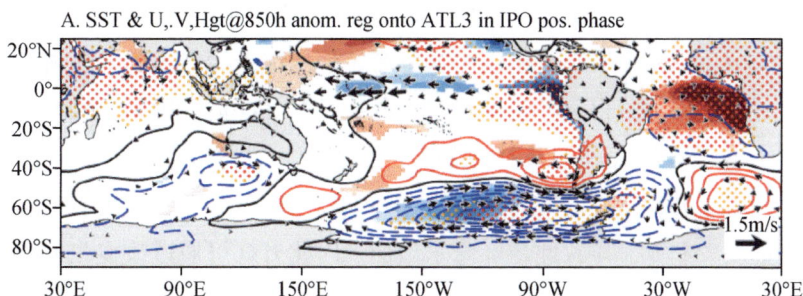

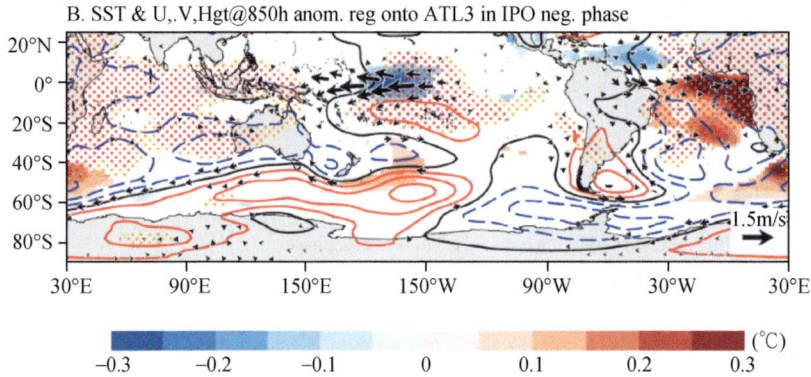

B. SST & U,.V,Hgt@850h anom. reg onto ATL3 in IPO neg. phase

图 7.2　IPO 正位相年（A）、负位相年（B）南半球秋季（4~5 月）ATL3 指数回归的
海温（阴影）、850hPa 位势高度（等值线，间隔：1.5，单位：位势米）和风场异常

注：海温和风场异常只显示通过 0.1 信度检验的区域，红色和黄色打点表示位势高度异常通过 0.05 和 0.1 信度检验

在 IPO 的负位相年，相较于 IPO 的正位相年，AZM 的振幅更大，在热带大西洋引起的上升运动更强，对应的下沉支则位于更偏西的热带中太平洋，而海洋性大陆上未见显著的对流异常。此正压气旋性异常不仅引发澳大利亚地区异常上升运动，而且其低层西北位相的西北风异常，可引导大量暖湿空气从热带印度洋至澳大利亚（图 7.2B），有助于降水形成（图 7.1B）。

### 7.1.1.3　结论与讨论

当 IPO 位于正位相时，AZM 可引起澳大利亚中部秋季降水减少；而当 IPO 位于负位相时，AZM 可引起澳大利亚中南部秋季降水增加。这近乎相反的 AZM-澳大利亚秋季降水遥相关，是源于 IPO 正、负位相年气候背景场和 AZM 振幅的不同。其引起的热带大西洋异常上升运动的下沉支主要位于热带东太平洋，并且通过调节热带太平洋的沃克环流，在海洋性大陆有异常上升运动。该异常上升运动，调节了局地哈得来环流，在澳大利亚中部引起异常下沉，结合对流层低层的反气旋异常风场不利于热带印度洋的暖湿水汽输送，澳大利亚中部出现大面积降水减少。而在 IPO 负位相年，AZM 的强度更强，其引起的热带大西洋异常上升运动的下沉支主要位于热带中太平洋，海洋性大陆并未出现显著的异常上升运动，因此未通过调节局地哈得来环流影响澳大利亚。在 IPO 负位相年，AZM 引起的南半球中高纬地区 Rossby 波在澳大利亚及其西部地区引发正压性气旋异常。该气旋异常引起澳大利亚地区的异常上升运动，同时对流层低层的气旋性环流异常引导更多热带印度洋暖湿气流进入中南部澳大利亚，导致此地区降水增加。因此 IPO 可通过改变气候基本态，调节 AZM 模态及其遥相关。

## 7.1.2　太平洋 SST 内部年代际变率及其对北半球气温和降水的影响

### 7.1.2.1　研究背景

自从 20 世纪 90 年代以来，太平洋海表温度（SST）年代际变率及其气候影响就一直是一个重要的科学研究课题。以往研究定义了各种指数来代表太平洋年代际变率，其中使用最广泛的是太平洋年代际振荡指数（PDO/IPO）。

SST 变率可以看作由外部变率和内部变率两部分组成，而鉴于 PDO 和 IPO 的定义方法，PDO 和 IPO 都不是内部变率。因此 PDO/IPO 不是研究太平洋 SST 内部年代际变率的最优指数。要研究太平洋 IMV 的时空特征及其影响，必须先将数据去除外部变率，再合理地定义太平洋 IMV 指数。

本节使用集合经验模分解（EEMD）方法，将 SST 数据从高频到低频分解为 6 个经验内部模函数，前两个模是年际模，第 3 个到第 5 个模是年代际模，第 6 个模是非线性趋势模。由 EEMD 得到的非线性趋势模视为外部变率，因此从原 SST 变率中去除第 6 个模得到 SST 内部变率，然后再进行 11 年低通 FIR 滤波，从而得到 SST 内部年代际变率。经过低通滤波之后，数据的自相关程度会大幅增加，从而减小其有效自由度，因此本研究计算了有效自由度，然后对回归系数进行 $t$ 检验。

### 7.1.2.2　太平洋 IMV 的时空特征

为了定义太平洋 IMV 指数，先计算了太平洋 SST 的 IMV 方差值（图 7.3A），可见 IMV 方差的大值区位于中纬度北太平洋、北美西海岸邻近海域、赤道东太平洋和中纬度南太平洋。图 7.3B 是 IMV 对 SST 变率的方差贡献。综合考虑 IMV 方差及 IMV 方差贡献率这两个因素，本研究在太平洋区域定义了两个指数：一个是北太平洋 IMV 指数（NPIMV），定义为 SST IMV 在（150°E ~ 145°W，25°N ~ 50°N）的区域平均；另一个是南太平洋 IMV 指数（SPIMV），定义为 SST IMV 在（160°E ~ 120°W，20°S ~ 45°S）的区域平均（见图 7.3 的方框）。在 180°W 以东（20°S ~ 10°S）之间的热带太平洋区域也符合两个大值区条件，但是本研究只分析热带外 IMV 及其影响，因此不使用热带 SST 来定义指数。

NPIMV 的空间分布特征表现为在北太平洋方框区 SST 为显著正异常，而南太平洋 SST 变化不明显（图 7.4A）。SPIMV 的空间分布特征是在南太平洋方框区 SST 为显著正异常，而北太平洋 SST 变化不明显（图 7.4B）。从空间结构上看，NPIMV 和 SPIMV 可看作是相互独立的。NPIMV 和 SPIMV 的时间序列表现出明显的年代际变化，谱分析显示两者都存在着一个长周期（60 ~ 70a）和一个短周期（20 ~ 30a）。两个指数的同期相关和滞后相关都不显著，两者的最大相关系数为 0.3，未通过 90% 显著性检验，因此可看作是两个相互独立的年代际变率。

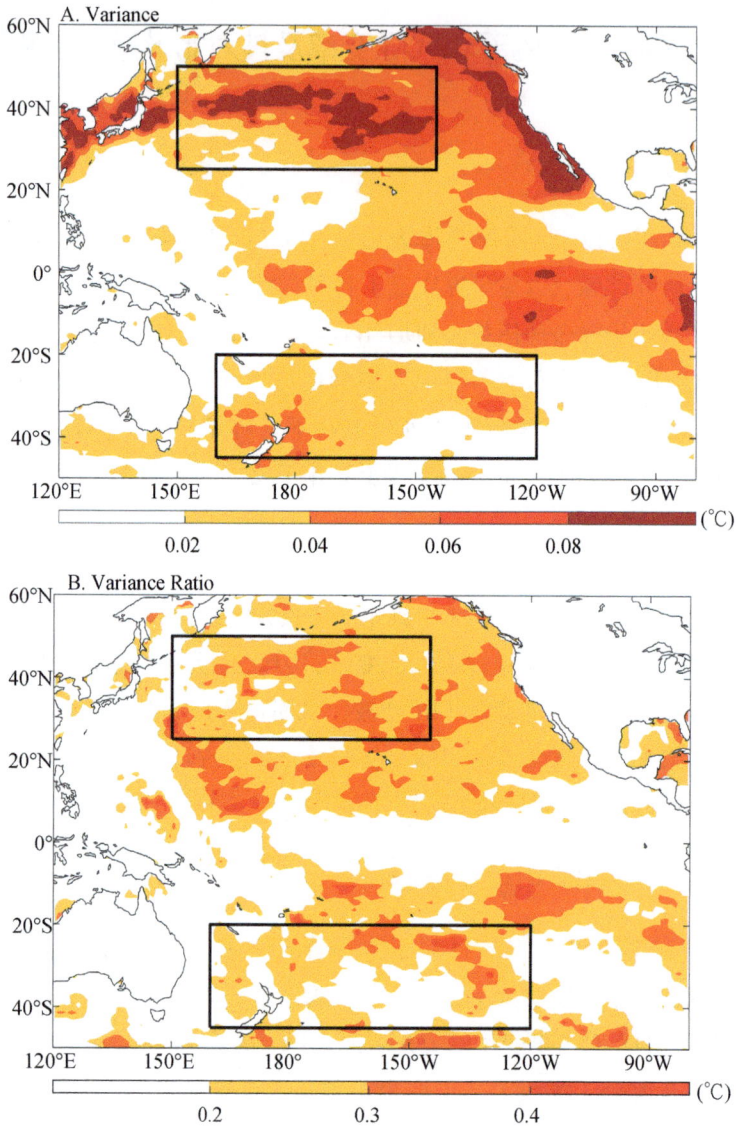

图 7.3　太平洋区域 SST 距平的内部年代际方差值（A）与 SST 内部年代际方差与总方差的比值（B）

注：图中两个方框分别表示北、南太平洋内部年代际变率指数的定义区域

　　从 PDO/IPO 的空间结构来看（图 7.4C 和图 7.4D），在北太平洋中纬度区域的 SST 正异常与 NPIMV 很相似，但是在热带太平洋的 SST 负异常比 NPIMV 更强，表明 PDO/IPO 有更强的热带外–热带之间的联系。NPIMV 序列和 PDO/IPO 序列的相关系数是 0.86，超过 95% 显著性检验。PDO/IPO 与 SPIMV 的 SST 分布不同，且时间序列的相关系数较小，没有通过 90% 显著性检验。因此，PDO/IPO 不能反映南太平洋热带外区域的 IMV，定义 SPIMV 指数来研究其特征及气候影响具有重要意义。

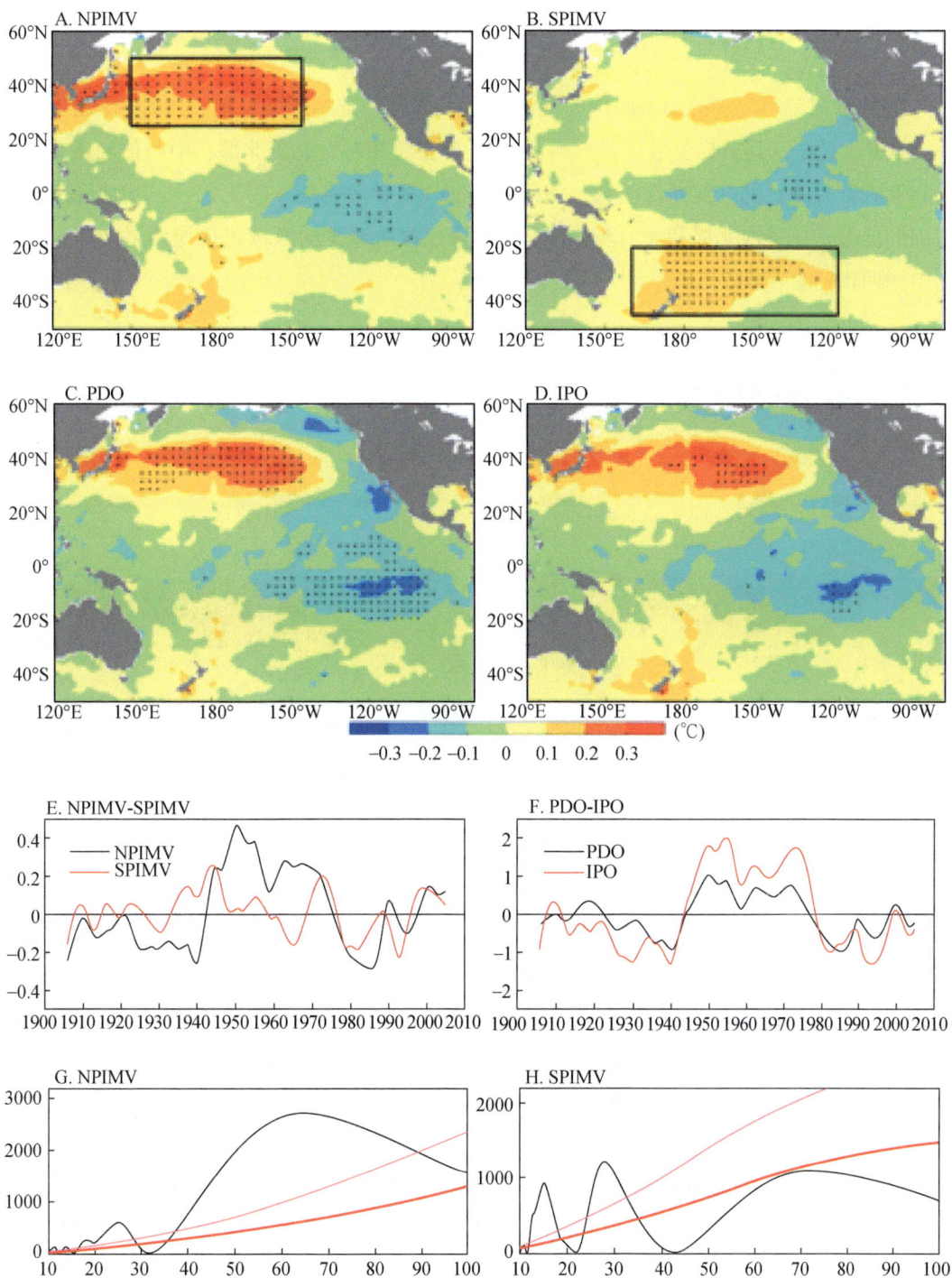

图 7.4　SST 距平回归到 NPIMV 指数（A）、SPIMV 指数（B）、PDO 指数（C）和 IPO 指数（D）

注：图 A~图 D 中，打点区域通过 90% 显著性检验；图 E 为 NPIMV 指数和 SPIMV 指数的时间序列，单位:℃；图 F 为标准化 PDO 指数和 IPO 指数的时间序列，为了便于与 NPIMV 和 SPIMV 进行比较，两个指数都乘以（−1）；图 G 为 NPIMV 指数的功率谱；图 H 为 SPIMV 指数的功率谱。在图 G~图 H 中，红色实线是红噪谱，红色点线是红噪谱 5% 信度检验，x 轴是周期（单位：年），y 轴是功率

### 7.1.2.3 NPIMV 对北半球气温和降水的影响

NPIMV 对春、夏、秋、冬四季的气温和降水都有一定的影响，但 NPIMV 在北半球冬季（DJF）最强，其影响也最显著。当 NPIMV 为正位相时，北美北部、中西伯利亚和东西伯利亚大部分地区的气温异常偏低，青藏高原的气温异常偏高（图 7.5A）；陆地降水显著增加的区域是北美西北部和美国东北部，陆地降水显著减少的区域包括墨西哥和印度北部到中国西南一带（图 7.5B）。

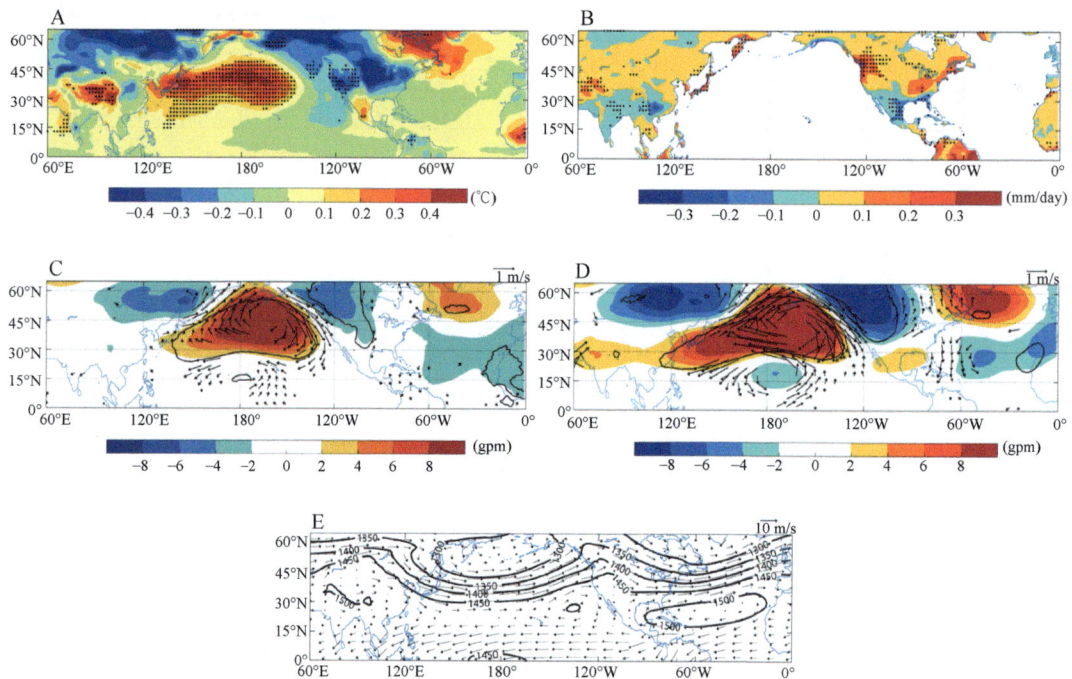

图 7.5 北半球冬季 2m 气温（A）、降水（B）、850hPa 位势高度（阴影）和风场（C）、500hPa 位势高度和风场回归到 NPIMV 指数（D）及气候平均 850hPa 位势高度（gpm）和风场（m/s）（E）
注：图 A 和图 B 中打点区域通过 90% 显著性检验；图 C 和图 D 中风场通过 90% 显著性检验；黑色实线表示位势高度通过 90% 显著性检验

为了理解 NPIMV 是如何影响上述地区的气温和降水，图 7.5C 和图 7.5D 给出了对流层中低层位势高度场和风场对 NPIMV 的回归图。当 NPIMV 为正位相时，从中纬度北太平洋到北美西北部的异常高低压分布类似太平洋–北美遥相关型。在中高纬度北太平洋出现异常高压和异常反气旋环流（图 7.5C 和图 7.5E），使得此处气候态阿留申低压减弱；北美大陆西北部出现异常低压和异常气旋性环流，使得冬季北美大陆高压减弱。大气对 NPIMV 的上述响应可以用温度场和风压场的关系来解释：当中纬度北太平洋 SST 为正异常时，一方面通过感热（及潜热）交换加热其上空大气，使得气柱厚度增加，出现异常高压；另一方面，中纬度大气受到加热会减小从热带到中高纬的经向温度梯度，使得大气斜压性减弱，减弱沿30°N~40°N的纬向西风，导致异常东风和异常反气旋环流（图7.5C和图7.5D）。

中纬度北太平洋异常高压和北美西北部异常低压的配置，使得北美西北部为异常西北气流，异常西北风带来的冷平流导致北美北部大部分地区气温降低。NPIMV引起俄罗斯出现异常低压和异常气旋性环流，从极地来的冷平流导致中西伯利亚和东西伯利亚气温降低（图7.5A、图7.5C、图7.5D）。

NPIMV引起的异常西北风位于气候态脊后的西南风处，它们交汇于北美西北部导致此处降水增多。美国东北部地区处在大陆异常低压和中高纬度北大西洋异常高压之间，为异常偏南风，它与气候态脊后的西北风交汇于北美东北部，有利于此处降水增多。NPIMV引起墨西哥出现弱的高压异常，不利于降水，因此墨西哥降水比气候态偏少。NPIMV引起的北太平洋异常高压向西南方向延伸至印度北部（图7.5E），不利于从印度北部到中国西南地区出现降水，导致这一带降水异常偏少（图7.5B~图7.5E）。

### 7.1.2.4　SPIMV对北半球气温和降水的影响

当SPIMV为正位相时（图7.4A），欧洲北部和北美东北部气温异常偏高；西西伯利亚气温异常偏低（图7.6A）；陆地降水显著增加的区域是俄罗斯中部，陆地降水显著减少的地区是俄罗斯西部和东南部（图7.6B）。当SPIMV为正位相时，中纬度南太平洋SST正异常能够激发出一个局地异常高压（图7.6C）。500hPa流函数在此处为负异常（即逆时针环流），并且向着东北方向依次有负、正、负、正的异常波列从中纬度南太平洋传至中纬度北大西洋（图7.6D）。中纬度北大西洋的异常表面风应力方向与其上空的环流方向一致，也是顺时针环流，从而产生向中心辐合的Ekman输送，使得海平面高度增加，导致热含量增加，SST增加。异常波列传至中纬度北大西洋，使得局地温度增加，加强或激发波列向东传播，依次有负、正、负、正异常传至北欧、西西伯利亚和俄罗斯东部地区，这个波列与欧亚遥相关型类似。

SPIMV引起的欧亚大陆近地面气温异常与环流场高低压异常一一对应，即异常高压对应着气温异常偏高，异常低压对应着气温异常偏低。北美北部在气候态处于低压西南部，盛行西北气流，SPIMV在此处产生异常高压，使得气候态低压北移，因此北美北部气温异常偏高（图7.6A和图7.6C）。SPIMV在俄罗斯西部和东南部上空激发出异常高压（图7.6C），此处对流层高层为辐合（图7.6E），低层为辐散，并伴有下沉运动（图7.6F），不利于降水，因此俄罗斯西部降水异常偏少（图7.6B）。而俄罗斯中部为异常低压，此处对流层高层为辐散，低层为辐合，并伴有上升运动，有利于降水，因此俄罗斯中部降水异常偏多。

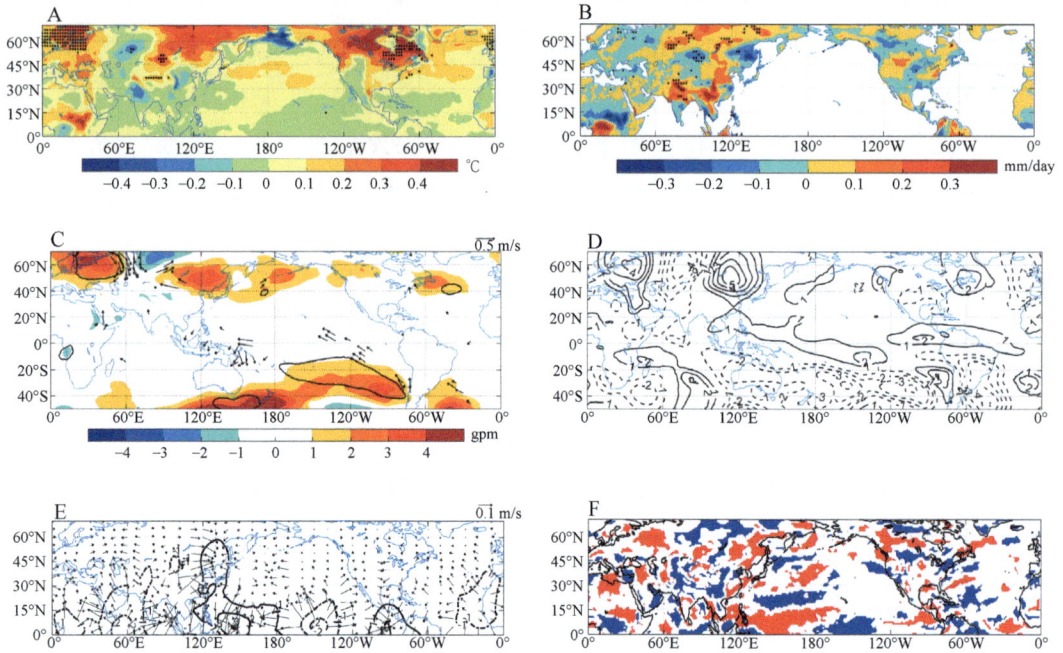

图 7.6 北半球冬季 2m 气温（A）、降水（B）、850hPa 位势高度（阴影）和风场（C）、
500hPa 流函数（$10^5\,\mathrm{m^2/s}$）（D）、200hPa 速度势（等值线，$10^5\,\mathrm{m^2/s}$）和辐散风（箭头，m/s）
（E）及 500hPa 垂直速度（Pa/s）回归到 SPIMV 指数（F）

注：图 A 和图 B 中打点区域通过 90% 显著性检验；图 C 中风场通过 90% 显著性检验，黑色实线表示位势
高度通过 90% 显著性检验；图 F 中红色区域表示下沉运动，蓝色区域表示上升运动

### 7.1.2.5　结论与讨论

本节利用 EEMD 方法分离出 SST IMV，将太平洋 SST IMV 方差，以及 IMV 方差对总方差的贡献率同时为大值的区域分别定义为北太平洋和南太平洋内部年代际变率的新指数（NPIMV 和 SPIMV）。两个指数都存在一个约 70a 的长周期和一个 20～30a 的短周期。NPIMV 和 SPIMV 在时空特征上不存在显著的相关关系，表明它们是两个相互独立的年代际变率。NPIMV 和 SPIMV 在局地激发出异常气压和环流场，通过遥相关波列传至其他地区，引起其他地区的气温和降水发生变化。当 NPIMV 为正位相时，北半球冬季气温在北美北部、中西伯利亚和东西伯利亚大部分地区异常偏低，而在青藏高原异常偏高；在北美西北部和美国东北部的降水异常偏多，而在墨西哥和印度北部到中国西南一带的降水异常偏少。当 SPIMV 为正位相时，北半球夏季气温在欧洲北部和北美东北部异常偏高，而在西西伯利亚异常偏低；降水在俄罗斯中部异常偏多，而在俄罗斯西部和东南部异常偏少。

## 7.1.3 北半球陆地季节性降水的年代际变率：观测和 CMIP6 历史模拟分析

### 7.1.3.1 研究背景

对于年代际尺度的预测来说，研究陆地降水的年代际变率（DMVLP）是十分重要的。对半球尺度的 DMVLP 及其机制还不是很清楚，对各个季节 DMVLP 的讨论尤其少，更多的是分析夏季季风降水。因此，本研究的目的是研究四个季节半球尺度 DMVLP 的特征。

虽然对 DMVLP 的影响机制还没有一致的结论，但人们都认为海洋的年代际信号起着重要作用。太平洋年代际振荡（IPO）与美国中西部、澳大利亚东部和非洲南部的降水呈正相关，北太平洋年代际振荡（PDO）/IPO 正位相对应着北美南部和长江中下游流域降水增多，而北美北部、华北和华南降水减少。大西洋年代际振荡（AMO）对北半球夏季季风降水具有重要作用。北美夏季降水在年代际尺度上受 AMO 影响，AMO 暖位相对应着美国中部降水偏少。AMO 还能调节印度夏季风降水的年代际变率，并对西伯利亚暖季的年代际降水有极大影响。不同的海洋年代际信号可能共同作用于 DMVLP，本研究的另一个目标是研究海洋年代际信号对不同季节半球尺度 DMVLP 的作用。

### 7.1.3.2 北半球 GPCC 陆地降水在年代际尺度上的时空特征

北半球冬季 DMVLP 进行 EOF 分析的第一模态解释了 13% 的总方差，图 7.7A 显示了其空间分布。北美中部、南美北部和地中海以北地区为显著的降水增多区，美国南部、俄罗斯中西部、阿拉伯半岛和中国南部为显著的降水减少区。第一模态的时间序列显示出明显的年代际变率（图 7.8A），其中，1920～1955 年和 1995～2014 年为正位相，1895～1920 年和 1975～1995 年为负位相。由功率谱分析可见，30～60a 是主要周期，10～15a 是次要周期（图 7.9A）。

北半球春季 DMVLP 进行 EOF 分析的第一模态解释了 11% 的总方差，其空间分布特征是在南美北部、俄罗斯西部和中南半岛为显著的降水增多区，在北美西南部、阿拉伯半岛、伊朗高原和中国东南部为显著的降水减少区（图 7.7B）。第一模态时间序列显示出明显的年代际变率，主周期为 40a（图 7.9B），并且时间序列的振幅在 20 世纪 70 年代末开始变大，与冬季类似。

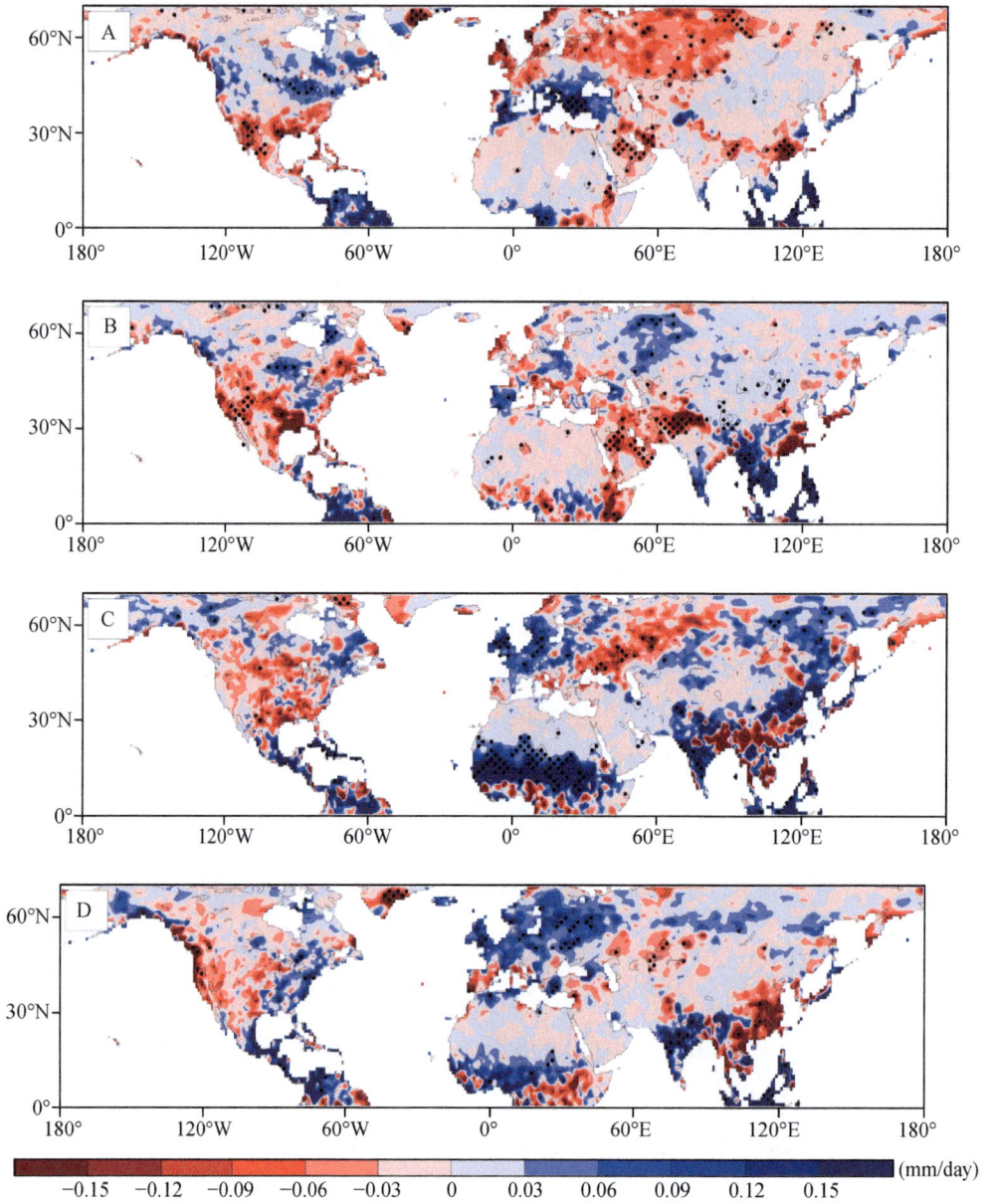

图 7.7　北半球 GPCC 陆地降水年代际异常场 EOF 第一模态的空间分布

注：图 A 冬季，图 B 春季，图 C 夏季，图 D 秋季。打点区域通过 95% 显著性检验

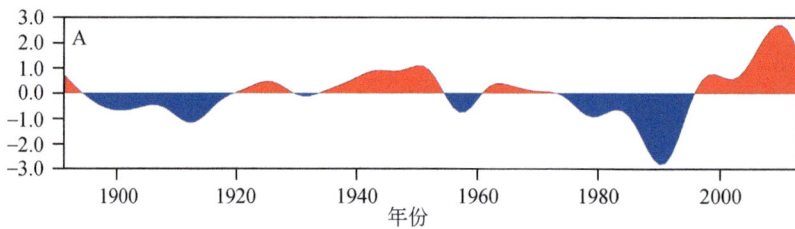

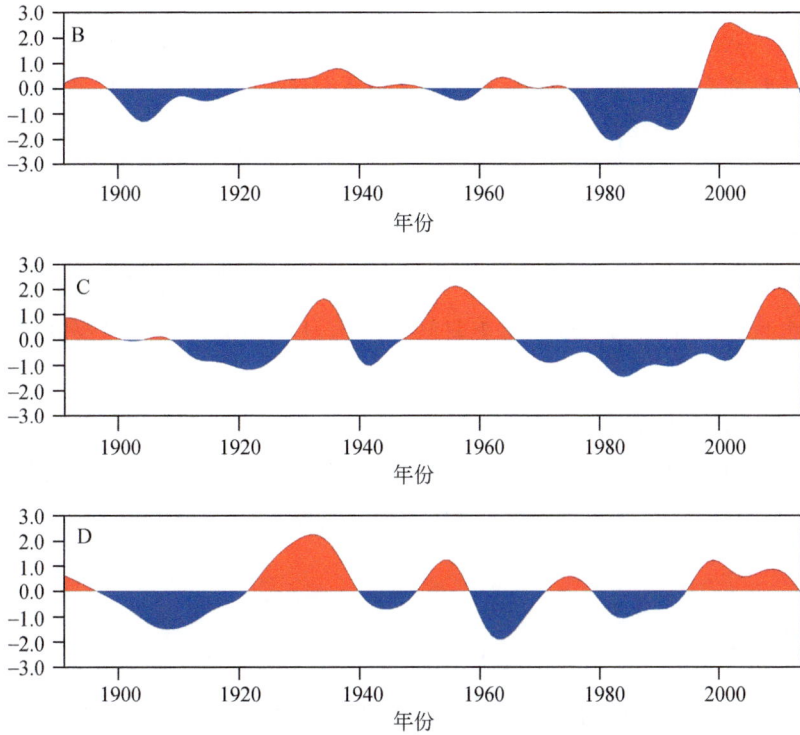

图 7.8　北半球 GPCC 陆地降水年代际异常场 EOF 第一模态的标准化时间序列

注：图 A 冬季，图 B 春季，图 C 夏季，图 D 秋季

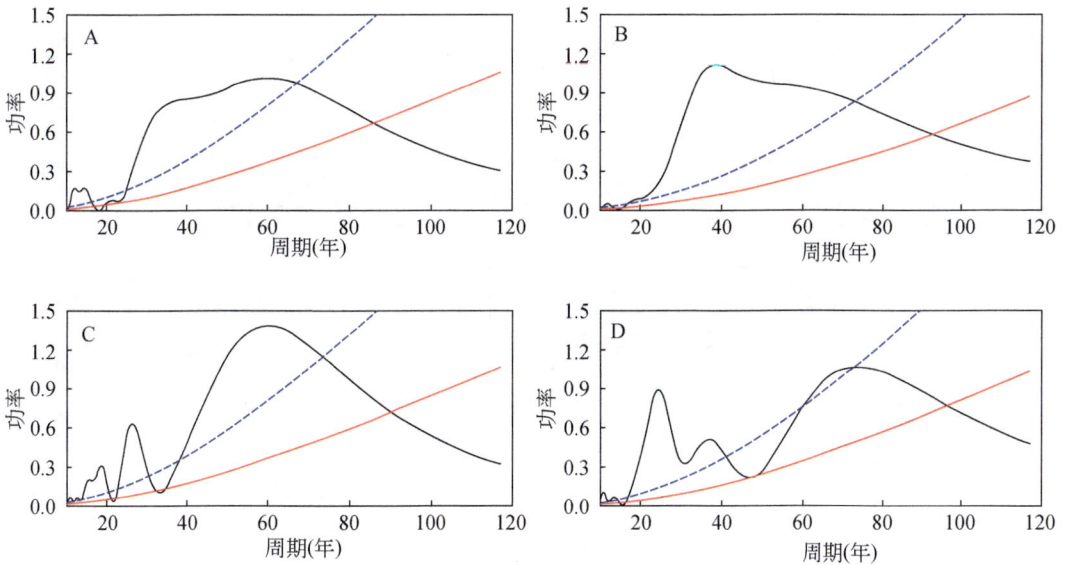

图 7.9　北半球 GPCC 陆地降水年代际异常场 EOF 第一模态时间序列的功率谱

注：图 A 冬季，图 B 春季，图 C 夏季，图 D 秋季。黑色实线是功率谱，红色实线是对应的红噪谱，

蓝色虚线表示红噪谱 5% 信度水平。$y$ 轴是功率，$x$ 轴是周期，单位：年

北半球夏季 DMVLP 进行 EOF 分析的第一模态解释了 9% 的总方差，其空间分布特征是在北非南部、欧洲西部、印度、俄罗斯东部和中国北部为显著的降水增多区，在北美中南部和俄罗斯西部为显著的降水减少区（图 7.7C）。与冬春季不同，夏季时间序列的振幅没有在 20 世纪 70 年代末增大（图 7.8C）。夏季时间序列的正负位相与冬春季不一致，有 60a、25~30a 和 15~20a 三个显著周期，并以 60a 周期为主（图 7.9C）。

北半球秋季 DMVLP 进行 EOF 分析的第一模态解释了 9% 的总方差，其空间分布特征是在欧洲、北非南部和印度为显著的降水增多区，在北美西部、格林兰东南部和中国东部为显著的降水减少区（图 7.7D）。秋季时间序列与夏季类似，其变化幅度没有明显变化（图 7.8D）。

北半球 DMVLP 主模态存在着季节差异。冬春季的时间序列是一致的，其振幅都在 20 世纪 70 年代末开始增大，表明近 30 年降水更强。夏秋季时间序列相似，都没有明显的振幅变化。降水异常同为正或者同为负的地区可能是有联系的，海洋信号很可能是主要影响因子。

### 7.1.3.3　海洋信号

图 7.10 是各个季节 SST 异常（SSTA）对北半球 DMVLP 第一模态时间序列的回归场。冬春季 SSTA 分布是类似的，在太平洋为明显的 IPO 负位相，即东太平洋三角区为负异常，而在西太平洋 K 型区为正异常。在大西洋为 AMO 正位相，即高纬度北大西洋和热带大西洋上均为显著的正异常。

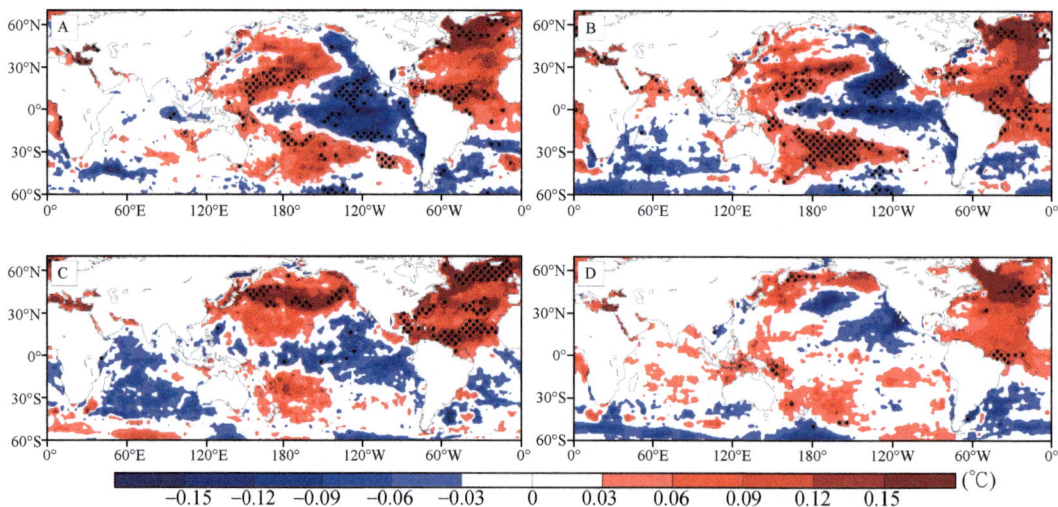

图 7.10　SST 异常场对北半球 DMVLP 第一模态时间序列的回归场

注：图 A 冬季，图 B 春季，图 C 夏季，图 D 秋季。打点区域通过 95% 显著性检验

总之，AMO 在所有季节都对北半球 DMVLP 具有重要作用，在冬春季 IPO 和 AMO 共同影响北半球 DMVLP。IPO 和 AMO 的正负位相是叠加的。在 20 世纪 70 年代末之前，IPO 和 AMO 同位相，在北太平洋和北大西洋的 SSTA 符号相反，因此这两个大洋 SSTA 的影响可能会部分抵消。但是，在 20 世纪 70 年代末之后，IPO 和 AMO 反位相。从 20 世纪 70 年代末到 90 年代末，IPO 为正位相而 AMO 为负位相，使得北半球大部分 SSTA 为负值。从 20 世纪 90 年代末到 2014 年，IPO 为负位相而 AMO 为正位相，使得北半球大部分 SSTA 为正值。在 20 世纪 70 年代末之后 SSTA 在北太平洋和北大西洋符号一致，加强了 SSTA 的影响，导致降水强度更大。

### 7.1.3.4　CMIP6 模式模拟 DMVLP

这一部分研究在 CMIP6 历史模拟试验中耦合模式对各个季节北半球 DMVLP 的模拟能力。分别对 12 个耦合模式共 88 个成员分别进行 EEMD 和 EOF 分析，得到 4 个季节 DMVLP 第一模态的空间结构和时间序列，然后分别计算它们与观测的空间相关系数和时间相关系数（图 7.11）。由图可见模式之间的差异很明显，并且同一个模式中各个成员之间也存在着差异。模式与观测的空间相关系数最大是 0.48，对应春季 CNRM-ESM2 第 4 个成员，模式与观测时间相关系数最大是 0.65，对应冬季 CanESM5 第 7 个成员。一个模式或一个模式成员就算能较好地模拟出观测的空间结构，也不一定能模拟出观测的时间演变，反之亦然。因此，当评估一个模式对观测 DMVLP 的模拟能力时，空间和时间特征都应该考虑进去。

本研究定义的优模式为时间相关系数和空间相关系数均大于 0.2，在图 7.11 中位于红色方框内；定义的差模式为时间相关系数和空间相关系数均小于 0.1，在图 7.11 中位于蓝色方框内。图 7.12 显示了优模式和差模式的空间平均场。优模式集合平均在很大程度上模拟出四个季节观测降水显著异常的空间结构。在冬季，优模式平均模拟出北美中部和南美北部的降水正异常，以及美国南部、俄罗斯中西部和中国南部的降水负异常（图 7.12A）。在春季，优模式平均模拟出南美北部和中南半岛的降水正异常，以及北美西南部、伊朗高

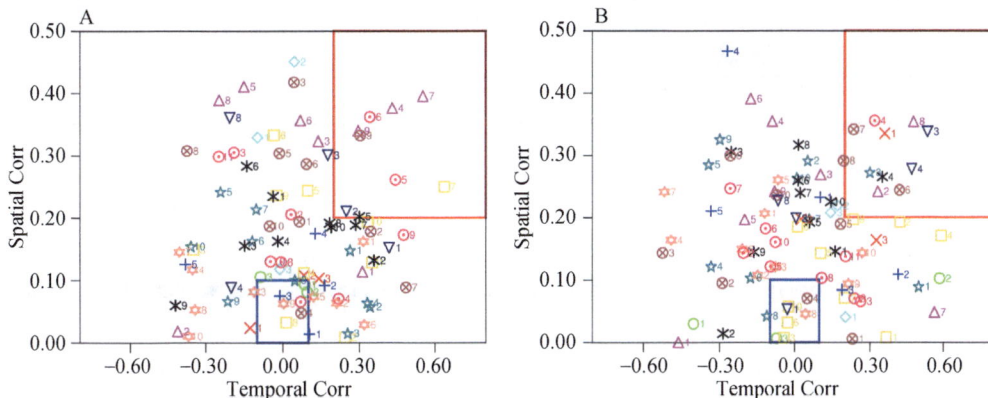

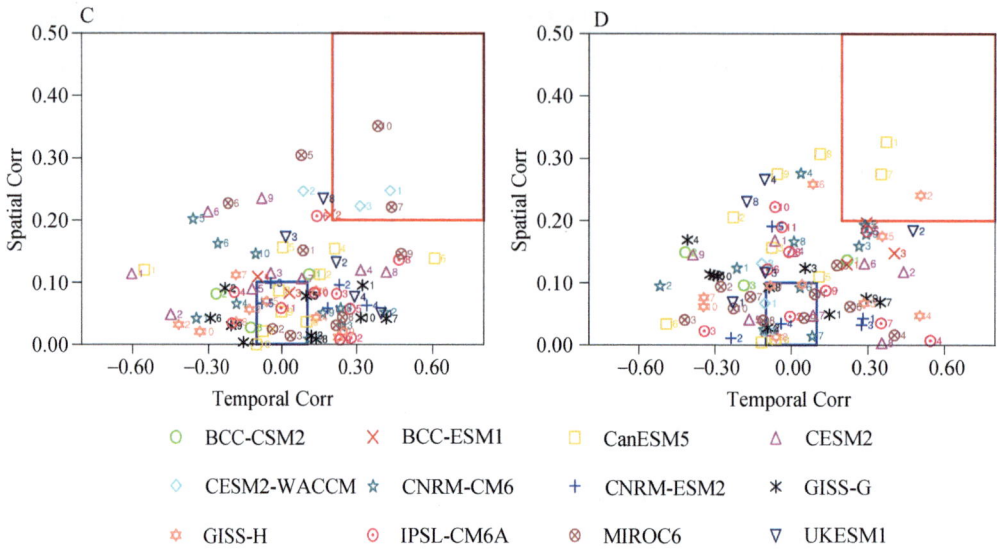

图 7.11 CMIP6 历史模拟试验耦合模式各个成员 DMVLP 第一模态与观测 DMVLP 第一模态的时间相关系数和空间相关系数散点图

注：图 A 冬季，图 B 春季，图 C 夏季，图 D 秋季。图中不同的符号表示不同的模式，数字表示模式成员。优模式位于红色方框内，差模式位于蓝色方框内

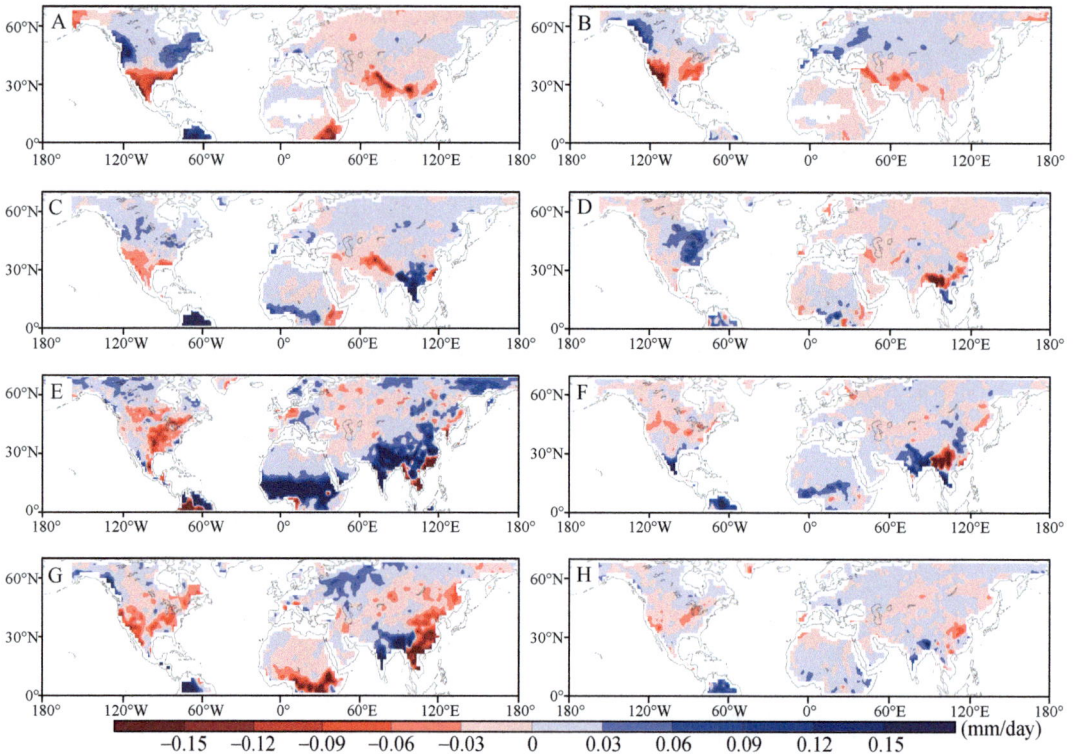

图 7.12 北半球 DMVLP 第一模态空间场的优模式平均（左）和差模式平均（右）

注：图 A 和图 B 为冬季，图 C 和图 D 为春季，图 E 和图 F 为夏季，图 G 和图 H 为秋季

原和中国东南部的降水负异常（图 7.12C）。在夏季，优模式平均模拟出北非南部、印度、俄罗斯东部和中国北部的降水正异常，以及北美洲中南部的降水负异常（图 7.12E）。在秋季，优模式平均模拟出欧洲和印度的降水正异常，以及北美西部和中国中东部的降水负异常（图 7.12G）。与任何单个模型相比，观测的空间型与优模式平均之间的相关最好（冬春季相关系数为 0.5，夏秋季相关系数为 0.4）。

在冬春季，差模式平均与观测几乎没有相关性（相关系数<0.1，图 7.12B 和图 7.12D）。在夏秋季，差模式平均与观测之间的相关性较弱（相关系数为 0.2）。但是，差模式平均的降水异常的大小比观测更弱（图 7.12F 和图 7.12H）。图 7.13 是优模式和差模式中 SSTA 的回归平均，在冬季、春季和夏季，优模式模拟出观测的 AMO 信号（图 7.13A、图 7.13C、图 7.13E、图 7.13G）。在冬春季，优模式也模拟出观测的 IPO 信号。与观测不同的是，在优模式平均中，来自太平洋的信号在夏秋季仍然很强，这可以部分解释相关系数在夏秋季比冬春季更小。差模式平均不能模拟出年代际海洋模态（图 7.13B、图 7.13D、图 7.13F、图 7.13H），表明在差模式中，IPO/AMO 与 DMVLP 之间的关系非常弱。

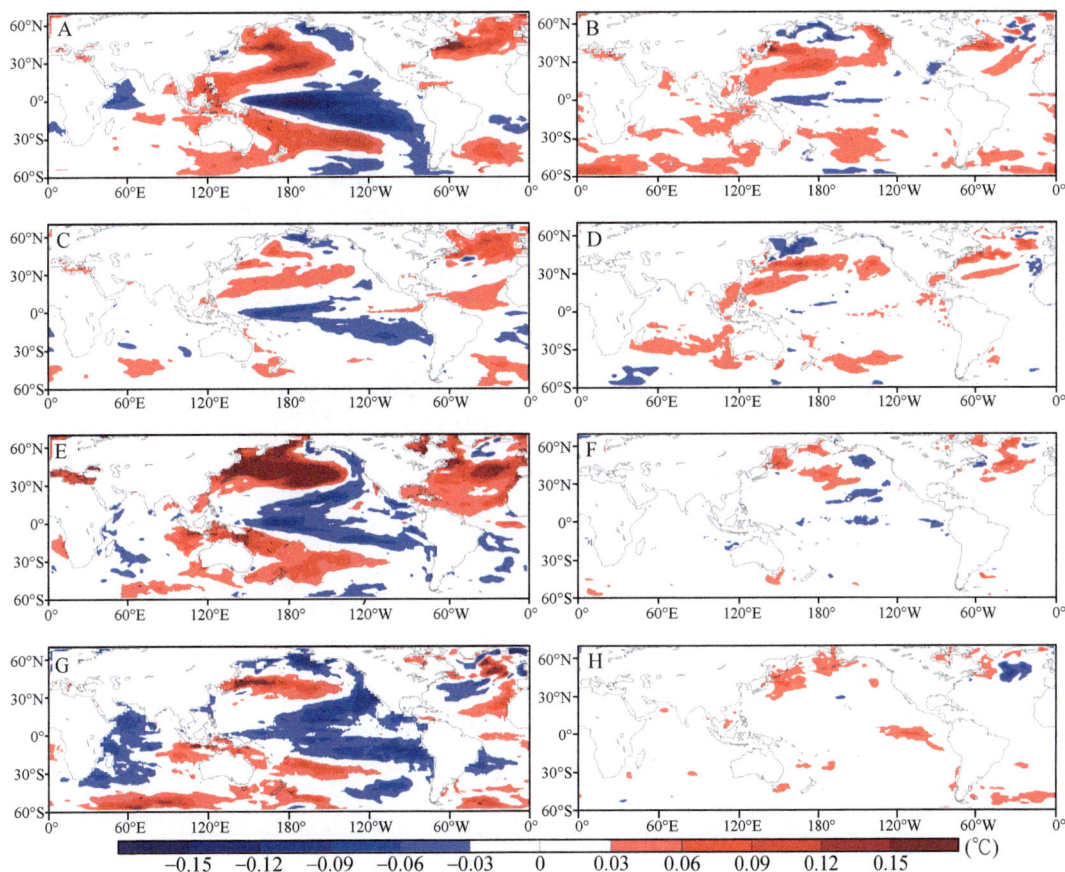

图 7.13　优模式（左）和差模式（右）中 SSTA 对第一模态时间序列的回归平均

注：图 A 和图 B 为冬季，图 C 和图 B 为春季，图 E 和图 F 为夏季，图 G 和图 H 为秋季

### 7.1.3.5 结论与讨论

CMIP6 模式模拟与观测的 DMVLP 空间结构和时间序列存在差异。优模式平均能够模拟出各个季节第一 EOF 模态的空间结构；并且，与任何单个模型相比，优模式平均与观测的空间相关最好。优模式平均模拟出冬春季 IPO 和 AMO，但是优模式平均的 IPO 持续到夏秋季，可能导致优模式平均与观测之间的相关在夏秋季减弱。差模式平均与观测在冬春季几乎没有相关性，在夏秋季为弱相关。在差模式中，IPO 和 AMO 与 DMVLP 第一模态无关。

本研究还分析了观测和 CMIP6 模式中陆地降水的外强迫变率。在冬季，观测的外强迫陆地降水的主要模态显示显著增加的趋势和欧亚大陆上显著的正异常（图 7.14A 和图 7.14D）。

CMIP6 模式中冬季陆地降水对外强迫的响应显示出类似的上升趋势。空间结构与观测在很多地区都相似，特别是欧亚大陆中高纬度地区（图 7.14B 和图 7.14D）。CMIP6 模式中冬季陆地降水对人类活动引起的气溶胶强迫的响应也显示了显著增加趋势，但是空间分布的符号相反，表明人类活动引起的气溶胶强迫主要导致北半球大部分地区的降水减少（图 7.14C 和图 7.14D）。

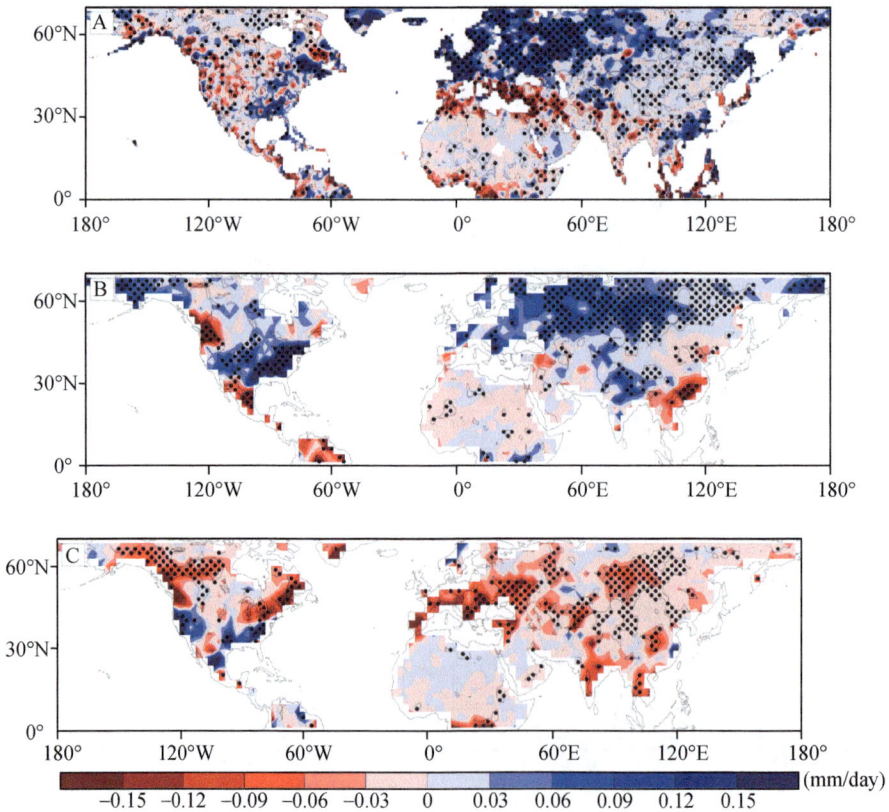

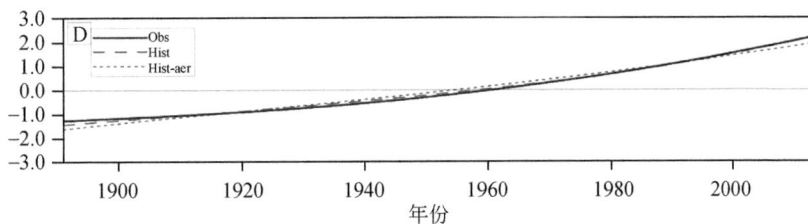

图 7.14　北半球冬季外强迫的陆地降水第一模态的空间分布

注：图 A 为 GPCC 降水，图 B 为 CMIP6 历史模拟试验的 CanESM5 模式第一个成员，图 C 为 CMIP6 历史气溶胶强迫
　　试验的 CanESM5 模式第一个成员，图 D 为标准化的第一模态时间序列。打点区域通过 95% 显著性检验
　　注意：CMIP6 历史模拟试验的 CanESM5 模式所有成员都具有相似特征，因此只展示第一个成员的结果

## 7.1.4　东亚夏季 PJ 遥相关型年际和年代际变化机理

### 7.1.4.1　研究背景

为了定量描述 PJ 型年际变化和类 PJ 型的年代际变化，定义一个合适的 PJ 指数是十分必要的。过去的研究大多用 PJ 活动中心的位势高度差值来定义 PJ 指数。例如，Nitta（1987）根据 PJ 正中心（142°E～150°E，16°N～20°N）和负中心（134°E～142°E，32°N～38°N）的云量差来定义 PJ 指数。这种方法存在的主要问题是，如果 PJ 中心的位置在不同的年代际周期发生变化，则以此定义的 PJ 指数会不准确。在本研究中，我们根据东亚地区夏季（JJA）500hPa 位势高度场和西北太平洋（WNP）地区夏季降水的 SVD 第一模态定义了 PJ 指数，将 500hPa 位势高度场的 SVD 第一模态对应的标准化时间序列作为 PJ 指数。本研究要解决的一个关键科学问题是，控制 PJ 型年际和年代际变化的是否是相同的机制？

### 7.1.4.2　PJ 模态的年际和年代际变化

从图 7.15A 中可以发现 500hPa 位势高度场的第一模态（SVD1）具有明显的正负相间的三极子环流分布特征，菲律宾周围和日本周围的大气环流存在着一种相反的南北振荡，是经典的 PJ 遥相关型（Nitta，1987）。相应的，菲律宾海和南海出现降水负异常（图7.15B），第一模态对应的时间序列（图 7.15C）具有明显的年际和年代际变化特征。在20 世纪 70 年代期间序列由主要为正值转变为主要为负值。这也就是说，PJ 型的高度场由"−、+、−"经向三极子型转变为"+、−、+"经向三极子型，发生了年代际翻转。

为了突显 PJ 模态的年际和年代际变化之间的差异，我们将原始的 PJ 指数划分成年际和年代际分别分析。年代际部分被定义为以 5 年为窗口的滑动平均，而从原始的 PJ 指数中减去这 5 年的滑动平均序列即为其年际分量。图 7.16 给出了 PJ 型的两个时间序列，以

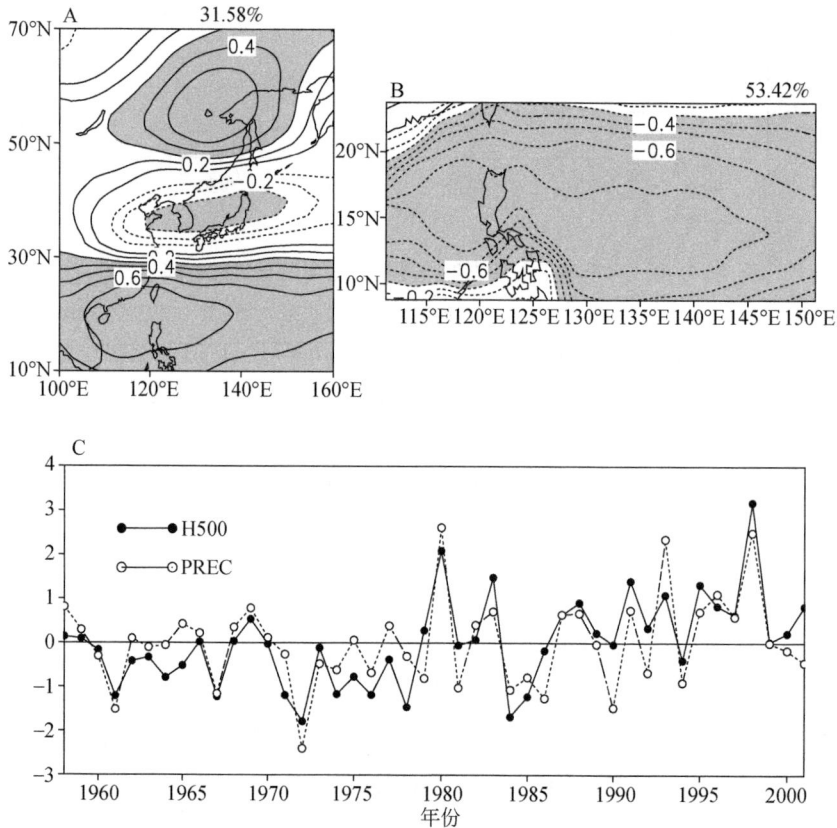

图 7.15　ERA-40 夏季东亚 500hPa 高度场为左场、PREC/L 菲律宾附近降水为右场 SVD
第一模态的左异类相关图（A）和右异类相关图（B），以及对应的时间系数（C）
注：阴影部分为通过 95% 置信度检验的区域

及基于年际和年代际 PJ 指数回归出的 850hPa 风场和 500hPa 高度场。PJ 模态的年际特征为"反气旋—气旋—反气旋"三极子型，且三个中心几乎位于同一经度（南北向）。另一方面，在年代际时间尺度上 PJ 模态表现为较弱的三极子分布型（图 7.16C 和图 7.16E），低纬度反气旋向西移动，中纬度气旋中心向东南移动。850hPa 流函数（100°E～160°E，10°N～50°N）表示的年际与年代际 PJ 模态之间的相关系数为 0.47，500hPa 高度场在该区域内的年际和年代际 PJ 模态的相关系数为 0.59。

### 7.1.4.3　PJ 年际变化的观测特征及其机制

与 PJ 年际变化相关环流异常 SST 异常（图 7.17）显示前期冬季热带中、东太平洋、热带印度洋和东亚沿岸都为 SST 正异常，菲律宾海的 SST 为负异常。这种 SSTA 模态在其成熟阶段就类似于一个典型的厄尔尼诺模态。菲律宾海上空出现一个反气旋性异常。冬季降水的负异常区域（图 7.18）与反气旋性异常的位置基本一致，降水负异常与下垫面冷

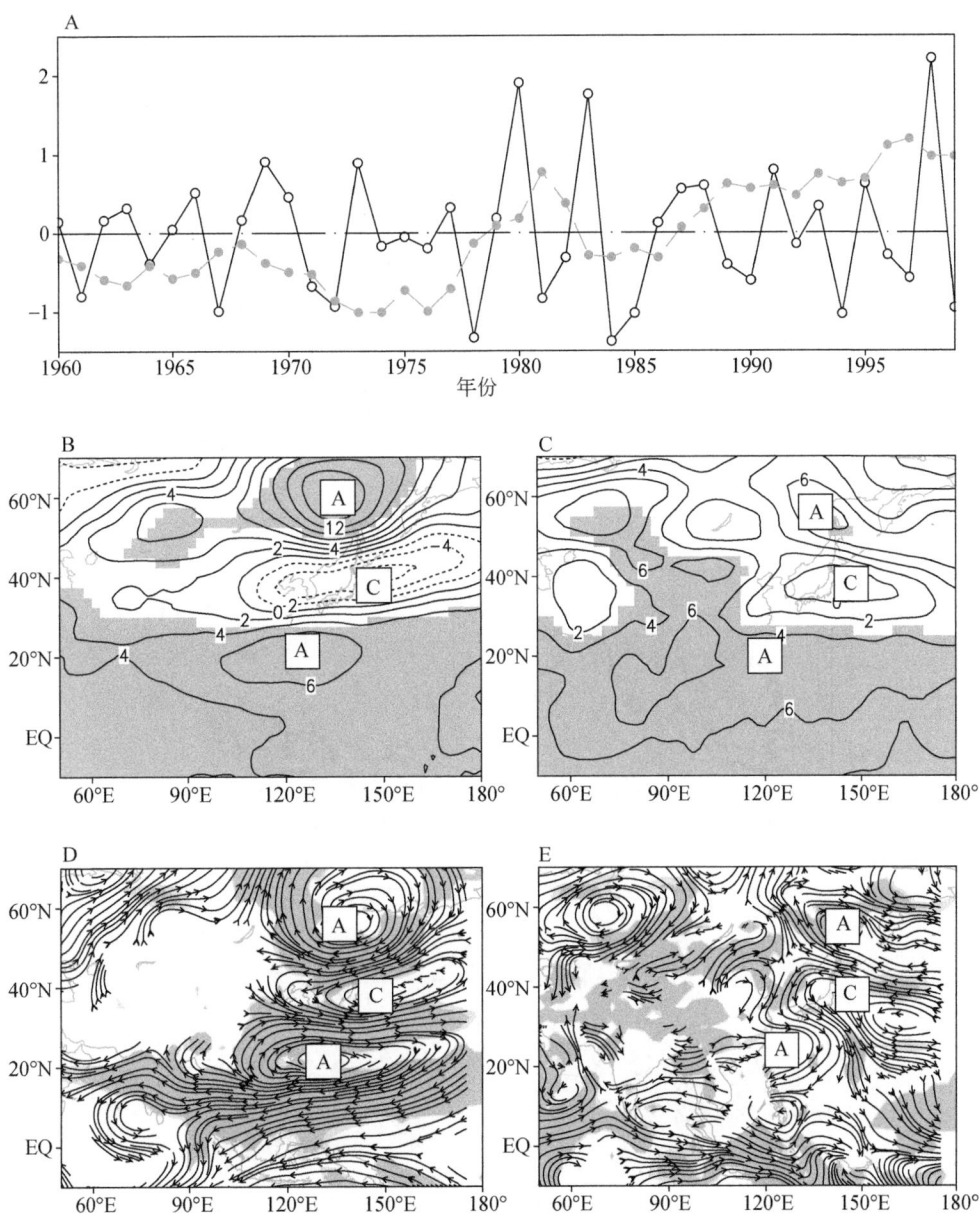

图 7.16    PJ 模态的年代际及年际时空特征

注：图 A 为 5 年滑动平均之后的 PJ 指数（长虚线）和年际 PJ 指数（减去 5 年滑动平均序列，实线）。图 B 和图 D 分别为夏季的 500hPa 位势高度场和 850hPa 风场回归到年际 PJ 指数。图 C 和图 E 分别为夏季的 500hPa 位势高度场和 850hPa 风场回归到年代际 PJ 指数。超过 95% 和 90% 显著性水平的值在图 B 和图 D 中用深灰色和浅灰色阴影表示。PJ 指数年代际变化的自由度为 3.58。图 C 和图 E 未进行显著性检验

海温的同位相关表明，SSTA 负异常区域通过减少为大气加热从而促使西北太平洋反气旋性异常的生成。值得注意的是，SSTA 负异常、反气旋性异常和降水负异常在 WNP 区域从

前期冬季到同期夏季一直存在（图 7.17 和图 7.18），这意味着局地 SSTA 虽然在同期夏季减弱，但对热带 WNP 区域的环流和降水异常都有一定的影响。

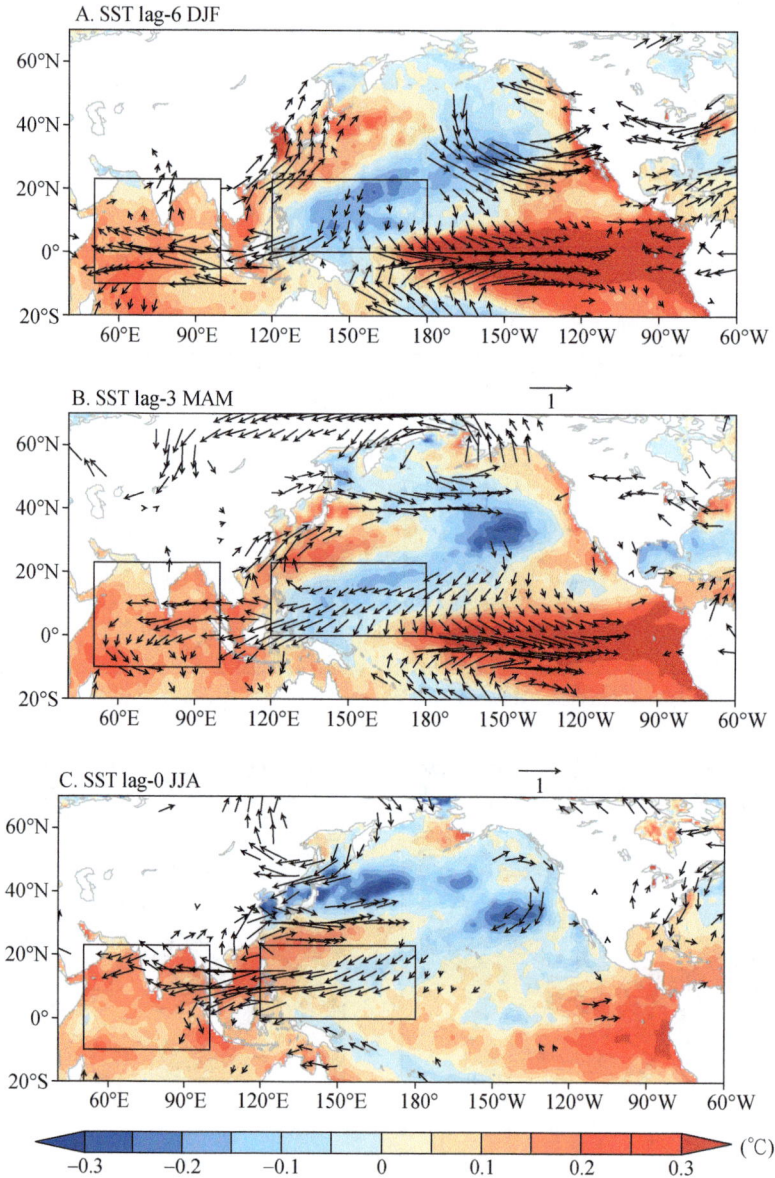

图 7.17　前期冬季（DJF）（A）、前期春季（MAM）（B）和
同期夏季（JJA）（C）的 SST 异常和 850hPa 风场对年际 PJ 指数的回归分布
注：矩形框是为热带印度洋和西北太平洋试验指定的海温异常区域

热带印度洋的海盆变暖会从前冬一直持续到同期的夏季（图 7.17）。到在厄尔尼诺衰减年的夏季，东太平洋的 SST 异常与其相关的中赤道太平洋降水异常变得越来越弱，热带印度洋（TIO）东部出现很强的降水正异常。这种正加热异常可能会导致大气中开尔文波

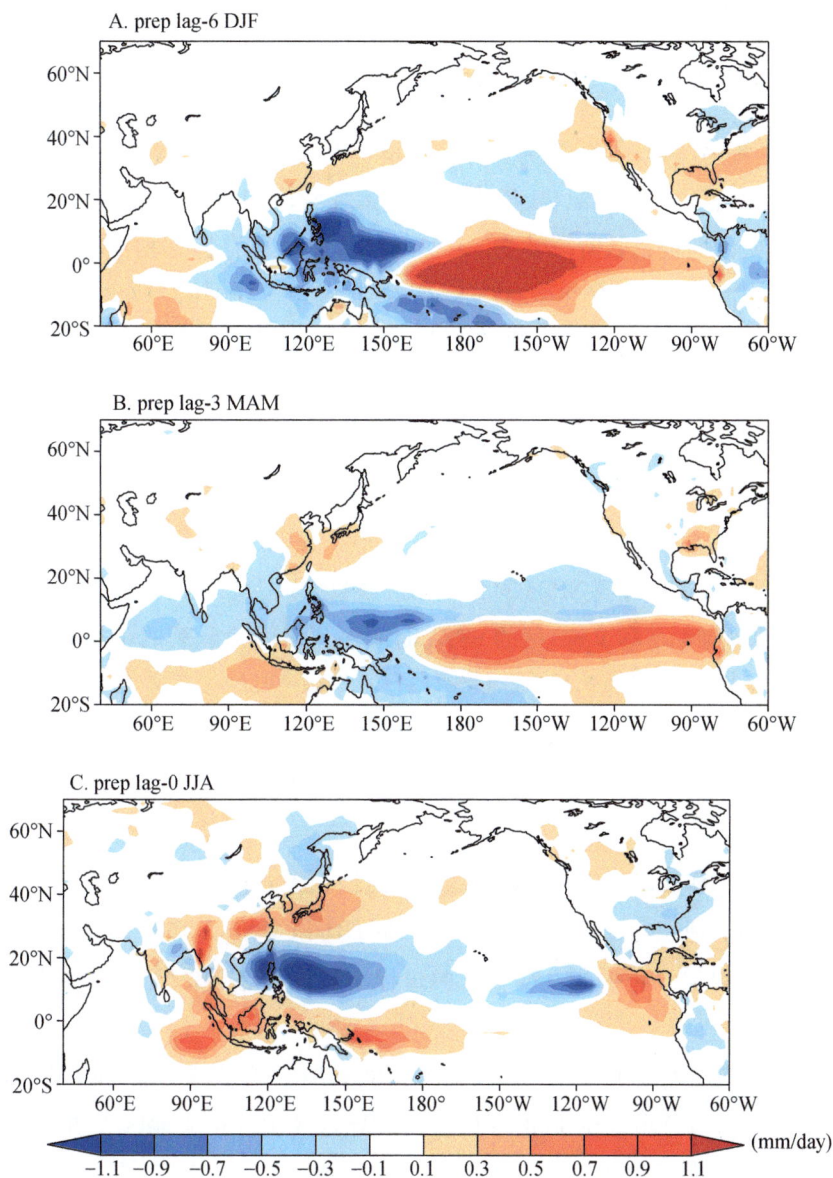

A. prep lag-6 DJF

B. prep lag-3 MAM

C. prep lag-0 JJA

(mm/day)

-1.1 -0.9 -0.7 -0.5 -0.3 -0.1 0.1 0.3 0.5 0.7 0.9 1.1

图7.18 前期冬季（DJF）（A）、前期春季（MAM）（B）和同期夏季（JJA）
（C）降水量对年际PJ指数的回归分布

的产生，从而导致低层出现反气旋性切变，最后在WNP区域产生边界层水汽负异常以及对流层中层的加热异常。

为了定量表示TIO和WNP区域的SSTA对观测到的PJ年际变化的贡献大小，我们分别计算了500hPa位势高度场、850hPa流函数场对应的模拟结果和观测之间的空间相关系数（PCC）及均方根误差（RMSE）。根据空间相关性可以发现，在年际时间尺度上，

WNP 区的 SSTA 在强迫 PJ 模态生成方面比 TIO 区的作用更大。

### 7.1.4.4　PJ 指数的年代际变化的观测特征和机制

基于 NCEP/NCAR 再分析资料高度场的 1958～2014 年 5a 滑动平均 PJ 指数的时间演变表现出年代际变化特征，20 世纪 70 年代末由负指数阶段向正指数阶段转变，20 世纪 90 年代末由正指数阶段向负指数阶段转变（图 7.19）。通过与前期冬季的 Niño 3.4 指数、夏季 TIO 区域（50°E～100°E，10°S～23°N）及 WNP 区域（100°E～140°E，0°～23°N）平均 SSTA 在去除趋势之后的序列对比发现，类 PJ 型的年代际变化不是由厄尔尼诺引起的，因为 Niño 3.4 的 SST 指数没有显示出明显的年代际变化。另外，在 20 世纪 80 年代初和 90 年代末，TIO 的 SST 和 WNP 的 SST 时间序列表现出年代际变化。夏季 PJ 指数与 TIO 和 WNP 区的 SST 时间序列都显著相关，相关系数分别为 0.64 和 0.65。对所有时间序列进行 5a 滑动平均，得到的相关系数分别为 0.40 和 0.55。去除所有时间序列的 5a 滑动平均值后，年代际 PJ 指数与 TIO 和 WNP 区的 SST 相关系数分别为 0.75 和 0.65。

年代际 PJ 指数与 TIO 和 WNP 区的 SSTA 时间序列之间为显著的正相关关系，表明它们之间存在密切的联系。正的年代际 PJ 指数对应菲律宾海的低层反气旋异常（图 7.16C 和图 7.16E），PJ 指数与局地 SSTA 的正相关关系表明 WNP 的变暖趋势（图 7.19）是大气强迫的结果。因此，不同于年际时间尺度，PJ 型的年代际变化可能只是对 TIO 强迫的反馈。

为了定量研究 TIO 区的 SSTA 和 WNP 东部的弱 SSTA 在促使年代际 PJ 型形成方面的相对作用，我们采用了理想化的 ECHAM4 试验。在 TIO 和 WNP 区域分别加入不同的 SSTA，进行了两组 AGCM 试验。包括 TIO 变暖试验过程中、TIO 变冷试验 WNP 变冷试验、WNP 变暖试验。

图 7.20 表示夏季模拟的 500hPa 位势高度、850hPa 风和降水异常场（TIO 变暖试验−TIO 变冷试验）的差值分布。在 500hPa 位势高度异常场中，东亚地区为明显的"高−低−高"经向三级子型。南亚和鄂霍次克海以东出现显著的位势高度正异常，而日本附近出现位势高度负异常。500hPa 的异常场伴随着东亚沿岸 850hPa 异常风场的"反气旋−气旋−反气旋"分布型。热带地区 850hPa 的异常风场主要表现为 20°N 以南热带地区为异常东风和南海上空为反气旋性环流。日本南部出现气旋环流，鄂霍次克海东部出现反气旋环流。这种低层的环流异常型态与观测到的年代际风场非常相似（图 7.14E）。

TIO 变暖导致该地区和海洋性大陆附近出现降水正异常，南海和菲律宾海出现降水负异常（图 7.20C），这种降水模态与观测结果吻合得很好。降水异常和低层风场验证了 TIO 加热诱导开尔文波响应的机制。

模拟得到的夏季 200hPa 和 850hPa 速度势与辐散风场及降水异常形态十分一致（图 7.21）。在 TIO 区域，正 SSTA 和降水异常对应该地区的低层辐合和高层辐散异常。WNP

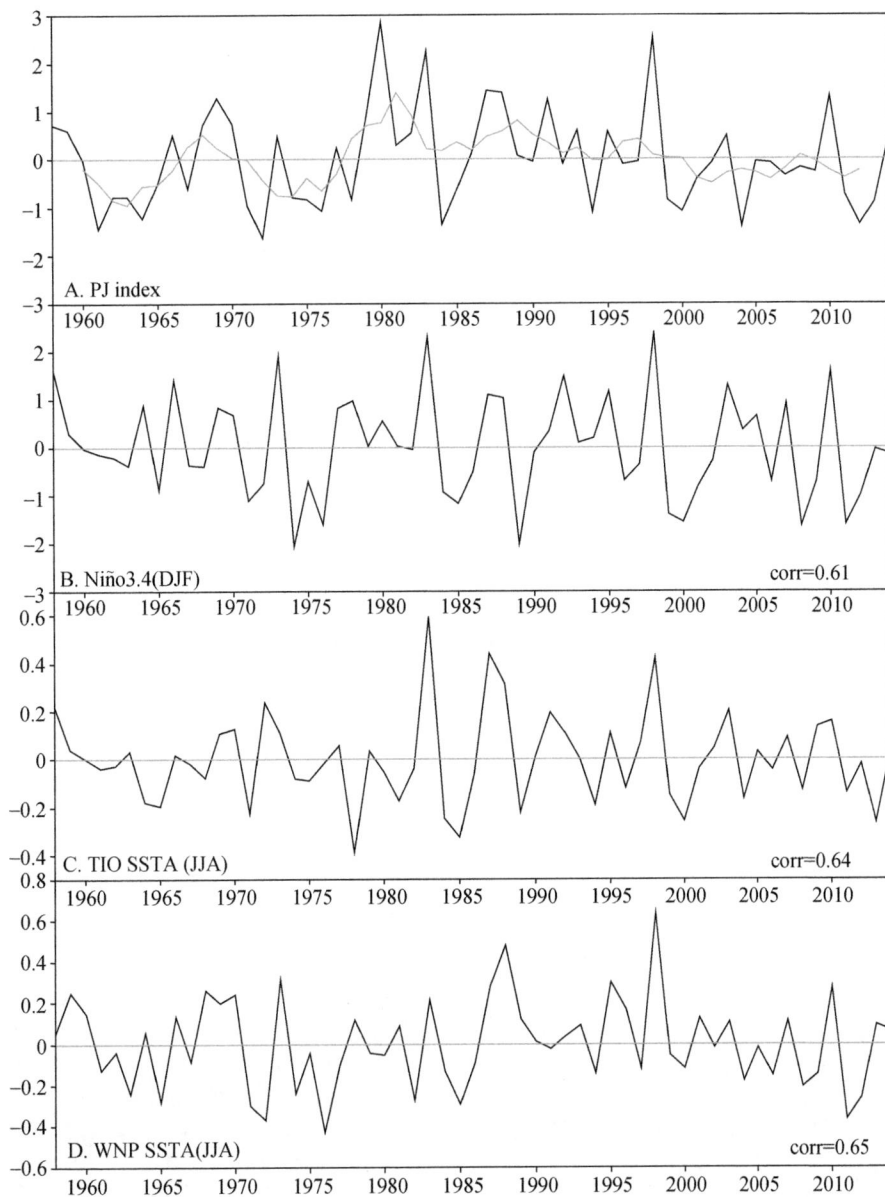

图 7.19　夏季 PJ 指数（黑色曲线）（A）及其 5a 滑动平均（灰色曲线）的时间序列

注：利用 1958～2014 年 NCEP/NCAR 去除趋势的 500hPa 位势高度和 PREC 降水量得到的 PJ 指数。图 B 为前期冬季（DJF）的 Niño3.4 指数，图 C 为夏季（JJA）区域平均（50°E～100°E，10°S～23°N）的 SSTA，图 D 为夏季（JJA）区域平均（100°E～140°E，10°S～23°N）的 SSTA。图 C 和图 D 是基于 1958～2014 年去除 SST 的线性趋势

区域的对流被抑制并有下沉运动，在该地区存在低层辐散和高层辐合异常。

　　基于上述理想化的数值试验结果，我们认为 TIO 区的 SSTA 的变化是 20 世纪 70 年代末 WNP 地区和东亚地区 PJ 型热源异常发生年代际变化的主要原因。WNP 东部的冷海温对观测到的变化没有贡献。菲律宾海自 1948 年以来的持续升温可能是局地短波辐射通量

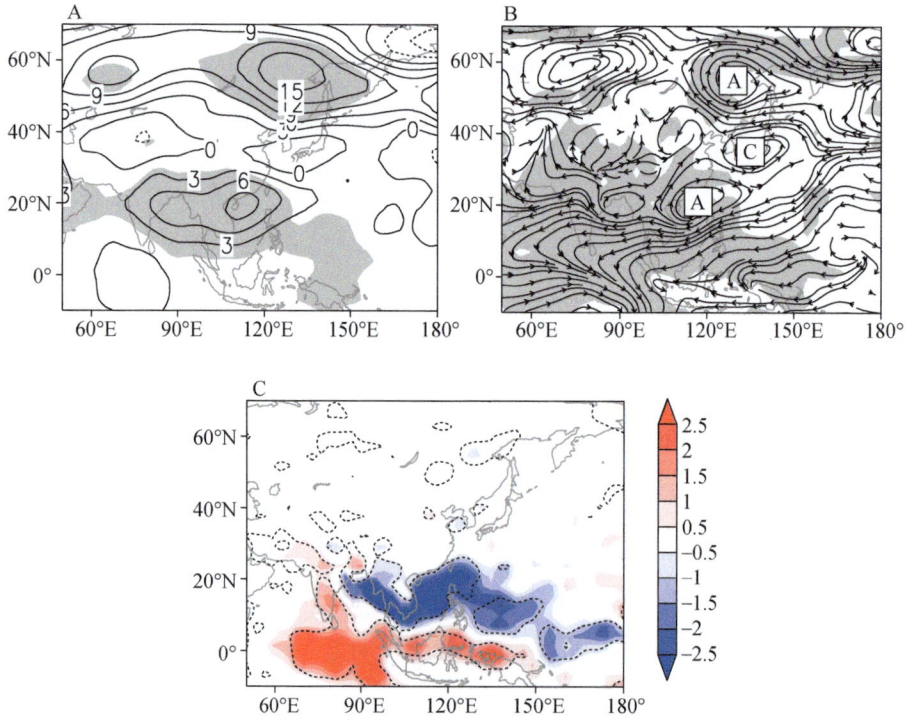

图 7.20 年代际尺度上 TIO 冷暖试验夏季 （A）500hPa 位势高度场 （gpm），（B）850hPa 风场 （m/s）
和 （C）降水 （mm/d；黑线表示 95% 水平的显著区域）的差值分布 （暖试验减去冷试验）

增加抑制菲律宾海降水异常和低层反气旋异常的结果。

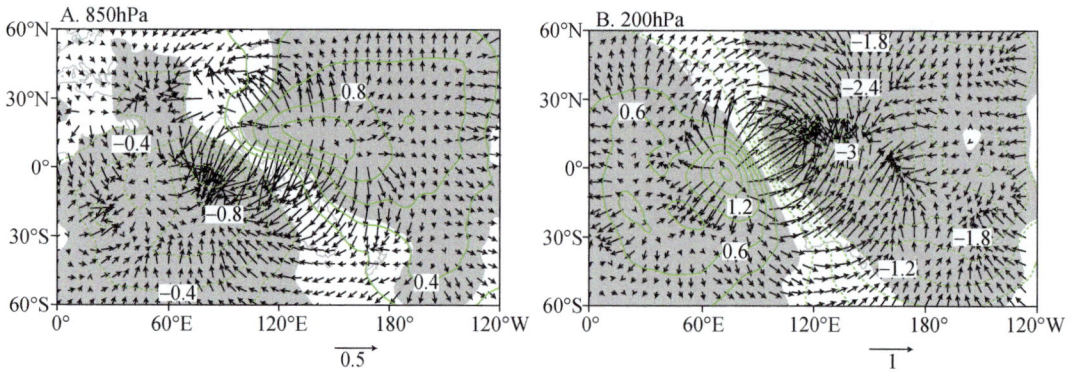

图 7.21 年代际尺度上 TIO 区冷暖试验夏季 850hPa （A）和 200hPa （B）速度势 （$10^6 m^2/s$）
和辐散风 （m/s）的差值分布 （暖试验减去冷试验）
注：超过 95% 显著性水平的值用阴影表示

### 7.1.4.5 总结与讨论

本部分在对东亚夏季 500hPa 高度异常场和 WNP 降水异常场进行 SVD 分析的基础上，定义了一种新的 PJ 指数。这种 PJ 指数能很好地描述东亚 PJ 型的年际和年代际变化。除了与 ENSO 有关的显著年际变化外，PJ 指数自 20 世纪 70 年代后期以来经历了一次模态上显著的转变，即 PJ 型从 20 世纪 70 年代后期之前的"气旋-反气旋-气旋"经向三极子模态转变为 20 世纪 70 年代后期之后的"反气旋-气旋-反气旋"经向三极子型。

观测结果表明，东亚 PJ 型的年际变化与 TIO 和 WNP 区的 SSTA 强迫密切相关。一方面，厄尔尼诺遥相关信号导致从厄尔尼诺盛期冬季到次年夏季 TIO 全区变暖。当厄尔尼诺处于衰退期的夏季，与 TIO 区 SST 正异常相关的强降水异常促使斜压开尔文波响应。低层反气旋切变与开尔文波诱发的对流被抑制有关，导致菲律宾海附近形成反气旋异常。热源负异常进一步激发东亚沿岸的"反气旋-气旋-反气旋"PJ 型。另一方面，厄尔尼诺加热对环流的影响也使厄尔尼诺处于成熟期的冬季 WNP 区发生异常降温现象。这种局地 SST 负异常从冬季一直持续到春季，到了夏季有所减弱并向 WNP 东部收缩，但仍对厄尔尼诺处于衰退期的夏季菲律宾海季风加热产生一定的影响。

利用 ECHAM4 AGCM 进行的理想化数值试验，揭示了印度洋非局地和 WNP 区局地的 SSTA 强迫对 WNP 区反气旋异常的影响。数值模拟结果证实，TIO 区的非局地和 WNP 的局地 SSTA 强迫都是 PJ 型年际变化的重要原因。在 WNP 区局地和非局地的 SSTA 强迫实验中，850hPa 流函数异常场的观测值和模拟值的空间相关系数均约为 0.56。

值得注意的是，ENSO 不是 PJ 型年代际变化的直接原因。PJ 型的年代际变化与 TIO 区的 SST 年代际变化密切相关（自 1948 年以来 TIO 区的 SST 呈上升趋势）。根据观测到的降水与 SST 之间的关系，我们推测 20 世纪 70 年代末以来，TIO 区的 SST 变化是菲律宾海低层大气环流由气旋异常向反气旋异常年代际转变的主要驱动机制；另一方面，菲律宾海持续增温是由局地反气旋异常通过增加向下短波辐射通量导致的。我们用理想化的 ECHAM4 试验验证了这个假设。TIO 区非局地 SSTA 导致局地降水增强，同时通过开尔文波强迫机制，从而在 WNP 上空形成反气旋环流异常。WNP 区的热源负异常进一步激发了东亚上空的"反气旋-气旋-反气旋"PJ 型。WNP 东部的弱冷却作用对 PJ 型的年代际变化影响不大。因此，观测和模拟结果都表明，PJ 型年际和年代际变化的强迫机制是不同的。

热带印度洋（TIO）SST 的主要特征是在 20 世纪有变暖的趋势（图略），这被认为是人类活动导致的。然而，TIO 的 SST 也存在明显的年代际（包括多年代际）波动。TIO 区的 SST 年代际变化与 IPO 的年代际变化密切相关。

所有的分析表明在变暖的趋势之上，TIO 区的 SST 具有明显的年代际变化。年代际时间尺度上，TIO 区的 SST 会引发对流加热，通过影响菲律宾海上空反气旋的年代际变化，进一步影响类 PJ 型的年代际变化。TIO 区的 SST 年代际变化与 IPO 密切相关。

# 7.2 大西洋内部变率对年代际气候变化的贡献

## 7.2.1 北大西洋气候变暖引发的 "暖北极–冷西伯利亚" 内部模式

### 7.2.1.1 研究背景

关于 "暖北极–冷西伯利亚"（WACS）现象的起源有过多年的争议，大多数研究将西伯利亚变冷归因于作为全球变暖一部分的巴伦支海–卡拉海区域北极海冰的快速减少（Cohen et al.，2012；Inoue et al.，2012；Liu et al.，2012；Nandintsetseg et al.，2018；Tang et al.，2013）。但是，WACS 模式是对外部作用力的反应，如温室气体或太阳辐射，还是一种内部可变性变率，还是两者的结合？在没有外部作用力（如温室气体和太阳辐射）的情况下，是什么决定了 WACS 的机制？

### 7.2.1.2 研究结果

我们分别对 1965～1997 年和 1998～2013 年北极–欧亚北部地区的冬季 SAT 进行了经验正交函数分析（图 7.22）。结果表明，在 1965～1997 年期间，SAT 以均匀变暖模式为主，而在 1997 年之后，它被 WACS 模式所主导，这表明主模态在 1998 年前后发生了变化。

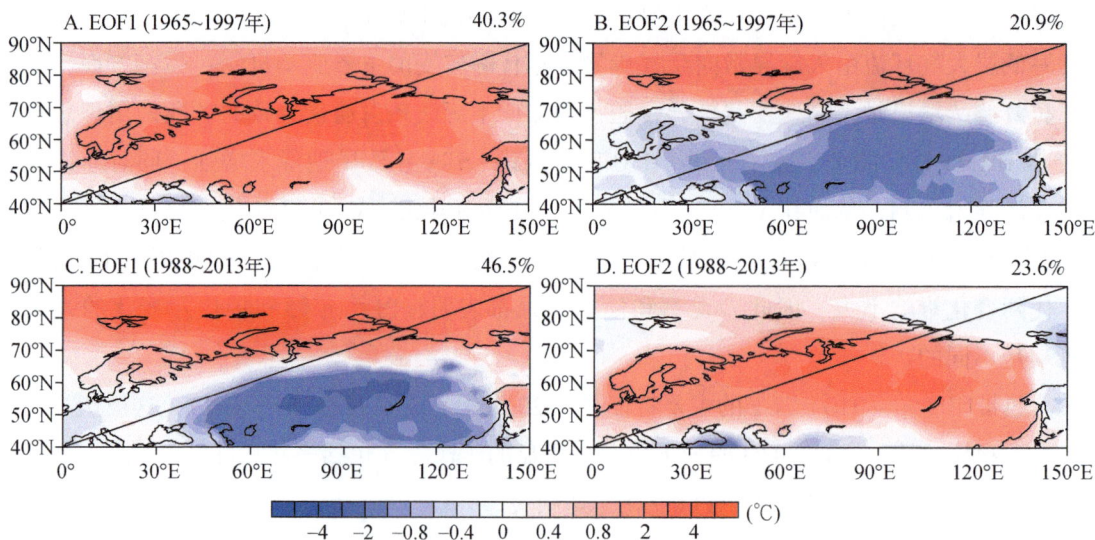

A. EOF1 (1965~1997年)  40.3%  B. EOF2 (1965~1997年)  20.9%

C. EOF1 (1988~2013年)  46.5%  D. EOF2 (1988~2013年)  23.6%

$-4$  $-2$  $-0.8$  $-0.4$  $0$  $0.4$  $0.8$  $2$  $4$  (℃)

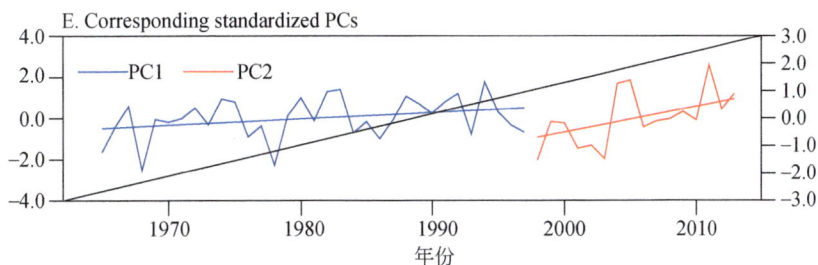

图 7.22 ERA20C 再分析数据中 1965~1997 年（A、B）和 1998~2013 年（C、D）的 DJF
地表空气温度 EOF 主要空间模态

注：图 E 为 EOF 模式的相应标准化 PC1，直线表示趋势

### 7.2.1.3 外强迫的影响

利用 CESM-LME 模拟数据检验由各种外部强迫引起的趋势变化，我们只考虑来自两个外强迫的可能影响：太阳辐射和温室气体。在工业时期（1850~2000 年），温室气体浓度大幅上升，而太阳辐射也呈上升趋势，但波动很大。在太阳辐射强迫试验中，SAT 显示出轻微的全球变暖趋势，但欧亚大陆北部的趋势不明显（图 7.23A）。相比之下，温室气体会导致明显的一致变暖趋势模式（图 7.23B）。然而，无论是太阳辐射还是温室气体都不会产生类似 WACS 模态。

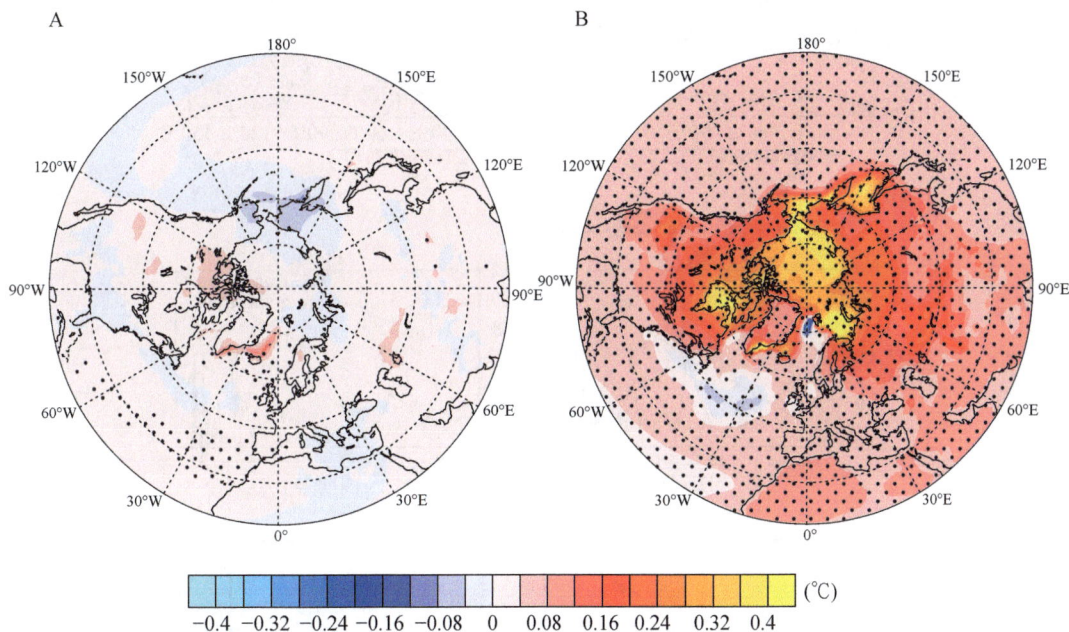

图 7.23 太阳辐射试验（A）和温室气体试验（B）现代暖期（1850~2000 年）中 DJF
地表空气温度线性趋势的空间格局

注：虚线表示 95% 的置信度

在温室气体增加的情况下，均匀变暖模态占主导地位，并解释了大约 50% 的总方差（图 7.24A）。与强烈的 11 年周期一致，太阳辐射造成显著的十年功率谱峰值，这在控制试验和温室气体试验中并不存在（图 7.24B），这证实了之前关于太阳辐射对亚洲冬季风影响的结果（Jin et al., 2019）。

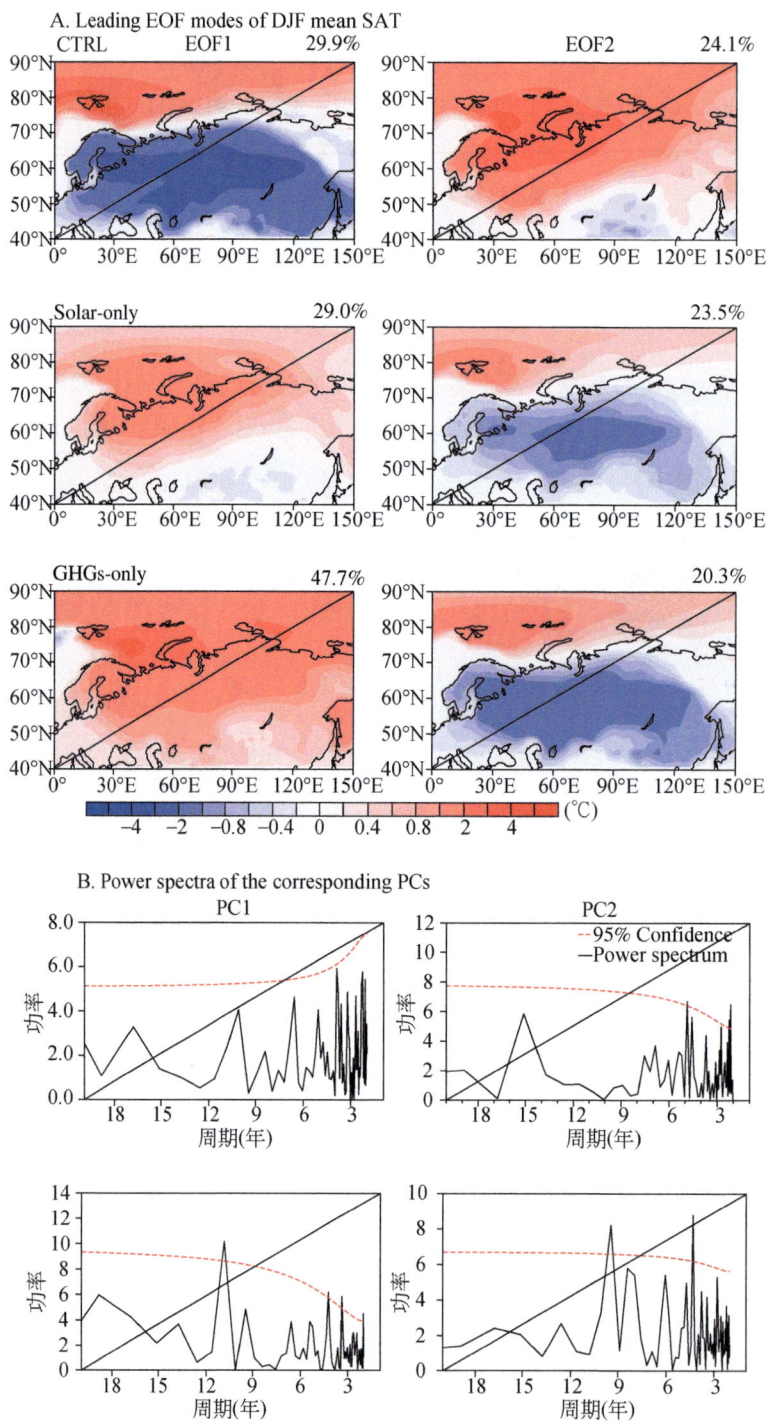

A. Leading EOF modes of DJF mean SAT

B. Power spectra of the corresponding PCs

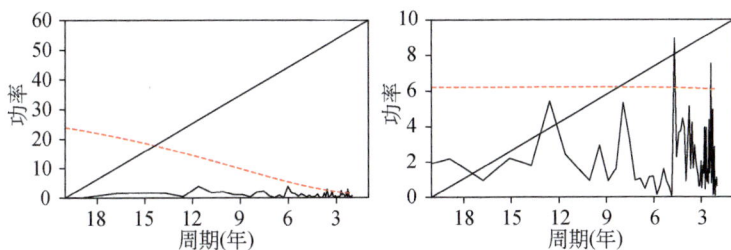

图 7.24　控制试验（A 上图），太阳辐射试验（A 中图）和温室气体试验（A 下图）DJF 平均地面
空气温度的两种 EOF 主要空间模态

注：图 B 与图 A 相同，除了相应的 PC1（左面板）和 PC2（右面板）的功率谱

### 7.2.1.4　AMO 的影响

我们注意到，20 世纪 90 年代末北极—欧亚大陆的主要模态的转变几乎与 AMO 的冷暖相变化同时发生。为了证实 AMO 和 WACS 模态之间的联系，我们分析了自 1900 年以来在 AMO 的每个阶段期间北极—欧亚上空冬季 SAT 的主要模式。研究结果表明 WACS 模态容易出现在 AMO 的温暖阶段（图 7.25）。

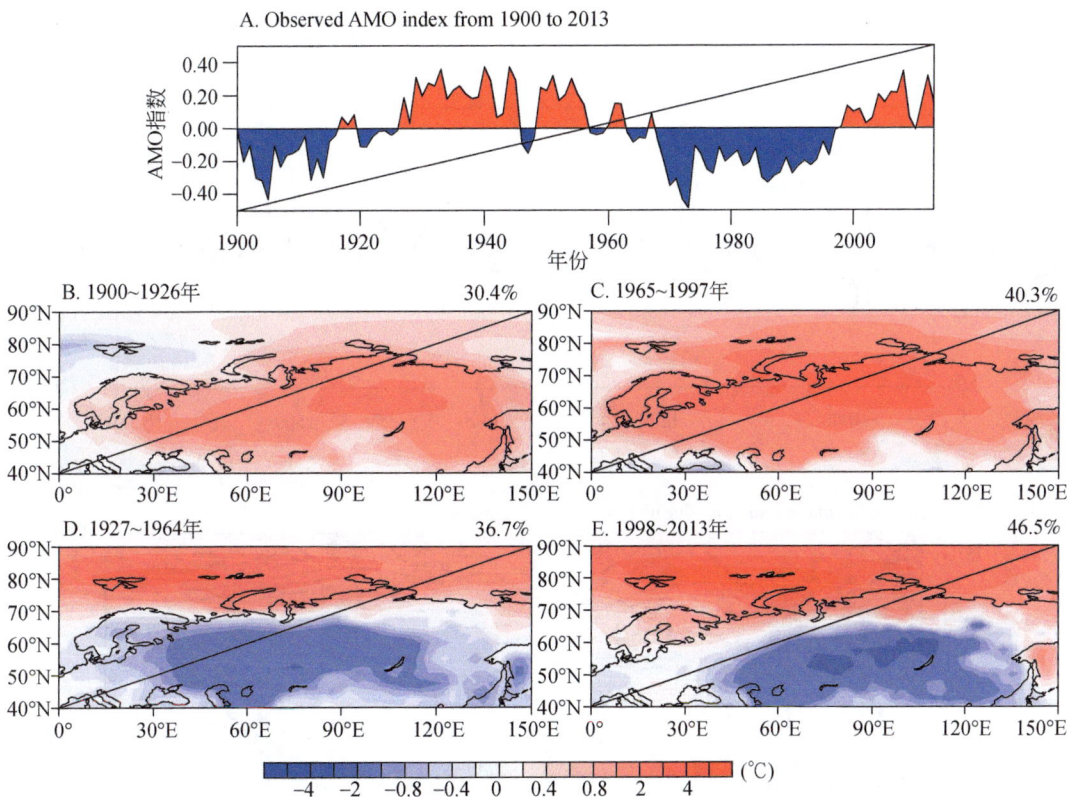

图 7.25　AMO 的两个正相和两个负相期间的平均地面气温

注：图 A 为观测的 AMO 指数的时间序列；图 B 和图 C 为在 AMO 的两个负阶段（1900～1926 年和 1965～1997 年）中领先的 EOF 模式；图 D 和图 E 与图 B 和图 C 中的相同，但在 1927～1964 年和 1997～2013 年期间为 AMO 的两个积极阶段

为了进一步探索为什么 WACS 模态在正 AMO 阶段得到增强，我们选择了 AMO 的四个较强正阶段，涵盖了 108 年的时间（图 7.26A 中的粉红色阴影）。我们分析了 500hPa 波活动通量，结果表明来自北大西洋副热带的波能传播有助于大西洋–欧亚波列的形成。

AMO 正位相平均环流异常（图 7.26B）与 WACS 的年代际环流异常非常相似，特别是典型的乌拉尔山脊和东亚海槽。这表明，AMO 暖期的平均环流异常有利于 WACS 模态的生成。观测到的与 WACS 相关的年代际环流异常也类似于暖 AMO 时期（1998～2013年）的平均环流异常；两者的特点都是乌拉尔山脊夹在欧洲和东亚低压之间。该观测结果显示，AMO 暖期和正 NAO 可诱发持续性乌拉尔阻塞事件，并增强水分向北极的输送（Gimeno et al.，2019；Liu and Barnes，2015），放大北极变暖和欧亚大陆广泛变冷现象（Luo et al.，2017）。

我们注意到波活动通量从巴伦支海–乌拉尔山脊向东南方向趋于增加，表明从北极到东亚的额外能量传播。控制实验中发现，在 AMO 的一个正位相阶段，巴伦支海地区的海冰在减少。巴伦支海的冰融化很可能是由大西洋—欧亚波列引起的，因为波列产生了一个北极反气旋作为其作用中心之一，而北极反气旋可以引起北极变暖。从巴伦支海到西伯利亚的波浪活动通量增加表明，巴伦支海变暖可能进一步增强乌拉尔山高和西伯利亚降温（图 7.26C）。波列引发的北极变暖过程起到了"放大器"的作用，强化了 WACS 事件。

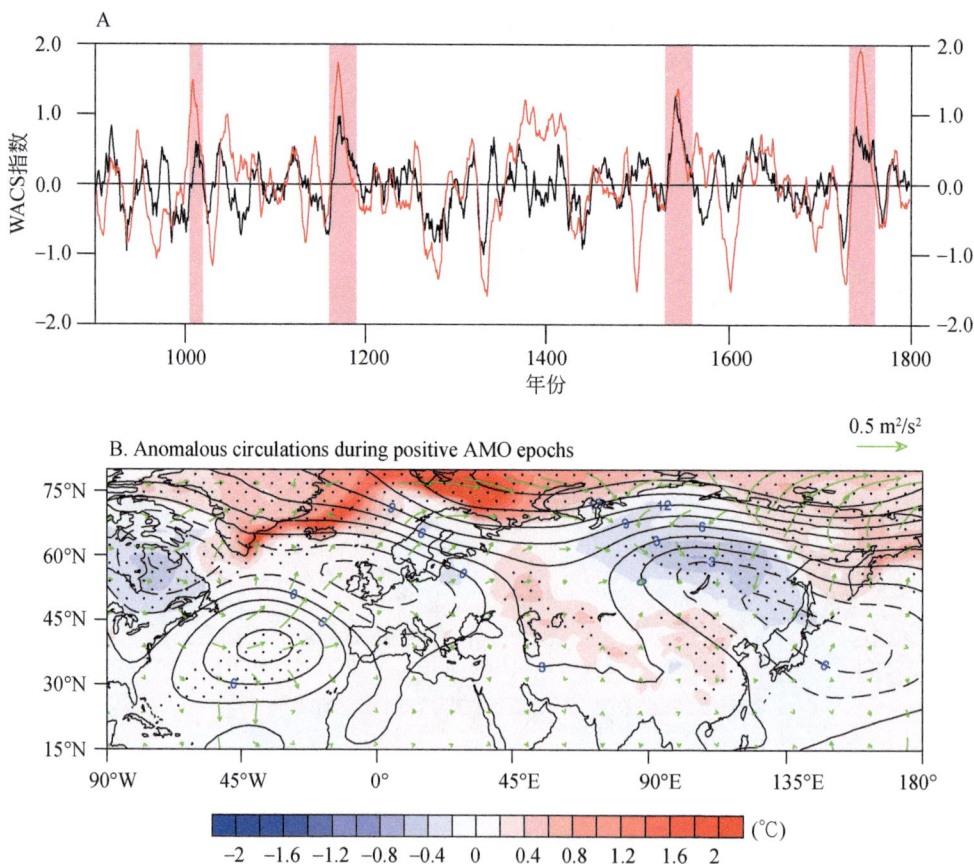

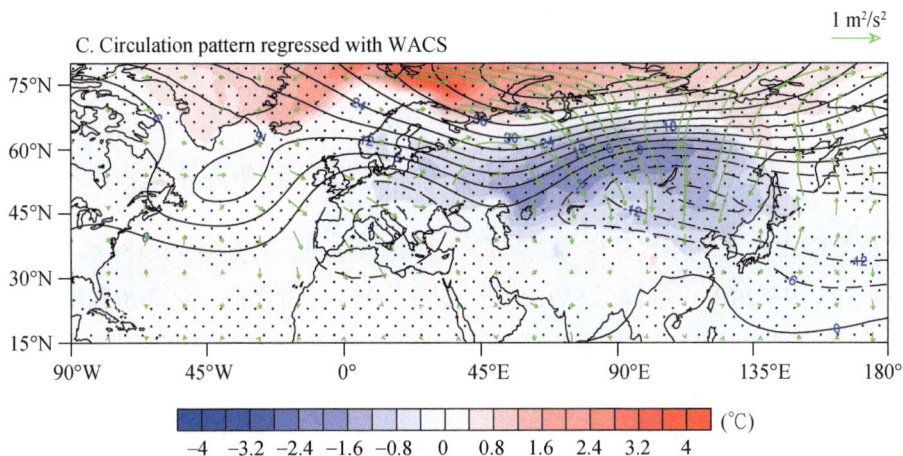

图 7.26　在控制试验中 WACS 和 AMO 之间的相关情况

注：图 A 为由控制试验得出的标准化 WACS 指数（黑线）和 AMO 指数（红线）的 11 年平均运行时间序列；粉色阴影用于突出具有 AMO 高正相的时代。图 B 为在控制试验中，选定的 AMO 正相期间，DJF 平均地面气温（颜色），500hPa 地势高度（轮廓）和 500hPa 波活动通量（矢量）的偏离（相对于整个 900 年平均值）。图 C 为在控制试验中，环流异常与 SAT 的 WACS 指数（彩色）与 500hPa 的地势高度（轮廓）和 500hPa 的波活动弯曲（矢量）有关；图 C 中实线（虚线）代表正（负）压。图 B 和图 C 中的虚线区域在 90% 的置信水平

### 7.2.1.5　结论

研究表明，WACS 模式不能被温室气体和太阳作用力直接激发。此外，无论是在观测还是在耦合气候模式的千年模拟中，WACS 模态多出现在 AMO 的暖期。具体机制为，AMO 的正相位产生了背景大西洋—欧亚波列（图 7.26B），这有利于 WACS 模态的频繁出现（图 7.26C）。最后，波列可能会导致巴伦支海冰融化，因为它会产生一个北极反气旋作为其作用中心之一（图 7.26B）。巴伦支海变暖可以作为一个"放大器"来增强波列，从巴伦支海到西伯利亚的波浪活动通量增加就表明了这一点（图 7.26C）。

WACS 在最近的正位相 AMO 阶段（1998～2013 年）比之前的正 AMO 阶段（1927～1965 年）更突出（图 7.25D，图 7.25E）。这表明，人为的强迫或其他因素也可能导致 WACS 最近的扩大。一个可能的因素是近 20 年来巴伦支海—卡拉海地区冰的快速融化，这可能是由于部分人为的作用力。

## 7.2.2　全球变暖、AMO 和 IPO 对 1930 年以来的陆地降水变化的相对贡献

### 7.2.2.1　研究背景

关于 SST 对降水的影响的研究已经有很多，但观测资料中 GW、AMO 和 IPO 的对降水

变化的相对贡献还没有定量的结果。在本研究中，我们基于再分析数据，解决了该问题。我们将采用 Liang（2014）最近提出的信息流分析方法揭示时间序列之间的因果关系，从而确定 GW、AMO 或 IPO 显著影响的区域。

### 7.2.2.2 影响陆地降水的趋势和年代际变化的主要海洋模态

为了探究降水和 SST 年代际变化之间耦合的空间分布，对热带陆地降水（30°N～30°S）和 SST（45°N～20°S）进行了 SVD 分析。进行 SVD 分析之前，对降水和海温数据进行 Lanczos 9 年低通滤波，从而滤除掉高频变化。由于冬夏季降水存在较大差异，我们将 6～8 月份和 12～2 月份降水区分开，分别进行 SVD 分析。

图 7.27 和图 7.28 分别为 6～8 月份和 12～2 月份海温和降水的 SVD 分析结果。6～8 月期间，SVD 前 3 个模态方差贡献分别为 48.7%、24.3% 和 8.5%，12～2 月分别为 42.7%、28.3% 和 9.7%。对于 6～8 月和 12～2 月，除了副热带中太平洋区域，海表温度场的第一模态均为全球增暖模态（图 7.27A 和图 7.28A）。6～8 月，从第一模态的 SST 和降水场的时间序列来看，其与观测数据中全球平均 SST（45°S～60°N）变化是一致（图 7.27C），时间序列整体呈现上升的趋势。1934～1970 年期间时间序列表现为小幅度下降，这可能与大气中气溶胶排放所导致的全球平均温度变化有关（Wilcox et al., 2013）。几内亚湾沿岸的降水表现为增加的趋势，澳大利亚表现为大范围干旱的趋势。

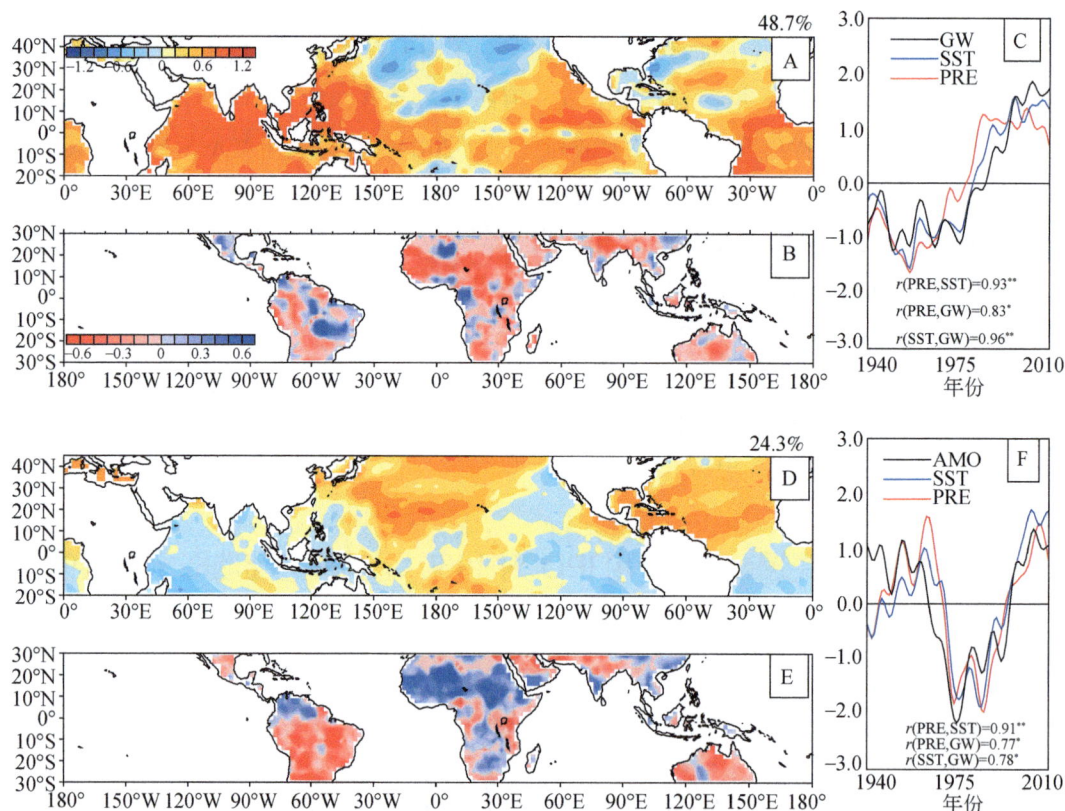

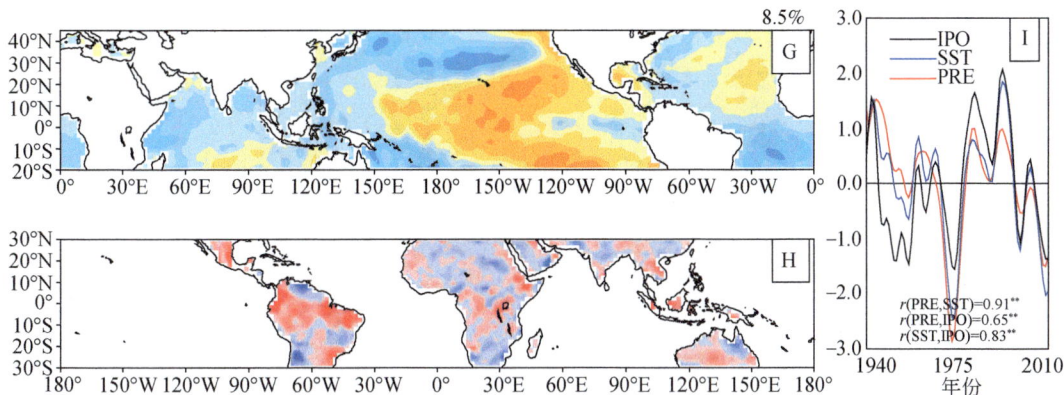

图 7.27  1934～2015 年 6～8 月海温（20°S～45°N）与 CRU 陆地降水（30°S～30°N）SVD 分析

注：图 A、图 D、图 G 分别为海温异类场模态，图 B、图 E、图 H 为降水异类场模态，图 C、图 F、图 I 为标准化的 SST 时间序列（蓝线）和降水时间序列（红线），黑线为 GW、AMO 和 IPO 指数。相关系数进行了显著性检验，＊、＊＊和 ＊＊＊分别代表通过 $\alpha=0.10$，$\alpha=0.05$ 和 $\alpha=0.01$ 信度检验

图 7.27D～图 7.27F 为 6～8 月 SVD 结果的第二模态。SST 模态表现为北半球中西部太平洋增暖和东太平洋海温变冷。整个北大西洋表现为增暖，此空间模态与大西洋多年代际振荡（AMO）的正位相符合。SST 时间序列和 AMO 指数的相关系数达到了 0.78，这意味着，SST 第二模态本质上是受到 AMO 的影响。在 AMO 正位相期间，南美洲地区，除了南美洲西北部的一小部分地区之外，都表现为降水偏少，澳大利亚的降水表现为偏少。

6～8 月期间 SVD 第三模态空间场和时间序列如图 7.27G～图 7.27I 所示，太平洋地区 SSTA 显示的马蹄形空间形态类似于 IPO 信号，海温序列和 IPO 指数的相关系数达到了 0.83，降水序列和 IPO 指数的相关系数达到了 0.65。除刚果盆地外，几乎整个非洲地区与 IPO 相关的降水变化表现为弱的正异常。

在 12～2 月（图 7.28），GW（图 7.28A～图 7.28C）仍然是方差贡献最大的模态（42.6%）。澳大利亚地区与 GW 有关的降水，呈现为东西向的偶极子形态，澳大利亚东部有变湿润的趋势，西部有变干的趋势。在 GW 的影响下，非洲地区在 12～2 月表现出变干燥的趋势，这与 6～8 月是一致的。在 12～2 月期间，IPO 是热带地区降水年代际和多年代际变化的第二大因子，方差贡献为 28.3%（图 7.28D 和图 7.28F）。IPO 指数与 SST 时间序列的相关系数为 0.89，与降水时间序列的相关系数也高达 0.85（图 7.28F）。在 IPO 正位相阶段，非洲南部、澳大利亚北部和南美西北部出现明显的降水负异常。

除印度半岛外，在南亚表现为降水正异常（图 7.28E）。12～2 月期间，AMO 是第三大贡献因子，方差贡献只有 9.7% 的（图 7.28G 和图 7.28I）。SST（降水）的时间序列与 AMO 指数之间的相关系数为 0.77（0.63）。在 AMO 正位相阶段，非洲的降水增加，澳大利亚中部的降水减少（图 7.28H）。

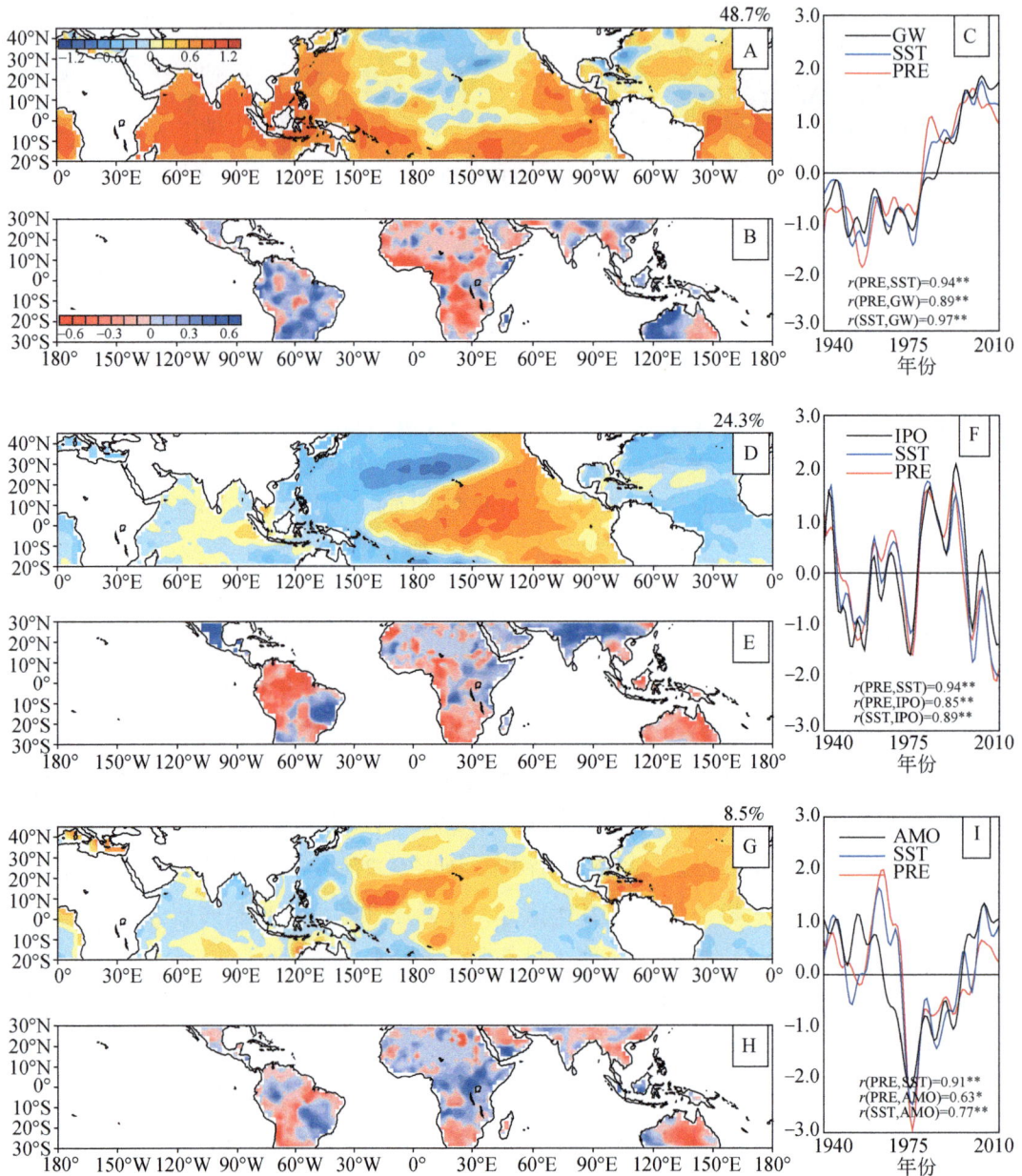

图 7.28　1934~2015 年 12~2 月海温（20°S~45°N）与 CRU 陆地降水（30°S~30°N）SVD 分析

注：同图 7.64，但为 12~2 月 CRU 陆地降水，前三模态的方差贡献分别为 42.7%、28.3% 和 0.7%

### 7.2.2.3　回归分析

本节研究了海温模态对高纬度地区陆地降水的趋势和年代际变化的影响，分别构建了 6~8 月和 12~2 月降水对 GW、AMO 和 IPO 指数的回归图，并与 SVD 结果进行了比较。为了将 GW 的作用从长期海温变化序列中提取出来，在回归之前，使用 EEMD 方法去除了高频信号，只保留了趋势。利用 Lanczos 对 AMO、IPO 时间序列和降水进行了 9 年低通滤波，以消除年际变化。

图 7. 29A 和图 7. 29B 为全球陆地降水对 GW 指数的线性回归系数分布，与 SVD 分析第一模态基本一致，两者 6 ~ 8 月和 12 ~ 2 月的空间模态相关系数分别为 0.67 和 0.70。在 6 ~ 8 月期间，中国北部、蒙古国、俄罗斯东部、喜马拉雅山的南部和南美的格兰查科地区表现为干旱趋势。在 12 ~ 2 月期间，澳大利亚西部、南美和欧洲出现湿润的趋势，而非洲南部、加拿大西部和俄罗斯东部则出现干旱的趋势。

降水对 AMO 的回归结果（图 7. 29C 和图 7. 29D）在 SVD 分析第二模态基本一致，两者 6 ~ 8 月的空间相关系数为 0.62，12 ~ 2 月的空间相关系数为 0.54。降水对 IPO 的回归结果如图 7. 29E 和图 7. 29F 所示，在热带地区与 SVD 分析结果基本一致，不同的是，非

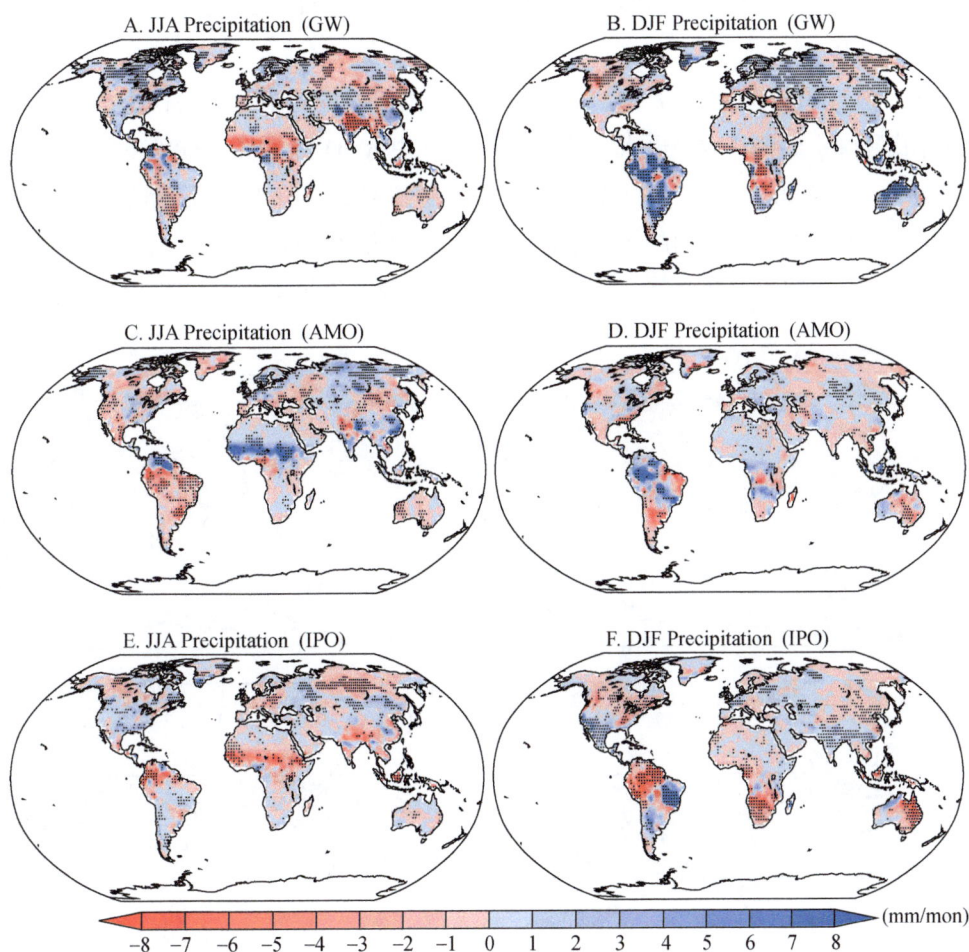

图 7. 29　1934 ~ 2015 年 6 ~ 8 月和 12 ~ 2 月 CRU 陆地降水对 GW 指数（A、B）、
AMO 指数（C、D）和 IPO 指数（E、F）的线性回归分布
注：打点区域为相关系数通过 $\alpha = 0.10$ 信度 $t$ 检验区域

洲西部降水在6～8月的IPO正位相阶段表现为显著偏少（图7.29E）。6～8月的空间相关系数为0.47，12～2月的空间相关系数为0.72（图7.29F）。以上分析证实了GW、AMO和IPO是影响陆地降水趋势和年代际变化的三种主导模态。在下文中，我们对它们的相对重要性进行了评估。

#### 7.2.2.4　GW、AMO和IPO的相对贡献

上述结果表明，1934～2015年期间，陆地降水的低频变化可以解释为GW，AMO和IPO的共同作用。在本节中，将研究它们的相对贡献。如图7.30A和图7.31所示，并不是所有地区的陆地降水低频变化都可以用这三种模态来解释。平均而言，它们大约可以解释趋势和年代际变化的30%。在图7.68中可以清楚地看到方差贡献大小对于区域有很强的依赖性，三者对北非地区6～8月的降水可解释方差为43%，但是对澳大利亚地区，可解释方差仅为19%。

6～8月份（图7.30和图7.31），AMO对北非的降水变化中起重要作用，三者对非洲北部的年代际降水的解释方差最大，达到43%，其中AMO占44%。GW和IPO的贡献为36%和20%。北美北部，GW占主导地位，占到所解释的30%方差贡献的40%，在GW的影响下，降水表现为增多的趋势，AMO和IPO分别占比34%和26%。南美洲，AMO占主导地位，可以对降水变化解释占比46%。在AMO的正位相期间，有降水负异常。

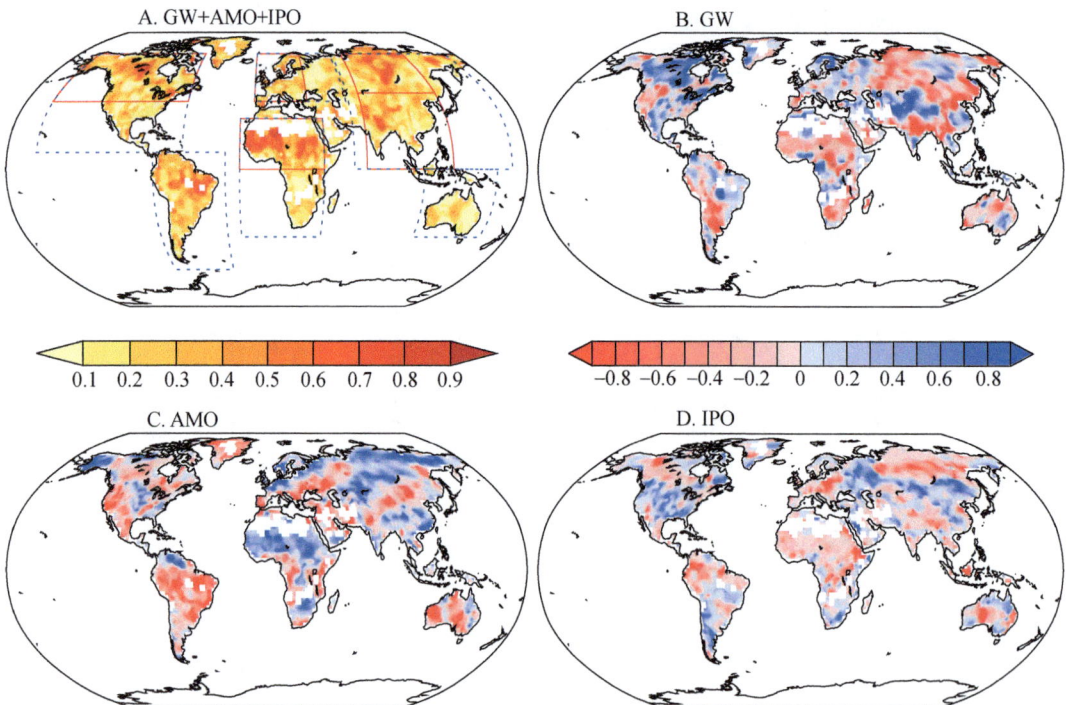

图7.30　1934～2015年6～8月GW、AMO、IPO指数对陆地降水低频变化的方差贡献分布图

注：正负值区域与一元回归的正负值区域对应。图A中方框为计算图7.68中指定区域平均的相对贡献

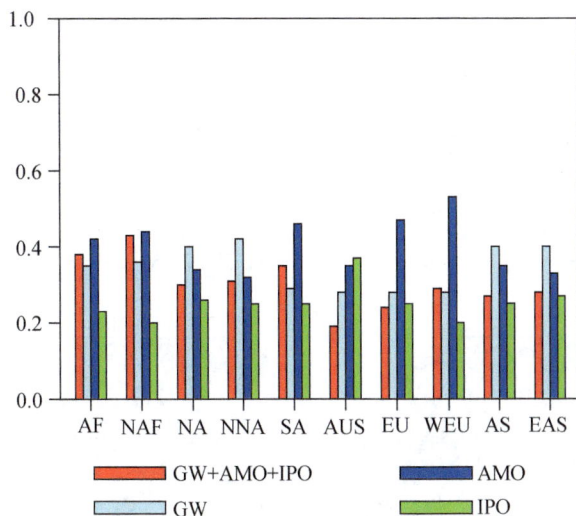

图 7.31  GW、AMO 和 IPO 的 6~8 月 CRU 陆地降水低频变化的区域平均方差
贡献及 GW、AMO 和 IPO 的各自相对贡献

### 7.2.2.5  数值试验

为了进一步证实 AMO 和 IPO 对陆地降水变化的影响，我们使用 ECHAM 4.6 版大气环流模式进行了五组 SST 敏感性对照试验。控制试验（CTL）以 1934~2015 年期间月平均 SST 气候值驱动，我们需要研究与 AMO 和 IPO 相关的 SSTA。

图 7.32 分别表示 6~8 月和 12~2 月的陆地降水和 850hPa 风场的观测结果（图 7.32A、图 7.32B）以及控制试验结果（图 7.32C、图 7.32D）。可以看出，在 6~8 月期间，北太平洋和北大西洋上空的反气旋以及印度洋上空的越赤道流都得到了很好的再现。当然，也存在部分差异（图 7.32E、图 7.32F）。

### 7.2.2.6  结论

通过对 30°N~30°S 的热带陆地降水和在 45°N~20°S 的 SST 进行 SVD 分析，发现影响陆地降水趋势和年代际变化的主要海洋模态为 GW、AMO 和 IPO。全球变暖对陆地降水的趋势变化有重要影响，IPO 和 AMO 则主要影响降水的年代际变化。ECHAM 4.6 大气环流模式的数值试验进一步揭示了太平洋和大西洋 SSTA 的影响作用，并且印度洋 SSTA 在 AMO 和 IPO 对陆地降水变化的作用中不可或缺，这一结论在先前的研究中并未提到。

我们进一步定量计算了 GW、AMO 和 IPO 对全球陆地降水变化的相对贡献，这种相对贡献的定量评估是首次提出。在热带地区，GW 在 6~8 月和 12~2 月均起着主导作用。在 6~8 月，AMO 的贡献次之，而在 12~2 月，IPO 的贡献次之。在 20°S~40°N 之外，GW 起主导作用；在 40°S~50°N 纬度带之间，AMO 的贡献最小。

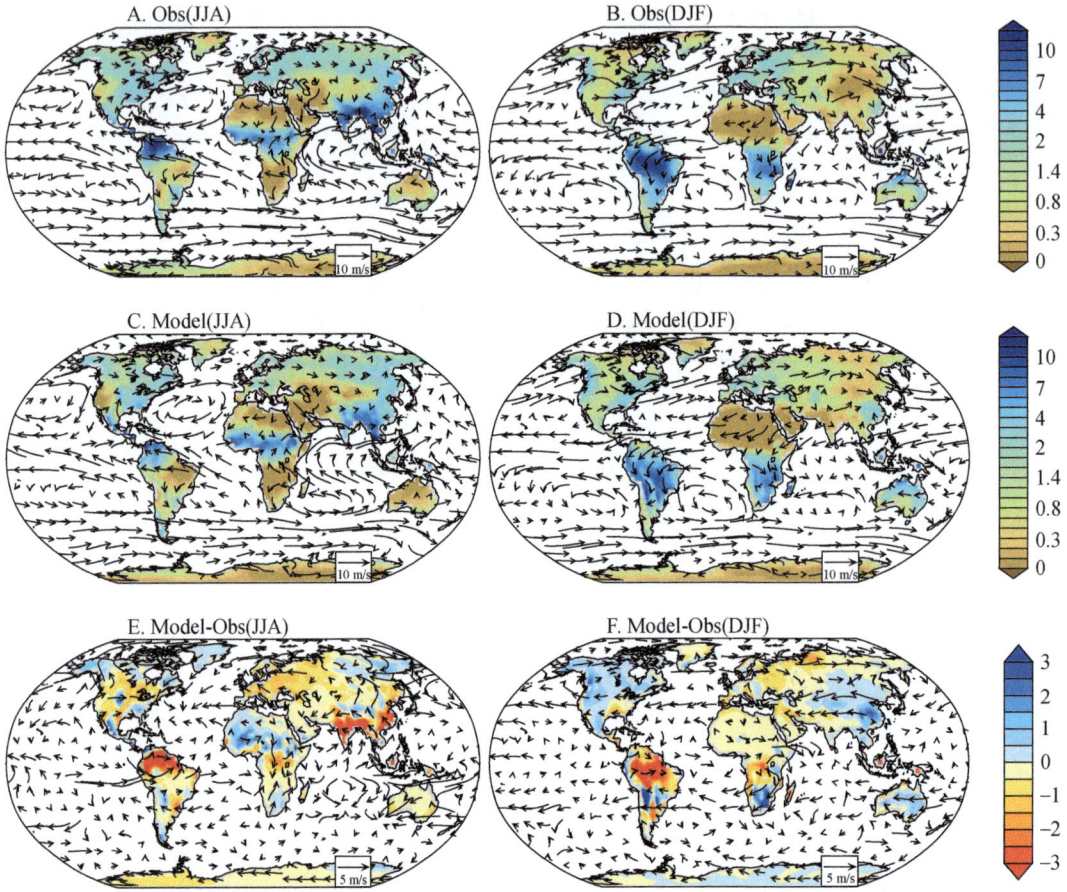

图 7.32 观测资料（A、B）和控制试验（C、D）模拟的降水和850hPa 水平风场（E、F）及两者差值

# 7.3 ENSO 对年代际气候变化的贡献

## 7.3.1 千年重建和控制模拟揭示的东亚夏季风与厄尔尼诺—南方涛动之间的关系

### 7.3.1.1 研究背景

东亚夏季风的变化会导致中国、日本、韩国及周边海域出现异常的雨带和降水，进而导致亚热带和中纬度地区的极端干旱和洪水。重建结果表明，东亚夏季风在多个时间尺度上呈现出年代际到百年际的变化特征。许多研究都认为，ASM 中的变化可能不仅来自外部强迫，如太阳辐照，也来自内部反馈，如大气—海洋相互作用。

### 7.3.1.2 观测和重建数据中的 EASM-ENSO 关系

图 7.33 显示了 1873 ~ 2016 年 EASM 郭指数和 Niño3.4 海温异常的年际变化和 1300 ~ 2000 年的年代际变化。1873 ~ 2016 年，11 月至次年 2 月（NDJF）和 11 月至次年 8 月的指数与 Niño3.4 海表温度在年际尺度上呈弱负相关。滑动相关性表明，这种负相关性在大多数时期都存在，尤其是在 20 世纪 20 年代至 30 年代和 80 年代至 90 年代。此外，郭指数与 NDJF Niño3.4 海表温度异常的相关性和郭指数与 11 ~ 8 月 Niño3.4 海表温度异常的相关性相当，支持相关性的稳健性。1300 ~ 2000 年期间，在年代际尺度上，郭指数与 11 月至次年 1 月（NDJ）Niño3.4 海表温度也存在弱负相关（$r = -0.23$，$p < 0.1$，$n = 70$）。此外，滑动相关性在大多数时期显示出负相关性，包括从 1360' 到 1530' 的强负相关性。这些负相关表明，在冬季变暖之后的夏季，海洋—陆地压力差异通常很小。这些微小的海陆压力差异表明，从海洋到陆地的水汽输送减弱，因此，中国北方的降水减少。

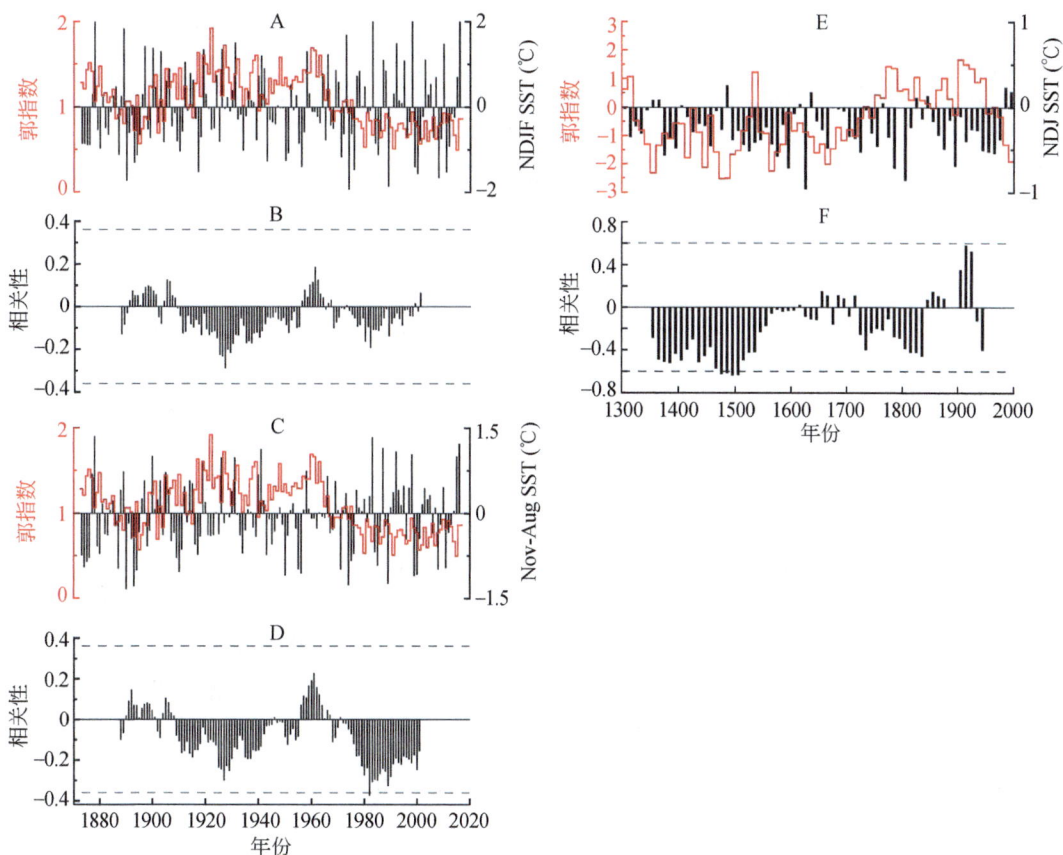

图 7.33　EASM 郭指数和 Niño3.4 SST 变化

注：左图为来自 1873 ~ 2016 年期间的年分辨率观测和再分析数据，右图为来自 13 世纪至 2000 年期间十年分辨率的基于代理的重建数据。图 A 为郭指数（红色）对 NDJF Niño3.4 SST 异常（黑色），图 B 为相应的 30 年移动窗相关。图 C 和图 D 类似于图 A 和图 B，但是对于 11 月至 8 月的 3.4 级海温异常；图 E 为近重建的古指数（红色）与替代重建的 Niño3.4 级海温异常（黑色）的对比，图 F 为相应的 11 年移动窗口相关；黑色虚线表示 0.05 的置信水平

图 7.34 分析了 1948～1971 年和 1972～2016 年冷暖 Niño3.4 异常的环流和海温差异。1948～1971 年，在 Niño3.4 暖冬背景下，夏季西太平洋副热带高压较强。副热带高压越强，海陆空压差越大，导致中国东部从南到北出现异常偏南。同时，在中国东南部有一个弱的反气旋，因此有一个弱的梅雨锋。结果表明，中国北方的水汽供应加强，EASM 与 ENSO 之间存在一定的联系，郭指数与 Niño3.4 海温正相关。在 1972～2016 年期间，与 Niño3.4 变暖的冬季相对应，西太平洋副热带高压减弱，特别是在 150°E ～180°E 和 20°N～30°N 区域。较弱的副热带高压表明海陆压力差较小。相应的，在中国东南部形成一个反气旋异常，在朝鲜半岛形成一个气旋异常。这导致梅雨锋较强，北方水汽输送较弱，使得郭指数与 Niño3.4 SST 呈负相关。这些结果与 Feng 等（2014）的发现一致，他们在过去半个世纪的观测中显示了高 PDO 和低 PDO 时期之间不同的 EASM-El Niño 关系。

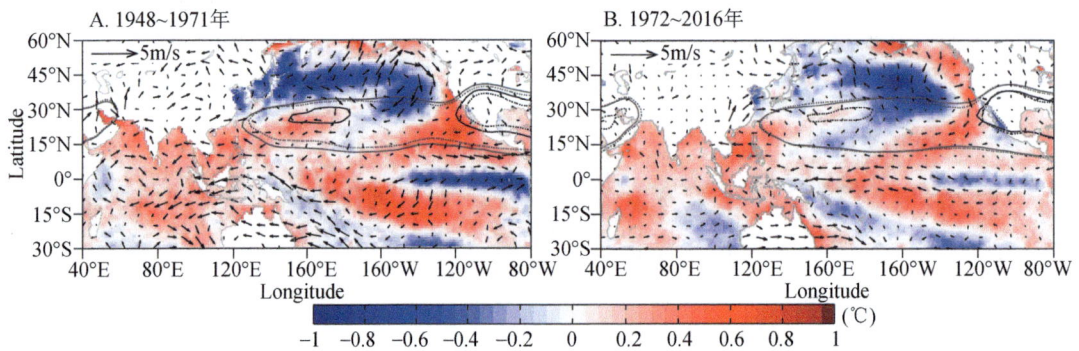

图 7.34　在 1948～1971 年和 1972～2016 年中，上一个冬季 Niño3.4 SST 的高低期（高减低）之间的 JJA 循环和 SST 的差异

注：黑色（灰色）等高线表示在先前的冬季 Niño3.4 SST 高的时期内，JJA 的地势高度为 5880m（5860m），而虚线的轮廓对于先前的冬天的 Niño3.4 SST 低的时期也表现出相同的特征

### 7.3.1.3　CESM 控制试验中的 EASM 和 ENSO 变化

图 7.35 为 CESM 控制试验中 EASM 王指数的变化情况。在 1000 年的模拟结果中，王指数的线性趋势为每世纪 0.21±0.38，概率分布近似为正态分布，极高和极低指标值所占比例较小。这种概率分布与观测所得的概率分布大体相似（图 7.36）。

在稳定的千年模拟过程中，东亚夏季风表现出强烈的年际变率和年代际变率。小波分析表明，千年来年际变化显著（图 7.35C）。从功率谱可以看出，功率峰值出现在 5a 周期上。在年代际变化方面，在 24a、55a、110a 周期出现功率峰值，这分别近似对应年代际、多年代际和百年周期（图 7.35D）。

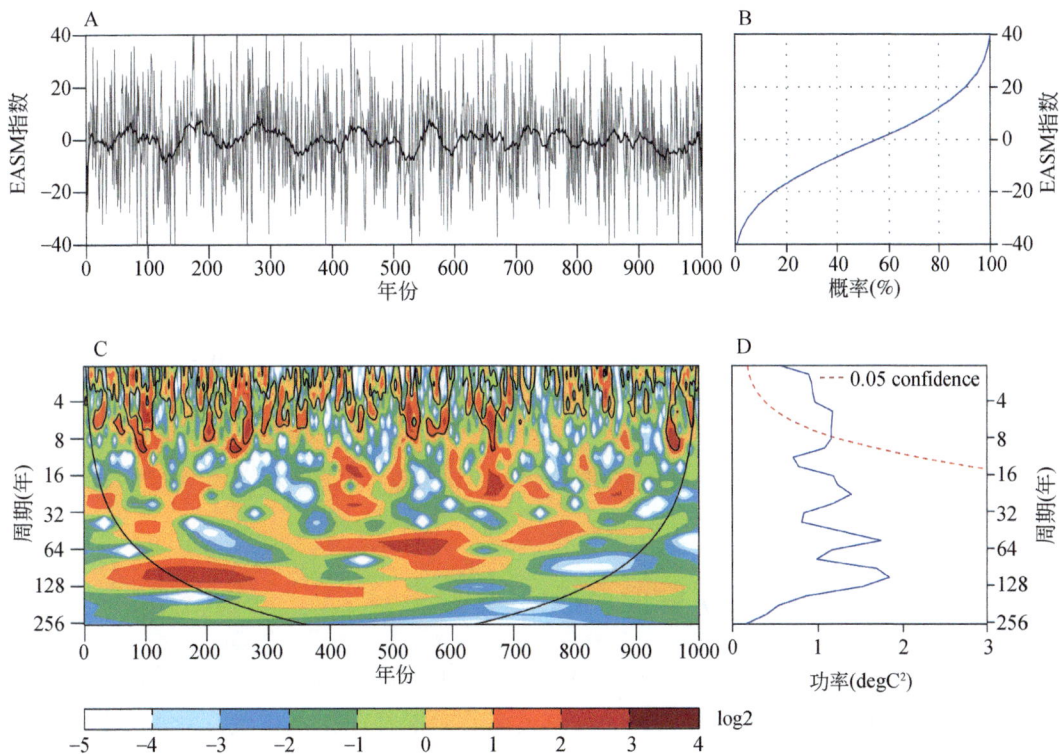

图 7.35　CESM 控制试验中 EASM 王指数的变化情况

注：图 A 为时间序列，图中粗黑线表示 30 年运行平均值；图 B 为累积概率分布；图 C 为小波谱功率，
图 D 为累计周期变化

图 7.36 为冬季 Niño3.4 海温异常的变化，该异常缺乏线性趋势，近似正态分布（图
7.36A 和图 7.36B）。这些特征表明千年控制模拟是稳定的，捕捉到了太平洋热带海气相
互作用的变化。值得注意的是，有一个占主导地位的功率高峰，约为 4 年的周期，贯穿整
个千年。这一特征与观察和历史重建是一致的。

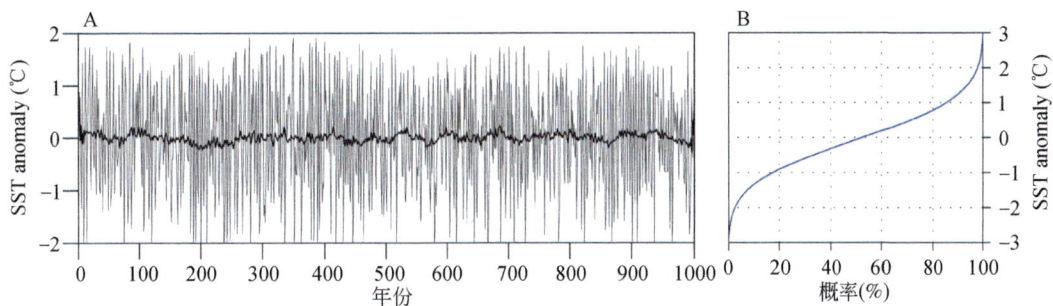

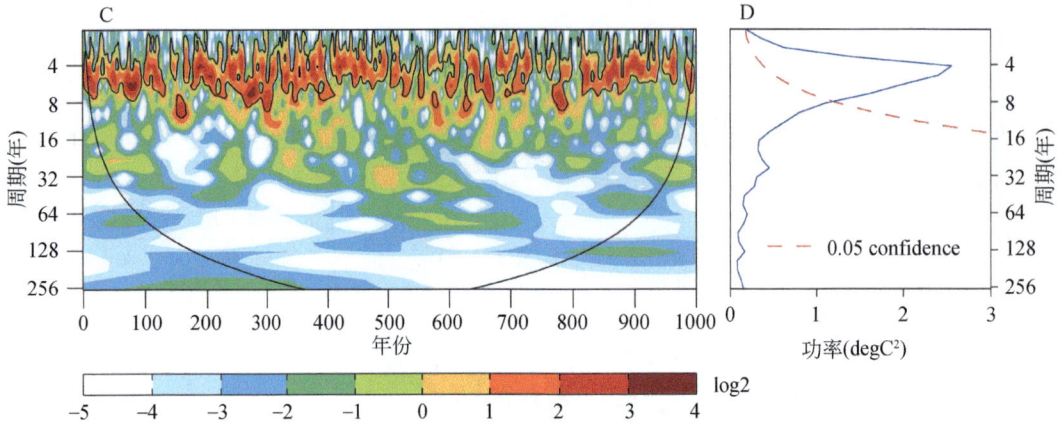

图 7.36    CESM 控制试验中 Niño3.4 海温的变化情况

### 7.3.1.4    模拟的 ENSO 和 EASM 的相关关系

图 7.37 显示了由王指数得出的 EASM 强度与由 CESM 控制试验得出的前一个冬季 Niño3.4 海表温度之间的 30 年滑动相关性，大多数时期都存在正相关，最大相关系数为 0.60（$n=30$，$p<0.001$）。在整个千年期间，相关系数为 0.11（$n=1000$，$p<0.001$）。这表明，较高的王指数很大程度上与前一个冬天的温暖 Niño3.4 期相对应。

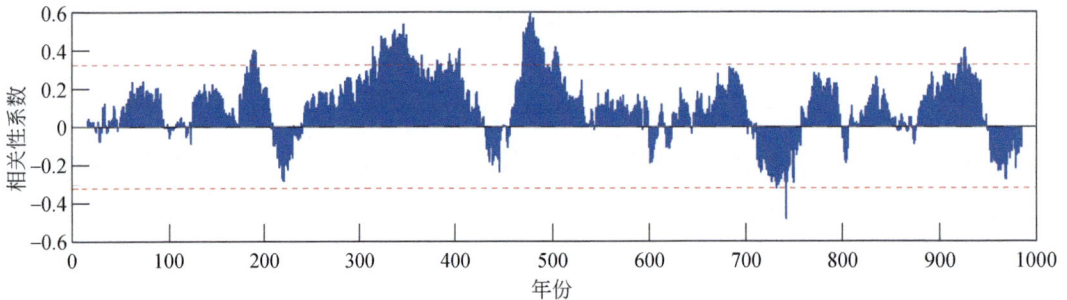

图 7.37    CESM 控制试验中王指数和前一个冬季的 Niño3.4 海温异常之间的 30 年窗口滑动相关

在 IPO 的正阶段，风异常可能不利于东亚地区的较高的 EASM 王指数。如图 7.38 所示，西北太平洋 850hPa 气压级的环流出现了与冷却海面相对应的偶极型。一个广泛的反气旋出现在北部冷却的海面的核心区域，气旋出现在南部。作为偶极子，反气旋和气旋共同作用，在 30°N 附近有共同的东风带，因此在长江上空存在辐散型。这种差异对梅雨锋不利，表明在年代际尺度上，与 IPO 正阶段相对应的 EASM 王指数值普遍较低，类似一个超级 EL Niño 模式。

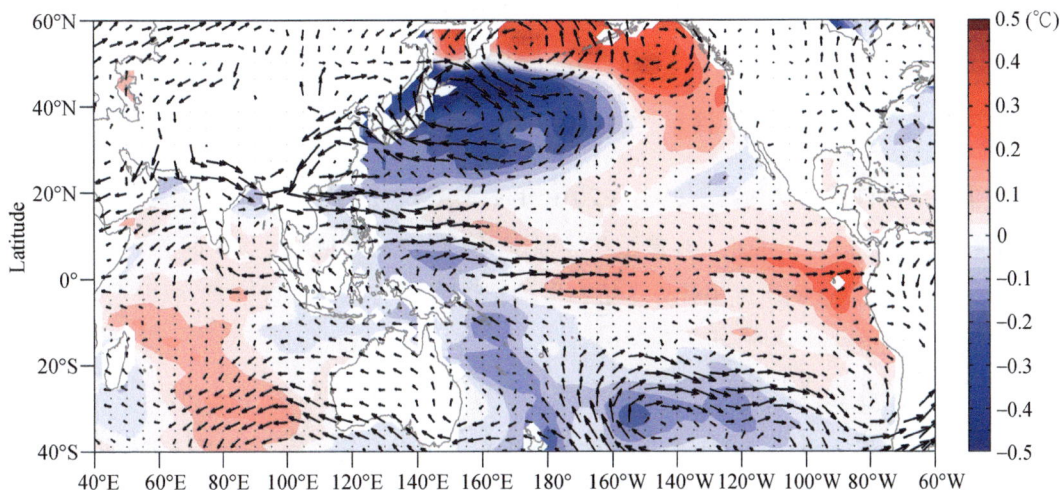

图 7.38　夏季海温和 850hPa 风矢量在正相关期和负相关期之间的差异

### 7.3.1.5　结论

东亚夏季风强度与前一个冬季 Niño3.4 海温之间存在不同的关系。20 世纪 20～30 年代和 80～90 年代，郭指数与前一个冬季 Niño3.4 海温在年际尺度上存在较强的负相关，而 1873 年以后的观测数据和再分析数据则表现出较弱的相关性。这种分化关系在年代际尺度上也很明显，13 世纪 60 年代到 16 世纪 30 年代出现了强烈的负相关，而其他时期要么是弱相关，要么是正相关。

模拟结果表明，EASM 与 Niño3.4 海温的相关性可能是由气候系统内部变率引起的太平洋海温的几十年代际变化所调节的，很可能是由太平洋年代际振荡（IPO）引起的。

## 7.3.2　厄尔尼诺对中国东部的南涝北旱有早期信号作用吗

### 7.3.2.1　研究背景

在中国，夏季降水模态的变化对厄尔尼诺现象非常敏感。在厄尔尼诺发展期间，黄河下游 6 月降水量减少，而江淮流域 6～7 月降水量增加。然而，在厄尔尼诺衰退的年份，中国东南部和长江与黄河之间的地区经历了比正常情况下更潮湿的气候。Huang 和 Wu（1989）发现，在厄尔尼诺发展期间，长江中游和华北地区降水偏少，长江流域降水偏少；厄尔尼诺衰减期间，江淮流域降水减少，江南降水增加。

如前所述，在年际尺度上，南涝北旱格局是厄尔尼诺现象影响中国东部的主要空间格局。然而，厄尔尼诺现象与 1976 年以前淮河流域降水减少和干旱及华北和长江南部的强降水密切相关，表明中国水文气候空间格局与厄尔尼诺事件之间的关系在长期内可能是复杂的。

### 7.3.2.2　梅雨异常事件的定义

严重梅雨事件的定义为高于 1951~2016 年平均值 50% 的降水异常，极端事件定义为高于 100% 的异常。为了重建，将严重和极端梅雨事件定义为梅雨持续时间分别大于 35 天和 40 天。然后选择这些事件来计算严重和极端梅雨事件与不同强度（即从弱到极强）的厄尔尼诺事件的发生。

为了从 CESM 模拟中分析中国东部降水异常与厄尔尼诺的关系，厄尔尼诺事件被定义为连续 6 个月或更长时间 Niño3.4 海温异常大于或等于 0.5℃ 的连续 3 个月平均值。与重建和观测类似，模拟中的厄尔尼诺事件通过累积海温异常序列的百分位数分析分为五个等级，包括极强（>90%）、非常强（65%~90%）、强（35%~65%）、中等（10%~35%）和弱（<10%）。然后，使用 5~9 月的模拟降水（同一季节用于评估从历史文件中得出的干湿等级指数）来说明所有厄尔尼诺事件及非常强和极强厄尔尼诺事件的中国东部降水异常的空间模式。此外，还计算了厄尔尼诺发展年、衰减年和未受影响年三个次区域（华北平原、长江中下游和华南沿海）的旱涝频率。根据千年对照模拟的 5~9 月降水的概率分布，每年的旱涝分为五个等级。每个等级的概率标准设定为严重干旱（≤10%）、干旱（10%~35%）、正常（35%~65%）、洪水（65%~90%）、大洪水（≥90%）。

### 7.3.2.3　历史重建中的水文气候空间格局与厄尔尼诺的关系

中国东部水文气候空间格局分类数据和厄尔尼诺事件重建年表所涵盖的时间周期公元 1525~2002 年，其间确定了 189 个厄尔尼诺年（即 92 个厄尔尼诺事件，其中一个事件可能持续数年）。表 7.1 显示了六种水文气候空间模式的时间、地点（包括发展年和衰退年）。对表 7.1 中数据的列联测试显示卡方值为 11.2，$P$ 值为 0.048，这意味着在受厄尔尼诺影响和未受厄尔尼诺影响的年份之间，所有六种水文气候空间模式的比率存在显著差异。总体而言，FSDN 的偶极子模态（即模态Ⅲ）在受厄尔尼诺影响的年份出现的频率最高，为 26.0%，明显高于未受厄尔尼诺影响的年份的 15.0%。与此同时，在受厄尔尼诺影响的年份，FSDN 的反向模式（即模态Ⅴ）的频率仅占 13.6%，大大低于不受厄尔尼诺影响的年份 23.2% 的数值。此外，在受厄尔尼诺影响的年份和未受影响的年份之间，其他模态的频率没有显著差异。这些结果表明，厄尔尼诺现象可能导致中国东部 FSDN 出现的频率更高的原因。

考虑到厄尔尼诺发展阶段对水文气候空间格局的不同影响，我们分别研究了厄尔尼诺发展年和衰减年 6 种重构的水文气候空间格局的出现。图 7.39 显示了厄尔尼诺发展年、衰退年和未受影响年的六种降水模态的频率。显著性检验显示，厄尔尼诺发展年、衰减年和未受影响年的所有六种水文气候空间模态的频率的卡方值为21.3，p值为0.02。在厄尔尼诺发展年，FYRDNS 的三重模态（即模态 II）的频率为18%，FSDN 的偶极模态（即模态 III）占23%。相比之下，FSDN 反向模式（即模态 V）的出现频率从未受影响年份的23%显著下降到发展中年份的15%。这些发现表明，在厄尔尼诺发展年，中国东部地区FYRDNS 和 FSDN 的发生率较高，而 FSDN 的反向模式的发生率较低。

**表 7.1　厄尔尼诺事件对六种类型的重建产生的水文气候空间格局的影响或未受其影响的年数**

| 类型 | 每种水文气候空间模式出现的频率 | | | | | | Total |
|---|---|---|---|---|---|---|---|
| | I | II | III | IV | V | VI | |
| El Niño-affected years | 37（14.3%） | 38（14.7%） | 67（26.0%） | 49（19.0%） | 35（13.6%） | 32（12.4%） | 258 |
| Unaffected years | 37（16.8%） | 32（14.5%） | 33（15.0%） | 47（21.4%） | 51（23.2%） | 20（9.1%） | 220 |
| Total | 74（15.5%） | 70（14.6%） | 100（20.9%） | 96（20.1%） | 86（18.0%） | 52（10.9%） | 478 |

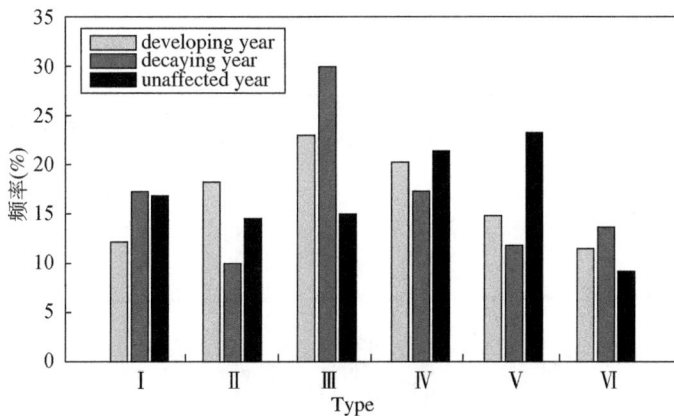

图 7.39　厄尔尼诺发展年、衰退年和未受影响年的六个重构水文气候空间格局的频率
注：模态 I，中国东部大部分地区洪水泛滥，并以长江流域为中心；模态 II，江流域洪灾，南北干旱；模态 III，南部洪水，北部干旱；模态 IV，长江流域干旱，南北向泛滥；模态 V，北部为洪水，南部为干旱；模态 VI，华东大部分地区干旱

对于厄尔尼诺衰退年份，三重模态（即模态 II）的频率低于未受影响年份（10% vs 15%）。然而，在厄尔尼诺衰减年份，FSDN 偶极子模态（即模态 III）的频率为30%，是未受影响年份（15%）的两倍。与此同时，在厄尔尼诺衰减年，FYRDNS 和 FSDN 的反向模式（即模态 IV 和模态 V）的频率分别为17%和12%；两者均低于未受影响年份（分别为21%和23%）。总体而言，厄尔尼诺衰减年的南洪北旱（包括北旱和 FSDN）频率达到40%，明显高于未受影响年的30%。此外，南洪北旱反向模态的总频率从厄尔尼诺未受影响年份的43%下降到厄尔尼诺衰退年份的29%。这些结果表明，厄尔尼诺的衰减也可能导致中国东部发生更多的南涝北旱模态，特别是 FSDN 发生的概率较高，而 FSDN 和

#### 7.3.2.4 从历史重建看梅雨异常事件与厄尔尼诺的关系

本节分析了在过去的 281 年中，异常梅雨（包括严重梅雨和极端梅雨事件）是否在厄尔尼诺期间更频繁地发生。图 7.40 显示了 44 个异常梅雨事件的长度和降水异常百分比，这些异常梅雨事件是从重建和观测的年度梅雨序列以及 1736~2016 年期间相应的厄尔尼诺事件（表 7.2 中的数据）中识别出来的。从 1950 年以来的观测来看，11 次异常梅雨事件中有 8 次与厄尔尼诺事件密切对应。1991 年极端梅雨事件发生在厄尔尼诺发展年，其他 7 次异常梅雨事件发生在衰减年（图 7.40）。在 1950 年以前发生的 33 次异常梅雨事件中，有 25 次事件与厄尔尼诺事件有关（图 7.40）。在过去的 281 年中，有 33 个梅雨异常事件（占所有异常事件的 75%）与厄尔尼诺现象有关。其中 11 次异常梅雨事件发生在厄尔尼诺发展年，其余发生在衰减年。此外，15 个极端梅雨事件发生在厄尔尼诺影响年，12 个极端梅雨事件发生在发展年。这些结果表明，厄尔尼诺可能导致更严重和极端的梅雨事件，特别是在厄尔尼诺衰减年。

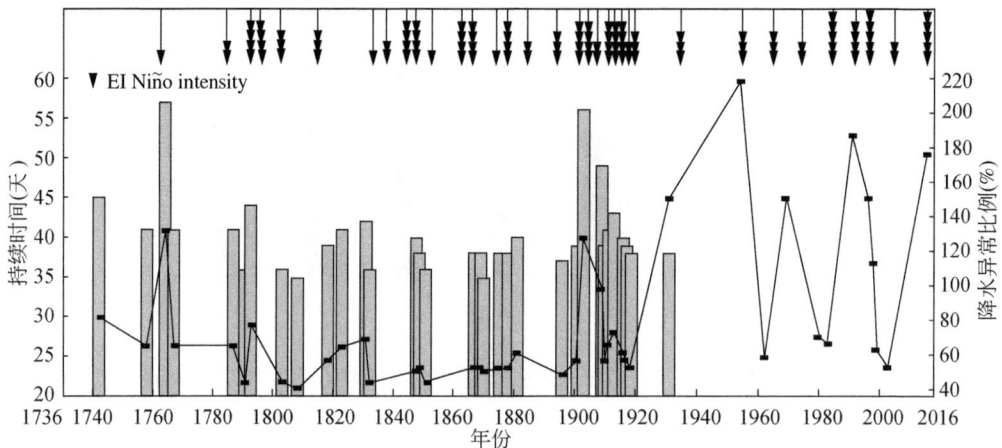

图 7.40　1736~2016 年严重和极端梅雨事件的重建长度和降水异常

注：黑线表示降水异常百分比；箭头表示 1736~2016 年发生厄尔尼诺现象的年份。箭头的

数量表示厄尔尼诺现象的强度

为了进一步揭示厄尔尼诺的强度如何影响异常梅雨事件的大小，表 7.2 显示了 1736~2016 年期间发生的具有不同厄尔尼诺等级（即弱、中、强、非常强和极强）的严重和极端梅雨事件。具体而言，在与厄尔尼诺事件相关的 33 次异常梅雨事件中，有 4 次发生在弱厄尔尼诺事件之后；有 7 次分别对应中和强厄尔尼诺事件；有 12 次，包括 7 次极端梅雨事件，发生在厄尔尼诺现象非常强的年份；有 3 次发生在极端厄尔尼诺事件之后，其中 2 次是极端梅雨（表 7.2）。同时，15 次极端梅雨事件中，有 12 次发生在厄尔尼诺衰减

年，特别是非常强和极强的厄尔尼诺。相反，在弱、中、强厄尔尼诺衰减年，只观察到 5 次极端梅雨事件，其中 2 次跟随弱厄尔尼诺事件，1 次跟随中厄尔尼诺事件，另外 2 次跟随强厄尔尼诺事件。

表 7.2    不同强度的厄尔尼诺事件与 1736～2016 年间重建产生的异常梅雨事件之间的对应特征

| 厄尔尼诺强度 | 发展年 | | 衰减年 | |
|---|---|---|---|---|
| | 强梅雨 | 极端梅雨 | 强梅雨 | 极端梅雨 |
| 弱 | | | 1851，1875 | 1767，1831 |
| 中等 | 1832，1910，1917 | 1881 | 1980，2003 | 1787 |
| 强 | 1803，1896，1918，1931 | | 1818 | 1954，1969 |
| 非常强 | 1791 | 1911，1991 | 1867，1869，1878，1901 | 1793，1848，1903，1913，1916 |
| 极强 | | | 1983 | 1998，2016 |

总之，1736～2016 年，严重和极端的梅雨事件发生在厄尔尼诺事件期间，其中 15 次极端梅雨事件中的 12 次发生在厄尔尼诺衰减年。此外，它还表明，当厄尔尼诺强度增加时，梅雨异常事件的发生往往更加频繁。

### 7.3.2.5    从千年控制试验看中国东部降水异常模式与厄尔尼诺事件的关系

根据千年 CESM 控制试验的结果，确定了 212 个厄尔尼诺事件，包括 212 个发展年和衰退年，其他 576 年被定义为厄尔尼诺未影响年。结果表明，厄尔尼诺发展年中国东部降水异常的模式是"旱—涝—旱"；中国北部和南部沿海地区的降水量减少了 2%～10%，大多数地区超过了 90% 的显著水平，但长江流域的降水量略有增加（约 2%）。在厄尔尼诺衰减年期间，降水异常呈现出从东北向西南面积减少，而在东南、黄河上游和渭河巷（32°N～38°N，98°E～110°E）面积增加的格局。具体来说，中国北方大部分地区的降水量减少了 2%～5%，而中国东南部，包括长江下游地区的降水量增加了 2%～5%；两个区域都超过了 90% 的显著性水平。

此外，随着厄尔尼诺强度的增加，中国东部地区的降水异常更加明显，特别是在非常强的厄尔尼诺事件的发展年。在非常强的厄尔尼诺事件的发展年，华北地区的降水减少了 10%～15%，长江五道地区的降水增加了 2%～5%。在衰减年，非常强的厄尔尼诺事件的降水异常模式与所有厄尔尼诺事件的模式非常相似。

图 7.41 分别显示了华北平原、长江中下游和华南沿海厄尔尼诺发展年、衰减年和未受影响年的千年控制试验得出的各级干旱/洪水的综合频率。值得注意的是，虽然这种千年控制试验能够很好地捕捉到气候系统内部反馈引起的异常降水的偶极型和三极型，但它仍然存在异常降水中心位置转移的局限性。为了避免这种限制带来的误差影响，我们根据

异常降水中心为每个子区域选择了特定的网格，以计算模拟得出的干旱/洪水频率。在华北平原，严重干旱和干旱的总频率在厄尔尼诺发展年为58%，在衰退年为48%，两者均显著高于未受影响年（31%）。在长江中下游，厄尔尼诺衰退年（56%）的洪水（大洪水和洪水之和）比未受影响年（36%）更频繁。就华南沿海而言，在厄尔尼诺发展年严重干旱和干旱的总发生率为56%，明显高于未受影响年的30%。此外，厄尔尼诺衰减年华南沿海的大洪水和洪水总频率为43%，也高于未受影响年的34%（图7.41A）。而且，当厄尔尼诺变强时，可以发现类似的结果，除了华南沿海厄尔尼诺衰减年外，上述频率的差异较大（图7.41B）。

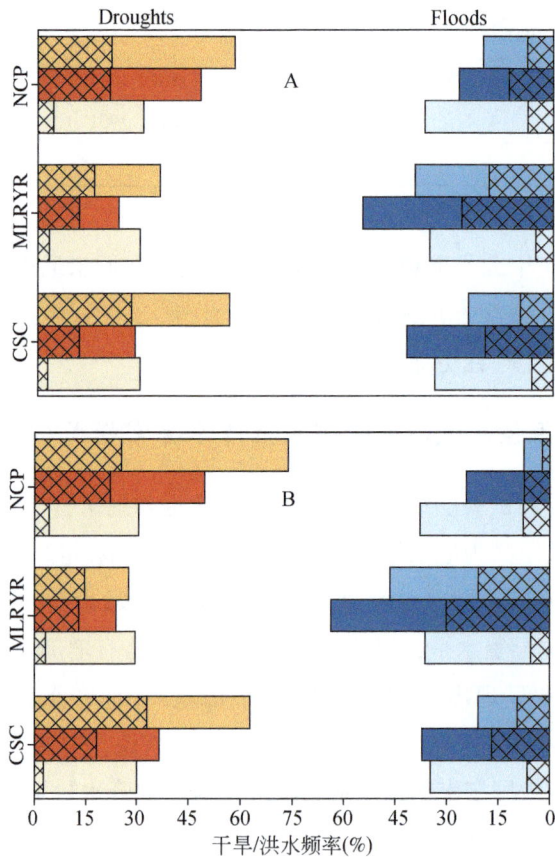

图7.41 华北平原（NCP）、长江中下游（MLRYR）和华南沿海（CSC）在各个等级的干旱（左列）与洪水（右列）的模拟频率厄尔尼诺发展年、衰退年和未受影响的年

注：图A对于所有212项厄尔尼诺事件。图B对于54次非常强烈和极其强烈的厄尔尼诺事件。每个子区域从上排到下排的三个横条分别表示厄尔尼诺发展年（上），衰减年（中）和未受影响年（下）的干旱/洪灾发生频率。黄色（蓝色）条表示干旱（洪水）。用网格阴影的黄色（蓝色）条表示严重干旱（大洪水）

这些结果表明，与未受影响的年份相比，在厄尔尼诺发展年，华北平原和华南沿海将会发生更多的干旱，长江中下游将会发生更多的洪水，这很像 FYRDNS 的三重模式。在厄尔尼诺衰变年，华北平原干旱多，而长江中下游和华南沿海洪涝多，这与 FSDN 的偶极子模式相似。这两个结果都表明，从长期重建得到的大多数结果可以在控制模拟实验中得到验证。

### 7.3.2.6 结论

本节的研究使用了对水文气候空间模式和异常梅雨事件及厄尔尼诺事件的历史重建，将研究周期从大约 50 年延长到 500 年，从而提供了更多的样本来说明中国东部的水文气候模式与厄尔尼诺之间的关系。此外，千年控制试验还提供了一个独立的数据集来验证上述关系，从而证实了长期重建结果的稳健性。结果表明，厄尔尼诺事件可能导致厄尔尼诺发展年 FSDN 出现三重模式和偶极模式的概率增加，厄尔尼诺衰减年 FSDN 出现极端梅雨事件的概率增加，说明厄尔尼诺可能是中国东部发生南方洪涝北方干旱的早期信号。

以前的研究表明，厄尔尼诺现象对中国东部气候的影响是通过太平洋–东亚（PEA）遥相关与厄尔尼诺事件期间菲律宾东部的异常反气旋联系在一起的。Xie 进一步发现，这种异常的反气旋主要是由印度洋的电容效应引起的。在最近的几项综述研究中认为，厄尔尼诺对中国东部降水的影响机制可以概括为：在厄尔尼诺事件发生的发展阶段，减弱的沃克环流可以抑制印度夏季风，并通过调节青藏高原西部的风场和影响 $30°N \sim 50°N$ 的中纬度亚洲波型，进一步触发东亚地区的异常正压气旋。这种联系表明，厄尔尼诺的发展是导致华北平原降水减少的主要原因，从而解释了为什么经过长期重建，厄尔尼诺发展年出现了高频率的三重模态和 FSDN 偶极模态。

在厄尔尼诺的高峰期和衰退期，热带印度洋的暖海温异常可产生开尔文波，从而在赤道大气中诱发异常东风和西北太平洋上空的异常反气旋。由于 WPSH 南翼盛行东风，增强的东风导致 WPSH 南移。WPSH 的南移抑制了从印度夏季风的水汽输送，导致华北平原降水量显著减少。同时，西北太平洋上空的异常反气旋加强了水汽输送到中国南部，从而增加了大气可降水量和降水量。这种联系表明，衰减的厄尔尼诺不仅导致华北平原降水量减少，而且导致华南降水量增加，从而解释了为什么长期重建显示中国东部 FSDN 偶极型频率更高，特别是在厄尔尼诺衰减年发生更多极端梅雨事件。

CESM 控制试验的模拟结果还显示，在厄尔尼诺发展年，华北地区和华南地区的降水量减少，但长江中下游的降水量略有增加，而在厄尔尼诺衰退年，华北地区的降水量减少，长江南部地区的降水量显著增加。所有这些结果表明，在厄尔尼诺事件期间，南涝北旱是中国东部的主导模式。因此，厄尔尼诺（特别是非常强和极强的事件）可被视为中国东部发生南涝北旱的早期信号，特别是长江中下游更严重和极端的梅雨事件。

## 7.3.3　现代暖期（1901~2017 年）亚洲降水与 ENSO 的关系

### 7.3.3.1　研究背景

本小节研究将具体解决以下问题：①AP-ENSO 的相关性如何随季节变化；②不同次区域之间的亚太-厄尔尼诺/南方涛动关系有何联系和差异；③亚洲降水总量对厄尔尼诺/南方涛动有何反应；④1900 年以来，随着全球变暖 1℃，亚太-ENSO 关系有何变化；⑤是什么原因导致了亚太-厄尔尼诺/南方涛动关系的变化。

我们用厄尔尼诺-3.4 区域（5°N~5°S，120°W~170°W）三个月的平均海温异常来测定厄尔尼诺-3.4 指数，将 ENSO 发展年定为第（0）年，次年定为第（1）年，用 12 月（0）-1 月（1）-2 月（1）平均值（表示为 DJF）ONI 来识别 ENSO 事件。图 7.42 显示了 DJF ONI 的时间序列。DJF ONI 大于 0.5℃（小于-0.5℃）的事件被划分为厄尔尼诺（拉尼娜）。

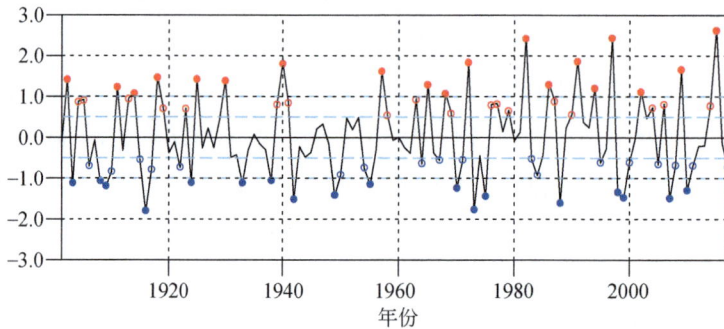

图 7.42　DJF（0/1）海洋厄尔尼诺指数（ONI）的时间序列

注：DJF（0/1）海洋尼诺指数（ONI）的时间序列，即尼诺-3.4 海温异常值经标准差（SD=1.0℃）归一化。ONI 绝对值大于 1.0 的年份（介于 0.5 和 1.0 之间）为大（小）厄尔尼诺事件。±1.0 和 ±0.5 的阈值用蓝色虚线表示。红色实心点（空圈）表示 19 个主要（20 个次要）厄尔尼诺事件，蓝色实心点（空圈）表示 18 个主要（18 个次要）拉尼娜事件

### 7.3.3.2　AP-ENSO 的关系的突变

为了检测季风对 ENSO 响应的详细季节性和阶段性影响，我们研究了 5~6 月（0）[以下简称 MJ（0）]至次年 3~4 月（1）[以下简称 MA（1）]的双月平均 AP 异常和 DJF ONI 的相关关系。双月平均值消除了热带季内振荡的潜在影响，同时保留了与厄尔尼诺/南方涛动有关的异常信号。

北方夏季 MJ(0)至 9~10 月(0)[SO(0)]期间，亚洲大部分地区(70°E 以东)的降水量

与 DJF ONI 呈负相关。从 MJ(0) 到 7~8 月 (0) [JA(0)]，负相关加强，在 SO(0) 达到最高相关。如图 7.43 所示，从 MJ(0) 到 SO(0)，厄尔尼诺导致的海洋性大陆(MC)对流受到抑制，在 SO(0) 中，印度洋上空的东风异常和赤道西太平洋上空的西风异常明显（图 7.43C）。从 MJ(0) 到 SO(0)，分区风异常的强度随着升温幅度的增加而增加。印度洋上空的东风异常倾向于削弱印度西南季风。西部太平洋上空的异常西风和相关的经线风切变倾向于在赤道外地区产生气旋涡度，削弱了菲律宾海上空的西部太平洋副热带高气压，以及向东亚季风区的水汽输送。

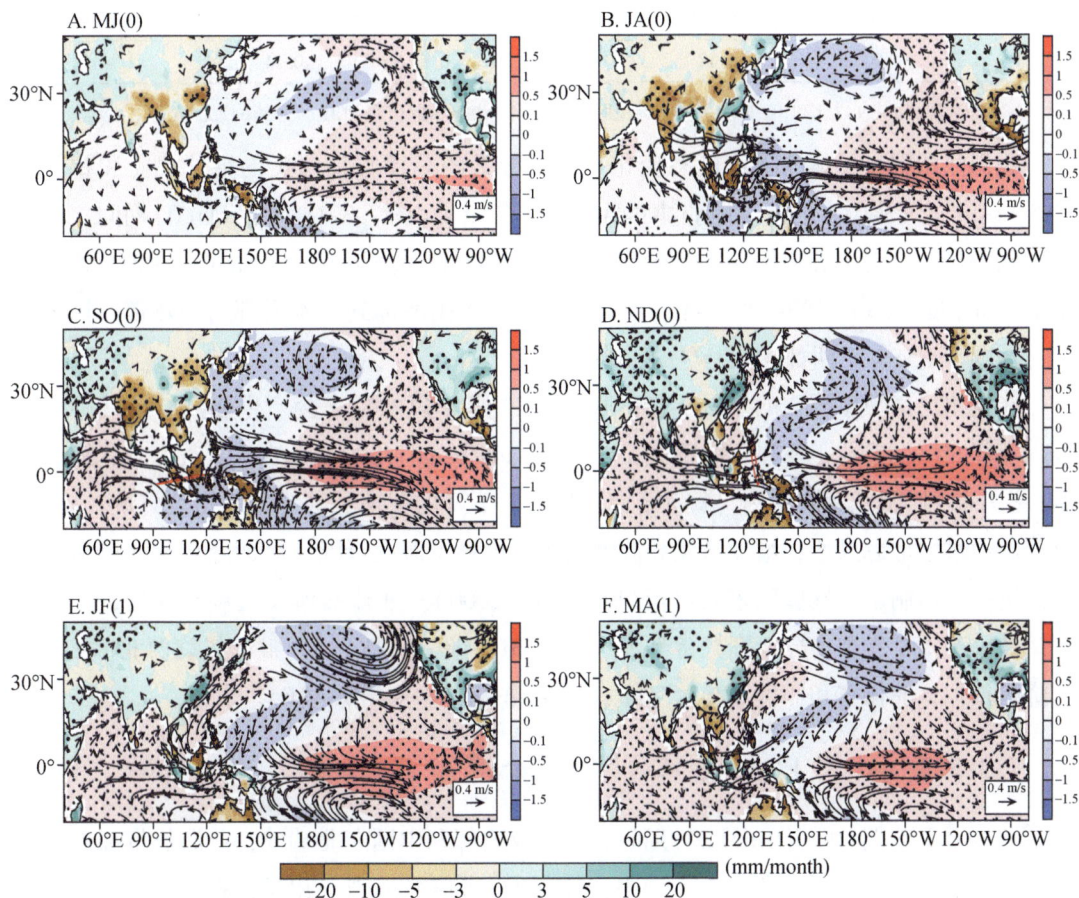

图 7.43 双月期指数对 DJF ONI 的回归（1901~2017 年）

注：回归的 fields 为陆地上的降水异常（mm 月 21）、海洋上的海温异常（单位为 8C）和 850hPa 风异常（箭头，单位为 m s21）。图 C 和图 D 中的红色标记表示由 500hPa 垂直速度 field 的下降中心确定的抑制对流中心。圆点表示回归系数高于 95% 置信度的区域。粗黑实线代表 3000m 以上的青藏高原地区

除东南亚热带地区外，亚洲上空从 SO（0）到 11~12 月（0）[ND（0）] 出现了相关系数的突然逆转。从 ND（0）开始，沿着从中国南部延伸到日本西部的冬季副热带锋面带出现了一个强的正相关区域，这个区域一直持续到次年 4 月（表 7.3）。显著正相关系

数（CCs）表明，除了 SO（0）和 ND（0）之间的相关模式为负值外，其他两个连续的双月平均值都具有相似的相关模态，表明 10 月至 11 月 AP-ENSO 关系发生了逆转。相关模式的逆转发生在 20°N 以北、70°E 以东的大面积亚洲大陆上。从 SO（0）到 ND（0），MC 西部的负相关变成了弱正相关，整个 MC 的总降水量与 ENSO 的负相关在 ND（0）后明显下降，Haylock 和 McBride（2001）及 Chang 等（2004）曾发现这一点。

表 7.3　图 7.42 中两个连续时段之间的模式相关系数（PCC）

| | MJ(0)-<br>JA(0) | JA(0)-<br>SO(0) | SO(0)-<br>ND(0) | ND(0)-<br>JF(1) | JF(1)-<br>MA(1) | MA(1)-<br>MJ(1) |
|---|---|---|---|---|---|---|
| 15°N, 70°E | 0.22 | 0.38 | −0.31 | 0.60 | 0.51 | 0.44 |

注：PCCs 是在 15°N 以北和 70°E 以东的亚洲地区计算的。本表显示的所有 PCC 在 95% 的置信度水平

我们注意到，异常的降水模态变化是由于异常的菲律宾反气旋的突然建立和相关的 ENSO 诱导下沉从印度尼西亚向菲律宾群岛北移的结果（图 7.32D）。在 SO(0) 期间，下沉运动以印尼上空为中心；但在 ND(0) 期间，下沉运动减弱并转移到菲律宾。这种异常增加了 EA 和印度南部上空的降水，特别是 11 月 (0) 后中国南部到日本西部的副热带前锋带沿线，削弱了 ENSO 对西部 MC 上空的影响。

在厄尔尼诺现象严重的发展年份的晚秋，EA 冬季风的到来会产生强烈的反气旋气流侵入菲律宾海，形成了菲律宾海反气旋（Wang and Zhang，2002）。在反气旋以东，海面降温（图 7.43）抑制了对流加热，激发了向西扩散、下降的罗斯贝波，加强了反气旋；同时，反气旋通过增加总风速，增加蒸发和湍流混合，增强了海面降温；海面降温和北风引起的干流进一步抑制了反气旋以东的对流（Wang 等，2000）。菲律宾海反气旋建立后，在厄尔尼诺冬季至次年春季主导亚洲异常环流（图 7.43D ～ 图 7.43F），异常反气旋西北部 EA 上空降水增加，菲律宾和印度半岛上空降水减少（图 7.43D ～ 图 7.43F）。

### 7.3.3.3　AP 对 ENSO 响应的区域性分析

北方夏季 5 月 (0) 至 10 月 (0) 期间，除中亚西部和中国东北端外，亚洲热带和外热带均以干燥异常为主。在亚洲各次区域中，MC 的干燥信号最强。相反，在北方冬季[11 月(0) 至 4 月(1)]，亚洲亚热带和中纬度大陆地区在 20°N ～ 50°N 以湿润异常为主。

根据夏季和冬季主要厄尔尼诺和拉尼娜事件的综合差值中陆地降水异常信号明显的区域，确定了每个子区域的范围。6 个子区域包括：①MC（10°S ～ 5°N，100°E ～ 150°E）；②印度夏季季风（ISM，12°N ～ 33°N，70°E ～ 90°E）；③华北（NCH，30°N ～ 40°N，100°E ～ 115°E）；④EA 冬季前锋区（EAFZ，20°N ～ 30°N，110°E ～ 120°E；以及 30°N ～ 35°N，120°E ～ 140°E，包括中国南部和日本西部）；⑤东南亚（SEA，5°N ～ 20°N，95°E ～ 130°E，包括印度支那、菲律宾和婆罗洲北部）；⑥中亚（CenA，35°N ～ 50°N，55°E ～ 85°E）。

各子区域的降水异常对 ENSO 生命周期有各自的相位依赖性（图 7.44）。如图 7.44 所

示，最持久的负相关出现在地中海和东南亚地区。厄尔尼诺相关的干燥异常中心发生在 MC 首部，然后向北转移到 SEA 四个月后。另一个显著特征是 ISM 和 NCH 上空对 ENSO 的同相异常降雨响应。ENSO 诱发的印度上空异常降雨和凝结加热可以调节丝绸之路远缘联系，通过罗斯比波列的下游传播进一步影响华北中部降水。

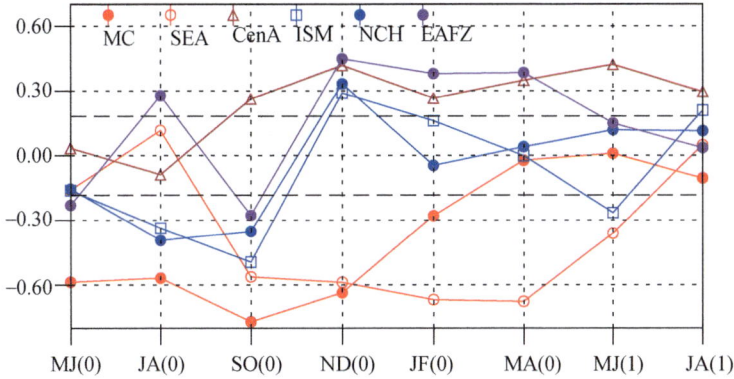

图 7.44　DJF(0/1)ONI 和六个分区域降水指数之间的双月相关系数

注：DJF(0/1)ONI 与 MJ(0)至 JA(1)六个分区域降水指数之间的双月相关系数

黑色虚线表示在 95% 信度检验值(0.19)

　　因此，我们提出以区域的面积加权平均降水指数来代表亚洲热带外大陆冬季降水，为简单起见，将其命名为亚洲热带外冬季降水指数(AWPI)。亚洲降水总量对 ENSO 的反应如何？我们采用"季风年"(Yasunari，1991)为单位，考察从 5 月开始到次年 4 月结束的年平均降水量。我们定义了一个季风年 AP 指数(API)，其范围为：10°S ~ 50°N，70°E ~ 150°E。季风年 API 与 DJF ONI 高度相关($r = -0.86$，$p < 0.001$)(图 7.45C)。

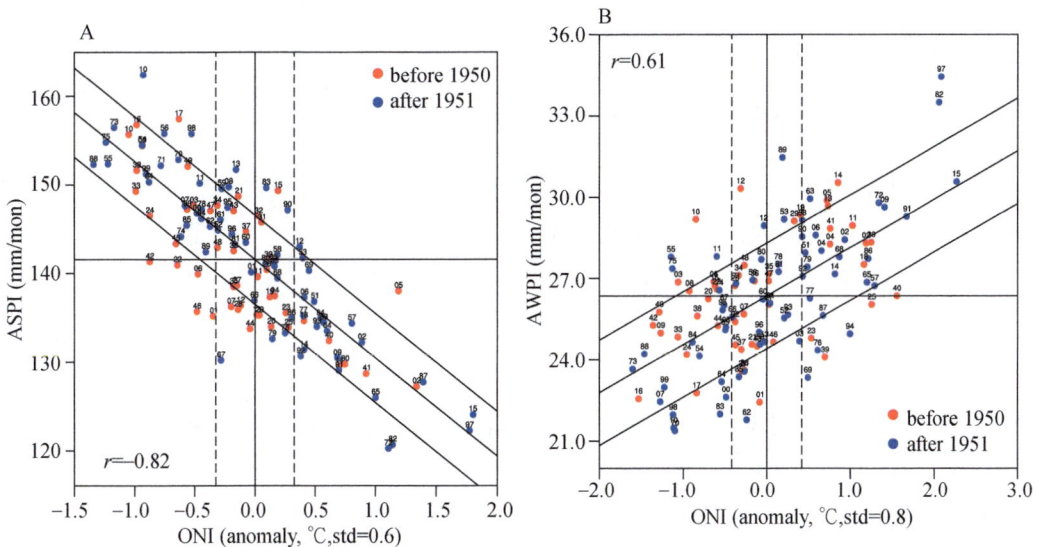

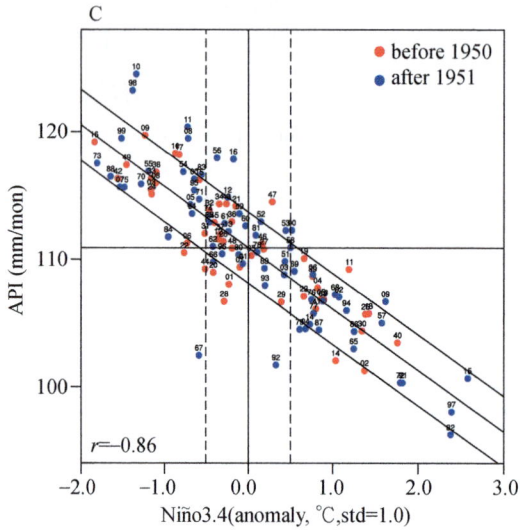

图 7.45　北方夏季 MJJASO(0) ONI 和 ASPI 之间的关系(A)、北方冬季 NDPFMA(0/1) ONI
和 AWPI 之间的关系(B)、DJF ONI 和季风年 API 之间的关系(C)

注:图 A ~ 图 C 中中间倾斜的实线分别是降雨指数和 ONI 之间的回归线,以及两边的回归值±1 均方根误差线。红(蓝)
点表示 1950 年之前(之后)的年份

### 7.3.3.4　AP 对 ENSO 响应的非线性特点

如图 7.45C 所示,在 35 次拉尼娜事件中,回归 API 有 13 个离群值[误差的绝对值超过均方根误差(RMSE)],但在 37 次厄尔尼诺事件中,有 8 个离群值,这意味着在拉尼娜事件中预测 AP 的误差可能大于厄尔尼诺事件。F 检验结果表明,厄尔尼诺和拉尼娜之间的 RMSE 差异在 99% 的置信水平上是显著的,表明 API 对厄尔尼诺和拉尼娜的反应存在显著的不对称性(图 7.45C)。

### 7.3.3.5　AP-ENSO 关系的周期性变化

为了检测 AP-ENSO 关系的长期变化,我们对 31a 滑动相关系数进行了检验。如果在 1901 ~ 2017 年整个时期内,31a 滑动相关系数持续高于 99%(95%)的一致性水平,我们将 AP-ENSO 关系的稳定性描述为稳健(稳定);否则,该关系将被描述为不稳定。

在区域尺度上,亚洲 3 个热带次区域的降雨量与厄尔尼诺/南方涛动表现出稳健的关系(图 7.46A)。亚洲三个亚热带和中纬度地区的降水-ENSO 关系表现出协调的(阶段性)百年变化,并在 20 世纪 30 年代出现共同的分解期。20 世纪 30 年代的断裂期相当于过去 117 年中 ENSO 振幅最小的一个时代。

如图 7.46C 所示,亚洲夏季降水(ASPI)和亚洲季风年降水(API)与 ENSO 有稳健关系,而亚热带-外热带亚洲冬季降水(AWPI)与 ENSO 有稳定关系。ASPI-ENSO 和 AWPI-

ENSO 的相关性趋于连贯变化，1920～1950 年都表现出最弱的时代性。1950 年以后，三者的关系有所增强。因此，在过去的 60 年里，ENSO 已经成为亚洲大尺度大陆降水的一个精致的预测来源。

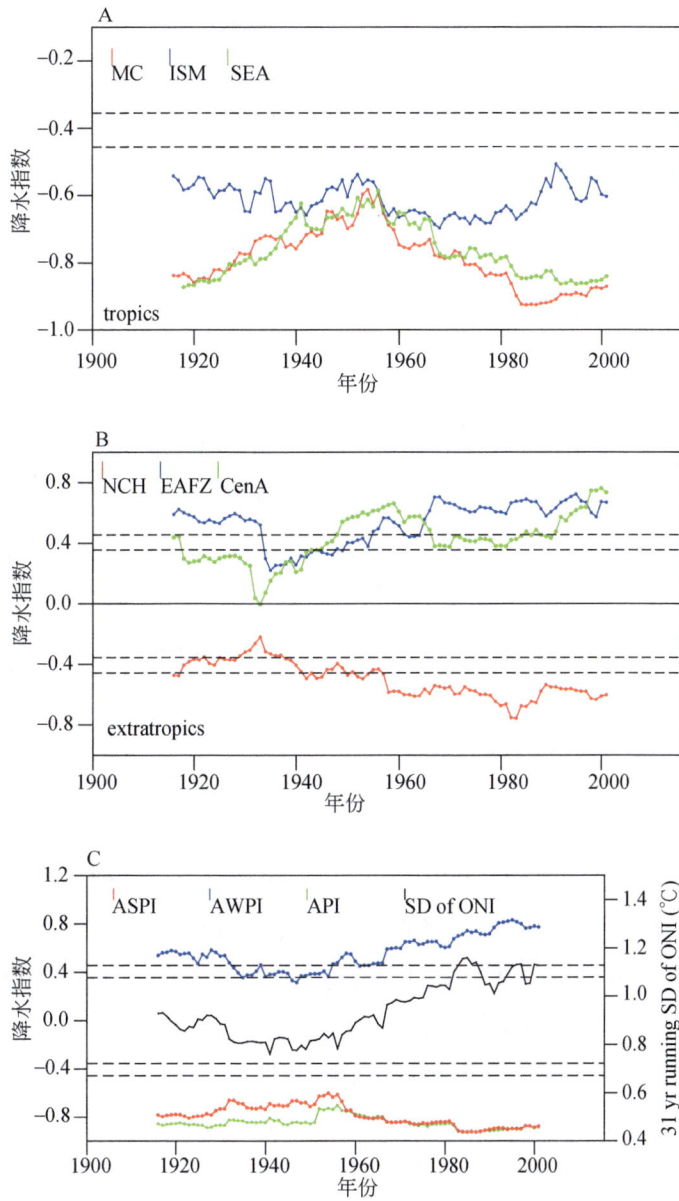

图 7.46　DJF ONI 与三个热带分区的降水指数（A）、三个亚热带和热带外分区的降水指数（B）、三个综合 AP 指数 API（绿色）、ASPI（红色）和 AWPI（蓝色）（C）之间的 31a 运行相关系数（CCs）

注：为便于比较，图 C 中还显示了 31a 运行的 ONI 标准差（黑色）。粗线（细线）
虚线表示 31a 运行的 CC 的 99%（95%）显着性水平

ASPI-ENSO 和 ASPI-ENSO 关系的百年变化可以说与 ENSO 振幅变化有关，图 7.47C 所示的 ONI 标准差（SD）的时间序列证明了这一点。ONI 滑动的 SD 与 ASPI 和 ENSO 滑动的 CC 之间的相关系数为-0.92（$p<0.05$）。同样，ONI 滑动的 SD 与 AWPI 和 ENSO 滑动的 CC 之间的相关系数为 0.92（$p<0.05$）。这些结果表明，ENSO 振幅很可能是造成 AP-ENSO 关系变化的主要因素。

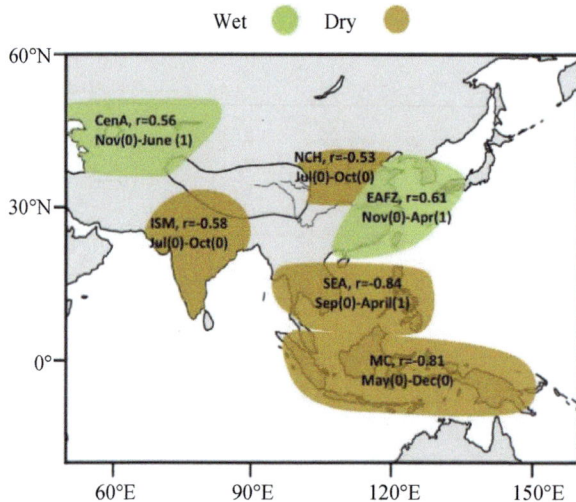

图 7.47　厄尔尼诺对亚洲降水的影响示意图

注：$r$ 表示 DJF ONI 与各区域平均降水异常在相应标志期内的相关系数；0(1)表示厄尔尼诺现象发展（衰减）年份

### 7.3.3.6　结论

1）在亚洲的一个大区域（20°N 以北，70°E ~ 140°E），10 月至 11 月的亚太-厄尔尼诺/南方涛动相关性的标志发生了逆转，将亚太-厄尔尼诺/南方涛动的远程联系分为不同的北方夏季和冬季机制。10 月至 11 月的突变是由于 ENSO 诱导的下沉突然从印尼北移到菲律宾，并与菲律宾海反气旋异常的建立有关。

2）确定了 6 个与厄尔尼诺/南方涛动有长期明显（$p<0.01$）联系的次区域，并在图 7.47 中进行了总结。MC 和 SEA 的降水量与 DJF ONI 有 10 个月的持续负相关关系（$r=-0.81$ 和 -0.84）。印度、华北、亚热带 EA 和中亚与 DJF ONI 相关，1901 ~ 2017 年期间，相关系数的绝对值在 0.50 ~ 0.60。

3）由于分区域间的空间连贯性变化，AP-ENSO 关系在较大的空间尺度和较长的季节时间尺度上更强。在北方夏季（MJJASO），几乎整个亚洲都以负相关为主，因此 1901 ~ 2017 年期间，亚洲夏季降水总面积加权指数（ASPI）与 DJF ONI 具有较高的相关性（$r=-0.82$），在冬季相反。在 5 月至次年 4 月的季风年中，亚洲（10°S ~ 50°N，70°E ~ 150°E）的总加权平均降水量与 DJF ONI 高度相关（$r=-0.86$，$p<0.001$）。平均而言，在一个季风

年中，ONI 每增加一度，亚洲上空的降水总量就会减少 4.3% 左右，这与 DJF ONI 高度相关（$r=-0.86$，$p<0.001$）。

4）在应用图 7.47 所示的 AP 预测指南时，区分主要和次要的 ENSO 事件非常重要。小的厄尔尼诺/南方涛动事件在亚洲大陆季风地区几乎没有明显的信号。AP 对 ENSO 的响应也表现出厄尔尼诺和拉尼娜事件的不对称性，主要是在 EA 地区。AP-拉尼娜关系比 AP-厄尔尼诺关系变化更大，特别是对于小的拉尼娜事件。

5）亚洲三个热带次区域（MC、SEA 和 ISM）的降水量变化与厄尔尼诺/南方涛动的关系是稳健和稳定的，在 1901～2017 年的整个时期，31a 的平均 CCs 持续高于 99%（95%）的一致性水平。另一方面，亚洲亚热带和中纬度地区（NCH、EAFZ 和 CenA）的降水与 ENSO 的关系不稳定，表现出协调的百年变化，在 ENSO 信号最弱的 20 世纪 30 年代前后有一个共同的衰竭期。ASPI 和 API 测得的亚洲范围内的降水异常与厄尔尼诺/南方涛动关系稳健，其关系的百年变化可能受厄尔尼诺/南方涛动振幅的调节。

### 7.3.3.7　讨论

华北（NCH）和 EA 冬季前锋区（EAFZ）的降水在 1901～2017 年期间与 ENSO 有显著的相关性，但这些显著的相关性在遥感图中不存在。可能的原因有：①之前的研究使用了相对较短的记录，EA-ENSO 关系的多年代变化可能掩盖了由短记录得出的相关性。②赤道东部太平洋地区夏季降水量和海温异常之间的同步相关性并不明显（Chen et al.，1992），因为 EA-季风-ENSO 的关系主要取决于 ENSO 的阶段。③由于 EA 降雨异常模式对 ENSO 振幅的大幅变化及其在厄尔尼诺和拉尼娜之间的不对称性很敏感。④降水异常的季节性迁移可以抹去常规的季节性平均降水异常，因此其与 ENSO 的关系变得不明显（Wang et al.，2017）。

在整个时期，ISM 与 ENSO 有明显的相关性且没有断裂。但是，Kumar 等（1999）发现，ISM 与 ENSO 的关系有出现断裂，原因可能：①Kumar 等（1999）用 21a 的滑动平均值研究 JJA 降水量，而我们用 31a 的滑动平均值研究 JASO 降水量。JJA 平均印度降水量与 ENSO 的关系（$r=-0.42$）比 JASO 平均降水量（$r=-0.56$）要弱。②本研究显示印度 81°E 以西的 SO(0) 占主导地位，而 Kumar 等（1999）使用的是印度所有站点的降水量，具有显著的相关性。印度西部（81°E 以西）降水量与 DJF ONI 的相关性（$r=-0.51$）显著优于印度东部（81°E 以东）降水量（$r=-0.30$）。虽然以前的研究认识到中亚降水与印度东部降水之间存在正相关关系，但这并不意味着中亚降水与印度东部降水之间存在正相关关系。此外，为什么在厄尔尼诺事件期间，CenA 会发生变化？SEA 和 CenA 的降水-ENSO 关系，往往是不相干的，而且都会持续十个月，从 SO(0) 至 MJ(1)。虽然三个热带季风区域（MC、SEA 和印度）有一个共同的时代。几十年来，ISM 与 ENSO 的关系相对较弱；但 MC-ENSO 和 SEA-ENSO 的关系是很强（$r<-0.8$）。AP 反应的依赖性对不同类型厄尔尼诺事件的影响（Ashok et al.，2007）也值得进一步研究。

### 7.3.4 跨越北方春季可预报性障碍的厄尔尼诺的多样性

#### 7.3.4.1 研究背景

对厄尔尼诺/南方涛动（ENSO）的熟练预测为季节性气候预报和服务提供了基础，这些预报和服务对于管理气候灾害风险和资源至关重要。尽管到目前为止研究人员已经作出了巨大的努力，但在过去的二十年中，实时 ENSO 预报并没有得到显著的改善（Barnston et al., 2017）。最严重的预报误差与整个北方春季（Tippet et al., 2012；Ham et al., 2019）或北部夏季（即厄尔尼诺的过渡期）的 ENSO 预报有关。但是，厄尔尼诺现象对陆地降水的主要影响也发生在北方夏季。因此，了解厄尔尼诺现象的爆发和衰退的多样性对于改善厄尔尼诺和季风的预测以及对未来可预测性变化的预测至关重要。

然而，当前对厄尔尼诺现象的描述主要是基于北部冬季成熟期海表温度异常（SSTA）的空间结构。厄尔尼诺现象分别被划分为东太平洋（EP）和中太平洋（CP）厄尔尼诺现象（Ashok et al., 2007；Kug et al., 2009；Kao and Yu, 2009；Yeh et al., 2009；Yu et al., 2010；Takahashi et al., 2011；Xiang et al., 2013；Capotondi et al., 2015；Timmermann et al., 2018）。EP 厄尔尼诺最大变暖出现在赤道东太平洋（$5°S \sim 5°N$，$150°W \sim 90°W$），而 CP 型厄尔尼诺最大变暖出现在赤道中太平洋（$5°S \sim 5°N$，$160°E \sim 150°W$）。但是，不同作者之间确定的 CP El Niño 事件差异很大（Xiang et al., 2013；Capotondi et al., 2015）。此外，热带太平洋 SSTA 的两种主要 EOF 模式的叠加产生了 EP 事件和 CP 事件的混合（Giese and Ray, 2011；Johnson, 2013；Zhang et al., 2019）。CP El Niño 事件当前分类的不一致是由于使用了不同的定义方式、不同的主观标准、不同的变量及样本不足（Capotondi et al., 2015；Timmermann et al., 2018）。

研究表明，通过考虑厄尔尼诺现象的演变过程可能可以更好地描述其多样性（Wang et al., 2019）。在这里，我们特别关注厄尔尼诺现象的转变（爆发和衰变）过程，并使用聚类分析来检查质量合理的长记录（1871 ~ 2017 年），以提高统计意义。出于预测目的，我们检测了明显的前兆，并研究了与每种已识别的厄尔尼诺现象爆发和衰落有关的夏季气候变化。

#### 7.3.4.2 方法

K-means 聚类分析（Wilks, 2011）使用平方的欧氏距离来衡量每个聚类成员和相应的聚类中心点之间的"相似度"。我们选择 $K = 4$ 是基于物理考虑。

或然率表，也称为双向频率表，是一种以频率计数的方式呈现分类数据的表格机制。皮尔逊卡方统计用于检验或然表中行和列变量之间的独立性（Cochran, 1952；Campbell,

2007）。它的计算方法是：

$$\chi^2 = \sum (O_i - E_i)^2 / E_i$$

式中，$O_i$ 是或然率表中显示的观察值；$E_i$ 是预期值，由行总数乘以列总数除以事件总数得出。

### 7.3.4.3 厄尔尼诺爆发的多样性：独特的机制、前兆和影响

为了关注厄尔尼诺事件的发展，我们对 10 月（−1）至 10 月（0）期间平均 5°S ~ 5°N 赤道 SSTA 进行了聚类分析，分析了 1871 ~ 2017 年期间发生的 40 次厄尔尼诺事件。在这里，第 0 年、第 −1 年和第 1 年分别表示厄尔尼诺年份当年、前一年和后一年。

我们可以提前多久预见到不同类的厄尔尼诺爆发？我们发现可以通过使用三个预测变量在 4 月（0）之前区分四个爆发聚类（图 7.48A）。首先，西太平洋（WP，5°S ~ 5°N，120°E ~ 170°E）变暖是 MCP 和 SBW 发作的先兆，而 MEP 和连续厄尔尼诺则并非如此。因此，我们首先使用 WP SSTA> 0.05℃ 来区分 MCP/SBW 和 MEP/连续厄尔尼诺事件。其次，我们发现从 10 月（−1）到 4 月（0）的 MEP 事件的前兆是中西太平洋（WCP，5°S ~ 5°N，140°E ~ 120°W）的地表东风异常，而连续事件的前兆是表面西风异常。因此，WCP 纬向风异常（图 7.48A 中的左侧纵坐标）可以很好地将 MEP 事件和连续事件分开。再次，为了区分 SBW 和 MCP 事件，我们注意到从 1 月（0）到 4 月（0），SBW 事件的特征是 WCP 中西风异常迅速加剧和向东扩展（图 7.48A）；相反，MCP 事件显示弱的西风异常而没有东扩（图 7.48A）。为了量化这种差异，我们使用 "4 月平均纬向风距平加上三个趋势"（4 月减去 3 月，4 月减去 2 月和 4 月减去 1 月）（图 7.48A 中的右侧纵坐标）来区分 SBW 和 MCP 事件。尽管 2014 年 MCP 事件和 2015 年 SBW 事件两者在北太平洋春季期间都表现出强烈的西风异常，但该标准能很好地区别两个事件。

使用双向列联表（方法）测试了三个前兆对四个聚类的分离的统计显著性，自由度为 9，并且卡方值等于 79.5（$p<0.001$），表明在 99.9% 的置信度下分隔很明显。

正如通过对海表层温度趋势的热收支分析所揭示的那样，6 月至 7 月至 8 月的三种厄尔尼诺现象发展涉及不同的耦合动力学（Wang et al., 2019）。与 Wang 等（2019）不同的是，我们在这里计算了各自爆发阶段的热量收支。结果证实：①MCP 事件的发生主要涉及异常流引起的纬向平流反馈；②MEP 事件的爆发主要归因于东太平洋的温跃层反馈；③SBW事件的早期爆发涉及三个反馈过程−区域对流、上升流和温跃层反馈。

### 7.3.4.4 厄尔尼诺衰退的多样性：独特的机制、前兆和影响

对 10 月（0）至 10 月（1）的赤道 SSTA 进行了聚类分析，重点是厄尔尼诺的衰退现象。由于 $K$ 均值聚类分析的结果取决于所选聚类的数量 $K$，因此我们测试了 $K$ 的解法，范围是 2 到 6。类似于爆发的分析方法，我们发现 $K=4$ 产生了最有意义的结果。相应的轮廓

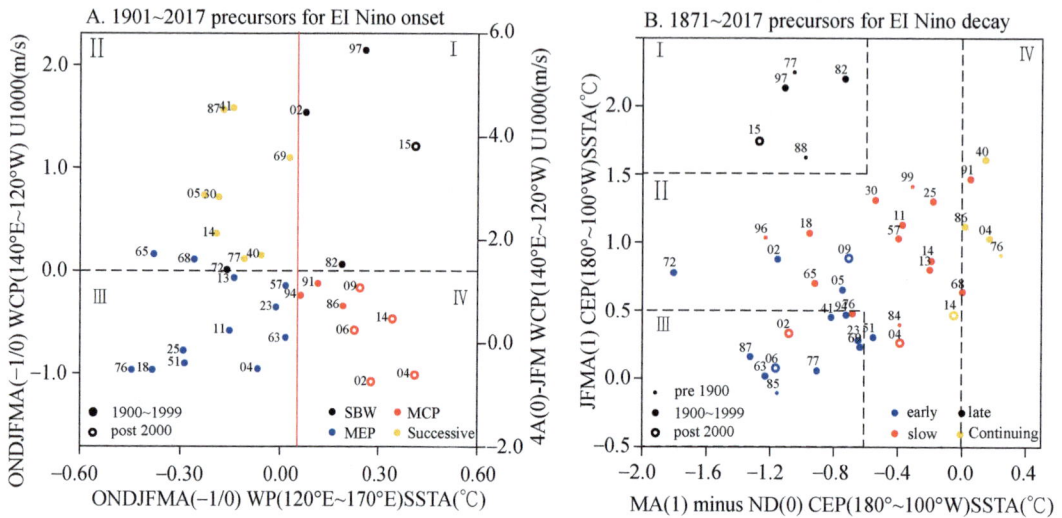

图 7.48　不同的厄尔尼诺爆发和衰退聚类的区别前兆

注：图 A 中分离厄尔尼诺爆发的三个先兆：①赤道西太平洋（WP，5°S～5°N，120°E～170°E）SSTA 从 10 月（−1）到 4 月（0）（横坐标）；②从 10 月（−1）到 4 月（0）（中西部太平洋（WCP），5°S～5°N，140°E～120°W）的赤道平均 1000hPa 纬向风（左侧纵坐标）；③4 月减去 1～3 月累积的 WCP 纬向风（右侧纵坐标）。垂直红线将 MEP 和 MCP/SBW 事件分开。左侧纵坐标用于 MEP 事件，而右侧纵坐标用于 MCP/SBW 事件。不同的颜色表示不同的聚类。数字代表年份，不同世纪的事件使用不同的符号。虚线将四个群集分开。由于可获得高质量的风力数据，因此在 1900～2017 年期间共计进行了 33 次厄尔尼诺事件。图 B 中分离厄尔尼诺衰退聚类的两种前兆。与图 A 中相同，除了两个前兆是赤道中东部太平洋（CEP，5°S～5°N，180°～100°W）从 ND（0）到 MA（1）的海温趋势（横坐标）CEP SSTA 从 1 月（1）到 4 月（1）的平均值（纵坐标）。垂直虚线分别是 CEP SST 趋势在 0.0 和 0.6 时的标准。水平虚线分别表示 CEP SSTA 为 0.5 和 1.5。由于仅使用了 SST 数据，因此包含了 1871～2017 年期间的 40 次厄尔尼诺事件

值描绘了四个分离良好的群集。在同一聚类中，单个事件的时空结构通常相似，但与其他聚类模式不同。

厄尔尼诺事件后演化的每个聚类的复合时空结构显示，第一组到第三组代表三种不同形式的厄尔尼诺衰退现象。第Ⅳ组代表"持续"的厄尔尼诺事件。第一类描述了"缓慢衰退"过程。慢衰退群具有中等衰减率，特别是在太平洋中部，因此在夏季衰退期间，CP 上持续存在弱变暖。大多数的缓慢衰退事件（12/16）最终在峰期后 12 个月达到中性状态。聚类Ⅱ和聚类Ⅲ都显示出较大的衰减率并过渡到拉尼娜，但降温分别发生在春季和夏季。因此，聚类Ⅱ称为"早期衰退"，聚类Ⅲ称为"晚期衰退"。"早期衰退"的特征是春季在远东太平洋开始冷却，然后向西传播到中太平洋，夏季演变为拉尼娜的"EP 型"。另一方面，SBW 事件的晚期衰退开始于夏季 CP 的冷却，而秋季则演变为拉尼娜的"CP型"。赤道纬向风异常加上海表温度梯度，在三个衰退事件中也表现出独特的特征。

表层热收支分析表明，缓慢的衰退事件主要受异常环流的纬向平流反馈控制（表7.4）。衰减率是这三个机制中最小的，这与缓慢衰退的西风异常和太平洋中部的变暖一致。早期衰退事件归因于纬向平流反馈，并由温跃层和上升流反馈过程增强。这些过程导致中太平洋和东太平洋的迅速冷却。东太平洋的降温与赤道太平洋在晚春期间从150°E到130°W的西风异常迅速减弱有关。从SBW到CP型的晚期衰退主要由强烈的跃层跃迁反馈所主导，并通过纬向平流和上升流反馈得到补充。其原因是强的变暖中心位于东太平洋，而其降温主要是由于春季至初夏期间东太平洋的温跃层迅速消退所致。

是什么触发了不同的衰退过程？这个问题没有简单的答案，因为衰退是一个耦合的过程，大气和海洋过程都可以触发它。唯一明显的信号是SBW事件倾向于预示晚期衰退事件。但是，中度CP或EP事件可以迅速或缓慢衰退，甚至放大。我们能否将衰退与连续事件区分开来，并区分三种类型的衰退事件？

**表7.4 太平洋中东部的AMJ（1）期间三种类型的厄尔尼诺复合衰退的海洋混合层热收支分析**

（单位：℃/月）

| | ENSO 类型 | $-u'\frac{\partial T}{\partial x}$ | $-u\frac{\partial T'}{\partial x}$ | $-u'\frac{\partial T'}{\partial x}$ | $-w'\frac{\partial T}{\partial z}$ | $-w\frac{\partial T'}{\partial z}$ | $-w'\frac{\partial T'}{\partial z}$ |
|---|---|---|---|---|---|---|---|
| 衰退聚类 | 晚期（AMJ） | −0.13 | −0.05 | 0.04 | −0.11 | **−0.39** | 0.09 |
| | 早期（AMJ） | **−0.24** | 0.06 | −0.05 | −0.10 | −0.08 | −0.01 |
| | 缓慢（AMJ） | **−0.16** | 0.04 | −0.01 | −0.05 | −0.03 | −0.01 |

注：每种ENSO类型在不同区域的主要反馈均标记为红色。最重要的动态反馈过程是纬向平流反馈（$-u'\partial T/\partial x$）、温跃层反馈（$-w\partial T'/\partial z$）和上升流反馈（$-w'\partial T/\partial z$），分别与异常的纬向流，温跃层的垂直位移和上升流有关

我们发现4月（1）之前的两个前兆通常可以区分出四个衰退聚类（图7.49、图7.50）。第一个前兆是中东部太平洋（CEP～5°S～5°N，180°～100°W）地区（CEPSSTT）从ND（0）到MA（1）的SSTA的趋势。具有较大衰减率的早期和晚期衰退事件倾向于从ND（0）到MA（0）表现出显着的负趋势（CEPSSTT<−0.6℃）；但是，缓慢衰退倾向于具有中等程度的衰退趋势负趋势（CEPSSTT>−0.6℃），尽管其中一些与早期衰退情况混合。相反，连续事件显示出正趋势（CEPSSTT>0℃），可以将其与慢衰退情况区分开。该前兆反映了ND（0）的厄尔尼诺现象高峰之后，CEP中SST趋势的持续存在。

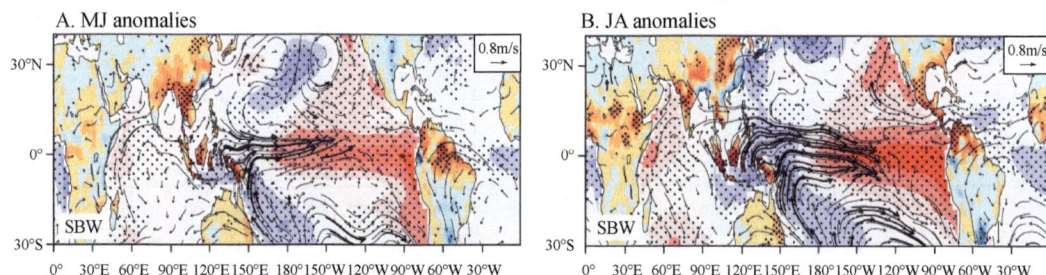

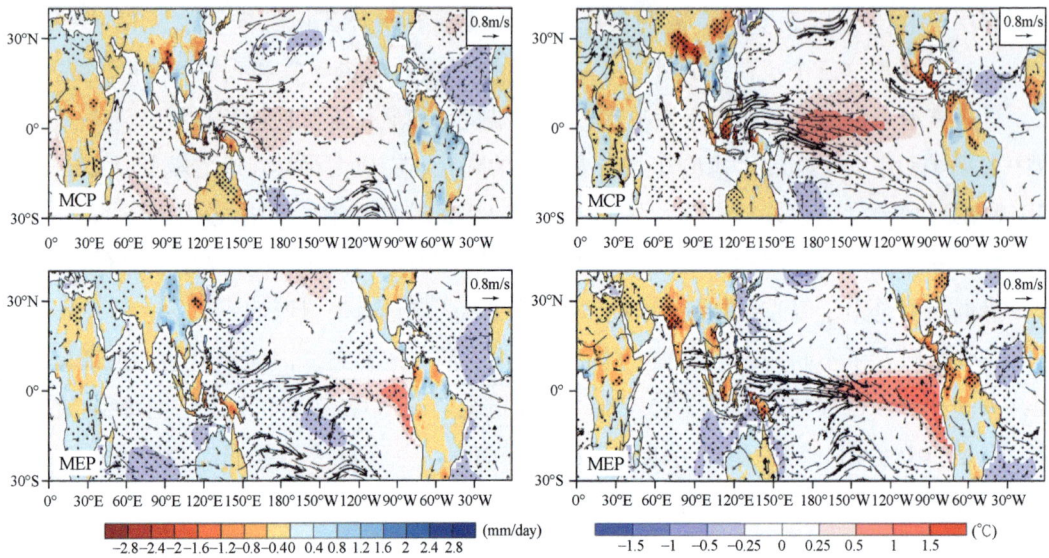

图 7.49 5～6月（0）（A）和7～8月（0）（B）期间与四个厄尔尼诺爆发聚类相关的不同气候异常

注：陆地上的阴影表示以 mm/day 为单位的复合降水异常。海洋上的阴影表示以℃为单位的复合 SSTA。

箭头表示复合850hPa风异常（单位为米/秒）。点画（粗箭头）表示通过了95%置信度

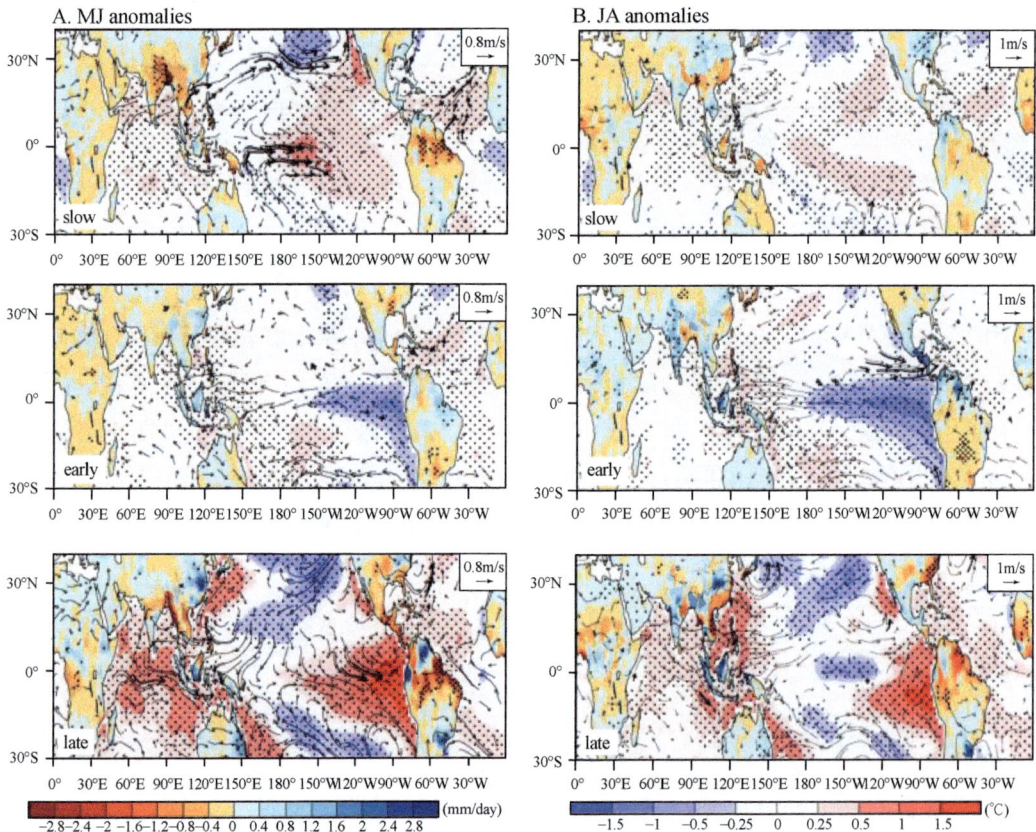

图 7.50 5～6月（1）（A）和7～8月（1）（B）期间出现四种厄尔尼诺衰退现象

第二个前兆是从 1 月（1）到 4 月（1）在 CEP 上平均的 SSTA，这完全分离了早衰事件和晚衰事件，因为晚衰事件跟随 SBW 事件并持续变暖。两个前兆对四个聚类的分离导致了图 7.48B 中所示的四个类别。测试了两个衰退前兆对四个聚类的分离的统计显著性，卡方值为 79.5，自由度为 9，表明该分离在 99.9% 的置信度下显著。

值得注意的是，三种厄尔尼诺现象的衰退表现出明显的独特的 SSTA，因此它们对夏季北方土地降水产生了显著不同的影响。缓慢的衰退事件表明 MJ（1）出现了 CP 变暖，从而在印度东北部和亚马孙尼亚引起了明显的干旱异常。然而，随着正 SSTA 的衰减，影响在 JA（1）中消失了。相反，直到厄尔尼诺现象转变为拉尼娜现象之前的 JA（1），早期衰退事件才产生重大影响。在这种情况下，中美洲、印度尼西亚、印度西部和西非的降水量趋于增加。在 SBW 的晚期衰退中，东太平洋持续了明显的变暖，这延长了 MJ（1）期间亚马孙南部和巴西东部的干旱异常，但是在 JA（1）中，其对热带西半球的影响变得微不足道。太平洋中部变暖逐渐消失。

### 7.3.4.5　结论

本节通过关注爆发和衰退过程的时间演化和空间结构创新了厄尔尼诺多样性的分类，并揭示了不同类型的厄尔尼诺起止和衰变在它们耦合的动态过程，前兆之间的差异以及夏季的水文气候影响。该结果为改进对跨越春季可预测性屏障的厄尔尼诺爆发和衰退的不同类型及其对夏季气候的影响的预测提供了一条途径。

厄尔尼诺现象的遥相关模式突出说明了区分夏初、夏末厄尔尼诺爆发和衰退的影响的必要性和优势。这些遥相关模式为了解潜在的气候动态以及评估气候模型对厄尔尼诺现象的气候影响的可再现性提供了一个试验平台，这对于改善气候预测至关重要。

识别出的前兆表明，与厄尔尼诺爆发的四个聚类（SBW，MEP，MCP 和连续事件）相关的 SST 异常峰值可能会提前七个月预测。厄尔尼诺衰退的四种类型也是如此。尤其是前兆可以跨越北方春季可预测性屏障指导预测强、中度厄尔尼诺。然而，这里确定的前兆仅限于赤道太平洋海温和地表带风异常。

这项工作中的结果代表多数事件或典型事件的特征，并不反映特殊事件。事件之间的差异是通过轮廓值来衡量的。由于轮廓值的范围是 −1 到 +1，因此负值或接近零的值可以标识出与复合事件相似度低的异常事件，值得进行个案研究。

## 7.3.5　中国东部秋季降水的年代际变化及与 ENSO 的联系

### 7.3.5.1　研究背景

中国东部地区（Eastern China，EC）降水在北半球秋季（9~11 月）有着显著的年代际变化特征。在全球气候变化的大背景下，我国东部秋季降水的时空格局也发生了显著变化。尤其是 20 世纪 80 年代前后，ENSO 由东部型转为中部型，其对全球气候尤其是东亚气候产生了重要影响。明确 ENSO 位相转换背景下中国东部秋季降水的年代际响应，对认识 ENSO 多样性的气候影响具有十分重要的理论价值。

### 7.3.5.2　东部秋季降水与 ENSO 联系年代际变化特征

选取中国东部地区（100°E ~ 140°E）做为研究对象，分析秋季（9 ~ 11 月）的降水总量的 EOF，第一模态反映了全区一致的变化特征，方差解释为 40.2%；第二模态的方差解释为 10.5%，主要反映华南与华中的偶极型分布特征。第二模态对应时间系数 PC2（图 7.51）反映了秋季降水的年际变化，分析了同期 Niño3 指数与 PC2 的相关关系，相关系数为 0.371，达到了 99.5% 的置信区间。

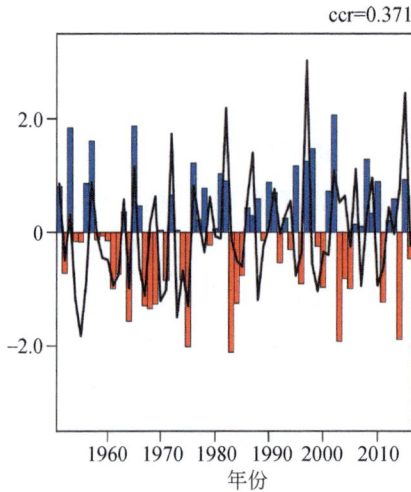

图 7.51　1951 ~ 2015 年中国东部秋季降水的 EOF 第二模态对应的时间序列（柱状图）
和同期 Niño3 指数（黑色实线）

ENSO 和我国东部秋季降水的联系在 20 世纪 80 年代中期发生了明显的变化（图 7.52），因此，在分析我国秋季降水和 ENSO 的联系时将 80 年代前后分别讨论。取研究时间段（1951 ~ 2015 年）的前 31 年（1951 ~ 1981 年）和后 31 年（1985 ~ 2015 年）做 Niño3 指数与东部降水的空间相关系数。结果表明，在第一个时期，ENSO 在其发展的秋季与东部经向偶极子降水异常相联系。厄尔尼诺导致 EC 南部降水增多而北部降水减少，拉尼娜年结果类似。偶极型降水异常类似于 EOF 第二模态，Niño3 指数与 EOF 第二模态的时间序列在第一阶段的相关系数高达 0.60，达到了 99.9% 的置信区间。

ENSO 对 EC 秋季降水的影响可以通过调节东亚大尺度大气环流的来实现。在前一个时期，当 El Niño 发生时，南海对流层中低层存在反气旋环流异常，而东北亚靠近日本的

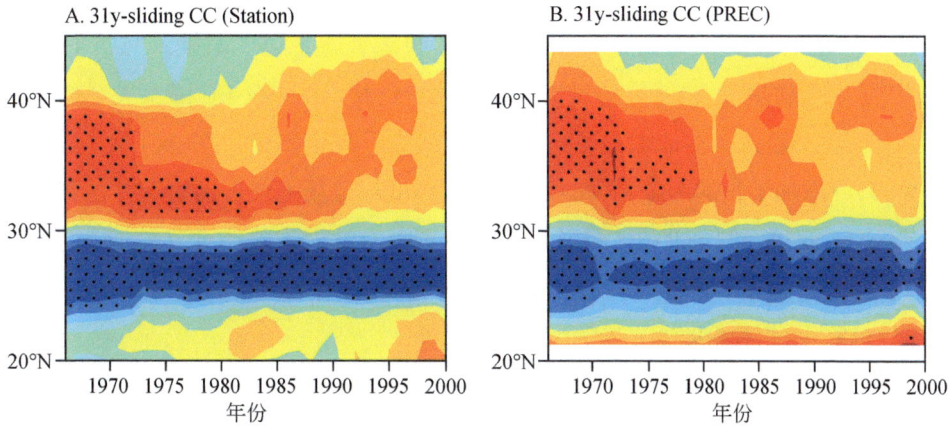

图 7.52　ENSO 与我国东部秋季降水关系变化情况

区域存在气旋环流异常。南海反气旋环流异常西北侧的异常西南风增强了热带海洋对 EC 南部的水汽输送，导致了 EC 南部更多的水汽辐合和降水。另一方面，北风沿着西南边缘东亚东北部的气旋环流异常阻碍了水汽由南向北平流，导致该地区水汽辐合较少，降水减少。与拉尼娜相联系的东亚环流异常与 El Niño 相关的环流异常相似：南海有气旋性环流异常，东北亚则有反气旋性环流异常。与南海气旋环流异常相关的东北偏北异常减少了热带海洋向 EC 南部的水汽输送，导致 EC 南部辐合较少，降水减少。相反，东北亚地区反气旋环流异常，使西南缘的距平西南风将更多的水汽平流到 EC 北部，导致 EC 北部更多的水汽辐合和降水。因此，大气环流异常与厄尔尼诺和拉尼娜现象引起的大尺度环流异常是导致 EC 秋季经向偶极子模态降水异常的最主要原因。与第一时期相比，ENSO 对 EC 秋季降水偶极子的影响在第二个时期变得不那么显著，主要原因是 EC 北部的负相关减弱。基于厄尔尼诺和拉尼娜年的合成分析表明，厄尔尼诺对东亚大尺度环流和 EC 降水在两个时期没有太大的变化，而在拉尼娜年存在显著差异。与拉尼娜相联系的反气旋环流异常在第二个时期由东北亚向西移动至蒙古国，并覆盖了中国大部分地区。

在第一时期盛行于 EC 北部上空的西南风异常在第二时期转变为东北风异常。与南海气旋环流异常一起，整个 EC 在第二时期处于东北偏北环流异常的影响下，减少了南大洋向北的水汽输送，造成了 EC 降水的空间一致性减小。从 Niño 3 指数与模式与 PC2 线性相关系数中也可以看出，ENSO 对欧空区偶极降水异常的影响减弱，第二时期相关系数为 0.34，远小于第一时期的 0.6。

### 7.3.5.3　ENSO 调节东部秋季降水可能的物理机制

与 ENSO 相关的海温异常可以通过大气遥相关改变热带对流活动并影响全球气候。前人提出 ENSO 对中国的影响可以通过改变热带西北太平洋（Western North Pacific，WNP）

的对流活动来实现。对比两期发展中的秋季 ENSO 相关海温异常可以发现，菲律宾以东的热带 WNP 与拉尼娜相关的海温正异常在第二时期显著高于第一时期。与拉尼娜有关的 SST 的年代际变化和热带 WNP 中的对流活动可能导致秋季 ENSO-EC 降水关系的年代际变化。为了验证这一假设，在 AM2.1 的 AGCM 中进行了两个实验。在 AGCM 模式试验中，在热带 WNP 中添加了正的 SST 异常时，500hPa 高度环流场上蒙古国附近存在着显著的异常反气旋环流，使得中国华北位于异常反气旋的东南位置，并受到异常东北风的影响，使得向北输送的来自南方的温暖水汽受到阻碍，导致中国东部的广大区域中的水分辐合减少，从而使得降水显著减少。

### 7.3.5.4  小结

1）ENSO 与 1951～1981 年中国东部降水显著的偶极子异常有关。

2）厄尔尼诺发生时在我国南方降水偏多而北方降水偏少。但在近几十年（1985～2015 年），显著的偶极子模式消失了，这主要是由于拉尼娜对中国北方降水的显著正相关关系减弱导致的。比较两个时期与拉尼娜有关的东亚大气环流异常，发现第一时期东北亚靠近日本存在反气旋环流异常，第二时期转向蒙古国。因此，在第一个时期，中国北方受到反气旋环流异常西南风的影响，使更多的水汽从南部平流到北方，从而导致更多的降水。而在第二个时期，北方受蒙古国附近反气旋环流异常东北偏北风影响，阻碍了水汽的北输，不利于降水增加。

该反气旋环流异常的西移可能与菲律宾以东热带 WNP 海温升高密切相关，从而导致拉尼娜在第二时期比第一个时期出现更强的对流异常。AGCM 模式在热带 WNP 加入暖海温后可以成功模拟蒙古国周围的反气旋环流异常。

# 7.4  AO 对年代际气候变化的影响

## 7.4.1  NAO/AO 与中国冷事件频数年际和年代际变化的联系及其差异

### 7.4.1.1  研究背景

在全球变暖的背景下，北半球中纬度地区自 21 世纪以来频繁出现极寒事件。例如，2008 年年初发生在中国南方地区的持续性低温雨雪冰冻天气事件。北大西洋涛动/北极涛动（NAO/AO）作为北半球中高纬的主导模态，对东亚冬季气候的影响都不容忽视。针对以上问题，本部分将再次回答变暖背景下中国冬季 CWF 的趋势，并对 NAO/AO 与 CWF 年际和年代际变化之间的联系及其差异进行探究，这对认识中国冬季 CWF 的变化机理具有重要意义。

### 7.4.1.2 中国区域 CWF 的变化特征

从年平均 CWF 分布中可以看出，中国大部分地区平均每年发生的冷事件达 2～3 次。内蒙古呼和浩特附近、东部沿海大部分地区则是 CWF 大值区，每年平均可达 3～4 次。新疆中南部、云南南部地区、贵州和四川盆地等内陆地区则是 CWF 小值区，平均每年发生 1～2 次。

1961～2016 年冬季中国 457 个站点 CWF 区域平均之后的距平序列（图 7.53）显示全球变暖背景下，虽然全球平均温度均呈现上升的趋势，但是中国区域内的 CWF 并没有发现明显增加或减少的现象。

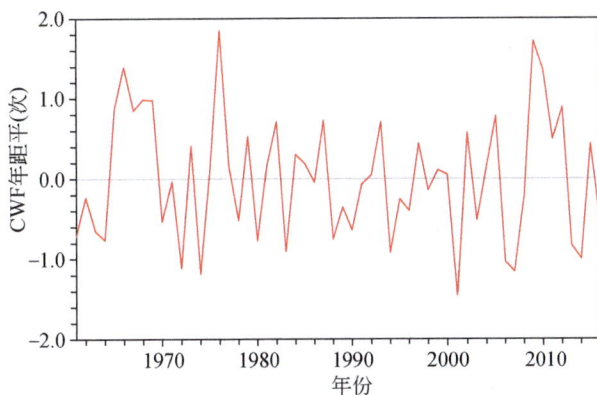

图 7.53　1961～2016 年中国区域平均 CWF 距平序列

### 7.4.1.3 CWF 年际变化与 NAO/AO 之间的联系及其差异

NAO/AO 与中国冬季 CWF 的相关系数分布显示，相关系数大值区域都分布在中国北方和东部地区，因此 NAO/AO 与中国不同区域 CWF 之间的关系基本表现为全区一致。NAO/AO 与 CWF 之间整体都具有很好的负相关关系（图 7.54），其中 AO 与 CWF 的相关系数为 $-0.50$，NAO 与其相关系数为 $-0.31$，均能通过 95% 的显著性检验，但较 AO 而言 NAO 与 CWF 的相关性略弱。

结果表明，NAO 负异常年，表面气温负异常从乌拉山东北一直伸延到中国东部沿海；而 NAO 正异常年，表面气温显著正异常从乌拉尔山东北部延伸到贝加尔湖附近，所以认为 NAO 负异常年对于东亚地区温度的影响较 NAO 正异常年的影响范围明显偏南，强度也略微偏强一些（图 7.55）。

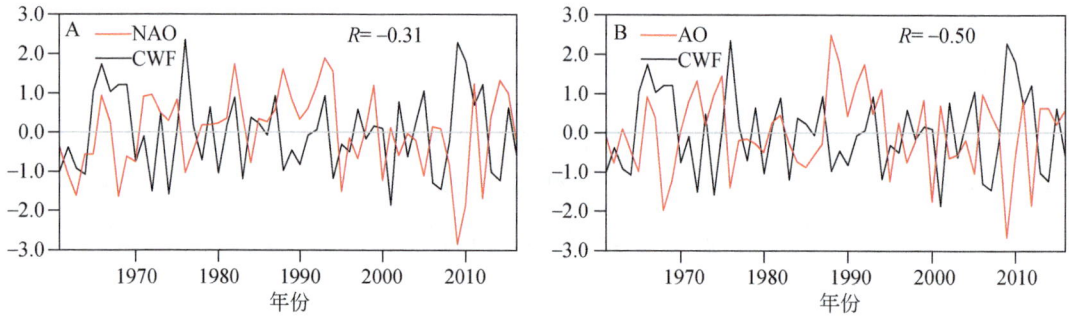

图 7.54 NAO/AO 与中国冬季 CWF 相关系数分布图

注：图 A 为 NAO 指数，图 B 为 AO 指数，图 C 为标准化的 NAO 指数，图 D 为 AO 指数；

灰色圆圈均为没有通过 0.10 信度检验的站点

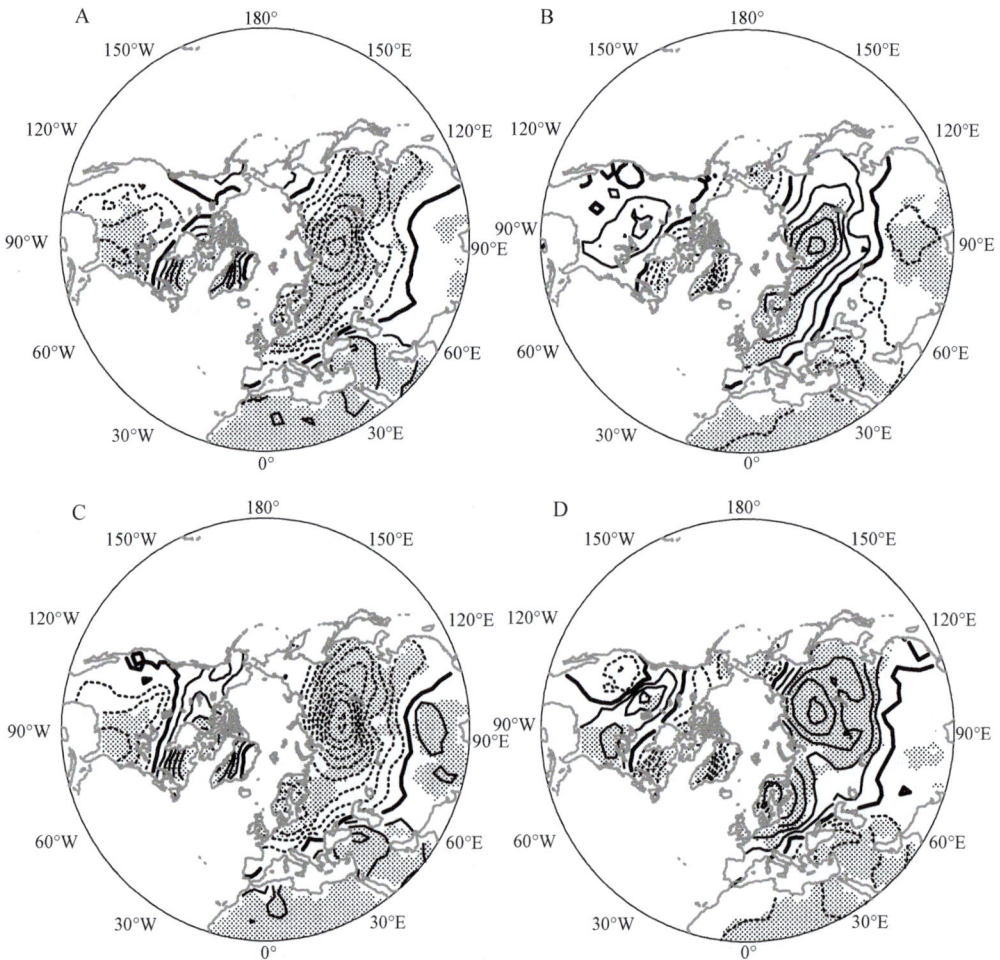

图 7.55　冬季表面气温异常在 NAO 负异常年（A）、NAO 正异常年（B）、AO 负异常年（C）、

AO 正异常年（D）的合成分布（℃，等值线）

注：打点表示通过 0.10 信度检验的区域

从 AO 正负异常年的表面气温合成场中可以发现 AO 正/负异常年，表面气温显著负异常/正异常从乌拉尔山东北部均能延伸到中国东部，所以相对于 NAO 而言，AO 正、负异常年对中国气温的影响范围和强度均是相当的（图 7.55）。此外可以对比发现，NAO 和 AO 处于负异常年时对东亚气温的影响范围和强度方面都没有显著差异，然而正异常年 NAO 对东亚气温的影响范围明显不如 AO 大，强度也较弱。因此，在极端状况下，NAO 不同位相对表面温度的影响相较于 AO 具有更显著的不对称现象。

冬季平均 500hPa 高度场在东亚沿岸为明显的低压槽，乌拉尔山附近等高线相对平直。从图 7.56A 中可以看出 NAO 负异常年东亚地区为显著的负变高，北极地区及乌拉尔山附近有显著正变高，对应东亚大槽显著加强，乌拉尔山高压脊建立，极涡变浅。然而，图 7.56B 显示 NAO 正异常年乌拉尔山附近并没有。如图 7.56A 所示的显著区域，东亚大

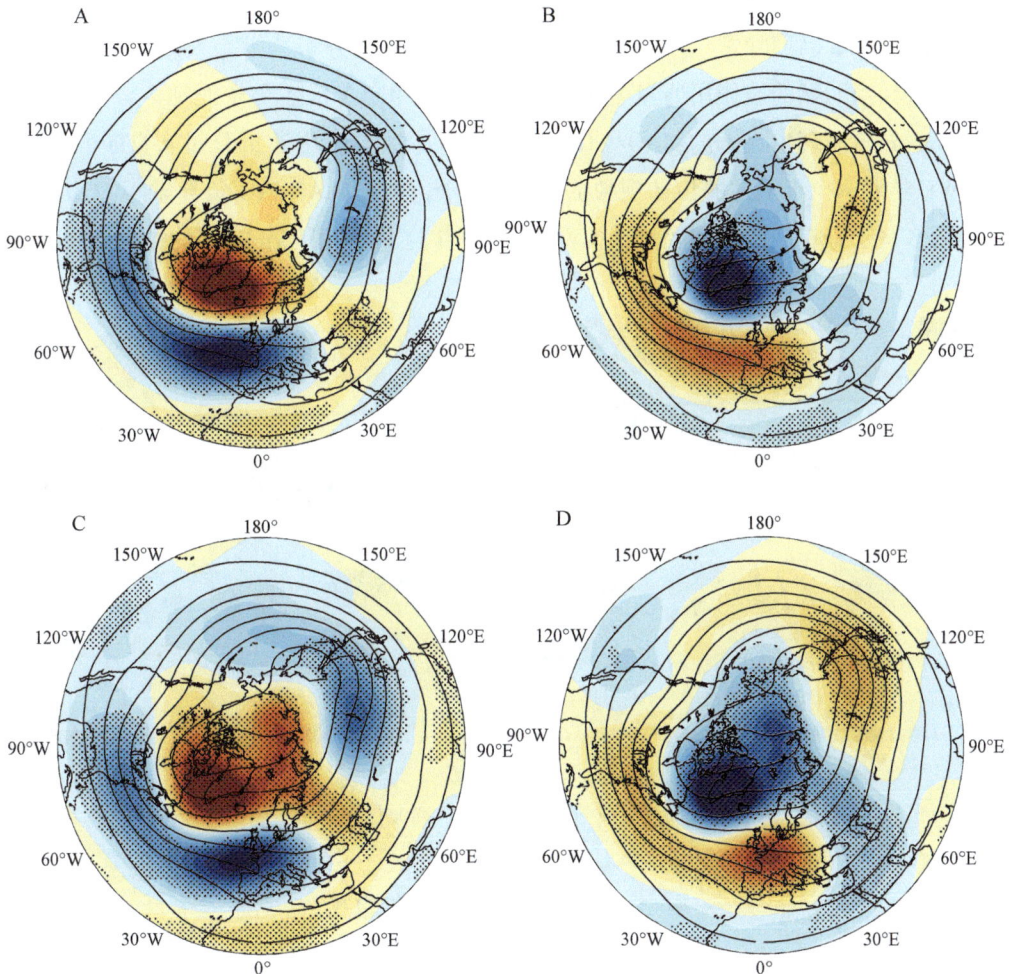

图 7.56　冬季 500hPa 高度异常在 NAO 负异常年（A）、NAO 正异常年（B）、AO 负异常年（C）、AO 正异常年（D）的合成分布（gpm，阴影）

注：等值线为 1961～2016 年冬季平均的 500hPa 高度场；打点表示通过 0.10 信度检验的区域

槽附近也仅有很小的区域可以通过信度检验。因此，对比发现，NAO 负异常年对乌拉尔山和贝加尔湖至东亚地区的环流调控作用是相当显著的，而正异常年的调控作用却较弱。然而 AO 正、负异常年对应乌拉尔山及东亚地区的高度异常都十分显著，显著范围相当（图 7.56C、图 7.56D），较 NAO 而言调控强度更强。

由此可知，NAO 在不同位相下对 500hPa 高度场在乌拉尔山及东亚地区的调控作用较 AO 而言也呈现出更加明显的不对称现象，这与表面气温的合成结果相一致。NAO 除对以上两个要素的调控存在明显的不对称性以外，对于 SLP 的调控亦是如此。综上所述，NAO 在不同位相下对温度和环流的调控作用均存在明显的不对称性，且对东亚温度和环流整体的调控作用较 AO 偏弱，这也解释了 NAO 在年际方面与 CWF 的相关性较 AO 偏低的原因。

为了进一步探究 NAO/AO 影响的不对称性，图 7.57A 和图 7.57B 表示异常偏多和偏少 CWF 年 300hPa 高度异常场及其对应波作用通量的合成分布。结果发现，当 CWF 异常偏多时，有相当明显的波作用通量分量从大西洋中高纬向东传播至东亚地区，大西洋地区对应的高度异常呈现出显著的 NAO/AO 模态，也有少数波作用通量分量来自于北极地区。然而 CWF 异常偏少年上述的传播现象弱很多。由此可见，NAO/AO 负异常年对形成 CWF 异常偏低多是十分有利的，而要形成 CWF 异常少年这两者尤其是 NAO 的作用微乎其微。

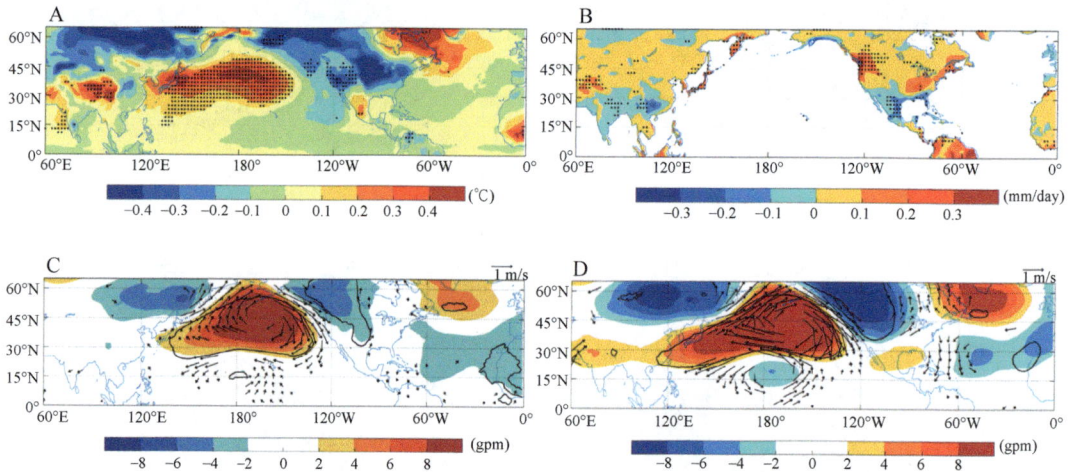

图 7.57　冬季 300hPa 高度异常（gpm，阴影）和波作用通量（$m^2 \cdot s^{-2}$，箭头）在 CWF 异常偏多年（A）、CWF 异常偏少年（B）的合成分布

注：打点表示通过 0.10 信度检验的区域

## 7.4.1.4　CWF 变率的年代际变化归因

计算发现，CWF 年际变率与 AO 之间的年代际相关系数为−0.58，与 NAO 的相关系数

为-0.74，因此 CWF 年际变率与 NAO 的年代际相关性显著好于 AO。那么，NAO/AO 是如何与 CWF 年际变率的年代际变化相联系的呢？通过 NAO/AO 年际变化对东亚温度和环流调制不对称性的研究可以发现，1980～2000 年期间基本处于 NAO/AO 年代际变化的正位相阶段（图 7.58），该位相阶段发生正 NAO/AO 事件的年份必然居多，由前文分析可知，NAO/AO 正异常年对形成异常少的 CWF 年作用都是微乎其微的，CWF 异常偏少年没有明显的年代际变化，因此 CWF 年际变率在 1980～2000 年期间较小。

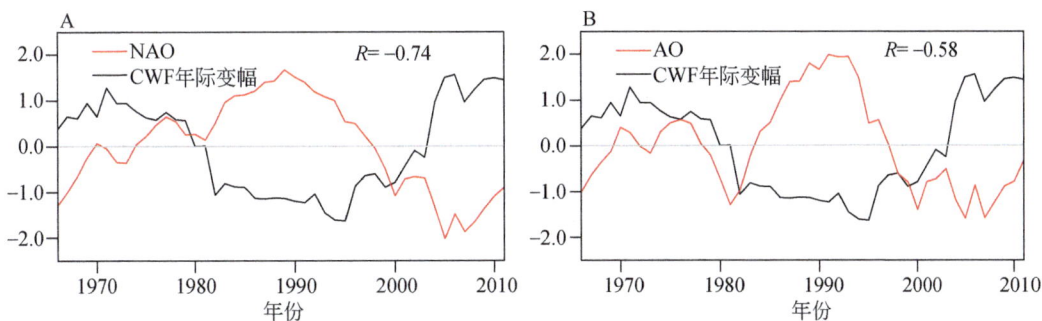

图 7.58　标准化 11a 滑动平均后的 NAO 指数（A）、AO 指数（B）与 CWF 年际变率序列

### 7.4.1.5　小结

1）全球变暖背景下，中国冬季 CWF 并无明显增加或减少的趋势。

2）在年际尺度上，NAO/AO 与中国 CWF 之间整体都具有很好的负相关关系，这与前人的研究结论一致。通过环流等方面的分析，发现 NAO/AO 对中国 CWF 的影响均是不对称的，且 NAO 对中国 CWF 影响更不对称。在 NAO/AO 负异常年，CWF 异常偏多。但是，CWF 的异常偏少时并不对应着 NAO/AO 正异常年，且 CWF 异常偏少时，NAO 指数正异常较 AO 更偏小。因此，NAO 与 CWF 之间较 AO 呈现出较弱的相关关系。

此外，CWF 年际变率呈现年代际变化，1980 年以前和 2000 年以后 CWF 年际变率较大，1980～2000 年期间 CWF 年际变率较小，这种年际变率的年代际变化与 NAO 的年代际变化有更好的相关关系。由于 NAO 负异常年对乌拉尔山高压脊、东亚大槽和西伯利亚高压均有显著的加强作用，该环流形势对极区冷空气南下十分有利，从而更易引起中国异常多的 CWF 发生，导致 NAO 负位相阶段下 CWF 年际变率较大；而 NAO 正异常年对环流的调控作用明显较弱，异常偏少冷事件的年代际变化不大，不利于 CWF 年际变率在 NAO 正位相阶段下增大，因此造成了 CWF 年际变率的年代际变化。而促使 CWF 异常偏少的主导因子这一问题还有待进一步探究。

## 7.4.2 基于 PMIP3 和 CMIP5 模拟结果的过去千年特征时段北极涛动的变率特征及成因分析

### 7.4.2.1 研究背景

AO 是影响中国气候变化的重要因子。因此，研究 AO 的变率特征对理解中国区域气候变化有重要帮助。1950 年以来，观测数据和模式结果均显示 AO 呈现显著的增强趋势（Feldstein，2002；朱献等，2013）。然而，目前仍不清楚近几十年 AO 的增强趋势究竟是受外部强迫影响还是由气候系统内部变率所主导（Gómez-Navarro and Zorita，2013）。因此，有必要将 AO 的年代际变率放到更长的时段进行研究。

### 7.4.2.2 模式对冬季 AO 变率的模拟评估

AO 以北极地区为中心呈现典型的环状模态，北半球 60°N 以北的北极地区与 45°N 左右的中纬度地区的海平面气压呈反向变化特征（图 7.59A）。9 个模式均能模拟出环状特征（图 7.59B~图 7.59J），但对极值中心的位置和强度的模拟存在一定偏差。bcc-csml-1、CCSM4、MRI-CGCM3 三个模式（图 7.59B、图 7.59C、图 7.59J）模拟的北极负异常中心位于亚洲以北（俄罗斯北部），与再分析资料存在差异。在中纬度区域，除 GISS-E2-R 模式外均模拟出了北太平洋和北大西洋两个正异常极值中心。而在模拟出两个正极值中心的模式中，IPSL-CMSA-LR 和 MPI-ESM-P 模拟出了北大西洋极值中心强于北太平洋极值中心的特征，与再分析资料一致。而 bcc-csml-1、CCSM4 和 MIROC-ESM 模式模拟的北太平洋极值中心强于北大西洋极值中心，与再分析资料结果相反。HadCM3、CSIRO-MK3L-L-2 及 MRI-CGCM3 模式模拟的两个极值中心强度没有明显差别。

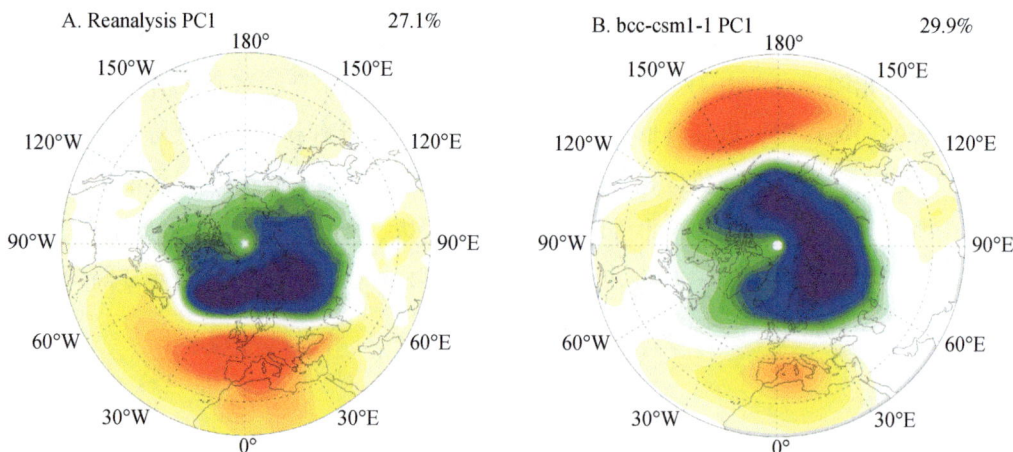

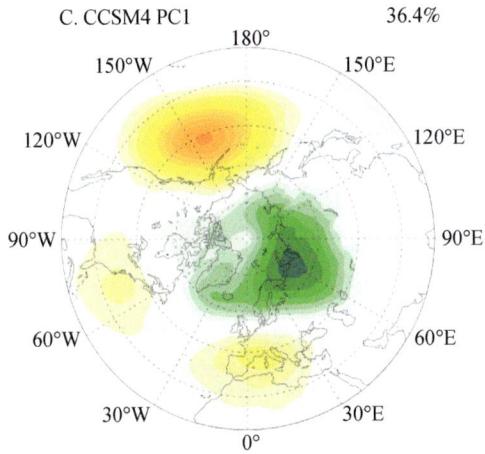

C. CCSM4 PC1　　　　36.4%

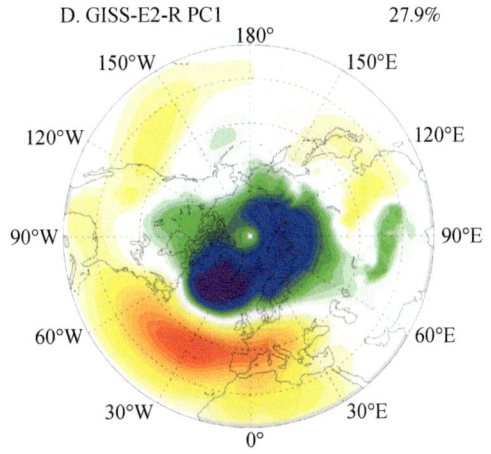

D. GISS-E2-R PC1　　　　27.9%

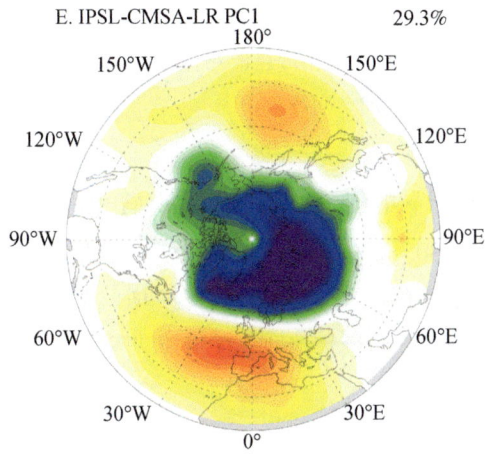

E. IPSL-CMSA-LR PC1　　　　29.3%

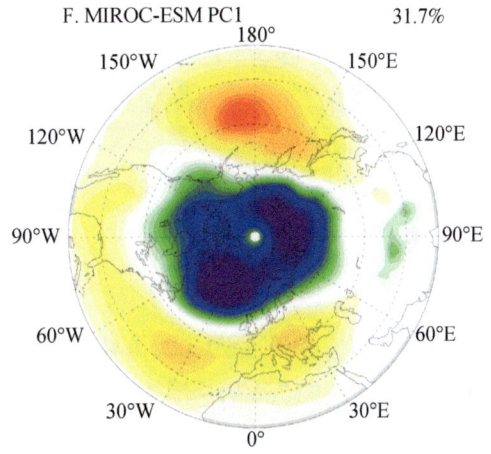

F. MIROC-ESM PC1　　　　31.7%

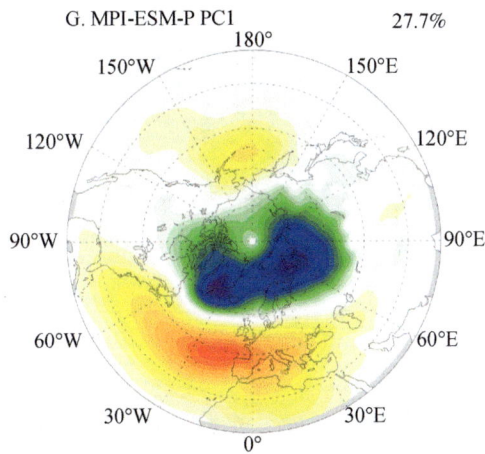

G. MPI-ESM-P PC1　　　　27.7%

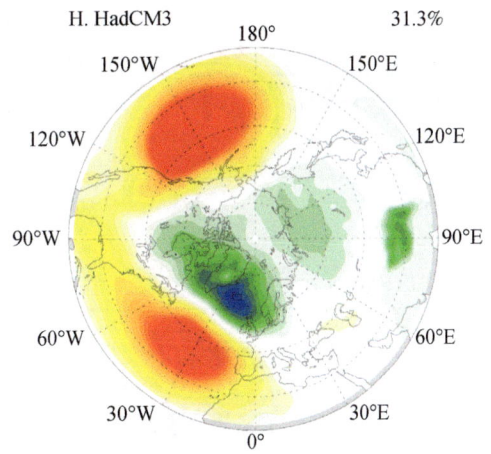

H. HadCM3　　　　31.3%

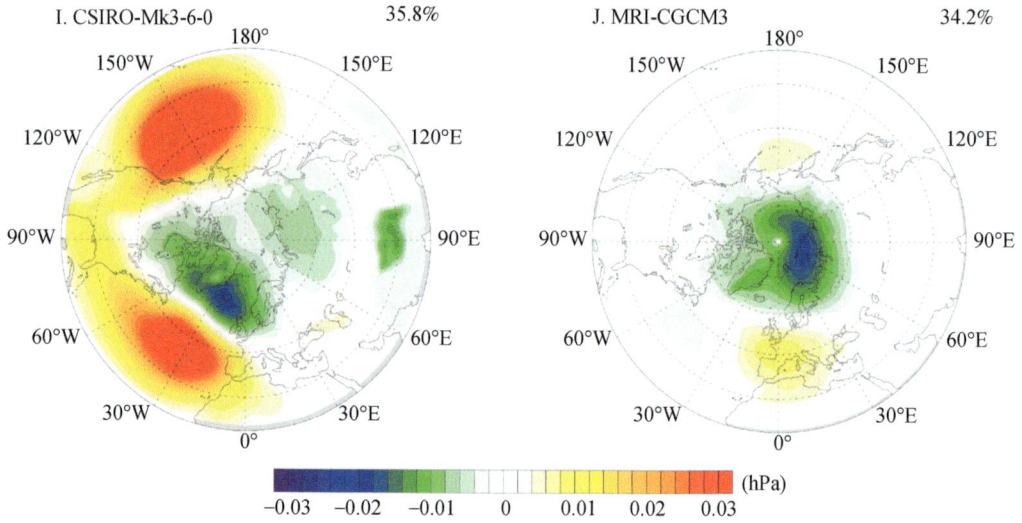

图 7.59 NCEP 再分析资料及 9 个模式模拟的 1950～2000 年北半球热带外（20°N 以北）
海平面气压距平 EOF 分解第一模态的空间场

NCEP 再分析资料显示（图 7.60A），AO 既有明显的年际变化，也呈现显著的增强趋势。1950～1980 年时段 AO 为持续的负位相，而 1980～2000 年时段 AO 为显著的正位相，AO 位相大致以 1980 年为转折点，经历了由负变正的转变过程。模式模拟结果中，除 IPSL-CMSA-LR、MPI-ESM-LR 和 MIROC-ESM 外的模式均模拟出了 AO 近 50 年由负到正的位相变化过程（图 7.60B～图 7.60D、图 7.60G～图 7.60J）。

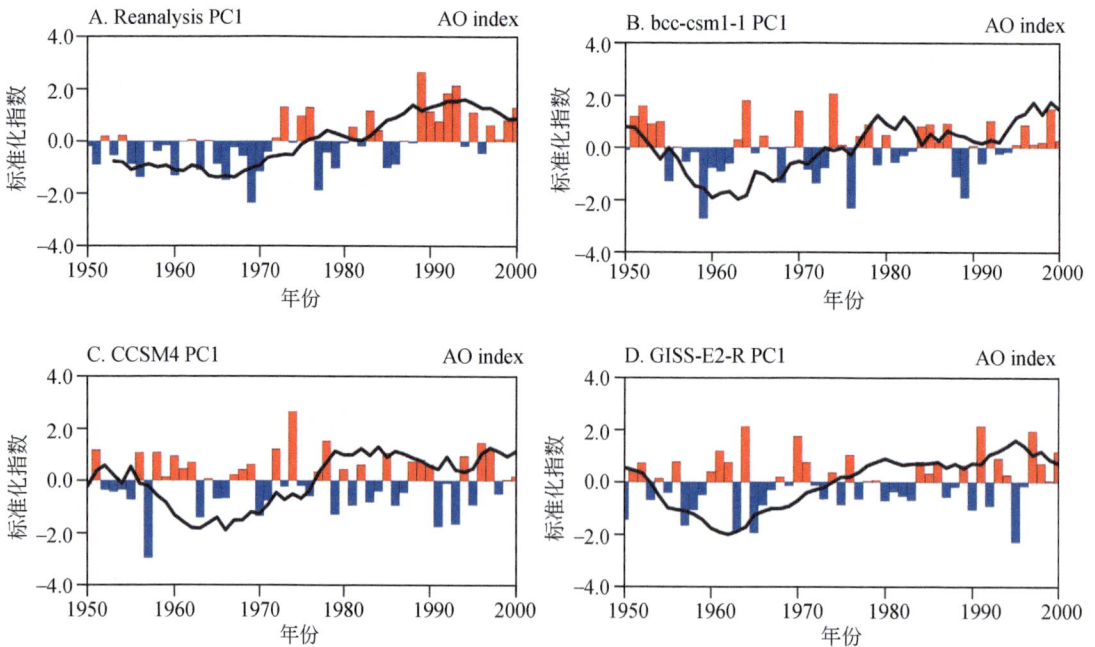

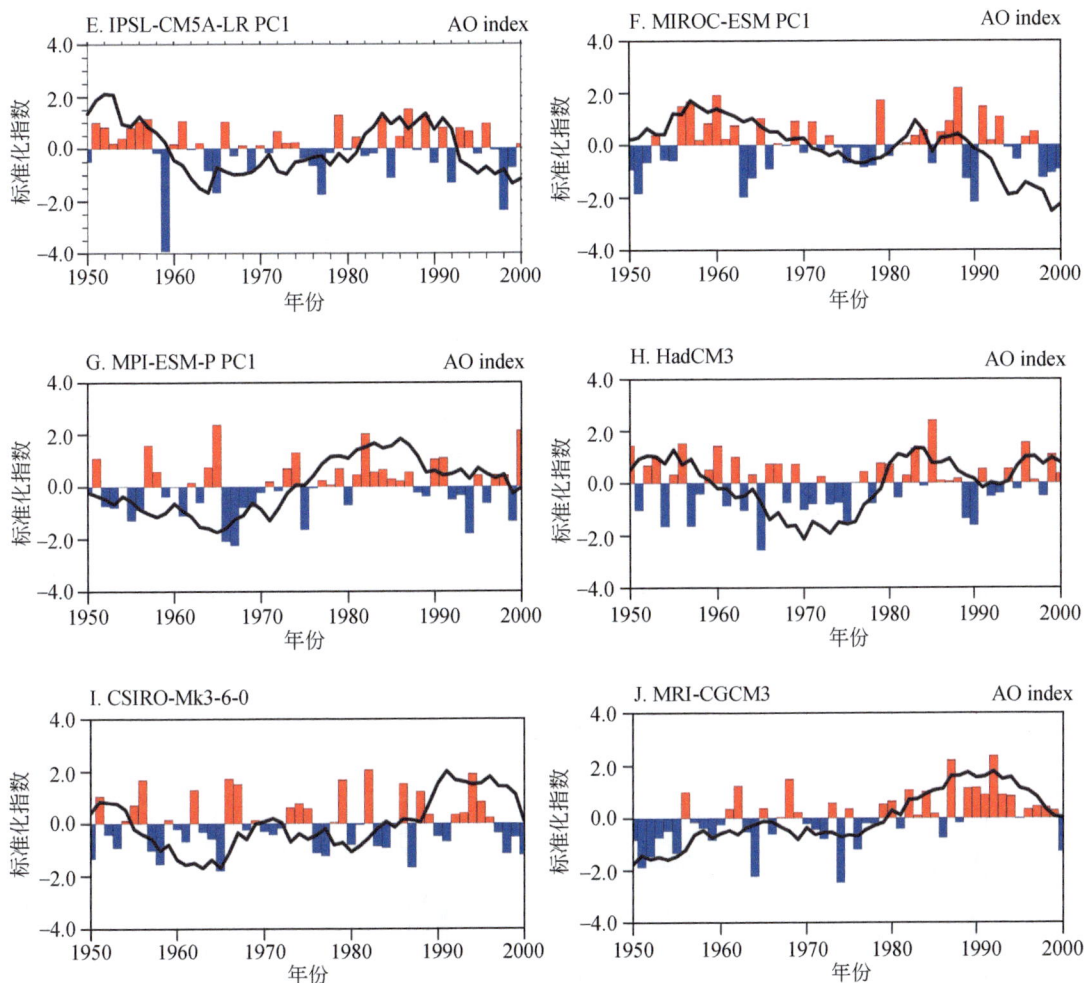

图 7.60　NCEP 再分析资料及 9 个模式模拟的 1950～2000 年北半球热带外（20°N 以北）
海平面气压距平 EOF 分解第一模态的时间序列（柱状图），以及 11a 滑动
平均的海平面气压 EOF 分解第一模态的时间序列（黑线）

　　图 7.61 为 1950～2000 年再分析资料和模式模拟的 AO 指数功率谱。依据红噪声谱对
AO 的周期变率进行信度检验，发现 AO 的变化具有显著的 2～3a 的年际变化周期（图
7.61A）。除 MIROC-ESM 外（图 7.61F），其他模式均模拟出了显著的年际变率（图
7.61B～图 7.61E、图 7.61G～图 7.61J）。整体而言，模式对 AO 空间模态的极值中心的位
置和强度的模拟存在误差。9 个模式中 MPI 对 AO 时空变化特点的模拟效果最好，且该模
式模拟的 1950～2000 年 AO 空间模态与再分析资料的 AO 空间模态相关程度最高（$r =$
0.93），模拟结果与再分析资料最为接近。此外，除 MIROC-ESM 和 MRI-CGCM3 之外都对
于 AO 空间模态和时间变化的模拟效果与再分析资料较为一致。

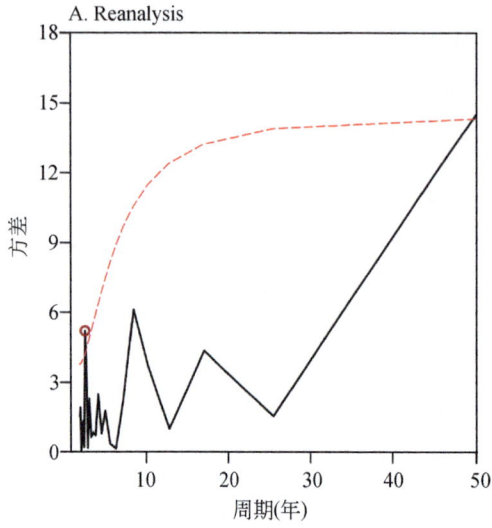

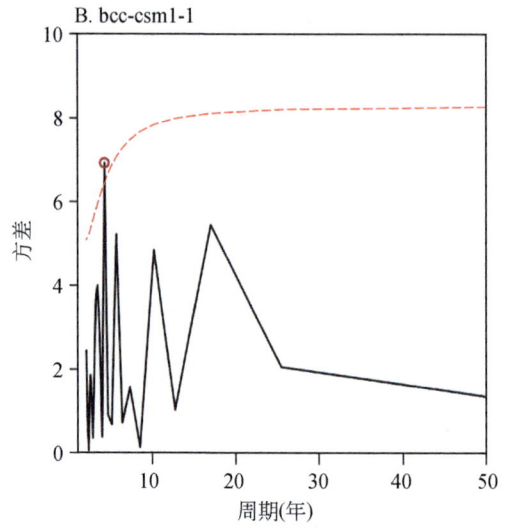

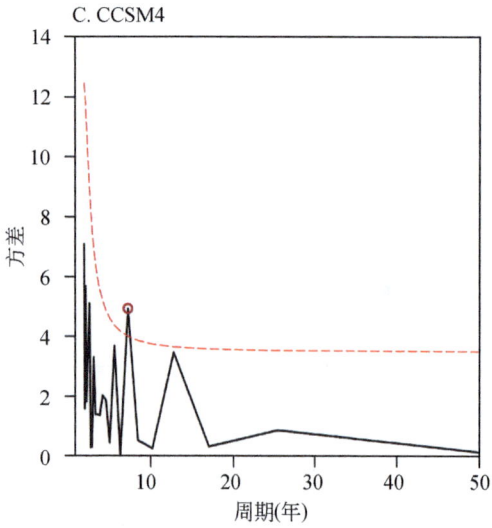

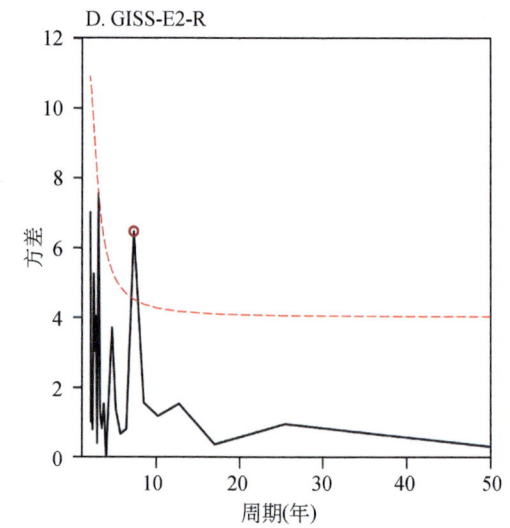

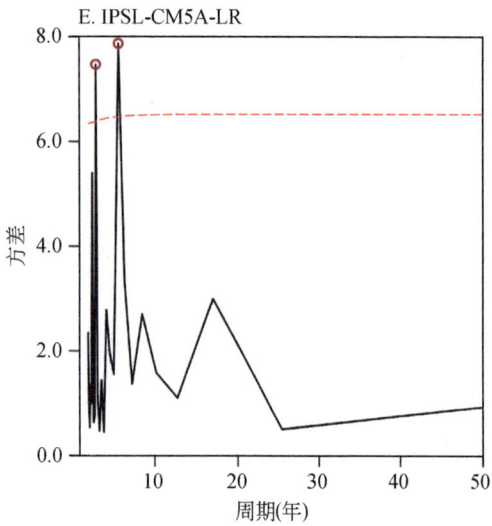

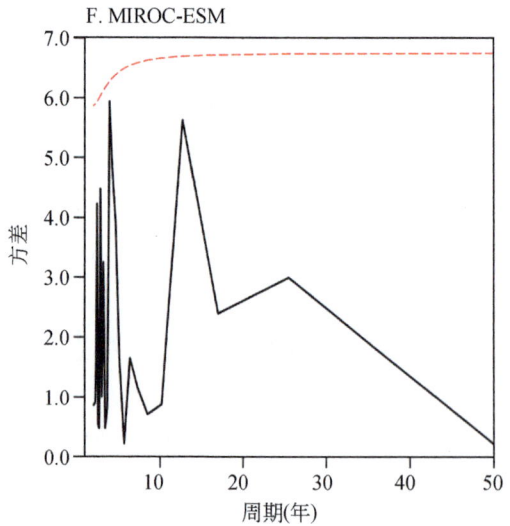

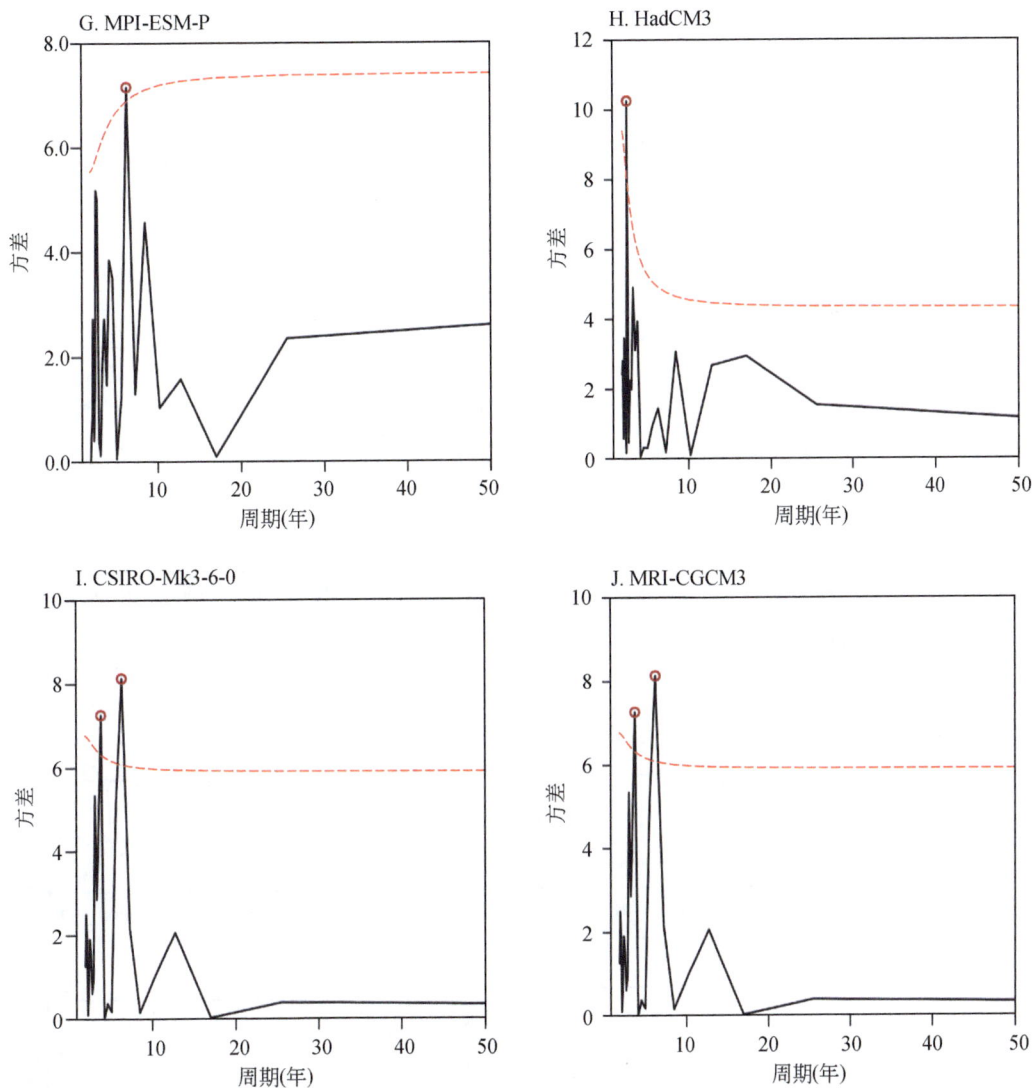

图 7.61 NCEP 再分析资料和 9 个模式的模拟结果中 1950～2000 年 AO 指数第一模态时间序列的功率谱

注：虚线表示红噪声信度检验 95% 的置信水平，圆圈表示周期变化通过 95% 的显著性检验

### 7.4.2.3　过去千年特征时期的 AO 时空特征

AO 的时空特征及机制分析模拟和观测资料均显示 1950 年以来 AO 呈现出显著的增强趋势（Feldstein，2002；朱献等，2013）。除了 MIROC-ESM 模式未能模拟出过去千年 3 个典型特征时期外，其他模式均模拟出了中世纪气候异常期的增暖现象、小冰期的降温现象以及现代暖期的增暖现象（图 7.62A～图 7.62D、图 7.62F～图 7.62I）。其中，bcc-csml-1、CCSM4、GISS-E2-R、MPI-ESM-P 和 MRI-CGCM3 五个模式模拟的中世纪气候异常期为 850～1200 年；HadCM3 和 CSIRO MK3L-1-2 模拟的中世纪气候异常期分别为 900～1200 年

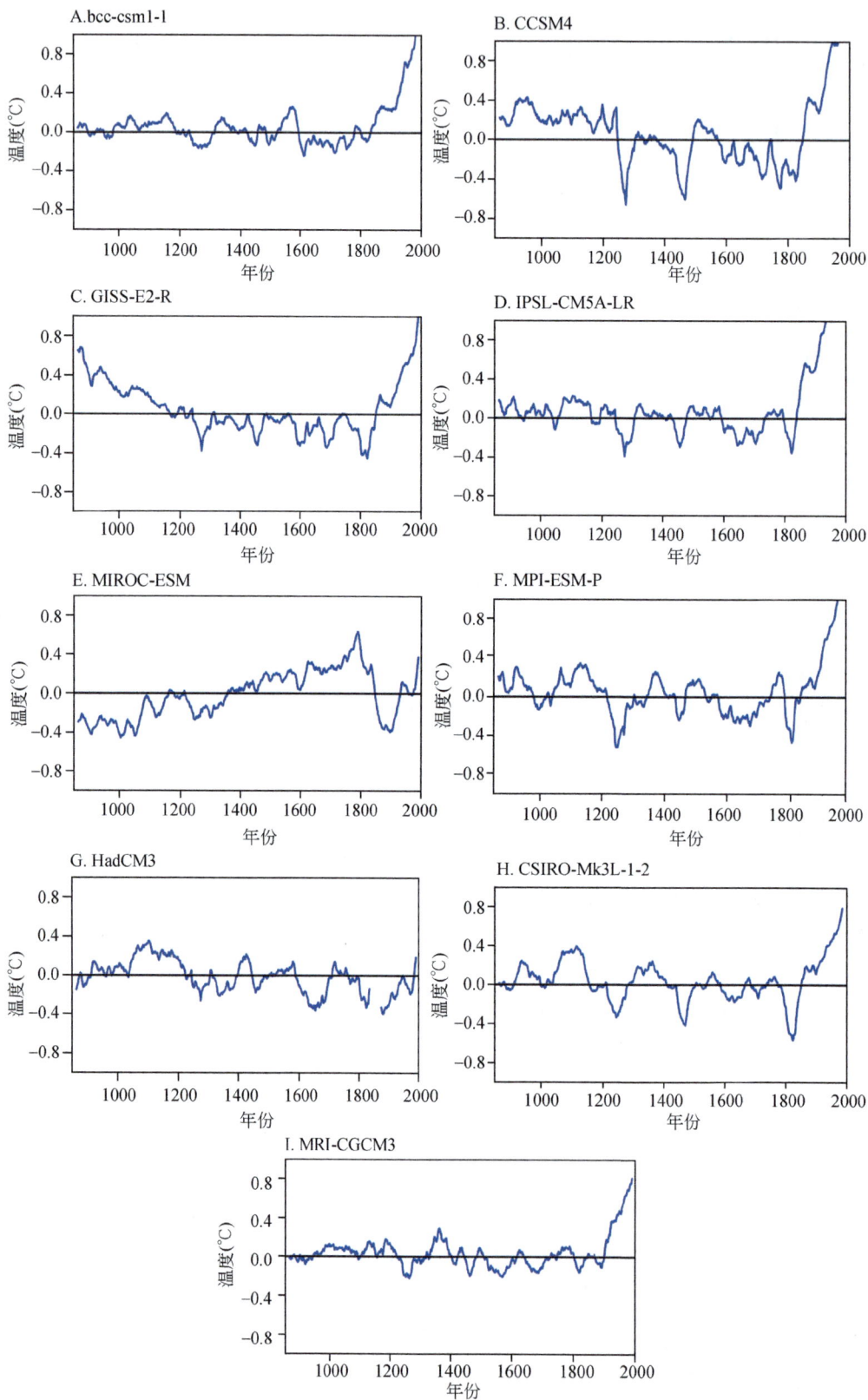

图 7.62　9 个模式模拟结果中 850~2000 年北半球年平均温度距平序列

和 900～1950 年；IPSL CM5A-LR 模拟的中世纪气候异常期为 900～1250 年。选取 900～1200 年作为后续分析中的中世纪气候异常期。此外，本节研究选取了降温最显著的 1500～1800 年作为后续分析中的小冰期。除 HadCM3、MIROC ESM 和 MRI CGCM3 之外的模式模拟的中世纪气候异常期增暖幅度较大，中世纪气候异常期和小冰期的差异也更明显。由于 MIROC ESM 模式未能模拟出 AO 的变化特征及周期和过去千年的温度变化特征，因此下文采用其余 8 个模式进行分析。

重建资料显示，AO 在小冰期主要表现为负位相（D'Arrigo et al., 2003）。8 个模式中有 6 个模式（bcc-csml-1、CCSM4、CSIRO、MK3L-l-2、HadCM3、IPSL-CM5A-LR 和 MPI ESM-LR）模拟出了小冰期 AO 的负位相（图 7.63A、图 7.63B、图 7.63D～图 7.63G），8 个模式集合平均的海平面气压距平场也表现出极地气压偏高和中纬度区域气压偏低的空间模态（图 7.64B），与重建结果一致。这说明太阳辐射的减弱和火山活动的频繁发生（自然外强迫）所导致的百年冷期会造成 AO 的负位相。

对于中世纪气候异常期，模拟资料显示，尽管都模拟出了中世纪气候异常期的增暖现象（图 7.62A～图 7.62D、图 7.62F～图 7.62I），但是对 AO 位相的模拟并没有一致的结果。bcc-csml-1、IPSL-CM5A-LR、HadCM3 和 CSIRO-MK3L-l-2 的模拟结果显示 AO 指数为

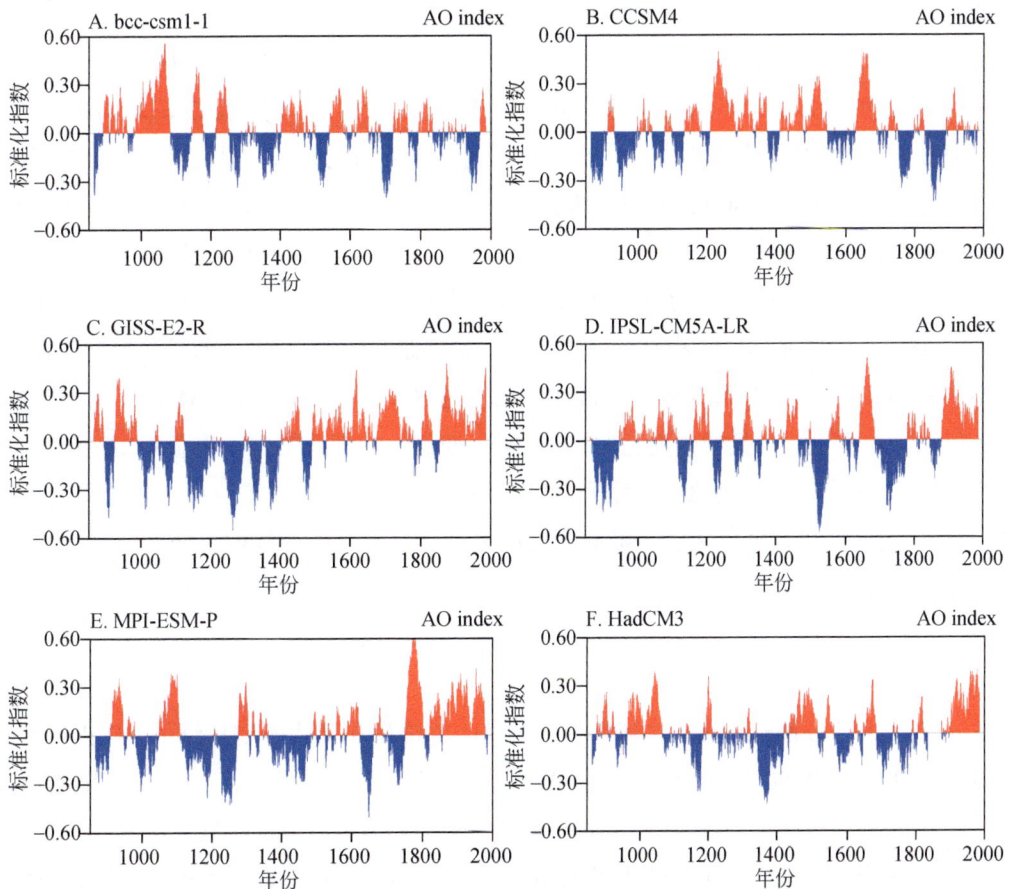

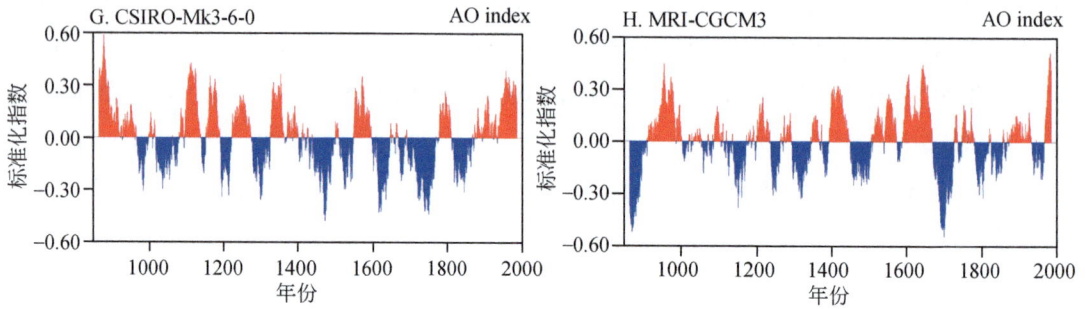

图 7.63　8 个模式模拟结果中 850～2000 年北半球热带外（20°N 以北）

注：31a 滑动平均的海平面气压距平 EOF 分解第一模态的时间序列

正（图 7.63A、图 7.63D、图 7.63F、图 7.63G），CCSM4、GISS-E2-R、MPI-ESM-LR 和 MRI CGCM3 则显示 AO 指数为负（图 7.63B、图 7.63C、图 7.63E、图 7.63H）。8 个模式集合平均的海平面气压距平场反映的 AO 在中世纪气候异常期并无显著的位相特点（图 7.64A）。这意味着模拟结果存在一定的模式依赖性，可能与模式对太阳辐射偏强、火山活动较弱的自然外强迫的响应不同有关。

　　模拟结果还显示，现代暖期的增温幅度高于中世纪气候异常期（图 7.62）。7 个模式（bcc-csml-1、GISS-E2-R、IPSL-CM5A-LR、MPI ESM-LR、HadCM3、CSIRO-MK3L-1-2 和 MRI CGCM3）的模拟结果显示在现代暖期，AO 呈现为持续正位相（图 7.63A、图 7.63C～图 7.63H）。同时，8 个模式集合平均的海平面气压距平场也显示，现代暖期 AO 表现为显著的正位相模态（图 7.64C），说明人为排放的温室气体会加强 AO 正位相。另外，大部分模式模拟出了观测资料中 1950 年以来 AO 的增强趋势，说明该增强趋势可能是由人为温室气体排放造成的。3 个特征时期 AO 的位相与北极地区（60°N～90°N）和中纬度地区（30°N～60°N）的海平面气压距平（图 7.64）、温度距平（图 7.65）有关。8 个模式的模拟结果均显示小冰期出现北极高压异常和中纬度地区低压异常（图 7.64B），北半球出现 AO 负位相。在中世纪气候异常期，AO 并无明显变化。在现代暖期，有显著的 AO 正位相（图 7.64C）。现代暖期北极地区的显著增温（图 7.65C），是 AO 正位相形成的重要原因。模拟的现代暖期增暖幅度偏大、北极放大效应更强，导致 AO 正位相更强，这可能与现有模式对温室气体的响应较为敏感有关。这是在以后的研究中需要考虑的问题。

### 7.4.2.4　结论

　　8 个模式大部分都模拟出了小冰期持续的 AO 负位相和现代暖期持续的 AO 正位相，8 个模式均模拟出了近 50 年 AO 的增强趋势，这与重建及观测结果一致。分析表明，北极地区的海平面气压在小冰期显著偏正，而在现代暖期显著偏负，中世纪气候异常期北极地区海平面气压并无明显变化。这与极地温度在 3 个时期的变化特征有关，小冰期极地温度偏

A. SLP-MWP

B. SLP-LIP

C. SLP-PWP

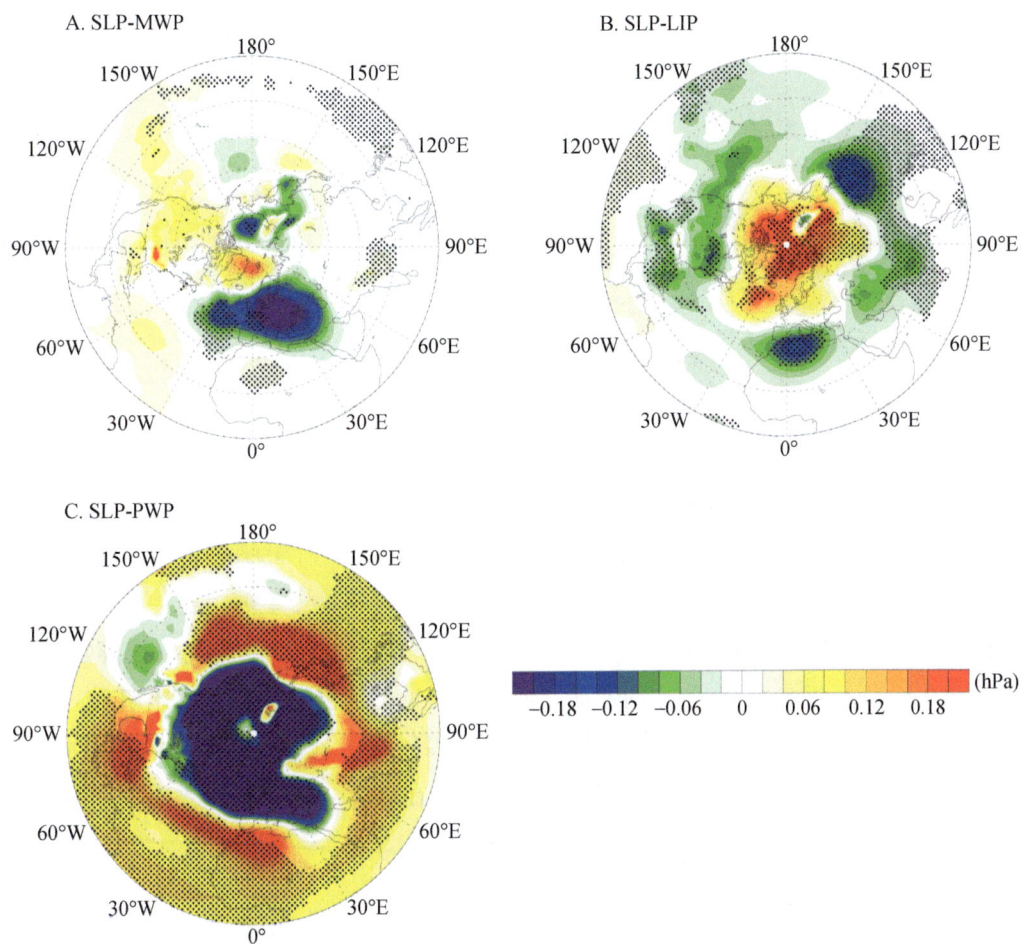

图 7.64　8 个模式集合平均的中世纪气候异常期（900 ~ 1200 年，A）、小冰期（1500 ~ 1800 年，B）和现代暖期（1850 ~ 2000 年，C）北半球 31a 滑动平均的海平面气压距平场（相对于 850 ~ 1850 年的海平面气压平均值）

注：打点区域表示海平面气压距平通过 95% 的显著性检验

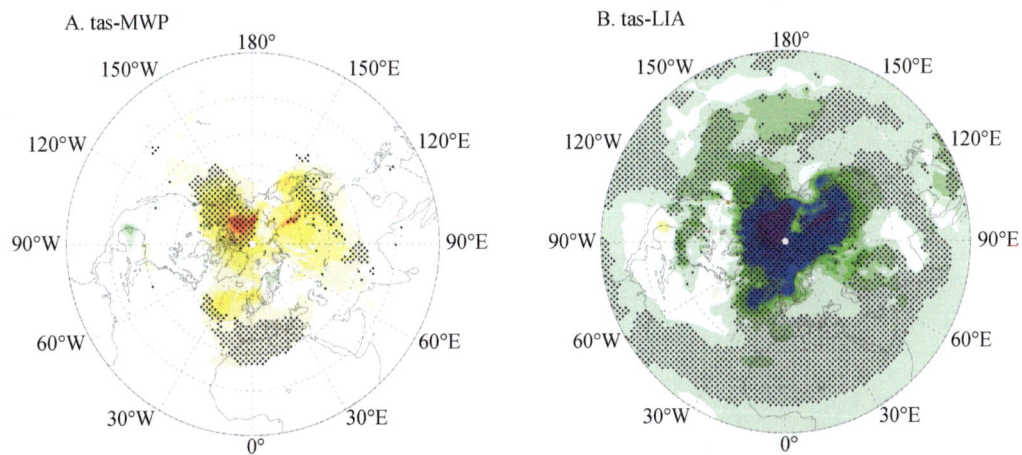

A. tas-MWP

B. tas-LIA

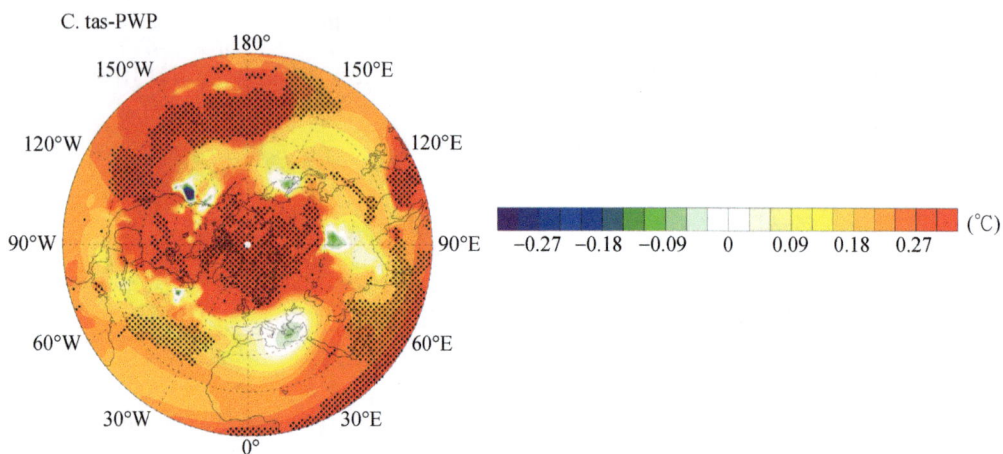

图7.65　8个模式集合平均的中世纪气候异常期（900～1200年，A）、小冰期（1500～1800年，B）和现代暖期（1850～2000年，C）北半球31a滑动表面温度距平场

低导致气压偏高，形成AO的正位相，而现代暖期的机制则相反。中世纪气候异常期北极地区增温较弱，不利于AO正位相的形成。此外，中世纪气候异常期和小冰期AO位相的差异表明AO的年代-百年际时空变化特征对太阳辐射低值及频繁的火山活动更加敏感。现代暖期和中世纪气候异常期AO位相的差异则表明在年代-百年尺度上，温室气体对AO的作用更强。

# 参 考 文 献

陈超, 沈新勇, 徐影. 2011. 过去 1000 年不同强迫因子对中国东部 5～9 月降水及其环流场特征影响分析. 第四纪研究, 31 (5): 873-882.

陈志. 2001. 我国农业可持续发展与农业机械化. 周光召. 新世纪 新机遇 新挑战——知识创新和高新技术产业发展 (下册).

戴加洗. 1990. 青藏高原气候. 北京: 气象出版社.

丁一汇, 刘芸芸. 2008. 亚洲—太平洋季风区的遥相关研究. 气象学报, 66: 670-682.

葛全胜, 刘健, 方修琦. 2013. 过去 2000 年冷暖变化的基本特征与主要暖期. 地理学报, 68 (5): 579-592.

葛全胜, 刘路路, 郑景云, 等. 2016. 过去千年太阳活动异常期的中国东部旱涝格局. 地理学报, 71 (5): 707-717.

葛全胜, 郑景云, 方修琦, 等. 2002. 过去 2000a 中国东部冬半年温度变化序列重建及初步分析. 地学前缘, 9 (1): 169-181.

黄磊, 邵雪梅. 2005. 青海德令哈地区近 400 年来的降水量变化与太阳活动. 第四纪研究, 25 (2): 184-192.

姜彤, 张强, 王苏民. 2004. 近 1000 年长江中下游旱涝与气候变化关系. 第四纪研究, 24 (5): 518-524.

况雪源, 刘健, 林惠娟, 等. 2010. 近千年来三个气候特征时期东亚夏季风的模拟对比. 地球科学进展, 25 (10): 1082-1090.

雷国良, 朱芸, 姜修洋, 等. 2014. 福建仙山泥炭距今 1400a 以来的 α-纤维素 δ～(13) C 记录及其气候意义. 地理科学, 34 (8): 1018-1024.

冷姗, 张仲石, 戴高文. 2019. 两个气候模式对我国 MIS5e 气候的模拟研究. 第四纪研究, 39 (6): 1357-1371.

刘洛, 徐新良, 刘纪远, 等. 2014. 1990—2010 年中国耕地变化对粮食生产潜力的影响. 地理学报, 69 (12): 1767-1778.

刘诗桦. 2018. 印度洋—太平洋 SSTA 特征及与我国中东部降水异常的遥相关. 上海: 华东师范大学硕士论文.

刘晓东, 石正国. 2009. 岁差对亚洲夏季风气候变化影响研究进展. 科学通报, 54 (20): 3097-3107.

刘艳, 孙颖, Harrison S P. 2007. 全新世初期气候的数值模拟研究. 地球物理学报, 50 (5): 1337-1350.

施奕任. 2009. 全球暖化与国际气候协商的性别视角. 国际政治研究, 46 (4): 54-70.

孙炜毅, 刘健, 高超超, 等. 2021. 过去 2000 年北半球不同纬度温度对火山活动的响应. 科学通报, 24: 3194-3204.

孙颖, 丁一汇. 2009. 未来百年东亚夏季降水和季风预测的研究. 中国科学 (D 辑: 地球科学), 39 (11): 1487-1504.

谭明. 2004. 中国高分辨率气候记录与全球变化. 第四纪研究, 24 (4): 455-462.

王红丽, 刘健, 王志远, 等. 2011. 近千年中国东部夏季气候百年尺度变化的模拟分析. 科学通报, 56 (19): 1562-1567.

王江林, 杨保. 2014. 北半球及其各大洲过去 1200 年温度变化的若干特征. 第四纪研究, 34 (6): 1146-1155.

王绍武, 黄建斌, 闻新宇, 等. 2009. 全新世中国夏季降水量变化的两种模态. 第四纪研究, 29 (6): 1086-1094.

王绍武. 2009. 全新世北大西洋冷事件: 年代学和气候影响. 第四纪研究, 29 (6): 1146-1153.

魏凤英. 2007. 现代气候统计诊断与预测技术 (第二版). 北京: 气象出版社.

吴鹏飞, 刘征宇, 程军, 等. 2013. 中全新世以来东亚夏季降水时空演变不一致性的模拟研究. 第四纪研究, 33 (6): 1138-1147.

徐岩, 邵雪梅. 2006. 柴达木盆地东缘祁连圆柏轮宽序列标准化的方法研究. 地理学报, 61 (9): 919-928.

姚檀栋, 秦大河, 徐柏青, 等. 2006. 冰芯记录的过去 1000a 青藏高原温度变化. 气候变化研究进展, 2 (3): 99-103.

俞飞. 2011. 基于 PMIP 模拟的中东亚地区中全新世气候变化机制研究. 兰州: 兰州大学硕士论文.

张亮, 魏彦强, 周强, 等. 2019. 农户对气候变化的适应能力评价及限制因子: 基于青藏高原典型农业区调查数据. 草业科学, 36 (4): 1177-1188.

张强, 张良, 崔显成, 等. 2011. 干旱监测与评价技术的发展及其科学挑战. 地球科学进展, 26 (7): 763-778.

张肖剑, 靳立亚. 2018. 全新世南亚高压南北移动及其与亚洲夏季风降水的关系. 第四纪研究, 38 (5): 1244-1254.

郑景云, 葛全胜, 郝志新, 等. 2014. 历史文献中的气象记录与气候变化定量重建方法. 第四纪研究, 34: 1186-1196.

郑景云, 葛全胜, 刘浩龙, 等. 2013. "气候门"与 20 世纪增暖的千年历史地位之争. 自然杂志, 35 (1): 22-29.

郑伟鹏, 俞永强. 2009. 一个耦合气候系统模式模拟的中全新世时期亚洲季风系统变化. 第四纪研究, 29 (6): 1135-1145.

周天军, 李博, 满文敏, 等. 2011. 过去千年 3 个特征期气候的 FGOALS 耦合模式模拟. 科学通报, 56 (25): 2083-2095.

周天军, 邹立维, 陈晓龙. 2019. 第六次国际耦合模式比较计划 (CMIP6) 评述. 气候变化研究进展, 15 (5): 445-456.

周鑫, 郭正堂, 秦利. 2010. 近百年来自然和人为因素对亚洲季风降水影响的时间序列分析研究. 中国科学: 地球科学, 40 (12): 1718-1724.

朱献, 董文杰, 郭彦. 2013. CMIP3 及 CMIP5 模式对冬季和春季北极涛动变率模拟的比较. 气候变化研究进展, 9 (3): 165-172.

左昕昕, 靳鹤龄. 2009. 中世纪暖期气候研究综述. 中国沙漠, 29 (1): 136-142.

Adams J B, Mann M E, Ammann C M. 2003. Proxy evidence for an El Niño- like response to volcanic forcing. Nature, 426: 271-274.

Adler R F, Huffman G J, Chang A, et al. 2003. The version-2 global precipitation climatology project (GPCP) monthly precipitation analysis (1979-present). Journal of Hydrometeorology, (4): 1147-1167.

Ahmed M, Anchukaitis K J, Asrat A, et al. 2013. Continental-scale temperature variability during the past two millennia. Nature Geoscience, 6 (6): 339-346.

Alexander L V, Zhang X, Peterson T C, et al. 2006. Global observed changes in daily climate extremes of temperature and precipitation. Journal of Geophysical Research-Atmo-spheres, 111 (D5): 1042-1063.

Allen M R, Stott P A. 2003. Estimating signal amplitudes in optimal fingerprinting, Part I: Theory. Climate Dynamics, 21 (5-6): 477-491.

Alley R B. 2000. The Younger Dryas cold interval as viewed fromcentral Greenland. Quaternary Science Reviews, 19 (1-5): 213-226.

Ammann C M, Joos F Schimel D S, et al. 2007. Solar influence on climate during the past millennium: Results from transient simulations with the NCAR Climate System Model. Proceedings of the National Academy of Sciences, 104 (10): 3713-3718.

Ammann C M, Meehl G A, Washington W M, et al. 2003. A monthly and latitudinally varying volcanic forcing dataset in simulations of 20th century climate. Geophysical Research Letters, 30 (12): 59-61.

Ammann C M, Naveau P. 2010. A statistical volcanic forcing scenario generator for climate simulations. Journal of Geophysical Research Atmospheres, 115: D05107.

An S I, Jin F F. 200. Collective role of thermocline and zonal advective feedbacks in the ENSO mode. Journal of Climate, 14: 3421-3432.

Anchukaitis K J, Buckley B M, Cook E R, et al. Influence of volcanic eruptions on the climate of the Asian monsoon region. Geophysical Research Letters, 37 (22): L22703.

Anderson D, Tardif R, Horlick K, et al. 2019. Additions to the last millennium reanalysis multi- proxy database. Data Science and Engineering, 18: 1-11.

Archer C L, Caldeira K. 2008. Historical trends in the jet streams. Geophysical Research Letters, 35: L08803.

Arz H W, Lamy F, Pätzold J, et al. 2003. Mediterranean moisture source for an early-Holocene humid period in the northern Red Sea. Science, 300: 118-121.

Ashok K, Behera S K, Rao S A, et al. 2007. El Niño Modoki and its possible teleconnection. Journal of Geophysical Research: Oceans, 112: C11007.

Asmerom Y, Polyak V J, Rasmussen J B T, et al. 2013. Multidecadal to multicentury scale collapses of Northern Hemisphere monsoons over the past millennium. Proceedings of the National Academy of Sciences of the United States of America, 110 (24): 9651-9656.

Ault B, Loope T, Cole J. 2018. Climate variability, volcanic forcing, and last millennium hydroclimate extremes. Journal of Climate, 31: 4309-4327.

Ault J, Mankin S, Cook B. 2016. Relative impacts of mitigation, temperature, and precipitation on 21st- century megadrought risk in the American Southwest. Advanced Science, (2): e1600873.

Ault T R, Cole J E, Overpeck J T, et al. 2014. Assessing the Risk of Persistent Drought Using Climate Model

Simulations and Paleoclimate Data. Journal of Climate, 27 (20): 7529-7549.

Ault T R, Mankin J S, Cook B I, et al. 2016. Relative impacts of mitigation, temperature, and precipitation on 21$^{st}$-century megadrought risk in the American Southwest. Science Advances, 2 (10): e1600873.

Baker J L, Lachniet M S, Chervyatsova O, et al. 2017. Holocene warming in western continental Eurasia driven by glacial retreat and greenhouse forcing. Nature Geoscience, 10: 430-435.

Barclay D J, Wiles G C, Calkin P E. 2009. Holocene glacier fluctuations in Alaska. Quaternary Science Reviews, 28: 2034-2048.

Barnes E A, Polvani L. 2013. Response of the midlatitude jets and of their variability to increased greenhouse gases in the CMIP5 models. Journal of Climate, 26: 7117-7135.

Barnston A G, Tippett M K, Ranganathan M, et al. 2017. Deterministic skill of ENSO predictions from the North American Multimodel Ensemble. Climate Dynamics, 53 (21): 1-20.

Bar-Matthews M, Ayalon A. 2011. Mid-Holocene climate variations revealed by high-resolution speleothem records from Soreq Cave, Israel and their correlation with cultural changes. Holocene, 21: 163-171.

Bartlein P J, Harrison S, Izumi K. 2017. Underlying causes of Eurasian mid continental aridity in simulations of mid-Holocene climate. Geophysical Research Letters, 44 (17): 9020-9028.

Bartlein P J, Harrison S P, Brewer S, et al. 2011. Pollen-based continental climate reconstructions at 6 and 21 ka: A global synthesis. Climate Dynamics, 37 (3): 775-802.

Battisti D S, Hirst A C. 1989. Interannual variability in a tropical atmos-phere-ocean model: Influence of the basic state, ocean geometry, and nonlinearity. Journal of the Atmospheric Sciences, 46: 1687-1712.

Bekryaev R V, Polyakov I V, Alexeev V A, et al. 2010. Role of Polar Amplification in Long-Term Surface Air Temperature Variations and Modern Arctic Warming. Journal of Climate, 23 (14): 3888-3906.

Berger A. 1978. Long-term variations of daily insolation and Quaternaryclimatic changes. Journal of the Atmospheric Sciences, 35 (12): 2362-2367.

Bertrand C, Loutre M F, Crucifix M, et al. 2002. Climate of the last millennium: A sensitivity study. Tellus Series A-dynamic Meteorology and Oceanography, 54 (3): 221-244.

Bianchi G G, McCave I N. 1999. Holocene periodicity in North Atlantic climate and deep-ocean flow south of Iceland. Nature, 397 (6719): 515-517.

Biasutti M. 2013. Forced Sahel rainfall trends in the CMIP5 archive. Journal of Geophysical Research-Atmospheres, 118: 1613-1623.

Bjerknes J. 1960. A possible response of the atmospheric hadley circulation to equatorial anomalies of ocean temperature. Tellus, 18 (4): 820-829.

Bjerknes J. 1969. Atmospheric teleconnections from the equatorial Pacific. Monthly Weather Review, 97: 163-172.

Bonan G B. 2008. Forests and climate change: Forcings, feedbacks, and the climate benefits of forests. Science, 320: 1444-1449.

Bond G, Kromer B, Beer J, et al. 2001. Persistent solar influence on North Atlantic climate during the Holocene. Science, 294: 2130-2136.

Bond G, Showers W, Cheseby M, et al. 1997. A pervasive millennial-scale cycle in North Atlantic Holocene and glacial climates. Science, 278: 1257-1266.

Booth B B B, Dunstone N J, Halloran P R, et al. 2012. Aerosols implicated as a prime driver of twentiethcentury North Atlantic climate variability. Nature, 484: 228-232.

Bova S, Rosenthal Y, Liu Z, et al. 2021. Seasonal origin of the thermal maxima at the Holocene and the last interglacial. Nature, 589: 548-553

Braconnot P Harrison S P, Otto-Bliesner B, et al. 2011. The Paleoclimate Modeling Intercomparison Project contribution to CMIP5. CLIVAR Exchanges, 16 (2): 15-19.

Braconnot P, Harrison S P, Kageyama M, et al. 2012. Evaluation of climatemodels using palaeoclimatic data. Nature Climate Change, 2 (6): 417-424.

Brad A J, Mann M E, Ammann C M. 2003. Proxy evidence for an El Niño-like response to volcanic forcing. Nature, 426 (6964): 274-278.

Bradley R S, Bakke J. 2019. Is there evidence for a 4.2ka BP event in the northern North Atlantic region? https://cp. copernicus. org/preprints/cp-2018-162/cp-2018-162. pdf[2020-01-20].

Bradley R S, Keimig F T, Diaz H F. 2004. Projected temperature changes along the American Cordillera and the planned GCOS network. Geophysical Research Letters, 31: L16210.

Bradley R S. 1988. The explosive volcanic eruption signal in Northern Hemisphere continental temperature records. Climatic Change, (12): 221-243.

Braganza K, Gergis J L, Power S B, et al. 2009. A multiproxy index of the El Niño-Southern Oscillation, A. D. 1525-1982. Journal of Geophysical Research, 114: D05106.

Brayshaw D J, Rambeau C M C, Smith S J. 2011. Changes in Mediterranean climate during the Holocene: Insights from global and regional climate modelling. Holocene, 21: 15-31.

Bretherton C S, Widmann M, Dymnikov V P, et al. 1999. The effective number of spatial degrees of freedom of a time-varying field. Journal of Climate, 12 (7): 1990-2009.

Briffa K R, Jones P D, Pilcher J R, et al. 1988. Reconstructing summer temperatures in Northern Fennoscandinavia Back to A. D. 1700 using tree-ring data from scots pine. Arctic & Alpine Research, 20 (4): 385-394.

Briffa K R, Osborn T J, Schweingruber F H, et al. 2001. Low-frequency temperature variations from a northern tree ring density network. Journal of Geophysical Research Atmospheres, 106 (D3): 2929-2941.

Brohan P, Kennedy J J, Harris I, et al. 2006. Uncertainty estimates in regional and global observed temperature 500 changes: A new data set from 1850. Journal of Geophysical Research: Atmospheres, 111 (D12): 12106.

Brovkin V, Ganopolski A, Claussen M, et al. 1999. Modelling climate response to historical land cover change. Global Ecology and Biogeography, 8: 509-517.

Bukovsky M S, Carrillo C M, Gochis D J, et al. 2015. Toward assessing NARCCAP regional climate model credibility for the North American monsoon: Future climate simulations. Journal of Climate, 28: 6707-6728.

Büntgen U, Tegel W, Nicolussi K, et al. 2011. 2500 Years of European Climate Variability and Human Susceptibility. Science, 331 (6017): 578-582.

参考文献

Cai Q Q, Zhou T J, Wu B, et al. 2011. The East Asian subtropical westerly jet and its interannual variability simulated b y a climate system model FGOALSg-l. Acta Oceanologica Sinica, 33: 38-48.

Cai W, Borlace S, Lengaigne M, et al. 2014. Increasing frequency of extreme El Niño events due to greenhouse warming. Nature Climate Change, (4): 111-116.

Caley T, Malaizé B, Revel M, et al. 2011. Orbital timing of the Indian, East Asian and African boreal monsoons and the concept of a 'global monsoon'. Quaternary Science Reviews, 30 (25): 3705-3715.

Campbell I. 2007. Chi squared and Fisher-Irwin tests of two by two tables with small sample recommendations. Statistics in medicine, 26 (19): 3661-3675.

Cane M A, Zebiak S E, Dolan S C. 1986. Experimental forecasts of El Niño. Nature, 321: 827-832.

Cao J, Wang B, Xiang B, et al. 2015. Major modes of short-term climate variability in the newly developed NUIST Earth System Model (NESM). Advances in Atmospheric Sciences, 32: 585-600.

Cao J, Wang B, Yang Y M. 2018. The NUIST Earth System Model (NESM) version 3: Description and preliminary evaluation. Geoscientific Model Development, 11: 2975-2993.

Cao L, Duan L, Bala G, et al. 2017. Simultaneous stabilization of global temperature and precipitation through cocktail geoengineering. Geophysical Research Letters, 44 (14): 7429-7437.

Capotondi A, Wittenberg A T, Newman M, et al. 2015. Understanding ENSO diversity. Bulletin of the American Meteorological Society, 96: 921-938.

Carlson A E, Legrande A, Oppo D, et al. 2008. Rapid Early Holocene deglaciation of the Laurentide ice sheet. Nature Geoscience, 1 (9): 620-624.

Carrillo C M, Castro C L, Woodhouse C A, et al. 2015. Low-frequency variability of precipitation in the North American monsoon region as diagnosed through earlywood and latewood tree-ring chronologies in the southwestern US. International Journal of Climatology, 36 (5): 2254-2272.

Carton J A, Giese B S. 2008. A reanalysis of ocean climate using Simple Ocean Data Assimilation (SODA). Monthly Weather Review, 136 (8): 2999-3017.

Cavalieri D J, Parkinson C L. 2012. Arctic sea ice variability and trends, 1979-2010. The Cryosphere, 6 (4): 881-889.

Chang C P, Harr P A, Mcbride J, et al. 2004. Maritime Continent Monsoon: Annual Cycle and Boreal Winter Variability. Singapore: World Scientific Publication.

Chapman W L, Walsh J E. 1993. Recent variations of sea ice and air temperature in high latitudes. Bulletin of the American Meteorological Society, 74: 33-47.

Chen F, Chen J, Huang W, et al. 2019. Westerlies Asia and monsoonal Asia: Spatiotemporal differences in climate change and possible mechanisms on decadal to sub-orbital timescales. Earth-Science Reviews, 192: 337-354.

Chen F, Xu Q, Chen J, et al. 2015. East Asian summer monsoon precipitation variability since the last deglaciation. Scientific Reports, (5): 1-11.

Chen F H, Xu Q H, Chen J H, et al. 2015. East Asian summer monsoon precipitation variability since the last deglaciation. Scientific Reports, (5): 11186.

Chen G, Huang R. 2012. Excitation mechanisms of the teleconnection patterns affecting the July precipitation in northwest China. Journal of Climate, 25: 7834-7851.

Chen H M, Zhou T J, Neale R B, et al. 2010. Performance of the New NCAR CAM 3.5 in the East Asian summer monsoon simulations: Sensitivity to modifications of the convection scheme. Journal of Climate, 23 (13): 3657-3675.

Chen K, Ning L, Liu Z, et al. 2020a. The influences of tropical volcanic eruptions with different magnitudes on persistent droughts over eastern China. Atmosphere, 2020 (11): 210.

Chen K, Ning L, Liu Z, et al. 2020b. One drought and one volcanic eruption influenced the history of China: the Ming Dynasty Megadrought. https://doi.org/10.1029/2020GL088124[2021-02-23].

Chen L, Chen D, Wang H, et al. 2009. Regionalization of precipitation regimes in China. Atmospheric and Oceanic Science Letters, (2): 301-307.

Chen L, Dong M, Shao Y. 1992. The characteristics of interannual variations on the East Asian monsoon. Journal of the Meteorological Society of Japan, 70: 397-421.

Chen M, Voinov A, Ames D P, et al. 2020b. Position paper: open web-distributed integrated geographic Modelling to enable wider participation and model application. Earth-Science Reviews 207 (3): 103223.

Chen S F, Chen W, Wei K. 2013. Recent trends in winter temperature extremes in eastern China and their relationship with the Arctic Oscillation and ENSO. Advances Atmospheric Sciences, 30 (6): 1712-1724.

Chen W, Anchukaitis K J, Buckley B M, et al. 2010. Asian monsoon failure and megadrought during the last millennium. Science, 328: 486-489.

Chen W, Cook E R, Smerdon J E, et al. 2016. North American megadroughts in the Common Era: Reconstructions and simulations. Wiley Interdisciplinary Reviews: Climate Change, 7 (3): 411-432.

Chen W, Feng J, Cook B I. 2015. Are simulated megadroughts in the North American Southwest forced. Journal of Climate, 28: 124-142.

Chen W, Feng J, Wu R. 2013. Roles of ENSO and PDO in the link of the East Asian winter monsoon to the following summer monsoon. Journal of Climate, 26: 622-635.

Chen Y, Zhai P. 2013. Persistent extreme precipitation events in China during 1951-2010. Climate Research, 57 (2): 143-155.

Chen Z, Wu R, Chen W. 2014. Distinguishing interannual variations of the northern and southern modes of the East Asian winter monsoon. Journal of Climate, 27 (2): 835-851.

Cheung R C W, Yasuhara M, Mamo B, et al. 2018. Decadal-to centennial-scale East Asian summer monsoon variability over the past millennium: An oceanic perspective. Geophysical Research Letters, 45: 7711-7718.

Christensen J H, Kanikicharla K K, Marshall G, et al. 2013. Climate phenomena and their relevance for future regional climate change. CAMBRIDGE: Camabridge University Press.

Chu G, Liu J, Sun Q, et al. 2002. The 'Mediaeval Warm Period' drought recorded in Lake Huguangyan, tropical South China. Holocene, 12 (5): 511-516.

Church J A, White N J, Arblaster J M. 2005. Significant decadal-scale impact of volcanic eruptions on sea level and ocean heat content. Nature, 438 (7064): 74-77.

Clarke J, Brooks N, Banning E B, et al. 2016. Climatic changes and social transformations in the Near East and North Africa during the 'long' 4th millennium BC: A comparative study of environmental and archaeological evidence. Quaternary Science Reviews, 123: 215-230.

Claussen M, Bathiany S, Brovkin V, et al. 2013. Simulated climate-vegetation interaction in semi-arid regions affected by plant diversity. Nature Geoscience, (6): 954-958.

Claussen M, Gayler V. 1997. The greening of the Sahara during the mid-Holocene: Results of an interactive atmosphere-biome model. Global Ecol Biogeogr Lett, (6): 369-377.

Clement A C, Seager R, Cane M A, et al. 1996. An ocean dynamical thermostat. Journal of Climate, (9): 2190-2196.

Coats S, Smerdon J E. 2013. Megadroughts in southwestern North America in ECHO-G millennial simulations and their comparison to proxy drought reconstruction. Journal of Climate, 26: 7635-7649.

Cochran W G. 1952. The $\chi 2$ test of goodness of fit. Annals of Mathematical Statistics, 23: 315-345.

Cohen J L, Furtado J C, Barlow M A, et al. 2012. Arctic warming, increasing snow cover and wide spread boreal winter cooling. Environmental Research Letters, 7 (1): 14007.

Collins J A, Prange M, Caley T, et al. 2017. Rapid termination of the African Humid Period triggered by northern high-latitude cooling. Nature Communications, (8): 1372.

Collins M, Knutti R, Arblaster J. 2013. Long-term climate change: projections, commitments and irreversibility//Stocker T F. Climate Change 2013: The Physical Science Basis. Contribution of Working Group I to the Fifth Assessment Report of the Intergovernmental Panel on Climate Change. New York: Cambridge University Press.

Colorado-Ruiz G, Cavazos T, Salinas J A, et al. 2018. Climate change projections from Coupled Model Intercomparison Project phase 5 multi-model weighted ensembles for Mexico, the North American monsoon, and the mid-summer drought region. International Journal Of Climatology, 38: 5699-5716.

Colose C M, LeGrande A N, Vuille M. 2016. Hemi-spherically asymmetric volcanic forcing of tropical hydroclimate during the last millennium. Earth System Dynamics, (7): 681-696.

Compo G P, Whitaker J S, Sardeshmukh P D. 2006. Feasibility of a 100-year reanalysis using only surface pressure data. Bulletin of the American Meteorological Society, 87 (2): 175-190.

Compo G P, Whitaker J S, Sardeshmukh P D, et al. 2011. The twentieth century reanalysis project. Quarterly Journal of the Royal Meteorological Society, 137 (654): 1-28.

Conroy J L, Overpeck J T. 2011. Regionalization of Present-Day Precipitation in the Greater Monsoon Region of Asia. Journal of Climate, 24 (2): 4073-4095.

Cook B I, Ault T R, Smerdon J E. 2015. Unprecedented 21st century drought risk in the American Southwest and Central Plains. Science Advances, 1 (1): e1400082.

Cook B I, Cook E R, Smerdon J E, et al. 2016. North American megadroughts in the Common Era: Reconstructions and simulations. Wiley interdisciplinary reviews: Climate Change, 7 (3): 411-432.

Cook B I, Miller R L, SeagerR. 2009. Amplification of the North American "Dust Bowl" drought through human-induced land degradation. Proceedings of the National Academy of Sciences, 106 (13): 4997-5001.

Cook B I, Seager R. 2013. The response of the North American Monsoon to increased greenhouse gas forcing. Journal of Geophysical Research-Atmospheres, 118: 1690-1699.

Cook B I, Smerdon J E, Seager R. 2014. Pancontinental droughts in North America over the last millennium. Journal of Climate, 27 (1): 383-397.

Cook E R, Anchukaitis K J, Buckley B M, et al. 2010. Asian monsoon failure and megadrought during the last millennium. Science, 328: 5977: 486-489.

Cook E R, Kairiukstis L A. 1990. Methods of Dendrochronology: Applications in the Environmental Sciences. Dordrecht: Kluwer Academic Publishers.

Cook E R, Krusic P, AnchukaitisK J, et al. 2013. Tree- ring reconstructed summer temperature anomalies for temperate East Asia since 800 C. E. Climate Dynamics, 41 (11-12): 2957-2972.

Cook E R, Peters K. 1997. Calculating unbiased tree- ring indices for the study of climatic and environmental change. The Holocene, 7 (3): 361-370.

Cook E R, Seager R, Kushnir Y, et al. 2015. Old World megadroughts and pluvials during the Common Era. Science Advances, (1): 1-9.

Cook E R, Woodhouse C A, Eakin C M, et al. 2004. Long- term aridity changes in the Western United States. Science, 306: 1015-1018.

Cook E R. 1985. A time series analysis approach to tree ring standardization. Tucson, Arizona, USA: University of Arizona.

Craig A P, Mickelson S A, Hunke E C, et al. 2015. Improved parallel performance of the CICE model in CESM1. International Journal of High Performance Computing Applications, 29 (2): 154-165.

Crowley T J, Baum S K, Kim K Y, et al. 2003. Modeling ocean heat content changes during the last millennium. https://www. researchgate. net/profile/Gabriele- Hegerl/publication/228686567 _ Modeling _ ocean _ heat_content _changes_during_the _last _millennium/links/0912f5109065f33c76000000/Modeling- ocean- heat-content-changes-during-the-last-millennium. pdf [2018-11-20].

Crutzen P J. 2006. Albedo enhancement by stratospheric sulfur injec- tions: A contribution to resolve a policy di-lemma. Nature Climate Change, 77: 211-220.

Cullen H, de Menocal P, Hemming S, et al. 2000. Climate change and the collapse of the Akkadian empire: Evidence from the deep sea. Geology, 28: 379-382.

Curry J A, Schramm J L, Ebert E E, et al. 1995. Sea Ice- albedo climate feedback mechanism. Journal of Climate, 8 (2): 240-247.

D'Arrigo R, Cook E R, Wilson R J, et al. 2005. On the variability of ENSO over the past six centuries. Geophysical Research Letter, 32: L03711.

D'Arrigo R, Wilson R, Tudhope A. 2009. The impact of volcanic forcing on tropical temperatures during the past four centuries. Nature Geoscience, (2): 51-56.

D'Arrigo R D, Anchukaitis K J, Buckley B, et al. 2012. Regional climatic and North Atlantic Oscillation signatures in West Virginia red cedar over the past millennium. Global and Planetary Change, 84-85: 8-13.

D'Arrigo R D, Cook E R, Mann M E, et al. 2003. Tree- ring reconstructions of temperature and sea level pressure variability associated with the warm-season Arctic Oscillation since AD 1650. Geophysical Research Letters, 30 (11): 1549.

Dahl-Jensen D, Mosegaard K, Gundestrup N. 1998. Past Temperatures directly from the Greenland Ice Sheet. Science, 282 (5387): 268-271.

Dai A, Luo D, Song M, et al. 2019. Arctic amplification is caused by sea-ice loss under increasing $CO_2$. Nature Communications, 10 (1): 121.

Dallmeyer A, Claussen M, Lorenz S J, et al. 2020. The end of the African humid period as seen by a transient comprehensive Earth system model simulation of the last 8000 years. Climate of the Past, 16: 117-140.

Davis B A S, Stevenson A C. 2007. The 8.2 ka event and early-mid Holocene forest, fires, and flooding in the Central Ebro Desert, NE Spain. Quaternary Science Reviews, 26: 1695-1712.

de Menocal P, Ortiz J, Guilderson T, et al. 2000. Abrupt onset and termination of the African Humid Period: Rapid climate responses to gradual insolation forcing. Quaternary Science Reviews, 19 (1-5): 347-361.

Dee D P, Uppala S M, Simmons A J, et al. 2011. The ERA-Interim reanalysis: Configuration and performance of the data assimilation system. Quarterly Journal of the royal meteorological society, 137 (656): 553-597.

Delworth T, Stouffer R, Dixon K, et al. 2002. Review of simulations of climate variability and change with the GFDL R30 coupled climate model. Climate Dynamics, 19 (7): 555-574.

Delworth T L, Mann M E. 2000. Observed and simulated multidecadal variability in the Northern Hemisphere. Climate Dynamics, 16 (9): 661-676.

Demenocal P B. 1995. Plio-Pleistocene African climate. Science, 270 (5233): 53-59.

Denton G H, Karlén W. 1973. Holocene climatic variations: their pattern and possible cause. Quaternary Research, (3): 155-205.

Deser C, Tomas R, Alexander M, et al. 2010. The Seasonal Atmospheric Response to Projected Arctic Sea Ice Loss in the Late Twenty-First Century. Journal of Climate, 23 (2): 333-351.

DiNezio P N, Deser C. 2014. Nonlinear controls on the persistence of La Niña. Journal of Climate, 27: 7335-7355.

Ding Y, Sun Y, Wang Z, et al. 2009. Inter-decadal variation of the summer precipitation in China and its association with decreasing Asian summer monsoon Part II: Possible causes. International Journal of Climatology, 29: 1926-1944.

Ding Y, Wang Z, Sun Y, et al. 2008. Inter-decadal variation of the summer precipitation in East China and its association with decreasing Asian summer monsoon. Part I: Observed evidences. International Journal of Climatology, 28 (9): 1139-1161.

Ding Y. 1994. Monsoons over China. Advances in Atmospheric Sciences, 11 (2): 252.

Dommenget D, Latif M. 2002. A cautionary note on the interpretation of EOFS. Journal of Climate, 15 (2): 216-225.

Dong J G, Wang Y J, Cheng H, et al. 2010. A high-resolution stalagmite record of the Holocene East Asian monsoon from Mt Shengnongjia, central China. The Holocene, 20: 257-264.

Early J T. 1989. Space-based solar shield to offset greenhouse effect. Journal of the British Interplanetary Society,

42: 567-569.

Easterling D R, Meehl G A, Parmesan C, et al. 2000. Climate extremes: observations, modeling, and impacts. Science, 289 (5487): 2068-2074.

Eisenman I, Wettlaufer J S. 2009. Nonlinear threshold behavior during the loss of Arctic sea ice. Proceedings of the National Academy of Sciences of the United States of America, 106 (1): 28-32.

Emile-Geay J, Seager R, Cane M A, et al. 2008. Volcanoes and ENSO over the past millennium. Journal of Climate, 21: 3134-3148.

Endo H, Kitoh A, Ueda H, et al. 2018. A unique feature of the Asian summer monsoon response to global warming: The role of different land-sea thermal contrast change between the lower and upper troposphere. Scientific online letters on the Atmosphere, 14: 57-63.

Endo H, Kitoh A. 2014. Thermodynamic and dynamic effects on regional monsoon rainfall changes in a warmer climate. Geophysical Research Letters, 41: 1704-1711.

Enfield D B, Mestas-Nunez A M, Trimble P J. 2001. The Atlantic multidecadal oscillation and it's relation to rainfall and river flows in the continental U. S. Geophysical Research Letters , 28 (10): 2077-2080.

Enomoto T, Hoskins B J, Matsuda Yoshihisa. 2003. The formation mechanism of the Bonin high in August. Quarterly Journal of the Royal Meteorological Society, 129: 157-178.

Esper J, George S S, Anchukaitis K, et al. 2018. Large-scale, millennial-length temperature reconstructions from tree-rings. Dendrochronologia, 50: 81-90.

Evans J P. 2009. 21st century climate change in the Middle East. Climatic Change, 92: 417-432.

Fan F, Mann M E, Ammann C M. 2009. Understanding changes in the Asian summer Monsoon over the past millennium: Insights from a long-term coupled model simulation. Journal of Climate, 22 (7): 1736-1748.

Fasullo J T, Otto-Bliesner B L, Stevenson S. 2019. The influences of volcanic aerosol meridional structure on monsoon responses over the last millennium. Geophysical Research Letters, 46: 12350-12359.

Feldstein S B. 2002. The recent trend and variance increase of the annular mode. Journal of Climate, 15 (1): 88-94.

Feng J, Wang L, Chen W. 2014. How does the east asian summer monsoon behave in the decaying phase of El nino during different PDO phases. Journal of Applied Meteorology and Climatology. 27 (7): 2682-2698.

Feng S, Hu Q. 2008. How the North Atlantic Multidecadal Oscillation may have influenced the Indian summer monsoon during the past two millennia. Geophysical Research Letters , 35 (1): L01707.

Feng W, Fan G Z, Long Y Y. 2018. Relationship between the intensity change of the south Asian high and western Pacific subtropical high and early summer sea surface temperature anomaly. Progress in Climate Change, 14 (2): 111-119.

Fischer E M, Luterbacher J, Zorita E, et al. 2007. European climate response to tropical volcanic eruptions over the last half millennium. Geophysical Research Letters, 34: L05707.

Fisher R A, Muszala S, Verteinstein M, et al. 2015. Taking off the training wheels: The properties of a dynamic vegetation model without climate envelopes. Geoscientific Model Development Discussions, 8 (4): 3293-3357.

Fleitmann D, Burns S J, Mudelsee M, et al. 2003. Holocene forcing of the Indian monsoon recorded in a

参
考
文
献

stalagmite from southern Oman. Science, 300: 1737-1739.

Fleitmann D, Matter A, Pint J, et al. 2004. The speleothem record of climate change in Saudi Arabia. http://www. i-pi. com/~ingham/saudicaves/OF-2004-8. pdf[2018-11-20].

Fleitmann D, Matter A. 2009. The speleothem record of climate variability in southern Arabia. Comptes Rendus Geoscience, 341: 633-642.

Frank D C, Esper J, Raible C C, et al. 2010. Ensemble reconstruction constraints on the global carbon cycle sensitivity to climate. Nature, 463 (7280): 527-530.

Frich P, Alexander L, Dellamarta P, et al. 2002. Observed coherent changes in climatic extremes during the second half of the twentieth century. Climate Research, 19 (3): 193-212.

Fritts H C. 1976. Tree rings and climate. New York: Academic Press.

Fritts H C. 1991. Reconstructing large-scale climatic patterns from tree-ring data. Tucson: The University of Arizona Press.

Fu C. 2003. Potential impacts of human-induced land cover change on East Asia monsoon. Global and Planetary Change, 37: 219-229.

Fu G, Yu J, Yu X, et al. 2013. Temporal variation of extreme rainfall events in China, 1961-2009. Journal of Hydrology, 487 (487): 48-59.

Fu Q, Lin P. 2011. Poleward shift of subtropical jets inferred from satellite-observed lower-stratospheric temperatures. Journal of Climate, 24: 5597-5603.

Fu Y, Tai, A P K. 2015. Impacts of historical climate and land cover changes on tropospheric ozone air quality and public health in east asia over 1980-2010. Atmospheric Chemistry and Physics, 15 (10): 14111-14139.

Ganopolski A, Calov R, Claussen M. 2010. Simulation of the Last Glacial cycle with a coupled climate ice-sheet model of intermediate complexity. Climate of the Past, 6 (2): 229-244.

Gantt B, He J, Zhang X, et al. 1996. Incorporation of advanced aerosol activation treatments into CESM/CAM5: Model evaluation and impacts on aerosol indirect effects. Atmospheric Chemistry & Physics, 369 (13): 32291-32325.

Gao C, Robock A, Ammann C, et al. 2008. Volcanic forcing of climate over the past 1500 years: An improved ice core-based index for climate models. Journal of Geophysical Research, 113 (D23): 119501.

Gao Y, Liu Z, Lu Z. 2020. Dynamic effect of last glacial maximum ice sheet topography on the East Asian summer monsoon. Ournal of Climate, 33 (16): 6929-6944.

Ge Q, Hao Z, Zheng J, et al. 2013. Temperature changes of the past 2000 yr in China and comparison with Northern Hemisphere. Climate of the Past Discussions, 9 (1): 507-523.

Ge Q, Zheng J, Hao Z, et al. 2013. General characteristics of climate changes during the past 2000 years in China. Science China Earth Sciences, 56 (2): 321-329.

Gerlich G, Tscheuschner R D. 2009. Falsification of the atmospheric $CO_2$ greenhouse effects within the frame of physics. International Journal of Modern Physics B, 23 (3): 275-364.

Gershunov A, Schneider N, Barnett T. 2001. Low-frequency modulation of the ENSO-Indian monsoon rainfall relationship: Signal or noise. Journal of Climate, 14: 2486-2492.

Giese B S, Seidel H F, Compo G P, et al. 2016. An ensemble of ocean reanalyses for 1815-2013 with sparse observational input. Journal of Geophysical Research: Oceans, 121 (9): 6891-6910.

Gill A E. 1980. Some simple solutions for heat- induced tropical circulation. Quarterly Journal of the Royal Meteorological Society, 106: 447-462.

Gimeno L, Vázquez M, Eiras- Barca J, et al. 2019. Atmospheric moisture transport and the decline in Arctic Sea ice. Climate Change, 10 (2): 1-12.

Gleisner H, Thejll P. 2003. Patterns of tropospheric response to solar variability. Geophysical Research Letters, 30 (13): 44-101.

Goldewijk K K, Beusen A, Doelman J, et al. 2017. Anthropogenic land use estimates for the Holocene- HYDE 3. 2. Earth System Science Data, 9 (2): 927-953.

Gómez- Navarro J J, Zorita E. 2013. Atmospheric annular modes in simulations over the past millennium: No long-term response to external forcing. Geophysical Research Letters, 40 (12): 3232-3236.

Gong D Y, Ho C H. 2003. Arctic oscillation signals in East Asian summer monsoon. Journal of Geophysical Research Atmospheres, 108 (D2): 4066

Gong D Y, Yang J, Kim S J, et al. 2011. Spring Arctic Oscillation- East Asian summer monsoon connection through circulation changes over the Western North Pacific. Climate Dynamics, 37 (11): 2199-2216.

Goswami B N, Kripalani R H, Borgaonkar H P, et al. 2015. Multi-decadal variability in Indian summer monsoon rainfall using proxy data//Ghil M. Climate Change: Multidecadal and Beyond. Singapore: World Scientific.

Goswami B N. 2004. Interdecadal change in potential predictability of the Indian summer monsoon. Geophysical Research Letters, 31: L16208.

Goswami B N. 2006. The Asian monsoon: Inter- decadal variability//Wang B. The Asian Monsoon. New York: Springer.

Gou X H, Chen F H, Jacoby G, et al. 2007. Rapid tree growth with respect to the last 400 years in response to climate warming, northeastern Tibetan Plateau. International Journal of Climatology, 27 (11): 1497-1503.

Gou X H, Deng Y, Gao L L, et al. 2015. Millennium tree-ring reconstruction of drought variability in the eastern Qilian Mountains, northwest China. Climate Dynamics, 45 (7-8): 1761-1770.

Gou X, Yang D, Chen F, et al. 2014. Precipitation variations and possible forcing factors on the Northeastern Tibetan Plateau during the last millennium. Quaternary Research, 81 (3): 508-512.

Gupta M, Marshall J. 2018. The climate response to multiple volcanic eruptions mediated by ocean heat uptake: damping processes and accumulation potential. Journal of Climate, 31: 8669-8687.

Ha K J, Heo K Y, Lee S S, et al. 2012. Variability in the East Asian monsoon: A review. Meteorological Applications, 19 (2): 200-215.

Ham Y G, Kug J S, Park J Y, et al. 2013. Sea surface temperature in the north tropical Atlantic as a trigger for El Niño/Southern Oscillation events. Nature Geoscience, 6 (2): 112-116.

Hansen J, Lacis A, Ruedy R, et al. 1992. Potential climate impact of Mount Pinatubo eruption. Geophysical Research Letters, 19 (2): 215-218.

参考文献

Hao Z X, Zheng J Y, Ge Q S, et al. 2012. Spatial Patterns of Precipitation Anomalies for 30-yr Warm Periods in China During the Past 2000 Years. Acta Meteorologica Sinica, 26 (3): 278-288.

Harris I, Jones P D, Osborn T J, et al. 2014. Updated high-resolution grids of monthly climatic observations-the CRU TS3. 10 Dataset. International Journal of Climatology, 34 (3): 623-642.

Harrison S P, Bartlein P J, Brewer S, et al. 2014. Climate model benchmarking with glacial andmid-Holocene climates. Climate Dynamics, 43 (3-4): 671-688.

Haylock M, McBride J. 2001. Spatial coherence and predictability of Indonesian wet season rainfall. Journal of Climate, 14 (18): 3882-3887.

He C, Zhou T. 2014. The two interannual variability modes of the Western North Pacific subtropical high simulated by 28 CMIP5-AMIP models. Climate dynamics, 43 (9-10): 2455-2469.

He F. 2011. Simulating transient climate evolution of the last deglaciation with CCSM3. PhD thesis. Madison: The PhD's Thesis of University of Wisconsin-Madison.

He S P. 2015. Asymmetry in the Arctic oscillation teleconnection with January cold extremes in Northeast China. Atmos Ocean Sci Lett, 8 (6): 386-391.

Hegerl G C, Crowley T J, Hyde W T, et al. 2006. Climate sensitivity constrained by temperature reconstructions over the past seven centuries. Nature, 440 (7087): 1029-1032.

Hell M C, Schneider T, Li C. 2020. Atmospheric circulation response to shortterm Arctic warming in an idealized model. Journal of the Atmospheric Sciences, 77 (2): 531-549.

Hély C, Lézine A M, Contributors A. 2014. Holocene changes in African vegetation: Tradeoff between climate and wateravailability. Climate of the Past, 10 (2): 681-686.

Hoelzmann P, Jolly D, Harrison S, et al. 1998. Mid-Holocene land-surface conditions in northern Africa and the Arabian Peninsula: A data set for the analysis of biogeophysical feedbacks in the climate system. Global Biogeochemical Cycles, 12: 35-51.

Holland M, Bitz C. 2003. Polar amplification of climate change in coupled models. Climate Dynamics, 21: 221-232.

Holmes J A. 2008. How the Sahara became dry. Science, 320 (5877): 752-753.

Holmes R L. 1983. Computer-assisted quality control in tree-ring dating and measurement. Tree-ring Bulletin, 43: 69-78.

Holzworth D P, Huth H N, de Voil P G. 2014. APSIM-Evolution towards a new generation of agricultural systems simulation. Environmental Modelling and Software, 62: 327-350.

Honda M, Inoue J, Yamane S. 2009. Influence of low Arctic sea-ice minima on anomalously cold Eurasian winters. Geophysical Research Letters, 36 (8): L08707.

Hope A C A. 1968. A simplified Monte Carlo significance test procedure. Journal of the Royal Statistical Society. Series B: Methodological, 30 (3): 582-598.

Hoskins B, Wang B. 2006. Large-scale atmospheric dynamics. New York: Springer.

Hoskins B. 1996. On the existence and strength of the summer subtropical anticyclones. Bulletin of the American Meteorological Society, 77: 1287-1292.

Hsu P, Li T, Luo J J, et al, 2012. Increase of global monsoon area and precipitation under global warming: a robust signal. Geophysical Research Letters, 39: L06701.

Hsu P, Li T, Murakami H, et al. 2013. Future change of the global monsoon revealed from 19 CMIP5 models. Journal of Geophysical Research-atmospheres, 118: 1247-1260.

Hu J, Duan A. 2015. Relative contributions of the Tibetan Plateau thermal forcing and the Indian Ocean Sea surface temperature basin mode to the interannual variability of the East Asian summer monsoon. Climate Dynamics, 45 (9): 1-15.

Hua W, Chen H. 2013. Recognition of climatic effects of land use/land cover change under global warming. Chinese Science Bulletin, 58: 3852-3858.

Huang B, Thorne P W, Banzon V F, et al. 2017. Extended Reconstructed Sea Surface Temperature, version 5 (ERSSTv5): Upgrades, validations, and intercomparisons. Journal of Climate, 30 (20): 8179-8205.

Huang B, Thorne P W, Smith T M, et al. 2015. Further exploring and quantifying uncertainties for extended reconstructed sea surface temperature (ERSST) version 4 (v4). Journal of Climate, 29 (9): 15121113 5749001.

Huang E, Tian J, Steinke S. 2011. Millennial-scale dynamics of the winter cold tongue in the southern South China Sea over the past 26 ka and the East Asian winter monsoon. Quaternary Research, 75 (1): 196-204.

Huang N E, Wu Z. 2008. A review on Hilbert-Huang transform: Method and its applications to geophysical tudies. Reviews of Geophysics, 46 (2): RG2006.

Huang R, Chen J, Lin W, et al. 2013. Characteristics, processes, and causes of the spatio-temporal variabilities of the East Asian monsoon system. Advances in Atmospheric Sciences, 30: 910-942.

Huang R, Chen J, Liu Y. 2011. Interdecadal variation of the leading modes of summertime precipitation anomalies over Eastern China and its association with water vapor transport over East Asia. Chinese Journal of Atmospheric Sciences, 35: 589-606.

Huang R, Wu Y. 1989. The influence of ENSO on the summer climate change in China and its mechanism. Advances in Atmospheric Sciences, 6: 21-32.

Huang R H, Sun F Y. 1992. Interannual variation of the summer teleconnection pattern over the Northern Hemisphere and its numerical simulation. Chinese Journal of Atmospheric Sciences, 16: 52-61.

Huang X, Jing J. 2008. The diagnostic analysis of the impact of ENSO events on East Asia subtropical westerly jet. Scientia Meteorologica Sinica, 28: 15-20.

Hughes M K. 2002. Dendrochronology in climatology-The state of the art. Dendrochronologia, 20 (1): 95-116.

Hurrell J W, Holland M M, Gent P R, et al. 2013. The community earth system model: A framework for collaborative research. Bulletin of the American Meteorological Society, 94 (9): 1339-1360.

Hurrell J W. 1996. Influence of variations in extratropical wintertime teleconnections on northern hemisphere temperature. Geophysical Research Letters, 23: 665-668.

Idso C, Singer S F. 2009. Climate Change Reconsidered: Report of the Nongovernmental International Panel on Climate Change (NIPCC). Chicago: The Heartland Institute.

Iles C E, Hegerl G C, Schurer A P, et al. 2013. The effect of volcanic eruptions on global precipitation. Journal of

Geophysical Research: Atmospheres, 118 (16): 8770-8786.

Iles C E, Hegerl G C. 2014. The global precipitation response to volcanic eruptions in the CMIP5 models. Environmental Research Letters, 9 (10): 104012.

Inoue J, Hori M E, Takaya K, et al. 2012. The role of Barents Sea ice in the wintertime cyclone track and emergence of a warm-Arctic cold-Siberian anomaly. Journal of Climate, 25 (7): 2561-2568.

Jaiser R, Dethloff K, Handorf D. 2013. Stratospheric response to Arctic Sea ice retreat and associated planetary wave propagation changes. Tellus A: Dynamic Meteorology and Oceanography, 65: 19375.

Ji F, Wu Z, Huang J, et al. 2014. Evolution of land surface air temperature trend. Nature Climate Change, 4 (6): 462-466.

Jia W U. 2013. A gridded daily observation dataset over China region and com- parison with the other datasets. Chinese Journal of Geophysics, 56 (4): 1102-1111.

Jian L, Kuang X Y, Wang B, et al. 2009. Centennial variations of the global monsoon precipitation in the last millennium: Results from ECHO-G model. Journal of Climate, 22 (22): 2356-2371.

Jiang D B, Wang H J. 2005. Natural interdecadal weakening of East Asian summer monsoon in the late 20th century. Chinese Science Bulletin, 50 (17): 1923-1929.

Jin C, Liu J, Wang B, et al. 2018. A centennial episode of weak East Asian summer monsoon in the midst of the medieval warming. Paleoceanogr. Paleoclimatology, 33: 1035-1048.

Jin C, Wang B, Liu, J, et al. 2019. Decadal variability of northern Asian winter monsoon shaped by the 11year solar cycle. Climate Dynamics, 53 (11): 6559-6568.

Jin F F. 1997. An equatorial ocean recharge paradigm for ENSO. Part I: Conceptual mode. Journal of the Atmospheric Sciences, 54: 811-829.

Jin Q J, Wang C. 2017. A revival of Indian summer monsoon rainfall since 2002. Nature Climate Change, (7): 587-594.

Johnson N C. 2013. How many ENSO flavors can we distinguish. Journal of Climate, 26 (13): 4816-4827.

Jones P D, Mann M E. 2004. Climate over past millennia. Reviews of Geophysics, 42 (2): 2003RG000143.

Jones P D, Osborn T J, Briffa K R. 2001. The evolution of climate over the last millennium. Science, 292 (5517): 662-667.

Joos F, Spahni R. 2008. Rates of change in natural and anthropogenic radiative forcing over the past 20,000 years. Proceedings of the National Academy of Sciences of the United States of America, 105 (5): 1425-1430.

Joseph R, Zeng N. 2011. Seasonally Modulated Tropical Drought Induced by Volcanic Aerosol. Journal of Climate, 24: 2045-2060.

Jourdain N C, Sen Gupta A, Taschetto A Set al. 2013. The Indo-Australian monsoon and its relationship to ENSO and IOD in reanalysis data and the CMIP3/CMIP5 simulations. Climate Dynamics, 41: 3073-3102.

Jungclaus J, Bard E, Baroni M, et al. 2017. The PMIP4 contribution to CMIP6- Part 3: The last millennium, scientific objective, and experimental design for the PMIP4 past1000 simulations. Geoscientific Model Development, 10 (11): 4005-4033.

Kalnay E, Kanamitsu M, Kistler R, et al. 1996. The NCEP/NCAR 40- year reanalysis project. Bulletin of the

American Meteorological Society, 77 (3): 437-472.

Kang I S, Jeong Y K. 1996. Association of interannual variations of temperature and precipitation in Seoul with principal modes of Pacific SST. Journal of the Korean Meteorological Society, 32: 339-345.

Kaniewski D, Paulissen E, Van Campo E, et al. 2008. Middle East coastal ecosystem response to middle-to-late Holocene abrupt climate changes. Proceedings of the National Academy of Sciences of the United States of America, 105: 13941-13946.

Kao H Y, Yu J Y. 2009. Contrasting eastern-Pacific and central-Pacific types of ENSO. Journal of Climate, 22: 615-632.

Kaplan J, Krumhardt K, Ellis E, et al. 2011. Holocene carbon emissions as a result of anthropogenic land cover change. The Holocene, 21: 775-791.

Kaplan J O, Krumhardt K M, Ellis E C, et al. 2011. Holocene carbon emissions as a result of anthropogenic land cover change. The Holocene, 21 (5): 775-791.

Kaplan J O, Krumhardt K M, Zimmermann N. 2009. The prehistoric and preindustrial deforestation of Europe. Quaternary Science Reviews, 28 (27-28): 3016-3034.

Karl E Taylor, Ronald J Stouffer, Gerald A Meehl. 2012. An overview of CMIP5 and the experiment design. Bulletin of the American MeteorologicalSociety, 93 (4): 485-498.

Karl E Taylor. 2001. Summarizing multiple aspects of model performance in a single diagram. Journal of Geophysical Research Atmospheres, 106 (D7): 7183-7192.

Kaufman D, McKay N, Routson C, et al. 2020. A global database of Holocene paleotemperature records. Scientific Data, 7 (1): 115.

Kendall M G. 1955. Rank correlation methods. New York: Oxford University of Press.

Kennett D, Kennett J. 2006. Early state formation in southern Mesopotamia: Sea levels, shorelines, and climate change. Journal of Island & Coastal Archaeology, (1): 67-99.

Khromov S P. 1957. Die geographische verbreitung der monsune. Petermann's Geographische Mittheilungen, 101: 569-599.

Kim B M, Son S W, Min S K, et al. 2014. Weakening of the stratospheric polar vortex by Arctic Seaice loss. Nature Communications, 5: 4646.

Kim G S, Choi I S. 1987. A preliminary study on long-term variation of un usual climate phenomena during the past 1000 years in Korea//Ye D, et al. The Climate of China and Global Climate. New York: Springer.

Kistler R, Collins W, Saha S, et al. 2001. The NCEP-NCAR 50-Year Reanalysis: Monthly means CD-ROM and documentation. Bulletin of the American Meteorological Society, 82 (2): 247-267.

Kitagawa G, Higuchi T, Kondo F N. 2003. Smoothness prior approach to explore mean structure in large-scale time series. Theoretical computer science, 292 (2): 431-446.

Kitoh A, Endo H, Krishna Kumar K, et al. 2013. Monsoons in a changing world: A regional perspective in a global context. Journal of Geophysical Research-atmospheres, 118: 3053-3065.

Klein G K, Beusen A, Janssen P. 2010. Long-term dynamic modeling of global population and built-up area in a spatially explicit way: HYDE 3.1. The Holocene, 20 (4): 565-573.

参
考
文
献

Knudsen M F, Jacobsen B H, Seidenkrantz M S, et al. 2014. Evidence for external forcing of the Atlantic Multidecadal Oscillation since termination of the Little Ice Age. Nature Communication, 5: 1-8.

Knudsen M F, Seidenkrantz M S, Jacobsen B H, et al. 2011. Tracking the Atlantic Multidecadal Oscillation through the last 8,000 years. Nature Communications, (2): 178-185.

Kodera K, Coughlin K, Arakawa O. 2007. Possible modulation of the connection between the Pacific and Indian Ocean variability by the solar cycle. Geophysical Research Letters, 34 (3): L03710.

Koster R D, Dirmeyer P A, Guo Z, et al. 2004. Regions of strong coupling between soil moisture and precipitation. Science, 305 (5687): 1138-1140.

Kravitz B, MacMartin D G, Tilmes S, et al. 2019. Comparing surface and stratospheric impacts of geoengineering with different $SO_2$ injection strategies. Journal of Geophysical Research, 124: 7900-7918.

Kravitz B, Robock A, Boucher O, et al. 2011. The geoengineering model intercomparison project (GeoMIP). Atmospheric Science Letters, 12: 162-167.

Kravitz B, Robock A, Tilmes S, et al. 2015. The geoengineering model intercomparison project phase 6 (GeoMIP6): Simulation design and preliminary results. Geoscientific Model Development, 8: 3379-3392.

Kravitz B, Robock A. 2011. Climate effects of high-latitude volcanic eruptions: Role of the time of year. Journal of Geophysical Research-atmospheres, 116: D01105.

Kug J S, Jeong J H, Jang Y S, et al. 2015. Two distinct influences of Arctic warming on cold winters over North America and East Asia. Nature Geoscience, 8: 759-762.

Kug J S, Jin F F, An S I. 2009. Two types of El Niño events: cold tongue El Niño and warm pool El Niño. Journal of Climate, 22: 1499-1515.

Kumar K K, Rajagopalan B, Cane M A. 1999. On the weakening relationship between the Indian monsoon and ENSO. Science, 284: 2156-2159.

Kushnir Y, Stein M. 2010. North Atlantic influence on 19th-20th century rainfall in the Dead Sea watershed, teleconnections with the Sahel, and implication for Holocene climate fluctuations. Quaternary Science Reviews, 29: 3843-3860.

Kutzbach J E. 1981. Monsoon climate of the early Holocene: Climate experiment with the Earth's orbital parameters for 9000 years ago. Science, 214 (4516): 59-61.

Kutzbach J E, Liu X, Liu Z, et al. 2008. Simulation of the evolutionary response of global summer monsoons to orbital forcing over the past 280,000 years. Climate Dynamics, 30 (6): 567-579.

Kutzbach J E, Otto-Bliesner B L. 1982. The sensitivity of the African-Asian monsoonal climate to orbital parameter changes for 9000 years B P in a low-resolution general circulation model. Journal of the Atmospheric Sciences, 39: 1177-1188.

Kwon M H, Jhun J G, Ha K J. 2007. Decadal change in East Asian summer monsoon circulation in the mid-1990s. Geophysical Research Letters, 34: L21706.

Lamb H H. 2013. Climate: Present, Past and Future (Routledge Revivals): Volume 2: Climatic History and the Future. London: Taylor&Francis.

Larocque I, Hall R I. 2004. Holocene temperature estimates and chironomid community composition in the Abisko

Valley, northern Sweden. Quaternary Science Reviews, 23 (23-24): 2453-2465.

Lauterbach S, Witt R, Plessen B, et al. 2014. Climatic imprint of the mid-latitude Westerlies in the Central Tian Shan of Kyrgyzstan and teleconnections to North Atlantic climate variability during the last 6000 years. The Holocene, 24 (8): 970-984.

Lawrence D M, Oleson K W, Flanner M G, et al. 2012. The CCSM4 land simulation, 1850-2005: Assessment of surface climate and new capabilities. Journal of Climate, 25: 2240-2260.

Lee J Y, Wang B. 2014. Future change of global monsoon in the CMIP5. Climate Dynamics, 42: 101-119.

Lenton T M, Vaughan N E. 2009. The radiative forcing potential of different climate geoengineering options. Atmospheric Chemistry And Physics, 9: 5539-5561.

Li C, Pan J, Que Z. 2011. Variation of the East Asian monsoon and the tropospheric biennial oscillation. Chinese Science Bulletin, 56 (1): 70-75.

Li D H, Zhou T J, Zou L W, et al. 2018. Extreme high-temperature events over East Asia in 1.5℃ and 2℃ warmer futures: analysis of NCAR CESM low-warming experiments. Geophysical Research Letters, 45: 1541-1550.

Li G, Xie S P, Du Y. 2015. Monsoon-induced biases of climate models over the tropical Indian ocean. Journal of Climate, 28 (8): 150204133230001.

Li J, Wang B. 2016. How predictable is the anomaly pattern of the Indian summer rainfall? Climate Dynamics, 46 (9-10): 2847-2861.

Li J, Wang B. 2018. Origins of the decadal predictability of East Asian land summer monsoon rainfall. Journal of Climate, 319 (6): 6229-6243.

Li J, Xie S P, Cook E R, et al. 2011. Interdecadal modulation of El Niño amplitude during the past millennium. Nature Climate Change, (1): 114-118.

Li J, Xie S P, Cook E R, et al. 2013. El Niño modulations over the past seven centuries. Nature Climate Change, (3): 822-826.

Li J, Yu R C, Yuan W H, et al. 2015. Precipitation over East Asia simulated by NCAR CAM5 at different horizontal resolutions. Journal of Advances in Modeling Earth Systems, 7: 774-790.

Li T. 1997. Phase transition of the El Niño-Southern Oscillation: a stationary SST mode. Journal of the Atmospheric Sciences, 54: 2872-2887.

Li W J, Zhang R N, Sun C H, et al. 2016. Research progress in interannual and interdecadal variations of droughts and floods in southern China. Journal of Applied Meteorology, 27 (5): 577-591.

Li W, Zhai P, Cai J. 2011. Research on the relationship of enso and the frequency of extreme precipitation events in china. Advances in Climate Change Research, 2 (2): 101-107.

Lin C. 2004. The Relationship between East Asian Summer Monsoon Activity and Northward Jump of the Upper Westerly Jet Location. Chinese Journal of Atmospheric Sciences, 28: 641-658.

Litt T, Ohlwein C, Neumann F, et al. 2012. Holocene climate variability in the Levant from the Dead Sea pollen record. Quaternary Research, 49: 95-105.

Liu C, Barnes E A. 2015. Extreme moisture transport into the Arctic linked to Rossby wave breaking. Journal of

Geophysical Research：Atmospheres，120：3774-3788.

Liu B，Wang B，Liu J et al. 2020. Global and Polar Region Temperature Change Induced by Single Mega Volcanic Eruption Based on Community Earth System Model Simulation. Geophysical Research Letters，47：e2020GL089416.

Liu D B，Wang Y J，Cheng H，et al. 2018. Contrasting patterns of abrupt Asian hydroclimate changes in the last glacial period and the Holocene. Paleoceanography and Paleoclimatory，33：214-226.

Liu F，Chai J，Wang B，et al. 2016. Global monsoon precipitation responses to large volcanic eruptions. Scientific Reports，（6）：1-11.

Liu F，Chen X，Sun L Y，et al. 2018. How do tropical，Northern hemi- spheric and Southern hemispheric volcanic eruptions affect ENSO under different initial ocean conditions. Geophysical Research Letters，45：13041-13049.

Liu F，Li J B，Wang B，et al. 2017. Divergent El Niño responses to volcanic eruptions at different latitudes over the past millennium. Climate Dynamics，50：3799-3812.

Liu F，Chai J，Wang B，et al. 2016. Global monsoon precipitation responses to large volcanic eruptions. Scientific Reports，（6）：1-11.

Liu F，Chai J，Wang B，et al. 2016. Global monsoon precipitation responses to large volca- nic eruptions. Scientific Reports，（6）：24331.

Liu F，Li J，Wang B，et al. 2017. Divergent El Niño responses to volcanic eruptions at different latitudes over the past millennium. Climate Dynamics，50：3799-3812.

Liu F，Zhao T，Wang B，et al. 2018. Different Global Precipitation Responses to Solar，Volcanic，and Greenhouse Gas Forcings. Journal of Geophysical Research：Atmospheres，123（8）：4060-4072.

Liu J，Wang B，Ding Q，et al. 2009. Centennial variations of the global monsoon precipitation in the last millennium：results from ECHO-G model. Journal of Climate，22（9）：2356-2371.

Liu J，Wang B，Wang H，et al. 2011. Forced response of the East Asian summer rainfall over the past millennium：Results from a coupled model simulation. Climate Dynamics，36：323-336.

Liu J，Wang B，Yim S Y，et al. 2012. What drives the global summer monsoon over the past millennium. Climate Dynamics，39：1063-1072.

Liu J，Chen F，Chen J，et al. 2014. Weakening of the East Asian summer monsoon at 1000-1100 AD within the Medieval Climate Anomaly：Possible linkage to changes in the Indian Ocean- western Pacific. Journal of Geophysical Research Atmospheres，119：2209-2219.

Liu J，Curry J A，Wang H，et al. 2012. Impact of declining Arctic Sea ice on winter snowfall. Proceedings of the National Academy of Sciences，109（11）：4074-4079.

Liu J，Wang B，Cane M A，et al. 2013. Divergent global precipitation changes induced by natural versus anthropogenic forcing. Nature，493：656-659.

Liu J，Wang B，Wang H L，et al. 2011. Forced response of the East Asian summer monsoon over the past millennium：Results from a coupled model simulation. Climate Dynamics，36（1）：323-336.

Liu J，Wang B，Yim S Y，et al. 2012. What drives the global summer monsoon over the past millennium. Climate

Dynamics, 39 (5): 1063-1072.

Liu L, Zhou T, Ning L, et al. 2019. Linkage between the Arctic Oscillation and summer climate extreme events over the middle reaches of Yangtze River Valley. Climate Research, 78 (3): 237-247.

Liu S S, Liu D B, Wang Y J, et al. 2018. Asian hydroclimate changes and mechanisms in the Preboreal from an annually-laminated stalagmite, Daoguan Cave, southern China. Acta Geologica Sinca (English Edition), 92 (1): 367-377.

Liu Y, Hao Z X, Zhang X Z, et al. 2021. Intercomparisons of multiproxy-based gridded precipitation datasets in Monsoon Asia: Cross-validation and spatial patterns with different phase combinations of multidecadal oscillations. Climatic Change, 165: 1-16.

Liu Z, Otto-Bliesner B L, He F, et al. 2009b. Transient Simulation of Last Deglaciation with a New Mechanism for Bolling-AFerod Warming. Science, 325 (5938): 310-314.

Liu Z, Harrison S P, Kutzbach J, et al. 2004. Global monsoon in the Mid-Holocene and oceanic feedback. Climate Dynamics, 22: 157-182.

Liu Z, Notaro M, Kutzbach J, et al. 2006. Assessing global vegetation-climate feedbacks from observations. Journal of Climate, 19 (5): 787-814.

Liu Z, Otto-Bliesner B L, He F, et al. 2009. Transient Simulation of Last Deglaciation with a New Mechanism for Bolling-AFerod Warming. Science, 325 (5938): 310-314.

Liu Z, Zhu J, Rosenthal Y, et al. 2014. The Holocene temperature conundrum. Proceedings of the National Academy of Sciences of the United States of America, 111 (34): 3501-3505.

Livezey R E, Chen W Y. 1983. Statistical field significance and its determination by Monte Carlo techniques. Monthly Weather Review, 111 (1): 46-59.

Ljungqvist F C, Krusic P J, Brattström G, et al. 2012. Northern Hemisphere temperature patterns in the last 12 centuries. Climate of the Past, 8 (1): 227-249.

Lorenz S, Lohmann G. 2004. Acceleration technique for Milankovitch Method and application for the Holocene. Climate Dynamics, 23 (7): 727-743.

Loughnan M. 2014. Heatwaves are silent killers. Geodate, 37: 1-10.

Lu R, Dong B, Ding H. 2006. Impact of the Atlantic Multidecadal Oscillation on the Asian summer monsoon. Geophysical Research Letters, 33: L24701.

Luo D, Chen Y, Dai A, et al. 2017. Winter Eurasian cooling linked with the Atlantic multidecadal oscillation. Environmental Research Letters, 12: 125002.

Luterbacher J, Coauthors X, Garnier D E, et al. 2016. Mediterranean climate variability over the last centuries : A review. Developments in Earth and Environmental Sciences, (4): 27-148.

Ma S, Zhou T, Dai A, et al. 2015. Observed changes in the distribu-tions of daily precipitation frequency and amount over China from 1960 to 2013. Journal of Climate, 28 (17): 150625142233004.

Ma Z, Fu C. 2006. Some evidence of drying trend over northern China from 1951 to 2004. Chinese Science Bulletin, 51: 2913-2925.

MacFarling M C, Etheridge D, Trudinger C, et al. 2006. Law Dome $CO_2$, $CH_4$ and $N_2O$ ice core records extended to 2000 years BP. Geophysical Research Letters, 33 (14): 1-4.

Magny M, Haas J N. 2004. A major widespread climatic change around 5300 cal. yr BP at the time of the Alpine Iceman. Journal of Quaternary Science, 19: 423-430.

Maher N, McGregor S, England M H, et al. 201. Effects of volcanism on tropical variability. Geophysical Research Letters, 42: 6024-6033.

Man W M, Zhou T J, Jungclaus J H. 2014. Effects of large volcanic eruptions on global summer climate and East Asian monsoon changes during the last millennium: Analysis of MPI-ESM simulations. Journal of Climate, 27: 7394-7409.

Man W, Zhou T, Jungclaus J H. 2012. Simulation of the East Asian Summer Monsoon during the last millennium with the MPI Earth System Model. Journal of Climate, 25 (22): 7852-7866.

Man W, Zhou T, Jungclaus J H. 2014. Effects of large volcanic eruptions on global summer climate and East Asian Monsoon changes during the last millennium: Analysis of MPI-ESM simulations. Journal of Climate, 27 (19): 7394-7409.

Man W, Zhou T. 2014. Response of the East Asian summer monsoon to large volcanic eruptions during the last millen- nium. Chinese Chemical Letters, 59: 4123-4129.

Mann M E, Bradley R S, Hughes M K, et al. 1998. Global-scale temperature patterns and climate forcing over the past six centuries. Nature, 392: 779-787.

Mann M E, Jones P D. 2003. Global surface temperatures over the past two millennia. https://www. researchgate. net/profile/P-Jones-3/publication/264668289_Global_Surface_Temperatures_over_the_Past_Two_Millennia/ links/0c96052936d324b943000000/Global-Surface-Temperatures-over-the-Past-Two-Millennia. pdf [2018-11-20].

Mann M E, Zhang Z, Hughes M K, et al. 2008. Proxy-based reconstructions of hemispheric and global surface temperature variations over the past two millennia. Proceedings of the National Academy of Sciences, 105 (36): 13252-13257.

Mann M E, Zhang Z, Rutherford S, et al. 2009. Global signatures and dynamical origins of the Little Ice Age and Medieval climate anomaly. Science, 326 (5957): 1256-1260.

Mann M E, Bradley R S, Hughes M K. 1998. Global-scale temperature patterns and climate forcing over the past six centuries. Nature, 392: 779-787.

Mann M E, Bradley R S, Hughes M K. 1999. Northern hemisphere temperatures during the past millennium: Inferences, uncertainties, and limitations. Geophysical Research Letters, 26 (6): 759-762.

Mann M E, Cane M A, Zebiak S E, et al. 2005. Volcanic and solar forcing of the tropical Pacific over the past 1000 years. Journal of Climate, 18 (3): 447-456.

Mann M E, Gille E, Overpeck J, et al. 2000. Global temperature patterns in past centuries: An interactive presentation. Earth Interactions, (4): 1-29.

Mann M E, Steinman B A, Miller S K. 2014. On forced temperature changes, internal variability, and the AMO. Geophysical Research Letters, 41 (9): 3211-3219.

Mann M E, Zhang Z, Hughes M K, et al. 2008. Proxy-based reconstructions of hemispheric and global surface temperature variations over the past two millennia. Proceedings of the National Academy of Sciences, 105 (36): 13252-13257.

Mann M E, Zhang Z, Rutherford S, et al. 2009. Global signatures and dynamical origins of the little ice age and medieval climate anomaly. Science, 326: 1256-1260.

Mao R, Gong D Y, Fang Q M. 2008. Possible impacts of vegetation cover on local meteorological factors in growing season. Climatic and Environmental Research, 13: 738-750.

Marchant R, Hooghiemstra H. 2004. Rapid environmental change in African and South American tropics around 4000 years before present: A review. Earth-science Reviews, 66: 217-260.

Marcott S A, Shakun J D, Clark P U, et al. 2013. A reconstruction of regional and global temperature for the past 11, 300 years. Science, 339: 1198-1201.

Marsicek J, Shuman B N, Bartlein P J, et al. 2018. Reconciling divergent trends and millennial variations in Holocene temperatures. Nature, 554: 92-96.

Masson-Delmotte V, Schulz M, Abe-Ouchi A, et al. 2013. Information from Paleoclimate archives//Stocker T F, Qin D, Plattner G K, et al. Climate Change 2013 (IPCC): The Physical Science Basis. Contribution of Working Group I to the Fifth Assessment Report of the Intergovernmental Panel on Climate Change. New York: Cambridge University Press.

Matero I S O, Gregoire L J, Ivanovic R F, et al. 2017. The 8.2 ka cooling event caused by Laurentide ice saddle collapse. Earth and Planetary Science Letters, 473: 205-214.

Matsuno T. 1966. Quasi-geostrophic motions in the equatorial area. Journal of the Meteorological Society of Japan Ser II, 44 (1): 25-42.

Matsuno T, Bradley R S, Wang B. 2017. How does the South Asian High influence extreme precipitation over eastern China? Journal of Geophysical Research: Atmospheres, 122: 4281-4298.

Matsuno T, Bradley R S. 2014. Winter precipitation variability and corresponding teleconnections over the northeastern United States. Journal of Geophysical Research: Atmospheres, 119: 7931-7945.

Matsuno T, Bradley R S. 2015a. Winter climate extremes over the northeastern United States and southeastern Canada and teleconnections with large-scale modes of climate variability. Journal of climate, 28: 2475-2493.

Matsuno T, Bradley R S. 2015b. Influence of eastern Pacific and central Pacific El Niño events on winter climate extremes over the eastern and central United States. International Journal of Climatology, 35: 4756-4770.

Mauri A, Davis B A S, Collins P M, et al. 2014. The influence of atmospheric circulation on the mid-Holocene climate of Europe: A data-model comparison. Climate of the Past, 10: 1925-1938.

McGee D, de Menocal P B, Winckler G. 2013. The magnitude, timing and abruptness of changes inNorth African dust deposition over the last 20,000 yr. Earth and Planetary Science Letters, 371-372: 163-176.

McGregor S, Timmermann A, Timm O, et al. 2010. A unified proxy for ENSO and PDO variability since 1650. Climate of the Past, (5): 2177-2222.

McGregor S, Timmermann A. 2011. The effect of explosive tropical volcanism on ENSO. Journal of Climate, 24: 2178-2191.

McGregor S, Timmermann A, TimmO. 2010. A unified proxy for ENSO and PDO variability since 1650. Climate of the Past, (6): 1-17.

Meehl G A, Arblaster J M. 2009. A lagged warm event-like response to peaks in solar forcing in the Pacific region. Journal of Climate, 22: 3647-3660.

Meehl G A, Hu A. 2006. Megadroughts in the Indian Monsoon Region and Southwest North America and a Mechanism for Associated Multidecadal Pacific Sea Surface Temperature Anomalies. Journal of Climate, (9): 1605-1623.

Meehl G A, Tebaldi C. 2004. More intense, more frequent, and longer lasting heat waves in the 21st century. Science, 305 (5686): 994-997.

Meinen C S, McPhaden M J. 2000. Observations of warm water volume changes in the equatorial Pacific and their relationship to El Niño and La Niña. Journal of Climate, 13: 3551-3559.

Melvin T M, Briffa K R. 2008. A "signal-free" approach to dendroclimatic standardisation. Dendrochronologia, 26 (2): 71-86.

Menon A, Levermann A, Schewe J, et al. 2013. Consistent increase in Indian monsoon rainfall and its variability across CMIP-5 models. Earth System Dynamics, 4: 287-300.

Merlis T M, Henry M. 2018. Simple Estimates of polar amplification in moist diffusive energy balance models. Journal of Climate, 31 (15): 5811-5824.

Meyer J D D, Jin J. 2017. The response of future projections of the North American monsoon when combining dynamical downscaling and bias correction of CCSM4 output. Climate Dynamics, 49: 433-447.

Michaelsen J. 1987. Cross-validation in statistical climate forecast models. Journal of Applied Meteorology and Climatology, 26 (11): 1589-1600.

Migowski C, Stein M, Prasad S, et al. 2006. Holocene climate variability and cultural evolution in the Near East from the Dead Sea sedimentary record. Quaternary Research, 66: 421-431.

Miller G H, Geirsdóttir A, Zhong Y F, et al. 2012. Abrupt onset of the Little Ice Age triggered by volcanism and sustained by sea-ice/ocean feedbacks. Geophysical Research Letters, 39 (2): L02708.

Misios S, Gray L J, Knudsen M F, et al. 2019. Slowdown of the Walker circulation at solar cycle maximum. Proceedings of the National Academy of Sciences, 116 (15): 7186-7191.

Misios S, Mitchell D M, Gray L J, et al. 2016. Solar signals in CMIP-5 simulations: effects of atmosphere-ocean coupling. Quarterly Journal of the Royal Meteorological Society, 142 (695): 928-941.

Moberg A, Sonechkin D M, Holmgren K, et al. 2005. Highly variable Northern Hemisphere temperatures reconstructed from low- and high-resolution proxy data. Nature, 433 (7026): 613-617.

Mohtadi M, Prange M, Steinke S. 2016. Palaeoclimatic insights into forcing and response of monsoon rainfall. Nature, 533 (7602): 191-199.

Montaggioni L F, Le Cornec F, Corrège T, et al. 2006. Coral barium/calcium record of mid-Holocene upwelling activity in New Caledonia, South-West Pacific. Palaeogeography Palaeoclimatology Palaeoecology, 237 (2-4): 436-455.

Moreno-Chamarro E, Zanchettin D, Lohmann K, et al. An abrupt weakening of the subpolar gyre as trigger of Little Ice Age-type episodes. Climate Dynamics, 48: 727-744.

Mori M, Watanabe M, Shiogama H, et al. 2014. Robust Arctic sea-ice influence on the frequent Eurasian cold winters in past decades. Nature Geoscience, 7 (12): 869-873.

Muscheler R, Joos F, Beer J, et al. 2006. Reply to the comment by Bard et al. on "Solar activity during the last 1000yr inferred from radionuclide records". Quaternary Science Reviews, 26 (1): 82-97.

Muschitiello F, Zhang Q, Sundqvist H S, et al. 2015. Arctic climate response to the termination of the African Humid Period. Quaternary Science Reviews, 125: 91-97.

Nakamura T, Yamazaki K, Iwamoto K, et al. 2016. The stratospheric pathway for Arctic impacts on midlatitude climate. Geophysical Research Letters, 43: 3494-3501.

Nandintsetseg B, Shinod M, Du C, et al. 2018. Coldseason disasters on the Eurasian steppes: Climatedriven or manmade. Scientific Reports, 8: 14769.

Neff U, Burns S J, Mangini A, et al. 2001. Strong coherence between solar variability and the monsoon in Oman between 9 and 6 kyr ago. Nature, 411: 290-293.

Neukom R, Steiger N, Gomez-Navarro J J, et al. 2019. No evidence for globally coherent warm and cold periods over the preindustrial common era. Nature, 571: 550-554.

Nguyen H T T, Galelli S. 2018. A linear dynamical systems approach to streamflow reconstruction reveals history of regime shifts in Northern Thailand. Water Resources Research, 54: 2057-2077.

Ning L, Jian L, Wang Z, et al. 2018. Different influences on the tropical Pacific SST gradient from natural and anthropogenic forcing. International Journal Of Climatology, 38: 2015-2028.

Ning L, Bradley R S. 2015a. Influence of eastern pacific and central pacific El Niño events on winter climate extremes over the eastern and Central United States. International Journal of Climatology, 35 (15): 4756-4770.

Ning L, Bradley R S. 2015b. Winter climate extremes over the northeastern United States and southeastern Canada and teleconnections with large-scale modes of climate variability. Journal of Climate, 28 (6): 2475-2493.

Ning L, Chen K F, Liu J, et al. 2020. How do the volcanic eruptions influence the decadal megadrought over eastern China? Journal of Climate, 33 (19): 1-42.

Ning L, Liu J, Bradley R S, et al. 2019b. Comparing the spatial patterns of climate change in the 9th and 5th millennia BP from TRACE-21 model simulations. Climate of the Past, (15): 41-52.

Ning L, Liu J, Sun W Y. 2017. Influences of volcano eruptions on Asian summer monsoon over the last 110 years. Scientific Reports, (7): 42626.

Ning L, Liu J, Wang B. 2019. Variability and mechanisms of megadroughts over eastern China during the last millennium: A model study. Atmosphere, 10 (1): 1-26.

Ning L, Liu J, Wang Z, et al. 2018. Different influences on the tropical Pacific SST gradient from natural and anthropogenic forcing. International Journal Of Climatology, 38: 2015-2028.

Ning L, Qian Y. 2009. Interdecadal change in extreme precipitation over South China and its mechanism. Advances in Atmospheric Sciences, 26 (1): 109-118.

Ning L, Riddle E, Bradley R S, et al. 2015. Projected changes in climate extremes over the northeastern United States. Journal of Climate, 28: 3289-3310.

Nissen H J. 1988. The Early History of the Ancient Near East. Chicago: University of Chicago Press.

Nitta T. 1987. Convective activities in the tropical western Pacific and their impacts on the Northern Hemisphere summer circulation. Journal of the Meteorological Society of Japan, 65 (3): 373-390.

North G R, Bell T L, Cahalan R F, et al. 1982. Sampling errors in the estimation of empirical orthogonal functions. Monthly Weather Review, 110: 699-706.

Nutzel W. 2004. Einführung in die Geo-Archäologie des Vorderen Orients (Introduction to the Geoarcheology of the Middle East) . München: Piper.

Ohba M, Shiogama H, Yokohata T, et al. 2013. Impact of Strong Tropi- cal Volcanic Eruptions on ENSO Simulated in a Coupled GCM. Journal of Climate, 26: 5169-5182.

Okumura Y M, DiNezio P N. 2017. Evolving impacts of multiyear La Niña events on atmospheric circulation and U. S. drought. Geophysical Research Letters, 44: 11614-11623.

Oman L, Robock A, Stenchikov G L, et al. 2005. Climatic response to high latitude volcanic eruptions. Journal Of Geophysical Research-atmospheres, 110: D13103.

Oman L, Robock A, Stenchikov G L, et al. 2006a. High-latitude eruptions cast shadow over the African monsoon and the flow of the Nile. Geophys. Research Letters, 33: L18711.

Oman L, Robock A, Stenchikov G L, et al. 2006b. Modeling the distribution of the volcanic aerosol cloud from the 1783-1784 Laki eruption. Journal of Geophysical Research, 111: D12209.

Ottera O H, Bentsen M, Drange H, et al. 2010. External forcing as a metronome for Atlantic multidecadal varia-bility. Nature Geoscience , 3 (10): 688-694.

Otto-Bliesner B L, Brady E C, Fasullo J, et al. 2016. Climate variability and change since 850 CE: An ensemble approach with the community earth system model. Bulletin of the American Meteorological Society, 97 (5): 735-754.

Otto-Bliesner B, Quinn T, Ramesh R, et al. 2013. Information from Paleoclimate Archives//Stocker T F, Qin D, Plattner G K, et al. The Physical Science Basis. Contribution of Working Group I to the Fifth Assessment Report of the Intergovernmental Panel on Climate Change. New York: Cambridge University Press.

Otto-Bliesner Bette L, Esther C Brady, John Fasullo, et al. 2016. Climate variability and change since 850 CE: An ensemble approach with the community earth system model. Bulletin of the American Meteorological Society, 97 (5): 735-754.

Pages K C. 2013. Continental- scale temperature variability during the past two millennia. Nature Geoscience, 6 (5): 339-346.

Palchan D, Torfstein A. 2019. A drop in Sahara dust fluxes records the northern limits of the African Humid Peri-od. Nature Communications, (10): 3803.

Park H, Kim S J, Seo K H, et al. 2018. The impact of Arctic sea ice loss on mid-Holocene climate. Nature Com-munication, (9): 4571.

Parthasarathy B, Diaz H F, Eischeid J K. 1988. Prediction of all-India summer monsoon rainfall with regional and large-scale parameters. Journal of Geophysical Research Atmospheres, 93 (D5): 5341-5350.

Pascale S, Boos W R, Bordoni S, et al. 2017. Weakening of the North American monsoon with global warming. Nature Climate Change, 7 (11): 806.

Patterson W P, Dietrich K A, Holmden C, et al. 2010. Two millennia of North Atlantic seasonality and implications for Norse colonies. Proceedings of the National Academy of Sciences, 107 (12): 5306-5310.

Pausata F S R, Emanuel K A, Chiacchio M, et al. 2017a. Tropical cyclone activity enhanced by Sahara greening and reduced dust emissions during the African Humid Period. Proceedings of the National Academy of Sciences, 114 (24): 201619111.

Pausata F S R, Messori G, Zhang Q. 2016. Impacts of dust reduction on the northward expansion of the African monsoon during the Green Sahara period. Earth and Planetary Science Letters, 434: 298-307.

Pausata F S R, Zhang Q, Muschitiello F, et al. 2017b. Greening of the Sahara suppressed ENSO activity during the mid-Holocene. Nature Communications, (8): 16020.

Peings Y, Magnusdottir G. 2014. Forcing of the wintertime atmospheric circulation by the multidecadal fluctuations of the North Atlantic Ocean. Environ. Research Letters, 9: 034018.

Peltier W R. 2004. Global Glacial Isostasy and the Surface of the Ice-Age Earth: The ICE-5G (VM2) Model and GRACE. Annual Review of Earth & Planetary Sciences, 20 (32): 111-149.

Peng Y, Shen C. 2014. Modeling of severe persistent droughts over eastern China during the last millennium. Climate Past, 10: 1079-1091.

Peng Y, Shen C, Cheng H, et al. 2013. Modeling of severe persistent droughts over eastern China during the last millennium. Climate of the Past, (9): 6345-6373.

Peng Y, Shen C. 2014. Modeling of severe persistent droughts over eastern China during the last millennium. Climate of the Past, 10: 1079-1091.

Pepin N, Bradley R S, Diaz H F, et al. 2015. Elevation-dependent warming in mountain regions of the world. Nature Climate Change, 5: 424-430.

Philander S G H, Yamagata T, Pacanowski R C, et al. 1984. Unstable air-sea interactions in the tropics. Journal of the Atmospheric Sciences, 41: 604-613.

Pithan F, Mauritsen T. 2014. Arctic amplification dominated by temperature feedbacks in contemporary climate models. Nature Geoscience, 7 (3): 181-184.

Pitman A J, Avila F B, Abramowitz G, et al. 2011. Importance of background climate in determining impact of land-cover change on regional climate. Nature Climate Change, (1): 472-475.

Pitman A J, de Noblet-Ducoudré N, Cruz F T, et al. 2009. Uncertainties in climate responses to past land cover change: First results from the LUCID intercomparison study. Geophysical Research Letters, 36: L14814.

Poli P, Hersbach H, Dee D, et al. 2016. ERA20C: An atmospheric reanalysis of the twentieth century. Journal of Climate, 29 (11): 4083-4097.

Poli P. 2013. The Data Assimilation System and Initial Performance Evaluation of the ECMWF Pilot Reanalysis of the 20th Century Assimilating Surface Observations Only (ERA-20C). Reading, England: European Centre for Medium Range Weather Forecasts.

Pongratz J, Reick C, Raddatz T, et al. 2008. A reconstruction of global agricultural areas and land cover for the last millennium. Global Biogeochemical Cycles, 22 (3): GB3018.

Porter S C. 2000. Onset of neoglaciation in the Southern Hemisphere. Journal of Quaternary Science, 15: 395-408.

Predybaylo E, Stenchikov G L, Wittenberg A T, et al. 2017. Impacts of a Pinatubo-size volcanic eruption on EN-SO. Journal of Geophysical Research-atmospheres, 122: 925-947.

Pumijumnong N, Brauning A, Sano M, et al. 2020. A 338-year tree-ring oxygen isotope record from Thai teak captures the variations in the Asian summer monsoon system. Scientific Reports, 10 (1): 8966.

Qin Y, Ning L, Chen K, et al. 2020. Assessment of PMIP3 model simulations of megadroughts over the eastern China during the last millennium. International Journal of Climatology, 40 (12): 1-20.

Quan X, Diaz H F, Hoerling M P. 2004. Changes in the Hadley Circulation since 1950, in the Hadley Circulation: Present, Past and Future. New York: Springer-Verlag.

Quesada B, Devaraju N, de Noblet-Ducoudre N, et al. 2017. Reduction of monsoon rainfall in response to past and future land use and land cover changes. Geophysical Research Letters, 44: 1041-1050.

Rachmayani R, Prange M, Schulz M. 2016. Intra-interglacial climate variability: Model simulations of marine isotope stages 1, 5, 11, 13, and15. Climate of the Past, (12): 677-695.

Ramage C S. 1971. Monsoon Meteorology. San Diego, California: Academic Press.

Rangwala I, Miller J R, Russell G L, et al. 2010. Using a global climate model to evaluate the influences of water vapor, snow cover and atmospheric aerosol on warming in the Tibetan Plateau during the twenty-first century. Climate Dynamics, 34: 859-872.

Rangwala I, Miller J R, Xu M. 2009. Warming in the Tibetan Plateau: possible influences of the changes in surface water vapor. Geophysical Research Letters, 36: L06703.

Rangwala I. 2013. Amplified water vapour feedback at high altitudes during winter. International Journal of Climatology, 33: 897-903.

Rao M P, Cook B I, Cook E R, et al. 2017. European and Mediterranean hydroclimate responses to tropical volcanic forcing over the last millennium. Geophysical Research Letters, 44: 5104-5112.

Rayner N A, David Parker, Horton E B, et al. 2003. Global analysis of sea surface temperature, sea ice, and night marine air temperature since the late nineteenth century. Journal of Geophysical Research Atmospheres, 108 (D14): 4407.

Rayner N A, Horton E B, Parker D E, et al. 1996. Version 2. 2 of the global sea-ice and sea surface temperature data set, 1903-1994. Journal of Climate, 15 (13): 1609-1625.

Rayner N A, Parker D E, Horton E B, et al. 2003. Global analyses of sea surface temperature, sea ice, and night marine air temperature since the late nineteenth century. Journal of Geophysical Research Atmospheres 108 (D14): 4407.

Ren X J, Zhang Y C, Xiang Y. 2008. Connections between wintertime jet stream variability, oceanic surface heating, and transient eddy activity in the North Pacific. Journal of Geophysical Research, 113: D21119.

Ribes A, Azaïs J M, Planton S. 2009. Adaptation of the optimal fingerprint method for climate change detection using a well-conditioned covariance matrix estimate. Climate Dynamics, 33 (5): 707-722.

Ribes A, Planton S, Terray L. 2013. Application of regularised optimal fingerprinting to attribution. Part I: method, properties and idealised analysis. Climate dynamics, 41 (11-12): 2817-2836.

Roberts N, Eastwood W J, Kuzucuoglu C, et al. 2011. Climatic, vegetation and cultural change in the eastern Mediterranean during the mid-Holocene environmental transition. Holocene, 21: 147-162.

Robock A, Mao J. 1992. Winter warming from large volcanic eruptions. Geophysical Research Letters, 19 (24): 2405-2408.

Robock A, Liu Y. 1994. The Volcanic Signal in Goddard Institute for Space Studies Three-Dimensional Model Simulations. Journal of Climate, 7 (1): 44-55.

Robock A. 2003. Volcanoes Role in Climate//Gerald R North, John A Pyle, Fuqing Zhang. Encyclopedia of Atmospheric Sciences. New York: Elsevier Science.

Robock A. 2000. Volcanic eruptions and climate. Reviews of Geophysics, 38: 191-219.

Rodwell M J, Hoskins B J. 1996. Monsoons and the dynamics of deserts. Quarterly Journal of the Royal Meteorological Society, 122: 1385-1404.

Roehrig R, Bouniol D, Guichard F, et al. 2013. The present and future of the West African monsoon: A process-oriented assessment of CMIP5 simulations along the AMMA transect. Journal of Climate, 26: 6471-6505.

Rohling E, Palike H. 2005. Centennial-scale climate cooling with a sudden cold event around 8, 200 years ago. Nature, 34 (7036): 975-979.

Rojas M. 2013. Sensitivity of Southern Hemisphere circulation to LGM and $4 \times CO_2$ climates. Geophysical Research Letters, 40: 965-970.

Ropelewski C F, Halpert M S. 1987. Global and regional scale precipitation patterns associated with the El Niño/Southern Oscillation. Monthly Weather Review, 115: 1606-1626.

Rosenbloom N A, Otto-Bliesner B L, Brady E C, et al. 2013. Simulating the mid-Pliocene Warm Period with the CCSM4 model. Geoscientific Model Development, 6 (2): 549-561.

Rosenthal Y, Linsley B K, Oppo D W. 2013. Pacific ocean heat content during the past 10, 000 years. Science, 342: 617-621.

Routson C, Mcky N, Kaufman D, et al. 2019. Mid-latitude net precipitation decreased with Arctic warming during the Holocene. Nature, 568 (7750): 83-87.

Saha S, Nadiga S, Thiaw C, et al. 2006. The NCEP climate forecast system. Journal of Climate, 19 (15): 3483-3517.

Salamini F, Ozkan H, Brandolini A, et al. 2002. Genetics and geography of wild cereal domestication in the Near East. Nature Reviews Genetics, (3): 429-441.

Samantha S, Jonathan T O, John F. 2018. Climate variability, volcanic forcing, and last millennium hydroclimate extremes. Journal of Climate, 31 (11): 4309-4327.

Sankar S, Svendsen L, Gokulapalan B, et al. 2016. The relationship between Indian summer monsoon rainfall and Atlantic multidecadal variability over the last 500 years. Climate Dynamics, 52 (9-10): 31717.

Scheff J, Frierson D. 2012. Twenty-first-century multimodel subtropical precipitation declines are mostly midlatitude shifts. Journal of Climate, 25: 4330-4347.

Schmidt G A, Jungclaus J H, Ammann C M. 2012. Climate forcing reconstructions for use in PMIP simulations of the Last Millennium (v1.1). Geoscientific Model Development, (5): 1549-1586.

Schneider D P, Ammann C M, Otto-Bliesner B L, et al. 2009. Climate response to large, high-latitude and low-latitude volcanic eruptions in the Community Climate System Model. Journal of Geophysical Research Atmospheres, 114 (D15): D15101.

Schneider D P, Ammann C M, Otto-Bliesner B L, et al. 2009. Climate response to large, high-latitude and low-latitude volcanic eruptions in the Community Climate System Model. Journal of Geophysical Research, 114: D15.

Schneider U, Becker A, Finger P, et al. 2014. GPCC's new land surface precipitation climatology based on quality-controlled in situ data and its role in quantifying the global water cycle. Theoretical and Applied Climatology, 115 (1): 15-40.

Schurer A P, Tett S F B, Hegerl G C. 2014. Small influence of solar variability on climate over the past millennium. Nature Geoscience, 7 (2): 104-108.

Screen J A, Simmonds I. 2010. The central role of diminishing sea ice in recent Arctic temperature amplification. Nature, 464 (7293): 1334-1337.

Screen J A. 2017. The missing northern European winter cooling response to Arctic Sea ice loss. Nature Communications, 8: 14603.

Sear C B, Kelly P M, Jones P D, et al. 1987. Global surface-temperature responses to major volcanic eruptions. Nature, 330: 365-367.

Seitz R. 2011. Bright water: Hydrosols, water conservation and climate change. Nature Climate Change, 105: 365-381.

Seth A, Rauscher S A, Biasutti M, et al. 2013. CMIP5 projected changes in the annual cycle of precipitation in monsoon regions. Journal of Climate, 26: 7328-7351.

Seth A, Rojas M, Rauscher S A. 2010. CMIP3 projected changes in the annual cycle of the South American monsoonNature Climate Change, 98: 331-357.

Shakun J D, Clark P U, He F, et al. 2012. Global warming preceded by increasing carbon dioxide concentrations during the last deglaciation. Nature, 484: 49-54.

Shanahan T M, McKay N P, Hughen K A, et al. 2015. The time-transgressive termi-nation of the African Humid Period. Nature Geoscience, 8 (2): 140-144.

Shao X M, Xu Y, Yin Z Y, et al. 2010. Climatic implications of a 3585-year tree-ring width chronology from the northeastern Qinghai-Tibetan Plateau. Quaternary Science Reviews, 29 (17-18): 2111-2122.

Shapiro A I, Schmutz W, Rozanov E, et al. 2011. A new approach to the long-term reconstruction of the solar irradiance leads to large historical solar forcing. Astronomy & Astrophysics, 529 (A67): 1-8.

Sharifi A, Pourmand A, Canuel E, et al. 2015. Abrupt climate variability since the last deglaciation based on a high-resolution, multi-proxy peat record from NW Iran: The hand that rocked the cradle of civilization. Quaternary Science Reviews 123: 215-230.

Shen C, Wang W C, Hao Z, et al. 2007. Exceptional drought events over eastern China during the last five centuries. Climate Change Economics, 85: 453-471.

Shen C, Wang W C, Hao Z, et al. 2007. Exceptional drought events over eastern China during the last five centuries. Climatic Change, 85: 453-471.

Sheppard P R, Tarasov P E, Graumlich L J, et al. 2004. Annual precipitation since 515 BC reconstructed from living and fossil juniper growth of northeastern Qinghai Province, China. Climate Dynamics, 23 (7): 869-881.

Shi F, Ge Q S, Yang B, et al. 2015. A multi- proxy reconstruction of spatial and temporal variations in Asian summer temperatures over the last millennium. Climatic Change, 131: 663-676.

Shi F, Fang K, Xu C, et al. 2017. Interannual to centennial variability of the South Asian summer monsoon over the past millennium. Climate Dyn, 49: 2803-2814.

Shi F, Yang B, Mairesse A, et al. 2013. Northern Hemisphere temperature reconstruction during the last millennium using multiple annual proxies. Climate Research, 56: 231-244.

Shi H, Wang B, Liu J, et al. 2019. Decadal-multidecadal variations of Asian summer rainfall from Little Ice Age to present. Journal of Climate, 32 (22): 7663-7674.

Shi J, Yan Q, Wang H. 2018b. Timescale dependence of the relationship between the East Asian summer monsoon strength and precipitation over eastern China in the last millennium. Climate of the Past, 14: 577-591.

Shindell D T, Schmidt G A, Mann M E, et al. 2004. Dynamic winter climate response to large tropical volcanic eruptions since 1600. Journal of Geophysical Research, 109: D05104.

Sigl M, Winstrup M, McConnell J R, et al. 2015. Timing and climate forcing of volcanic eruptions for the past 2,500 years. Nature, 523: 543-549.

Singh Y P, Badruddin. 2006. Statistical considerations in superposed epoch analysis and its applications in space research. Journal of Atmospheric and Solar-Terrestrial Physics, 68 (7): 803-813.

Sinha A, Berkelhammer M, Stott L, et al. 2011. The leading mode of Indian Summer Monsoon precipitation variability during the last millennium. Geophysical Research Letters, 38 (15): L15703.

Sinha A, Kathayat G, Cheng H, et al. 2015. Trends and oscillations in the Indian summer monsoon rainfall over the last two millennia. Nature Communications, 6: 6309.

Slawinska J, Robock A. 2018. Impact of volcanic eruptions on decadal to centennial fluctuations of Arctic Sea Ice Extent during the last millennium and on initiation of the little ice age. Journal of Climate, 31: 2145-2167.

Solomina O N, Bradley R S, Hodgson D A, et al. Holocene glacier fluctuations, Quaternary Science Reviews, 111: 9-34.

Song F, Zhou T, Qian Y. 2014. Responses of East Asian summer monsoon to natural and anthropogenic forcings in the 17 latest CMIP5 models. Geophysical Research Letters, 41: 596-603.

Stahle D W, D'Arrigo R, Krusic P J, et al. 1998. Experimental dendrocli- matic reconstruction of the southern os-cillation. Bulletin Of The American Meteorological Society, 79: 2137-2152.

Staubwasser M, Weiss H. 2006. Holocene climate and cultural evolution in late prehistoric- early historic West A-sia. Quaternary Research, 66 (3): 372-387.

Steiger N J, Smerdon J E, Cook E R, et al. 2018. A reconstruction of global hydroclimate and dynamical variables over the common era. Scientific Data, 5 (1): 180086.

Steinhilber F, Beer J, Fröhlich C. 2009. Total solar irradiance during the Holocene. Geophysical Research Letters, 36 (19): 1-5.

Stevens L R, Wright H E, Ito E. 2001. Proposed changes in seasonality of climate during the late-glacial and Holocene at Lake Zeribar, Iran. The Holocene, 11 (6): 747-755.

Stevenson S, Otto-Bliesner B, Fasullo J, et al. 2016. "El Niño like" hydroclimate responses to last millennium volcanic eruptions. Journal of Climate, 29: 2907-2921.

Stevenson S, Overpeck J T, Fasullo J. 2018. Climate variability, volcanic forcing, and last millennium hydroclimate extremes. Journal of Climate, 31 (11): 4309-4327.

Stevenson S, Timmermann A, Chikamoto Y, et al. 2015. Stochastically Generated North American Megadroughts. Journal of Climate, 28: 1865-1880.

Stoffel M, Khodri M, Corona C, et al. 2015. Estimates of volcanic-induced cooling in the Northern Hemisphere over the past 1, 500 years. Nature Geoscience, 8 (10): 784-788.

Su B, Jiang T, Ren G Y, et al. 2006. Observed trends of precipitation extremes in the Yangtze River basin during 1960 to 2004. Advances in Climate Change Research, 2 (1): 9-14.

Suarez M J, Schopf P S. 1988. A delayed action oscillator for ENSO. Journal of the Atmospheric Sciences, 45: 3283-3287.

Sun C S, Yang S, Li W J, et al. 2015. Interannual variations of the dominant modes of East Asian winter monsoon and possible links to Arctic sea ice. Climate Dynamics, 47 (1-2): 1-16.

Sun J Y, Liu Y. 2012. Tree ring based precipitation reconstruction in the south slope of the middle Qilian Mountains, northeastern Tibetan Plateau, over the last millennium. Journal of Geophysical Research Atmospheres, 117 (D8): 393-407.

Sun L, Deser C, Tomas R A. 2015. Mechanisms of stratospheric and tropospheric circulation response to projected Arctic Sea ice loss. Journal of Climate, 28 (19): 7824-7845.

Sun Q, Shan Y B, Sein K, et al. 2016. A 530 year long record of the Indian Summer Monsoon from carbonate varves in Maar Lake Twintaung, Myanmar. Journal of Geophysical Research Atmospheres, 121 (10): 5620-5630.

Sun W Y, Liu J, Wang Z Y. 2015. Modeling study on the characteristics andcauses of East Asian summer monsoon precipitation on centennial time scale over the past 2000 years. Advances in Earth Science, 30: 780-790.

Sun W Y, Wang B, Zhang Q, et al. 2019. Northern Hemisphere land monsoon precipitation increased by the Green Sahara during middle Holocene. Geophysical Research Letters, 46 (16): 9870-9879.

Sun W, Liu J, Wang B, et al. 2019b. A "La Niña-like" state occurring in the second year after large tropical volcanic eruptions during the past 1500 years. Climate Dynamics, 52: 7495-7509.

Sun W, Liu J, Wang Z. 2017. Simulation of centennial-scale drought events over eastern China during the past 1500 years. Journal of Meteorological Research, 31: 17-27.

Sun W, Liu J. 2019. A "La Niña-like" state occurring in the second year after large tropical volcanic eruptions during the past 1500 years. Climate Dynamics, 52: 7495-7509.

Sun W, Wang B, Liu J, et al. 2019. How northern high-latitude volcanic eruptions in different seasons affect ENSO. Journal of Climate, 32: 3245-3262.

Sun W, Wang B, Zhang Q, et al. 2019. Northern Hemisphere land monsoon precipitation increased by the Green Sahara during mid-Holocene. Geophysical Research Letters, 46: 9870-9879.

Swann A L S, Fung I Y, Liu Y, et al. 2014. Remote vegetation feedbacks and the mid-Holocene Green Sahara. Journal of Climate, 27: 4857-4870.

Sabbir R M, Bin M O, Bin A. 2014. Climate Change: A Review of Its Health Impact and Percieved Awareness by the Young Citizens [J]. Global Journal of Health Science, 6 (4): 196.

Swingedouw D, Ortega P, Mignot J, et al. 2015. Bidecadal North Atlantic ocean circulation variability controlled by timing of volcanic eruptions. Nature Communications, (6): 6545.

Takahashi K, Montecinos A, GoubanovaK, et al. 2011. ENSO regimes: Reinterpreting the canonical and Modoki El Niño. Geophysical Research Letters, 38 (10): L10707.

Takata K, Saito K, Yasunari T. 2009. Changes in the Asian monsoon climate during 1700-1850 induced by preindustrial cultivation. Proceedings of the National Academy of Sciences of the United Statesof America, 106: 9586-9589.

Tan L C, Cai Y J, Cheng H, et al. 2018. Centennial- to decadal-scale monsoon precipitation variations in the upper Hanjiang River region, China over the past 6650 years. Earth And Planetary Science Letters, 482: 580-590.

Tan L C, Cai Y J, Yi L, et al. 2008. Precipitation variations of Longxi, northeast margin of Tibetan Plateau since AD 960 and their relationship with solar activity. Climate of the Past, 4 (1): 19-28.

Tan L, Cai Y, An Z. 2011. Climate patterns in north central China during the last 1800yr and their possible driving force. Climate of the Past, (7): 685-692.

Tan L, Cai Y, An Z, et al. 2011. Centennial- to decadal-scale monsoon precipitation variability in the semi-humid region, northern China during the last 1860 years: Records from stalagmites in Huangye Cave. Holocene, 21 (2): 287-296.

Tan L, Shen C C, Lowemark L. 2019. Rainfall variations in central Indo-Pacific over the past 2,700 y. Proceedings of the National Academy of Sciences 116 (35): 17201-17206.

Tan M, Liu T S, Hou J Z, et al. 2003. Cyclic rapid warming on centennial-scale revealed by a 2650-year stalagmite record of warm season temperature. Geophysical Research Letters, 30 (20): 327-335.

Tang Q, Zhang X, YANG X H, et al. 2013. Cold winter extremes in northern continents linked to Arctic Sea ice loss. Environmental Research Letters, 8: 14036.

Tao S, Chen L. 1987. A review of recent research on East Asian summer monsoon in China. Monsoon Meteorology. Oxford: Oxford University Press.

Tardif R, Hakim G J, Perkins W A, et al. 2019. Last Millennium Reanalysis with an expanded proxy database and seasonal proxy modeling. Climate of the Past, 15: 1251-1273.

Tempera ture variations over the past two millennia. Scientific Reports, (8): 7702.

Thompson D W J, Wallace J M. 2001. Regional climate impacts of the Northern Hemisphere annular mode. Science, 293 (5527): 85-89.

Thompson D W J, Wallace J M. 2000. Annular modes in the extratropical circulation. Part I: Month-to-month variability. Journal of Climate, 13（5）: 1000-1016.

Tian Z, Li T, Jiang D. 2018. Strengthening and westward shift of the tropical Pacific Walker Circulation during the mid-Holocene: PMIP simulation results. Journal of Climate, 31（6）: 2283-2298.

Timm O, Timmermann A. 2007. Simulation of the last 21,000 years using accelerated transient boundary conditions. Journal of Climate, 20（17）: 4377-4401.

Timmermann A, An S I, Kug J S, et al. 2018. El Niño-Southern Oscillation complexity. Nature, 559: 535-545.

Tippett M K, Barnston A G, Li S. 2012. Performance of recent multimodel ENSO forecasts. Journal of Applied Meteorology and Climatology, 51: 637-654.

Toby R A, George S S, Semerdon J E. 2018. A robust null hypothesis for the potential causes of megadrought in western North America. Journal of Climate, 31: 3-24.

Trenberth K E, Hurrell J W. 1994. Decadal atmosphere-ocean variations in the Pacific. Climate Dynamics, （9）: 303-319.

Trenberth K E, Stepaniak D P, Caron J M. 2000. The global monsoon as seen through the divergent atmospheric circulation. Journal of Climate, 13: 3969-3993.

Tuenter E, Webe S L, Hilgen F J, et al. 2007. Simulating sub-Milankovitch climate variations associated with vegetation dynamics. Climate of the Past, （3）: 169-180.

Turney C, Baillie M, Clemens S, et al. 2005. Testing solar forcing of pervasive Holocene climate cycles. Journal of Quaternary Science, 20: 511-518.

Uppala S M, Källberg P K, Simmons A J, et al. 2005. The ERA-40 re-analysis. Quarterly Journal of the royal meteorological society, 131（612）: 2961-3012.

Usoskin I G, Korte M, Kovaltsov G A. 2008. Role of centennial geomagnetic changes in local atmospheric ionization. Geophysical Research Letters, 35（5）: L05811.

Varma V, Navarro J C, Riipinen I, et al. 2016. Amplification of Arctic warming by past air pollution reductions in Europe. Nature Geoscience, 9（4）: 277-281.

Verheyden S, Nader F, Cheng H, et al. 2008. Paleoclimate reconstruction in the Levant region from the geochemistry of a Holocene stalagmite from the Jeita cave, Lebanon. Quaternary Research, 70（3）: 368-381.

Viau A E, Gajewski K, Sawada M C, et al. 2006. Millennial-scale temperature variations in North America during the Holocene. Journal of Geophysical Research, 111（D9）: 106212.

Vieira L E A, Solanki S K. 2010. Evolution of the solar magnetic flux on time scales of years to millenia. https://www. aanda. org/articles/aa/pdf/2010/01/aa13276-09. pdf[2018-11-20].

Vieira L E A, Solanki S K, Krivova N A, et al. 2011. Evolution of the solar irradiance during the Holocene. Astronomy& Astrophysics, 531（A6）: 1-20.

Villarini G, Smith J A, Vecchi G A. 2013. Changing frequency of heavy rainfall over the Central United States. Journal of Climate, 26（1）: 351-357.

Waldmann N, Torfstein A, Stein M. 2010. Northward intrusions of low-and mid-latitude storms across the Saharo-Arabian belt during past interglacials. Geology, 38: 567-570.

Walker M, Head M J, Lowe J, et al. 2019. Subdividing the Holocene Series/Epoch: Formalization of stages/ages and subseries/subepochs, and designation of GSSPs and auxiliary stratotypes. Journal of Quaternary Science, 34 (3): 173-186.

Wallace J M, Gutzler D S. 1981. Teleconnections in the geopotential height field during the Northern Hemi-sphere winter. Monthly Weather Review, 109: 784-812.

Wang B, Ding Q H. 2008. Global monsoon: Dominant mode of annual variation in the tropics. Dynamics of Atmospheres & Oceans, 44: 165-183.

Wang B, Ding Q. 2006. Changes in global monsoon precipitation over the past 56 years. Geophysical Research Letters, 33 (6): 1-4.

Wang B, Jin C, Liu J. 2020. Understanding future change of global monsoon projected by CMIP6 models. Journal of Climate, 33 (15): 6471-6489.

Wang B, Ding Q. 2006. Changes in global monsoon precipitation over the past 56 years, Geophy. https://agupubs. onlinelibrary. wiley. com/doi/pdf/10. 1029/2005GL025347[2018-11-20].

Wang B, Ding Q. 2008. Global monsoon: Dominant mode of annual variation in the tropics. Dynamics of Atmospheres and Oceans, 44 (3): 165-183.

Wang B, Li J, Cane M A. 2018. Toward predicting changes in land monsoon rainfall a decade in advance. Journal of Climate, 31 (7): 2699-2714.

Wang B, Li J, He Q. 2017. Variable and robust East Asian monsoon rainfall response to El Niño over the past 60 years (1957-2016). Advances in Atmospheric Sciences, 34 (10): 1235-1248.

Wang B, Li J, Cane M A, et al. 2018. Toward predicting changes in the land monsoon rainfall a decade in advance. Journal of Climate, 31 (7): 2699-2714.

Wang B, Lin H. 2002. Rainy season of the Asian-Pacific summer monsoon. Journal of Climate, 15: 386-398.

Wang B, Liu J, Kim H J, et al. 2012. Recent change of the global monsoon precipitation (1979-2008). Climate Dynamics, 39 (5): 1123-1135.

Wang B, Liu J, Kim H J, et al. 2013. Northern Hemisphere summer monsoon intensified by mega- El Niño/southern oscillation and Atlantic multidecadal oscillation. Proceedings of the National Academy of Sciences, 110: 5347-5352.

Wang B, Wu R, Fu X. 2000. Pacific- East Asian teleconnection: How does ENSO affect East Asian climate. Journal of Climate, 13: 1517-1536.

Wang B, Wu R, Li T. 2003. Atmosphere- warm ocean interaction and its impacts on Asian- Australian monsoon variation. Journal of Climate, 16: 1195-1211.

Wang B, Wu R, Lukas R. 1999. Roles of the western north pacific wind variation in thermocline adjustment and ENSO phase transition. Journal of the Meteorological Society of Japan, 77: 1-16.

Wang B, Wu Z, Chang C P. 2010. Another look at interannual-to-interdecadal variations of the East Asian winter monsoon: The northern and southern temperature modes. Climate of the Past, 23: 1495-1512.

Wang B, Wu Z, Li J, et al. 2008. How to measure the strength of the East Asian summer monsoon. Journal of Climate, 21 (17): 4449-4463.

Wang B, Xiang B, Lee J Y. 2013. Subtropical high predictability establishes a promising way for monsoon and

参考文献

tropical storm predictions. Proceedings of the National Academy of Sciences, 110 (8): 2718-2722.

Wang B, Xiang B, Li J, et al. 2015. Rethinking Indian monsoon rainfall prediction in the context of recent global warming. Nature Communications, 6 (1): 7154.

Wang B, Yang J, Zhou T, et al. 2008. Interdecadal changes in the major modes of Asian-Australian monsoon variability: Strengthening relationship with ENSO since the late 1970s. Journal of Climate, 21: 1771-1789.

Wang B, Yang Y, Ding Q H, et al. 2010. Climate control of the global tropical storm days (1965-2008). Geophysical Research Letters, 37 (7): L07704.

Wang B, Yim S Y, Lee J Y, et al. 2014. Future change of Asian-Australian monsoon under RCP 4.5 anthropogenic warming scenario. Climate Dynamics, 42 (1-2): 83-100.

Wang B, Zhang Q. 2002. Pacific-East Asian teleconnection. Part II: How the Philippine Sea anomalous anticyclone is established during El Niño development. Journal of Climate, 15: 3252-3265.

Wang B. 2006. The Asian Monsoon. Berlin: Springer.

Wang H, Shao X M, Li M Q. 2019. A 2917-year tree-ring-based reconstruction of precipitation for the Buerhanbuda Mts., Southeastern Qaidam Basin, China. Dendrochronologia, 55: 80-92.

Wang J, Chen Y, Tett S F B, et al. 2020. Anthropogenically-driven increases in the risks of summertime compound hot extremes, Nature Communications, 11 (1): 528.

Wang J, Yang B, Ljungqvist F C, et al. 2017. Internal and external forcing of multidecadal Atlantic climate variability over the past 1,200 years. Nature Geoscience, 10: 512-517.

Wang L, Li J J, Lu H Y, et al. 2012. The East Asian winter monsoon over the last 15,000 years: Its links to high-latitudes and tropical climate systems and complex correlation to the summer monsoon. Quaternary Science Reviews, 32: 131-142.

Wang L, Wu R. 2012. In-phase transition from the winter monsoon to the summer monsoon over East Asia: Role of the Indian Ocean. Journal of Geophysical Research Atmospheres, 117: D11112.

Wang P X, Wang B, Cheng H, et al. 2014. The global monsoon across time scales: Coherent variability of regional monsoons. Climate Past, 10: 2007-2052.

Wang P X, Wang B, Cheng H, et al. 2017. The global monsoon across time scales: Mechanisms and outstanding issues. Earth-Science Reviews, 174: 84-121.

Wang S W. 2010. The global warming controversy (in Chinese). Chinese Science Bulletin, 55: 1529-1531.

Wang T, Otterå O H, Gao Y, et al. 2012. The response of the North Pacific Decadal Variability to strong tropical volcanic eruptions. Climate Dynamics, 39: 2917-2936.

Wang W C, Li K. 1990. Precipitation fluctuation over semiarid region in northern China and the relationship with El Niño/Southern Oscillation. Journal of Climate, 3 (7): 769-783.

Wang Y J, Chen X Y, Yan F. 2015. Spatial and temporal variations of annual precipitation during 1960-2010 in China. Quaternary International, 380: 5-13.

Wang Y J, Cheng H, Edwards R L, et al. 2001. A High-Resolution Absolute-Dated Late Pleistocene Monsoon Record from Hulu Cave, China. Science, 294 (5550): 2345-2348.

Wang Y J, Cheng H, Edwards R L, et al. 2005. The Holocene Asian monsoon: Links to solar changes and North

Atlantic climate. Science, 308: 854-857.

Wang Y J, Shao X M, Zhang Y, et al. 2021. The response of annual minimum temperature on the eastern central Tibetan Plateau to large volcanic eruptions over the period 1380-2014CE. Climate of the Past, 17: 241-252.

Wang Y, Yan X. 2013. Climate responses to historical land cover changes. Climate Research, 56 (2): 147-155.

Wang Y, Zhou L. 2005. Observed trends in extreme precipitation events in China during 1961-2001 and the associated changes in large-scale circulation. http://iprc.soest.hawaii.edu/users/yqwang/trends_prc.pdf (2018-11-20).

Wang Y, Cheng H, Edwards R L, et al. 2005. The Holocene Asian monsoon: Links to solar changes and North Atlantic climate. Science, 308 (5723): 854-857.

Wang Y, Cheng H, Edwards R L. 2005. The Holocene Asian monsoon: Links to solar changes and North Atlantic climate. Science, 308 (5723): 854-857.

Wang Y, Coauthors. 2005. The Holocene Asian monsoon: links to solar changes and North Atlantic climate. Science, 308: 854-857.

Wang Y, Li S, Luo D. 2009. Seasonal response of Asian monsoonal climate to the Atlantic Multidecadal Oscillation. Journal of Geophysical Research, 114: D02112.

Wang Y, Yan X. 2013. Climate responses to historical land cover changes. Climate research, 56 (2): 147-155.

Wang Z Y, Li Y, Liu B, et al. 2015. Global climate internal variability in a 2000-year control simulation with community earth system model (CESM). Chinese Geographical Science, 25: 263-273.

Wang Z Y, Liu J. 2014. Modeling Study on the characteristics and mechanisms of global typical warm periods. over the past 2000 years. Quaternary Science Reviews, 34: 1136-1145.

Wang Z, Li Y, Liu B, et al. 2015. Global climate internal variability in a 2000-year control simulation with Community Earth System Model (CESM). Chinese Geographical Science volume, 25: 263-273.

Wanner H, Beer J, Bütikofer J. 2008. Mid- to Late Holocene climate change: An overview. Quaternary Science Reviews, 27 (19-20): 1791-1828.

Wanner H, Solomina O, Grosjean M, et al. 2011. Structure and origin of Holocene cold events. Quaternary Science Reviews, 30: 3109-3123.

Watrin J, Mercuri A, Hély C, et al. 2009. Plant migration and plant communities at the time of the "green Sahara". Comptes Rendus Geoscience, 341: 656-670.

Webster P J, Magana V O, Palmer T N, et al. 1998. Monsoons: processes, predictability, and the prospects for prediction. Journal of Geophysical Research Atmospheres, 1031 (C7): 14451-14510.

Webster P J. 1987. The variable and interactive monsoon in Monsoons, Edited by JS Fein and PL Stephens. Wiley-Interscience Publucation: 269-330.

Weiss H. 1986. The origins of Tell Leilan and the conquest of space in third millennium Mesopotamia. B. C. , H. Weiss Ed. , Four Quarters Guilford.

Wen X, Liu Z, Wang S, et al. 2016. Correlation and anti-correlation of the East Asian summer and winter monsoons during the last 21,000 years. Nature Communications, 7: 11999.

White W B, Liu Z. 2008a. Resonant excitation of the quasi-decadal oscillation by the 11-year signal in the Sun's irradiance. http://citeseerx. ist. psu. edu/viewdoc/download? doi = 10. 1. 1. 881. 7567&rep = rep1&type = pdf (2018-11-20).

White W B, Liu Z. 2008b. Non-linear alignment of El Nino to the 11-yr solar cycle. https://agupubs. onlinelibrary. wiley. com/doi/pdf/10. 1029/2008GL034831[2018-11-20].

Whiteside J H, Olsen P E, Eglinton T, et al. 2010. Compound-specific carbon isotopes from Earth's largest flood basalt eruptions directly linked to the end-Triassic mass extinction. Proceedings of the National Academy of Sciences of the United States of America, 107 (15): 6721-6725.

Wilkinson T J, Rayne L, Jotheri J. 2015. Hydraulic landscapes in Mesopotamia: The role of human niche construction. Water History, (7): 397-418.

Wilks D S. 2006. Statistical Methods in the Atmospheric Sciences. New York: Academic Press.

Williams G P, Bryan K. 2006. Ice age winds. An aquaplanet model. Journal of Climate, 19: 1706-1715.

Wilson R, Cook E, D'Arrigo R, et al. 2010. Reconstructing ENSO: The influence of method, proxy data, climate forcing and teleconnec-tions. Journal of Quaternary Science, 25: 62-78.

Wu B, Lin J, Zhou T. 2016a. Interdecadal circumglobal teleconnection pattern during boreal summer. Atmospheric Science Letters, 17: 446-452.

Wu B, Lin J, Zhou T. 2016b. Impacts of the Pacific-Japan and circumglobal teleconnection patterns on the interdecadal variability of the East Asian summer monsoon. Journal of Climate, 29: 3253-3271.

Wu J, Liu Q, Cui Q Y, et al. 2019. Shrinkage of East Asia winter monsoon associated with increased ENSO events since the Mid-Holocene. Journal Of Geophysical Research-atmospheres, 124: 3839-3848.

Wu P, Liu Z. 2013. A simulation study on spatio-temporal asynchronism of East Asian summer's precipitation variation since the mid-Holocene. Quaternary Science Reviews, 33: 1138-1147.

Wu Z, Huang N E. 2009. Ensemble empirical mode decomposition: A noise-assisted data analysis method. Advances in adaptive data analysis, 1 (1): 1-41.

Xu X, Wang L, Cai H, etal. 2017. The influences of spatiotemporal change of cultivated land on food crop production potential in China. Food Security, 9 (3): 485-495.

Xiang B, Wang B, Li T. 2013. A new paradigm for the predominance of standing central Pacific warming after the late 1990s. Climate Dynamics, 41 (2): 327-340.

Xiao C, Zhang Y. 2013. Simulation of the westerly jet axis in boreal winter by the climate system model FGOALS-g2. Advances In Atmospheric Sciences, 30: 754-765.

Xie P, Arkin P A. 1995. An Intercomparison of gauge observations and satellite estimates of monthly precipitation. Journal of Applied Meteorology, 34 (5): 1143-1160.

Xie P, Arkin P A. 1997. Global precipitation: A 17-year monthly analysis based on gauge observations, satellite estimates, and numerical model outputs. Bulletin of the American Meteorological Society, 78 (11): 2539-2558.

Xing C, Liu F, Wang B, et al. 2020. Boreal Winter Surface Air Temperature Responses to Large Tropical Volcanic Eruptions in CMIP5 Models. Journal of Climate, 33: 2407-2426.

Xing W, Wang B, Yim S Y. 2014. Peak-summer east Asian rainfall pre-dictability and prediction part I:

Southeast Asia. Climate Dynamics, 47 (1-2): 1-13.

Xu H, Lan J H, Sheng E, et al. 2016. Hydroclimatic contrasts over Asian monsoon areas and linkages to tropical Pacific SSTs. Scientific Reports, (6): 1-9.

Xu H, Zhou K, Lan, J, et al. 2019. Arid Central Asia saw mid-Holocene drought. Geology , 47: 255-258.

Yan M, Liu J, Ning L. 2019. Physical processes of cooling and megadrought in 4. 2ka BP event: results from TraCE-21ka simulations. https://cp. copernicus. org/preprints/cp-2018-131/cp-2018-131. pdf(2020-01-20).

Yan M, Liu J, Wang Z. 2017. Global climate responses to land use and land cover changes over the past two millennia. Atmosphere, 8 (4): 64.

Yan M, Wang B, Liu J. 2016. Global monsoon change during the last glacial maximum: A multi-model study . Climate Dynamics, 47: 359-374.

Yan M, Wang Z, Kaplan J, et al. 2013. Comparison between reconstructions of global anthropogenic land cover change over past two millennia. Chinese Geographical Science, 23 (2): 131-146.

Yang B, Qin C, Wang J L, et al. 2014. A 3500-year tree-ring record of annual precipitation on the northeastern Tibetan Plateau. Proceedings of the National Academy of Sciences of the United States of America, 111 (8): 2903-2908.

Yang H, Lohmann G, Krebs-Kanzow U, et al. 2020b. Poleward shift of the major ocean gyres detected in a warming climate. Geophysical Research Letters, 47: e2019GL085868.

Yang H, Lohmann G, Lu J, et al. 2020a. Tropical expansion driven by poleward advancing mid-latitude meridional temperature gradients. Journal Of Geophysical Research-atmospheres, 125: e2020JD033158.

Yang L, Zhang Q. 2007. Anomalous Perturbation Kinetic Energy of Rossby Wave along East Asian Westerly Jet and Its Association with Summer Rainfall in China. Chinese Journal of Chemical Engineering, 31: 586-595.

Yang L, Zhang Q. 2008. Climate Features of Summer Asia Subtropical Westerly Jet Stream. Climatic and Environmental Research, 13: 10-20.

Yang Q, Ma Z, Fan X, et al. 2017. Decadal modulation of precipitation patterns over East China by sea surface temperature anomalies. Journal of Climate, 30: 7017-7033.

Yang Q, Ma Z, Xu B. 2017. Modulation of monthly precipitation patterns over East China by the Pacific Decadal Oscillation. Climate Change, 144: 405-417.

Yang S, Li Z, Yu J Y, et al. 2018. El Niño-Southern Oscillation and its impact in the changing climate. National Science Review, 5: 840-857.

Yao J Q, Yanh Q , Chen Y N, et al. 2013. Climate change in arid areas of Northwest China in past 50 years and its effects on the local ecological environment. Chinese Journal of Ecology ( in Chinese), 32 ( 5): 1283-1291.

Yechieli Y, Magaritz M, Levy Y, et al. 1993. Late Quaternary Geological History of the Dead Sea Area. Quaternary Research, 39 (1): 59-67.

Yeh S W, Kug J S, Kwon M H, et al. 2009. El Niño in a changing climate. Nature, 461: 511-514.

Yim S Y, Wang B, Liu J, et al. 2014. A comparison of regional monsoon variability using monsoon indices. Climate dynamics, 43 (5-6): 1423-1437.

参 考 文 献

Yim S Y, Wang B, Xing W. 2014. Prediction of early summer rainfall over South China by a physical-empirical model. Climate Dynamics, 43 (7-8): 1883-1891.

Yin J H. 2005. A consistent poleward shift of the storm tracks in simulations of 21st century climate. Geophysical Research Letters, 32: L18701.

Yin X G, Gruber A, Arkin P. 2004. Comparison of the GPCP and CMAP merged gauge-satellite monthly precipitation products for the period 1979-2001. Journal of Hydrometeorol, 5 (6): 1207-1222.

Yin Z Y, Zhu H F, Huang L, et al. 2016. Reconstruction of biological drought conditions during the past 2847 years in an alpine environment of the northeastern Tibetan Plateau, China, and possible linkages to solar forcing. Global and Planetary Change, 143: 214-227.

Ying X, Gao X, Yan S, et al. 2009. A daily tem-perature dataset over China and its application in validating a RCM simula-tion. Advances in Atmospheric Sciences, 26 (4): 763-772.

Yokoyama Y, Lambeck K, Deckker P D, et al. 2001. Timing of the Last Glacial Maximum from observed sea-level minima. Nature, 406: 713-716.

Yu J Y, Kao H Y, Lee T, et al. 2010. Subtropics-related interannual sea surface temperature variability in the central equatorial Pacific. Journal of Climate, 23 (11): 2869-2884.

Yun K S, Ha K J, Yeh S W, et al. 2015. Critical role of boreal summer North Pacific subtropical highs in ENSO transition. Climate Dynamics, 44 (7-8): 1979-1992.

Zanchetta G, Bar-Matthews M, Drysdale R N, et al. 2014. Coeval dry events in the central and eastern Mediterranean basin at 5.2 and 5.6 ka recorded in Corchia (Italy) and Soreq caves (Israel) speleothems. Global And Planetary Change, 122: 130-139.

Zanchettin D, Bothe O, Timmreck C, et al. 2014. Inter-hemispheric asymmetry in the sea-ice response to volcanic forcing simulated by MPI-ESM (COSMOS-Mill). Earth System Dynamics, (5): 223-242.

Zanchettin D, Timmreck C, Bothe O, et al. 2013. Delayed winter warming: A robust decadal response to strong tropical volcanic eruptions? Geophysical Research Letters, 40: 204-209.

Zanchettin D, Timmreck C, Graf H F, et al. 2012. Bi-decadal variability excited in the coupled ocean-atmosphere system by strong tropical volcanic eruptions. Climate Dynamics, 39: 419-444.

Zang Y, Wallace J M, Battisti D S. 1997. ENSO-like interdecadal variability: 1900-1993. Journal of Climate, 10: 1004-1020.

Zebiak S E, Cane M A. 1987. A model El Niño-southern oscillation. Monthly Weather Review, 115: 2262-2278.

Zhai P, Zhang X, Wan H, et al. 2005. Trends in total precipitation and frequency of daily precipitation extremes over China. Journal of Climate, 18 (18): 1096-1108.

Zhan P, Zhu W, Zhang T, et al. 2019. Impacts of sulfate geoengineering on rice yield in China: Results from a multimodel ensemble. Earth's Future, (7): 395-410.

Zhang D. 2005. Severe drought events as revealed in the climate records of China and their temperature situations over the last 1000 years. Acta Meteorologica Sinica, 19: 485-491.

Zhang H, Werner J P, García-Bustamante E, et al. 2018. East Asian warm season.

Zhang L, Zhou T. 2015. Drought over East Asia: A review. Journal of Climate, 28 (8): 3375-3399.

Zhang P, Cheng H, Edwards R L, et al. 2008. A test of climate, sun, and culture relationships from an 1810-year Chinese cave record. Science, 322 (5903): 940-942.

Zhang P, Johnson K R. 2008. A test of climate, sun, and culture relationships from an 1810-year Chinese cave record. Science, 322 (5903): 940-942.

Zhang P, Liu Y, He B. 2015. Impact of East Asian summer monsoon heating on the interannual variation of the South Asian high. Journal of Climate. 29 (1): 159-173.

Zhang P, Wang B, Wu Z. 2019. Weak El Niño and Winter Climate in the Mid- to High Latitudes of Eurasia. Journal of Climate, 32 (2): 405-421.

Zhang P, Wu Y, Simpson I R, et al. 2018. A stratospheric pathway linking a colder Siberia to Barents-Kara Sea Sea ice loss. Science Advances, 4 (7): eaat6025.

Zhang Q B, Cheng G D, Yao T D, et al. 2003. A 2326-year tree-ring record of climate variability on the northeastern Qinghai-Tibetan Plateau. Geophysical Research Letters, 30 (14): 1739-1741.

Zhang R, Delworth T L. 2006. Impact of Atlantic multidecadal oscillations on India/Sahel rainfall and Atlantic hurricanes. Geophysical Research Letters, 33 (17): L17712.

Zhang R, Liu X. 2009. An Analogy Analysis of Summer Precipitation Change Patterns between Mid-Holocene and Future Climatic Warming Scenarios over East Asia. Scientia Geographica Sinica, 29: 679-683.

Zhang R, Sumi A, Kimoto M. 1996. Impact of El Niño on the East Asian monsoon: A diagnostic study of the '86/87 and '91/92 events. Journal of the Meteorological Society of Japan Ser II, 74 (1): 49-62.

Zhang R. 1999. The role of Indian summer monsoon water vapor transportation on the summer rainfall anomalies in the north-ern part of China during the El Nino mature phase. Plateau Meteorology, 18: 567-574.

Zhang W X, Zhou T J, Zou L W, et al. 2018. Reduced exposure to extreme precipitation from 0.5°C less warming in global land monsoon regionsNature Communication, 9: 3158.

Zhang X, Zwiers F W, Hegerl G C, et al. 2007. Detection of human influence on twentieth-century precipitation trends. Nature, 448 (7152): 461-465.

Zhang Y, Shao X M, Yin Z Y, et al. 2014. Millennial minimum temperature variations in the Qilian Mountains, China: Evidence from tree rings. Climate of the Past, 10 (5): 1763-1778.

Zhang Y, Tian Q H, Gou X H, et al. 2011. Annual precipitation reconstruction since AD 775 based on tree rings from the Qilian Mountains, northwestern China. International Journal of Climatology, 31 (3): 371-381.

Zhao L, Wang J, Zhao H. 2012. Solar cycle signature in decadal variability of monsoon precipitation in China. Journal of the Meteorological Society of Japan Ser II, 90: 1-9.

Zhao M, Pitman A J, Chase T N. 2001. The impact of land cover change on the atmospheric circulation. Climate Dynamics, 17: 467-477.

Zheng J Y, Wang W C, Ge Q S, et al. 2006. Precipitation variability and extreme events in eastern China during the past 1500 years. Terrestrial Atmospheric and Oceanic Sciences, 17 (3): 579-592.

Zheng J Y, Wu M W, Hao Z X. 2016. Observed, reconstructed, and simulated decadal variability of summer precipitation over eastern China. Geographical Research, 35 (1): 14-24.

Zheng J, Hao Z, Fang X, et al. 2014. Several characteristics of extreme climate events during past 2000 years in

参考文献

China. Progress in Geography, 33: 3-12.

Zheng J, Wang W C, Ge Q, et al. 2006. Precipitation variability and extreme events in eastern China during the past 1500 years. Terrestrial, Atmospheric and Oceanic Sciences, 17 (3): 579-592.

Zheng J, Xiao L, Fang X, et al. 2014b. How climate change impacted the collapse of the Ming dynasty. Climate Change Economics, 127 (2): 169-182.

Zhong Y, Miller G H, Otto-Bliesner B L, et al. 2010. Centennial-scale climate change from decadally-paced explosive volcanism: A coupled sea ice-ocean mechanism. Climate Dynamics, 37: 2373-2387.

Zhou C, Chen D, Wang K, et al. 2020. Conditional Attribution of the 2018 Summer Extreme Heat over Northeast China: Roles of Urbanization, Global Warming and Warming-induced Circulation Changes, Bulletin of the American Meteorological Society, 13: 571-576.

Zhou T J, Hong T. 2013. Projected changes of Palmer drought severity index under an RCP8.5 scenario. Atmospheric and Oceanic Science Letters, 6: 273-278.

Zhou T J, Yu R. 2005. Atmospheric water vapor transport associated with typical anomalous summer rainfall patterns in China. Journal of Geophysical Research, 110: D08104.

Zhou T, Gong D. 2009. Detecting and understanding the multi-decadal variability of the East Asian Summer Monsoon-Recent progress and state of affairs. Zeitschrift fur Medizinische Physik, 18 (4): 455-467.

Zhou T, Song F, Ha K J, et al. 2017. Decadal change of East Asian summer monsoon: Contributions of internal variability and external forcing//Chang C P, Ha K J, Johnson R H. The Global Monsoon System. Singapore: World Scientific.

Zhou T, Yu R C. 2004. Atmospheric water vapor transport associated with typical anomalous summer rainfall patterns in China. Journal of Geophysical Research Atmospheres, 110 (8): D08104.

Zhou T, Zhang X L, Li H M. 2008. Changes in global land monsoon area and total rainfall accumulation over the last half century, Geophy. Geophysical Research Letters, 35 (16): L16707.

Zhu J, Wang S. 2002. 80 yr oscillation of summer rainfall over North China and East Asian summer monsoon. Geophys. Geophysical Research Letters, 29: 17/1-17/4.

Zhu Y, Ding Y, Xu H. 2007. The decadal relationship between atmospheric heat source of winter and spring snow over Tibetan Plateau and rainfall in East China. Acta Met-eorologica Sinica, 65: 946-958.

Zhuo Z, Gao C. 2014. Proxy evidence for China's monsoon precipitation response to volcanic aerosols over the past seven centuries. Journal of Geophysical Research-atmospheres, 119: 6638-6652.

Zielinski G A, Mayewski P A, Meeker L D, et al. 1996. A 110, 000 yr record of explosive volcanism from the GISP2 (Greenland) ice core. Quaternary Research, 45: 109-118.

Zuo M, Zhou T, Man W. 2019. Hydroclimate responses over global monsoon regions following volcanic eruptions at different latitudes. Journal of Climate, 32: 4367-4385.